观赏植物栽培技术

（第2版）

主　编　陈学红　张维成

副主编　尚　林　崔兴林

参　编　马冬梅　秦新惠　张　涛

　　　　王　颖　陈德贤

重庆大学出版社

内容提要

本书以培养学生的观赏植物生产与养护管理能力为主线,根据行业岗位需求和职业标准,选取教学内容,突出技能训练,注重实用性,着重吸收新知识、新成果,体现"任务驱动、产教结合"的人才培养模式,帮助学生尽快适应工作岗位。

全书分为4大模块,分别为:观赏植物的基础知识,观赏植物的栽培条件,观赏植物的繁殖与栽培管理技术,常见观赏植物的栽培技术。为突出对学生实践技能的培养,本书遵循理论以"必需、可持续"为度,理论教学为实践教学服务的高职教育理念,设计了目标、准备、行动、拓展、评估五个环节。

本书可作为职业院校园艺、园林、现代农业等农林类专业教材,也可作为花卉园艺工、绿化工等职业技能鉴定培训教材,还可供观赏植物生产和管理人员参考。

图书在版编目(CIP)数据

观赏植物栽培技术/陈学红,张维成主编. -- 2版
. --. 重庆:重庆大学出版社,2020.8
ISBN 978-7-5689-2429-0

Ⅰ.①观… Ⅱ.①陈… ②张… Ⅲ.①观赏植物—观赏园艺—高等职业教育—教材 Ⅳ.①S68

中国版本图书馆 CIP 数据核字(2020)第 172558 号

高职高专园林园艺专业系列教材
观赏植物栽培技术
(第 2 版)

主 编 陈学红 张维成
副主编 尚 林 崔兴林
参 编 马冬梅 秦新惠 张 涛
　　　 王 颖 陈德贤
策划编辑:鲁 黎

责任编辑:文 鹏 版式设计:鲁 黎
责任校对:谢 芳 责任印制:赵 晟

*

重庆大学出版社出版发行
出版人:饶帮华
社址:重庆市沙坪坝区大学城西路 21 号
邮编:401331
电话:(023)88617190 88617185(中小学)
传真:(023)88617186 88617166
网址:http://www.cqup.com.cn
邮箱:fxk@cqup.com.cn(营销中心)
全国新华书店经销
POD:重庆市圣立印务有限公司

*

开本:787mm×1092mm 1/16 印张:30 字数:749 千
2020 年 8 月第 2 版 2020 年 8 月第 4 次印刷
ISBN 978-7-5689-2429-0 定价:59.00 元

前言

（第 2 版）

观赏植物令人赏心悦目、心旷神怡，既能使人获得精神上的享受，又能起到美化环境的效果。随着城市化进程的不断发展，人们对城市居住环境条件的要求不断提高，对各类观赏植物的需求量越来越大，标准越来越高。同时，随着农村经济结构的战略性调整，效益农业和观光农业逐步兴起，很多省市的花木产业也已经逐步形成大生产、大市场、大流通的格局，其产值每年以20%的速度在增长，观赏植物产业已成为农业中增长最快、效益最佳的新兴产业。目前，全国有观赏植物生产企业两万多家，批发市场3 000多个。这些都为观赏植物生产、养护管理技术人才提供了广阔的创业机会和发展空间。本书以园林、园艺等行业岗位需求为导向，培养观赏植物的繁殖、栽培和养护管理岗位从业人员。

本书在第一版基础上，将行业企业新技术、新要求引入教学内容，并更新了相关数据。通过本书的学习，学生可达到高级花卉园艺工、园林绿化工、草坪建植工等职业资格的相关要求。

本书适应"任务驱动、产教结合"人才培养模式，倡导"教、学、观、做一体"。内容涉及观赏植物生产的产前、产中和产后的各种技术，突出观赏植物繁殖新技术、观赏植物产业化周年生产技术、园林树木的养护技术、盆花生产技术、鲜切花生产技术、草坪的建植。强调内容的科学性、知识性、前沿性和基本实践技能训练，培养学生从事观赏植物生产与养护管理的职业能力和创新能力，增加毕业生就业机会和职业竞争能力，使学生能够在观赏植物生产领域和园林绿化中解决实际问题，直接服务于地方经济建设。

本书主要有以下特点：

1. 以职业岗位群和专业技术能力为中心选取教学内容，增强了教材的实用性和适用性。根据观赏植物生产与养护管理职业岗位（群）能力要求，将花卉栽培、园林植物栽培与养护、草坪建植等教学内容有机整合、序化，满足了职业岗位群对复合型人才要求。

2. "教、学、观、做"一体，突出了学生的能力构建。紧扣行业发展和职业岗位能力需要，结合观赏植物生产实际，秉持"百闻不如一见"的理念，"见多识广"的思想和"熟能生巧"的原则，在学校和企业两个不同育人环境中"边讲边学、边看边学、边讲边做"，"教—学—观—做"一体，突出了学生的主体地位，强调了动手操作技能的培养和自主学习能力的养成。

1

3.围绕职业资格考试和生产任务实践,强化了学生专业技能的培养。以生产应用为主线,把实训项目设置与课程教学目标、绿化工职业资格考试要求相结合,进行模拟生产、养护管理实践等多种应会技能训练,增加了实训的针对性和实用性。

本书由陈学红、张维成担任主编,尚林、崔兴林担任副主编,马冬梅、秦新惠、张涛、王颖、陈德贤参编。具体编写分工如下:陈学红编写第2、6、8章,张维成编写第1、9、11章,尚林编写第9章,崔兴林编写第4章,张涛编写第5章,马冬梅编写第3章,秦新惠编写第7章,王颖编写第10章。

在本书编撰过程中,观赏植物生产企业和同行专家提出了诸多改进意见,并提供了很多宝贵资料,在此表示衷心感谢。由于时间仓促,水平有限,书中错漏之处敬请读者批评指正。

编　者

2020 年 5 月

目 录

模块三　观赏植物的繁殖与栽培管理

模块一

观赏植物的基础知识

第一章
观赏植物及其分类

目标

知识目标

- 理解观赏植物的含义；
- 了解我国观赏植物栽培现状；
- 掌握观赏植物的分类方法。

能力目标

- 对常见观赏植物能根据不同分类依据进行正确分类；
- 能按形态特征识别各种观赏植物。

准备

中国的观赏植物资源非常丰富，被誉为"世界园林之母"，仅高等植物就有3万多种，木本植物有7 000多种，还有许多特有的珍贵植物。我国观赏植物栽培历史悠久，花文化源远流长，内涵十分丰富。当今世界用花草树木美化环境、装点生活，已成为一种时尚。

观赏植物种类极多，习性各异，其生长发育特点及对环境条件的要求均不相同。熟悉和掌握其生长发育特点、所需要的环境条件，采取相应的栽培技术措施，可以提高观赏效果和经济价值。

第一节　观赏植物栽培概况

养花种草，园林绿化，既有显著的经济效益，也有良好的生态效益。观赏植物，可使人得到精神享受，起到绿化、美化、香化人们工作和生活环境的效果，是社会文明进步必备的条件。随着社会的进步，人们生活情趣和审美观变化还会对观赏植物提出更新、更高的要求。

一、观赏植物的范畴

观赏植物是指以观赏为目的、具有一定观赏价值的植物。其范畴包括花卉和园林植物。

1. 花卉

花卉是指具有观赏价值、可供观赏的花草。花是植物的生殖器官,卉是草的总称。随着社会的进步、科技文化的发展,花卉的含义也在延伸扩大。广义的花卉包括观花、观果、观叶和观茎的草本、木本、藤本等所有具备观赏价值的植物。

2. 园林植物

园林植物是指具有一定观赏价值,适用于园林绿地及室内布置,能够改善和美化环境,丰富人们文化生活的植物,又称观赏植物。园林植物包括乔木、灌木、藤本、草本植物,以及草坪和地被植物。

二、观赏植物栽培的意义

1. 社会效益和环境效益显著

用花草树木美化环境、装点生活,已成为一种时尚。同时四季交替,不同季节观赏植物的形、姿、色、韵变化丰富。这样可使人们足不出户即能领略大自然的风光。观赏植物还具有改善环境的功能,可以调节空气温度、湿度,吸收二氧化碳和各种有害气体,吸附烟尘,分泌杀菌素等,还可以净化空气、降低噪声,使之清新宜人。色彩绚丽的花卉还有美化环境的作用,在普遍绿化的基础上栽植丰富多彩的花卉,犹如锦上添花。所以花卉具有广泛的环境效益。

观赏花草,能使人精神焕发,消除疲劳,促进身心健康,陶冶情操,以充沛的精力和饱满的热情投入到工作中去。观赏植物,其花型,有的整齐,有的奇异;其花色,有的艳丽,有的淡雅;其花朵,有的芬芳四溢,有的幽香盈室;其花姿,有的风韵潇洒,有的丰满硕大;千变万化,美不胜收。还有很多观叶、观果、观茎的种类都给人以美的享受。

2. 经济效益巨大

观赏植物产业是一项新兴产业,有极大的发展潜力。特别是近年来,花卉业以前所未有的速度迅猛发展。人们认识到花卉是有价值的商品,消费的增长也促进了花卉生产。花卉逐渐成为我国出口创汇的支柱产业之一,市场需求量大,竞争也激烈。花卉质量要求严格,花卉观赏期长且全年均衡生产供应。我国的花卉生产,一部分鲜切花、盆花供应国内宾馆、饭店、商店、写字楼、家庭的消费,一部分鲜切花、种苗、种球出口创汇。

同时,花卉产业的开发,还带动了其他相关产业,如花卉容器(花盆、花瓶、花盘、花泥)、工具、花肥、花卉用药、运输、保鲜、销售等全方位的服务体系,促进了陶瓷、塑料、化学、包装、运输等行业的发展。

三、国内外观赏植物发展概况

(一)我国观赏植物发展概况

1. 我国观赏植物栽培现状

随着社会的发展,我国观赏植物产业的发展突飞猛进,在野生资源的开发利用,新品种选育与引进，商品化栽培技术，现代化温室的应用，观赏植物的组织培养、无土栽培、化学控制、生物技术工厂化育苗等方面进展迅速。特别是花卉产业以超过30%的速度逐年递增，我国已跻身世界花卉生产和消费大国行列。截至2019年底，全国花卉种植面积约为137.28万公顷，年产值达1 473.65亿元。我国已成为世界最大的花卉生产基地之一。

但是，我国观赏植物产业发展起步晚，在发展的过程中还存在许多的问题与困难。以花卉业为例，生产面积增加过快、品种结构不合理、市场体系建设不完善、花卉研发严重滞后、专业人才奇缺、多种病虫害发生严重、花卉质量普遍较低等，都制约着我国花卉业的发展。对此，花卉业界采取了一些措施，如加大资金投入、运用科技手段来提高花卉质量，因地制宜发挥地方特色花卉，鼓励花卉生产和物流企业加强保鲜、冷库、运输、查验等物流基础设施建设，国家和地方政府对花卉冷藏、配送、检测等基础设施建设给予扶持等，取得了一定的成果。

2. 我国观赏植物发展趋势

以花卉业为例，由于花卉生产效益比较高，消费潜力大，全国许多地方将其作为农业结构调整的重点，花卉已经成为许多地方和企业的投资热点。目前国内外对花卉产品的需求迅猛增长，形成了供需两旺的发展态势。

（1）规模稳步扩大，布局不断优化　花卉产业是近10年来我国最具活力的产业之一，短短10年，中国的花卉产业实现了由数量扩张型向质量效益型转变。目前，中国花卉市场初步形成了"西南有鲜切花，东南有苗木和盆花，西北冷凉地区有种球，东北有加工花卉"的生产布局。其中，山东、江苏、浙江及河南为中国四大花木种植地区。根据花卉行业发展现状数据，截至2019年12月，我国花卉生产稳中有升，内销增长强劲，全国花卉生产总面积达137.28万公顷，比2018年的133.04万公顷增长3.19%；销售额1 473.65亿元，比2018年的1 389.70亿元增长6.04%。随着互联网以及配送体系的快速发展，中国花卉电商市场规模也在不断扩大，未来花卉电商市场规模将进一步上升。

（2）科技平台完善，创新能力增强　近年来，由于科技投入的不断增加，产前、产中、产后等领域取得和储备了一批科技成果。"全国花卉标准委员会""国家花卉工程技术研究中心"等全国性花卉科技平台逐步建立和完善。种苗种球标准化、规模化生产和组培脱毒技术的推广应用，提升了我国花卉种苗种球生产质量；花期调控技术和促成栽培技术等精准化栽培技术实现了目标花期生产和供应；切花、草花连作障碍攻关技术取得重大进展。

（3）配套加工提速，产业链条延伸　近10年来，我国的花卉产业涌现出了一大批园林机械、花卉温室、花卉薄膜以及花肥、花药、花器、基质和花材等生产资料的生产企业，对提高设施生产水平和产品质量发挥了重要作用。2019年，我国食用与药用花卉种植面积308.7万亩，较2018年增加9.22%，有以菊花、玫瑰、薰衣草、茉莉、桂花等为代表的众多花卉，并开发出花茶、香袋、精油等系列化深加工产品，涉及休闲旅游、医疗、保健、食品、日用化妆品等众多领域。

（二）国外观赏植物发展概况

世界花卉业迅速发展，其原因一是需求量大，经济效益高；二是花卉生产促进了花卉的销售，带动了花肥、花药、栽花机具以及花卉包装、储运业的发展；三是促进了食品、香料、药材的发展，如丁香、桂花、茉莉花、玫瑰、香水月季等常用于提取名贵的天然香精，红花、兰花、米兰、玫瑰作为食品香料，芍药、牡丹、菊花、红花都是著名的中药材；四是举办各种花卉博览会或是花卉节,以花为媒,吸引游人,推动旅游业的发展。

除我国外,世界主要的花卉消费国还有德国、法国、英国、荷兰、美国、日本、意大利、西班牙、丹麦、比利时、卢森堡和瑞士,其中欧盟几个国家进口额占世界贸易的80%,美国占13%,日本占6%。除我国外,花卉的主要生产国还有荷兰、哥伦比亚、意大利、丹麦、以色列、比利时、卢森堡、加拿大、德国、美国和日本等。

1.观赏植物产生发展概况

(1)生产的区域化、专业化　在最适宜地区生产最适宜的花卉,以收事半功倍之效。如荷兰主要生产香石竹、郁金香和月季花,哥伦比亚主要生产香石竹、月季花、大丽花,以色列主要生产月季花、香石竹,日本主要生产百合花和菊花,丹麦主要生产观叶植物,这样既有利于栽培技术的提高,也便于商品化生产。

(2)生产的现代化　包括耕作、灌溉和施肥、喷药的机械化,栽培环境的自动调控,适应观赏植物栽培的要求,充分利用空间采取立体种植等。

(3)产品的优质化　引种良种,运用选育手段,使供生产的品种保持优质,保证纯正,不断更新,从而使产品处于畅销不衰的地位。

(4)生产、经营、销售一体化　鲜花是生命有机体,为了保持新鲜状态,应减少中间环节,尽快到达消费者手中。栽培、采收、整理、包装、贮藏、运输和销售各个环节都应紧密配合,形成一个整体,以减少可能发生的损失。

(5)花卉的周年供应　花卉消费虽然因季节不同而有差异,节假日会出现旺季,即使是平时也有各种不同的需要。因此,销售者应备有各种不同种或品种的花卉,以满足不同消费者的要求。

2.世界观赏植物生产发展的趋势

(1)鲜切花市场需求逐年增加　鲜切花占世界花卉销售总额的60%,是花卉生产的主力军。国际市场对月季、菊花、香石竹、满天星、唐菖蒲、非洲菊、百合以及相应的配叶植物的需求量逐年增加。

(2)观叶植物发展迅速　随着城镇高层住宅的修建,室内装饰条件的提高,室内观叶植物普遍受到人们的喜爱。如喜阴或耐阴的万年青、豆瓣绿、秋海棠、花叶芋、龟背竹、花烛、观赏凤梨、绿萝、竹芋等越来越受到人们的青睐。

(3)培育开发新品种　利用各种有效的手段,培育生产型的新品种,如适于露地栽培或适于促成栽培,适于切花用或适于盆栽,常见花色或稀有花色,大花型或小花型、稀有花型等,以满足各种不同的需求。

纵观世界花卉业,花卉市场日益繁荣,经济效益不断提高,蕴藏着巨大的发展潜力。在国际花卉出口贸易方面,发达国家占绝对优势,占出口额的80%,发展中国家占20%。目前,花卉产量和产值居前5位的是美国、日本、德国、法国、韩国;其他发达的花卉生产国还有丹麦、比利时、卢森堡、意大利、哥伦比亚、以色列等;还有一些发展中国家,如中国、墨西哥、肯尼亚、印度、津巴布韦、波多黎各等,也在重视发展花卉业,并积极争取国际市场。

国际花卉的生产方式正向着工厂化、专业化、管理现代化、产品系列化、周年供应的方向发展。比如,切花的销售额占世界花卉总销售量的60%,绝大多数都是工厂化生产。而目前国际流行的室内观叶花卉,发展迅速,方兴未艾,称为"观叶热",其多数也是工厂化生产。由此可见,工厂化花卉生产,已成为观赏植物赢利,走高投入、高产出、高效益之路的必然选择。

第二节 观赏植物的分类

观赏植物种类极多,范围甚广,来源于世界各地,习性各异。原产于我国的观赏植物约2万种,常见的近2 000种。观赏植物的分类由于依据不同,有多种分类方法。有的依照自然科属分类,有的依据其性状、习性、原产地、栽培方式及用途等分类。观赏植物常用的分类方法主要有以下几种:

一、按生物学习性分类

(一)草本观赏植物

植株的茎为草质,木质化程度很低,或柔软多汁。草本观赏植物根据生活周期可分为三类:

1.一年生观赏植物

在一年内完成其生活周期的草本观赏植物,称一年生观赏植物。即从播种到开花、结实、枯死均在一年内完成。一年生观赏植物多数种类原产于热带或亚热带,不耐 0 ℃以下的低温,通常在春季播种,夏、秋季开花、结实,在冬季到来之前枯死。故一年生观赏植物又称春播观赏植物,如凤仙花、万寿菊、麦秆菊、鸡冠花、百日草、波斯菊等。

2.二年生观赏植物

在二年内完成其生活周期的草本观赏植物,称二年生观赏植物。其多数当年只长营养器官,翌年后开花、结实、死亡。二年生观赏植物多数种类原产于温带或寒冷地区,耐寒性较强,通常在秋季播种,翌年春、夏季开花,故又称秋播观赏植物,如紫罗兰、飞燕草、金鱼草、虞美人、须苞石竹等。

3.多年生观赏植物

其寿命在二年以上,能多次开花结实。根据地下部分的形态变化不同,它可分为两类:

(1)宿根观赏植物 地下部分形态正常,不发生变态,根宿存于土壤中,冬季可在露地越冬。地上部分冬季枯萎,第二年春天萌发新芽,亦有植株整株安全越冬,如菊花、芍药、萱草、福禄考等。

(2)球根观赏植物 地下部分具有肥大的变态根或变态茎。植物学上称球茎、块茎、鳞茎、块根、根茎等,花卉学总称为球根。

①球茎类:地下部分的茎短缩肥大,呈球形或扁球形,顶端着生有主芽和侧芽,如唐菖蒲、小苍兰、番红花等。

②块茎类:地下部分的茎呈不规则的块状,如大岩桐、花叶芋、马蹄莲等。

③鳞茎类:地下茎极度缩短,并有肥大的鳞片状叶包裹,如水仙、郁金香、百合、风信子等。

④根茎类:地下茎肥大呈根状,具有明显的节,节部有芽和根,如美人蕉、鸢尾、睡莲、荷花等。

⑤块根类:地下根肥大呈块状,其上部不具芽眼,只在根颈部有发芽点,如大丽花、花毛茛等。

(二)木本观赏植物

植株茎部木质化,质地坚硬。根据其形态,可分为三类:

1.乔木类

主干明显而直立,分枝繁盛,树干和树冠有明显区分,如白玉兰、广玉兰、女贞、樱花、桂花、橡皮树等。

2.灌木类

无明显主干,一般植株较矮小,靠地面处生出许多枝条,呈丛生状,如栀子花、牡丹、月季、蜡梅、贴梗海棠等。

3.藤木类

茎木质化,长而细弱,不能直立,需缠绕或攀缘其他物体才能向上生长,如紫藤、凌霄等。

(三)多肉、多浆类与水生观赏植物

1.多肉、多浆类观赏植物

该类植物又称多汁植物,植株的茎、叶肥厚多汁;部分种类的叶退化成刺状,如仙人掌类、燕子掌、虎刺梅、生石花等。

2.水生观赏植物

水生观赏植物是指生长发育在沼泽地或不同水域中的植物,如荷花、睡莲、王莲、千屈菜、菖蒲等。

二、按观赏植物的原产地分类

各种植物均有其原产地及一定的分布区,这主要是由于各种植物对环境的要求与适应能力及历史、地理因素的差异所形成。在观赏植物的引种和栽培上,预先了解其原产地或自然分布区,易取得良好的效果。

观赏植物原产地或分布区的环境条件包括气候、地理、土壤、生物及历史诸方面,其中的气候条件(主要是水分与温度状况)起着主导的作用。因此,常按不同的气候型划分观赏植物的原产地。

(一)中国气候型

中国气候型或称大陆东岸气候型,中国大部、日本、北美东部、巴西南部、大洋洲东南部、非洲东南部属于这一气候型区域。该区的气候特点是冬冷夏热,气温差异较大,夏季降雨较多。这一区域因地域广阔,又因所处纬度不同,依冬季气温的高低又分为两种类型:

1.温暖型产地

温暖型产地包括我国长江以南、日本南部、北美东南部、巴西南部、南非东南部地区。主要观赏植物有:原产于中国及日本的石竹、报春花、百合、石蒜、凤仙花、山茶、落叶杜鹃类等;原产于北美的福禄考、天人菊等;原产于巴西的马鞭草、一串红、半支莲、矮牵牛、叶子花等;原产于非洲的非洲菊、唐菖蒲、马蹄莲等。

2. 冷凉型产地

冷凉型产地包括中国华北及东北东南部、日本北部、北美东北部等。原产于中国的有菊花、芍药、翠菊、铁线莲、鸢尾、乌头、翠雀、花毛茛、百合、樱桃等，原产于北美的有金光菊、假龙头花、吊钟等。

（二）欧洲气候型

欧洲气候型或称大陆西岸气候型，包括欧洲大部、北美洲西海岸、南美洲西南部及新西兰南部。该区气候特点是冬不太冷，夏不太热，冬夏温差较小，雨量四季分布，但降水偏少。主要原产观赏植物有飞燕草、丝石竹属、耧斗菜、剪秋罗、勿忘我、三色堇、雏菊、水仙、紫罗兰、毛地黄等。

（三）地中海气候型

地中海气候型包括地中海沿岸地区、非洲南部、大洋洲西南部、北美洲西南部及智利中部。气候特点为冬春多雨，夏季干燥，冬季最低温度 6～7 ℃，夏季 20～25 ℃。由于夏季干燥，球根观赏植物种类众多，一、二年生观赏植物的耐寒性差。该区原产主要观赏植物有郁金香、风信子、水仙、仙客来、鸢尾、番红花、小苍兰、白头翁、花毛茛、天竺葵、酢浆草、羽扇豆、唐菖蒲、君子兰、秋水仙、葡萄水仙、射干、金鱼草、紫罗兰、蒲包花、金盏菊、风铃草、瓜叶菊等。

（四）墨西哥气候型

墨西哥气候型或称热带高原气候型，包括墨西哥高原地区、南美洲和非洲中部的山地及喜马拉雅山北部至中国云南的山岳地带。气候特点为年温差小，周年气温 14～17 ℃，雨量丰富，多集中于夏季。原产该地区的观赏植物喜冬暖夏凉气候，主要有大丽花、晚香玉、百日草、万寿菊、一品红、球根秋海棠等。

（五）热带气候型

热带气候型包括热带的多雨地区，有南美洲热带、亚洲热带、大洋洲热带三个地区。该区月均温差小，降雨丰富，常有雨季和旱季之分。原产的观赏植物种类众多，主要有紫茉莉、长春花、凤仙花、鸡冠花、大岩桐、美人蕉、朱顶红、非洲紫罗兰、草胡椒、虎尾兰、花烛以及凤梨科、竹芋科、爵床科、大戟科、天南星科与兰科的一些热带观赏植物等。

（六）沙漠气候型

沙漠气候型包括阿拉伯、非洲、大洋洲、南美及北美洲的沙漠地区。该区气候干旱，降雨特少。主要观赏植物为仙人掌科及另一些多浆植物，如芦荟、十二卷、伽蓝菜、落地生根、龙舌兰等。

（七）寒带气候型

寒带气候型包括高纬度地区及各地的高山，气候寒冷。主要观赏植物有绿绒蒿、龙胆、点地梅等。

三、其他分类

（一）按观赏部位分类

这是按观赏植物可供观赏的花、叶、果、茎等器官进行分类。

1.观花类植物

其主要观赏部位为花朵,以观赏其花色、花型、花香为主。如万寿菊、鸡冠花、菊花、虞美人、香石竹、非洲菊、郁金香、唐菖蒲、大丽花、月季、牡丹、杜鹃、山茶等。观花类为观赏植物的主要种类。

2.观叶类植物

它是指以观叶形、叶色为主的观赏植物。观赏植物的叶形、叶色多种多样,色泽艳丽并富于变化,具有很高的观赏价值。目前国际上也风行各种观叶观赏植物,特别是室内布置用得较多,特点是观赏不限季节,只要植株成活就能作为观赏布置用。

观叶类观赏植物要求耐阴,宜于室内栽培,并且是常绿观赏植物。如花叶芋、彩叶草、变叶木、竹芋、龟背竹、一叶兰、万年青、绿巨人、喜林芋、散尾葵、橡皮树、苏铁、发财树、巴西木等。观叶类观赏植物目前越来越受到人们的喜爱。

3.观果类植物

它是指以观赏果实为主的观赏植物。其特点是果实色彩鲜艳,要求挂果时间长,果实鲜艳、干净、光洁,如石榴、代代、金橘、佛手、五色椒、冬珊瑚、金银茄、火棘等。

4.观茎类植物

它是指以观赏茎、枝为主的观赏植物。这类观赏植物的茎、分枝形态奇特,婀娜多姿,具有独特的观赏价值。如仙人掌类、佛肚竹、节蓼、光棍树等。

此外,还有观赏其他部位或器官的观赏植物,如银芽柳主要观赏芽;马蹄莲、大叶花烛(火鹤花)等主要观赏佛焰苞;一品红、叶子花等主要观赏苞片;海葱等主要观赏鳞茎。

(二)按栽培目的分类

1.观赏用植物

(1)盆栽观赏植物　用容器栽培的观赏植物,常用于装饰室内和庭院,如兰花、君子兰、瓜叶菊、仙客来、蝴蝶兰、龟背竹、一品红、橡皮树、苏铁、散尾葵等。

(2)切花观赏植物　以生产切花为主要目的的观赏植物,如唐菖蒲、香石竹、马蹄莲、切花月季、切花菊、非洲菊、小苍兰、晚香玉、百合、郁金香等。

(3)园林植物　适宜露地栽培,以布置园林为主要目的的观赏植物。园林植物又分为三类:

①花坛观赏植物:以草本为主,用于布置花坛的观赏植物。如一串红、万寿菊、鸡冠花、矮牵牛、三色堇、海棠、芍药、大丽花等。

②庭院观赏植物:用以布置庭院的木本观赏植物。如牡丹、梅、宝巾花、月季、樱花、木槿、紫薇、紫藤等。

③草坪与地被植物:草坪是指经人工成片栽培矮性草本植物,经一定的养护管理所形成的相对平整的草地植被。地被是指密集生长覆盖于地面上的低矮植物,包括矮灌木、藤本及各类矮性草本植物,覆盖于地表或处于高大观赏植物之下。观赏草是指具有观赏价值的单子叶多年生草本植物的总称。广义的观赏草包括真观赏草和类观赏草两大类。真观赏草特指禾本科中有观赏价值的种类,其中竹亚科的一些低矮、小型的竹子也列入观赏草范围;类观赏草则包括莎草科、灯心草科、寻灯草科、香蒲科、木贼科、花蔺科和天南星科菖蒲属有观赏价值的植物。

2. 香料用植物

它是指主要用于香料工业原料的观赏植物。观赏植物在香料工业中占有重要的地位，如玫瑰、茉莉花、白兰花、代代、栀子花等都是重要的香料观赏植物，是制作"花香型"化妆品的高级香料。水仙花可提取高级芳香油，墨红月季花可提取浸膏；从玫瑰花瓣中提取的玫瑰油，在国际市场上的售价比黄金还要高；用香叶天竺葵的叶片提取的香精价值更高。

3. 医药用植物

它是指主要用于医药的观赏植物。自古以来，观赏植物就是我国中草药的一个重要组成部分，李时珍的《本草纲目》记载了近千种植物的性、味功能及临床药效。《全国中草药汇编》所列的2 200余种中草药中，以花器入药的约占1/3。桔梗、牡丹、芍药、金银花、连翘、菊花、茉莉花、美人蕉等100多种观赏植物均为常用的中药材。

此外，观赏植物还可用于熏制花茶，如白兰花、珠兰、茉莉花等；用于食品、食品添加剂和花粉食品，如食用百合、食用美人蕉、桂花、兰花、梅等。

（三）按栽培方式分类

1. 露地观赏植物

露地观赏植物是指在自然条件下生长发育的观赏植物，如菊花、郁金香、金盏菊、大丽花、一串红、美人蕉等，这类观赏植物适宜栽培于露地的园地，如常见的露地花坛、花境、花台、花丛等。

由于园地土壤水分、养分、温度等因素容易达到自然平衡，光照又比较充足，因此，枝壮叶茂，花大色艳。露地观赏植物管理比较简便，一般不需要特殊的设备，在常规条件下便可栽培，只要求在生育期间及时浇水和追肥，定期进行中耕、除草。

2. 温室观赏植物

温室观赏植物是指在温室内栽培或越冬养护的观赏植物，分为盆栽和地栽类型。盆栽的如杜鹃、君子兰、瓜叶菊、仙客来、橡皮树、一品红等。地栽的主要是切花，如香石竹、非洲菊等。盆栽便于搬移和管理，用配制的培养土作盆土。栽培这类观赏植物需要有温室设备，光照、温度及湿度的调节，浇水和追肥全依赖于人工管理，根据不同的观赏植物种类，满足其对温度的要求。温室观赏植物对养护管理要求比较细致，否则，会生长不良，甚至死亡。另外，温室观赏植物的概念也因地区气候条件的不同而异，如北京的温室观赏植物到南方则常作为露地观赏植物。

此外，还有无土栽培、促成或抑制栽培及阴棚栽培等栽培方式。

（四）按开花季节分类

我国各地一年四季分明，依据气候特点对观赏植物开花的盛花期进行分类，可分为四类：

1. 春季观赏植物

春季观赏植物指在2—4月花朵盛开的观赏植物，如金盏菊、郁金香、虞美人等。

2. 夏季观赏植物

夏季观赏植物指在5—7月花朵盛开的观赏植物，如凤仙花、金鱼草、荷花等。

3.秋季观赏植物

秋季观赏植物指在8—10月花朵盛开的观赏植物,如菊花、万寿菊、一串红、大丽花等。

4.冬季观赏植物

冬季观赏植物是指在11月至翌年1月期间花朵盛开的观赏植物,如仙客来、一品红等。

以上按花期分类,并不是绝对的,如金盏菊的开花期是3月至5月,传统习惯作春季观赏植物栽培;石竹的开花期是4月至5月,跨越春夏两季,既可列入春季观赏植物,又可列入夏季观赏植物。此外,因品种习性不同、地理条件与设施栽培不同等因素,花期也有差异,可据此将其纳入相应的季节。

(五)根据栽培应用

1.生产栽培

以商品化生产为目的,主要是鲜切花、盆花、种苗和球的生产,从栽培、采收到包装完全商品化,进入市场流通,为社会提供消费的栽培方式,称生产栽培。生产栽培要求有规范的栽培技术和现代化的生产设施,有一定的生产规模,它所生产的产品必须标准化、商品化,能进入国内外市场贸易流通,获取较高的经济效益。

2.观赏栽培

以观赏为目的,利用花卉的花色、花型及园林绿化配植功能,美化、绿化公共场所的庭园和家庭室内外的绿化装饰的栽培方式,称观赏栽培。观赏栽培主要是露地花卉栽培,也包括盆花、鲜切花的观赏应用。观赏栽培的意义在于美化环境,丰富生活,净化空气,促进人们的身心健康。观赏栽培不仅在城市日益深入,在农村也渐趋普及。

本书主要介绍园林植物、盆栽观赏植物及切花观赏植物。

 行动

观赏植物种类识别

一、目的要求

认识观赏植物200种。

二、材料用具

在花卉基地、温室花房、植物园或校园,观察识别盆花、切花及常见的园林花卉、树木、草坪草、地被植物。

用具包括:卷尺、放大镜、记录本、铅笔。

三、方法步骤

在教师的指导下,对花卉基地、温室花房、植物园或校园内的观赏植物进行识别。要求学生认识各种观赏植物的形态特征,做好记录,进一步了解各种观赏植物的生长习性、繁殖方法、观赏用途。

四、考核评价

完成花卉基地、温室花房、校园、植物园观赏植物调查表,将观察到的观赏植物种类形态填入表中。

观赏植物种类形态表

观赏植物	株 形			叶 形			花 形		
名　　称	株 高	质 地	分 枝	叶 色	形 状	大 小	花 色	形 状	大 小

 ## 拓展

1. 世界上五大切花：月季、菊花、唐菖蒲、非洲菊、香石竹。
2. 中国十大传统名花：梅花、牡丹、菊花、兰花、月季、杜鹃、茶花、荷花、桂花、水仙。

评估

1. 什么是观赏植物？与花卉、园林植物的含义有何异同？
2. 观赏植物包括哪些内容？如何理解花卉生产栽培和观赏栽培？
3. 观赏植物分类方法有哪些？各举3～5例。
4. 完成校园或当地观赏植物的调查、分类。

第二章
观赏植物的生长发育

 目标

知识目标

- 了解观赏植物的生长发育规律；
- 掌握观赏植物的生命周期和年周期各阶段的生长发育特点；
- 了解园林树木的枝芽、茎枝特性与树体骨架。

能力目标

- 能判断常见观赏植物花芽分化的类型；
- 能初步判断园林树木的树体骨架类型。

准备

　　植物的生长发育具有一定的规律性，同时也受环境条件的影响。栽培观赏植物首先应掌握其生长发育规律，然后满足其对环境条件的要求，以达到生产的目的。由于观赏植物的种类不同，其生长发育特点及对环境条件的要求也不相同。只有熟悉和掌握其生长发育的特点以及所需要的环境条件，才能采取相应的技术措施，达到预期的栽培目的，从而提高观赏植物的观赏价值和经济价值。所以，了解和掌握观赏植物生长发育规律，是栽培管理观赏植物的基础。

第一节　观赏植物的生长发育特性

一、观赏植物的生长与发育

　　不同的观赏植物生长和发育对外界环境条件要求是不同的。因此，栽培上就要创造适宜的条件，满足其生长和发育对外界环境条件的要求。温度与光照是主要的环境因子，春化作用与光周期现象是植物对两者的反应,对植物的生长发育有很大影响。

(一)春化作用

不同观赏植物通过春化作用所要求的低温值和通过低温的时间各不相同。根据春化作用要求低温值的不同,可将观赏植物分为三类:

1.冬性植物

这类观赏植物在通过春化阶段时,要求的温度低,一般为 0 ~ 10 ℃,需 30 ~ 50 d 完成春化阶段(在接近 0 ℃ 的温度下进行得最快)。

二年生观赏植物,如虞美人、石竹、毛地黄、月见草等为冬性植物。在秋季播种后,以幼苗状态度过严寒的冬季,满足其对低温的要求而通过春化阶段。若在春季播种前经过人工春化处理,可当年开花,但植株矮小,花梗短,不利于作切花。

秋播观赏植物在春季播种时,应于早春开冻后及早播种,也可开花,但生长开花较差。如延误播种,对开花不利或不能开花。

多年生观赏植物在早春开花的种类,通过春化阶段也要求低温,如鸢尾、芍药等。

2.春性植物

这类观赏植物在通过春化阶段时,要求的低温值比冬性植物高,需要较高的温度诱导才能开花,一般为 5 ~ 12 ℃,完成春化作用所需要的时间亦比较短,一般为 7 ~ 15 d。

一年生观赏植物为春性植物。秋季开花的多年生草本花卉,通过春化阶段时也要求较高温度。

3.半春性植物

这种类型的观赏植物在通过春化阶段时,对于温度的要求不甚敏感,一般在 15 ℃ 左右的温度下完成春化作用,通过春化阶段的时间为 15 ~ 20 d。

在观赏植物栽培中,不同品种间对春化作用的反应性也有明显差异,有的品种对春化要求性很强,有的品种要求弱,有的则无春化要求。

不同的观赏植物通过春化阶段的方式也不相同,通常有两种:以萌芽种子通过春化阶段,称种子春化;以具一定生育期的植物体通过春化阶段,称植物体春化。多数观赏植物种类,是以植物体方式通过春化阶段的。

(二)光周期现象

光周期现象是指光周期对观赏植物生长发育的影响。它是观赏植物生育中一个重要的因素,可以控制某些观赏植物的花芽分化和发育过程。

春化作用和光周期现象,两者之间有着密切的关系,既相互关联又相互补充。许多春化要求敏感的观赏植物,往往对光周期也很敏感。许多长日照观赏植物,如果在高温下,即使在长日照条件下也不会开花或大大延迟花期,这是由于高温"抑制"了长日照对发育影响的缘故。

二、观赏植物的花芽分化

花芽分化和发育,在观赏植物一生中是关键时期,花芽的多少和质量直接影响观赏效果。因此,了解和掌握各种观赏植物的花芽分化时期和规律,确保花芽分化的顺利进行,对观赏植物栽培和生产具有重要意义。

(一)花芽分化的阶段

花芽分化的整个过程可分为生理分化期、形态分化期和性细胞形成期,三者顺序不可改变,且缺一不可。生理分化期是在芽的生长点内进行生理变化,肉眼无法观察;形态分化期进行着各个花器的发育过程,从生长点突起肥大的花芽分化初期,至萼片形成、花瓣形成期、雄蕊形成期和雌蕊形成期。有些花木类,其性细胞形成是在第二年春季发芽以后、开花之前才完成,如樱花、八仙花等。

(二)花芽分化的类型

根据花芽分化的开始时间及完成分化过程所需时间的不同,花芽分化的类型可分为以下几种:

1. 夏秋分化类型

花芽分化于6—9月高温季节进行,至秋末,花的主要部分已形成,第二年春季开花,但其性细胞的形成必须经过低温,如牡丹、丁香、梅、榆叶梅等。球根类观赏植物也在夏季较高温度下进行花芽分化,秋植球根花卉在进入夏季后,地上部分停止生长全部枯死,进入休眠状态,花芽分化在夏季休眠期间进行。春植球根则在夏季生长期进行分化。

2. 冬春分化类型

原产温暖地区的木本观赏植物多属此类型。如柑橘类从12月至翌年3月完成花芽分化,特点是分化时间短并连续进行。一些二年生观赏植物和春季开花的宿根观赏植物仅在春季温度较低时期进行花芽分化。

3. 当年一次分化类型

此类型是在当年枝的新梢上或花茎顶端形成花芽,当年夏秋开花,如紫薇、木槿、木芙蓉等,以及夏秋开花的宿根观赏植物,如萱草、菊花、芙蓉葵等。

4. 多次分化类型

此类型是一年中多次发枝,每次枝顶均能形成花芽并开花。如茉莉花、月季、倒挂金钟、香石竹等,在一年中可连续分化花芽,当主茎生长达一定高度时,顶端营养生长停止,花芽逐渐形成,养分即集中于顶端花芽。在顶端花芽形成过程中,其他花芽又继续在基部生出的侧枝上形成,如此在四季中可以开花不断。这些观赏植物通常在花芽分化和开花过程中,其营养生长仍继续进行。一年生观赏植物分化时期较长,只要营养体达到一定大小,即可分化花芽而开花,并在整个夏秋季节气温较高时期继续形成花蕾而开花。

5. 不定期分化类型

此类型是每年只分化一次花芽,但无一定时期,只要达到一定的叶面积就能开花,主要根据自身养分的积累程度,如凤梨科和芭蕉科的一些种类。

三、观赏植物的生命周期

研究观赏植物一生中生长发育变化,目的在于根据观赏植物各阶段的特点,采取相应的栽培管理措施,促进和控制观赏植物生长发育进程,使其更好地满足绿化的需要。观赏植物种类繁多,生命周期长短不一。

（一）木本植物

木本植物个体寿命较长，可达几十甚至上百年。个体的生命周期因起源不同可分为两类，一类是实生苗，即由种子开始的个体；另一类是营养苗，即由营养器官繁殖开始的个体。实生苗的生命周期可以划分为以下5个阶段：

1. 种子期

植物自卵细胞受精形成合子开始到种子萌发为止称为植物的种子期。部分种子成熟后离开植物体，遇适宜条件即能萌发，如枇杷、白榆等。但大多数种子成熟后，即使给予适宜条件也不能立即萌发，需要经过一段时间自然休眠，如银杏等。

2. 幼年期

幼年期是从种子发芽到植株出现第一个花芽为止，植株地上部和地下部旺盛生长的离心生长时期。植株在高度、冠幅、根系长度和根幅方面生长很快，体内营养物质快速积累，为由营养生长转向生殖生长做准备。幼年期长短因植物种类而不同，有的只有一年，如月季等，当年播种，当年开花。大多数植物需一年以上时间，如桃需3年，杏需5年，银杏需20年左右。处于幼年期的植物，可塑性大，有利于定向培养。

园林绿化常用苗木的幼年期都是在苗圃内度过的。由于这一时期的植物在高度和幅度上迅速增长，应注意培养树型、移植或切根，促生多量的须根和水平根，以提高出圃后的栽植成活率。行道树和庭荫树的苗，应注意养干、养根和促冠，使其达到规定的主干高度和一定的冠幅。

3. 青年期

青年期是植物第一次开花到花、果性状逐渐稳定的时期。这一时期植物离心生长仍然较快，但植株尚未充分表现出该种或品种的标准性状。植株可以年年开花结实，但数量较少。

青年期的植株可塑性大大降低，在栽培养护过程中，应给予良好的环境条件，加强水肥管理，使植株迅速扩大树冠、增加叶面积，加强树体内营养物质的积累，花灌木应采取合理的整形修剪，调节植株长势，培养骨干枝和优美的树型，为壮年期充分表现种或品种的特性做准备。

为了使青年期的植株多开花，修剪手段不能采用重剪。因为重剪从总体上削弱了植株总生长量，局部上促进了部分枝条的旺盛生长，消耗大量营养，不利于光合产物的积累。因此应采用轻度修剪。

4. 壮年期

壮年期从生长势自然减慢到树冠外围小枝出现干枯为止。这一时期的植物，各方面已经成熟，植株粗大，花果性状完全稳定，能充分表现该树种或品种所具有的特性，遗传保守性最强。树冠定型，是观赏的最佳时期，同时对不良环境的抗性也达最佳时期。壮年期的后期，骨干枝的离心生长停止，出现衰退，树冠顶部和主枝先端出现枯梢，根系先端干枯死亡。

壮年期应加强树体的综合管理，合理灌溉、施肥，适宜整形修剪，使其能够继续旺盛生长，延缓衰老期的到来，较长时间地发挥观赏价值。施肥量应随开花量的增加逐年增加，早期施基肥、分期施追肥，对促进根系生长、增强叶片功能、促进花芽分化非常有利；同时切断部分骨干根,进行根系更新;将病虫枝、老弱枝、下垂枝和交叉枝等疏剪,改善树体通风透光条件。

5. 衰老期

衰老期是从树体生长发育出现明显衰退到死亡为止。植株生长势逐年下降,开花枝大量衰老死亡,开花、结实量减少,品质降低,树冠及根系体积缩小,出现向心更新现象,即树冠内常发生大量徒长枝,主枝上出现大的更新枝,对不良环境抵抗力差,极易生病虫害。

衰老树应加强肥水管理,在辐射状或环状施肥过程中,切断粗大的骨干根,促生较多的侧须根。另外,每年应中耕松土 2～3 次,疏松土壤。必要时用同种幼苗进行桥接或高接,帮助恢复树势。对更新力强的植物,重剪骨干枝,促发侧枝,或用萌蘖枝代替主枝进行更新和复壮。

值得注意的是,以上几个生长发育时期,没有明显的界线,各个时期的长短受植物本身系统发育特性和环境条件的限制,同一树种在不同环境条件下,各个时期的长短也会有较大差异。总的来说,植物在成熟期以前生长发育较快,积累大于消耗。成熟期以后,生长量逐渐减少,衰老加快。

营养苗的生命周期,没有种子期和幼年期(或幼年期很短),只要环境适合,就可开花。一生只经历青年期、壮年期和衰老期。

(二)多年生草本植物

多年生草本植物个体寿命较木本植物短,一般 10 年左右。其一生也需经过种子期、幼年期、青年期、壮年期及衰老期 5 个时期,但各个时期与木本植物相比要短一些。

(三)一、二年生草本植物

一、二年生草本植物生命周期很短,在一年至二年中完成,一生也要经历种子期、幼年期、青年期、壮年期及衰老期。其各个生长发育阶段时间很短,终生只开一次花,当气候条件不适合时,全株死亡,以种子延续生命。如百日草,一般春天播种后生命周期开始,春夏季经历幼年期、青年期、壮年期,即生长开花,秋季来临时,种子成熟后全株死亡,生命周期结束,整个生命周期历时近一年。

四、观赏植物的年生长周期

植物的年生长周期,是指植物在长期的系统发育过程中,形成了随着四季气候的变迁有顺序地进行生长和休眠形成的周期性,即在环境条件适合时进行生长,在条件不利时进行休眠。这种周期性在落叶树种中表现得尤为明显。植物年周期性变化,源于一年之中气候的规律变化。下面主要介绍温带地区植物的年生长周期及其特点。植物的年生长周期一般分为生长期和休眠期。

1. 生长期

生长期是植物旺盛生长、生理活动最活跃、新陈代谢最快的时期。植物细胞快速分裂,植株体积不断增大,质量不断增加,生长到一定程度后转入生殖生长阶段,产生新的繁殖器官——花、果、种子。生长期的长短与当地气候有关,生长期的进程和节奏则与树龄、树势和栽培条件有关。生长期具体分为以下几个时期:

(1)根系生长期 在植物周年生长的过程中,根系的生长主要受土壤温度的影响。在土壤温度适宜的条件下,根系能全年生长,没有周期性。但在温带地区,冬季土壤温度降低到根系生长要求的最低限度以下,根系停止生长而进入冬季休眠,春季气温回升后恢复生长,呈周期性循环。由于根系开始生长时要求的温度较地上部低,同时土壤温度变化较气温稳定,植物根系开始活动生长时期较地上部早,结束生长时期比地上部晚。大多数植物根系旺盛生长要求一定的土温,一般为 12～26 ℃,超过 30 ℃或低于 0 ℃生长缓慢或停止。但亚热带树种(如柑橘)根系活动要求温度较高,如果种在冬季较寒冷的地区,由于春季气温上升快于地温,也会出现先萌芽后发根的情况。

(2)萌芽和开花期　萌芽虽然比根系生长开始晚,但习惯上一般把萌芽作为植物由休眠转向生长的标志,代表着年生长周期的开始。

萌芽的标志是叶芽和花芽膨大,芽鳞开裂,长出幼叶或花瓣(花序),这段时期称为萌发期。先花后叶的植物,花芽首先萌发开放;先叶后花的植物,则是叶芽先萌发;混合芽则花、叶同时萌发。芽的萌发一般一年一次,有的植物一年多次萌芽。

萌芽的早晚因植物种类、年龄、树体营养和环境条件而异。落叶树一般在昼夜平均温度达 5 ℃时开始萌芽,而常绿阔叶树要求在较高的温度下才能萌芽。如柑橘类需要在 9～10 ℃以上。同一树种,幼年树比老树萌芽早;树体营养好的植株萌芽;发育充实的顶芽或顶端腋芽萌发早,在较长的发育枝上,中部以上营养充实的芽萌发早。另外,气温高的年份芽萌发早于正常年份。

开花是指从花芽开放直至落花为止。开花期的早晚、花期持续的时间与温度有着密切的关系。开花期的长短也受温度和湿度的影响。干燥、高温则花期短,湿润、凉爽则花期长。此外,幼年树和壮年树开花整齐度和花期都比老树、弱树齐和长。

大多数植物一年开一次花。正常开花一次的植物,在遭受刺激后,一年可开两次花,但第二次开花数量少、质量差。

(3)新梢生长和组织成熟期　从萌芽后新梢开始生长,一直到顶芽出现为止是新梢生长期。一年中新梢生长速度呈波浪形变化,生长高峰到来的时期、次数、封顶早晚均因树种、年龄、当年气候条件及管理水平而异。一般开始时新梢生长较缓慢,一定时期后枝条生长明显加快,随后进入缓慢生长期。有的树种在年周期内只在春季抽生一次新梢,称为春梢,如核桃等。有的能抽生几次新梢,既有春梢,又有夏梢或秋梢,如月季、白兰、桂花等。

新梢在进行伸长生长的同时也进行加粗生长,不过在枝条旺盛加长生长时,加粗生长缓慢。当枝条旺盛加长后,加粗生长迅速。因此枝条的加长生长和加粗生长是交替进行的。加粗生长发生在加长生长的后面,比加长生长停止得迟,一般有 2～3 个生长高峰。

在枝条生长的后期,即转入组织充实阶段,枝条逐渐转为木质化,其中贮藏大量营养物质,供第二年春季萌发时使用。

在栽培过程中,应注意控制秋梢不要抽得过迟,否则消耗营养较多,使得枝条内贮藏的营养物质较少,组织不充实,抗寒力降低,冬季易遭受冻害。

(4)芽分化期　芽是地上部枝、叶、花等器官发育的基础。当枝条生长到一定程度后,叶腋间逐渐形成叶芽或花芽。大部分树种芽的形成是在枝条旺盛生长后,枝条内部积累了大量营养物质的基础上进行的。芽的质量、数量和花芽转化与新梢生长的质量有关,新梢充实健壮的,花芽量多质好,弱枝花芽形成少。

花芽形成时期与树种、温度、营养等条件有关。先叶后花的植物当年进行花芽分化,当年开花。如月季 3—4 月花芽分化,5 月开花;桂花 6—8 月花芽分化,10 月左右开花。大多数植物一年进行一次花芽分化,有些植物在一年内能多次花芽分化,如白兰等。先花后叶的植物,花芽在夏秋季节分化。如梅花、碧桃等,在6—7月花芽分化,第二年春季开花。

(5)果实发育成熟期　从受精后子房开始膨大到果实完全成熟为止,称为果实发育成熟期。果实发育成熟期的长短因树种而不同,松、柏类球果,头年受精,第二年才发育成熟,历时一年以上;杨、柳、榆等的果实从受精到成熟只需数十天,当年春夏季即可成熟;多数草本植物这一阶段的时间也很短,如半支莲,只有几天。这一阶段的长短也受气候等因子的影响,如低温和潮湿会推迟果实成熟。对于秋季和初冬成熟的果实,如果一直处在较高的气温条件下而缺少必要的低温,也会推迟成熟,如板栗、油茶等。

2. 休眠期

落叶植物自落叶开始到第二年春季发芽为止的时期称为休眠期。这是由于冬季气温降低引起的,又称为自然休眠。具有休眠期的植物生长期和休眠期非常明显,周年交替,这是植物在系统发育过程中对不利的外界条件有适应能力的表现。

植物各部分进入休眠的迟早不同,一般芽和小枝最早,其次是枝干,根颈最迟。解除休眠的顺序正好相反,根颈最早,芽最迟。根系没有自然休眠的特性,只要土温适合,周年都处于活动状态,尤其是分布在土壤深层的根系。

初冬进入休眠后,休眠逐渐加深,称为深休眠。处于深休眠的植物体内具有抑制生长的物质,此时即使处于适宜生长的环境条件下休眠也不会解除,必须经过一段时间一定的低温才能解除。如果不经低温处理而直接转入较高温度条件栽培,一般会推迟萌发,或花芽发育不良。自然休眠后,如果外界缺少植物生长所需的条件,植物仍不能生长,此时称为被迫休眠。一旦条件适合,被迫休眠被解除,植物就会开始生长,此期如遇倒春寒容易受冻害。

一些原产于温带地区的植物喜欢冷凉的环境,在夏季高温的条件下,会转入休眠,这也是一种自然休眠,如仙客来、水仙、郁金香等。当夏季过去天气转凉时又可恢复生长。热带地区的树木、常绿树、温室植物的生长期与休眠期没有明显的界限,处于周年生长状态,只不过在气温较低时生长变得缓慢而已。

休眠期的长短及完成休眠的条件因植物种类而异,温带树种通过深休眠的温度为$0 \sim 5 ℃$。休眠期中,器官生长停止,生理活动处于最低水平,从生长到休眠,植物需要经过一系列的生理变化,如体内淀粉水解转化为糖在细胞中积累等,使抗寒力增强。

在观赏植物栽培过程中,可采用调节温度、光照、使用生长调节剂等方法来延长休眠和解除休眠。

五、观赏植物生长发育的整体性

植物体是一个统一的有机体,在其生长发育的过程中,各器官和组织的形成及生长表现为相互促进或相互抑制的现象,即观赏植物生长发育表现为整体性,也可称为相关性。

1. 地上部分和地下部分的相关性

观赏植物地上部分和地下部分的生长上有明显的相关性。如处在肥沃土壤上的树木,根系发达、树冠高大;而生长在贫瘠土壤上的树木根系少、树冠也小。植物的这种相关性,是由于它们之间有营养物质及微量生理活性物质供需上的相互依存。根供给叶片水分和无机盐,而叶片将光合产物输送给根。另外,根系生长所需要的维生素、生长素是靠地上部合成后下运供应的,而叶片生长所需的细胞分裂素等物质,又是在根内合成后上运供应的。

地上部分和地下部分的相对生长强度,通常用根冠比来表示,即根系的干物质总重与全株枝、叶的干物质重的比值。外界条件对根冠比的影响较大。一般在土壤比较干旱、氮肥少、光照强的条件下,根系的生长量大于地上枝叶的生长量,根冠比大;反之在土壤湿润、氮肥多、光照弱、温度高的条件下,地上枝叶生长迅速,则根冠比小。另外,栽培措施中的修剪整枝短期内增大了根冠比,但由于具有促进枝叶生长的作用,因而长期效应是降低了根冠比。

2. 极性与顶端优势

极性指植物体或其离体部分的两端具有不同的生理特性。根部从形态学下端长出,而新枝在形态学上端长出。极性现象的产生是因为植物体内生长素的向下极性运输。生长素的向下极性运输使茎的下端集中了足够浓度的生长素,有利于根的形成,生长素浓度低的形态学上端则长出芽来。植物的极性一经形成,就不会轻易改变。因此在利用植物的某些器官如枝条进行扦插繁殖时,应避免倒插,以便发生的新根能够顺利进入土中,新梢能够迅速伸长进行光合作用,促使插条成活。

顶端优势的产生原因也与生长素的向下极性运输有关。生长素在顶端形成后向下运输,从而使侧芽附近的生长素浓度加大,抑制侧芽的生长。除去顶芽,就促进了侧芽的生长。

3. 营养器官和生殖器官的相关性

旺盛的营养器官生长是得到良好的生殖器官(花和果)的基础。二者的生长是协调的,但有时会产生因养分的争夺,造成生长和生殖的矛盾。

一般情况下,当植株进入生殖生长占优势时期,营养体的养分便集中供应生殖器官。一次开花的植物,当开花结实后,其枝叶因养分耗尽而枯死;多次开花植物,开花结实期枝叶生长受抑制,当花果发育结束后,枝叶仍然恢复生长。

在肥水供应不足的情况下,枝叶生长不良,而使开花结实量少或不良,或是引起树势衰退,造成植株过早进入生殖阶段,开花年龄提早。当水分和氮肥供应过多时,不仅会造成枝叶生长过于旺盛引起徒长现象,并会由于枝叶旺长消耗大量营养物质而使生殖器官得不到充足的养分,导致花芽分化不良、开花迟、落花落果或果实不能充分发育。栽培上可利用控制水肥、合理修剪、抹芽或疏花及疏果等措施,来调节营养体生长和生殖器官发育的矛盾。

第二节　园林树木的枝芽特性与树体骨架

树木的树体骨架系统及其所形成的树形,取决于树木的枝芽特性。了解树木的枝芽特性,对园林树木的管理尤其是整形修剪,具有极其重要的意义。

一、园林树木的枝芽特性

芽与种子有部分相似的特点,在适宜的条件下,可以形成新的植株,是树木生长、开花结实、更新复壮、保持母株性状以及整形修剪的基础。

（一）芽的分类

芽根据位置不同分为定芽和不定芽。定芽——有固定着生位置的芽,如顶芽、腋芽;不定芽——没有固定着生位置的芽。

芽根据性质不同分为叶芽、花芽、混合芽和潜伏芽。叶芽——生长枝条叶片的芽;花芽——形成花器官的芽;混合芽——同时具有枝叶、花器官的芽;潜伏芽——多年不萌发、呈潜伏状态的芽。

（二）芽的特性

1. 芽序

定芽在枝条上按一定规律排列的顺序称为芽序。因为大多数的定芽着生在叶腋间,因此芽序与叶序相一致。芽序主要有三种:

互生芽序:多数树木都为此类芽序,如葡萄、榆树、板栗等。

对生芽序:每节芽相对而生,如泡桐、丁香、大叶黄杨等。

轮生芽序:芽在枝上呈轮生状排列,如夹竹桃、南洋杉、油松等。

有的树木的芽序也因枝条类型、树龄和生长势而有所变化。

2. 芽的异质性

同一枝条上着生在不同部位的芽存在大小、饱满程度的差异,这种现象称为芽的异质性。这是芽在生长发育过程中,由于所处的环境和所着生的枝条内部养分状况不同所致。早春新梢生长时基部形成的芽,由于气温低,叶面积小,同时处于养分消耗时期,芽的发育程度差,常形成瘪芽或隐芽;随着叶面积增大,光合作用加强,同化物质增多,芽的质量逐渐提高。

但如果长枝生长延迟至秋后,由于气温降低,枝梢顶端往往不能形成顶芽,所以一般长枝条的基部和顶端部分或者秋梢上的芽质量较差。

3. 芽的早熟性和晚熟性

紫叶李、红叶桃、金叶女贞、大叶黄杨及月季等植物都具有早熟性芽。这些树木当年新梢上的芽能够连续萌发生长,抽生两次或三次梢,这种不经过冬季低温休眠就能够在当年萌芽的称为早熟性芽。另有一些树木的芽,当年一般不萌发,必须经过冬季低温休眠,第二年春天才能萌发,称为晚熟性芽,如紫叶李、红叶桃、苹果及梨的多数品种都具有晚熟性芽。

芽的早熟性和晚熟性与树龄、栽培地区气候有关,树龄增大,晚熟性芽增多,夏秋梢形成的数量减少。

4. 萌芽力与成枝力

各种树木与品种叶芽的萌发能力不同,松属的许多品种、紫薇、桃等萌芽力较强,梧桐、核桃等树木的萌芽力较弱。生长枝上的叶芽萌发的能力称为萌芽力,一般以萌发的芽数占总芽数的百分率表示。萌芽力在一半以上的则为萌芽力强,如悬铃木、榆树等;枝条上的芽多数不萌发,则为萌芽力低。萌芽率是修枝的依据之一。

枝条上的芽萌发后,并不是都能抽成长枝。枝条上的叶芽萌发后能够抽成长枝的能力称为成枝力。悬铃木、葡萄、桃等萌发力高,成枝力强,树冠密集,成型快;银杏、西府海棠等成枝力较弱,树冠内枝条稀疏,成型慢。

5. 芽的潜伏性

许多树木的枝条基部或上部的副芽，由于质量或营养的原因，在一般情况下成潜伏状态而不萌发，称为潜伏芽，也称隐芽。但当枝条受到某种刺激（如受伤等）时，能萌发抽生新梢，这种能力称为芽的潜伏力或潜伏芽的寿命。潜伏芽寿命长的树种容易更新复壮，如悬铃木、金银木、月季及女贞等。芽的潜伏力弱，树冠容易衰老。另外，芽的潜伏力也与栽培管理条件有关，条件好，潜伏力强。

二、园林树木茎枝特性

（一）顶端优势

树木顶端的芽或枝条的生长比其他部位占有优势，称为顶端优势。这是枝条背地性生长极性表现。一般高大乔木树种都具有较强的顶端优势。顶端优势主要表现为：树木同一枝条上顶芽或位置高的芽比其下部芽饱满充实，萌发力、成枝力强，抽生的新梢生长旺盛；顺枝向下的腋芽，枝条的生长势逐渐减弱，最下部的芽甚至处于休眠状态，如果剪去顶芽和上部芽，即能促使下部芽和隐芽的萌发；树木的中心主干生长势要比同龄的主枝强，树冠上部的枝条要比下部强。一般的树木都有一定的顶端优势，但低矮的灌木顶端优势较弱。

顶端优势强的树种容易形成高大挺拔和较狭窄的树冠，而顶端优势弱的树种容易形成广阔圆形树冠。因此，对顶端优势强的树种，为扩大树冠，可抑制顶梢的顶端优势，促进主侧枝的生长；对顶端优势弱的树种，可以通过对侧枝的修剪来促进顶梢的生长。

（二）分枝方式

各个树种由于遗传特性、芽的性质和活动情况不同，形成不同的分枝方式。

1. 单轴分枝

又称总状分枝，枝的顶芽具有极强的顶端优势，生长势旺，能形成通直的主干或主蔓，同时依次发生侧枝。大多数针叶树、银杏、毛白杨及七叶树等属于此类。属于这一分枝方式的阔叶树，在幼年期总状分枝生长表现突出，但维持中心主枝顶端优势时间较短，侧枝相对生长较旺，在成年期形成庞大树冠后，总状分枝表现得不很明显。

2. 合轴分枝

枝条的顶芽经过一段时间生长后，先端分化出花芽或自枯，由临近的侧芽代替延长生长，每年如此循环往复。这种主干是由许多腋芽伸展发育而成。合轴分枝使树木或树木枝条在初期呈现出曲折的形状，但随着老枝和主干的加粗生长，曲折的形状逐渐消失。该类树木树冠开展，侧枝粗壮，整个树冠枝叶繁密，通风透光，能提供大面积的遮阳，是主要的庭荫树种。如刺槐、悬铃木、柳树、樟树、香椿、石楠、苹果、梨、梅、桃及杏等。

3. 假二叉分枝

具有对生芽的树木，顶端分生组织干枯死亡或形成花芽，下面的两侧腋芽同时发育，以后照此继续分枝，其外形似二叉分枝。这种分枝方式实际上是合轴分枝的一种变化，如泡桐、丁香、女贞、石榴、四照花及卫矛等。

有些树木，在同一树体上具有两种不同的分枝方式，如女贞顶端无花为总状分枝，有花即为假二叉分枝；而玉兰、木棉等，顶端无花为总状分枝，顶端有花为合轴分枝。有的树木，幼苗期为单轴分枝,到一定时期后转为合轴分枝。也有少数树木不分枝,如棕榈科的许多种。

(三)茎枝的生长类型

茎枝一般有顶端的加长生长和形成层活动的加粗生长(竹类因没有形成层,只有加长生长)。不同植物的茎在长期进化过程中,形成了各自的生长习性以适应外界环境,除主干延长枝、突发性徒长枝呈垂直向上生长外,多数枝条呈斜向生长。千姿百态、种类繁多的树木,大致可分为三种茎枝生长类型。

1. 直立生长

茎干以明显的背地性垂直于地面生长,处于直立或斜生状态,多数树木处于这种类型。按枝条生长特点又可分为垂直紧抱型、斜伸开张型、金字塔型、龙游型及下垂型等。

2. 攀附生长

茎长得细长柔软不能直立,需要攀缘在其他物体上,借他物为支柱,向上生长,该类植物称为攀缘植物,或藤本植物。攀缘方式各有不同,有的通过缠绕在其他物体上,如紫藤、金银花等;有的附有攀附器官(卷须、吸盘、吸附气根及钩刺等)借其他物体支撑向上生长。

3. 匍匐生长

茎蔓细长不能直立,又无攀缘器官,常匍匐于地面生长,如铺地柏等。这类树木,在园林中常用作地被植物。

(四)干性和层性

干性是指树木中心干的强弱和维持时间的长短。顶端优势明显的树木,干性强而持久,这是高大乔木的共性,即中轴部分比侧生部分具有明显的优势。反之称为干性弱,弱小灌木的中轴部分长势较弱,维持时间短。

树木层性是指主枝在中心干上的分布或二级枝在主枝上的分布,具有明显的层次。如黑松、马尾松、广玉兰、枇杷等,几乎一年一层。层性是顶端优势和芽的异质性共同作用的结果。有的树种的层性一开始就比较明显,如油松等;有的树种随树龄增大,弱枝衰退死亡,层性逐渐明显,如苹果、梨等。具有层性的树冠,有利于通风透光。

不同树种的干性和层性强弱不同。雪松、龙柏等干性强而层性不明显;南洋杉、广玉兰等干性强而层性也明显;香樟、苦楝等树种,幼年期干性较强,但进入成年期后,干性和层性逐渐衰退;桃、梅等始终都无明显的干性和层性。

树木的干性和层性在不同的栽培条件下,会发生一定的变化,如加大栽植密度能增加干性,降低栽植密度会导致干性下降。人为的修剪也能一定程度上改变树种的干性和层性。

三、园林树木树体骨架

树木的整体形态构造,即骨架,根据枝、干的生长方式,可大致分为以下三类:

(一)单干直立型

单干直立型有一明显的与地面垂直生长的主干,主要为乔木和部分灌木。这种树木顶端优势明显,由骨干主枝、延长枝、细弱侧枝等构成主体骨架。

（二）多干丛生型

多干丛生型以灌木树种为主。由根茎附近的芽或地下芽抽生形成几个粗细相近的枝干,构成树体的骨架,在这些枝上再萌生各级侧枝。

（三）藤蔓型

藤蔓型有一至多条从地面长出的明显主蔓,其藤蔓兼具单干直立型和多干丛生型树木枝干的生长特点。藤蔓自身不能直立生长。

园林树木树体结构与枝芽特性的观察

一、目的要求

认识园林树木树体外部形态结构几部分的名称,熟悉其枝芽的类型及特点,为学习整形修剪打好基础。

二、材料用具

材料:选择当地主栽落叶乔木2～3株。

用具:钢卷尺、枝剪、放大镜、记载和绘图用具。

三、实训内容和步骤

①树枝结构观察。

②果树枝条类型观察。

③果树发芽的类型观察。

④果树枝芽的生长特性观察。

四、考核评估

①绘制树体结构图,并注明各部分名称。

②说明当地主栽园林树木的枝芽种类及特性。

实训成绩以100分计,其中,实训态度占20分,实训观察占40分,实习报告占40分。优秀≥90分,良好≥85分,合格为70～85分,基本合格为60～70分,不合格<60分。

生长延缓剂在观赏植物中的应用

生长延缓剂是指那些使植物茎端分生组织细胞分裂、伸长和生长速度减慢的化合物。此类物质可以导致植株节间缩短,表现出生理性矮化,但不损伤植物的顶端分生组织,也不影响植物的发育过程,其作用效果能够为外施GA所恢复。生长延缓剂的共同效应是使植株节间缩短、茎秆粗壮、叶色浓绿、叶片加厚、侧枝增多、根系生长发达等。常用的植物生长延缓剂有多效唑(PP$_{333}$)、B$_9$、矮壮素(CCC)、调节膦等,目前,植物生长延缓剂已广泛应用于菊花、一串红、水仙、矮牵牛、金鱼草、玉簪、墨兰、郁金香、海桐、雀舌黄杨等多种观赏植物,并在提高其观赏价值上取得了良好效果。

评估

1. 什么是春化作用？什么是光周期？
2. 观赏植物生命周期包括哪几个阶段,各自有何特点？
3. 观赏植物各个器官的生长发育有何特点？
4. 简述园林树木的枝芽、茎枝特性与树体骨架。
5. 观赏植物生长发育的整体性表现在哪几个方面？栽培中如何利用这些特点？

模块二
观赏植物的栽培条件

第三章
观赏植物栽培的环境条件

目标

知识目标

- 理解环境因子的概念；
- 了解各环境因子对观赏植物生长发育规律的影响。

能力目标

- 能初步判断各环境因子对植物生长发育的影响。

准备

植物与环境是相互联系的统一体，任何植物都不能离开环境而独立存在。观赏植物的生长发育除受遗传特性影响外，还与各种外界环境因素有关，在适宜的环境中，植物才能生长发育好，花繁叶茂。因此，正确了解和掌握观赏植物生长发育与外界生态环境因子的相互关系是观赏植物栽培和应用的前提。

第一节 温 度

温度是植物生存和进行各种生理生化活动的必要条件，温度的变化对植物的生长发育影响很大，是影响植物地理分布的限制因子。

一、观赏植物对温度的要求

观赏植物的生长发育除取决于种类的遗传特性外，还取决于环境因子。观赏植物栽培的成功与否，主要取决于对环境因子的控制和调节是否能满足观赏植物对环境因子的要求。因此，必须正确了解和掌握观赏植物生长发育与外界环境因子的关系。

（一）观赏植物对温度"三基点"的要求

跟其他植物一样，观赏植物在其生长发育过程中，对温度的需求也表现出三个最基本的要求，即最低温、最适温和最高温，这就是温度的"三基点"。当温度高于最高温或低于最低温的时候，植株就会受害甚至死亡，"南花北养"或"北花南养"时最易出现此类现象。

一般花卉正常生长的温度范围为 0~35 ℃。花卉茎、叶开始生长的温度通常为 10~15 ℃（根系生长要比地上部分低 3~6 ℃，最适温度为 18~28 ℃，最高温度则为 28~35 ℃）。

1. 观赏植物原产地不同、种类不同，生长发育对温度的要求不同

如原产热带的花卉，对温度基点要求较高，一般 18 ℃开始生长。如仙人掌类在 15~18 ℃才开始生长，并可以忍耐 50~60 ℃的高温；王莲的种子需在 30~35 ℃水温下才能萌芽。原产寒带的花卉，对温度基点要求较低，一般 5 ℃左右就开始生长。如雪莲在 4 ℃时开始生长，能忍耐-20~-30 ℃的低温。原产于温带的花卉对温度基点的要求介于上述两者之间。

2. 同种观赏植物在不同生长发育时期对温度的要求不同

一年生观赏植物种子萌芽需要较高温度，一般为 20~25 ℃；幼苗生长期需要的温度相对较低；旺盛生长期需要较高的温度，有利于同化作用和养分积累；开花结果期要求相对较低的温度，有利于延长花期和子实的成熟。

二年生观赏植物相对于一年生观赏植物而言，播种期要求较低的温度，一般为 16~20 ℃；幼苗生长期需要更低的温度，但此期温度不能低于植株能忍耐的极限低温；旺盛生长期需要较高的温度；开花结果期同样需要较低的温度来延长观赏期，并保证果实的充实饱满。

因此，每种观赏植物在不同的生长发育阶段对温度的要求（或者说对温度的适应性）都有所差异，认识这些区别是栽培上的一个重要问题。

（二）温度对观赏植物生长发育的影响

温度不仅影响观赏植物种类的地理分布，而且还制约着植物生长发育的速度及体内的生化代谢等一系列生理机制。

1. 花芽分化与温度的关系

温度对观赏植物的花芽分化和发育有明显的影响，但必须在适宜的温度条件下，花芽才能正常分化和发育。植物种类不同，对适温的要求也不同。

（1）在高温下进行花芽分化　许多花木类，如杜鹃、山茶、梅、桃、樱花、紫藤等，均在 6—8 月气温至 25 ℃以上时进行分化，入秋后进入休眠，经过一定低温后结束休眠而开花。许多球根观赏植物的花芽也在夏季较高温度下进行分化，如唐菖蒲、晚香玉、美人蕉等春植球根观赏植物，均于夏季生长期进行分化。而郁金香、风信子等秋植球根观赏植物，是在夏季休眠期进行分化。

（2）在低温下进行花芽分化　许多原产温带的观赏植物，其花芽分化多要求在 20 ℃以下较凉爽的气候条件下进行，如八仙花、卡特兰属和石斛属的一些种类，在 13 ℃左右的低温和短日照下，促进花芽分化；许多秋播草花，如金盏菊、雏菊等，也要求在低温条件下分化花芽。

温度对于分化后花芽发育有很大影响，花芽的分化以高温为适宜温度的有郁金香、风信子、水仙等。花芽分化后的发育，初期要求温度低，以后温度逐渐升高，可起到促进作用。

适宜的低温因种类和品种而异,郁金香为2～9℃,风信子为9～13℃,水仙为5～9℃,低温时间为40～85 d。

2. 生长发育与温度的关系

温度影响着观赏植物生长发育的每一过程。栽培过程中,为使观赏植物生长迅速,一般昼夜温差要大,白天温度应在该观赏植物光合作用的最佳温度范围内;夜间应尽量在呼吸作用较弱的温度内,以积累更多的有机物质,促进植物迅速生长。植物种类不同,对昼夜温差的要求也不相同。一般热带观赏植物要求昼夜温差为3～6℃,温带植物要求为5～7℃,原产沙漠地区的观赏植物则为10℃以上。但昼夜温差过大过小,对其生长均不利。

(1)低温　低温可使观赏植物生理活性停止,甚至死亡。当温度低于10℃时,一些温室观赏植物就会死亡。观赏植物忍受低温的能力常因生长状况而异,休眠的种子可以耐0℃以下的温度,而生长中的植物体其耐寒力很低,但经过秋季和初冬的冷凉气候,可以锻炼其耐受较低温度的能力,在春季新芽萌发后即失去耐寒力。因此,耐寒力除本身特性外,在一定程度上是在外界环境条件作用下的结果。

增强观赏植物的耐寒性是一项重要工作。在温室或温床中培育的花苗,在移植露地前,必须加强通风,逐渐降温,以增强其耐寒力。在早春寒冷时播种,幼苗对于早春的霜冻有显著的抵抗力。增加磷钾肥料,减少氮素肥料的施用,是增强耐寒力的栽培措施之一。常用的简单防寒措施是于地面覆盖秸秆、落叶、塑料薄膜,设置风障等。

许多观赏植物的种子,可通过低温打破休眠,如在海拔1 800 m的山上采收的金莲花种子,在常温下于北京露地播种,很少发芽,经过低温处理后,其发芽率可达60%以上。

(2)高温　高温会引起植株体失水,产生原生质脱水、蛋白质凝固,使植株死亡。不同的观赏植物种类,其耐热性不同,一般耐寒力强的观赏植物种类,其耐热力弱;而耐寒力弱的植物,其耐热力较强。一般观赏植物种类在35～40℃温度时生长十分缓慢,而有些种类在40℃以上仍能继续生长,但再增高至50℃以上时,绝大多数观赏植物种类的植株便会死亡。为防止高温的伤害,应经常保持土壤湿润,以促进蒸腾作用的进行,使观赏植物体温降低。叶面喷水可以降低叶面温度6～7℃。在栽培中常用的灌溉、松土、地面铺草或设置荫棚等措施,可起到降温的作用。

(3)生长期积温　各种植物在生长期内,从萌芽到开花直至果实成熟,都要求一定的积温。引种时要考虑引种区的积温条件,才能取得成功。如观赏果类花卉的四季橘,引种到北方,通常不能在自然条件下开花结果,只有在温室内才能结果成熟;芭蕉在江南地区能生长并开花,但果实不能发育成熟,就是有效积温不够的缘故。

根据植物对温度的要求不同和耐寒力的差异,通常将植物分成以下三类:

①耐寒植物:此类植物有较强的耐寒性,对热量不苛求。如牡丹、芍药和丁香等。

②喜热植物:多原产于热带及亚热带,生长期间要求高温,耐寒性差。如三角花、榕树、羊蹄甲等。

③中庸植物:也称喜温植物,多原产于暖温带及亚热带,对热量要求和耐寒性介于耐寒植物与喜热植物之间,可在比较大的温度范围内生长。如松、杨、杜鹃花、桂花及池杉等。

(4)极端温度对植物伤害　植物生长发育对温度的适应性,也有一定的范围,温度过高或过低则植物生理过程受抑或完全停止,对植物产生不良影响,甚至死亡。

①高温对植物的伤害　植物不同,对高温的忍耐力也不同,叶片小、质厚、气孔较少的

种类,对高温的耐性较高。米兰在夏季高温下生长旺盛,花香浓郁;而仙客来、吊钟和水仙等,因不能适应夏季高温而休眠;一些秋播草花在盛夏来临前即干枯死亡,以种子状态越夏。同一种植物在不同的发育阶段对高温的抗性也不同,通常休眠期抗性最强(如种子期),生长发育初期(开花期)最弱。在栽培过程中,应适时采取降温措施,如喷水、淋水、遮阳等,帮助植物安全越夏。

②低温对植物的伤害　低温伤害指植物在能忍受的极限低温以下所受到的伤害,其外因主要决定于降温强度,持续时间和发生时期;内因主要决定于植物种类的抗寒能力。低温伤害的表现主要有4种:

A.寒害:受接近0℃低温影响,植物组织体内水分虽未结成冰但已遭受低温伤害。

B.霜害:气温0℃左右,地表水及植物体表结成冰霜造成的伤害,即秋春季的早、晚霜危害。

C.冻害:0℃以下低温侵袭,植物体内组织发生冰冻而造成的伤害,其细胞结构已遭破坏,主要表现为树干黑心、树皮或树干冻裂、休眠的花芽冻伤、幼树被冻拔。

D.冻旱:又称冷旱,是低温与生理干旱的综合表现。

低温对植物造成的伤害,主要发生在春、秋季和冬季。温度回升后的突然降温,或交错的降温(气温冷热变化频繁),对植株的危害更为严重。

不同种类的植物抗寒能力差异很大。南方植物一般忍受低温能力差,有的在10~15℃气温下即受冻,但起源于北方的落叶树种则能在-40℃或更低的温度条件下安全越冬。同种植物不同品种间的抗寒能力也不同。另外,植物处于不同发育阶段其抗寒能力也不同,通常休眠阶段抗寒性最强,营养生长阶段次之,生殖生长阶段最弱。

采取一些有效措施可以提高植物的耐寒能力。提高植物耐寒性的各种过程称为抗寒锻炼。植物在自然条件下,随着温度的逐渐降低,原生质逐步改变其代谢机能和组成,体内逐渐增加可溶性糖类、氨基酸等物质,减少水分,以适应环境。植物抗寒锻炼也常仿效以上办法。

(三)花色与温度

温度是影响花色的主要环境因素。在许多观赏植物中,温度和光照强度对花色有很大的影响。随着温度的升高和光照强度减弱,花色变浅。有些品种在弱光、高温下开花,几乎不着色,有些品种的花色变浅。在矮牵牛的蓝色和白色的复色品种中,蓝色部分和白色部分的多少受温度影响很大,如果在30~35℃高温,开花繁茂时,花瓣完全呈蓝或紫色;在15℃条件下,同样开花繁茂时,花色呈白色,而在20~25℃的温度下,则呈现蓝色和白色的复色花,蓝色和白色的比例因温度而变化。温度为30~35℃时,蓝色部分增多,温度变低时,白色部分增多。

原产于墨西哥的大丽花,如果在温暖地区栽培,一般炎热夏季不开花,即使有花,花色暗淡,至秋凉后才变得鲜艳。月季的花色在低温下呈深红色,在高温下呈淡红色。

第二节　光　照

影响植物生长发育的光照条件主要有光质、光照度和光照长度(光周期)。多数树木对光周期并不敏感,影响最大的是光照度。光照度过大或过小均能影响观赏植物的生长发育,严重时会造成病态。通过人为措施,不断改进栽培技术,改善观赏植物对光能的利用,是观赏植物栽培的重要方法之一。

一、光照强度对观赏植物的影响

1.观赏植物对光照强度的需求

各种观赏植物因原产地的光照条件差异较大,因此对光照强度的需求也不同。原产于高海拔地区的观赏植物要求较高的光照条件;而原产于热带和亚热带地区的观赏植物,往往要求较低的光照强度。根据不同种类的观赏植物对光照强度的需求不同,可以将其分为以下几个类型:

(1)阳性观赏植物(喜光观赏植物) 喜强光,不耐荫蔽,在光照充足的条件下才能正常生长发育。大部分观花、观果花卉和少数观叶花卉属于此类,如扶桑、月季、梅花、菊花、玉兰、一串红、石榴、柑橘、苏铁、银杏、橡皮树等。

(2)阴性观赏植物(喜阴观赏植物) 具有较强的耐阴能力,只有在适度的荫蔽条件下才能良好生长,如遇强光直射,叶片会焦枯,甚至整株死亡。这类观赏植物大多原产于热带雨林或高山阴坡及林下。多数观叶观赏植物和少数观花花卉属于此类,如蕨类、兰科、苦苣苔科、姜科、秋海棠科、天南星科、文竹、玉簪、八仙花、大岩桐等。

(3)中性观赏植物(耐阴观赏植物) 对光照强度的需求介于上述两者之间,一般喜阳光充足环境,但在微阴环境下也能生长良好,如萱草、杜鹃、山茶等。

2.同种观赏植物在不同生长发育时期对光照强度的要求不同

大多数观赏植物种子在光照下或黑暗状态都能萌芽,因此播种后覆土厚度主要由种子粒径决定。但有些观赏植物种子需光照刺激才能萌芽,称喜光种子,如毛地黄、非洲凤仙;有的观赏植物种子在光照下萌发受到抑制,在黑暗中易萌芽,称嫌光种子,如黑种草等。一般观赏植物的幼苗繁殖期要求光照较弱。幼苗生长期至旺盛生长期应逐渐增加光照量,生殖生长期需光量因观赏植物习性不同而异。开花期对喜光观赏植物适当减弱光照,可延长花期,并使花色保持鲜艳;对于绿色花卉如绿牡丹、绿菊花等,适当遮光则可使花色纯正、不易褪色。

二、光照长度对观赏植物的影响

1.光照长度与观赏植物开花

根据观赏植物花芽分化时对光照长度的要求不同,通常将观赏植物分为以下三类:

(1)长日照观赏植物 此类观赏植物要求每天的光照时间必须长于一定的时间(一般在 12 h 以上)才能正常形成花芽和开花,如这一条件不能满足,就会出现不开花或延迟开花的现象,如唐菖蒲、瓜叶菊、金盏菊、大岩桐、天人菊、八仙花、藿香蓟等。自然花期在春末和夏初的花卉多属于此类。

(2)短日照观赏植物 此类观赏植物要求每天的光照时间必须短于一定的时间(一般在 12 h 以内)才有利于花芽的形成和开花,长日照条件下难以形成花芽或花芽分化不足,如秋菊、一品红、蟹爪兰等。自然花期在秋冬季节的花卉多属于短日照观赏植物。

(3)中日照观赏植物 此类观赏植物对光照长度不敏感,只要营养状态达到要求,温度适宜,一年四季均可开花,如月季、牡丹、香石竹、一串红等。

2.光照长度与观赏植物分布

光照长度的变化随纬度不同而不同,植物的分布也因纬度而异,因此光照长度也必然与植物的分布有关。在低纬度的热带和亚热带地区,由于全年光照长度均等,昼夜几乎都为 12 h,所以原产该地区的植物必然属于短日照植物;偏离赤道南北较高纬度的温带地区,夏季日照渐长而黑夜缩短,冬季日照渐短而黑夜延长,所以原产该地区的植物必然为长日照植物。也就是说,长日照植物多分布在南温带和北温带,而短日照植物常分布于热带和亚热带。

三、光质对观赏植物的影响

光质是指具有不同波长的太阳光谱成分。根据测定,太阳光的波长范围主要在 150 ~ 4 000 nm,波长短于 380 nm 的光为紫外线,占全部太阳光辐射的 5%;波长在 380 ~ 760 nm 的光为可见光(即红、橙、黄、绿、青、蓝、紫),占 52%;波长大于 760 nm 的光为红外线,占 43%。

不同波长的光对植物生长发育的作用不同。实验证明:红光、橙光有利于植物碳水化合物的合成,加速长日照植物的发育,延迟短日照植物的发育。相反,蓝紫光能加速短日照植物发育,延迟长日照植物发育。紫光有利于维生素 C 的合成,蓝光有利于蛋白质的合成,短光波的蓝紫光和紫外线能抑制茎的伸长和促进花青素的形成。一般高山上紫外线较多,能促进花青素的形成,所以高山花卉的色彩比平地花卉艳丽。热带花卉的花色浓艳也是因为热带地区含紫外线较多。

第三节　水　分

水是植物体的重要组成部分,植物的一切生命活动都必须有水分的参加,如光合作用以及呼吸作用、蒸腾作用以及矿质营养的吸收、运转与合成等。水能维持细胞膨压,使枝条挺立、叶片开展、花朵丰满,同时植物还依靠叶面水分蒸腾来调节体温。土壤中的营养物质只有溶于水中才能被植物吸收。自然条件下,水分通常以雨、雪、冰雹、雾等不同形式出现,其数量的多少和维持时间长短对植物影响非常显著。

一、观赏植物对水分的需求和适应

(一)植物体的水分平衡

植物体的水分平衡是指植物的水分收入(根部吸水)和支出(叶蒸腾)之间的平衡。当水分供应不足时,会引起气孔开张度减小,蒸腾减弱,使平衡得以暂时恢复和维持。植物体的水分经常处于动态平衡中。

蒸腾强度与树种、环境等因素有关。一般情况下,阔叶树的蒸腾强度大于针叶树;幼龄树大于老龄树;晴朗的天气下,植物的蒸腾强度大于阴天。

（二）植物对水分的适应

不同的水分条件,适生不同的植物。水中旺盛生长着各种水生植物,如芦苇、水浮莲、荷花等;干旱的山坡上,许多松树生长良好;水分充足的山谷、河旁,赤杨、枫杨等生长旺盛。这说明在长期的进化过程中,植物形成了各自对水分的适应性。

植物对水分的要求和对水分的需要有一定的联系,但这是两个不同的概念。两者有时是一致的,但也可能不一致。如松树对水分的需要量较高,但可生长在水分较少的地方,对土壤湿度要求并不严格;赤杨对水分的需要量也很高,但只能生长在水分充足的地方,对土壤水分要求十分严格。云杉的耗水量较低,对土壤水分的要求却很严格。

二、水分对植物生长发育的影响

植物用水来维持细胞的膨胀压,使细胞能很好地生长和分裂。水是植物光合作用的物质基础和必要条件。在正常状况下,植物处于吸收与蒸腾的动态平衡中。水分过多或过少都会打破这种动态平衡,影响植物新陈代谢的进行。

（一）水分不足对植物的影响

水分不足会对植物的生长造成不利的影响。资料表明,当土壤含水降至 10% ~ 15%时,许多植物的地上部分停止生长;当土壤含水低于 7% 时,根系停止生长,同时由于土壤溶液浓度过高,根系发生外渗现象,引起烧根甚至死亡。

对许多植物来说,水分常是花芽分化迟早和难易的主要因素。植物生长一段时间后,营养物质积累至一定程度,此时植物将逐渐由营养生长转向生殖生长,开始花芽分化、开花结果。在花芽分化期间,如果水分缺乏,花芽分化困难,形成花芽少。开花期内水分不足,花朵难以完全绽开,而且缩短花期,无法体现其品种所特有的特征,影响观赏效果。另外,水分不足,花色变浓,如白色和桃红色的蔷薇品种,在土壤干旱时,花朵变为乳黄色或浓桃红色。

（二）水分过多对植物的影响

土壤中水分过多时,空气流通不畅,二氧化碳相对增多,还原条件加强,有机质分解不完全,会促使一些有毒物质积累,如硫化氢、甲烷等,阻碍酶的活动,影响根系吸收,使植物根系中毒。所以,在水分过多的地方,植物垂直根系往往腐烂。

不同的植物对水分过多(淹水)的抵抗能力(耐淹力)有较大差异。一般情况下,常绿阔叶树种的耐淹力低于落叶阔叶树种,落叶阔叶树种中浅根性树种的耐淹力较强。

耐淹力较弱的树种:刺槐、榆树、合欢、臭椿、构树、栾树、核桃、三角枫、梧桐、泡桐、侧柏、银杏、桂花、黄杨、冬青、香樟、女贞和雪松等。

耐淹力中等的树种:乌桕、国槐、水杉、枫香、悬铃木、苦楝和小叶女贞等。

耐淹力较强的树种:旱柳、垂柳、枫杨和白蜡等。

三、园林树木生长与需水

在年周期中,树木各个物候期的需水量不一样。正确掌握不同物候期树木的需水要求及其特点,对于树木水分管理来说具有十分重要的意义(表3.1)。

表 3.1　树木年周期需水特点(落叶树种为例)

物候期	需水特点
萌芽期	水分不足常发生萌芽推迟或不整齐,并影响新梢生长。当冬春水分不足时,应于初春时期灌水
新梢生长期	此期对缺水敏感,为需水临界期。随温度升高,新梢进入旺盛生长期,需水量较多,如供水不足,会削弱新梢生长或早期停长
花芽分化期	如水分缺乏,花芽分化困难,形成花芽少;水分过多,长期阴雨,花芽分化也难以进行
开花期	大气湿度不足,花朵难以完全绽开,而且缩短花期,影响观赏效果。土壤水分的多少,对花朵的色泽也有一定的影响,水分不足,花色变浓。因此,为保持品种固有特性,应及时进行水分调节
果实发育期	需一定的水分,但如水分过多,会促使梢果生长发生矛盾,引起后期落果、裂果和病害
秋季根系生长高峰期	需一定的水分。在秋旱情况下,水分过多会影响根系生长,进而影响根系吸收和有机质的制造积累,削弱越冬能力
休眠期	需水较少,但长期缺水,常使枝条干枯或受冻。在干旱少雨地区,应在封冻前灌水并充分利用冬季积雪

第四节　土　壤

植物的生长离不开土壤。植物在生长发育过程中,不断从土壤中吸收养分和水分,因此,土壤对植物的影响十分显著。土壤对植物生长的影响是由多种因素综合决定的,如土层厚度、母岩、质地、土壤结构、营养元素含量、酸碱度等,但在一定条件下,某些因素在其中会起主导作用。

一、观赏植物对土壤的要求

观赏植物的种类极多,其生长和发育都要求最适宜的土壤条件,同一种观赏植物在不同的生长发育时期对土壤的要求也有差异,同时观赏植物对土壤的要求有时又决定于栽培的目的,但各类观赏植物对土壤的要求又有一些共同点。

1.露地花卉

露地花卉对土壤要求不甚严格,除沙土及黏土只适合少数种类外,其他土质均可种植。一、二年生花卉适宜的土壤是表土深厚、地下水位较高、干湿适中、富含有机质的土壤;宿根花卉根系入土比一、二年生花卉深,因此应有 40~50 cm 厚的土层,以土壤下层土中混有沙砾、表土为富含腐殖质的黏壤土最为理想;球根花卉对土壤要求更为严格,多数种类以表土深厚肥沃、排水能力好的砂壤土或壤土最为适宜,但水仙、风信子、百合、晚香玉、郁金香等,则以黏壤土为宜。

2. 盆栽花卉

盆栽花卉因盆土容量有限,只有较好的土壤才能满足花卉生长和发育的要求,因此盆栽花卉必须用经过特制的培养土来栽培。好的培养土应具备富含腐殖质,排水透气良好,保水保肥,酸碱度适宜,质量轻,易获取等特点。

实生苗和扦插苗,腐叶土∶园土∶河沙为 2∶2∶1(质量比);

橡皮树、朱蕉等,腐叶土∶园土∶河沙为 3∶5∶2(质量比);

棕榈、椰子等,黏质园土∶河沙为 5∶2(质量比);

桩景及盆栽树木,腐叶土及堆肥土适量,河沙 10% ~20% 。

随着无土栽培技术的发展,出现很多新的栽培基质,因其质轻无臭,得到广泛应用,如蛭石、珍珠岩、陶粒、岩棉、苔藓、木屑、蚯蚓粪、树皮等。

3. 园林树木

土壤厚度对树木根系分布深浅有很大关系。通常土层深厚,植物根系分布也深,能吸收更多的水分和养分,增强抗逆性。土壤质地也影响树木根系的分布深度,沙地根深,黏土较浅。山麓冲积平原和沿海沙地,表土下一般都分布砾石层,漏水漏肥,植物生长不良。城市一般都分布在较平坦地区,土壤厚度较深,但由于长期的人为破坏、市政建设等原因,根区土壤状况多样,理化性质与自然状态下的土壤相比已有了较大的改变,土壤板结,碱化严重,有的甚至已不适于植物生长。

大多数的园林树木要求在土质疏松、深厚肥沃的壤质土壤上生长,而且要求壤质土肥力水平较高。

二、土壤性状对观赏植物生长发育的影响

土壤性状主要由土壤质地、土壤酸碱度、土壤有机质等因素决定。衡量一种土壤的好坏,必须综合分析上述各因素的状况,因其对观赏植物根系、球根及地上部分的生长发育都起着重要作用。

(一)土壤质地

土壤质地即土壤机械组成,是指土壤中各粒级土粒(沙粒、粉粒、黏粒)含量百分率的组合,又称土壤颗粒组成。土壤质地不同,所表现的土壤沙黏性质也不同,因而具有不同的肥力特征,适合种植不同生物学特性的观赏植物。土壤质地常分为沙土、黏土、壤土三个基本类型。

(1)沙土　土壤间隙大,通气透水性强,保水保肥性差;有机质含量低;土壤容重小;土温变化快,昼夜温差大。此类土壤主要用于培养土配制和改良黏土,也适用于观赏植物的扦插繁殖;适合球根观赏植物和耐干旱的多肉植物生长。

(2)黏土　土壤间隙小,通气透水性弱,保水保肥性强;有机质含量高;土壤容重大;土温变化慢,昼夜温差小。此类土壤一般不适合观赏植物栽培,可栽培少数喜黏质土壤的花卉和树木。

(3)壤土　土壤颗粒间隙居中,性状介于上述两者之间,排水透气性好,保水保肥性强,有机质含量高,土温稳定。此类土壤适合大多数观赏植物的栽培,是比较理想的栽培用土。

(二)土壤酸碱度

土壤的酸碱度与微生物的活动有关,从而影响有机物质和矿质元素的分解利用。因

此,土壤酸碱度对植物的生长影响往往是间接的。

每种植物都要求在一定的土壤酸碱条件下生长,有的喜酸性土壤,有的对碱性土壤适应。根据植物对土壤酸碱度要求的不同,可以将其分为以下几类:

1. 酸性土植物

土壤 pH 值为 4.0 ~ 6.5,植物生长良好,如马尾松、杜鹃、山茶、桤木、桃金娘、木荷、栀子花、棕榈科、兰科、杨梅等。

2. 中性土植物

土壤 pH 值为 6.8 ~ 7.2,大多数植物均生长良好,如菊花、百日草、杉木、雪松、枇杷等。

3. 碱性土植物

土壤 pH 值在 7.2 以上,植物仍能正常生长,如侧柏、紫穗槐、胡杨、扶郎花、白蜡、红树、石竹类、香豌豆等。

4. 随遇植物

对土壤 pH 的适应范围较大(pH 值为 5.5 ~ 8.0),如苦楝、乌桕、木麻黄、刺槐等。

(三)土壤的通气状况

植物根系的生长除与温度等因素有关外,还与土壤的通气状况和水分状况有密切关系。

植物根系一般在通气孔隙度为 7% 以下时,生长不良,1% 以下时几乎不能生长。为使植物健壮生长,通常情况下要求土壤通气孔隙度在 10% 以上。

(四)土壤水分

最适宜观赏植物根系生长的土壤含水量约等于土壤最大田间持水量的 60% ~ 80%。当土壤含水量降至某一限度时,即使温度和其他因子都适宜,根系生长也会受到破坏,植物体内水分平衡将被打破。在土壤干旱时,土壤溶液浓度升高,根系不能正常吸水反而发生外渗现象(这就是为什么强调施肥后要立即灌水的原因),根的木质化加速,自疏现象加重。据研究,根在干旱状态下受害,远比地上部分出现萎蔫要早,即植物根系对干旱的抵抗能力要比叶片低得多。在严重缺水时,叶片可以夺取根部的水分,此时根系不仅停止生长和吸收,而且开始死亡。

需要指出的是,轻微的干旱对根系的生长发育有好处。轻微干旱可以改善土壤通气条件,抑制地上部分生长,使较多的养分优先用于根群生长,致使根群形成大量分支和深入下层的根系,从而有效利用土壤水分和矿物质,提高根系和植物的耐旱能力。在观赏植物栽培中,常常采用“蹲苗”的方法促使植物发根,提高抗旱能力,其原因就在于此。

土壤中水分过多,能使土壤空气减少,通气状况恶化,造成缺氧,同时土壤水分过多,会产生硫化氢、甲烷等有害气体,毒害根系。

(五)土壤肥力

土壤肥力是指土壤能及时满足植物对水、肥、气、热等要求的能力,它是土壤理化和生物特性的综合反映。植物的根系总是向肥多的地方生长,即趋肥性。在土壤肥沃或在施肥的条件下,植物根系发达,细根多而密,生长活动时间长;相反,在瘠薄的土壤中,植物根系生长瘦弱,细根稀少,生长时间较短。因此,施用有机肥可以促进植物吸收根的生长。

绝大多数植物均喜欢生长在湿润适宜、肥力较高的土壤上,这类植物称为肥土植物,如白蜡树属、槭树属、水青冈属、冷杉属、红豆杉属、银杏等。某些植物在一定程度上能在较为瘠薄的土壤上生长,具有较强的耐瘠薄能力,植物称为瘠土植物或耐瘠薄植物,如马尾松、油松、木麻黄、构树、合欢、相思树、黄连木等。实际上,所谓耐瘠薄植物,仅是耐瘠薄的能力较强而已,如果在肥厚的土壤中会生长得更好。

第五节　养　分

植物所必需的营养元素在植物体内有三方面的作用:一是组成细胞结构物质;二是参与酶的活动,是植物生命活动的调节者;三是起电化学作用,平衡离子浓度、稳定胶体及中和电荷等。那些大量元素具备上述二、三个作用,大多数微量元素只具有酶促功能。每种营养元素在植物体内的作用都是独特的,都是其他元素不能代替的。

一、主要营养元素对观赏植物生长发育的作用

植物生长发育必需的营养元素共有 16 种,其中大量元素有 9 种,分别是碳(C)、氢(H)、氧(O)、氮(N)、磷(P)、硫(S)、钾(K)、镁(Mg)、钙(Ca);微量元素有 7 种,分别是铁(Fe)、锰(Mn)、锌(Zn)、铜(Cu)、硼(B)、钼(Mo)、氯(Cl)。在植物生长发育过程中,氢、氧两元素可从水中获得,碳元素可取自空气,其他元素均从土壤中吸收。

1. 氮

氮是构成蛋白质的主要元素,同时还是叶绿素和植物体内其他有机物的重要组成成分,对茎叶的生长和果实的发育有重要作用。充足的氮肥可促使观赏植物生长良好而健壮,氮肥不足会使植株生长不良,枝弱叶小,叶色变浅发黄,开花不良;过多的氮肥会阻碍花芽的形成,使植物枝叶徒长,对病虫害的抵抗能力减弱。

不同种类的观赏植物及同一观赏植物的不同生长发育期对氮肥的需求有所不同。一年生观赏植物在幼苗时期对氮肥的需要量较少,随着植株生长而逐渐增多。二年生观赏植物和宿根花卉在春季生长初期要求大量的氮肥。观叶观赏植物在整个生长期中都需要较多的氮肥,以保持叶丛美观。观花观赏植物只是在营养生长阶段需要较多的氮肥,进入生殖阶段后,应该控制使用,否则将延迟开花期。

2. 磷

磷是构成原生质的主要元素,同时还是多种酶的组成成分,对植物的细胞分裂、呼吸作用、光合作用、糖分解与运输等均有促进作用。磷能促进种子发芽,提早开花结实,促进幼苗根系生长,增强抗寒、抗旱、抗倒伏及抗病虫害的能力。观赏植物在营养生长阶段需要适量磷肥,进入开花期后磷肥需要量增加。

3. 钾

钾是构成植物灰分的主要元素之一。钾能促进植株茎秆健壮,增强植株抗寒能力,促进叶绿素的形成和光合作用的进行,因此在冬季温室里,当光线不足时,施用钾肥有补救效果。钾能促进根系的扩大,对球根花卉的球根发育有极好的作用。钾还可使花色鲜艳,提

高观赏植物的抗旱、抗寒及抗病虫害的能力。但过量的钾肥使植物生长低矮,节间缩短,叶片变黄,继而变成褐色而皱缩,以致在短时间内枯萎。钾在植物体内有高度的移动性,缺钾症状首先表现在老叶。

4. 钙

钙有利于细胞壁、原生质及蛋白质的形成,促进根系的发育。钙可以降低土壤酸度,在我国南方酸性土地区是重要的肥料之一。钙还能改良土壤的物理性状,使黏土变得疏松,砂土变得紧实。钙在植物体内不能移动,所以缺钙症状首先出现在新叶。

5. 镁

镁是叶绿素分子的中心元素。植物体缺镁时,无法正常合成叶绿素。镁对磷的可利用性有很大影响,因此植物对镁的需要量虽少,但有重要作用。

6. 硫

硫为蛋白质成分之一,能促进根系生长,并与叶绿素形成有关。硫可促进土壤中微生物的活动,如豆科根瘤菌的增殖,可以增加土壤中氮的含量。硫在植物体内不能移动,所以缺硫症状首先出现在新叶。

7. 铁

铁在叶绿素形成过程中起着重要作用。植物缺铁时,叶绿素不能形成,从而妨碍了碳水化合物的合成。多数情况下植物不会缺铁,但在土壤呈碱性时,由于铁变成不可吸收状态,植物才会出现缺铁症状。

8. 硼

土壤中的硼以 BO_3^{2-} 的状态被植物吸收。硼能促进花粉的萌发和花粉管的生长,植物柱头和花柱中含有较多的硼,因此硼与植物的生殖过程有密切关系,花期喷硼有促进开花结实的作用。

9. 锌

锌直接参与生长素的合成,缺锌时植物体内吲哚乙酸含量降低,从而出现一系列病症。锌也是许多重要酶类的活化剂。

10. 锰

锰是许多酶的活化剂,主要以 Mn^{2+} 的形式被植物吸收。

11. 钼

钼常以 MoO_4^{2-} 的形式被植物吸收,其生理作用集中在氮素代谢方面。

二、观赏植物营养元素缺乏症

在观赏植物生长发育过程中,如果某种营养元素不足,就会在植株上出现相应的营养元素缺乏症,也就是在植株上出现一定的病症。不同营养元素的缺乏症,常依观赏植物种类与环境条件的不同而有一定的差异。为便于诊断,将主要营养元素缺乏症的表现分列如下:

A. 较老的器官或组织先出现病症

 B. 病症常遍布整株,基部叶片干焦和死亡

C.植株浅绿,基部叶片黄色,干燥时呈褐色,茎短而细 ······ 缺氮

C.植株深绿,叶常呈红或紫色,基部叶片黄色,干燥时暗绿,茎短而细 ······ 缺磷

B.病症常限于局部,杂色或缺绿,叶缘杯状卷起或卷皱

C.叶杂色或缺绿,有时呈红色,有坏死斑点,茎细 ······ 缺镁

C.叶杂色或缺绿,叶尖和叶缘有坏死斑点 ······ 缺钾

C.坏死斑点大而普遍出现于叶脉间,最后出现于叶脉,叶厚,茎短 ······ 缺锌

A.较幼嫩的器官或组织先出现病症

B.顶芽死亡,嫩叶变形和坏死

C.嫩叶初呈钩状,后从叶尖和叶缘向内死亡 ······ 缺钙

C.嫩叶基部浅绿,从叶基起枯死,叶扭曲 ······ 缺硼

B.顶芽仍活,但缺绿或萎蔫

C.嫩叶萎蔫,无失绿,茎尖弱 ······ 缺铜

C.嫩叶不萎蔫,有失绿

D.叶脉也缺绿 ······ 缺硫

D.叶脉间缺绿,叶脉仍绿

E.叶淡黄或白色,无坏死斑点 ······ 缺铁

E.叶片有小的坏死斑点 ······ 缺锰

三、观赏植物栽培常用肥料

观赏植物在生长发育过程中对土壤中的大量元素,特别是氮、磷、钾需要量很大,需要施用肥料来补充。一般情况下,土壤中的微量元素能满足观赏植物生长发育需求,特殊情况下可以施用肥料来补充。

1.有机肥料

凡是营养元素以有机化合物形式存在的肥料,均称为有机肥料。有机肥料通常分为动物性有机肥料和植物性有机肥料。其特点是种类多,来源广,养分全,肥效长,同时还可以改善土壤的理化性质。因其肥效释放缓慢而持久,又称为迟效性肥料。有机肥料需经过发酵腐熟后方能施用。

(1)堆肥 以各类秸秆、落叶、青草、动植物残体、人畜粪便为原料,按比例相互混合或与少量泥土混合进行好氧发酵腐熟而成的一种肥料;有机质含量丰富,是含氮、磷、钾的全肥;主要用于露地观赏植物的基肥。

(2)厩肥 猪、牛、马、羊、鸡、鸭等畜禽的粪尿与秸秆垫料堆沤制成的肥料;以氮肥为主,也有磷、钾元素;除用作观赏植物培养土配制以外,还可作基肥施用;是沙质土及温室观赏植物栽培中常用的肥料,其浸出液也可作为追肥使用。

(3)饼肥 油料作物的种子经榨油后剩下的残渣。这些残渣可直接作肥料施用。饼肥的种类很多,其中主要有豆饼、菜籽饼、麻籽饼、棉籽饼、花生饼、桐籽饼、茶籽饼等。饼肥含氮量较高,可被观赏植物根系直接吸收,既可作基肥,也可作追肥。作基肥施用前必须把饼肥打碎;如用作追肥,要经过发酵腐熟,否则施入土中继续发酵产生高热,易使植物根部烧伤。

(4)人粪尿 一种完全肥料,需经腐熟后施用。在腐熟过程中应该遮阴加盖,并不与草木灰、石灰等碱性物质混合,以防止氨氮的挥发损失。人粪尿也常掺土堆积而成土粪。人粪尿的肥效较快,可作追肥与基肥。

（5）骨粉　以畜骨为原料制成的粉状产品，主要成分是磷肥，不溶于水，肥效较慢，可作基肥。骨粉混入堆肥或厩肥中发酵后施用，可提高肥效。

（6）草木灰　植物燃烧后的残余物。草木灰富含钾元素，一般含钾 6% ~12%；其次是磷，一般含 1.5% ~3%；还含有钙、镁、硫和铁、锰、铜、锌、硼、钼等微量营养元素。草木灰不能与有机农家肥（人粪尿、厩肥、堆肥等）、铵态氮肥混合施用，以免造成氮素挥发损失；也不能与磷肥混合施用，以免造成磷素固定，降低磷肥的肥效。因草木灰为碱性，土壤施用以黏性土、酸性或中性土为宜，可作基肥、种肥和追肥，也可作育苗、育秧的覆盖物（盖种肥）。

2. 无机肥料

无机肥料是用化学合成方法制成或由天然矿石加工制成的富含矿物质营养元素的肥料。其特点是肥效快，但肥分单纯；肥性暴，但不持久。

（1）尿素　含氮量 45% ~46%，呈弱碱性；适于作基肥和追肥，一般不作种肥；深施效果好。

（2）硫酸铵　含氮量 20% ~21%，多用作追肥；用 1% ~2% 浓度的水溶液施入土中，或用 0.3% ~0.5% 浓度的水溶液喷于叶面。

（3）硝酸铵　含氮量 33% ~35%，易淋失，不宜作基肥；施用时要掌握"多餐少吃"的原则。硝酸铵不能作种肥施用。

（4）过磷酸钙　这是目前常用的一种磷肥，含有效 P_2O_5 14% ~20%（80% ~95% 溶于水），属于水溶性速效磷肥；可用作基肥、根外追肥和叶面喷洒；与氮肥混合使用有固氮作用，可减少氮的损失。

（5）氯化钾　含 K_2O 50% ~60%，肥效快，可用作基肥和追肥，用量为 1% ~2%，但球茎和块根类观赏植物忌用。

（6）硫酸钾　含 K_2O 50%，是一种速效钾肥，可作基肥、种肥和追肥，适用于球茎、块茎和块根观赏植物。

第六节　气　体

空气中的各种气体对观赏植物的影响是不同的：一方面观赏植物在生长发育过程中需要充足的氧气供给其根系等的呼吸，需要充足的二氧化碳来进行光合作用；另一方面，由于工业的发展，空气中的许多有害气体也影响了观赏植物的正常生长和发育。

一、空气主要成分对观赏植物的作用

大气组成成分复杂，各种组分在观赏植物的生长发育中起着不同的作用。

1. 二氧化碳（CO_2）

CO_2 是光合作用合成有机物的重要原料之一。空气中 CO_2 的含量约 300 ppm（0.03%），低于多数观赏植物的光合作用饱和点。若在一定范围内适当增加 CO_2 浓度，可提高光合作用效率。

实验表明，当空气中 CO_2 含量比通常高出 10 ~20 倍时，光合作用有效增加，但当含量增加到 2% ~5% 时，会抑制光合作用。观赏植物种类繁多，设施条件多种多样，CO_2 具体浓度很难确定，一般施用量以阴天 500~800 ppm（0.05%~0.08%），晴天 1 300~2 000 ppm（0.13%~0.2%）为宜。根据气温高低、植物生长期等不同，CO_2 施用量也有所不同。温度较高时，CO_2 浓度可适当提高；观赏植物在开花期、幼果膨大期对 CO_2 的需求量最多。

2. 氧气（O_2）

O_2 为观赏植物呼吸作用时所需。空气中 O_2 的含量约为 21%，能够满足植物的需要。但土壤中氧气含量较少，通常只有 10%~12%，当土壤过于紧实或表土板结时，容易引起氧气供应不足，导致根系呼吸困难，甚至地上部分生长不正常，茎叶老化，叶片下垂，严重时产生大量乙醇等有害物质，使植株中毒甚至死亡。选用通气性好的花盆和盆土，及时进行松土、翻盆及清除盆外泥土、青苔等工作，都有改善土壤通气条件的意义。

3. 氮气（N_2）

空气中 N_2 的含量在 78% 以上，但它不能直接被观赏植物利用，只有通过某些植物根际固氮根瘤菌将其固定成氨和铵盐后，然后经硝化细菌作用转变成硝酸盐或亚硝酸盐，才能被植物吸收，进而合成蛋白质，构成植物体。

二、空气污染对观赏植物的影响

随着现代工业的发展，工矿企业向大气排放的有毒物质的种类越来越多，数量也越来越大，目前引起人们注意的有害气体约有 100 多种，其中对观赏植物生长威胁大的有二氧化硫（SO_2）、氯气（Cl_2）、氟化氢（HF）、氨气（NH_3）等。

1. 二氧化硫

SO_2 主要是工厂的燃料燃烧而产生的有害气体。空气中 SO_2 浓度达到 10~20 ppm（0.001%~0.002%），便会对观赏植物生长产生影响。SO_2 以气孔进入叶片后，细胞内叶绿体被破坏，组织脱水并坏死，叶脉间出现许多褪绿坏死斑点，受害严重时叶脉也变成黄褐色或白色，叶片逐渐枯焦。老叶受害轻，生长旺盛的叶子受害重。各种观赏植物对 SO_2 的抗性不同，抗性强的花卉有一品红、山茶、夹竹桃、唐菖蒲、大丽花、金鱼草、蜀葵、美人蕉、金盏菊、晚香玉、鸡冠花、玉簪、酢浆草、凤仙花、地肤、菊花等。对 SO_2 敏感，可做指示植物的花卉有矮牵牛、向日葵、波斯菊、紫花苜蓿、蛇目菊等。园林树木的抗性见表 3.2。

表 3.2　园林树木对主要污染气体抗性分级表

有毒气体	抗性	主要树种
二氧化硫	强	大叶黄杨、海桐、蚊母树、棕榈、青冈栎、夹竹桃、小叶黄杨、石栎、构树、无花果、大叶冬青、山茶、厚皮香、构骨、胡颓子、樟叶槭、女贞、小叶女贞及广玉兰等
	较强	珊瑚树、梧桐、臭椿、朴树、桑树、槐树、玉兰、木槿、鹅掌楸、紫穗槐、刺槐、紫藤、麻栎、合欢、樟树、紫薇、石楠、罗汉松、侧柏、楝树、白蜡树、榆树、桂花、龙柏、皂荚及栀子花等
氯气	强	大叶黄杨、青冈栎、小叶黄杨、构树、无花果、大叶冬青、山茶、厚皮香、构骨、胡颓子、樟叶槭、女贞、小叶女贞、广玉兰及龙柏
	较强	珊瑚树、梧桐、臭椿、女贞、小叶女贞、泡桐、桑树、麻栎、紫薇、玉兰、罗汉松、合欢、榆树、皂荚、栀子花及刺槐等

续表

有毒气体	抗性	主要树种
氟化氢	强	大叶黄杨、海桐、蚊母树、棕榈、构树、夹竹桃、广玉兰、青冈栎、无花果、小叶黄杨、山茶及油茶等
	较强	珊瑚树、女贞、小叶女贞、紫薇、臭椿、皂荚、朴树、桑树、龙柏、樟树、榆树、楸树、玉兰、刺槐、梧桐、泡桐、垂柳、罗汉松及白蜡树等
氯化氢		小叶黄杨、无花果、大叶黄杨及构树等
二氧化氮		构树、桑树、无花果、泡桐及石榴等

引自：芦建国.园林植物栽培学.2000。

2. 氨气

在设施栽培中,大量施用有机肥或无机肥常会产生氨,氨含量过多,对观赏植物生长不利。当空气中氨含量达到 0.1% ~0.6% 时,就可发生叶缘烧伤现象;含量达到 0.7% 时,质壁分离现象减弱;含量若达到 4%,经过 24 h,植株即中毒死亡。施用尿素时也会产生氨,最后在施用后盖土浇水,以避免发生氨害。

3. 氟化氢

氟化氢(HF)中毒的症状首先在叶尖和叶缘出现,然后才向内扩散。观赏植物受害后几小时便出会萎蔫现象,同时绿色消失变成黄褐色。一般幼芽、幼叶受害最重,新叶次之。对氟化物抗性强的观赏植物有棕榈、紫薇、玫瑰、大叶黄杨、天竺葵、秋海棠、紫茉莉等。

4. 氯气

氯气(Cl$_2$)对观赏植物伤害最典型的症状是叶脉间产生不规则的白色或浅褐色坏死斑点、斑块。有的观赏植物坏死斑块出现在叶片边缘,受害初期呈水渍状,严重时变成褐色并卷缩,叶子逐渐脱落。对 Cl$_2$ 抗性强的观赏植物有苏铁、扶桑、翠菊等。

5. 其他有害气体

在污染较重的城市中,空气中常含有其他有害气体,如乙烯、乙炔、丙烯、硫化氢、氯化氢、氧化硫、一氧化碳等。它们多是从工厂的烟囱或排放的废水中散发出来的,即使空气含量极为稀薄,也可使观赏植物受到严重危害。因此,在工厂附近应选择抗性强的花草树木及草坪地被植物来栽植。在污染地区还应重视和选用敏感植物作为"报警器",以监测预报大气污染程度,起指示植物的作用。

常见的敏感指示观赏植物如下:
①向日葵、波斯菊、百日草、紫花苜蓿等可监测二氧化硫。
②百日草、波斯菊等可监测氯气。
③秋海棠、向日葵等可监测氮氧化物。
④矮牵牛、丁香等可监测臭氧。
⑤早熟禾、矮牵牛等可监测过氧乙酰硝酸酯。
⑥地衣类、唐菖蒲等可监测大气氟。

观赏植物要求经常有新鲜的空气才能健壮生长,因此露地栽培观赏植物的场地要求宽敞通风,以利保持空气清新,防止烟尘及空气污染。温室观赏植物是在特定的环境中栽培的,更要注意通风换气,排除有害气体,保持空气新鲜。特别是用煤火取暖的温室,如通风不良就会使一氧化碳、二氧化硫等有害气体大量增加,引起观赏植物中毒。由于观赏植物种类不同,中毒后的症状也不一样,通常是中毒后叶缘、叶尖或叶片出现干斑,甚至整叶枯焦。

第七节 其他环境因子

影响观赏植物生长的其他环境因子主要有:城市环境、地势和风。

一、城市环境

城市人口密集,工业设施以及建筑物集中,道路密布,生态环境大大不同于自然环境。

(一)热岛效应

城市内人口和工业设施集中,能大量产生热量;建筑物表面、道路路面在白天阳光下大量吸收太阳热能,到晚上又大量散热;同时,由于工业生产产生的二氧化碳和尘埃在城市上空聚集形成阻隔层,阻碍热量的散发,使城市气温大幅度上升,产生明显的热岛效应。据调查,城市年平均气温要比周围郊区高 0.5~1.5 ℃。

由于城市气温要高于自然环境,春天来得较早,秋季结束较迟,无霜期延长,极端温度趋向缓和。但是这些有利于植物生长的因素往往会因温度过高、湿度降低而丧失。炎热的夏季,由于城市热岛效应,气温升高从而影响植物生长。另外,由于昼夜温差变小,植物夜间呼吸作用旺盛,大量消耗养分,影响养分积累。冬季则由于树木缺乏低温锻炼时间,又因高层建筑的"穿堂风",容易引起树木枝干局部受冻,给树种选择带来一定的困难。

(二)土壤条件

城市土壤通过深挖、回填、混合、压实等各种人为活动,其物理、化学和生物学特性与自然条件下的土壤相比存在较大的差异。

由于践踏、压实等各种人为活动,城市土壤板结,通透性不良,减少了大气和土壤之间的气体交换,土壤中含氧量不足,影响植物根系的生命活动。

另外,由于市政建设、工业和生活污染,大量的建筑垃圾、有害废水和残羹剩汤排入土壤,使城市土壤成分变得十分复杂,含盐量增高,造成对植物的毒害。另外,由于土壤被长期污染,其结构遭到破坏,土壤微生物活动受抑制或杀灭,肥力逐渐降低,使一些适应性、抗逆性差的树种生长受损,甚至死亡。

(三)空气污染

在我国大部分城市中,向大气中排放的污染物达 1 000 余种,目前已引起注意的约有400 多种,通常危害较大的有 20 多种,其中粉尘、二氧化硫、氟、氯化氢、一氧化碳、二氧化碳、汞、铅、砷等污染物威胁较大。这些污染物或吸附在植物表面,或通过水溶液、气体交换等形式进入植物体内,对植物产生伤害,影响植物生长发育,严重时可使植物死亡。

大气污染既有持续性的,又有阵发性的;既有单一污染,又有混合污染。不同污染物质与污染特点对植物的危害也不一致。

有毒气体主要破坏叶器官,影响以光合作用为主的一系列生理活动。如果植物常年处在有害气体污染环境中,即使危害较轻,最终会由于储藏物质减少,逐渐衰败。

充分了解不同地区的污染特点和变化,相机选择抗性植物,可以发挥植物的净化作用,减缓空气污染(表3.2)。

二、地势

地势本身并不直接影响植物的生长发育,而是通过诸如海拔高度、坡度大小、坡向等对气候条件的影响,间接地作用于植物的生长发育过程。

(一)海拔高度

海拔高度影响气温、湿度和光照度。一般海拔每升高100 m,气温将降低$0.4 \sim 0.6$ ℃。在一定范围内,降雨量也随着海拔的升高而增加。另外,海拔高度增加,日照增强,紫外线含量增加。这种现象在山地地区更为明显,会影响植物的生长和分布。山地土壤随海拔的升高,温度降低,湿度增加,有机质分解渐缓,淋溶和灰化作用加强,因此pH值降低。

高山植物由于紫外辐射强,高度变矮,节间变短,物候期推迟,生长期结束早,花色艳丽,果实品质好。

(二)坡向与坡度

坡度和坡向能造成大气候条件下的热量和水分的再分配,形成各种不同的小气候环境。

通常,南坡光照强,日照时间长,气温和土温高。在水分条件较差的情况下,仅能生长一些耐旱的灌木和草本植物;但当雨量充沛时,植物就非常繁盛。北坡日照时间短,接受的辐射少,气温和土温较低,可以生长乔木,甚至一些阳性树种也有生长,植被丰富。

坡度的缓急,地势的陡峭起伏等,不仅会形成各种小气候,而且对水土的流失与积聚都有影响,因此可直接或间接地影响植物的分布和生长发育。

三、风

风是气候因子之一。风对植物的影响作用是多方面的。轻微的风可以帮助植物传播花粉,加强蒸腾作用,提高根系的吸水能力,促进气体交换,改善光照和光合作用,消除辐射霜冻,减少病原菌等。

大风会对植物起伤害作用。冬季易引起植物生理干旱;花果期如遭遇大风,会造成大量落花落果。在大风处的树木会变矮、弯曲、偏冠,强风能折断枝条和树干。风可以改变植物所处环境的温度、湿度状况和空气中的二氧化碳浓度等,间接影响植物的生长发育。

以上所述的是各个生态因子与植物的关系,但在实际环境中,影响植物生存条件的这些因子既相互联系,又相互影响、相互补充。因此,从与植物整个生长发育的关系来看,需要引起注意的是各个因子的综合影响作用。只有各个因子都基本能满足植物生长发育的需要,植物才能旺盛生长。

需要补充的是,各个生态因子对植物的影响不是同等的,其中总有一个或若干个因子在起主导作用。在实际工作中,我们要善于抓住主导生态因子并进行调节,以达到栽培目的。

 行动

观赏植物生长环境调查

调查本地区观赏植物的生长环境,并填写下表:

编　号		称　名		科　名	
属　名		学　名		类　别	
栽植地行政区划					
地理位置					
坡　度		坡　向		地形、海拔高度	
土壤类型		土层厚度		土壤酸碱度	
土壤含水量		土壤有机质		土壤覆盖物	
气候类型		年平均气温		年平均降水量	
年日照时数		极端最低气温		极端最高气温	
光照强度		无霜期		气象灾害	
环境污染状况					
伴生苗木					
人为活动					
其　他					
综合评价					
调查人			调查时间： 年 月 日		

 拓展

抗污染先锋树种——构树

构树属于桑科落叶乔木,在我国的温带、热带均有分布。它具有速生、适应性强、分布广、易繁殖、热量高、轮伐期短的特点,对有毒有害物质和重金属污染具有很强的抗性。其叶可作猪饲料,其树皮可造纸,其根和种子、树液均可入药,经济价值很高。

 评估

1.提高和降低土温的措施有哪些?

2.观赏植物配置中,如何根据植物对光照的需要量来进行植物设计? 如何有效地提高光能利用率?

3.简述温度与观赏植物之间的关系。

4.如何根据植物对水分的适应性来合理配置植物?

5.简述落叶树种各个物候期的需水特点。

6.简述各土壤理化性质对观赏植物生长发育的影响。

7.城市环境有哪些特点?

第四章
观赏植物栽培的设施条件

目标

知识目标

- 1. 了解常见观赏植物生产的主要设施;
- 2. 熟悉观赏植物工厂化生产的设备及程序;
- 3. 掌握主要观赏植物生产设施特点。

能力目标

- 1. 能熟练应用观赏植物生产设施;
- 2. 能熟练进行观赏植物工厂化生产程序设计。

准备

园艺设施已成为蔬菜、果树、观赏植物等作物高产优质的重要保障。当今人类社会已进入了高科技成为推动社会发展原动力的知识经济时代,园艺设施越来越显示出其强大的生命力和广阔的发展前景。

观赏植物栽培设施,是指人为建造的适宜或保护不同类型的观赏植物正常生长发育的各种建筑及设备,主要包括温室、冷床、温床、阴棚、风障,机械化、自动化设备以及各种机具和容器。

第一节 常见栽培设施

观赏植物栽培的设施主要有温室、塑料大棚、阴棚、冷床、温床、冷窖、风障等。

一、温室

温室是指用有透光能力的材料覆盖屋面而成的植物栽培保护性设施(图4.1)。无加温设备而仅依靠日光增加室内温度越冬的温室称为日光温室。人们习惯上把全部用塑料薄膜覆盖、无加温设备的拱形温室称为塑料大棚。

图4.1　温室

在现代化的观赏植物栽培生产中,温室可以对温度等环境因素进行有效控制,广泛应用于原产于热带、亚热带花木的切花生产以及促成栽培,是观赏植物栽培中最重要、应用最广泛的栽培设备。

(一)温室的种类

依据应用目的、温度、栽培植物的类型以及结构形式、建筑材料和屋面覆盖材料等的不同,温室可有以下分类:

1. 按照应用目的分类

(1)观赏温室　这类温室专供陈列、展览、普及科学知识之用。一般设置于公园和植物园内,要求外形美观、高大,便于游人游览、观赏、学习等。如北京植物园新建的大温室等。在一些国家,公园中设有更大型的温室,内有花坛、草坪、水池、假山、瀑布以及其他园林装饰等,供冬季游人游览,特称"冬园"。

(2)生产栽培温室　以花卉生产栽培为目的,建筑形式以满足植物生长发育的需要和经济实用为原则,不追求外形的美观与否。一般外形简单、低矮,热能消耗较少,室内生产面积利用充分,有利于降低生产成本。依据应用目的不同又可分为切花温室、盆花温室、繁殖温室等。

2. 依据温室温度分类

(1)高温温室　室温 15~30 ℃,主要栽培原产于热带平原地区的花卉,这类花卉在我国广东南部、云南南部、台湾及海南等地可以露地栽培。如花烛、卡特兰、变叶木、王莲等。冬季生长的最低温度为 15 ℃。这类温室也用于花卉的促成栽培。

(2)中温温室　室温 10~18 ℃,主要栽培原产于亚热带的花卉和对温度要求不高的热带花卉。这类花卉在华南地区可露地越冬,如仙客来、香石竹等。

(3)低温温室　室温 5~15 ℃,主要栽培原产于暖温带的花卉及对温度要求不高的亚热带花卉,如报春花、小苍兰、山茶花等,也可作耐寒草花的生产栽培。北京常用于桂花、夹竹桃、茶花、杜鹃、柑橘、栀子等花木的越冬。

3. 依据栽培植物种类分类

花卉的种类不同,对温室环境条件的要求也不同。常依据一些专类花卉的特殊要求,分别设置专类温室,如兰科植物温室、棕榈科植物温室、蕨类植物温室、仙人掌科及多浆植物温室等。

4. 根据建筑形式分类

生产性温室的建筑形式比较简单,基本形式有四类(图4.2)。

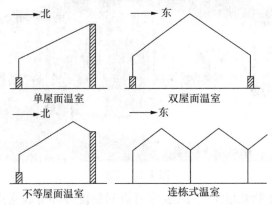

图4.2　温室建筑形式

(1)单屋面温室　温室屋顶只有一个向南倾斜的玻璃屋面,其北面为墙体(图4.3)。

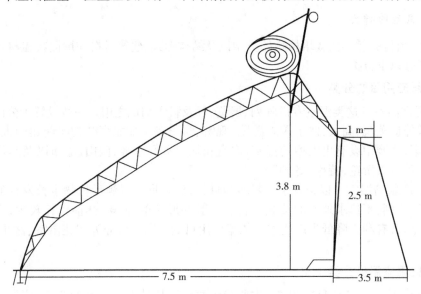

图4.3　单屋面温室示意图

(2)双屋面温室　温室屋顶有两个相等的屋面,通常为南北延长,屋面分向东西两方(图4.4)。

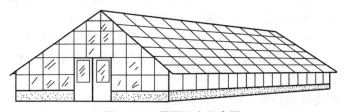

图4.4　双屋面温室示意图

（3）不等屋面温室　温室屋顶具有两个宽度不等的屋面,向南一面较宽,向北一面较窄,二者宽度的比例为 4∶3 或 3∶2(图 4.5)。

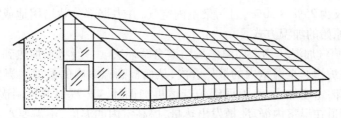

图 4.5　不等屋面温室示意图

（4）连栋式温室　由相等的双屋面温室借纵向侧柱或柱网连接起来,相互通联,可以连续搭接,形成室内串通的大型温室,现代化大型温室均为连栋式(图 4.6)。

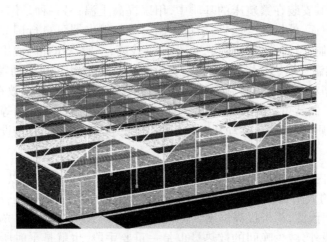

图 4.6　连栋温室

5. 根据覆盖材料分类

（1）玻璃温室　用玻璃作为覆盖材料,这也是应用比较普遍的温室。其优点是透光性和保温性能好,使用年限长,但投资费用高。

（2）塑料薄膜温室　用塑料薄膜作为覆盖材料。塑料薄膜的主要原材料是聚氯乙烯(PVC)和聚乙烯(PE)树脂,其产品主要有 PVC 防老化膜、PVC 无滴防老化膜、PE 防老化膜、PE 无滴防老化膜、PE 保温棚膜、PE 多功能复合膜等;近几年又开发出一些新型薄膜,各项性能均较好。

（3）硬质塑料板温室　多为大型连栋温室。常用的硬质塑料板材主要有丙烯酸塑料板、聚碳酸酯板(PC)、聚酯纤维玻璃(FRP)、聚乙烯波浪板(PVC)。聚碳酸酯板是当前温室制造应用最广泛的覆盖材料。

（二）温室常用设备

1. 温室加温系统

加温方式有烟道加温、热水和蒸汽加温、电热加温以及热风炉加温等。

（1）烟道加温　这种加热方式有炉灶、烟道、烟囱三部分。炉灶低于室内地平面 90 cm 左右,坑宽 60 cm,长度视温室空间和便于操作而定。烟道是炉火加热的主要散热部分,由若干直径为25 cm左右的瓦管或陶管连接而成，也可用砖砌成方形的烟道。烟道应有一定的坡度，即随着延伸而逐渐抬高。烟囱高度应超过温室屋脊。一般以煤炭、木材为燃料，热能利用率较低，仅为25%～30%，且污染室内空气，并占据部分栽培用地或需在室外搭设棚架避雨，是较为原始的加温方式。

（2）热水和蒸汽加温　热水加温多采用重力循环法。一般将水加热到80～85℃后，用水泵将热水从锅炉输送至温室内的散热管内，从而提高温室内的温度。当散热管内的热量散出后，水即冷却，密度加大，水返回锅炉管道再加循环。蒸汽加温是用锅炉发生热蒸汽，然后通过蒸汽管道在温室内循环，散发出热量，提高室内的温度，不需要水泵加压。使用的燃料有煤炭、柴油、天然气、液化石油气等。

（3）电热加温　有电热暖风和电热线等多种形式。一个额定功率为2 000 W的电暖风器，可供30 m² 高温温室或50 m² 中温温室加热使用。电热线加温有两种，一种为加热线套塑料管散热，可将其安装在繁殖床的基质中，用以提高土温；另一种是用裸露的加热线，用瓷珠固定在花架下面，外加绝缘保护，通过控制温度的继电器可自行调节温度。电热加温供热均衡，便于控制，节省劳力，清洁卫生，但成本较高，一般只作补温使用。

（4）热风炉加温　以燃烧煤炭、重油或天然气产生热量，用风机借助管道将热风送至温室各部位。常用塑料薄膜或帆布制成筒状管道，悬挂在温室中上部或放在地面输送热风。通过感温装置和控制器可以实现对室内温度的监测、设定、启动或关闭等自动控制。所需设施占地面积小，质量轻，便于移动和安装，适用于中等以上规模的栽培设施。

2. 保温设备

在冬季，温室内保温是栽培的关键之一。温室内温度高低取决于以下几个方面：一是白天进入温室内的太阳辐射能的多少；二是晚间散热量的多少；三是是否采取人工加温及加温强度的大小。因此，为了提高温室内的温度，除了白天尽可能让阳光进入温室内和采取必要的加温手段外，减少晚间的散热量也是一重要手段，也就是平时所说的保温。常用的保温措施是保暖覆盖。

（1）保温帘　保温帘所用的材料常见的有保温毯蒲帘、草帘、苇帘、纸被等。蒲帘用蒲草（有时加芦苇）编织而成。北方地区的节能日光温室多采用稻草制成的长方形草帘作外保温层，草帘的一端固定在温室的后墙上，顺温室的前屋面垂下，覆盖在透光面上以减少晚间热量散失。

（2）保温幕　架设在温室内的保温层，也称内保温层。一般在温室的立柱间用尼龙绳或金属丝绷紧构成支撑网，将无纺布、塑料薄膜、人造纤维的织物覆盖在支撑网上，构成保温幕。也有将保温幕与遮阳网合二为一，即夏天用作遮阳，冬天用作内保温。这种两用幕由聚乙烯/铝箔制成，呈银白色。现代温室多通过传动装置和监测装置对保温幕实施自动控制。在温室内部架设棚架，覆盖草帘或其他保温材料，也能构成简易的内保温层，如塑料大棚内套小拱棚等。

3. 温室降温系统

（1）自然通风+遮阴系统　此类系统适于夏季高温时间不长、温室内植物对高温不太敏感的温室。该系统包括天窗、侧通风窗或侧墙卷帘通风等通风设施，还可增加遮阳内网或外网以减少因直接光照造成的过度升温。系统降温效果主要取决于自然风力和外界温度。在最佳情况下，温室内温度可比外界温度低，但外界温度很高且风力不强时，降温效果不显著，温室内温度会比外界温度高。因此，单纯的此类系统功用不大，且不甚可靠。

（2）水帘风扇强排风系统　在节能和减低费用的前提下,较好的降温办法是蒸发降温,利用水蒸发吸热来降低室内大气的温度。水壁通常用大块的厚壁状(10 cm 厚)纸制物或铝制品,其上有许多弯曲的小孔隙可以通气。启动时,流水不断从上而下淋湿整个水壁。温室的北面(上可至天沟,下可到花架或更低)全部装置这种材料,而在南面,相对装置大型排风扇。温室不开窗,在排风扇启动后,将室内高温空气不断向外抽出,使室内外产生一个压差,从而迫使湿帘外的空气穿过湿帘冷却后进入温室,通过空气如此不断地循环和冷却达到降温效果。该系统持续降温效果好,距水帘近处降温效果明显(图4.7)。

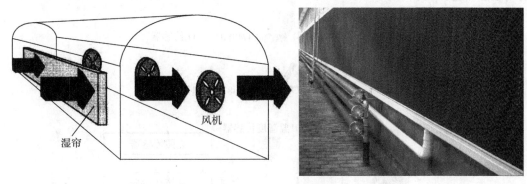

图 4.7　温室降温系统

（3）微雾系统　此系统主要通过一台高压主机产生较大的压力,将经过过滤的净水送入管路,再由各处的喷头雾化喷出,其雾化颗粒直径为 $5 \sim 40 \ \mu m$,这样的超细雾颗粒在落下之前被蒸发,由于水蒸发会消耗大量热量,所以可起到降温的作用。

4.补光和遮阴系统

用人工补光的方法,在冬季和连阴雨天增加光照强度,可使长日照花卉在短日照季节开花;用遮阴方法,可提高花卉在夏季的开花质量。现代化的切花栽培温室备有补充和遮光系统。补光系统一般由人工光源和反光设备组成。人工补光的光源有白炽灯、日光灯、高压水银灯、高压钠灯等。白炽灯和日光灯发光强度低、寿命短,但价格低,安装容易,国内采用较多;高压水银灯和高压钠灯发光强度大,体积小,但价格较高,国外常作温室人工补光光源(图4.8)。

图 4.8　温室遮光和补光系统

5. 计算机控制系统

过去温室内自动控制环境的装置都应用电动的自控装置,能根据探测器及光敏装置调节温室内的温度和湿度。这种装置只有一个探测器,只能对室内的一个固定地点进行探测,无法顾及全面。目前采用计算机控制,计算机可以根据分布在温室内各处的许多探测器所得到的数据,算出整个温室所需要的最佳数值,使整个温室的环境控制在最适宜的状态。因而既可以尽量节约能源,又能得到最佳的效果。但是计算机控制的一次性投资较大,目前使用尚不普遍。但为满足未来大规模温室群发展的需要,逐步推广运用计算机控制则是必然趋势(图4.9)。

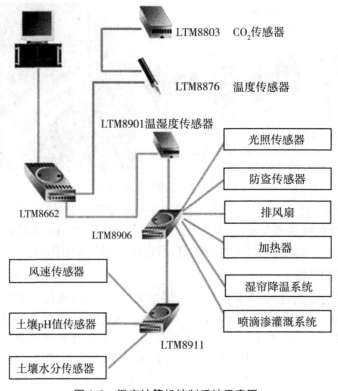

图4.9 温室计算机控制系统示意图

6. 花床

(1)滑动花床(又名变换通道) 将花床的座脚固定后,用两根纵长的镀锌钢管放在座脚上面,再将和温室长度相等的花床底架(就是放盆的地方)放到管子上,不加固定,利用管子的滚动,花床就可以左右滑动。因此,一间温室只要留一条通道,把花床左右滑动,就可在每两个花床之间露出相当于通道宽度的间隔,也就是可变换位置的通道,这样每间温室的有效面积可以提高到86%~88%。这种花床一般用轻质钢材作边框,用镀锌钢丝钢片作底。在上面摆满盆花时,于任何一端用一手即能轻易拉动。

(2)台床 高于地面设置的种植床,一般用混凝土制成,底部设排水孔,常用于育苗基质无土栽培。

(3)台架 摆放花盆的架子,结构可为钢筋混凝土或铝合金。观赏温室的台架为固定式,生产温室的台架为活动式。台架分为级台和平台,级台主要用于单面温室,平台主要用于大型现代化温室的盆花生产。

（4）繁殖床 为温室内进行扦插、播种和育苗等，采用水泥结构，并配有自动控温、自动间歇迷雾的装置。

7.温室自动灌溉装置

（1）新型滴管 这种方法在美国被广泛采用。细小的塑料管一端有个小喷头和固定器，另一端插在总管上，总管和给水管连接，用定时器控制（图4.10）。其优点是效率高，不沾湿叶丛，不冲击介质，各盆给水互相分开，不易传染病害。缺点是装置费用高，时常需要检查有无堵塞等。主要用于盆栽观赏植物。

（2）喷水装置 形式多样，易于安装。主要缺点是沾湿叶丛，使病害易于蔓延，会使已开的花朵被水打湿。

（3）毛细管吸水装置（吸水垫） 过去是在花床中垫沙，在沙里灌水，水分通过毛细管作用从盆的底孔进入盆内，现在以人造纤维代沙，也有用几层报纸来代垫的。首先是将花床上铺上黑色聚氯乙烯薄膜以防膜漏水，其上放垫。这种方法的优点是不会使盆内无机肥因淋湿而损失，介质始终保持湿润，也不易发生根腐病，给水多少完全适应盆的大小，装置容易，搬摆方便。缺点是花床一定要保持水平，容易长青苔，垫的使用寿命不长。

图4.10 滴管

（4）水膜装置 花床用聚氯乙烯薄膜覆盖，以防漏水，将水和营养液倒入花床，由盆栽观赏植物自行吸收，根系生长非常好。其优缺点和给水垫相似，但青苔可能长得更多。

8.温室施液肥装置

温室中化肥等可溶性肥料一般都溶于水随灌溉进行施肥，常见的施液肥方法有：

（1）自压式 也叫自流式，即把肥料箱放在高于微灌系统处，箱内的肥料靠自身的势能进入滴灌系统，从而实现施肥。这种施肥方法要求肥料箱一定的高度，设备较简单，施肥速度慢。

（2）压入式 这是一种靠人力或机械泵将肥料注入滴灌系统的方法。此种方法施肥速度快，但成本高。

（3）压差式 这种施肥方法与微灌设备配套，将肥料箱安装在微灌系统管道上，在两连接管之间装一闸门，将闸阀关闭一定程度，则在两连接处形成一定的压差，在这个压差作用下，箱内肥液流动不断进入滴灌系统中实现施肥。其缺点是肥箱必须密封，且不能连续加肥。

（4）多功能追肥枪 LYJ多功能追肥枪与16型背负式喷雾器配套使用，广泛应用于观赏植物的根下深施化肥，亦可防治根下病虫害，针对性强，效果好，操作简便、安全，避免环境污染。

二、塑料大棚

利用塑料大棚生产花卉，在我国北方应用比较广泛，多数为334～667 m²的竹木骨架和水泥骨架，钢管和钢骨架在一些经济发达的地区逐步被采用。塑料棚的形式、规格均依需要而定。可在墙壁的南侧搭上单面或弧形的棚架，也可搭成单拱或多拱连接式的大棚。棚架可用木制，也可用钢材。建造塑料大棚的原则是经济实用，因地制宜，使用方便（图4.11）。

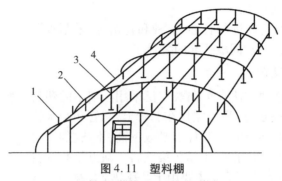

图 4.11　塑料棚
1—地锚；2—拱杆；3—立柱；4—拉杆

三、阴棚

阴棚的种类和形式很多，可大致分为永久性和临时性两类。永久性阴棚一般与温室结合，用于温室花卉的夏季养护；临时性阴棚多用于露地繁殖床和切花栽培使用。在江南地区，栽培兰花、杜鹃等耐阴观赏植物时，也常设永久性阴棚。另外，阴棚还可分为生产阴棚和展览阴棚。

四、其他设施

（一）冷床与温床

冷床与温床是观赏植物栽培常用的设备，两者在形式和结构上基本相同。其不同点是，冷床只利用太阳辐射热以维持一定的温度；而温床除利用太阳辐射热外，还增加了人工补热，以弥补太阳辐射热的不足。

采用冷床与温床可以进行花卉的促成栽培。如晚霜前 30 ~ 40 d 播种，可提早花期；秋播花卉在温床或冷床中保护越冬，可使其冬春开花。在我国北方，一些冬季不能露地越冬的二年生花卉，可以在冷床或温床中秋播越过冬季；也可露地秋播，早霜到来前将幼苗移入冷床中保护越冬。

温床的加温方法有发酵、电热等。过去常借用有机物发酵产生的热量提高床土温度。现在使用最多的是电热温床。电热温床调节灵敏，便于控制温度，而且发热迅速，加热均匀，可长时间连续加温，使用方便。电热温床不通电时，即改为冷床使用。为节约用电，电热温床应设在有保护设施的场地中。

（二）风障

风障在我国北方地区多与冷床结合使用。一般保护地苗床北侧都扎以各种高秆植物的茎成篱笆形式。风障一般向前南向倾斜，与地面成 75° ~ 80° 的角。风障挡风密度不够时，可在风障下部挡以杂草或其他秸秆。风障要加固结实，以免被风吹倒，风障可提高地温 3 ~ 6 ℃。

（三）地窖

地窖又称冷窖，是冬季防寒越冬的临时性简易设施，可用以补充冷室的不足。我国北方地区应用较多，常用于不能露地越冬的宿根、球根、水生及木本花卉等的保护越冬。地窖通常深 1～1.5 m,宽约 2 m,长度视越冬植物的数量而定。地窖最低温度应高于 0 ℃。

地窖应设于避风向阳、光照充足、土层深厚处,依设置方式可分为地下式和半地下式地窖。地下式地窖大部分窖体在地面以下,少部分高出地面,如朝南面可设窗户。地下式地窖保温保湿较好,但窖内高度较低,不便进入管理,通常建成死窖;半地下式地窖窖内高度较高,常设门,留有管理通道,常建成活窖。地窖在地下水位较高的地区不宜采用。

窖顶的形式有 3 种,即人字形、平顶式及单坡式。单坡式的北面较南面高约 20 cm,窖内温度较平顶高;人字形和单坡式地窖窖内高度较高,工作和出入较为方便,多用于有出入口的地窖,平顶式多不设门。

第二节　栽培容器及其他用具

一、栽培容器

栽培床主要用于各类设施栽培中,通常直接建立在地面上,根据温室走向和所种植花卉的需求而定,一般是沿南北方向用砖在地面上砌成长方形的槽,高约 30 cm,宽 80～100 cm,长度视设施内实际情况而定。也有的将床底抬高,距地面 50～60 cm,以便于操作。床体材料多采用混凝土,也可用硬质塑料板材或金属材料制成。

在现代化的温室中,一般采用移动式栽培床(图 4.12)。床体结构一般为铁制或铝合金,底部装有滚轮或可滚动的圆管,床间只留一条宽 50～80 cm 的通道。使用移动式栽培床时,温室面积的利用率达 86%～88%,有效地提高了温室的利用率。

生产周期较短的盆花和种苗生产多用移动式栽培床,而种植期较长的切花生产多用栽培槽。无论何种栽培床(槽),在建造和安装时都应注意:

图 4.12　移动式栽培床

①栽培床底部应有排水孔道,以便及时将多余的水排掉。

②床底要有一定的坡度,以便多余的水及时排走。

③栽培床宽度和安装高度的设计应以有利于人员操作为宜。一般情况下,如果是双侧操作,床宽不应超过 180 cm,床高(从上沿到地面)不应超过 90 cm。

二、花盆

1. 素烧盆(图 4.13)

素烧盆又称瓦盆,由黏土烧制而成,有红色和灰色两种,底部中央留有排水孔。素烧盆质地较粗糙,但排水良好,空气流通,适于花卉生长,且价格低廉,是花卉生产中常用的容器。

2. 陶瓷盆(图 4.14)

这种盆是在素陶盆外加一层彩釉,它质地细腻,外形美观,但通气、排水性差,对花卉生长不利。陶瓷盆形状各异,有圆形、方形、六角形、半月形等。

3. 紫砂盆(图 4.15)

紫砂盆质地细腻,样式繁多,素雅大方,排水、通气性介于素烧盆和陶瓷盆之间,但价格较贵,通常用于盆景和名贵花卉栽培。

4. 塑料盆(图 4.16)

塑料盆质轻而坚固耐用,形状各异,色彩多样,装饰性极强,是国内外花卉生产常用的容器。但是塑料盆排水、透气性不良,花卉栽培时应注意培养土的物理性质,采用疏松透气的培养土。

5. 木盆或木桶(图 4.17)

素烧盆过大时容易破碎,其他花盆过大则太笨重,因此当周口径在 40 cm 以上的时候,常采用木盆或木桶,别有一番情趣。木盆或木桶外形多以圆形为主,两侧设有把手,上大下小,盆底有短脚,防止腐烂。材料宜选用坚硬又耐腐的红松、槲、栗、杉木、柏木等,外面刷油漆,内侧涂环烷酸铜防腐烂。木盆或木桶多装饰于建筑物前、广场和展览馆等。

6. 纸盒

纸盒用于培养不耐移植的花卉幼苗,如香豌豆、香矢车菊等。现在,这种育苗纸盒已经商品化,有不同规格,一个大盘上有数十个小格,适用于各种花卉育苗。

图 4.13　素烧盆　　图 4.14　陶瓷盆　　图 4.15　紫砂盆　　图 4.16　塑料盆　　图 4.17　木桶

三、苗容器

花卉种苗生产中,常用的育苗容器有穴盘、育苗盘、育苗钵等。

1. 穴盘(图 4.18)

穴盘是用塑料制成的,蜂窝状的,由相同规格的小孔组成的育苗容器。标准穴盘的尺寸为 54 cm×28 cm,因穴孔直径大小不同,孔穴数在 18 ~ 8 000 花卉栽培以 72 ~ 288 孔穴盘为宜。使用穴盘育苗可节省种子用量,降低生产成本;穴盘育苗时出苗整齐,可保持植物种苗生长的一致性,且移栽时可保持种苗根系的完整性;同时穴盘育苗能与各种手动及自动播种机配套使用,便于集中管理,提高工作效率。

2. 育苗盘(图 4.19)

育苗盘也叫催芽盘,多为塑料产品,也可用木板自行制作。用育苗盘育苗的优点很多,如对水分、温度、光照容易调节,便于种苗储藏、运输等。

图4.18 穴盘   图4.19 育苗盘   图4.20 育苗钵

3. 育苗钵(图4.20)

育苗钵是指培育小苗用的钵状容器,其规格很多,质地多为黑色塑料。也有以泥炭为主要原料压制而成的有机育苗钵,可直接带钵栽入土中,不伤根,无缓苗期。用育苗钵育种、育苗便于集中培育和移栽,可显著提高经济效益,因此广泛用于花卉生产中。

四、其他栽培用具

(一)工具

1. 水壶

有喷壶和浇壶两种。喷壶用来为枝叶淋水除去灰尘,增加空气湿度。喷壶有粗、细之分,可根据观赏植物种类及生长发育阶段、生长习性灵活选用。浇壶不带喷嘴,直接将水浇在盆内,一般用来浇水。

2. 喷雾器

防虫防病时喷洒药液用,或做温室小苗喷雾,以增加湿度,或做根外施肥喷洒叶面等。

3. 修枝剪

用以整形修剪,以调整株形,或剪截插穗、接穗、砧木等。

4. 嫁接刀

用于嫁接繁殖,有切接刀和芽接刀之分。切接刀选用硬质钢材,是一种有柄的单面快刃小刀;芽接刀薄,刀柄另一端带有一片树皮剥离器。

(二)材料

1. 遮阳网

又称寒冷纱,是高强度、耐老化的新型网状覆盖材料,具有遮光、降温的功能。生产中根据观赏植物的种类不同选择不同规格的遮阳网。使用寿命一般为3~5年。

遮阳网的颜色有黑色、银灰色、白色、浅绿色、蓝色、黄色及黑色与银灰色相间等。生产上多应用黑色网和银灰色网。一般黑色网的遮光降温效果比银灰色网好些,适宜伏天酷暑季节和对光照强度要求较低、病毒病较轻的观赏植物覆盖。银灰色网的透光性好,有避蚜虫和预防病毒病危害的作用,适用于初夏、早秋季节和对光照强度要求较高的观赏植物覆盖(表4.1)。

表4.1　遮阳网的主要性能指标

型　号	遮光率/%		机械强度 50 mm 宽的拉伸强度/N	
	黑色网	银灰色网	经向（含一个密区）	纬向（含一个密区）
SZW-8	20～30	20～25	≥250	≥250
SZW-10	25～45	25～45	≥250	≥300
SZW-12	35～55	35～45	≥250	≥350
SZW-14	45～65	40～55	≥250	≥450
SZW-16	55～75	55～70	≥250	≥500

遮阳网的型号以纬经每25 mm 编丝根数为依据,分为8、10、12、14、16 根网,编丝根数越多,遮光率越大,纬向拉伸强度也越强。厂家将产品定为 SZW-8、10、12、14 和16 五种型号;幅宽规格分为90、150、160、200、220、250、300 和400 cm 等。

2. 切花网

用于切花栽培,防止花卉茎秆弯曲和植株倒伏,通常用尼龙绳制成。

3. 覆盖物

用于冬季防寒,如用草帘、无纺布制成的保温被等覆盖温室,与屋面之间形成防热层,有效地保持室内的温度,亦可用来覆盖冷床、温床等。

4. 塑料薄膜

主要用来覆盖温室。塑料薄膜质量轻、柔软、容易造型、价格低,适于大面积覆盖。其种类很多,有聚氯乙烯薄膜、聚乙烯薄膜、聚氟乙烯薄膜等。生产中应根据不同的温室和栽培的观赏植物采用不同的薄膜。

此外,观赏植物栽培过程中还需要竹竿、棕丝、铅丝、铁丝、塑料绳等用于绑扎支柱,还有各种标牌、温度计与湿度计等用具。

第三节　工厂化生产的设备及程序

观赏植物工厂化生产的应用,提高了花卉的生产管理水平,可有效降低成本,提高经济效益。

一、生产设备

1. 温室骨架结构

进行花卉工厂化生产,首先要有一个理想的节能型日光温室,它涉及正确选择和规划场地,合理进行温室采光、保温设计等方面。

要选择光照充足、向阳背风、周围无高大建筑物及高大树等遮光物,水源充足、水质好、无水质污染、土壤肥沃,无空气污染和交通方便,电力充足的场所;然后进行合理规划,要考虑温室方位、道路、灌溉排水设施、温室间隔等方面的问题。

2. 温室覆盖材料

塑料薄膜应采用透光率较高、使用寿命长、无滴、不易吸附灰尘的薄膜。温室内要尽量使用横截面较小、强度大、使用年限长、无污染的建材。在保温设计时要重点考虑温室密闭的问题、采用新型蓄热复合墙体材料、使用保温被、设置天幕、设置防寒沟等措施。

3. 加温设备

除了加强温室建造密闭性、采用良好的保温材料和墙体保温技术、采用多层覆盖等保温措施外,还可以根据当地生产条件和气候特点采取合适的增温措施,选用锅炉加温、火炉加温、热风加温、土壤电热线加温等。

4. 通风及降温设备

通风包括自然通风和机械通风,降温包括使用遮光幕、水帘、加强通风换气降温、汽化冷却降温等措施。降温设备包括风机、水帘、遮阳幕帘等设备。

5. 采光设备

温室内光照的调节主要包括三个方面,一是增加自然光照;二是在夏季生产或根据植物生产需要减少自然光照;三是在冬季和光照不足时进行人工补光。因此,冬季光照不足需补光则需安装补光照明设备。

6. 灌溉系统设备

(1)自动喷灌系统可以分为移动式喷灌系统和固定式喷灌系统 这种喷灌系统可采用自动控制,无人化喷洒系统使操作人员远离现场,不致受到药物的伤害,同时在喷洒量、喷洒时间、喷洒途径均可由计算机来加以控制的情况下,大大提高其效率。缺点是容易造成室内湿度过大。

(2)滴灌系统在地面铺设滴灌管道对土壤的灌溉 优点较多,省水、节能、省力,可实现自动控制。缺点是对水质要求较高,易堵塞,长期采用易造成土壤表层盐分积累。

(3)渗灌系统通过在地下 $40 \sim 60$ cm 埋设渗灌系统,实现灌溉 优点:更加节水、节能、省力,可实现自动控制,可非常有效降低温室内湿度,而且不易造成盐分积累。缺点是对水质要求高,成本较高。

7. 育苗设备

工厂化育苗方法主要有播种、扦插、分株、组织培养。需要播种床、催芽室、扦插床、滚动苗床、穴盘、精量播种机等设备。组织培养还需要有准备室和称量室、接种室、培养室、温室等及组织培养设备。

8. 无土栽培设备

需无土栽培床、各种无土栽培基质,营养液配制装置和营养液供给装置等。

9. 农药及肥料施用自动化和二氧化碳施肥装置

现代农业生产将农药和肥料按照每一种化合物单独装在一个罐内,用计算机统一指挥,按照不同比例溶在水中,再输送到花卉种植床上或进行喷洒。农药和肥料施用的浓度是根据抽取回流的营养液或病虫监测结果,自动分析,然后根据分析的结果,由计算机下达营养液修正和病虫防治的配方指令,混合成新的营养液和药液。肥料常通过滴灌系统与灌溉水一起供给花卉根系,称为"水肥灌溉"。现代大型温室都装备有二氧化碳发生器,通过

燃烧航空煤油或丙烷,产生二氧化碳,以补充温室内二氧化碳的不足。

10. 自动监测与集中控制系统

近20年来,建造的集约化生产温室,自动化水平高,大都设自动监测、数据采集和集中控制系统,包括各种传感器、计算机及各种电气装置等。

11. 收获后处理设备

这包括收获车、包装设备、冷藏室等。

二、生产程序

1. 环境监测控制

通过自动监测、数据采集,调控栽培环境,包括光照、温度、湿度、土壤、空气等环境条件,利用电子计算机和现代化数学,建立起花卉最理想的动态模型,达到最优经济效果。

2. 基质消毒

基质消毒最常用的方法有蒸汽消毒和化学药品消毒。

3. 蒸汽消毒

此法简便易行,经济实惠,安全可靠。凡在温室栽培条件下以蒸汽进行加热的,均可进行蒸汽消毒。方法是将基质装入柜内或箱内(体积$1\sim2$ m^3),用通气管通入蒸汽进行密闭消毒。一般在$70\sim90$ ℃条件下持续$15\sim30$ min 即可。

4. 化学药品消毒

所用的化学药品有甲醛、氯化苦、甲基溴(溴甲烷)、威白亩、漂白剂等。

(1)40%甲醛消毒　使用时用水稀释成$40\sim50$倍液,用喷壶按每平方米$20\sim40$ L 水量喷洒基质,将基质均匀喷湿,喷洒完毕后用塑料薄膜覆盖24 h 以上。使用前揭去薄膜让基质风干两周左右,以消除残留药物危害。

(2)氯化苦　该药剂为液体,能有效地防治线虫、昆虫、一些杂草种子和具有抗性的真菌等。一般先将基质整齐堆放30 cm 厚度,然后每隔$20\sim30$ cm 向基质内15 cm 深度处注入氯化苦药液$3\sim5$ mL,并立即将注射孔堵塞。一层基质放完药后,再在其上铺同样厚度的一层基质打孔放药,如此反复,共铺$2\sim3$ 层,最后覆盖塑料薄膜,使基质在$15\sim20$ ℃条件下熏蒸$7\sim10$ d。基质使用前要有$7\sim8$ d 的风干时间,以防止直接使用时危害花卉。氯化苦对活的花卉组织和人体有毒害作用,使用时务必注意安全。

(3)溴甲烷　该药剂能有效地杀死大多数线虫、昆虫、杂草种子和一些真菌。使用时将基质堆起,用塑料管将药液喷注到基质上并混匀,用量一般为每立方米基质$100\sim200$ g。混匀后用薄膜覆盖密封$2\sim5$ d,使用前要晾晒$2\sim3$ d。溴甲烷有毒害作用,使用时要注意安全。

(4)漂白剂　该消毒剂尤其适于砾石、沙子消毒。一般在水池中配制0.3% ~1% 的药液(有效氯含量),浸泡基质半小时以上,最后用清水冲洗,消除残留氯。此法简便迅速,短时间就能完成。次氯酸也可代替漂白剂用于基质消毒。

(5)种苗生产　传统的土播或简易箱播,为小规模育苗,种子用量多,育苗劳动成本高,移植成活慢及易患土壤传播病害等。因此,专业化及自动化育苗技术的改进和发展,采用自动化穴盘种苗生产,利用机械移植或移盆及在精密自动化温室中培育优良苗木并成立育苗中心,将能改善上述缺点,快速且经济地把价廉物美的种苗提供给栽植者。

（6）无土栽培　利用工厂生产方式,以自动化控制系统,对温度、湿度、养分等作最适当的调节,使生产高品质之花卉,从栽培、收获乃至出货,完全以自动化方式掌握其过程,不但可缩短生长期、提高产量,还可因工作环境之改善,吸引年轻农民及高龄人口投入花卉种植业生产。

无土栽培是一种受控农业的生产方式。较大程度地按数量化指标进行耕作,有利于实现机械化、自动化,从而使生产方式逐步走向工业化。目前在奥地利、荷兰、俄罗斯、美国、日本等都有水培"工厂",成为现代化农业的标志。无土栽培的类型和方式方法多种多样,不同国家、不同地区由于科学技术发达水平不同,当地资源条件不同,自然环境也千差万别,所以用的无土栽培类型和方式方法各异。

（7）产品采后处理　包括花卉的采后保鲜,包装及储运等。

行动

一、本地区设施类型及使用情况调查

（一）目的要求

通过参观本地各种园艺设施,了解园艺设施的种类、结构、形式、建造特点及使用情况,为花卉进行保护栽培,满足生产需求提供指导。

（二）实训地点

当地实训基地内的阳畦、日光温室、塑料大棚、现代化温室。

（三）用具

皮尺、钢卷尺、记录本等。

（四）实训步骤

①以实训点专业技术人员介绍为主,重点了解温室、冷床、温床、冷窖、阴棚、风障等各种设施的历史、种类、结构、建筑特点及使用情况等。

②学生分组进行某些设施性能指标测定。如温室跨度,南向坡面倾斜度,繁殖床高、宽,室内照度,温湿度等。

③了解现代化温室的基本结构及其配套系统的工作原理。

（五）考核评价

分组对所调查园艺设施主要指标进行记录,与管理人员进行交流,了解各类园艺设施的优缺点。依照完成园艺设施调查表情况进行成绩评定,分优、良、及格、不及格四个档次,不及格者要求重做。

园艺设施主要指标调查表

设施类型	外形尺寸			基本配套设施			使用效果	
	长	宽	高	温度	光照	湿度	优点	缺点

二、设施内小气候观测与调控

（一）目的要求

通过对几种设施内外温度、湿度、光照等进行观测,进一步掌握各种设施内小气候的变化规律,要求学会设施内小气候的观测方法和测定仪器的使用。

(二)设施仪器

1. 本地区代表设施

阳畦、大棚、温室或其他园艺栽培设施。

2. 仪器

总辐射表、光量子仪(测光合有效辐射)、照度计、通风干湿表、干湿球温度表、最高最低温度表、曲管地温表(5、10、15、20 cm)或热敏电阻地温表、热球或电动风速表、便携式红外二氧化碳分析仪。

(三)方法步骤

1. 设施内环境的观测

(1)观测点布置　温室或大棚内的水平测点,根据设施的面积大小而定,如一个面积为 $300 \sim 600 \ m^2$ 的日光温室可布置 9 个测点。其中,测点 5 位于设施的中央,称之为中央测点。其余各测点以中央测点为中心均匀分布。

测点高度以设施高度、作物状况、设施内气象要素垂直分布状况而定。可设观赏植物冠层上方 0.2 m,观赏植物层内 1~3 个高度;土壤中温度观测应包括地面和地中根系活动层若干深度,如 0.1、0.2、0.3 m 等几个深度。

(2)观测时间　一天中每隔 2 h 测一次温度(气温和地温)、空气湿度、气流速度和二氧化碳浓度,一般在 20:00、22:00、0:00、2:00、4:00、6:00、8:00、12:00、14:00、16:00、18:00 共测 11 次,但设施揭盖前后最好各测一次。总辐射、光合有效辐射、光照度在揭帘以后、盖帘之前时段内每隔 1 h 测一次,总辐射和光合有效辐射要在正午时加测一次。

(3)观测方法与顺序　在某一点上按光照—空气温度、湿度—CO_2 浓度—土壤温度的顺序进行观测,在同一点上自上而下,再自下而上进行往返两次观测,取两次观测的平均值。

2. 设施内小环境的调控

(1)温度、湿度的调控　自然状态下,在某一时刻,观测完设施内各位点的温度、湿度后,可以通过通风口的开启和关闭或通过设置多层覆盖等措施来实现对温度、湿度的调节。让学生观测并记录通风(或关闭风口)后不同时间如 10 min、30 min、1 h 等(不同季节时间长短不同)各观测点温度、湿度的变化。

(2)光照环境的调控　观测完设施内各位点的光照强度后,可以通过擦拭棚膜等透明覆盖物、温室后墙张挂反光膜、温室内设置二层保温幕、温室外(内)设置遮阳网等任何一种措施实现对光照的调节。让学生用照度计测定并记录各测点光照度在采取措施前后的变化情况。

(四)考核评价

根据观测和记录的设施内环境有关数据,绘制成图表分析设施内各环境要素的时间、空间的分布与变化特点及形成的可能原因。依照实训态度、观测仪器使用、观测方法与数据采集、设施内小环境的调控和完成实训报告进行综合考核。

考核项目	考核要点	参考分值
实训态度	积极主动、操作认真、数据观测记录完整	10
观测仪器使用	测量仪器安装放置合理,测定时能按气象观测要求进行	25

续表

考核项目	考核要点	参考分值
观测方法与数据采集	选择观测时间合理,方法正确,采集数据准确(经过校对)	20
设施内小环境的调控	根据植物需要能掌握温度、湿度和光照调节措施	25
实训报告	总结各工作环节技术要点,详细记录,整理成实习报告	20

 拓展

什么是设施农业

设施农业是个综合概念,首先要有一个配套的技术体系做支撑,其次还必须能产生效益。这就要求设施设备、选用的品种和管理技术等紧密联系在一起。设施农业是个新的生产技术体系,它的核心设施就是环境安全型温室、环境安全型畜禽舍、环境安全型菇房。它采用必要的设施设备,同时选择适宜的品种和相应的栽培技术。

设施农业从种类上分,主要包括设施园艺和设施养殖两大部分。设施养殖主要有水产养殖和畜牧养殖两大类。

评估

1.什么叫栽培设施? 在观赏植物生产中有何作用?

2.栽培设施有哪些种类? 各有何特点?

3.设施环境的特点是什么?

4.温室内的设备主要有什么?

5.花卉栽培中常用的基质有哪些? 各有什么优缺点?

模块三

观赏植物的繁殖与栽培管理

第五章
观赏植物的繁殖

目标

知识目标

- 了解各类观赏植物的繁殖方式;
- 掌握各类观赏植物的有性和无性繁殖技术。

能力目标

- 掌握有性和无性繁殖的方法和操作步骤;
- 掌握播种繁殖、扦插繁殖、嫁接繁殖的操作方法。

准备

　　繁殖是观赏植物繁衍后代、保存种质资源的手段,只有将种质资源保存下来,繁殖一定的数量,才能满足园林应用,并为观赏植物选种、育种提供条件。观赏植物常用的繁殖方法有有性繁殖、无性繁殖、孢子繁殖、组织培养。由于观赏植物种类繁多,而且不同的种类有各自的特性,采用的繁殖方法也不相同,因此,应根据观赏植物种类、特性的不同,采取不同的繁殖方法。

第一节　观赏植物的有性繁殖

　　有性繁殖又称种子繁殖,是通过有性生殖获得种子,再用种子培育出新个体的过程。有性繁殖具有简便易行、繁殖系数大、实生苗根系强大、生长健壮、适应性强、寿命长且种子便于流通等优点。但有些观赏植物由种子繁殖至开花结实或达到一定规格的商品植株所需的时间较长,如玉簪需 2～3 年,芍药需 4～5 年,君子兰需 4～5 年,木本植物需时更长。同时,有性繁殖易产生变异,往往有不能保持母本的优良特性等缺点,使种子繁殖的应用受到限制,需要采用一些保持纯系的方法。且由种子繁殖的植株从种子繁殖到开花、结实或达到一定规格的商品植株所需时间较长。当然,有性繁殖所产生的变异也可能是新品种选育的基础,所以有性繁殖又是育种的主要手段之一。

一、种子采收与贮藏

(一)种子采收与处理

1. 种子采收

种子采收前首先要选择适宜的留种母株,只有从品种纯正、生长健壮、发育良好、无病虫害的植株上才能采收到高品质的种子。其次要适时采收,一般在种子已完全成熟时采收最佳。对于大粒种实,可在果实开裂时立即自植株上收集或脱落后立即由地面上收集。但对于小粒、易于开裂的干果类和球果类种子,一经脱落则不易采集,且易遭鸟虫啄食,或因不能及时干燥而易在植株上萌发,从而导致品质下降。生产上一般在果实行将开裂时,于清晨空气湿度较大时采收。对于开花结实期长、种子陆续成熟脱落的,宜分批采收;对于成熟后挂在植株上长期不开裂亦不散落者,可在整株全部成熟后,一次性采收,草本可全株拔起。总之,观赏植物种子的采收要根据种子成熟及脱落的特性来确定。

2. 种子处理

种子的处理主要因果实的种类而异。

干果类种子采收后,应尽快干燥。首先连株或连壳晾晒,或覆盖后晾晒,或在通风处阴干(切忌直接暴晒)。通常含水量低的用"阳干法",如丁香、金丝桃、合欢、锦鸡儿、皂荚、刺槐、樟树等;含水量高的用"阴干法",如柳树、杨树、榆树、杜仲等。经初步干燥后,再脱粒并采用风选或筛选,去壳、去杂。最后进一步干燥至含水量达安全标准:8%~15%。

肉果类种子因果肉内含有较多的果胶及糖类,容易腐烂,滋生霉菌,并加深种子的休眠,故果实采收后必须及时处理,如小檗、山楂、忍冬、木兰、柿、蔷薇属、花楸属、桧属等。先加适量清水,或经短期发酵(21℃下4 d),或直接揉搓,再脱粒、去杂、阴干。

球果类种子的球果采收后一般只需暴晒3~10 d,脱粒后再风选或筛选去杂即可,如油松、侧柏、云杉、落叶松等。

种子去杂,即净种后,或净种的同时,一般还要采用风选、筛选及粒选等方法对种子进行分级,以保证生产中出苗和成株整齐,便于统一管理。

(二)贮藏

贮藏的目的是保持种子的生活力,延长种子的寿命,以满足生产、销售和交换等需要。贮藏的方法,依据种子的性质可有以下几种:

1. 干藏法

(1)室温干藏　即将自然风干的种子装入纸袋、布袋或纸箱中,置于室温下通风处贮藏。通常可贮几周或几个月,稍低温度下更长。适用于多数观赏植物的生产性种子贮藏。

(2)低温及密封干藏　将干燥至安全含水量(10%~13%)的种子置于密封容器中,于0~5℃的低温下贮藏。适用于颗粒小、种皮薄、易吸水的种子,特别是寿命短的种子,如杨树、柳树、榆树、桑树等的种子。

(3)超干贮藏　将种子含水量降低至5%以下,然后真空包装,在常温库长期贮藏种子的方法,是目前国内外种子贮藏的新技术。

2.湿藏法

（1）层积湿藏　将种子与湿沙（含水15%）按1∶3质量比混合后,于0~10℃低温湿藏,适用于休眠期长又需要催芽的种子,或含水量高、干藏效果不佳的种子。如牡丹、芍药、银杏、山桃、玉兰、樱桃等的种子。

（2）水藏法　某些水生花卉的种子,如睡莲、王莲的种子必须贮藏于水中才能保持其发芽力。

表5.1　常见花卉种子的保存年限

花卉名称	保存时间/年	花卉名称	保存时间/年	花卉名称	保存时间/年
菊花	3~5	凤仙花	5~8	百合	1~3
蛇目菊	3~4	牵牛花	3	莺萝	4~5
报春花	2~5	鸢尾	2	一串红	1~2
万寿菊	4~5	长春花	2~3	矢车菊	2~5
金莲花	2	鸡冠花	4~5	千日红	3~5
美女樱	2~3	波斯菊	3~4	大岩桐	2~3
三色堇	2~3	大丽花	5	麦秆菊	2~3
毛地黄	2~3	紫罗兰	4	薰衣草	2~3
花菱草	2~3	矮牵牛	3~5	楼斗菜	2
蕨类	3~4	福禄考	1~1	藏报春	2~3
天人菊	2~3	半支莲	3~4	含羞草	2~3
天竺葵	3	百日草	2~3	勿忘我	2~3
彩叶草	5	藿香蓟	2~3	木樨草	3~4
仙客来	2~3	桂竹香	5	宿根羽扇豆	5
蜀葵	5	瓜叶菊	3~4	地肤	2
金鱼草	3~5	醉蝶花	2~3	五色梅	1~2
雏菊	2~3	石竹	3~5	观赏茄	4~5
翠菊	2	香石竹	4~5		
金盏菊	3~4	蒲包花	2~3		

二、种子萌发的条件

（一）水分

种实萌发首先需要吸收充足的水分。种实吸水膨胀后,种皮破裂,呼吸强度增大,各种酶的活性也随之加强。蛋白质及淀粉等贮藏物进行分解、转化,被分解的营养物质输送到胚,才使胚开始生长。种子发芽所需要的土壤水分多少依种类而异,一般为田间最大持水量的60%左右为宜。水分过多,通气不良,易引起腐烂;水分过少则种子萌芽缓慢,甚至不发芽。播种后,尤忌在种子萌动时缺水,这样会引起"芽干"而不能出土成苗。

（二）温度

种子内部营养物质的分解和其他生化过程都要在一定的温度条件下进行。温度过高或过低都不利于发芽,过高会引起霉烂,过低则不能萌动。观赏植物种实萌发的适宜温度,依种类及原产地的不同而有差异。通常,原产于热带的植物需要温度较高,而亚热带及温带者次之。原产于温带北部的植物则需要一定的低温才易萌发。

一般来说,观赏植物种实的萌发适温比其生育适温高3~5℃。原产于温带的一、二年生观赏植物,多数种类的萌发适温为 20 ~ 25 ℃,适于春播;也有一些种类适温为 15 ~ 20 ℃,如金鱼草、三色堇等,适于秋播;萌芽适温较高的可达 20 ~ 30 ℃,如鸡冠花、半支莲等。

(三)氧气

种子发芽需要充足的氧气供给。种子贮藏时,一直进行着极微弱的呼吸,但当种子遇到水分以后,内部物质就会分解,呼吸作用增强,需要呼吸足够的氧气,并呼出二氧化碳。这时,如果土壤水分过多,土质过于黏重或覆土过厚,通气不良,就会影响种子萌发出苗,甚至会因呼吸受阻而霉烂。但对于水生花卉来说,只需少量氧气就可供种实萌发。

(四)光照

多数观赏植物的种实,只要有足够的水分、适宜的温度和一定的氧气,有没有光照都可以发芽。但对于某些观赏植物来说,在发芽期间必须具备一定的光线才能萌发,这一类被称为好光性种子。如报春花、毛地黄、瓶子草等。反之,在光照下不能萌发的称为嫌光性种子,如黑种草、雁来红等。

三、播种前的准备

(一)选种

在播种前,要确定种子的品种是否纯正,记录名称必须与实物一致。然后选取种粒饱满、色泽新鲜、纯正且无病虫害的种子准备播种。

(二)播前处理

观赏植物种子各异,有些种子不易发芽。对于一些发芽困难的种子,在播种前可采取措施进行处理,以促进种子发芽。不同种类的种子应采取不同的方法进行处理。

1.浸种催芽

对于休眠期短、容易发芽的种子,播前用 30 ℃温水浸泡,一般浸泡 2 ~ 4 h,可直接播种。如翠菊、半支莲、紫荆、珍珠梅等。对发芽迟缓的种子,播前需浸种催芽,用 30 ~ 40 ℃的温水浸泡,待种子吸水膨胀后去掉多余的水,用湿纱布包裹放入 25 ℃的环境中催芽。催芽过程中需每天用温水冲洗 1 次,待种子露白后可播种,如文竹、仙客来、君子兰、天门冬、冬珊瑚、悬铃木、泡桐及一些豆科植物的种子等。

2.剥壳

对果壳坚硬不易发芽的种子,需将其剥除后再播种,如黄花夹竹桃等。

3.挫伤种皮

紫藤、凤凰木、美人蕉、荷花等种子种皮坚硬不易透水、透气,很难发芽,可在播种前在近脐处将种皮挫伤,再用温水浸泡,种子吸水膨胀,可促进发芽。

4.药剂处理

用硫酸、盐酸、氢氧化钠等药物浸泡种子,可软化种皮,改善种皮的透性,再用清水洗净后播种。处理的时间视种皮质地而定,勿使药液透过种皮伤及胚芽。

5.低温层积处理

对要求低温和湿润条件下完成休眠的种子,如牡丹、鸢尾等,常用冷藏或秋季湿砂层积法处理。第二年早春播种,发芽整齐迅速。

6.拌种

一些小粒种子不易播种均匀,如鸡冠花、半支莲、虞美人、四季海棠等,播种时可用颗粒与种子相近的细土或沙拌和,提高播种的均匀度。对外壳有油蜡的种子,如玉兰等,可用草木灰加水成糊状拌种,借草木灰的碱性脱去蜡质,以利于种子吸水发芽。

7.其他处理方法

某些观赏植物的种子表面被毛、翅、钩、刺等,这类种子易互相粘连,影响均匀播种,用自动播种机播种时可采用脱化处理(对种子进行脱毛、脱翼、脱尾等处理)。对一些小粒或不规则形状的种子,可采用包衣或丸粒化处理以适应机械化播种的需要。

(三)播种时期

不同观赏植物的播种期依种子寿命、植物耐寒性、环境温度和市场需求综合决定。我国南北各地气候有较大的差异,冬季寒冷季节长短不一,因此露地播种适宜期依各地气候而定。

1.春播

露地一年生草花、宿根花卉、大多数花木适宜春播,南方在2月下旬至3月上旬,中部地区在3月中下旬,北方地区在4月或5月。需要提前出圃的花苗,如北方供"五一"国际劳动节摆设的观赏植物,往往在温室、温床或冷床(阳畦)中提早播种育苗。

2.秋播

露地二年生草花和部分球根花卉适宜秋播,南方在9月下旬至10月上旬,华中地区在9月份,北方地区在8月中旬,多数种类需在温床或冷床中越冬。另外,有些木本观赏植物也适宜进行秋季播种,如桃花、梅、黄刺玫、榆叶梅、银杏及一些松柏科的树木等,发芽都比较困难,大多采用秋播,使种子在田间土壤中经过一个冬季的天然湿藏,翌年春季即萌芽出土。这类种子春播,都应进行沙藏。

3.随采随播

有些花卉种子含水分多,生命力短,不耐贮藏,失水后容易丧失发芽力,应随采随播,如君子兰、四季海棠、柳树、桑树、杨树、榆树、广玉兰等。

4.周年播种

热带和亚热带花卉常年处于恒温状态,种子随时成熟。如果温度合适,种子随时萌发,可周年播种,如中国兰花、热带兰花等。另外,温室花卉播种通常在温室中进行,受季节性气候条件的影响较小,因此播种期没有严格的季节性限制,常随所需要的花期而定。

四、播种育苗技术

多数露地花卉均先在露地苗床或室内浅盆中播种育苗,经分苗培养后再定植,园林树木可直接播于苗床中,此法便于幼苗期的养护管理。对于某些不宜移植的直根性种类,如虞美人、花菱草、香豌豆、矮牵牛、孔雀草、茑萝、霞草等应采用直播法,一般采用点播或条播,以便于管理。这一类观赏植物如需提早育苗时,可先播于小花盆中,成苗后带土球定植于露地,也可用营养钵或纸钵育苗。

（一）床播

1. 苗床准备

选择光照充足、地势高、土质疏松、排水良好、富含腐殖质的沙质壤土。土壤翻耕后,去除残根、杂草、砖砾等杂物,施入适量的有机肥,再耙细、混匀、整平、做畦。

2. 播种

根据种子的大小、观赏植物的种类,可采取点播、条播、撒播三种方式。

（1）点播　又称穴播,用于大粒种子,按一定的株行距单粒点播或多粒点播,如紫茉莉、芍药、牡丹、金莲花、君子兰、七叶树、核桃、山杏、雪松、白玉兰等。点播最易管理,不必间苗,且通风透光,苗木营养好。

（2）条播　最为常用,基本能保证通风透光,间苗、除草操作亦方便。

（3）撒播　用于小粒种子,如一串红、鸡冠花、翠菊、三色堇、虞美人、桑树、太平花等。为使播种均匀,一般与一定量的细沙混匀后再播。撒播虽出苗量大,但管理不便,且苗木相对较弱。

3. 覆土深度

取决于种子的大小,一般覆土深度为种子直径的 2～3 倍,小粒种子以不见种子为度。

4. 覆盖

为保持苗床湿润,播种后通常要进行覆盖,多用薄膜及遮阳网等,好光性种子只能采用透明薄膜覆盖。覆盖还可以防止雨水冲刷、抑制杂草滋生。

5. 浇水

最好在播种前一天将苗床浇一次透水,播种覆盖后最好不浇水或只需少量喷水即可。

6. 播后管理

保持床土湿润。种子发芽出土时,应撤去覆盖物,以防幼苗徒长。当真叶出土后,根据苗的稀密程度应及时"间苗",去掉纤细弱苗,留下壮苗,充分见阳光"蹲苗"。间苗后需立即浇水,以保证幼苗根系与土壤紧密结合。当幼苗长出 3～4 片真叶时,可分苗移栽。

（二）盆播

盆播用于细小种子、名贵种子及温室花卉种子的精细播种。

1. 苗盆准备

盆播一般采用盆口较大的浅盆或浅木箱,深度 10 cm,底部有多个排水孔,播种前要洗刷消毒后待用。

2. 盆土准备

用碎盆片盖于盆底排水孔,下部铺 2 cm 厚粗粒河沙和细粒石子以利排水,上层装入过筛消毒的播种培养土,压实、刮平,留出 1～2 cm 的盆沿。

3. 播种

小粒、微粒种子宜采用撒播法,可掺入细沙,与种子一起播入,用细筛筛过的土覆盖,覆土厚度为种子直径的 2～3 倍。秋海棠、大岩桐等细小种子,覆土极薄,以不见种子为度。大粒种子常用点播法。

4. 浇水

可在播种以后灌水,采用盆底浸水法,将播种盆下部浸入较大的盆或水池中,使土面位于盆外水面以上,当水由排水孔渗透至整个土面湿润时,将盆取出。也可先浇水后播种,在播种前一天用细嘴喷壶喷水,或采用浸盆法将盆土浇透。

5. 覆盖

根据种子对光的需求不同,分别在盆面覆以玻璃、塑料薄膜或报纸,以防止水分蒸发和阳光照射。夜间将玻璃或塑料薄膜掀去,使之通风透气,白天再盖好。

6. 播种后管理

应注意维持盆土的湿润,干燥时仍然用浸盆法给水。种子出苗后立即掀去覆盖物,拿到通风处,逐步见阳光。当长出 1~2 片真叶时用细眼喷壶浇水,长出 3~4 片真叶时可分苗移栽。

第二节　观赏植物的无性繁殖

无性繁殖又称营养繁殖,指利用植物营养体(根、茎、叶等)的一部分培育出新个体的过程,包括分生、扦插、嫁接、压条等方法。其优点是无性繁殖能保持母本的特性,无性繁殖使一些不结种或种子不易获得的观赏植物得以保存下来,通过无性繁殖可直接获得较大植株,且由于其发育已达成熟,不必经历幼年期,故开花结果较早。无性繁殖的缺点是繁殖系数小,成苗根系发育较差(实生嫁接苗除外),适应性不强,寿命较短。

一、扦插繁殖

扦插繁殖指切取植物根、茎、叶的一部分,插入沙、土或其他基质中,使之生根发芽成为独立植株的方法。扦插繁殖是观赏植物栽培中常用的一种方法,其原理主要基于植物营养器官具有再生能力,可发生不定芽和不定根,从而形成新植株。扦插繁殖的优点主要是能保持原品种的优良性状,繁殖材料充足,产苗量大,成苗快,开花早。但也有极少数植物,如金边虎尾兰扦插后,新植株上的金边消失。欲保持此类植物的原种特性,应改用分株法繁殖。扦插繁殖的缺点是不能形成主根,扦插苗寿命不如有性繁殖的长久。

(一)扦插的种类及方法

通常根据插条所取部位的不同,扦插可分为枝插(茎插)、叶插、叶芽插和根插等类型。

1. 枝插(茎插)

枝插(茎插)是指以带 2~4 个芽的枝条(茎)作为插穗的扦插方法(图5.1)。枝插可以在露地进行,也可以在室内进行。露地扦插可以利用露地床插进行大量繁殖,依季节及种类的不同,可以覆盖塑料棚保温或阴棚遮光,以利成活。少量繁殖时或寒冷季节也可以在室内进行。

枝插根据扦插时间以及枝条木质化程度的不同,又可分为以下几种类型:

(1)嫩枝插　也叫软枝插,生长期采用枝条端部嫩枝做插穗的扦插方法,多用于草本植物。常用嫩枝扦插的观赏植物有一串红、彩叶草、大丽菊等。在生长旺盛期,选取健壮枝梢,切成5~10 cm的茎段,每段带3个芽,剪去下部叶片,仅留顶端2~3片叶,插入基质中,深度为插条的1/3~1/2。注意所选的枝条如果发育不充实则易腐烂,完全成熟则不易生根。插条叶片若全部剪去则不易成活,不剪则水分容易散失。切口位置宜靠近节下方,切口以平剪、光滑为好。插条剪取后要注意保湿或尽快扦插。多浆植物使切口干燥半日至数天后扦插,以防腐烂。

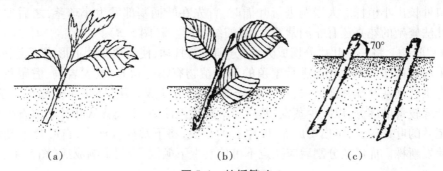

图5.1　枝插繁殖

(a)嫩枝插;(b)半软枝插;(c)硬枝插

　　(2)半软枝插　也叫半硬枝插,在生长期用半木质化带叶片的枝作插穗的扦插方法。多用于常绿、半常绿的木本植物,如米兰、茉莉花、栀子花、山茶、杜鹃、月季等。花谢1周左右,选取腋芽饱满、叶片发育正常、无病害的枝条,剪成5~7 cm的小段,每段有3~4节,上剪口在芽上方1~2 cm,下剪口在基部芽下方约0.3 cm,切口要平滑,扦插深度为插穗的1/3~1/2。

　　(3)硬枝插　在休眠期用完全木质化的一、二年生枝条做插穗的扦插方法,多用于落叶木本及针叶树。在秋季落叶后或早春萌芽前,选取1~2年生短而粗壮的成熟枝条,剪成长10~20 cm,带3~4个芽的插穗,扦插深度为插穗的1/2~2/3。春季采穗需立即扦插,秋季采穗在南方温暖地区亦可立即扦插,在北方寒冷地区可先保湿冷贮,至翌春再扦插。

　　有些难于扦插成活的观赏植物可采用夹石子插、泥球插、带踵插、锤形插等(图5.2)。

　　2.叶插

　　叶插用于能自叶上发生不定芽及不定根的植物种类。凡能进行叶插的植物,大都具有粗壮的叶柄、叶脉或肥厚的叶片。草本植物可用叶插的种类较多,如秋海棠、大岩桐、非洲紫罗兰等。叶插须选取发育充实的叶片,在设备良好的繁殖床内进行,以维持适宜的温度及湿度,才能得到良好的效果。叶插按所取叶片的完整性可分为全叶插和片叶插,按叶片与基质接触的方式又可分为平置法和直插法。

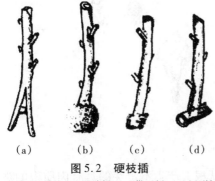

图5.2　硬枝插

(a)夹石子插;(b)泥球插;(c)带踵插;(d)锤形插

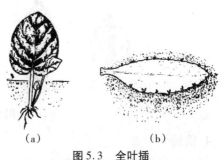

图5.3　全叶插

(a)豆瓣绿;(b)落地生根

（1）全叶插　以完整叶片为插穗。可采用平置法，也可采用直插法。自叶脉、叶缘生根的多采用平置法。切去叶柄，将叶片平铺插床上固定，保证叶片与基质紧密接触，如落地生根则从叶缘处产生幼小植株，秋海棠则自叶片基部或叶脉处产生植株，蟆叶秋海棠叶片较大，可在各粗壮叶脉上用小刀切断，在切断处发生幼小植株。

自叶柄生根的多采用直插法，也称叶柄插法。将叶柄插入基质中，叶片立于基质上，即可由切口处长出小植株。大岩桐进行叶插时，首先在叶柄基部发生小球茎，之后发生根与芽。用此法繁殖的花卉还有非洲紫罗兰、豆瓣绿、球兰等（图5.3）。

（2）片叶插　将一个叶片分切成数块，分别进行扦插，使每块叶片上形成不定芽。片叶插通常采用直插法。用片叶插进行繁殖的观赏植物有蟆叶秋海棠、大岩桐、虎尾兰等。将蟆叶秋海棠叶柄从叶片基部剪去，按主脉分布情况，分切成数块，使每块上都有一条主脉，再剪去叶缘较薄的部分，以减少蒸发，然后将下端插入沙中，不久就从叶脉基部发生幼小植株。虎尾兰的叶片较长，可横切成5 cm左右的小段，将下端插入沙中，自叶片下端的主脉基部可萌发新株。虎尾兰分割后应注意不可使其上下颠倒，否则影响成活（图5.4）。

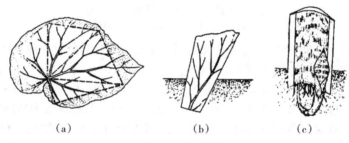

（a）　　　　　　　（b）　　　　　　　（c）

图5.4　片叶插

（a）、（b）蟆叶秋海棠；（c）虎尾兰

3.叶芽插

插穗仅有一芽带一片叶，芽下部带有1小段茎。叶芽插于生长期进行。选取叶片成熟、腋芽饱满的枝条，削成每段只带1叶1芽的插穗，将插穗插入基质中，露出芽尖即可。插后最好覆盖塑料薄膜，防止水分过量蒸发。叶芽插多用于不易产生不定芽的种类，如橡皮树、山茶花、桂花、天竺葵、八仙花、宿根福禄考等（图5.5）。

图5.5　叶芽插

4.根插

根插就是指用根作插穗的扦插方法，适用于能从根上产生不定芽的具有肉质根的观赏植物,如牡丹、芍药、补血草等。结合分株将粗壮的根剪成 5 ~ 10 cm 的小段,全部埋入插床基质或顶梢露出土面,注意上下方向不可颠倒。某些小草本植物如菁草、宿根福禄考、牛舌草、剪秋罗等的根,可剪成 3 ~ 5 cm 的小段,撒播于浅箱、温床的沙面上(或播种用土),覆土(沙)约 1 cm,保持湿润,待产生不定芽之后进行移植(图 5.6)。

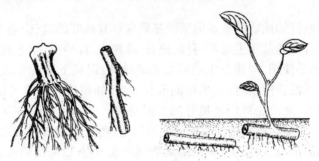

图 5.6 根插

(二)扦插时期

在观赏植物繁殖中以生长期的扦插为主。在温室条件下,可全年保持生长状态,不论草本或木本植物均可随时进行扦插。观赏植物的不同种类,各有其最适时期。

嫩枝插和半软枝插,从春季发芽后至秋季生长停止前均可进行。最适扦插期应在生长旺盛期。多年生花卉作一、二年生栽培的种类,如一串红、金鱼草、三色堇、美女樱、藿香蓟等,为保持优良品种的性状,也可以扦插繁殖。草本和常绿木本宜在生长期扦插,落叶灌木宜在休眠期扦插。

(三)影响扦插生根的环境条件

1.温度

观赏植物种类不同,要求不同的扦插温度,其适宜温度大致与其发芽温度相同。

多数植物的嫩枝扦插宜在 20 ~ 25 ℃进行,原产于热带的观赏植物扦插需要 25 ~ 30 ℃,如变叶木、叶子花、红桑等,耐寒性植物可稍低。基质温度(地温)需稍高于气温 3 ~ 6 ℃,因地温高于气温时,可促使根的发生,气温低则有抑制枝叶生长的作用,故特制的扦插床及扦插箱均为增高地温的设备。

2.湿度

插穗在湿润的基质中才能生根,基质中适宜水分的含量,依植物种类的不同而不同,通常以 50% ~ 60% 的土壤持水量为适度。水分过多常导致插穗腐烂。扦插初期,水分较多则愈伤组织易于形成,愈伤组织形成后,应减少水分。为避免插穗枝叶中水分的过分蒸腾,要求保持较高的空气湿度,通常以 80% ~ 90% 的相对湿度为宜。

3.光照

嫩枝插和半软枝插带有叶片,便于在阳光下进行光合作用,促进糖类的合成,提高生根率。但强烈的日光易导致插条萎蔫,不利成活,因此在扦插初期应给予适度遮阴,当根系大量生出后,陆续给予光照。春、秋两季的硬枝扦插,应插深一些,插穗露出地面部分不宜过长,有利于插穗基部在黑暗条件下形成愈伤组织,并可避免因失水过多而干枯。

4. 氧气

当愈伤组织及新根发生时,呼吸作用增强,应适当降低插床中的含水量,并适当通风以提高氧气的供应量。

5. 基质

扦插基质是影响扦插成败的重要因素。基质应具有良好的透气、透水、保水性能,并不含有机肥料。用于扦插的基质主要有河沙、蛭石、珍珠岩、碎炉渣、草木灰、泥炭土等。前四种因缺乏营养,如单独使用,待插条生根后应立即移植;泥炭土通常带酸性,适用于喜酸植物的扦插。两种基质混合使用时,应尽可能取长补短,如用排水和透气良好的河沙与保水性能强的草木灰混合,能给插穗创造良好的发根条件。草木灰中还含有胡敏酸,有利于伤口愈伤组织的产生,并能促进发根。选用基质要因地制宜、就地取材。无论采用哪种基质,都要进行日光或高温消毒,或用0.1%的高锰酸钾溶液消毒,以防病菌侵染插穗,造成腐烂。

(四)促进插穗生根的方法

扦插繁殖不易成活,主要表现为插条难以生根。人们在生产实践中总结出了许多促进生根的方法,简介如下:

1. 插穗的选择

要想提高成活率,并获得优良的新植株,插穗本身是重要的因素。插穗应具有本品种优良特性,生长健壮,无病虫害,粗细适宜。新枝条、徒长枝、细弱枝比较难以成活。硬枝扦插应选1~2年生的节间短、芽肥大、枝内养分充足的枝条,截取枝条中部作插穗。但龙柏、雪松等则以带顶芽的梢部为好。嫩枝扦插要选生长健壮、发育良好、无病虫害的当年生嫩梢作插穗。

2. 插穗的处理

(1)物理处理方法 物理处理的方法很多,包括机械处理、软化处理、干燥处理、热水处理、增加底温、高温静电处理、超声波处理、低温处理等。

①机械处理:有环状剥皮、刻伤或缢伤等方法,用于较难生根的木本植物。在生长期中,先环割、刻伤或用麻绳捆扎枝条基部,以阻止枝条上部养分向下部的转移运输,从而使养分集中于受伤部位,然后在此处剪取插穗进行扦插。由于养分充足,不仅易生根,而且苗木生长势强,成活率高。

②软化处理:在采取插条之前用黑布、不透水的黑纸或泥土等封裹枝条,经过约3周时间的生长,遮光的枝条就会变白软化,将其剪下扦插,较易生根,因为黑暗可促进根原组织的形成。软化处理只对部分木本植物有效,并且只对正在生长的枝条有效。

③热水处理:又称温汤法,是指将插条下部在温水中浸泡后再行扦插,可以促进生根。此法适用于枝条中含有抑制生根物质的种类,如松科植物。

④增加底温:在早春进行硬枝扦插时,气温回升比地温快,插穗不易成活,宜增加扦插床底温,有电热丝加温和热水管加温等方法。

(2)化学处理方法 可用的药剂很多,主要包括植物生长调节剂、普通化学试剂和营养物质三大类。

促进插条生根的植物生长调节剂为生长素类,常用的有吲哚乙酸、吲哚丁酸、萘乙酸三种。对茎插均有显著作用,但对根插及叶插效果不明显,处理后常抑制不定芽的发生。

生长素的应用方法较多,生产中多采用粉剂和水剂处理。采用粉剂处理的先将生长素溶于95%酒精,再加入滑石粉作基质拌匀、晾干、研细即可使用。处理时将插条下端蘸上粉剂,再插入温床。其浓度根据插条生根的难易,一般为 5~20 g/L。采用水剂处理的亦先用少量酒精溶解生长素,再加水至所需浓度,一般为 0.05~2 g/L。处理时将插条底部对齐,捆扎成束,浸入溶液中约 2 cm 深即可,也可用酒精制成浓度较高的浓缩液,将插条迅速浸泡 1~2 s,即可扦插。

此外,也可用高锰酸钾、蔗糖等处理插穗。0.1%~1.0% 的高锰酸钾处理大多数木本植物,效果较好。浸条时间因种类而异。蔗糖对木本及草本植物均有效,处理浓度为 2%~10%。草本植物在较低浓度中就有良好效果,一般浸 24 h,处理时间不宜过长,因糖液有利于微生物活动,处理完毕后,应用清水冲洗后扦插。

草本观赏植物插前在插穗下剪口处蘸一些草木灰,可防止插后基部腐烂。对一些难生根的种类,如丁香、月季的某些品种等,可将插穗下剪口在生根剂中蘸一下,然后再扦插。

3. 光照自动喷雾扦插

为最大限度地满足插穗对湿度、温度、光照等条件的要求,人们创造了全光照喷雾扦插技术。这是一种先进的扦插育苗技术。床底装置电热线,配有温度自动控制器,在低温季节可使扦插床上保持一定的温度。床上的自动喷雾装置主要由电子叶控制系统、压力输水系统和喷头三部分组成。电子叶可将插穗叶面的水分变化情况转变成电信号,输入电子继电器,经电子控制系统命令电磁阀门开启或关闭,以达到控制喷雾的目的。喷头安装在插床上方,数量和位置则根据插床大小和需要而定。全光照喷雾可使插床上的相对湿度达到很高的程度。扦插在全光照条件下进行,插穗生根迅速,成活率可达100%。

二、分生繁殖

分生繁殖是将观赏植物体分生出来的幼植物体(如吸芽、珠芽等),或者植物营养器官的一部分(如走茎及变态茎等)与母株分离或分割,另行栽植成独立植株的繁殖方法。一些观赏植物体本身就具有自然分生能力,并借以繁衍后代。园艺上多利用这种自然现象或加以人工处理以加速其繁殖。新植株能保持母株的遗传性状,繁殖方法简便,容易成活,成苗较快,但繁殖系数低于播种繁殖。

(一)分株繁殖

分株繁殖是将根际或地下茎发生的萌蘖从母体上分割下来栽植,使其形成独立的植株(图 5.7)。易产生萌蘖的木本观赏植物,如木槿、紫荆、玫瑰、牡丹、侧柏、月季、贴梗海棠等,草本观赏植物,如菊花、玉簪、萱草、芍药、中国兰花、美女樱、蜀葵、紫菀、非洲菊、石竹等,都可采用分株的方法进行繁殖。

分株时间依观赏植物种类而异,大多在休眠期结合换盆进行。为了不影响开花,一般夏秋开花类在早春萌芽前分株,而春季开花类宜在秋季落叶后进行,如芍药在秋季分株。

分株时需注意分离的幼株必须带有根、茎和 2~3 个芽。幼株栽植的深度与原来保持一致,切忌将根颈部埋入土中。分株时要检查病虫害,一旦发现,立即销毁

图5.7　分株繁殖

或彻底消毒后栽培。分株时根部的切伤口在栽培前用草木灰消毒,栽后不易腐烂。分株后应注意土壤保墒。

（二）分球繁殖

分球繁殖包括分离小球和切割母球两种形式(图5.8)。母球切割后一般需晾干,或在切口涂抹草木灰或硫黄粉,以防病菌感染,然后栽植。

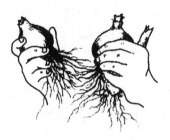

图5.8　分球繁殖

1.分鳞茎

鳞茎的顶芽抽生真叶和花序,腋芽则自然形成许多子鳞茎,繁殖时将子鳞茎从母球上掰下栽植,如百合、水仙、郁金香、朱顶红、石蒜等。

2.分球茎

球茎类植物老球茎萌芽后在基部形成新球,新球旁侧产生仔球。可利用新球和仔球繁殖;也可将大球切割数块,每块附1~2个芽点,单独栽植。常见球茎类植物如唐菖蒲、小苍兰、番红花等。

3.分块茎

块茎不能靠自然增生小球来繁殖,但同球茎一样可用切割母球的方法来增殖。常见块茎类观赏植物如仙客来、彩叶芋、马蹄莲、晚香玉、大岩桐、球根秋海棠等。

4.分根茎

根茎类观赏植物,如美人蕉、鸢尾、紫菀等,将根茎带芽(2~3个)分割栽植,即可形成新的植株。

5.分块根

块根类观赏植物如大丽花、银莲花、花毛茛等,由根颈处发芽,分割时注意保护颈部的芽眼,一旦破坏就不能发芽,达到不到繁殖的目的。

三、压条繁殖

压条繁殖是将母株的部分枝条或茎蔓压埋在土中或其他湿润的基质中,促使被埋部分生根,然后从母株分离形成独立植株的繁殖方法。压条生根的过程中,枝条不切离母体,仍由母体正常供应水分、营养,因此凡扦插、嫁接不易成活的园林树种常用此法。花卉中,一般露地草花很少采用,仅有一些温室花木类有时采用高空压条法繁殖,如叶子花、扶桑、变叶木、龙血树、朱蕉、露兜树、白兰花、山茶花等。

压条繁殖的特点是成活率高,能保持母株的优良性状,但繁殖系数低。

（一）压条的种类及方法

压条一般有普通压条法、波状压条法、堆土压条法和高空压条法。

1.普通压条法

普通压条法也称单枝压条法,选用靠近地面而向外伸展的枝条,先进行扭伤、刻伤或环剥处理后,弯入土中,使枝条端部露出地面。为防止枝条弹出,可在枝条下弯部分插入小木叉固定,再盖土压实,生根后切割分离。如石榴、素馨、玫瑰、半支莲、金莲花、蜡梅、夹竹桃等可用此法(图 5.9)。

2. 波状压条法

波状压条法适合于枝条长而容易弯曲的观赏植物。将枝条弯曲牵引到地面,在枝条上进行数处刻伤,将每一伤处弯曲埋入土中,用小木叉固定在土中。当刻伤部位生根后,与母株分别切开移位,即成为数个独立的植株。如葡萄、地锦等(图 5.10)。

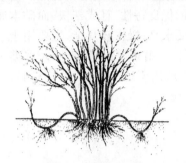
图 5.9　普通压条法

图 5.10　波状压条法

3. 堆土压条法

堆土压条法适合于丛生性枝条硬直的观赏植物。将母株先重剪,促使根部萌发分蘖。当萌蘖枝条长至一定粗度时,在萌蘖枝条基部刻伤,并在其周围堆土呈馒头状,待枝条基部根系完全生长后分割切离,分别栽植。常用于牡丹、木槿、紫荆、锦带花、侧柏、贴梗海棠、黄刺玫等(图 5.11)。

4. 高空压条法

高空压条法适合于小乔木状枝条硬直的植物。选择离地面较高的枝条上给予刻伤处理后,外套容器(竹筒、瓦盆、塑料袋等),内装苔藓或细土,保持容器内土壤湿润,30 ~ 50 d 即可生根,生根后切割分离成为新的植株,常用于米兰、杜鹃、月季、栀子花、佛手、桂花、广玉兰、印度橡皮树、金橘等(图 5.12)。

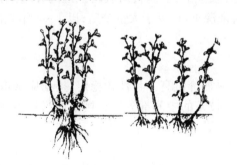
图 5.11　堆土压条法

图 5.12　高空压条法

(二)压条后的管理

压条以后必须保持土壤湿润,随时检查埋入土中的枝条是否露出地面,如已露出必须重压。如果情况良好,对被压部位尽量不要触动,以免影响生根。分离压条时间以根的生长情况为准,必须有良好的根群才可分割,一般春季压条须经 3 ~ 4 个月生根时间,待秋凉后切割。初分离的新植株应特别注意养护,结合整形适量剪除部分枝叶,及时栽植或上盆。栽后注意及时浇水、遮阴等工作。

四、嫁接繁殖

嫁接是将一株观赏植物的枝或芽移接到另一植株的根或茎上，使之愈合生长在一起，形成一个新的植株。通过嫁接培育出的苗木称为嫁接苗。用来嫁接的枝或芽称为接穗或接芽，承受接穗的植株称为砧木。嫁接繁殖综合了扦插繁殖和种子繁殖的优点。由于接穗是采取母本营养器官的一部分，所以能保持母本品种的优良特性，且成株快，而砧木通常由种子繁殖所得，根系强壮适应性强。嫁接繁殖对技术要求高，操作较复杂，主要用于一些不易用分生、扦插法繁殖的木本观赏植物，如桂花、梅、白兰、山茶等；亦用于仙人掌类必须依赖绿色砧木生存的不含叶绿素的紫、红、粉、黄色品种；或用于适应性差、生长势弱，但观赏价值高的品种。嫁接的另一作用是实现花卉的特殊造型。

（一）嫁接时期

1. 枝接的时期

枝接一般在早春树液开始流动、芽尚未萌动为宜。北方落叶树在3月下旬至5月上旬，南方落叶树在2—4月，常绿树在早春发芽前及每次枝梢老熟后均可进行。北方落叶树在夏季也可用嫩枝进行枝接。

2. 芽接的时期

芽接可在春、夏、秋三季进行，但一般以夏秋季芽接为主。绝大多数芽接方法都要求砧木和接穗离皮（指木质部与韧皮部易分离），且接穗芽体充实饱满时进行为宜。落叶树在7—9月，常绿树在9—11月进行。当砧木和接穗都不离皮时采用嵌芽接法。

（二）砧木和接穗的选择

1. 砧木的选择

选择砧木的主要依据是：与接穗具有较强的亲和力；对栽培地区的环境条件适应能力强；对接穗优良性状的表现无不良影响；来源丰富，易于大量繁殖；以1~2年生的健壮实生苗为好。

2. 接穗的选择

采穗母株要求品种正确、表现优良、观赏价值高并且性状稳定，接穗应选取生长旺盛、发育充实、无病虫害、粗细均匀的枝条，取枝条的中间部分。芽接采取当年生新梢作接穗，枝接一般采取一年生枝条作接穗。

（三）嫁接方法

嫁接的方法很多，要根据植物种类、嫁接时期、气候条件选择不同的嫁接方法。常用的嫁接方法可分为芽接、枝接、根接三大类。

1. 芽接

芽接是用一个芽片作接穗的嫁接方法。芽接法节省材料，操作简单，容易掌握，愈合快，适宜芽接的时期长。

（1）"T"字形芽接　选接穗上的饱满芽，剪去叶片，保留叶柄，先在芽上方0.5 cm处横切一刀，横切口长1 cm左右，再由芽下方1 cm左右处向上斜削一刀，由浅入深，深入木质部,并与芽上的横切口相交,然后抠取盾形芽片。在砧木距地面 5～6 cm 处,选一光滑无分枝处横切 1 刀,深度以切断皮层达木质部为宜。再于横切口中间向下竖切 1 刀,长 1～1.5 cm。用芽接刀尖将砧木皮层挑开,把芽片插入"T"形切口内,使芽片的横切口与砧木横切口对齐嵌实,然后用塑料膜带扎紧,露出芽及叶柄(图 5.13)。

(2)嵌芽接　在砧木和接穗均不离皮时,可用嵌芽接法。用刀在接穗芽的上方 0.5～1 cm 处向下斜切一刀,深入木质部,长约 1.5 cm,然后在芽下方开"T"形口约 0.5 cm 处斜切呈 30°角与第一刀的切口相接,取下芽片,砧木的相应切口略比芽片长;然后将芽片插入切口,两侧形成层对齐,芽片上端略露一点砧木皮层,最后绑缚(图 5.14)。

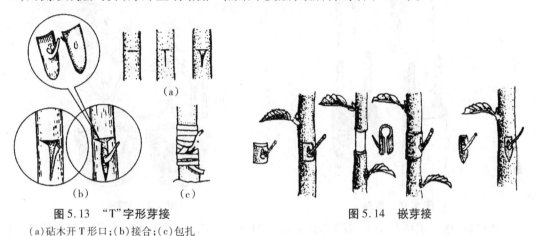

图 5.13　"T"字形芽接
(a)砧木开 T 形口;(b)接合;(c)包扎

图 5.14　嵌芽接

2.枝接

枝接是以枝条为接穗的嫁接方法。

(1)切接　普遍用于各类观赏植物,适于砧木较接穗粗的情况。先将砧木在距地面约 5 cm 处去顶、削平,然后在砧木一侧用刀垂直下切,深 2～3 cm,切口要平滑;在接穗的一侧下部削成 2～3 cm 的斜形,对侧基部削一短斜面,接穗上要保持 2～3 个饱满的芽。将刚削好的接穗插入砧木切口中,使形成层对准,再扎紧密封(图 5.15)。

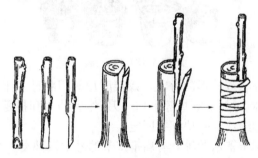

图 5.15　切接

(2)劈接　适用于大部分落叶树种。接法类似于切接,砧木去顶后在横切面的中央垂直下刀,接穗下端则两侧均切削成 2～3 cm 长的楔形。接穗插入砧木时使一侧形成层对准,可一次插入 2 个接穗(图 5.16)。如垂榆的嫁接多用此法,选取 3～6 年生的白榆大苗作砧木,在 2～2.5 m 高处截去树头,用健壮的一年生垂榆枝条作接穗进行劈接。

(3)靠接　此法主要用于其他嫁接方法不易成活的树种。嫁接前要提前调整两植株的距离和高度,生产中大多将欲嫁接的植株两方或一方植入花盆中。选粗细相近的砧穗,接口的切削长度相同,使砧穗的形成层对准(如粗细不一致时,要对准一面)后捆扎。待嫁接成活后,再削去砧木的头,剪下接穗的根(图5.17)。

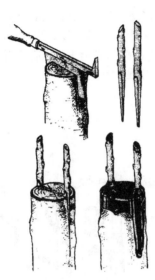

图5.16　劈接

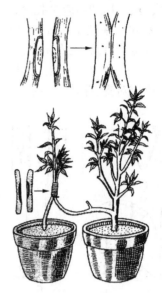

图5.17　靠接

(4)髓心接　接穗和砧木以髓心愈合而成的嫁接方法,一般用于仙人掌类观赏植物,在温室内一年四季均可进行。方法有平接和插接两种(图5.18)。

图5.18　髓心接

①平接法:适用于柱状或球形的种类。嫁接时用利刃将砧木上端横向截断,并将切面外缘削成斜面(防止积水);在接穗基部平切一刀,然后砧木和接穗平面切口对接在一起,中间髓心对齐,最后用细绳连盆一块绑扎固定。

②插接法:一般适用于蟹爪兰等具有扁平茎节的悬垂性种类。嫁接时用利刃在砧木上横切去顶,再在顶部中央垂直向下切一裂缝;在接穗下端的两侧削去外皮,露出髓心,略成楔形,插进砧木的裂缝内,用带子绑紧,或用针、刺横穿固定,使接穗和砧木的髓心部分密接。

仙人掌类嫁接后,放在干燥处,一周内不可浇水,伤口不可碰到水,成活后拆线,一周后可移到向阳处进行正常管理。

3.根接

根接是以根为砧木的嫁接方法。用作砧木的根可以是完整的根系,也可以是 1 个根段。若砧根比接穗粗,可把接穗削好插入砧根内;若砧根比接穗细,可把砧根插入接穗。如牡丹根接,秋天在温室内进行。以牡丹枝为接穗,芍药根为砧木,按劈接的方法将两者嫁接成一株,嫁接处扎紧放入湿沙堆埋住,露出接穗接受光照,保持空气湿度,30 d 成活后即可移栽(图 5.19)。

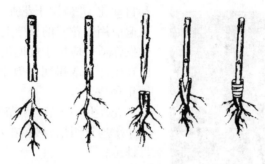

图 5.19 根接

嫁接后要检查成活率(芽接后 7~14 d,枝接后 20~30 d),成活的要及时解除绑缚物,未成活的要在其上或其下补接,并注意剪砧去蘖,保证成活接穗的正常生长。

第三节 容器育苗

容器育苗是指用穴盘、育苗盘、育苗钵作为容器进行育苗的技术方式。

一、容器育苗的优缺点

(一)容器育苗的优点

①操作简单方便;

②不受季节的限制;

③移栽时,苗随根际土团(有时和容器一起)栽种,起苗和栽种过程中可使根系少受损伤,苗木长势一致,成活率高,病虫害少,生长旺盛,对于不耐移栽的花卉尤为适用;

④育苗密度大,苗龄较短,降低了生产成本;

⑤操作、搬动、消毒方便,便于集装箱运输,实现种苗市场化;

⑥配合高精度点播生产线实行机械化播种,作业质量高,容器中基质填装、播种材料深度、压实程度及覆盖深度均一致,出苗整齐、健壮;

⑦容器基质中含有丰富的营养物质,加之容器育苗常在塑料大棚、温室等保护设施中进行,故可使苗的生长发育获得较佳的营养和环境条件,且充分利用土地;

⑧为实行机械化、自动化操作的工厂化育苗提供了便利。

(二)容器育苗的缺点

①前期投入较高,需要一定的设施和较多的人力、物力;

②需要高度专业化的技术。

二、容器育苗在花卉繁殖上的应用

最初是由科克和杰弗里斯以及哈伯先后在 1929 年和 1931 年用营养钵进行培育蔬菜幼苗的试验，20 世纪 50 年代以后容器育苗在美国、荷兰、苏联等国家相继得到大规模应用，中国也在此时逐步推广。20 世纪 60 年代以后，一些国家逐步实现了容器育苗的机械化

图 5.20　组培蝴蝶兰小苗穴盘移栽

和自动化，并应用于花卉的繁殖。容器育苗目前普遍应用于花卉的繁殖上，尤其是穴盘育苗机械化操作适合应用于规模化生产。现在，容器育苗已在生产上取得明显效果，已经实现周年育苗、周年移栽。

花卉生产中，容器育苗的主要应用途径有三种：

①通过组培，移栽在穴盘上（图 5.20），育成母株苗；

②穴盘播种育苗，批量生产，此法运用最多；

③穴盘扦插育苗。

三、容器与基质

（一）容器

容器主要有两种类型：一类有外壁，如各种育苗盘、育苗钵、育苗箱等，内装无土基质，按制造材料不同又可分为陶钵、土钵和草钵。近年来，泥炭钵、纸钵、塑料钵和塑料袋等应用较多，此外，合成树脂、岩棉等也可用作容器材料。另一类无外壁，是将充分腐熟的厩肥、泥炭、园土混合少量化肥压制成块状或钵状，供育苗使用。

容器育苗常用的主要容器是穴盘，它由多个营养钵连接成一体，可由聚乙烯塑料薄板吸塑而成，也可由聚苯乙烯泡沫塑料膜吸塑而成，还有用塑料薄板（板长 100～110 cm、宽 10 cm、厚 0.5 cm）制成的活动方格，每格边长为 10 cm 左右。国内使用较多的是聚乙烯塑料薄板吸塑穴盘，外形规格 550 mm×280 mm，穴盘种类有 50 穴、72 穴、100 穴、128 穴、288 穴、392 穴等几种，每个穴呈倒锥形的方孔或圆孔，底部有一个小的排水孔。

（二）基质

基质应具备如下条件：

①质量轻，不带病原菌、虫卵及杂草种子；

②来源广，成本低，有一定肥力；

③理化性状好，保湿、通气、透水性能好。

容器育苗常用基质（图 5.21）有泥炭、珍珠岩、蛭石、水苔、陶粒、蔗渣、椰糠、岩棉、树皮、锯末、腐殖土、炭化稻壳等，其中以腐殖土最好，泥炭、蛭石、珍珠岩、陶粒、椰糠等轻质材料也是较好的选择。大量育苗时，最好使用育苗专用商品基质。栽培时基质中一般要添加基肥。

图 5.21　容器育苗常用基质

(a)泥炭;(b)珍珠岩;(c)蛭石;(d)水苔;(e)进口水苔;(f)陶粒

四、穴盘播种育苗技术

1.育苗地的选择

容器育苗多在温室或塑料大棚内进行,能人为控制温湿度,为花卉生长创造较佳的环境条件,使花卉生长快,缩短育苗时间。若在野外进行,可选择地势平坦、排水通气、光照条件好的半阳坡。

2.基质的准备

播种育苗常用的基质有泥炭、蛭石、珍珠岩等,也可就地取材开发本地区廉价的基质。根据不同花卉类型选择不同基质,按照一定的比例配好后浇水。

为使基质进入苗盘时达到最佳理化状态,还需对基质进行充分的粉碎、混合、搅拌、脱水(图 5.22),使基质湿而不黏,以手握能成团、松手能散开为度,从而使基质在播种机中能正常流动,不堵塞、不黏结工作部件。

图 5.22　基质脱水桶

3.穴盘的选择

使用的穴盘应按所培育的花卉种类不同而有其相应的规格,这样才能使种苗正常而快速生长。一般大穴格所育苗在株高、叶面积和鲜重上都比小穴格的大,但其单位面积产量要比小穴格少许多。此外,穴盘种类、形状和深度不同,对植株的长势也有影响,如方形穴格比圆形穴格的容积大,更利于根系的生长,但在湿度的均匀度上不及圆形穴格。

4.填装基质与消毒

将配好的基质装入穴盘内,一般要求装至穴盘容量的95%。穴盘育苗的填装工作可分为人工装盘和机械装盘两种,人工装盘是将配好的基质人工装入穴盘,而机械装盘是通过装盘机将配好的基质在生产线上进行装盘。

填装好的基质要经过消毒才能用来育苗。可用800倍多菌灵或0.5%高锰酸钾溶液进行喷洒，直到浇透基质。

5. 穴盘精量播种

生产上为减少空杯率，需精选种子，要求种子无空秕、无破损、无病虫害；并在播种前对种子进行消毒、浸种、丸粒化等处理。

播种时，一穴一粒种子，成苗后也是一穴一株苗。因此，专业化穴盘育苗生产企业多采用精量播种机作业，用机器完成基质搅拌、消毒、装盘、压穴、播种、覆盖、镇压及喷水的全过程，并要求基质的含水量、压实程度、播种深度、覆土厚度等因素都要一致，不仅一个穴盘的每个穴格要一致，一次作业的所有穴盘及其上所有穴格都要一致，才能保证发芽势、出苗率、成苗均整齐一致。

播种量少时可采用人工播种法。先用0.5%高锰酸钾溶液浸泡种子约20 min，然后在温水中浸泡10 h左右，取出来直接播种或晾至表皮干燥后再行播种。播种时，用小木棍在每个穴格中央垂直插一洞眼，深度视种子直径而定；播完一个穴盘后，马上覆盖，并立即浇透水，以保持基质一定的湿度。目前，手持管式播种机也已运用到穴盘播种中。

6. 催芽

将浇透水的穴盘立即送入催芽室，催芽室内要保持高温高湿，即温度控制在25～30℃，相对湿度在95%以上，3～5 d后幼芽开始露头，当60%～70%的幼芽露头时，即可移出催芽室，进入育苗室。

7. 移植

当穴盘中的小苗长至3～4片真叶时，可将小苗从穴盘中移至育苗钵中。根据不同花卉，可裸根移植或带土坨移植。裸根移植的花卉移植时最好铲断主根后再栽植，可促进小苗健壮生长；直根系的花卉则不适于裸根移植，而要带土坨移植。

8. 苗期管理

移植后，育苗钵需放在荫蔽处养护管理至缓苗。其间要浇三次缓苗水，每次都要浇透。第一次在移植后马上进行，第二次在移植3～5天后，第三次在移植一周左右后。缓苗后将苗移至光照充足处进行正常养护管理即可。育苗室的温度不低于12～15℃，相对湿度控制在70%～80%，每天喷2～3次水，使基质含水量控制在60%～70%。一般情况下，自然光即可满足幼苗生长。施肥多采用液体肥料，每隔7～10 d或10～15 d施一次肥。此外，由于穴盘育苗环境湿度较大，应重视病虫防治工作，保持室内通风干燥，定期适量地喷洒药剂，以防病虫害滋生。

9. 定植

当小苗长至6～7片真叶时，即可定植。定植前要进行炼苗，即适当地控水控肥处理，并降低温度，加强通风透光，使小苗逐渐适应露地环境。

五、穴盘扦插育苗技术

采用穴盘扦插繁殖花卉苗，苗木根系发育好，起苗时不伤根，从而提高了苗木的移植成活率，有利于培育优质壮苗，且成苗快、开花早，能保持品种的优良特性，对不易产生种子的

花卉尤为重要。步骤如下:

(一)穴盘的选择

使用的穴盘规格要比播种育苗大。未使用过的新穴盘,可不进行消毒处理。若为上一轮生产过程中使用的穴盘,需经过清洗、晾干,再用 0.1% 高锰酸钾溶液或敌克松 1 500 倍液消毒。

(二)插穗的选择和处理

选择生长健壮、腋芽饱满、无病虫害的枝条,用锋利刀片切削枝条基部成一平滑的斜口,并除去下部叶片。最好随剪随插,大量扦插时,可将插穗放入湿袋或内衬塑料袋的带孔纸箱中,置冷凉处,以保持插穗新鲜。用生长素类物质处理插穗可促进生根。通常用吲哚丁酸和萘乙酸配成 500~1 000 mg/L 的混合液,将插穗基部 2 cm 处浸蘸 5 min 左右即可。因生长素类物质多不溶于水,可先用 95% 酒精溶解,再加清水定容后使用,宜现配现用。

(三)扦插基质

穴盘扦插基质同普通扦插。生产上,几种基质混合使用有时比单独使用效果好,如可用泥炭土、珍珠岩、河沙之质量比为 1∶1∶1,或河沙与珍珠岩之质量比为 1∶1,或蛭石与珍珠岩之质量比为 1∶1 等。

(四)扦插

扦插通常在温室内进行。每一穴扦插一个插穗,密度为插穗叶子展开不重叠为好,叶子大者可剪去半片叶子,插后用手指在四周压紧,喷一次透水,在日光下生长。

(五)扦插后的管理

1. 温度

扦插基质内的温度稍高于室内气温 2~4 ℃,有利于插穗生根成活。原产于热带、亚热带的花卉在 20~25 ℃ 生根良好,一般种类在 15~20 ℃ 即能生根。

2. 光照

扦插初期应适当遮阴,但愈伤组织形成并开始生根后,遮阳时间可以相对缩短,延长全光照时间,以促进叶片光合作用;炼苗期间,只需午间遮阳即可。

3. 湿度

一般基质湿度在扦插初期可适当大些,以供给植株充足的水分,有利于插穗愈伤组织形成,但当愈伤组织形成后,基质中的含水量稍减少,有利于根原基和新生根的形成。当新根形成后,再降低基质中含水量,可促进根的生长,最后适当控水,有利于炼苗和促进植株矮壮。温室内应经常保持较高的空气湿度,以 80%~90% 为宜,从而减少插穗蒸腾强度,提高叶片光合效率,为生根提供充足养分。

4. 施肥

施肥在扦插 2~3 周后(愈伤组织形成后)进行,以叶面追肥为主。根系形成后可选用磷酸二氢钾或复合肥结合基质补水进行根灌,追肥一般 1~2 周一次。

5. 空气

扦插基质需具备供给插穗充足氧气的条件,理想的扦插基质是既能经常伤持湿润,又能透气良好。对温室通风的调节,主要是通过开启天窗、侧窗以及启动循环风扇进行,经常通风有利于减少病虫害的发生。

6.病虫防治

温室内高温、高湿极易引发病害,故扦插后,需对温室再进行一次全面消毒,以后每周预防一次。可选用多菌灵、百菌清、甲基托布津及代森锰锌等杀菌剂800~1 000倍液交替喷施。

7.炼苗

扦插苗生根率达到90%以上时(即观察到绝大部分新根从穴盘底部钻出),即可进行炼苗。此阶段需要逐步加强光照与通风,延长叶面喷水间隔时间,从而减少棚室内的空气相对湿度,以避免新芽徒长;结合追肥,加强根灌,以促进根系生长。

 行动

一、种子的识别、采收与处理

（一）目的要求

通过本次实训,使学生认识观赏植物种子50种,掌握常见的15~30种观赏植物种子采集及采后处理方法。

（二）材料用具

各类观赏植物及种子。枝剪、高枝剪、采集包、淘洗筐、沤制容器、纸袋、种子瓶等。

（三）方法步骤

根据观赏植物的类型、不同的成熟期,采用多次、多种方法采集,采集后按照种子类型进行处理,可采用晾晒、沤制等方法。

（四）考核评价

种子的识别、采收与处理考核

考核项目	考核要点	参考分值
实训态度	积极主动,操作认真	10
种子识别	根据教师讲解种子形态特征及识别方法,学生观察识别、熟悉种子	25
种子采集	选择得当,种子成熟度高,采集方法正确	20
种子处理	处理各环节方法正确,保管妥当	25
实训报告	总结各工作环节技术要点,详细记录,总结形成实训报告	20

二、种子发芽试验

（一）目的要求

熟悉观赏植物种子发芽试验的方法与操作。

（二）材料用具

各类观赏植物种子。恒温发芽箱、发芽皿、白瓷盘、纱布、镊子、细沙。

（三）方法步骤

①教师演示,指导学生掌握种子发芽实验方法,学生分组进行。

②学生按步骤进行发芽实验,将种子平均等距地排列在发芽皿上,在规定条件下培养,重复数次。

（四）考核评价

发芽实验操作考核

考核项目	考核要点	参考分值
实训态度	积极主动,操作认真	10
发芽实验操作	准备充分,发芽实验各个环节操作规范,结果鉴定正确	70
实训报告	总结各工作环节技术要点,详细记录,形成实训报告	20

三、种子的处理及播种

（一）目的要求

使学生掌握观赏植物种子处理和播种方法。

（二）材料用具

观赏植物种子、药品、播种培养土、沙、瓦片。浸种容器、育苗盆、喷壶、花铲、细筛等。

（三）方法步骤

①确认种子名称与实物相符,根据种子发芽、出苗特性,选择合适的种子处理方法。

②浸种与药物处理,严格掌握浸种的水温、时间和药物处理的用药浓度及处理时间。

③制备育苗盆时,注意排水孔的处理。在盆底排水孔上平放瓦片或纱网,用粗沙填平,再放入播种培养土。有条件的地方,应选择台式育苗床,以利排水。

④确定播种量和播种方法,根据种子大小,选择播种方法。一般细小粒种子用撒播,中、大粒种子用点播。

⑤覆土和浇水,细小粒种子一般不覆土,中、大粒种子的覆土厚度一般为种子直径的1倍。

盆播的第一次浇水多用浸盆法,待水浸透土面后即可取出,置培养环境下育苗。床播的应采用细孔喷水壶浇水,反复多次,浇透为止。

（四）考核评价

种子处理方法、播种操作考核

考核项目	考核要点	参考分值
实训态度	积极主动、操作认真	10
种子处理方法	种子处理方法得当,易于出苗	20
播种操作	播种准备充分,各环节操作规范,管理得当,出苗整齐	50
实训报告	总结各工作环节技术要点,详细记录,形成实训报告	20

四、扦插繁殖

（一）目的要求

通过实训,使学生掌握硬枝和嫩枝的插穗选择、处理,扦插的方法和插后管理技术。

（二）材料用具

扦插床(盆、箱)、扦插基质、插穗。铁锨、枝剪、喷壶、利刀。

（三）方法步骤

①选择扦插繁殖的季节。根据观赏植物的特性，尽可能考虑实际生产的需要，选择合适的扦插季节。有条件的，可在不同季节实习多次。

②插穗的剪取与处理。在生长健壮的母株上选择树冠外围的枝条，剪取作为扦插材料后剪截插穗，注意剪口的光滑，以利愈伤和生根，关键技术是枝剪的刃口要锋利。根据观赏植物的生根习性决定是否需要采用植物生长调节处理。

③扦插。在已备好的插床上扦插。注意扦插的深度和间距，插后浇透水。

④管理。根据扦插季节和插穗类型制定养护管理措施。

（四）考核评价

实训考核从实训态度、插穗制备、扦插操作、扦插成活、实训总结5方面考核。

考核项目	考核要点	参考分值
实训态度	积极主动，操作认真	10
插穗制备	剪取位置得当，长度及剪口合理	20
扦插操作	扦插步骤正确、操作过程规范，成活率高	40
扦插成活	根据种类、方法确定成活率	20
实训报告	总结各工作环节技术要点，详细记录，形成实训报告	10

五、嫁接繁殖

（一）目的要求

通过实训，使学生掌握观赏植物枝接、芽接等嫁接繁殖的基本技术。

（二）材料用具

可供嫁接的砧木、接穗。修枝剪、芽接刀、切接刀、绑扎材料（塑料薄膜条）、标签、湿布。

（三）方法步骤

①结合生产实际和实习基地的繁殖材料，选择嫁接季节和嫁接方法，以保证枝接（劈接、切接、靠接）、芽接（T字形芽接、嵌芽接）、髓心接等主要嫁接方法都得到训练。

②砧木、接穗的处理

a.枝接法。枝接法是最常用的嫁接方法，适用于大部分园林树种。砧木选直径2 cm左右的幼苗，距地面5～30 cm处剪顶。接穗留2～3个饱满芽。枝接时注意砧木和接穗削切面的平整，接口部位结合要紧密。

b.芽接。可在整个生长季节进行。芽接时注意砧木的切削和接穗的选择，注意砧木切口和芽片的齐合。

c.髓心接。一般适用于仙人掌类观赏植物。嫁接时注意砧木和接穗的髓心对接整齐。

③学生按照教师的示范要求，分组进行操作。

（四）考核评价

实训考核从实训态度、嫁接操作、嫁接成活、实训总结4方面考核。

考核项目	考核要点	参考分值
实训态度	积极主动、操作认真	10
嫁接操作	插穗剪取合理，各类嫁接方法操作过程正确、规范	60

考核项目	考核要点	参考分值
嫁接成活	根据种类、方法确定成活率，嫁接成活率高	20
实训报告	总结各工作环节技术要点，详细记录，形成实习报告	10

拓展

人工种子和种子大粒化处理

一、人工种子的概念

植物组织、细胞培养可以形成小芽或胚。当组培中的植物体经历了一些特殊的培养过程，就可能形成胚，这样就称为体细胞胚。通过培养产生的大量幼芽和体细胞胚，用特定方法将其包裹起来加以保护，制成具有种子功能的类似物。这就叫人工种子。1983 年，美国的植物基因公司率先研制出人工种子，引起轰动。

二、人工种子的特点

①便于组培苗的保存。组培苗不像种子一样可以干燥保存，有休眠期，便于长途运输。一般组培苗没有休眠要继续生长，这样运输困难，如超低温保存费用昂贵，难以大量应用。人工种子就可以将培养的芽、胚保持自然种子机能，便于运输。

②具有种子机能。人工种子使芽、胚具有自然种子的机能，在包皮内部可以加入促进根、茎、叶生长的调节物质和发芽时防止感染病害的抗菌剂及除草剂等。

③可增强抗性。人工种子可以接种弱病毒，增强对病害的抗性。为了防止连作危害，可以包入有益微生物。

④可直接播种。组织培养的幼小植物从试管取出后，都要进行适应自然环境的驯化过程；而人工种子不必再专门进行驯化操作，可以直接播入土中，这样可大大节省劳力。

⑤提高繁殖效率。人工种子是由体细胞形成胚和芽，所以对种子不育性的植物或单性结实的植物可以利用其体细胞形成胚状体进行大量繁殖。人工种子是最佳的快速繁殖途径。对体细胞融合植株，因组合的遗传基础差异大，后代分离大，育性差，但与人工种子这一技术结合，只要选出优良细胞融合株，就可以大量繁殖推广，使尖端育种技术迅速实用化。

⑥兼有无性繁殖和有性繁殖的优点。因为人工种子是由体细胞起源，可保持亲本的遗传特性。目前，花卉大量应用杂种一代进行生产栽培，要年年制种，有些制种效率很低。人工种子只要发现一株优良组合就可以进行大量繁殖，使杂交育种和杂种优势发挥更大威力。

三、种子大粒化

种子大粒化是现代育苗中为配合机械化播种的一项重要技术措施。种子大粒化是在作物种子外面包裹一层包衣物质（肥料衣），使原来小粒种子或形状不正的种子成为大粒、正形（即圆形或卵圆形）的种子。包衣种子质量约为原有种子质量的 20～40 倍，直径约 3.0～3.5 mm，大多用于花卉等园艺植物种子。首先采用这种方法的是荷兰的斯路伊斯公司。目前除荷兰外，美国、日本等国家也应用这项技术。

种子包衣的主要作用有：

①适于机械化播种，提高播种质量，有利于掌握播种量和播种深度，节省种子用量。

②种子播后可以不覆土。这种种子吸水力增强，所以种子发芽整齐，苗生长一致且素质好。

③减少间苗次数，甚至不必间苗，节约用工。

④包衣物质中含有杀菌剂，可以减轻病害的发生。另外，由于苗齐、苗壮、缺苗少，可增加出苗量，提高经济效益。

种子包衣采用种子包衣机进行机械化操作，一般由种子公司大规模进行。包衣物质大多由两层组成。外层具有成型性、吸湿性和可溶性。在种子发芽以后，这种物质能自行裂开，不会影响种子发芽。内层物质中含有肥料和杀菌剂。

 评估

1. 观赏植物有哪些繁殖方式？简述它们的特点与应用。

2. 观赏植物的播种用土如何配制？

3. 观赏植物的栽培土壤如何进行消毒处理？

4. 分株和分球繁殖有什么不同？

5. 扦插成活的原理是什么？列举5种促进插穗生根的处理措施。

6. 观赏植物种子萌发的主要条件？促进种子萌发的主要措施有哪些？

第六章
观赏植物的栽培管理

 目标

知识目标

- 了解观赏植物栽培的类型;
- 掌握露地、温室观赏植物栽培管理技术;
- 掌握促成和抑制栽培的原理和方法;
- 掌握无土栽培的类型和常规栽培技术;
- 掌握园林树木种植的相关基本理论;
- 理解观赏植物栽培的原理,以及促成和抑制栽培、无土栽培的意义。

能力目标

- 掌握观赏植物整地做畦、整形修剪、上盆与换盆、水肥管理技能;
- 掌握营养土配制方法和无土栽培的方法;
- 能根据不同观赏植物及季节特点进行环境的调控,合理应用各项栽培管理技术;
- 掌握温室观赏植物栽培管理技术;
- 掌握园林树木定点放样技术;
- 掌握裸根苗、土球苗的起苗技术;
- 掌握园林树木的种植技能;
- 掌握园林树木种植后的养护技能;
- 掌握大树移植的技术要点;
- 能够对一般的园林树木进行整形修剪;
- 掌握低温危害、高温危害以及其他自然灾害的预防技能。

准备

　　观赏植物的栽培管理,不仅要求有一定的产量和质量,能减轻人们的劳动强度、降低成本,还要求集世界名花于一地,能满足人们对观赏植物的周年需求,便于工厂化生产。因此,观赏植物的栽培方式多样,主要有露地栽培、温室栽培、切花栽培、盆花栽培、促成与抑制栽培、无土栽培等形式。不同的栽培形式由于栽培环境和栽培的观赏植物种类的差异，需要人为采取一定的栽培管理措施，以满足不同观赏植物的生态要求，提高栽培效益。

第一节　露地花卉的栽培管理

露地栽培是观赏植物最基本的栽培方式。露地观赏植物种类繁多、色彩丰富，对本地自然环境的适应能力比较强，是园林绿化美化中布置花坛、花境、花丛、绿篱等的最主要的植物材料。这类观赏植物整个生长发育的过程都可以在露地栽培完成，因此栽培管理方便，成本低。

一、整地与做畦

整地是播种或移栽前进行的一系列土壤耕作措施的总称，包括对土壤进行翻耕、耙平、去杂等一系列工作。做畦是指将一块地做成多个一定长度和宽度的栽培小区。

1. 整地方法

整地可以采用机耕、畜力或人力。大面积的花圃地一般采用机耕或畜力，而较小面积的花圃地一般采用人力整地，多用铁锹翻耕。

翻耕是翻转耕层和疏松土壤，并翻埋肥料和残茬、杂草等的作业，是整地作业的中心环节，其作用是使土壤充分接触阳光和空气，以促进风化。

耙地是翻耕后用各种耙平整土地的作业。耙深 4 ~ 10 cm。用圆盘耙、钉齿耙等耙地，有破碎土块、疏松表土、保水、提高地温、平整地面、掩埋肥料和根茬、灭草等作用。

在翻地的同时，应施入基肥。一般可采用腐熟的厩肥、堆肥、饼肥，也可用骨粉、过磷酸钙等。

施肥量视土壤肥力状况和观赏植物对营养物质的需要确定。为确定施肥的种类和数量，应事先对土壤养分进行分析。基肥应与土壤充分混合。为了防治地下害虫，施基肥时可掺入一定比例的杀虫剂。

2. 整地深度

整地深度根据观赏植物种类及土壤情况而定。一、二年生观赏植物生长期短，根系较浅，整地深度一般控制在 20 ~ 30 cm。宿根观赏植物生长健壮，根系比一、二年生观赏植物强大，入土较深，抗旱及适应不良环境的能力强，整地深度应达 30 ~ 40 cm，并应施入大量的有机肥，以长时期维持良好的土壤结构。球根观赏植物对整地、施肥、松土的要求较宿根观赏植物高，特别是对土壤的疏松度及耕作层的厚度要求较高。因此，栽培球根观赏植物的土壤应适当深耕 30 ~ 40 cm，并通过施用有机肥料、掺和其他基质材料，以改善土壤结构。木本观赏植物一般均为多年生，树大根深，因此在整地时翻耕的深度应深一些，一般不能少于 30cm，尤其是培育大苗时，翻耕深度更不能浅，否则难以培育大苗。

在城市环境中，大多数绿化地段的土壤含有较多的城市垃圾，如建筑垃圾、生活垃圾等。因此整地时应将石块、瓦片、杂草等清理干净，然后根据将栽培的观赏植物种类及其生长发育习性进行换土处理，将表层 30 ~ 40 cm 的土壤换成新土。

如果土壤深度不够、土质不尽如人意(太黏重或太沙、酸碱度不适宜等),可通过掺客土的方式来改善;如土质过差(杂物太多),应进行换土。

此外,整地深度还要看土壤质地,沙土宜浅,黏土宜深。

3. 整地时间

整地多在秋天进行,也可在播种或移栽前进行。一般春季使用的土地应在上一年的秋季翻耕,秋季使用的土地应在上茬花苗出圃后翻耕。耙地原则上应在栽种前进行。

整地应在土壤干湿适度时进行,一般在土壤田间持水量40% ~60%时耕地最好。太干时土壤硬,翻耕费力费工,土块难以破碎;过湿时,易造成土壤板结,使土壤透气性变差。

4. 做畦

做畦又叫作床,做畦的类型常根据地区、地势、栽培目的、观赏植物种类和习性等来决定。栽培观赏植物的畦分为高畦、低畦两种(图6.1)。北方地区、少雨干旱的地区、喜湿怕燥类观赏植物,多做低畦,即畦面低于地面的畦,畦两面有畦埂高出,能保留雨水及便于灌溉。而南方、多雨易涝或地下水位较高的地区,耐旱怕湿类观赏植物,一般是做高畦,使种植面高于地面。种植面叫畦面,畦与畦之间所形成的沟叫畦沟,可排水和作通道。

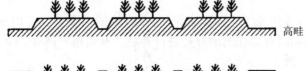

图6.1 畦(床)的形式

畦面宽度应该依地区及栽植的观赏植物种类而异,草本观赏植物及木本小苗的畦面宽度一般为1.0 ~1.5 m,如培育大苗用,畦面宽度可以加大到2.0 ~2.5 m。畦面长度根据所栽培的观赏植物数量和地形决定。

高畦的畦面要高出地面20 ~30 cm,以便排水,并可扩大土壤与空气的接触面积,畦沟宽20 ~30 cm。低畦的畦埂高20 ~30 cm,埂宽20 ~30 cm。

苗畦做好后打碎土块,搂平畦面,然后浇一次透水,待土壤半干时整平畦面,供播种或移栽花苗用。

二、播种与移栽

露地观赏植物的栽培方式有两种:一种是直播栽培方式,另一种是育苗移栽方式。

(一)直播栽培方式

直接在需要栽植的圃地里播种种子(或种球),让其生长发育至开花的栽培方式称直播栽培方式。比如:新建草坪通常是直接在草坪地上播种;某些直根性、不耐移栽的观赏植物(如虞美人、花菱草、香豌豆、牵牛花等)最好采用直播;球根观赏植物一般也不需要事先育苗,而是直接将种球种植在花圃里。

直播可省去育苗过程,简化工作程序,同时可以避免移栽对花苗根系的伤害。但直播用种多,疏密不均,待赏期长。

播后的管理工作主要有以下几方面:

1. 间苗

播种出苗后，幼苗拥挤，将过密之苗拔去，以扩大幼苗间距离，这项工作称为间苗，又称疏苗或匀苗。为保证有足够的花苗和适宜的密度，直播时的播种密度都要超过实际的需要，最后通过间苗达到合理的密度。

间苗的目的是扩大幼苗间的距离，改善拥挤状况，使幼苗间空气流通，日照充足，生长健壮，如果幼苗过于拥挤，不仅生长柔弱，且易引起病虫害。间苗也有去劣留优的作用。一般间苗时要去除下列几种苗：生长柔弱的苗、徒长的苗、畸形的苗、异种苗及异品种苗。间苗的原则是去密留稀，去弱留壮。

间苗工作通常在子叶发生后进行，不宜过迟，过迟易造成幼苗徒长，生长瘦弱。间苗需要分2~3次进行，不宜一次间得过稀，否则可能因意外造成缺苗。第一次间苗在子叶出齐以后，有1~2片真叶时进行，第二次间苗一般在有3~4片真叶的时候进行，最后一次间苗称为"定苗"。间苗时要小心，尽量不要牵动留下的幼苗，以免损伤根系。间苗后应及时浇水，使土壤与留下的小苗根系密接，以防在间苗过程中被松动的小苗干死。间下的幼苗，若为移植容易成活的种类，仍可利用、栽植。

2. 补苗

补苗是指在过稀或缺株的地方补栽花苗，在直播的情况下经常出现疏密不均的现象。因此，需要在间苗的同时对缺株的地方要进行补栽。补苗越早越好，不仅成活率高，而且与其他苗的长势容易一致。

补苗宜在晴天下午4点以后或在阴天进行。补栽后需喷洒雾状水，增加土壤和空气湿度，以提高成活率。

（二）育苗移栽方式

先在育苗圃地播种培育观赏植物幼苗，长到成苗后，按照要求定植到园林绿地中的栽培方式，称育苗移栽方式。露地观赏植物，除去不宜移植而进行直播的观赏植物外，大都是先在苗床育苗，经分苗和移植后，最后定植于园林绿地。

移植是为了扩大各类规格的苗株的株行距，使幼苗获得足够的营养、光照与空气，同时在移植时切断幼苗的主根，可使苗株产生更多的侧根，形成发达的根系，有利其生长。

移植包括"起苗"和"定植"两个步骤。

1. 起苗

从圃地上把苗木挖掘起来叫起苗。起苗时，土壤的干湿要得当，土壤过分干燥，易使幼苗萎蔫；土壤过分湿润时，不仅不便操作，且在栽植后土壤板结，不利幼苗生长。如天旱土壤干燥，应在起苗前一天或数小时充分灌水。

根据观赏植物的不同性状和习性，起苗方式有裸根起苗和带土球起苗两种方法。

（1）裸根起苗法　用手铲将苗带土掘起，然后将根群附着的土块轻轻抖落，勿将细根拉断或使受伤，随即进行栽植。栽植前勿使根群长时间暴露于强烈日光下或强风吹击之处，以免细根干缩，影响成活。这种方法适用于小苗、容易成活的大苗、落叶阔叶树以及休眠期的移植。其优点是便于操作，节省人力和物力，运输方便。

（2）带土球起苗法　用手铲将苗四周铲开，然后从侧下方将苗掘出，保持完整的土球，勿破碎。有时为保持水分的平衡，在苗起出后，可摘除一部分叶片以减少蒸腾量。但若摘除叶片过多，由于减少光合作用面积，也会影响新根的生长和幼苗以后的生长，适用于大苗、不容易成活的苗木、常绿树、珍贵落叶树及生长期的移植。这种方法的优点是栽植成活率高,但其施工费用高。在裸根能够成活的情况下,尽量不用带土球法移植。土球的规格大小与树木株高、树径有关,大苗移植时,一般土球直径是植株根茎粗的 2~3 倍。土球的包装:小土球装入塑料袋裹紧,大土球用草绳缠绕或用木板固定。在储运过程中为防止土球干裂破碎,注意洒水保湿,用苦布或草帘遮盖,避免剧烈震动和风吹日晒。埋植时要在保持土球完整的情况下去除不易分解腐烂的包装物,不要直接踩踏或用硬物击打土球。

2. 定植

根据设计要求,将花苗栽植在圃地上的操作称定植。

定植方法可分为沟植法与穴植法。沟植法是依一定的行距开沟栽植;穴植法是依一定的株行距掘穴或以移植器打孔栽植。裸根栽植时应将根系舒展于穴中,勿卷曲,然后覆土,为了使根系与土壤紧密连接,必须妥为镇压,镇压时压力应均匀向下,不可用力按压茎的基部,以免压伤苗。带土球的苗栽植时,填土于土球四周并稍加镇压,但不能镇压土球,以避免将土球压碎,影响成活和恢复生长。

栽植深度与原种植深度一致,或略深 1~2 cm。如定植于松软土壤中,为了防止干燥可稍栽深些。根出叶的苗不宜深栽,否则发芽部位埋入土中,容易腐烂。种植后要立即充分浇水。在新根未生出前,亦不可浇水过多,否则根部易腐烂。小苗组织柔弱,根系较小而地上部分蒸腾量大,移植后数日应遮住强烈日光,以利恢复生长。

定植距离依观赏植物种类、栽培目的不同而异,此外,肥沃土壤生长的植株比较旺盛,距离宜稍大。迟播和迟移的苗发育较差,距离可稍小。

定植时间,原则上要在苗木的休眠期,一般春季、秋季起苗。春季是植树最适合的时候,因为在这期间树木正处于萌动前的休眠期,尚未生根发芽,对温度、湿度等环境条件反应迟钝,生理活性较低,可耐初春季节冷热无常的多变气候。待定植后,气温回暖渐趋稳定,土壤解冻,雨水渐多,正好赶上树木苏醒进入树木生长的大好季节。若芽苞开放后起苗,会降低成活率。一般来讲,春栽宜早不宜迟,而秋季起苗,一般在落叶的 10 月下旬开始。秋季起苗有利于苗圃地为下茬实行秋(冬)深翻,消灭病虫害。不论什么季节,都以无风阴天为好,如果天气晴朗、光强、炎热,宜在傍晚移植。

一年生、二年生草花的定植没有严格的季节性,主要根据栽培目的选用适当苗期(幼苗期、小苗期或成苗期)的苗进行定植。只是要注意天气,以阴天或晴天傍晚进行为好,且移栽后应立即浇水定根。生产性栽培时,一般是在具 5~6 片真叶时定植;在花坛等园林绿地中栽培,定植的苗龄要大一些,观花的一年生、二年生草花一般要在现蕾后才定植。球根观赏植物一般直接用种球定植,不需育苗移栽。种球定植的时间要根据观赏植物种类、品种和开花期要求而定。春天开花的植物(如郁金香、风信子)多数是在秋季定植,夏秋季开花的植物(如美人蕉、大丽花)多在春季定植。宿根观赏植物和木本观赏植物的定植期因休眠习性而异。有休眠期的落叶观赏植物一般是在春、秋两季进行,11 月至次年 2、3 月移栽均可。无明显休眠期的常绿观赏植物,原则上春、夏、秋季都可移植,但以春季发新叶前移栽最好,冬季移栽成活率低。

三、灌水

1. 灌水方法

露地观赏植物灌水的方法有漫灌、喷灌、滴灌等。我国北方干燥且地势平坦地区,栽培面积较大的情况一般采用漫灌,用电力或畜力抽取井水,经水沟引入畦面。喷灌是依靠机械力将水压向水管,喷头接于水管上,水自喷头喷成细小的雨滴进行灌水的方法,草坪及大面积栽培观赏植物时宜用喷灌。滴灌是利用低压管道系统,使灌水成点滴状,缓慢而经常不断地浸润植株根系附近的土壤,此法节省用水。使用滴灌时,株行间土面仍为干燥状态,因此可抑制杂草生长,减少除草用工和除草剂的消耗。缺点是投资大,管道和滴头容易堵塞,在接近冻结气温时就不能使用。因此大面积栽培观赏植物很少使用。

2. 灌水量及灌水次数

灌水量及灌水次数,常依季节、土质及观赏植物种类不同而异。夏季及春季气温较高,水分蒸发量大,应有较多次的灌水,灌水量大些。秋季雨量较多,且大多数的观赏植物停止生长,应减少灌水量及次数。一、二年生观赏植物及球根观赏植物根系浅,容易干旱,灌水次数应较宿根观赏植物为多。沙土及沙质壤土透水性强,其灌水次数应比其他较为黏重的土质为多。

3. 灌水时间

每天的灌水时间因季节而异。夏季灌水应在清晨和傍晚时进行,这个时间段的水温与土温相差较小,对观赏植物的根系有保护作用,傍晚灌水更好,因夜间水分下渗到土层中去,可以避免日间水分的迅速蒸发。冬季灌水应在中午前后进行,因冬季早晚气温较低。

四、施肥

观赏植物生长发育所需的营养元素绝大部分来自土壤,在人工栽培的条件下,施肥是补充的主要方式,因此,肥料的种类、施用量及施用时期等对花木正常生长影响极大。

1. 施肥量

施用量因观赏植物种类、土质及肥料的种类不同而异。一般植株矮小的观赏植物宜少施,植株高大的观赏植物宜多施。同一种观赏植物不同的生育时期施肥的比重和量都不相同,如一、二年生观赏植物,苗期的施肥,氮肥可稍多一些,但在生殖生长期,磷钾肥应逐渐增多。

2. 施肥方法

(1)基肥 以有机肥为主,在播种或移植前结合耕地进行施肥。基肥对改良土壤的物理性质具有重要作用。

(2)追肥 指在花苗生长季节追施的肥料,以补充基肥的不足,满足观赏植物苗木不同生长发育时期对营养成分的需求。

追肥的施用方法依肥料种类及植株生长情况而定,植株较大,施肥应距根系远些,施用粪干或豆饼时,可采用沟施或穴施。施用人粪尿或化学肥料时,常随水冲施,化学肥料亦可按株点施,或按行条施,施后灌水。

(3)根外追肥 指把营养溶液直接喷洒在叶面上使植物吸收的一种追肥方法。使用的化肥通常有尿素、过磷酸钙、硫酸亚铁、磷酸二氢钾以及其他微量元素等。喷施浓度一般为0.1%～0.5%,用喷雾喷洒。根外追肥应选择清晨及傍晚或阴天进行,以保证喷洒均匀和有充裕的吸收时间。观赏植物进入开花期之后,不宜进行根外追肥。

3. 施肥时期及次数

一般每年施肥3～4次,第一次在春季开始生长后追肥,第二次在开花前追肥,第三次在花后追肥,第四次在秋季叶枯后,应在株旁补以有机肥。一般开花期不能追肥,速效肥应在需要时施用,而有机肥等迟效肥宜提早施用。

五、中耕除草

中耕深度以不伤及花株根系为宜,一般为 3～5 cm。幼苗期应浅,以后逐渐加深。近根处宜浅,远根处宜深。根系分布较浅的观赏植物应浅耕,反之,中耕可较深。除草是一项长期的工作,应本着"除早、除小、除了"的原则进行,即杂草发生之初,尽早进行;杂草开花结实之前必须清除;多年生杂草必须将其地下部分全部掘出;不仅要把苗畦上的杂草除光,还要把步道及四周的杂草除光。

近年来,化学除草剂得到普遍应用,其成本低、效用大,有的除草剂还有选择灭草的能力。目前生产的除草剂主要有:除草醚、灭草灵、2,4-D、西马津、二甲四氯、阿特拉津、五氯酚钠、敌草隆、敌稗等。除草剂一般都具有选择性,如:2,4-D 丁酯可防除双子叶杂草;茅草枯可防除单子叶杂草;西马津、阿特拉津能防除一年生杂草;百草枯、敌草隆可防除一般杂草及灌木等。但使用化学除草剂要准确掌握各种药剂的作用和性能、使用浓度、残效期、是否污染环境等问题,否则会造成严重的后果。

六、病虫防治

观赏植物病虫害防治原则:预防为主,综合防治。

(一)观赏植物病虫害的预防

1. 及早预防

入冬木本观赏植物涂白或喷石灰硫黄合剂,早春各种观赏植物发芽前喷 1～3 次波尔多液,均可预防病虫害。

2. 土壤消毒

此法可以预先消灭病菌和虫卵。

3. 加强田间栽培管理

保持适宜的温湿度和采光条件,使植株生长健壮,可以有效地控制病虫害滋生和蔓延。

4. 植物检疫

对从外地引入的新品种观赏植物和苗木,要进行严格的检疫,以防蔓延成灾。

5. 经常保持观赏植物苗圃地的环境卫生

此法可减少病虫的滋生,减少虫源。

6. 及时防治

个别观赏植物遭受病虫害,应尽快隔离;被害严重而无法救治,应及时烧毁或深埋。

7. 正确使用药物

此法可防止药害和抗药性、残毒污染等问题。

8. 生物防治

通过有机肥中拮抗菌等土传菌分泌抗生素,可以达到灭菌目的。

（二）常见虫害及其防治

表6.1　露地观赏植物常见虫害及其防治方法

害虫名称	危害观赏植物及危害情况	防治方法
介壳虫	危害多种观赏植物,寄生多种观赏植物枝、叶、果,吸取养分,带来煤烟病	加强通风,喷25%速灭杀丁1 000倍,用石硫合剂加氧化乐果冬前喷杀
蚜虫	危害多种观赏植物,常群集观赏植物嫩枝叶上吸食花木营养	加强通风,控制空气湿度,喷40%氧化乐果1 500倍液
尺蠖	危害豆科、黄杨、女贞等,常吐丝垂吊,叶子吃光,粪便满地	喷25%敌杀死1 000倍,或0.1%敌敌畏,20%灭多威、虫螨特1 000～2 000倍
红蜘蛛	危害多种观赏植物,它的若虫常群集于一些观赏植物的叶背及花蕾上,以刺吸式口器吮吸汁液而危害植株	降温增湿,加强通风,喷40%氧化乐果或三氯杀螨醇1 500倍液,在花木休眠期用3～5波美度石硫合剂可杀死越冬雌成虫
刺蛾	常于叶背面吸食,人体接触久久刺疼	喷2.5%敌杀死、吡虫啉1 000倍,或40%氧化乐果1 500～2 000倍;黄刺蛾可用灯诱杀成虫
金龟子	危害各种观赏植物,幼虫于土中蛀食根部,成虫则咬食枝叶成斑或多孔	冬季应深耕土壤,冻死幼虫,清除杂草。整地前洒拌3%甲伴磷1 kg/667 m²,或喷洒辛硫磷,也可用800倍敌百虫溶液喷杀
地老虎	危害观赏植物地下部分咬食种子和根	土壤消毒,喷0.3%甲伴磷、辛硫磷
蜗牛	夜间危害观赏植物嫩枝、叶	在地面撒石灰粉或喷0.1%敌敌畏
斑潜蝇	危害菊花、芍药、杜鹃等类观赏植物	用1.0%海正灭虫灵2 500倍,或20%阿维菌素类1 000～2 000倍喷雾,傍晚喷药效果更佳

（三）常见病害及其防治

表6.2　露地观赏植物常见病害及其药剂防治

病害名称	危害观赏植物及危害情况	防治药剂
白粉病	危害紫薇、芍药、月季、凤仙花等多种观赏植物,叶子两面出现白粉状物,严重时叶扭曲变形、干枯,甚至整株枯死	粉锈宁、代森锰锌、福美双、托布津、石硫合剂
炭疽病	危害兰花、米兰、山茶花和多种观赏植物,危害部位出现褐色斑点,逐渐扩大	福美双、炭疽福美、波尔多液、多菌灵
叶斑病	危害茶花、桂花、榆树、兰花、凤梨、罗汉松、月季、散尾葵等,叶面上出现黑色、褐色斑点	代森锰锌、福美双
枯萎病	危害棕榈科观赏植物(苗期)、菊花、石竹、香石竹等,幼小植株染病,往往一侧枯萎,造成植株畸形,最后根部受害,整株枯死	敌克松、福美双。拔去病株后,用多菌灵或百菌清灌根

续表

病害名称	危害观赏植物及危害情况	防治药剂
灰霉病	危害牡丹、菊花、非洲菊、唐菖蒲、杜鹃、月季等观赏植物。灰霉病危害观赏植物的叶、茎、花、果实等部位。温暖潮湿时(5、10月份最多)腐烂形成一层厚的暗绿、灰色霉斑	扑海因、菌核净、速克灵、乙霉威、万霉灵、甲基托布津、多菌灵等
病毒病	危害大丽花、蔷薇、兰花等多种观赏植物,叶片畸形,丛枝、坏死黑斑	病毒灵、病毒A、植病灵
黑斑病	危害美人蕉、菊花、榆叶梅、月季等。发病后叶片上出现近圆形或不规则的黑色、紫褐色或暗褐色病斑,严重时叶片变黄、脱落	多菌灵、甲基托布津等

七、防寒越冬

原产于热带、亚热带的耐寒性差的观赏植物,在北方地区露地栽培时,冬季的过度低温对其会造成极大的危害。因此,越冬前应合理施肥,促使枝梢老熟,增强树势,提高树体自身的抗寒力。同时应提前做好防寒准备,采取适当的保护措施。防寒越冬的主要措施有以下方法:

1. 培土法

覆土压埋植物的茎部或地上部分进行防寒,待春季到来后,萌芽前再将培土扒开,使其继续生长。冬季地上部分枯萎的耐寒性较差的宿根球根观赏植物、木本观赏植物可采用此法。如大丽花、美人蕉、月季等。

2. 覆盖法

在霜冻到来前,在树盘或畦面上覆盖干草、落叶、马粪、草帘等,直到翌年春季晚霜过后除去。一些宿根球根观赏植物,如芍药、美人蕉、大丽花、郁金香以及二年生草花如石竹、雏菊等。

3. 熏烟法

当低温或霜冻来临时,在圃地周围上风处点燃干草堆或锯末粉,产生烟或水汽,能减少土壤热量的散失,防止土温降低。同时,发烟时烟粒吸收热量使水汽凝成液体而放出热量,可以提高气温,防止霜冻。但熏烟法只有在温度不低于零下2℃时才有显著效果,因此,在晴天夜里当温度降低至接近0℃时即可开始熏烟。该法应注意不要起明火,远离林地,周围可燃物要清理干净,不要烧伤苗木。如对于露地越冬的二年生观赏植物,可采用熏烟法以防霜冻。早春观赏植物萌动后,如夜间气温降到0℃,而又晴朗无风,就有可能在次日凌晨降霜,要提前做好准备。

熏烟的方法很多,地面堆草熏烟是最简单易行的方法,每亩可堆放3~4个草堆,每堆放柴草50 kg左右。用汽油桶制成熏烟炉,使用时放在车上,可以往返推动,方便适用,效果更好。

4. 灌水法

冬灌能减少或防止冻害,春灌有保温、增温效果。水的热容量比干燥的土壤和空气的

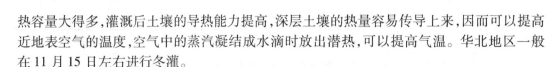

热容量大得多,灌溉后土壤的导热能力提高,深层土壤的热量容易传导上来,因而可以提高近地表空气的温度,空气中的蒸汽凝结成水滴时放出潜热,可以提高气温。华北地区一般在11月15日左右进行冬灌。

5. 设风障

在圃地的西北或东、西、北三个方向设立风障,以提高小气候的温度。对一些耐寒力较强而怕寒风或刚栽种的花木,可采用设风障的方法,用苇席、树棍、玉米秸秆、葵花秸秆、高粱秸秆等材料搭设风障,如淮河以北地区栽种、繁育的雪松、龙柏等可采取这种方法防寒。

6. 包扎保温材料

对一些较大的观赏花木,因树体较大,无法压埋或覆盖,可用包扎细草绳、包草、包纸以及蒙盖塑料薄膜等方法进行防寒保护。如华北地区栽种棕榈可采用这种方法。

除以上方法外,还经常采用浅耕、密植、减少氮肥、增施磷钾肥等田间管理方法来增加观赏植物抗寒力,或利用冷床(阳畦)、温床越冬以保护观赏植物。

八、轮作

轮作是在同一地块,轮流栽植不同种类的观赏植物,其循环期限一般为两三年以上,其目的是最大限度地利用地力和防除病虫害。

不同种类的观赏植物,对营养成分的吸收也不同。浅根性与深根性观赏植物病虫的危害程度也不同。例如,前作需要氮肥量较多、对磷和钾肥需要较少,土壤中氮肥多被消耗,磷钾肥多残存。这样,后作应栽培需氮少、需磷钾较多的观赏植物类型。前作为浅根性的观赏植物,将表土附近的养分大部吸收,后作则应种植深根性观赏植物。

轮作对病虫害的防除也有显著的效果,特别是对于只危害一种观赏植物的病原菌和害虫,效果更佳。如某一病菌的寄主观赏植物,3~4年轮作栽植1次,病菌孢子或其他繁殖部分仅能生存一、二年者,将因轮作而使该病菌死亡。同样,若某一害虫只危害一种观赏植物,轮作可使之因无可食的植物而死去或转移他处。

第二节　园林树木的栽培管理

一、园林树木栽植

(一)树木栽植的概念

园林树木栽植工程是绿化工程的重要组成部分,是指按照正式的园林设计以及一定的计划,完成某一地区的全部或局部的植树绿化任务。它不同于林业生产的植树造林。我们只有熟悉它的特点,研究并利用其规律性,才能做好园林树木种植工作。

树木栽植,从广义上讲,包括起苗、运苗、定植和栽后管理等四个基本环节。将树苗从一个地方连根(裸根或带土球并包装)起出的操作过程称为起苗;将起出的树苗用一定的交通工具(人力或机具等)运到指定的地点称为运苗;将运来的苗木按照园林规划设计的造景要求栽植在适宜的土壤内,使树木的根系与土壤密接的操作过程称为定植。

在园林绿化工程中,我们经常遇到"假植"这个名词。所谓假植,是指在苗木或树木挖起或搬运后不能及时种植时,为了保护根系生命活动,而采取的短期或临时性的将根系埋于湿土中的措施。

(二)树木栽植的成活原理及措施

1. 树木栽植成活原理

在任何环境条件下,一棵正常生长的树木,其地上与地下部分都处于一种生长的平衡状态,地上部分的枝叶与地下部分的根系都保持一定的比例(冠/根比)。枝叶的蒸腾量可得到根系吸水的及时补充,不会出现水分亏缺。

但是,树体被挖出以后,根系特别是吸收根遭到严重破坏,根幅与根总量减小,树木根系全部(如裸根苗)或部分(如带土苗)脱离了原有的土壤生态环境,根系主动吸水的能力大大降低,而地上部分气孔调节十分有限,仍不断进行蒸腾作用,植物体内的水分平衡遭到破坏。在树木栽植以后,根系与土壤的密切关系遭到破坏,减少了根系对水分的吸收表面。此外,根系在移植过程中受到损伤,虽然在适宜的条件下具有一定的再生能力,但要发出较多的新根还需一定的时间。若不采取措施迅速建立根系与土壤的密切关系,以及枝叶与根系的新平衡,树木极易发生水分亏损(图6.2),甚至导致死亡。因此,一切有利于根系迅速恢复再生功能,尽早使根系与土壤建立紧密联系,以及协调根系与枝叶之间平衡的技术措施,都有利于提高栽植成活率。

由此可见,树木栽植成活的关键在于如何使新栽植的树木与环境迅速建立密切联系,及时恢复树体内以水分代谢为主的生理平衡。这种新平衡关系建立的快慢与栽植树种的习性、移植时植物的年龄时期、物候状况以及影响生根和植物蒸腾为主的外界因子都有密切的关系,同时也与栽植技术和后期的管理措施密切相关。

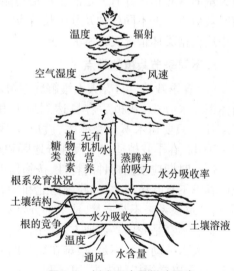

图6.2　树木吸水及影响因素

2. 保证树木栽植成功的措施

(1)符合规划设计要求　在树木栽植过程中,应根据设计要求,遵循园林树木的生理特性,按图施工。要求施工人员一定要了解设计人员的设计理念、了解设计要求,熟悉设计图纸。

(2)符合树木的生长习性　各种树木都有独特的个性,对环境条件的要求和适应能力表现出很多的不同。杨、柳等再生能力强的树种,栽植容易成活,一般可以用裸根苗进行栽植,苗木的包装、运输可以简单些,栽植技术较为粗放。而一些常绿树种及发根再生能力差的树种,栽植时必须带土球,栽植技术必须严格按照要求去操作。所以对不同生活习性的树木,施工人员要了解栽植树木的共性和特性,并采取相对应的技术措施,才能保证树木栽植成活和工程的高质量。

(3)符合栽植的季节,工序紧凑不同的树种、不同的地区,适栽时期是不一样的。在适栽季节内,合理安排不同树种的种植顺序对于移植的成活率也是一个关键的因素。一般早发芽早栽植,晚发芽晚栽植;落叶树春季宜早,常绿树可稍晚一些。树木在栽植的过程中应做到起、运、栽一条龙,即事先做好一切准备工作,创造好一切必要的条件,在最适宜的时期内随起、随运、随栽,再加上及时有效的后期养护管理工作,可以大大提高移植的成活率。

(三)树木的栽植季节

1. 确定栽植的季节

树木栽植的季节决定于移栽树木的种类、生长状况和外界环境条件。根据树木栽植成活的原理,最适合的树木栽植季节和时间,首先应有利于树木保湿、防止树木过分失水和树木愈合生根的气象条件,特别是温度与水分条件;其次是树木具有较强的发根能力,树木生理活动的特点与外界环境条件配合,有利于维持树体水分代谢的相对平衡。因此,确定栽植时期的基本原则是尽可能减少栽植对树木正常生长的影响,确保树木移植成活。

根据这一原则,应选择树木的外界环境条件最有利于水分供应和树木本身生命活动最弱、消耗养分最少、水分蒸腾量最小的时期作为移植的最佳时期。一年中,符合上述条件的时期是树木的休眠期和根茎生长期。此期地上部分处于休眠而根系仍然在生长,是树体消耗养分和水分最少的时期,这一时期大多在早春萌芽前和秋季落叶时。

一般以春季和秋季栽植为好,即树木开始大量落叶后到土壤结冻之前,以及萌芽前树木刚开始生命活动的时候。因为这两个时期树木对水分和养分的需求量不大,且树体内储有大量的营养物质并有一定的生命活动能力,有利于根系伤口的愈合和新根的再生。具体何时栽植应根据不同树种及其生长特点、不同地区条件、当年的气候变化来决定,在实际工作中应根据具体情况灵活掌握。

2. 不同季节栽植的特点

(1)春季栽植　自春天土壤解冻至树木萌芽前,这一时期树木处于休眠期,蒸发量小,树体消耗水分少,栽植后容易达到地上和地下部分的生理平衡。春天栽植应立足一个"早"字。只要树木不会受冻害,就应及早开始,其中最好的时期是在新芽开始萌动之前15~30 d。春季栽植适合于大部分地区和几乎所有树种,对植物成活最为有利。

这一时期应根据树种的特性,按物候顺序,做到先发芽的先栽,后发芽的后栽。但有些地区春季不宜栽植树木,如我国西北和华北地区,春季风大,气温回升快,蒸发量大,栽植时期短,导致根系来不及恢复,地上部分发芽,成活率低。

虽然早春是我国多数地方栽植的适宜时期,但持续时间较短,一般为2~4周。若栽植任务较大而劳动力又不足,很难在短时期内完成的,应春植与秋植相配合,秋季以落叶树种为主,春季以常绿树种为主,可缓和劳动力的紧张状况和移植的成本。

(2)夏季(雨季)栽植　夏季栽植树木,在养护措施跟不上的情况下,成活率较低。因为这时候的树木生长势最旺,土壤和树叶的蒸发蒸腾作用强,容易缺水,导致新栽树木在数周内因严重失水而死亡。但在春季干旱的地区(如华北、西北及西南等),冬春雨水很少、夏季又适逢雨季的地方,以及长江流域的梅雨季节,掌握有利时机进行栽植,可大大提高栽植成活率。

夏季栽植应注意以下几点:

①适当加大土球,使其持有最大的田间持水量。

②要抓住适宜栽植时机,应在树木第一次生长结束,第二次新梢未发的间隔期内,根据

天气情况,在下第一场透雨并有较多降雨天气时立即进行。

③重点放在常绿树种的栽植。对常绿树种,应尽量保持原有树型,采用摘叶、疏枝、缠干、喷水保湿和遮阳等措施。

④栽植后要特别注意树冠喷水和树体的遮阳。

(3)秋季栽植　秋季栽植的时期较长,从落叶盛期以后至土壤冻结之前都可进行。秋季气温逐渐下降,土壤水分状况比较稳定,树体内储存大量的营养物质有利于伤口的愈合,如果地温比较高,还可以发出新根,翌年春天发芽早,在干旱到来之前就可完全恢复生长。

近年来,在许多地方,推行秋季带叶栽植,取得了栽后愈合发根快、第二年萌芽早的良好效果。但是带叶栽植的树木要在大量落叶时开始移植,不能太早,否则会降低移栽的成活率,甚至完全失败。

(4)冬季栽植　在冬季比较温暖、土壤基本不结冻的地区,可以冬栽,如华南、华中和华东等地区。在北方或高海拔地区,土壤封冻,天气寒冷,一般不宜冬天栽植。但是,在冬季严寒的华北北部、东北大部,土壤冻结较深,可采用带冻土球的方法栽植。一般说来,冬季栽植主要适合于落叶树种。

掌握了各个栽树季节的优缺点,就能根据各地条件,因地、因树制宜,合理安排栽植季节,恰当地安排施工时间和施工进度。

需要指出的是,在确保根系基本完整、栽后管理措施得力有效的情况下,树木栽植可以不受季节的限制。目前,各地正在大力发展的容器苗,由于根系在移植过程中没有受到伤害,如果后期管理工作到位,一年四季都可栽植。

(四)种植前的准备

1. 了解设计意图与工程概况

施工人员首先应了解园林树木种植设计意念,向设计人员了解设计思想,所要达到的预想目的或意境,以及施工完成后近期所达的目标。同时还要通过设计单位和工程主管部门了解工程概况。

(1)栽植树木与其他有关的工程　在栽植树木前要了解与其相配套的有关工程如铺草坪,建造花坛以及土方、道路、给排水、假山石、园林设施等的范围和工程量的大小,尽力避免交叉施工。

(2)栽植树木的施工期限　了解施工的开始和竣工日期,尽可能保证不同特性的树木在施工现场最适栽植期内。

(3)了解工程投资以及设计概算　主要了解主管部门批准的工程投资额和设计预算的定额依据,以备编制施工预算与计划。

(4)充分了解和掌握施工现场的情况　施工现场的地上构筑物的处理要求,地下即管线和电缆分布与走向情况,这是确定栽植点的定点放线的依据。

(5)栽植树木的种苗来源和运输条件　根据设计要求,苗木出圃地点、时间、质量和规格要求以及运输条件要逐一落实。

(6)机械与车辆、劳动力保障　了解施工所需的机械与车辆的来源,确保施工期间有足够的劳动力。

2. 现场调查

①各种参照物(如房屋、原有树木、市政或农田设施等)的去留及必须保护的参照物

（如古树、名木等），需要搬迁和拆迁的处理手续与办法。

②施工现场内外交通设施、水源状况、电源情况等，能否使用机械车辆，若不能使用则应尽快另选路径进场施工。

③施工地段的土壤性状调查，以确定土壤条件状况，确定是否需要换土，并估算客土的总量及其来源等。

④施工期间施工人员的生活设施（如食堂、厕所、宿舍等）的安排。

3. 制定施工方案

施工方案是根据工程规划设计制定的，又称为施工组织设计或组织施工计划。不同的绿化施工项目，其施工方案的内容不可能完全一样。但是，在任何情况下制定施工方案时，都必须做到在计划内容上尽量全面细致，在施工措施上要有预见性和针对性，文字要简明扼要，抓住要害。

（1）施工方案的主要内容

工程概况：工程名称，施工地点，设计意图，工程的意义、原则要求以及指导思想，工程的特点以及有利和不利条件，工程的内容、范围、工程项目、任务量、投资预算等。

施工的组织机构：参加施工的单位、部门及负责人；需要设立的职能部门及其职责范围和负责人；明确施工队伍，确定任务范围，任命组织领导人员，并明确有关的制度和要求；确定劳动力的来源和人数。

施工进度：分单项进度与总进度，确定其起止日期。

劳动力计划：根据工程任务量及劳动定额，计算出每道工序所需用的劳动力和总劳动力，并确定劳动力的来源、使用时间以及具体的劳动组织形式。

材料和工具供应计划：根据工程进度的需要，提出苗木、工具、材料的供应计划，包括用量、规格、型号、使用期限等。

机械运输计划：根据工程需要，提出所需用的机械、车辆，并说明所需机械、车辆的型号、日用台班数及具体使用日期。

施工预算：以设计预算为主要依据，根据实际工程情况、质量要求和届时的市场价格，编制合理的施工预算方案。

技术和质量管理措施：

①制定操作细则。施工中除要遵守统一的技术操作规程外，应提出本项工程的一些特殊要求及规定。

②确定质量标准及具体的成活率指标；进行技术交底，提出技术培训的方法；制定质量检查和验收的办法。

绘制施工现场平面图：对于比较大型的复杂工程，为了了解施工现场的全貌，便于对施工的指挥，在编制施工方案时应绘制施工现场平面图。平面图上主要标明施工现场的交通路线、放线的基点、存放各种材料的位置、苗木假植地点、水源、临时工棚和厕所等。

安全生产制度：建立健全保障安全生产的组织；制定安全操作规程；制定安全生产的检查和管理办法。

（2）编制施工方案的方法　施工方案由施工单位的领导部门负责制定，也可以委托生产业务部门负责制定。由负责制定的部门，召集有关单位，对施工现场进行详细的调查了解，这称"现场勘测"。根据工程任务和现场情况，研究出一个基本方案，然后由经验丰富的专人执笔，负责编写初稿。编制完成后，应广泛征求群众意见，反复修改、定稿，报批后执行。

(3)栽植工程主要技术项目的确定　为确保工程质量,在制定施工方案的时候,应对栽植工程的主要项目确定具体的技术措施和质量要求。

①定点和放线:确定具体的定点、放线方法(包括平面和高程),保证栽植位置准确无误,符合设计要求。

②挖坑:根据苗木规格,确定树坑的具体规格(直径×深度)。为了便于在施工中掌握,可根据苗木大小分成几个等级,分别确定树坑规格并进行编号,以便施工操作。

③换土:根据现场勘测时调查的土质情况,确定是否需要换土。如需换土,应计算出客土量,确定客土的来源及换土的方法,还需确定渣土的处理去向。如果现场土质较好,只是混杂物较多,可以去渣添土,尽量减少客土量,保留一部分碎破瓦片有利于土壤通气。

④掘苗:确定具体树种的掘苗、包装方法,哪些树种需带土球,土球规格及包装要求;哪些树种可裸根掘苗及应保留根系的规格等。

⑤运苗:确定运苗方法,如用什么车辆和机械,行车路线,遮盖材料、方法及押运人,长途运苗要提出具体要求。

⑥假植:确定假植地点、方法、时间、养护管理措施等。

⑦种植:确定不同树种和不同地段的种植顺序。如需施肥,应确定肥料种类、施肥方法和施肥量;还需确定苗木根部消毒的要求和方法。

⑧修剪:确定各种苗木的修剪方法(乔木应先修剪后种植,绿篱应先种植后修剪)、修剪的高度、形式及要求等。

⑨树木支撑:确定是否需要立支柱,以及立支柱的形式、材料和方法等。

⑩灌水:确定灌水的方式、方法、时间、灌水次数和灌水量,封堰或中耕的要求。

⑪清理:清理现场应做到文明施工,工完场净。

⑫其他有关技术措施:如灌水后发生倾斜要扶正,遮阳、喷雾、病虫害防治等的方法和要求。

(4)计划表格的编制和填写　在编制施工方案时,凡能用图表或表格说明的问题,就不要用文字叙述。目前还没有一套统一的计划表格式样,各地可依据具体工程要求进行设计。表格应尽量做到内容全面,项目详细。

4.施工现场的清理

(1)清理障碍物　凡绿化施工工程地界之内,对有碍施工的市政设施、农田设施、房屋、树木、坟墓、杂物、违章建筑等,都应进行拆除和迁移。清理障碍物是一项涉及面很广的工作,有时仅靠园林部门是难以完成的,必须依靠领导部门的支持。其中,对现有树木的处理要持慎重态度,凡能结合绿化设计可以保留的应尽量保留,无法保留的应该迁移。

(2)地形地势的整理　地形整理是指从土地的平面上,将绿化地区与其他用地划分开来,根据绿化设计方案的要求整理出一定的地形起伏,可与清理障碍物结合起来进行。地形整理应做好土方调度,先挖后填垫,以节省投资。

地势整理主要是绿地的排水问题,在具体的绿化地块中,一般都不需要埋设排水管道。绿地的排水主要靠地面坡度,从地面自行径流排放到道路旁的下水道或排水明沟。要根据本地区排水的大趋向,将绿化地块适当填高,再整理成一定坡度,使其与本地区排水趋向一致。

需要注意对新填土壤要分层夯实,并适当增加填土量,否则一经下雨,会自行下沉。

（3）地面土壤的整理　地形地势整理完毕后,必须在种植范围内对土壤进行整理。如在建筑遗址、工程废弃物、矿渣炉灰等地方修建绿地,需要清除渣土,换上好土。

（五）苗木选择

1. 苗木质量

苗木质量的好坏直接影响栽植的质量、成活率、养护成本及绿化效果。高质量的苗木应具备以下条件:

①根系发达而完善,主根短直,在近根颈一定范围内要有较多的侧根和须根,有适当的冠根比,大根系无劈裂。

②苗木生长健壮,枝干充实,抗性强。

③苗木主干粗壮通直(藤本除外),有一定的适合高度,枝条不徒长。

④主侧根分布均匀,树冠匀称、丰满。其中,常绿针叶树下部枝叶不枯落成裸干状。干性强而无潜伏芽的某些针叶树,顶端优势明显,侧芽发育饱满。

⑤树体无病虫害和机械损伤。

2. 苗（树）龄与规格

树木的年龄对栽植成活率的高低有很大影响,并与成活后栽植的适应性和抗逆性有关。

①行道树:树干高度合适,速生树种如杨、柳等胸径应在4~6 cm,慢生树种如国槐、银杏、三角枫等胸径在5~8 cm(大规格的苗木除外)。分枝点高度一致,具有3~5个分布均匀、角度适宜的主枝。枝叶茂密,树干完整。

②花灌木:有主干或主枝3~6个,高度在1 m左右,分布均匀,根颈部有分枝,冠型丰满。

③孤植树:主干要通直,个体姿态优美,有特点。庭荫树干高2 m以上;常绿树树冠要完整,枝叶茂密,有新枝生长;针叶树基部及下部枝条不干枯,圆满端庄。

④绿篱:植株高50~200 cm左右,个体一致,下部不秃裸;球型树冠苗木枝叶茂密。

⑤藤本:有2~3个多年生的主蔓,无枯枝现象。

3. 苗木来源

①优先选择乡土树种及本地产苗木:这不仅可以避免长途运输对苗木的损害和降低运输费用,而且可以避免病虫害的传播。对从外地购进的苗木,也必须从相似气候区内订购,要把好起(挖)苗、包装的质量关,按照规定进行苗木检疫,防止将严重病虫害带入本地;在运输装卸中,一定要注意洒水保湿,少移动,防止机械损伤,尽可能地缩短运输时间。

②注意苗木的栽培类型:苗圃培养的实生苗一般都有较发达的根系和较强的抗性,无性繁殖苗可以保持母本的优良特性,提前开花结果,但对"嫁接苗"要注意区别其真伪。经多次移植的树木,根系发达,容易成活,但桃、梨、苹果等果树不宜栽植二年生以上的大苗,也不宜多次移栽。在栽植中要尽量避免使用留床苗,尤其是多年生留床苗,不过在原苗床上经截根培育的苗木除外。

③优先使用容器培育的苗木:容器苗木是销售或露地定植之前的一定时期,将树木栽植在竹筐、瓦缸、木箱或金属及尼龙网等容器内培育而成的。容器栽培的苗木,运输方便,可带容器运输到现场后脱盆,也可先脱盆后运输。在栽植过程中,根系一般不会受到损伤,栽植后只要进行适当的水分管理,就能较快地恢复生理平衡,获得很好的移栽效果。另外,

容器苗的栽植不会受季节的影响,即使在夏秋高温干旱之际都可进行。缺陷是树木规格受到限制。

(六)定点放样技术

定点放样就是根据园林树种绿化种植设计图,按比例将所栽树木的种植点落实到地面。

施工单位拿到设计部门的设计资料后,应立即组织人员仔细研究,列出设计图上的所有信息,在听取设计部门和主管单位对此项工程的具体要求后,立即现场踏勘,掌握施工现场和附近水准点,以及测量平面位置的导线点,以便作为定线放样的依据,如不具备上述条件,则应确定一些永久性构筑物作为定线放样的依据。

1. 行道树

要求位置准确,尤其是行位必须准确无误。

(1)确定行位的方法　行道树严格按照设计横断面的位置放线。如有固定路牙的道路,以路牙内侧为准;没有路牙的道路,以道路路面的中心线为准。用钢尺测准行位,按设计图规定的株距,大约每10棵钉一个行位控制桩。如果道路通直,行位桩可钉得稀一些。每一个道路拐弯处都必须测距钉桩。

注意行位桩不要钉在种植坑范围内,以免施工时被挖掉。

道路笔直的路段,可以首尾两头用钢尺量距,中间部位用经纬仪照准穿直的方法布置控制桩。

(2)确定点位的方法　行道树点位以行位控制桩为瞄准的依据,用皮尺或测绳按照图面设计确定株距,定出每一棵树的位置。株位中心可用铁锹挖一小坑,内撒石灰,作为定位标记。

由于行道树位置与市政、交通、居民等有密切的关系,定点位置除以设计图为依据外,还应注意以下问题:

①遇道路急转弯时,在弯的内侧应留出50 m不栽树,以免妨碍视线。

②交叉路口各边30 m内不栽树。

③公路与铁路交叉口50 m内不栽树。

④高压输电线两侧15 m内不栽树。

⑤公路桥头两侧8 m内不栽树。

⑥遇有出入口、交通标志牌、涵洞、车站电线杆、消火栓、下水口等都应留出适当距离,并尽量注意左右对称。

需要注意的是,在行道树定点放样结束后,必须请设计人员以及有关单位派人验收后,方可转入下一步的施工。

2. 成片自由式种植绿地定点放样方法

成片自由式绿地的树木种植方式有两种,一种是单株,即在设计图上标出单株位置;另一种是图上标明范围无具体单株种植位置的树丛片林。其定点放样方法有以下几种:

(1)平板仪定位　依据基点将单株位置以及片林范围按照设计图依次定出,并钉木桩标明,上注明种植的树种、棵数。

(2)网格法　适用于范围大而地形平坦的大块绿地。按比例在设计图上和现场分别找出距离相等的方格(以20 m见方为好)。定点时先在设计图上量好树木与对应方格的纵横坐标距离,再按比例定出现场相应方格的位置,然后钉木桩或撒石灰标明。

（3）交会法　适用于范围较小、现场内有建筑物或其他标记与设计图相符的绿地。如以建筑物的两个固定位置为依据,根据设计图上某树木与该两点的距离相交会,定出植树坑位置。位置确定后必须做出明显标记,并注明树种和刨坑规格。树丛界限要用白灰划清范围,线圈内钉上木桩,注明树种、数量、坑号,然后用目测的方法确定单株,并做上记号。

树丛定位时,应注意以下几点:

①树种、数量、规格应符合设计图。

②树丛内的树木应注意层次,应中间高、边缘低,或从一侧由高渐低,形成一个流畅的倾斜树冠线。

③现场配置时应注意自然,切忌呆板,千万不能将树丛内的树木平均分布,距离相等,相邻的树木应避免成几何图形或成一条直线。

（七）起苗技术

苗木生长质量的好坏是保证挖掘苗质量的基础,而科学的挖掘技术、认真负责的组织操作是保证苗木质量的关键。因此,挖掘苗木是树木栽植的关键步骤之一。挖掘苗木的质量同土壤含水量、工具的锋利程度和包装材料选用等有密切的关系,所以在事前应做好充分的准备工作。

1. 挖掘前的准备

①按栽植计划选择并标记中选的苗（树）木,注意选择的数量应留有余地,以弥补可能出现的损耗。

②对于分枝较低,枝条长而柔软的苗（树）木或冠径较大的灌木,应先用草绳将较粗的枝条向树干绑缚,再用草绳打几道横箍,分层捆住树冠的枝叶,然后用草绳自下而上将各横箍连接起来,使枝叶收拢,以便操作与运输（图6.3）,以减少树枝的损伤与折裂。

③对于分枝较高、树干裸露、皮薄而光滑的树木,因其对光照与温度反应敏感,若栽植后方向改变易发生日灼和冻害,故在挖掘时应在主干较高处的北面用油漆标出"N"字样,以便按原来的方向栽植。

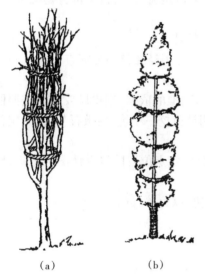

（a）　　　　　（b）

图6.3　树木的绑扎

（a）落叶树;（b）常绿树

④工具、材料准备。

2. 土球规格

应根据树木种类、苗木规格和移栽季节,确定苗木起挖保留根系或土球规格的大小。具体规格应在保证苗木成活的前提下灵活掌握。

苗木根系分为三种,一是具有较长主根,如美国山核桃、乌桕等,应为圆锥形土球;二是具较深根系的树种,如多数栎类,应为径、高几乎相等的球形;三是根系浅而分布广的树种,如榆、柳、杉等应为宽而平的土球。

挖掘苗木的规格一般参照苗木的干径和高度来确定。落叶乔木树种,土球的直径为树干胸径的9～12倍;落叶花灌木,如玫瑰、紫叶桃等,土球的直径为苗木高度的1/3左右。

分枝点高的常绿树土球直径为胸径的 7～10 倍,分枝点低的常绿树苗木土球直径为苗高的 1/3～1/2,攀缘类苗木的挖掘规格可参照灌木的挖掘规格,也可以根据苗木的根际直径和苗木的年龄来确定。

表 6.3　阔叶树土球挖掘的最小规格(仅供参考)

离地面 30 cm 处的树干直径/cm	3.2～3.8	3.8～4.5	4.5～5.1	5.1～6.4	6.4～7.6	7.6～8.9
土球直径/cm	46	51	56	61	71	84
土球深度/cm	36	38	41	43	46	51
离地面 30 cm 处的树干直径/cm	8.9～10.2	10.2～11.4	11.4～12.7	12.7～14	14～15.2	15.2～17.8
土球直径/cm	97	110	122	135	147	165
土球深度/cm	58	66	76	79	84	89

3.挖掘技术

(1)裸根苗　运用裸根苗栽植能保证成活的树种,一般情况下都不用带土球移植。

①小苗:起小苗时,沿苗行方向距苗行 10～20 cm 处挖沟,在沟壁下侧挖出斜槽,根据根系要求的深度切断苗根,再于第二行与第一行之间插入铁锹,切断侧根,然后把苗木推在沟中即可起苗。取苗时注意把根系全部切断后再拣苗,不可硬拔,以免损伤侧根和须根。

②大苗:裸根树木根系挖掘应具有一定的幅度与深度。通常乔木树种可按胸径 8～12 倍。灌木树种可按灌木丛高度的 1/3 来确定。根深应按其垂直分布密集深度而定,对于大多数乔木树种来说,60～90 cm 深基本上都能符合要求。

挖掘方法:先以树干为圆心,以胸径的 4～6 倍为半径划圈,于圈外从圈线外侧绕树下挖,垂直下挖至一定深度后再往里掏底,在深挖过程中遇到根系可以切断。圆圈内的土壤可随挖随轻搬动,不能用铁锹等工具向圆内根系砍掘。适度摇动树干寻找深层粗根的方位,并将其切断。需要注意的是如遇难以切断的粗根,应把四周土壤掏空后,用手锯锯断,千万不要强按树干和硬切粗根,造成根系劈裂。根系全部切断后,放倒苗木,适度拍打外围土壤。根系的护心土,尽可能保存,不要打除。

质量要求:一是所带根系规格的大小应按设计规定要求挖掘,遇到过大的根可酌情保留;二是苗木的根系丰满,不劈裂,对于病伤劈裂及过长的主侧根适当修剪;三是苗木挖掘结束后应及时运走,否则应进行短期假植,如时间较长,应对其浇水;四是挖掘的土不要乱扔,以便用于填平土坑。

(2)土球苗　一般常绿树和直径超过 8 cm 或 10 cm 的落叶树,应带土球移栽。土球的规格主要取决于土壤的类型、根系的分布等因素。

挖掘方法:开始时先铲除树干附近及其周围的表层土壤,以不伤及表面根系为准。然后按规定半径绕树干基部划圆并在圆外垂直开沟,挖掘到所需深度后再向内掏底,一边挖一边修削土球,并切除露出的根系,使之紧贴土球,伤口要平滑,大切面要消毒防腐。挖好的土球根据树体的大小、根系分布情况、土壤质地及运输距离等来确定是否需要包扎及其包扎方法。如果土壤是黏质土壤,土球比较紧实,运输距离较近,可以不包扎或仅进行简易包扎,如用塑料布等软质材料在坑外铺平,然后将土球挖起修好后放在包装材料上,再将其

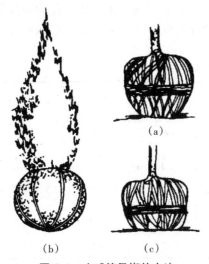

图6.4　土球简易绑扎方法

(a)单股双轴；(b)单股单轴；(c)双股双轴

向上翻起绕干基扎牢；也可用草绳沿土球径向绕几道箍，再在土球中部横向扎一道箍，使径向草绳充分固定(图6.4)。

4.苗木运输

①在装运之前应对苗木的种类、数量与规格进行核对，仔细检查苗木质量，淘汰不合要求的苗木，补足所需的数量，并附上标签。标签上注明树种、年龄、产地等。

②如是短途运苗，中途最好不要停留，直接运到施工现场。

③长途运苗，裸露根系易被吹干，要覆盖遮阳材料，注意洒水保湿。中途休息时，运苗车应停在阴凉处。运到栽植地后应及时卸车，卸苗时不能从中间和下部抽取，更不能整车推下。有条件的情况下，经长途运输的裸根苗木，当根系较干时应浸水1~2 d后再栽植。小土球苗应抱球轻放，不应提树干。较大土球苗，可用长而厚的木板斜搭于车厢，将土球移到板上，顺势慢慢滑动卸下，不能滚卸，以免散球。

5.假植

苗木运到现场后，未能及时栽植或未栽完的，应视距栽植时间长短分别采取假植措施。

裸根苗可按树种或品种分别集中假植，并做好标记，可在附近选择合适的地点挖浅横沟2~3 m长，0.3~0.5 m深，将苗木排在沟内，苗木树梢应顺主风方向斜放，紧靠根系再挖一条横沟，用挖出的土埋住前一行的根系，依次一排排假植好，直至假植结束。在此期间，土壤过干应适量浇水，但也不可过湿，以免影响日后的操作。

带土球的苗木在1~2 d内能够栽完的就不必假植，放在阴凉处或使用覆盖物进行覆盖即可；如1~2 d内栽不完，应集中放好，并四周培土，用绳拢好树冠。存放时间较长时，应注意观察土球之间的间隙，如果间隙较大应加细土培好。常绿树在假植期间应在叶面喷水保湿。

（八）种植工程技术

种植工程技术包括定点挖坑、土壤改良、排水处理、种植、栽后管理等。

1.栽植坑的准备

（1）挖坑的规格与要求　挖坑要严格按照定点放线的标记，依据一定的规格、形状及质量要求，破土完成挖坑的任务。

栽植坑应有足够的大小，以容纳植株的全部根系，避免栽植深度过浅和根系不舒展。其具体规格应根据根系的分布特点、土层厚度、肥力状况等条件而定。坑的直径与深度一般要比根的幅度与深度或土球大20~40 cm，甚至一倍。特别在贫

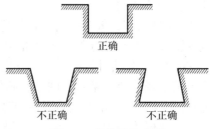

图6.5　栽植坑示意图

瘠的土壤中,栽植坑则应更大更深些(表6.4)。在绿篱等栽植距离很近的情况下做成长方形状,抽槽整地(表6.5)。专类园的果园也多抽槽整地。坑或槽周壁上下大体垂直,而不应成为"锅底"形或 U 形(图6.5)。

在挖坑与抽槽时,肥沃的表层土壤与贫瘠的底层土壤应分开放置,拣净所有的石块、瓦砾和妨碍生长的杂物。挖坑时如发现与地下管线相冲突,应先停止操作,及时找有关部门协商解决。坑挖好后按规格、质量要求验收,不合格者应该返工。

表6.4　乔、灌木栽植坑的规格

乔木胸径/cm			3～5	5～7	7～10	
灌木高度/m		1.2～1.5	1.5～1.8	1.8～2.0	2.0～2.5	
常绿树高度/m	1.0～1.2	1.2～1.5	1.5～2.0	2.0～2.5	2.5～3.0	3.0～3.5
坑径×坑深/cm	50×30	60×40	70×50	80×60	100×70	120×80

表6.5　栽植绿篱抽槽规格

绿篱苗高度/m	抽槽规格(宽×深)	
	单行式/cm	双行式/cm
1.0～1.2	50×30	80×40
1.2～1.5	60×40	100×40
1.5～2.0	100×40	120×50

(2)土壤排水与改良　在一般情况下,土壤改良可采用黏土掺沙、沙土掺黏土,并加入适量的腐殖质,以改良土壤结构,增加其通透性。也可以加深加大植树坑,填入部分沙砾或附近挖一与树坑底部相通而低(深)于树植坑的渗水暗井,并在植坑的通道内填入树枝、落叶及石砾等混合物,加强根区的地下径流排水。在渍水极端严重的情况下,可用粗约 8 cm 的农用瓦管铺设地下排水系统。如土层过浅或土质太差应扩大坑的规格,加入优良土壤或全部换土(客土)。

2.栽植技术

(1)裸树栽植　通常 3 人为一组,一人负责扶树和掌握深浅度,两人回土。先检查树坑的大小是否符合栽植树木根深和根幅的要求。如果树坑合适,先在坑底回垫 10～20 cm 的疏松土壤,做一馒头形土堆,然后按主要的观赏方向与合适的深度将根系放置土堆上,并使根系沿馒头型土堆四周自然散开,保证根系舒展,防止窝根。树木放好后可逐渐回填土壤。第一次土壤应牢牢地填在根基上。当土壤回填至坑深约 1/2 时,可轻轻抖动树木,让细土粒进入土壤空隙,排除土壤空气,使根系与土壤密接。再回填土,逐渐由下至上,由外向内压实,切记不要损伤根系。如果土壤太黏,不要踩得太紧,否则通气不良,会影响根系的正常呼吸。回填土的要求是湿润疏松肥沃的细碎土壤,特别是直接与根接触的土壤,一定要细碎、湿润,不要太干也不要太湿。太干浇水,太湿加干土。切忌用粗干土块挤压,以免伤根和留下空洞。

裸根树木如果栽植前根系失水过大,应先将植株根系放入水中浸泡 10～20 h,充分吸水后栽植,这样有利于树木的成活。小规格乔灌木可在起苗后或栽植前用泥浆打根后栽植,具体方法是用过磷酸钙 5 份,黄泥 15 份,加水 80 份,充分搅拌后,将树木根系浸入泥浆中，使每条根均匀粘上黄泥后栽植，可保护根系，促进成活，但要注意泥浆不能太稠，否则容易起壳脱落，损伤须根。

（2）带土球栽植　带土栽植技术是将带土球苗小心地放入事先挖掘准备好的栽植坑内，栽植的方向和深度与裸根苗同。栽植前在保证土球完整的条件下，应将包扎物拆除干净。拆除包装后注意不应推动树干或转动土球，否则会导致土球粉碎。如果包装物拆除比较困难或为防止土球破碎，可剪断包装，尽可能取出包装物，少量的任其在土中腐烂。如果土球破裂，在土填至坑深一半时浇水使土壤进一步沉实，排除空气，待水渗完后继续踩实。

3. 栽植后的养护技术

（1）设支架　较大规格的树木，栽植后第一年都需要支架。支柱材料可在实用、美观的前提下根据需要和条件灵活运用。立支柱前一般先用草绳或其他材料绑扎，以防支柱磨伤树皮，然后再立支柱（图6.6）。

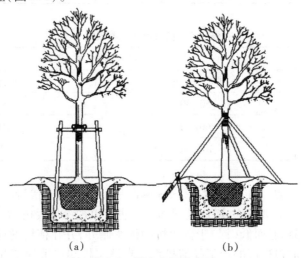

（a）　　　　　　　　　（b）

图6.6　设立支架示意图

(a)干围10～30 cm；(b)干围30～100 cm

（2）浇水　树木支架完成后应沿树坑外缘开堰。堰埂高15～20 cm，用脚将埂踩实，以防浇水时跑水、漏水。第一次浇水应在栽植后24 h之间，水量不宜过大，渗入坑土30 cm左右即可，主要作用是通过灌水使土壤缝隙填实，保证树根与土壤密结；第二次浇水在第一次灌水后检查树体有没有歪斜扶正、树堰冲刷修复后进行，水量以压土填缝为主要目的，时间在第一次浇水后3～5 d，浇水后仍应扶直整堰；第三次浇水在第二次浇水后7～10 d进行，这次浇水应浇透，即水分渗透到全坑土壤和坑周围的土壤内。

（3）修剪　主要对损伤的枝条和栽植前修剪不够理想的部位进行修剪。

（4）树干包裹　对于新栽的树木，尤其是树皮薄、嫩、光滑的幼树，应进行包干，以防日灼、干燥，减少蛀虫，同时也可以在冬天防止啮齿类动物的啃食。尤其是从荫蔽树林中移出的树木，因其树皮在光照强的情况下极易遭受日灼危害，对树干进行保护性包裹，效果十分显著。包扎物可用细绳牢固地捆在固定的位置上，或从地面开始，一圈一圈互相重叠向上裹至第一分枝处。材料可以选用粗麻布、粗帆布及其他材料（如草绳）。

在多雨季节，由于树皮与包裹材料之间保持过湿状态，容易诱发真菌性溃疡病。若能在包裹之前于树干上涂抹杀菌剂，则有助于减少病菌感染。

（5）树盘覆盖　栽植的常绿树，用稻草、腐叶土或充分腐熟的肥料覆盖树盘，城市街道树池也可用沙覆盖,以提高树木移栽的成活率。因为适当的覆盖可以减少地表蒸发,保持和防止土壤温湿变幅过大,覆盖物的厚度至少是全部覆盖区都见不到土壤。覆盖物一般应保留越冬,到来年春天揭除或埋入土中。

(6)清理栽植现场　单株树木在三次水后应将树堰埋平,使近根基部位高一些,保证在雨季的水分能较快排除。如果是大畦灌水,应将畦埂整理整齐,畦内深中耕。

二、土肥水管理

(一)土壤管理

园林树木的土壤管理是通过多种综合措施来提高土壤肥力,改善土壤结构和理化性质,以保证园林树木生长所需养分、水分等生活因子的有效供给,并防止和减少水土流失和尘土飞扬,增强园林景观的艺术效果。

1. 树木栽植前的整地

园林绿地的土壤条件十分复杂,因此,园林树木的整地工作既要做到严格细致,又要因地制宜。园林树木的整地除满足树木生长发育对土壤的要求外,还应注意地形地貌的美观,因此应结合地形整理进行整地。在疏林地或栽种地被植物的树林、树群、树丛中,整地工作应分两次进行:第一次在栽植乔灌木以前,第二次则在栽植乔灌木之后以及种植草坪或其他地被植物之前。

(1)整地方法　园林树木的整地工作,包括以下几项内容:适当整理地形、翻地、去除杂物、碎土、耙平、镇压土壤。整地方法应根据不同情况进行:

①一般平缓地区的整地:对8%以下的平缓耕地或半荒地,可全面整地。通常翻耕30 cm的深度,以利蓄水保墒。对于重点布置地区或深根性树种可翻耕50 cm深,并施有机肥,借以改良土壤。平地整地要一定倾斜度,以利排除过多的雨水。

②市政工程场地和建筑地区的整地:这些地区常遗留大量灰渣、砂石、砖石、碎木及建筑垃圾等,在整地之前应全部清除,还应将因挖除建筑垃圾而缺土的地方,换入肥沃土壤。由于地基已经夯实,土壤紧实,所以在整地时应将夯实的土壤挖松,并根据设计要求处理地形。有时还应考虑换土。

③低湿地的整地:低湿地土壤紧实,水分过多,通气不良,土质多带盐碱,即使树种选择正确,也常生长不良。解决的办法是挖排水沟,降低地下水位,防止返碱。通常在种树前一年,每隔20 m左右就挖出一条深1.5～2.0 m的排水沟,并将掘起来的表土翻至一侧培成垅台。经过一个生长季,受雨水的冲洗,土壤盐碱减少,杂草腐烂,土质疏松,不干不湿,即可在垅台上种树。

④新堆土山的整地:挖湖堆山,是园林建设中常有的改造地形措施之一。人工新堆的土山,要在其自然沉降后,才可整地植树,因此,通常多在土山堆成后,至少经过一个雨季,始行整地。人工土山基本是疏松新土,缺少养分,可以按设计进行局部的自然块状整地,并适当施入有机肥。

⑤荒山整地:在荒山上整地之前,要先清理地面,刨出枯树根,搬除可以移动的障碍物。在坡度较平缓、土层较厚的情况下,可以采用水平带状整地;在干旱石质荒山及黄土或红壤荒山的植树地段,可采用连续或断续的带状整地;在水土流失较严重或急需保持水土,使树木迅速成林的荒山,则应采用水平沟整地或鱼鳞坑整地,还可以采用等高撩壕整地。

（2）整地季节　整地季节的早晚与完成整地任务的好坏直接相关。在一般情况下,应提前整地,以便发挥蓄水保墒作用,并保证植树工作及时进行,这一点在干旱地区,其重要性尤为突出。如果条件许可,整地应在植树前3个月以上的时期内（最好经过一个雨季）进行,如果现整现栽,效果将会大受影响。

2. 土壤改良

土壤改良是采用物理、化学以及生物措施,改善土壤理化性质,以提高土壤肥力。但因树木是一种多年生的木本植物,要不断地消耗地力,所以园林树木的土壤改良是一项经常性的工作。

土壤改良有深翻熟化、中耕通气、客土改良、培土、利用地面覆盖与地被植物、增施有机肥、盐碱土改良等措施。

（1）深翻熟化　深翻结合施肥,可改善土壤的肥力,改善土壤结构和理化性质,促使土壤团粒结构的形成,增加孔隙度。因此,深翻后土壤含水量大为增加。

深翻后土壤的水分和空气条件得到改善,使土壤微生物活动加强,可加速土壤熟化,使难溶性营养物质转化为可溶性养分,相应地提高土壤肥力。

园林树木很多是深根性植物,根系活动旺盛,因此,在整地、定植前要深翻,给根系生长创造良好条件,促使根系向纵深发展。对重点布置区或重点树种还应适时深耕,以保证树木对肥、水、热的需要。过去曾认为深翻伤根,对根系生长不利,实践证明,合理深翻,断根后可刺激发生大量的新根,从而提高树木吸收能力,促使树体健壮,新梢长,叶片浓绿,花芽形成良好。

深翻的时期一般以秋末冬初为宜,此时,地上部分生长基本停止或趋于缓慢,同化产物消耗减少,并已经开始回流积累,深翻后正值根部秋季生长高峰,伤口容易愈合,容易发出部分新根,吸收和合成营养物质,在树体内进行积累,有利于树木翌年的生长发育。早春土壤化冻后也可以进行深翻,但由于春季劳力紧张,影响此项工作的进行。

深翻在一定范围内,翻得越深效果越好,一般为60~100 cm,最好距根系主要分布层稍深、稍远一些,以促进根系向纵深生长,扩大吸收范围,提高根系的抗逆性。深翻的深度与土质、树种等有关。黏重土壤宜深翻,沙质土壤可适当浅耕。下层为半风化的岩石时宜加深,以增厚土层;深层为砾石,也应翻得深些,拣出砾石并换好土,以免肥、水淋失。下层有黄淤土、白干土、胶泥板或建筑地基等残存物时,深翻度则以打破此层为宜,以利渗透水。地下水位低,栽植深根性树木时则宜深翻,反之则浅。

深翻后的作用可保持多年,因此,不需要每年都进行深翻。深翻效果持续年限的长短与土壤有关,一般黏土地、涝洼地翻后易恢复紧实,保持年限较短;疏松的沙壤土保持年限则长。

深翻应结合施肥、灌溉同时进行。深翻后的土壤,需按土层状况加以处理,通常维持原来的层次不变,就地耕松后掺和有机肥,再将心土放在下部,表土放在表层。有时为了促使心土迅速熟化,也可将较肥沃的表土放置沟底,而将心土覆在上面。

（2）中耕通气　中耕可以提高土壤肥力,改进土壤水气通透状态,使土壤水、气关系趋于协调。此外,早春进行中耕,能提高土壤湿度,使树木的根系尽快生长,并及早进入吸收功能状态,以满足地上部分对水分、营养的需求。另外,中耕也是清除杂草的有效办法,减少杂草对水分、养分的竞争,使树木生长的地面环境保持清洁美观,增强风景效果。

中耕次数应根据当地的气候条件、树种特性以及杂草生长状况而定。一般一年中的中耕次数要达到 2 ~ 3 次。土壤中耕大多在生长季节进行,以除杂草为主要目的,选择杂草出苗期和结实期进行中耕效果较好,这样能消灭大量杂草,减少除草次数。具体时间应选择在土壤既不过于干燥,又不过于湿润时进行。

中耕深度一般为大苗 6 ~ 9 cm,小苗 2 ~ 3 cm,过深伤根,过浅起不到中耕的作用。中耕时,要做到尽量不伤或少伤树根,不碰破树皮,不折断树枝。

(3)客土改良　在土壤完全不适应园林树木生长的情况下,需对栽植地实行局部换土。主要有两种情况:

①树种需要有一定酸度的土壤,而本地土质不合要求,最突出的例子是在北方种酸性土植物,如栀子花、杜鹃、山茶、八仙花等,应将局部地区的土壤全换成酸性土。在没有条件时,至少也要加大种植坑,放入山泥、泥炭土、腐叶土等,并混拌有机肥料,以符合酸性树种的要求。

②栽植地段的土壤根本不适宜园林树木生长,如坚土、重黏土、沙砾土及被有毒的工业废水污染的土壤等,或在清除建筑垃圾后仍然板结,土质不良,这时亦应全部或部分换入肥沃的土壤。

(4)培土　培土是园林树木生长过程中,根据需要在树木生长地添加部分土壤基质,以增加土壤厚度、保护根系、补充营养、改良土壤结构的措施,也称压土。这种改良的方法在我国南北各地普遍采用。

压土时期,北方寒冷地区一般在晚秋初冬,可起保温防冻、积雪保墒的作用。压土厚度要适宜,过薄起不到压土作用,过厚对树木生长发育不利,"沙压黏"或"黏压沙"时要薄一些,一般厚度为 5 ~ 10 cm;压半风化石块可厚些,但不要超过 15 cm。连续多年压土,土层过厚会抑制树木根系呼吸,从而影响树木生长,造成根茎腐烂,树势衰弱。所以,一般压土时,为了防止对根系的不良影响,亦可适当扒土露出根茎。

(5)地面覆盖地被植物　利用有机物或活的植物体覆盖土面,可以防止或减少水分蒸发,减少地面径流,增加土壤有机质,调节土壤温度,减少杂草生长,为树木生长创造良好的环境条件。

在生长季节进行覆盖,以后可把覆盖的有机物翻入土中,增加土壤有机质,改善土壤结构,提高土壤肥力。一般在土温较高而较干旱时进行地面覆盖。

地面覆盖的材料以就地取材、经济适用为原则,如水草、谷草、豆秸、树叶、树皮、锯屑、马粪、泥炭等均可应用。在大面积粗放管理的园林中还可将草坪上或树旁刈割下来的杂草随手堆于树盘附近,用以覆盖。覆盖的厚度通常以 3 ~ 6 cm 为宜,鲜草 5 ~ 6 cm,过厚会产生不利的影响。

(6)盐碱土的改良　在滨海及干旱、半干旱地区,有些土壤盐类含量过高,对树木生长有害。该类土壤溶液浓度过高,根系很难从中吸收水分和营养物质,引起"生理干旱"和营养缺乏症。树木不但生长势差,而且容易早衰。因此,在盐碱土上栽植树木,必须进行土壤改良。改良的主要措施有:灌水洗盐;挖深、增施有机肥,改良土壤理化性质;用粗沙、锯末、泥炭等进行树盘覆盖,减少地表蒸发,防止盐碱上升。

(二)施肥管理

1.园林树木的施肥特点

根据园林树木的生物学特性和栽培地的要求与条件,园林树木的施肥有以下特点:

①园林树木是多年生植物,长期生长在同一地点,从肥料种类来说应以有机肥为主,同时适当使用化学肥料。施肥方式以基肥为主,基肥与追肥兼施。

②园林树木种类繁多,作用不一,观赏、防护或经济效用互不相同,树木在栽植地的生长环境条件差异悬殊。因此,应根据具体情况采用不同的施肥种类、用量和方法。

2.园林树木施肥原理

(1)根据树种合理施肥　树木的需肥与树种及其生长习性有关。例如泡桐、杨树、重阳木、香樟、桂花、茉莉、月季、茶花等树种生长迅速、生长量大,与柏木、马尾松、油松、黄杨等慢生耐瘠树种相比,需肥量大。应根据不同的树种调整施肥计划。

(2)根据生长发育阶段合理施肥　总体上讲,随着树木生长旺盛期的到来,树木的需肥量会逐渐增加,生长旺盛期以前或以后需肥量相对较少,休眠期甚至不需要施肥。在抽枝展叶的营养生长阶段,树木对氮素的需求量大,生殖生长阶段则以磷、钾及其他微量元素为主。

根据园林树木物候期差异,施肥方案上有萌芽肥、抽枝肥、花前肥、壮花稳果肥以及花后肥等。如柑橘类几乎全年都能吸收氮素,但吸收高峰在温度较高的仲夏,磷素主要在枝梢和根系生长旺盛的高温季节吸收,冬季显著减少,钾的吸收主要在5—11月间;而栗树从发芽即开始吸收氮素,在新梢停止生长后,果实肥大期吸收最多,磷素在开花后至9月下旬吸收量较稳定,11月以后几乎停止吸收,钾在花前很少吸收,开花后(6月间)迅速增加,果实肥大期达到吸收高峰,10月以后急剧减少。就生命周期而言,一般处于幼年期的树种,尤其是幼年的针叶树,生长需要大量的化肥,到成年阶段对氮素的需要量减少。对古树、大树供给较多的微量元素,有助于增强其对不良环境因子的抵抗力。

(3)根据树木用途合理施肥　树木的观赏特性以及园林用途影响其施肥方案。一般说来,观叶、观形树种需要较多的氮肥,而观花、观果树种对磷、钾肥的需求量大。调查表明,城市里的行道树大多缺少钾、镁、硼、锰等元素,而钙、钠等元素又常过量。也有人认为,对行道树、庭荫树、绿篱树种施肥应以饼肥、化肥为主,郊区绿化树种可更多地施用人粪尿和土杂肥。

(4)根据土壤条件合理施肥　土壤厚度、土壤水分与有机质含量、酸碱度、土壤结构以及三相比等均对树木的施肥有很大影响。例如,土壤水分含量和土壤酸碱度与肥效直接相关,土壤水分缺乏时施肥,树木可能不能吸收利用而遭毒害;积水或多雨时养分容易被淋洗流失,降低肥料利用率。另外,土壤酸碱度直接影响营养元素的溶解度,这些都是施肥时需要仔细考虑的问题。

(5)根据气候条件合理施肥　气温和降雨量是影响施肥的主要气候因子。如低温,一方面减慢土壤养分的转化,另一方面削弱树木对养分的吸收功能。试验表明,各种元素中磷是受低温抑制最大的一种元素。干旱常导致缺硼、钾及磷,多雨则容易促发缺镁。

(6)根据养分性质合理施肥　养分性质不同,不但影响施肥的时期、方法、施肥量,而且关系到土壤的理化性状。一些易流失挥发的速效肥,如碳酸氢铵、过磷酸钙等,宜在树木需肥期稍前施入;而迟效性的有机肥料,需腐烂分解后才能被树木吸收利用,故应提前施入。氮肥在土壤中移动性强,即使浅施也能渗透到根系分布层内供树木吸收利用;而磷、钾肥,由于移动性较差,故宜深施,尤其磷肥需施在根系分布层内才有利于根系吸收。化肥类肥料的施用量应本着宜淡不宜浓的原则,否则容易烧伤树木根系。事实上,任何一种肥料都不是十全十美的,实践中应有机与无机、速效性与缓效性、酸性与碱性、大量元素与微量元素等结合施用,提倡配合施肥。

3. 园林树木的施肥方法

土壤施肥是将肥料施入土壤中,通过根系吸收后,运往树体各个器官利用。

(1)施肥的位置　施肥的位置受树木主要吸收根群分布的控制。在这方面,不同树种或土壤类型间有很大的差别。在一般情况下,吸收根水平分布的密集范围约在树冠垂直投影轮廓(滴水线)附近。因此,施肥的水平位置一般应在树冠投影的1/3倍至滴水线附近;垂直深度应在密集根层以上40~60 cm。

在土壤施肥中必须注意三个问题:一是不要靠近树干基部;二是不要太浅,避免简单的地面喷撒;三是不要太深,一般不超过60 cm。

目前施肥中普遍存在的错误是把肥料直接施在树干周围,这样特别容易对幼树根颈造成烧伤。

(2)施肥的方法

①土壤施肥。

地表施肥:生长在裸露土壤上的小树,可以撒施,但必须同时松土或浇水,使肥料进入土层,才能获得比较满意的效果。因为肥料中的许多元素,特别是P和K不容易在土壤中移动而保留在施用的地方,会诱使树木根系向地表伸展,从而降低了树木的稳固性。

要特别注意的是,不要在树干30 cm以内干施化肥,否则会造成根颈和干基的损伤。

沟状施肥:沟施法可分为环状沟施及辐射沟施等方法。

环状沟施:环状沟施又可分为全环沟施与局部环施。全环沟施沿树冠滴水线挖宽60 cm,深达密集根层附近的沟,将肥料与适量的土壤充分混合后填到沟内,表层盖表土。局部环施与全环沟施基本相同,只是将树冠滴水线分成4~8等份,间隔开沟施肥,其优点是断根较少。

辐射沟施:从离干基约1/3树冠投影半径的地方开始至滴水线附近,等距离间隔挖4~8条宽30~65 cm,深达根系密集层,内浅外深、内窄外宽的辐射沟,施肥后覆土。

沟施的缺点是施肥面积占根系水平分布范围的比例小,开沟损伤了较多的根系,会造成树下生长的地被植物的局部破坏。

穴状施肥:在施肥区内挖穴施肥,方法简单。

打孔施肥:从穴状施肥衍变而来的一种方法。通常大树或草坪上生长的树木,都采用孔施法。这种方法可使肥料遍布整个根系分布区。方法是在施肥区每隔60~80 cm打一个30~60 cm深的孔,将额定施肥量均匀地施入各个孔中,约达孔深的2/3,然后用泥炭藓、碎粪肥或表土堵塞孔洞、踩紧。

②根外追肥。

根外追肥也叫叶面喷肥,具有简单易行、用肥量小、吸收见效快、可满足树木急需等优点,避免了营养元素在土壤中的化学或生物固定作用,尤适合在缺水季节或缺水地区以及不便土壤施肥的地方采用。

叶面喷肥不能代替土壤施肥。土壤施肥和叶面喷肥各具特点,可以互补不足,如能运用得当,可发挥肥料的最大效用。

叶面喷肥的浓度,应根据肥料种类、气温、树种等确定,一般使用质量分数为:尿素0.3%~0.5%;过磷酸钙1%~3%;硫酸钾或氯化钾0.5%~1%;草木灰3%~10%;腐熟人尿10%~20%;硼砂0.1%~0.3%。

叶面喷肥的效果与叶龄、叶面结构、肥料性质、气温、湿度、风速等密切相关。幼叶生理机能旺盛，气孔所占比重较大，较老叶吸收速度快，效率高。叶背较叶面气孔多，且表皮层下具有较疏松的海绵组织，细胞间隙大而多，利于渗透和吸收，因此，应对树叶正反两面进行喷雾。肥料种类不同，进入叶内的速度有差异，如硝态氮喷后15 s进入叶内，而硫酸镁需30 s，氯化钾30 min，硝酸钾1 h，铵态氮2 h才进入叶内。许多试验表明，叶面施肥最适温度为18~25 ℃，湿度大些效果好，因而夏季最好在上午10时以前和下午4时以后喷雾，以免气温高，溶液很快浓缩，影响喷肥效果或导致药害。

（3）施肥的时间与次数　树木可以在晚秋和早春施基肥。秋天施肥应避免抽秋梢。但由于气候不同，各地的施肥时间也不尽一致。在暖温带地区，10月上中旬是开始施肥的安全时期。秋天施肥的优点是施肥以后，有些营养可立即进入根系，另一些营养在冬末春初进入根系，剩余部分则可以更晚的时候产生效用。由于树木根系远在芽膨大之前开始活动，只要施肥位置得当，就能很快见效。据报道，树木在休眠期间，根系尚有继续生长和吸收营养的能力，即使在2 ℃时还能吸收一些营养，在7~13 ℃时，营养吸收已相当大，因此秋天施肥可以增加翌春的生长量。春天地面霜冻结束至5月1日前后都可施肥，但施肥越晚，根和梢的生长量越小。

一般不提倡夏季，特别是仲夏以后施肥，因为这时施肥容易使树木生长过旺，新梢木质化程度低，容易遭受低温的危害。

如果发现树木缺肥而处于饥饿状态，则可不考虑季节，随时予以补充。

施肥次数取决于树木的种类、生长的反应和其他因素。一般来说，如果树木颜色好，生命力强，决不要施肥。但在树木某些正常生理活动受到影响，矿质营养低于正常标准或遭病虫袭击时，应每年或每2~4年施肥一次，直至恢复正常。自此以后，施肥次数可逐渐减少。

（4）施肥量　施肥量受树种、土壤的贫瘠、肥料的种类以及各个物候期需肥情况等多方面的影响，很难确定统一的施肥量。树种不同，对养分的要求也不一样，如梓树、茉莉、梧桐、梅花、桂花、牡丹等树种喜肥沃土壤；沙棘、刺槐、悬铃木、油松、臭椿等则耐瘠薄土壤。开花结果多的大树应较开花、结果少的小树多施肥，树势衰弱的也应多施肥。不同的树种施用的肥料种类也不同，木本油料树种应增施磷肥；酸性花木杜鹃、山茶、栀子花、八仙花等，应施酸性肥料。幼龄针叶树不宜施用化肥。

可根据对叶片的分析而定施肥量。树叶所含的营养元素量可反映树体的营养状况，所以可用叶片分析法来确定树木的施肥量。此法不仅能查出肉眼见得到的症状，还能分析出多种营养元素的不足或过剩，以及能分辨两种不同元素引起的相似症状，而且能在病症出现前及早测知。

此外，土壤分析对于确定施肥量更为科学和可靠。

（5）园林树木施肥应注意的事项。

①由于树木根群分布广，吸收养料和水分全在须根部位，因此，施肥要在须根部的四周，不要靠近树干。

②根系强大，分布较深远的树木，施肥宜深，范围宜大，如油松、银杏、臭椿、合欢等；根系浅的树木施肥宜浅，范围宜小，如法桐、紫穗槐及花灌木等。

③有机肥料要充足发酵、腐熟，切忌用生粪；化肥必须完全粉碎成粉状，不宜成块施用。

④施肥后（尤其是追化肥），必须及时适量灌水，使肥料渗入土内。

⑤应选天气晴朗、土壤干燥时施肥。阴雨天由于树根吸收水分慢,不但养分不易吸收,而且肥分还会被雨水冲失,造成浪费。

⑥沙地、坡地、岩石易造成养分流失,施肥要深些。

⑦氮肥在土壤中移动性较强,可以浅施渗透到根系分布层内,被树木吸收;钾肥的移动性较差,磷肥的移动性更差,宜深施至根系分布最深处。

⑧基肥因发挥肥效较慢,应深施;追肥肥效较快,宜浅施,供树木及时吸收。

⑨城镇园林绿化地施肥,在选择肥料种类和施肥方法时,应考虑到不影响市容卫生,散发臭味的肥料不宜施用。

(三)水分管理

1.园林树木灌水的依据

(1)园林树木的种类及其年生长规律

①树种特性。园林树木种类多,对水分的要求不同,有的要求高,有的要求低,应该区别对待。例如观花、观果树种,特别是花灌木,灌水次数均比一般树种多;樟子松、油松、马尾松、木麻黄、圆柏、侧柏、刺槐、锦鸡儿等为干旱树种,其灌水量和灌水次数较少,有的甚至很少灌水,且应注意及时排水;水曲柳、枫杨、垂柳、落羽杉、水松、水杉等喜欢湿润的树种应注意灌水,对排水要求不严;还有一些对水分条件适应性强的树种,如紫穗槐、旱柳、乌桕等,既耐干旱、又耐水湿,对排灌的要求都不严。

②物候期。树木在不同的物候期对水分的要求不同。一般认为,在树木生长期中,应保证前半期的水分供应,以利生长与开花结果;后半期则应控制水分,以利树木及时停止生长,适时进行休眠,做好越冬准备。根据各地条件,观花、观果树木,在发芽前后到开花期,新梢生长和幼果膨大期,果实迅速膨大期以及果熟期及休眠期,如果土壤含水量过低,都应进行灌溉。

(2)气候条件　气候条件对灌水和排水的影响,主要是年降水量、降水强度、降水频度与分布。在干旱的气候条件下或干旱时期,灌水量应多,反之应少,甚至要注意排水。由于各地气候条件的差异,灌水的时期与数量也不相同。例如北京地区4—6月是干旱季节,但此时正是树木发育的旺盛时期,需水量较大,一般都需要灌水。月季、牡丹等名贵花灌木,在此期间只要见土干就应灌水,其他花灌木则可以粗放些;对于大的乔木,由于正处于开始萌动、生长加速或旺盛生长的阶段,所以应保持土壤湿润。而在江南地区,4—6月正处于梅雨季节,不宜多灌水。9—10月,江南地区常有秋旱发生,为了保证树木安全越冬,应适当灌水。

(3)土壤条件　不同土壤具有不同的质地与结构,保水能力也不同。保水能力较好的,灌水量应大一些,间隔期可长一些;保水能力差的,每次灌水量应酌减,间隔期应短一些。对于盐碱地要"明水大浇""灌耕结合"(即灌水与中耕松土相结合);沙地,容易漏水,保水力差,灌水次数应适当增加,要"小水勤浇",同时施用有机肥增加其保水保肥性能。低洼地要"小水勤浇",避免积水,并注意排水防碱。较黏重的土壤保水力强,灌水次数和灌水量应适当减少,并施入有机肥和河沙,增加其通透性。

此外,地下水位的深浅也是灌水和排水的重要参考依据。地下水位在树木可利用的范围内,可以不灌溉;地下水位太浅,应注意排水。

(4)经济与技术条件　园林树木的栽培种类多,数量大,所处立地的可操作性不同,加之目前园林机械化水平不高，人力不足，经济条件有限，普遍灌水与排水使所有树木的水分平衡处于最适范围是不可能的，因此应该保证重点，对有明显水分过剩或亏缺的树木、名贵树木、重点观赏区的树木重点进行水分管理。

（5）其他栽培管理措施　在全年的栽培管理工作中，灌水应与其他技术措施密切结合，以便在相互影响下更好地发挥每种措施的作用。例如，灌溉与施肥，做到"水肥结合"是十分重要的，特别是施化肥的前后应该浇透水，既可避免肥力过大、过猛，影响根系的吸收或遭到损害，又可满足树木对水分的正常要求。

此外，灌水应与中耕除草、培土、覆盖等土壤管理措施相结合，因为灌和保墒是一个问题的两个方面。保墒做得好可以减少土壤水分的损失，满足树木对水分的要求，并可减少灌水次数。如山东菏泽花农栽培牡丹时就非常注意中耕，并有"湿地锄干，干地锄湿"和"春锄深一犁，夏锄刮破皮"等经验。当地常遇春旱和夏涝，但因花农加强土壤管理，勤于锄地保墒，从而保证了牡丹的正常生长发育。

2. 灌水时期

灌水时期由树木在一年中各个物候期对水分的要求、气候特点和土壤水分的变化规律等决定，除定植时要浇大量的定根水外，可分为休眠期浇水和生长期浇水。

（1）休眠期浇水　在秋冬和早春进行。在我国东北、西北、华北等地降水量较少，冬春又严寒干旱，因此休眠期灌水非常必要。秋末或冬初的灌水一般称为"灌冻水"或"封冻水"，可提高树木越冬能力，并可防止早春干旱；对于边缘树种、越冬困难的树种，以及幼年树木等，浇冻水更为必要。

（2）生长期浇水　分为花前灌水、花后灌水、花芽分化期灌水等。

花前灌水：在北方一些地区，容易出现早春干旱和风多雨少的现象。及时灌水补充土壤水分的不足，是解决树木萌芽、开花、新梢生长和提高坐果率的有效措施，同时还可以防止春寒、晚霜的危害。盐碱地区早春灌水后进行中耕还可以起到压碱的作用。花前灌水可以在萌芽后结合花前追肥进行。花前灌水的具体时间，要因地、因树种而异。

花后灌水：多数树木花谢后半个月左右是新梢迅速生长期，如果水分不足，会抑制新梢生长。果树此时如缺少水分则易引起大量落果。尤其北方各地春天风多，地面蒸发量大，适当灌水可以保持土壤适宜的湿度，促进新梢和叶片生长，扩大同化面积，增强光合作用，提高坐果率和增大果实，同时，对后期的花芽分化有一定的作用。没有灌水条件的地区，也应该积极做好保墒措施，如盖草、盖沙等。

花芽分化期灌水：此次水对观花、观果树木非常重要，因为树木一般是在新梢生长缓慢或停止生长时，花芽开始分化。此时也是果实迅速生长期，需要较多的水分和养分，若水分不足，则影响果实生长和花芽分化。因此，在新梢停止生长前及时而适量地灌水，可促进春梢生长而抑制秋梢生长，有利花芽分化及果实发育。

3. 灌水量

灌水量同样受多方面的影响。不同树种、品种、砧木以及不同的土质、不同的气候条件、不同的植株大小、不同的生长状况等，都与灌水量有关。在有条件灌溉时，要灌饱灌足，切忌表土打湿而底土仍然干燥。一般已达花龄的乔木，大多应浇水令其渗透到 80~100 cm 深处。适宜的灌水量一般为土壤最大持水量的 60%~80%。

目前果园根据不同土壤的持水量、灌溉前的土壤湿度、土壤容重、要求土壤浸湿的深度，计算出一定面积的灌水量，即：

灌水量＝灌溉面积×土壤浸湿深度×土壤容重×（田间持水量-灌溉前土壤湿度）

灌溉前的土壤湿度，每次灌水前均需测定；田间持水量、土壤容重、土壤浸湿深度等项，可数年测定一次。

应用此式计算出的灌水量，还可根据树种、品种、不同生命周期、物候期以及日照、温度、风、干旱持续的长短等因素，进行调整，以更符合实际需要。如果在树木生长地安置张力计，则不必计算灌水量，灌水量和灌水时间均可由张力计显示出来。

4. 灌水的方法

灌水方法是树木灌水的一个重要环节。随着科学技术和工业生产的发展，灌水方法不断得到改进，灌水效率和效果大幅度提高。正确的灌水方法，可使水分均匀分布，节约用水，减少土壤冲刷，保持土壤的良好结构，并充分发挥水效。

常用的方式有以下几种：

（1）人工浇水　在山区或离水源较远处，人工挑水浇灌虽然费工多而效率低，但仍很必要。

浇水前应松土，并做好水穴，深 15～30 cm，大小视树龄而定，以便灌水。有大量树木要浇灌时，应根据需水程度的多少依次进行，不可遗漏。

（2）地面灌水　这是效率较高的常用方式，可利用河水、井水、塘水等。通常又可分为畦灌、沟灌、漫灌等几种：

畦灌是先在树盘外做好畦埂，灌水应使水面与畦埂相齐，待水渗入后及时中耕松土。这种方式普遍应用，能保持土壤的良好结构。

沟灌是用高畦低沟的方式，引水沿沟底流动，水充分渗入周围土壤，不致破坏其结构，并且方便实行机械化。

漫灌是大面积的表面灌水方式，因用水不经济，很少采用。

（3）地下灌水　利用埋设在地下的多孔管道输水，水从管道的孔眼中渗出，浸湿管道周围的土壤。此法灌水不致流失或引起土壤板结，便于耕作，较地面灌水优越，节约用水，但要求设备条件较高，在碱土中需注意避免"泛碱"。

（4）空中灌水　包括人工降雨及对树冠喷水等，又称"喷灌"。

目前，为解决干旱地区因缺水而影响绿化的问题，正在进行保水剂的开发研究。

5. 灌溉中应注意的事项

（1）要适时适量灌溉　灌溉一旦开始，要经常注意土壤水分的适宜状态，争取灌饱灌透。如果该灌不灌，则会使树木处于干旱环境中，不利于吸收根的发育，也影响地上部分的生长，甚至造成旱害；如果小水浅灌，次数频繁，则易诱导根系向浅层发展，降低树木的抗旱性和抗风性。当然，也不能长时间超量灌溉，否则会造成根系的窒息。

（2）干旱时追肥应结合灌水　在土壤水分不足的情况下，追肥以后应立即灌溉，否则会加重旱情。

（3）生长后期适时停止灌水　除特殊情况外，9 月中旬以后应停止灌水，以防树木徒长，降低树木的抗寒性，但在干旱寒冷的地区，冬灌有利于越冬。

（4）灌溉宜在早晨或傍晚进行　因为早晨或傍晚蒸发量小，而且水温与地温差异不大，有利于根系的吸收。不要在气温最高的中午前后进行土壤灌溉，更不能用温度低的水源（如井水、自来水等）灌溉，否则树木地上部分蒸腾强烈，土壤温度降低，影响根系的吸收能力，导致树体水分代谢失常而受害。

（5）重视水质分析　利用污水灌溉需要进行水质分析，如果含有有害盐类和有毒元素及其他化合物，应处理后使用，否则不能用于灌溉。

此外，用于喷灌、滴灌的水源，不应含有泥沙和藻类植物，以免堵塞喷头或滴头。

6.排水

排水是为了减少土壤中多余的水分以增加土壤空气的含量，促进土壤空气与大气的交流，提高土壤温度，激发好气性微生物活动，加快有机物质的分解，改善树木营养状况，使土壤的理化性质得到全面改善。

有下列情况之一时，需要进行排水：

①树木生长在低洼地，当降雨强度大时汇集大量地表径流，且不能及时渗透，形成季节性涝湿地。

②土壤结构不良，渗水性差，特别是有坚实不透水层的土壤，水分下渗困难，形成过高的假地下水位。

③园林绿地临近江河湖海，地下水位高或雨季易遭淹没，形成周期性的土壤过湿。

④平原或山地城市，在洪水季节有可能因排水不畅，形成大量积水。

⑤在一些盐碱地区，土壤下层含盐量过高，不及时排水洗盐，盐分会随水位的上升而到达表层，造成土壤次生盐渍化，对树木生长不利。

排水主要有以下几种方法：

（1）明沟排水　在园内及树旁纵横开浅沟，内外联通，以排积水。这是园林中经常用的排水方法，关键在于做好全园排水系统，使多余的水有个总出口。

（2）暗管沟排水　在地下设暗管或用砖石砌沟，借以排除积水。其优点是不占地面，但设备费用较高。

（3）地面排水　这是目前使用最广泛、最经济的一种排水方法。利用地面的高低地势，通过道路、广场等地面汇集雨水，然后集中到排水沟，从而避免绿地树木遭受水淹。但是，地面排水方法需要设计者经过精心设计安排，才能达到预期效果。

三、整形修剪

（一）基本理论知识

1.树体的基本结构

园林树木由地下和地上两大部分组成。整形修剪的主要对象是由主干和各种枝条组成的地上部分（图6.7）。

（1）主干　从地面起至第一主枝间的树干称为主干，其高度即为干高。主干高度因树种的不同有较大的差异，高大的乔木往往具有较长的主干，但有的树种主干很短，甚至有的基本没有主干，如杜鹃、碧桃等，直接从根颈处发出主枝。

（2）中央领导干　属于主干的延伸部分。有的树种中央领导干十分明显，如水杉、银杏、广玉兰、柳杉等直干性强的树种，对于这类树木，我们通常所说的树干实际上包括主干和中央领导干两个部分。有的树种由于直干性弱，中央领导干不明显甚至基本没有，如梅、桃等。

（3）树冠　树冠是各级枝的集合体，由中心干、主枝、侧枝以及其他各级分枝构成，枝上的叶和芽属于树冠的组成部分。

从第一分枝点至树冠最高处的长度称为冠高或冠长。

树冠垂直投影的平均直径称为冠幅。

从地面起到树冠最高处的距离称为树高。

枝条与着生它的主干或母枝之间形成的角度称为分枝角度。

2.枝条的基本分类

（1）按枝条在树冠中的位置进行分类

①主枝：着生在主干或中央领导干上的大枝。从最下部的主枝开始依次向上，分别称为第一主枝、第二主枝、第三主枝……

②侧枝：可划分成许多级别。从主枝上长出的侧枝称为一级侧枝或主侧枝；从一级侧枝上长出的侧枝叫作二级侧枝……

（2）按枝条性质分类

①生长枝：也称发育枝。当年长出后，不开花结果，也无花芽或混合芽的枝条。

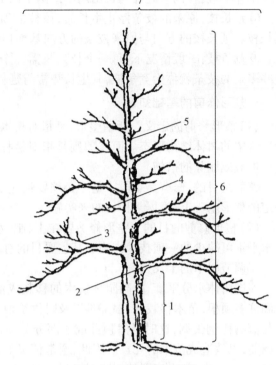

图6.7　树体的基本结构
1—主干；2—主枝；3—侧枝；4—辅养枝；
5—中央领导干；6—树高；7—冠幅

②结果或成花母枝：当年已孕育了花芽或混合芽，第二年能抽生出结果枝和花枝或能直接开花结果的枝条。其一般生长缓慢，组织充实，积累了较多的养分。

③结果或成花枝：能直接开花结果的枝条。从结果母枝长出的新梢上开花结果，称为一年生结果枝，如葡萄、柿子等；从上年生枝条上直接开花结果，称二年生结果枝，如桃、梅等。

（3）按枝条的年龄分类

①新梢：由芽萌发后，当年抽生还未完成一个生长期的枝条。

②一年生枝条：新梢秋末停止生长后至第二年春萌芽前的枝条。

③二年生枝条：一年生枝条萌芽后再生长一年的枝条。

④多年生枝条：已经生长两年以上的枝条。

（4）按形态或枝条之间的相互关系分类

①平行枝：两个或两个以上的枝条在同一水平面上向同一方向伸展。

②轮生枝：在树干或枝的同一部位着生数个枝条，呈辐射状延伸。

③徒长枝：生长旺盛，直立，节间长，叶片大而薄，组织不够充实的枝条，其耐寒性较差。

④重叠枝：两个或两个以上枝条在同一垂直面内相距很近、上下重叠生长的枝条。

⑤内向枝：枝梢向树冠中心生长的枝条。

⑥下垂枝：枝梢向下生长的枝条。

⑦并生枝：在同一处并列长出两个或两个以上的枝条。

⑧延长枝：原来的枝条停止生长后，该枝的顶芽或附近侧芽萌发生长形成的枝条即为延长枝。延长枝的方向与原来枝条的方向基本相同。

⑨竞争枝：一般情况下，每一个枝条只需一个延长枝，但有时会长出两个或两个以上，这些多余的枝条就称为竞争枝，其生长势常与延长枝相近或超过延长枝。

3. 整形修剪的基础知识

（1）整形修剪的定义　所谓整形，是指对树木植株施行一定的技术措施，使之形成栽培者所希望的树体结构形态。而修剪则是指对植株的某些器官，如枝、干、叶、花、果及芽等，进行剪截或删除的措施。

整形是目的，修剪是手段。整形必须要通过一定的修剪手段才能完成，而修剪则是在一定的整形基础上，根据某种目的来实施。

（2）整形修剪的目的　整形修剪要在土、肥、水管理的基础上进行，是提高园林绿化艺术水平不可缺少的一项技术措施。其主要目的有：

①调节树木的生长发育。

促进树体水分平衡，提高园林树木的移栽成活率：在挖掘苗木时，由于切断了主根、侧根和许多须根，苗木移栽后，根部难以及时供给地上部分充足的水分和养料，造成树体的吸收与蒸腾比例失调，这时虽然顶芽或一部分侧芽仍可萌发，但当叶片全部展开以后常易发生凋萎，以致造成苗木的死亡。因此，通常情况下，在起苗之前或起苗后，适当剪去劈裂根、病虫根、过长根，疏去病弱枝、徒长枝、过密枝，有时还需适当摘除部分叶片，以确保栽植后顺利成活。

调节生长与开花结果：在观花观果树木中，生长与结果之间的矛盾贯穿树木一生。通过修剪，可使双方达到相对平衡，为花果丰硕、优质创造条件。调节时，首先要保证有足够数量的优质营养器官；其次要能产生一定数量的花果并与营养器官相适应。

调节同类器官的平衡：一株树上的同类器官之间存在矛盾，需要通过修剪加以调节，以利于生长和结果。修剪调节时要注意器官的数量、质量和类型，有的要抑强扶弱，使生长适中，有利于结果；有的要选优去劣，集中营养供应，提高器官质量。对于不同类型的枝条，不仅要有一定的数量，而且长、中、短各类枝要有比例，使多数枝条健康生长。

②培养良好的树形或控制树体的大小。园林中种植的树木，有时不能任其发展，因为许多情况下，树木生长的环境不像大自然那样开阔，生长空间往往受到限制，需与房屋、亭廊、假山、漏窗、雕塑以及小块水面、草坪等相互搭配，营造出供人们休息和欣赏的景观。因此，必须通过修剪控制树体的大小，以免过于拥挤。如白兰花等，在南亚用作行道树，高度可达 15 m 以上，但如果在室内、花园种植，则必须将其高度控制在 4 m 以下；松、柏、白榆等可高达 20 m 以上，但通过重剪可将其压低至 1 m 高、30 cm 宽的绿篱。

③保证园林树木健康生长。修剪可使冠内各层枝叶获得充分的阳光和新鲜的空气。否则，树木枝条年年增多，叶片拥挤，相互遮挡阳光，树冠内膛光照不足，通风不良。适当疏枝，一可增强树体通风透光能力，二可提高园林树木的抗逆能力，减少病虫害的发生率。冬季集中修剪时，同时剪去病虫枝、干枯枝，并集中起来堆积焚烧，既能保证绿地清洁，又能防止病虫蔓延，促使园林树木更加健康地生长。

④促进老树的复壮更新。树体进入衰老阶段后，树冠出现秃裸，生长势减弱。对衰老的树木进行修剪，剪掉树冠上的主枝或部分侧枝，可刺激隐芽长出新枝，选留一些有培养前

途的枝条代替原有老枝,进而形成新的树冠,达到恢复树势、更新复壮的目的。通过修剪使老树更新复壮,一般情况下比定植新苗生长速度快。因为它们具有较为强大的根系,可为更新后的树体提供充足的水分和养分。例如,许多大花型的月季品种,在每年秋季落叶后,将植株上的绝大部分枝条修剪掉,仅仅保留基部主茎和重剪后的短侧枝,让它们在翌年重新萌发新枝。这样对树冠年年进行更新,反而会比保留老枝生长旺盛,开花数量也会逐年增加。

⑤创造各种艺术造型和最佳环境。园林树木造型多姿、形态别致,可以通过整形修剪来完成。整形修剪可以把树冠培养成符合特定要求的形态,创造各种艺术造型,协调体形的大小。如在自然式的庭院中保持树木的自然姿态,创造一种自然的意境;而在规则式的庭院中,可将园林树木修剪成各种几何图形和园林协调一致。

4. 整形修剪的原则

(1)根据树木在园林绿化中的用途　首先应明确该树木在园林绿化中的目的要求,进而采取不同的整形修剪措施。例如,同是一种圆柏,它在草坪上独植作观赏用与生产通直的优良木材,就有完全不同的整形修剪要求,因此具体的整形修剪方法也就不同。

(2)根据树种的生长发育习性

①树种的生长发育和开花习性:不同树种的生长习性有很大的差异,必须采用不同的修剪整形措施。呈尖塔形、圆锥形的乔木,如钻天杨、圆柏、银杏等,顶芽的生长势特别强,形成明显的主干与主侧枝的从属关系,对这一类习性的树种就应采取保留中央领导干的整形方式,修剪成圆柱形、圆锥形等。对于顶端生长势不太强,但发枝力却很强、易于形成丛状树冠的,例如榆叶梅、栀子花等,可修剪整形成圆球形、半球形等。对喜光的树种,如梅、桃、樱等,如果为了达到多结实的目的,可采用自然开心形的修剪整形方式。而像龙爪槐、垂枝梅等具有曲垂而开展习性的,则应采取盘扎主枝为水平圆盘状的方式,以便使树冠呈开张的伞形。

树木所具有的萌芽发枝力的大小和愈伤能力的强弱,与修剪的耐力有很大的关系。具有很强萌芽发枝能力的树木大多能耐多次的修剪,例如悬铃木、大叶黄杨、女贞等。萌芽发枝力弱或愈伤能力弱的树种,如玉兰、梧桐等,则应少行修剪或只轻度修剪。

在园林中经常要运用剪、整技术来调节各部位枝条的生长状况以保持均整的树冠,就必须根据植株上主枝和侧枝的生长关系来进行。按照树木枝条间的生长规律,在同一植株上,主枝愈粗壮则其上的新梢就愈多,新梢多则叶面积大,制造有机养分及吸收无机养分的能力亦愈强,因而该主枝生长愈见粗壮;反之,同树上的弱主枝则因新梢少、营养条件差而生长愈见衰弱。所以欲借修剪措施来使各主枝间的生长势近于平衡时,则应对强主枝加以抑制,使养分转至弱主枝方面来。其整剪的原则是"强枝强剪(留短些),弱枝弱剪(留长些)"。

欲加强侧枝的生长势,原则应是"强枝弱剪,弱枝强剪"。这是由于侧枝是开花结实的基础,侧枝如果生长过强或过弱时,均不易转变为花枝,所以对强枝弱剪可产生适当的抑制生长作用而集中养分,有利于花芽的分化,而且花果的生长发育也对强侧枝的生长产生抑制作用。对弱侧枝行强剪,则可使养分高度集中,并借顶端优势的刺激而发出强壮的枝条,从而获得调节侧枝生长的效果。

②植株的年龄时期:植株处于幼年期时,具有旺盛的生长势,不宜行强度修剪,否则往往会使枝条不能及时在秋季成熟而降低抗寒力,同时也会延迟开花年龄。所以对幼龄小树

除特殊需要外,只宜弱剪,不宜强剪。

成年期树木正处于旺盛开花结实阶段,此期树木具有完整优美的树冠,这个时期的修剪整形目的在于保持植株的健壮完美,使树木长期保持繁茂和丰产、稳产,所以关键在于配合其他管理措施,综合运用各种修剪方法,以达到调节均衡的目的。

衰老期树木,因其生长势衰弱,每年的生长量小于死亡量,处于向心生长更新阶段,所以修剪时应以强剪为主,以刺激并恢复生长势,并应善于利用徒长枝来达到更新复壮的目的。

③根据树木生长地点的环境条件:由于树木的生长发育与环境条件有密切关系,即使具有相同的园林绿化目的要求,具体的修剪整形措施也会有所不同。例如同是一株孤植的乔木,在土地肥沃处以整剪成自然式为佳,而在土壤贫瘠或地下水位较高处则应适当降低分枝点,使主枝在较低处即开始构成树冠;而在多风处,主干也宜降低高度,树冠应适当稀疏。

5.整形修剪与其他管理措施的关系

修剪虽然是综合管理中的重要技术措施之一,但只有在良好的综合管理基础上,才能充分发挥作用。优种、优砧是根本,良好的土、肥、水管理是基础,防治病虫是保证,离开这些综合措施,单靠整形修剪是不可能高产的;反之,认为只要其他技术措施落实到位,就不需要进行整形修剪的思想,也是错误的,因为其他技术措施不能代替修剪的作用和效果。

(1)修剪与增施肥水　修剪能促进局部水分和氮素营养的增加,对营养生长有明显的刺激作用。土壤改良、施肥和灌水能在总体上提高树体的营养水平,是修剪所不能代替的。而在肥水管理的基础上,与土壤肥力水平相适应的修剪能发挥积极的调节作用。土壤肥沃、肥水充足的树木,冬季修剪宜轻不宜重,并应加强夏季修剪,适当多留花芽多结果;土壤瘠薄、肥水较差的树木,修剪宜重些,适当短截少留花芽。另一方面,要取得修剪的综合效果,也必须要有相应的肥水管理相配合。如树上采用促花修剪技术,在花芽分化前应适当控制灌水和追施氮肥,及时补充磷钾肥,否则难以获得好的促花效果。

(2)修剪与病虫害防治　剪去病虫危害的枝梢,有直接防治病虫害的作用。通过整形修剪可形成通风透光的树体结构,有利于提高喷药效率,增强防治病虫害效果。不修剪和修剪不当的树,树冠高大郁闭,喷药很难周到均匀,不利病虫害防治。

(3)修剪与花果管理　修剪和花果管理都直接对产量和质量起调节作用,修剪可起"粗调"作用,花果管理则起"细调"作用,两方配合共同调节,才能获得优质、高产和稳产的效果。在花芽少的年份,冬剪尽量多留花芽,夏剪促进坐果,如果再配合花期人工授粉,效果更为明显。在花芽多的年份,修剪虽可剪去部分花芽,但由于种种原因,花芽仍保留偏多,因此,还必须疏花、疏果。

(二)修剪整形的程序与顺序

修剪的程序概括起来为"一知、二看、三截、四拿、五处理"。"一知"是必须知道操作规程、技术规范以及一些特殊的要求;"二看"是修剪应绕树进行仔细地观察,对于具体操作做到心中有数;"三截"是在一知二看后,根据因地制宜、因树因枝修剪等原则进行剪截;"四拿"是修剪后挂在树上的断落枝应随时拿下;"五处理"是指剪截后大伤口的修整、涂漆及剪落物的清理与集运等。

顺序应按照"由基到梢、由内及外"的顺序来剪,即先看好树冠的整体应整成何种形体,然后由主枝的基部由内向外地逐渐向上修剪,这样不但便于照顾全局,按照要求整形,而且便于清理上部修剪后搭在下面的枝条。

(三)整形修剪的时期

整形修剪的时期一般可分为冬季修剪和夏季修剪。

1. 冬季修剪

冬季修剪又叫休眠期修剪(一般在12月至翌年2月)。由于各种树木的生物学特性不同,冬季修剪的具体时间并不完全一样。落叶树木自深秋落叶以后,到翌年早春萌芽之前为冬季修剪时期;对原产北方的常绿针叶树种来说,则是从秋末新梢停止生长开始,到翌春休眠芽萌动之前为冬季修剪时期;一些在入冬之前需要进行防寒保护的藤本植物和花灌木,如月季、牡丹等,应当在秋季落叶后立即进行重剪,以便埋土或包草。

原产热带和亚热带地区的树木没有明显的休眠期,按说不应有生长期修剪和休眠期修剪之分。但从11月下旬到翌年3月初的时间里,它们的生长速度相当缓慢,有些树种则处于半休眠状态,因此也应包括在冬季修剪的范畴之内。

由于各地区的气候条件不同,冬季修剪的具体时间有长有短,具体何时修剪最合适,应根据当地的气候条件来决定。在温带和亚寒带地区,冬季修剪最好放在早春萌芽前进行,以免造成剪口受冻抽干而留下枯桩。在暖温带地区,冬季修剪的时间可以自落叶后到翌春萌芽前的整个冬季进行,虽然剪口不能马上愈合,但也不会受冻抽干。在热带和亚热带地区的旱季里,各种植物的生长势都普遍减弱,因此是修剪大枝的最佳时期。这时进行修剪,树液不会外溢过多,并能防止伤口腐烂。

早春修剪的起始时间主要应根据园林树木的数量和修剪工作量的大小来决定。如果在10 d之内全部修剪完毕,那就应当在萌芽前10多天开始动手,待修剪工作全部完成后,植株开始萌动,这时树体内的生理机能相当活跃,营养物质随着树液的流动大量向枝条顶端集中,伤口能够很快愈合。

2. 夏季修剪

夏季修剪又叫生长期修剪(一般在4月至10月)。在芽萌动后至落叶前进行。在此期间,主干和各部位的枝条都在不断地加粗生长,因此修剪工作量较大。

夏季修剪的时间很长,应根据不同树种的生长和开花习性以及它们在园林中的用途灵活掌握。对一些春季和夏初开花的花灌木,如紫丁香、蔷薇、榆叶梅、迎春及连翘等,应当在花谢以后对花枝进行短截,以防止它们徒长并促进新的花芽分化,为翌年开花做准备。对夏季开花的花木,如金银花、木槿、紫薇等,应在开花后期立即进行修剪,否则新生侧枝在当年不能形成新的花芽,会使翌年的开花数量大大减少。

为了在生长期始终保持绿篱的平整,对绿篱一类树种应当经常进行修剪。

(四)园林树木主要整形方式

1. 自然式整形

在园林绿地中,自然式整形最为普遍,施行起来最省工,最易获得良好的观赏效果。

自然式整形的基本方法是利用各种修剪技术,按照树种本身的自然生长特性,对树冠的形状作辅助性的调整,使之早日形成自然树形,对扰乱生长平衡、破坏树形的徒长枝、冗枝、内膛枝、并生枝以及枯枝、病虫枝等,均应加以抑制或剪除。

自然式整形符合树木本身的生长发育习性，因此常有促进树木良好生长、健壮发育的效果，并能充分发挥该树种的树形特点，提高观赏价值。

  常见的自然式整形有圆柱形（如龙柏、圆柏等）、塔形（如雪松、云杉、塔形杨等）、圆锥形（如落叶松、毛白杨等）、卵圆形（如壮年期圆柏、加杨等）、圆球形（如元宝枫、黄刺玫、栾树及红叶李等）、倒卵形（如枫树、刺槐等）、丛生形（如玫瑰等）和伞形（如龙爪槐、垂榆等）。

2. 人工式整形

  由于园林绿化中的特殊目的，有时可用较多的人力、物力将树木整剪成各种规则的几何形体或非规则的各种形体，如鸟、兽和城堡造型等。

  （1）几何形体的整形 按照几何形体的构成规律来进行整形修剪，例如正方形树冠应先确定每边的长度，球形树冠应确定半径等。

  （2）非几何形体的整形

  垣壁式：在庭园及建筑附近为达到垂直绿化墙壁的目的，常采用垣壁式整形，如在欧洲古典式庭园中。常见的形式有 U 字形、扇形等（图 6.8）。垣壁式的整形方法是使主干低矮，在干上向左右两侧成对称或放射状配列主枝，并使之保持在同一平面上。

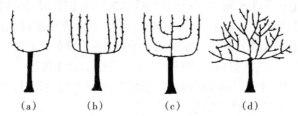

图 6.8 常见的垣壁式整形
（a）U 字形；（b）叉形；（c）肋骨形；（d）扇形
（引自"花卉与观赏树木简明修剪法"，1987）

  雕塑式：根据整形者的意图匠心，创造出各种各样的形体（图 6.9）。但应与四周园景协调，线条勿过于烦琐，以轮廓鲜明简练为佳。整形的具体做法视修剪者技术而定，也常借助于棕绳或铅丝，事先做成轮廓样式。

  人工形体整形与树种本身的特性相违背，不利于树木的生长发育，而且一旦长期不剪，其形体效果就易破坏，所以在具体应用时应全面考虑。

图 6.9 雕塑式整形
（引自"花卉及观赏树木简明修剪法"，1987）

3. 自然与人工混合式整形

自然与人工混合式整形是根据园林绿化上的某种要求,对自然树形加以或多或少的人工改造而形成的形式。常见的有以下几种。

（1）杯形　在主干一定高度处留三主枝向四面配列,各主枝与主干的角度约为45°,三主枝间的角度约为120°。在各主枝上留两条次级主枝,在各次级主枝上再保留两条更次一级的主枝,以此类推,即形成似假二叉分枝的杯状树冠（图6.10）。这种整形方法,是对轴性较弱的树种实施的人工控制方法,也是违反大多数树木生长习性的。杯形多见于桃树的整形。在街道绿化上也用于悬铃木等。多大风、地下水高、土层较浅以及空中缆线多的地方,必须用抑制树冠的方法。

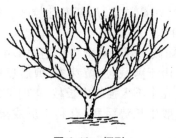

图 6.10　杯形
（郭学望,2002）

图 6.11　自然开心形
（郭学望,2002）

（2）自然开心形　这是杯形的一种改良形式,适用于轴性弱、枝条开展的树种。整形的方法也是不留中央领导干而留多数主枝配列四方。在主枝上每年留有主枝延长枝,并于侧方留有副主枝处于主枝间的空隙处。整个树冠呈扁圆形,可在观花小乔木及苹果、桃等喜光果树上应用（图6.11）。

（3）多领导干形　留2~4个中央领导干,于其上分层配列侧生主枝,形成均整的树冠。本形适用于生长较旺盛的种类,可造成较优美的树冠,提早开花年龄,延长小枝寿命,最宜作观花乔木、庭荫树的整形（图6.12）。

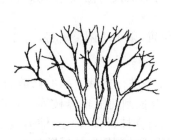

图 6.12　多领导干形

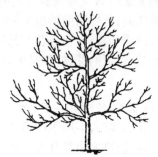

图 6.13　中央领导干形
（郭学望,2002）

（4）中央领导干形　留一强大的中央领导干,在其上配列疏散的主枝。本形式是对自然树形加工较少的形式之一,适用于轴性强的树种,能形成高大的树冠,最宜作庭荫树、独赏树及松柏类乔木的整形（图6.13）。

（5）丛球形　此种整形法颇类似多领导干形,只是主干较短,干上留数主枝呈丛状。本形多用于小乔木及灌木的整形。

（6）棚架形　这是对藤本植物的整形。先建各种形式的棚架、廊、亭,种植藤本树木后,按生长习性加以形剪、整、诱引。

三类整形方式,在园林绿地中以自然式应用最多,既省人力、物力又易成功;其次为自然与人工混合式整形,是为花朵硕大、繁密或果实丰多肥美等目的而进行的整形方式,比较费工,也需适当配合其他栽培技术措施;至于人工形体式整形,由于很费人工,且需有较熟练技术水平的人员,故常只在园林局部或在要求特殊美化处应用。

（五）修剪方法

1. 短截

短截又称短剪,指剪去一年生枝条的一部分。短截对枝条的生长有局部刺激作用。短截是调节枝条生长势的一种重要方法。在一定范围内,短截越重,局部发芽越旺。根据短截程度可分轻短截、中短截、重短截、极重短截(图6.14)。

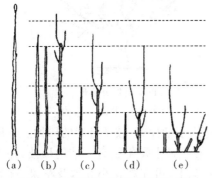

图 6.14　不同程度短截及其生长
(a)一年生枝;(b)轻短截;(c)中短截;
(d)重短截;(e)极重短截
(张涛,2003)

（1）轻短截　轻短截剪去枝梢的1/4~1/3,即轻打梢。由于剪截轻,留芽多,剪后反应是在剪口下发生几个不太强的中长枝,再向下发出许多短枝。一般生长势缓和,有利于形成果枝,促进花芽分化。

（2）中短截　中短截在枝条饱满芽处剪截,一般剪去枝条长度的1/2左右。剪后反应是剪口下萌发几个较旺的枝,再向下发出几个中短枝,短枝量比轻短截少,因此剪截后能促进分枝,增强枝势,连续中短截能延缓花芽的形成。

（3）重短截　重短截在枝条饱满芽以下剪截,约剪去枝条长度的2/3以上。剪截后由于留芽少,成枝力低而生长较强,有缓和生长势的作用。

（4）极重短截　极重短截剪至轮痕处或在枝条基部留2~3个芽剪截。由于剪口芽为秕芽,芽的质量差,剪后只能抽出1~3个较弱枝条,可降低枝的位置,削弱旺枝、徒长枝、直立枝的生长,以缓和枝势,促进花芽的形成。

短截应注意留下的芽,特别是剪口芽的质量和位置,以正确调整树势。

2. 回缩

回缩又称缩剪,是指对二年生或二年生以上的枝条进行剪截。一般修剪量大,刺激较重,有更新复壮的作用,多用于枝组或骨干枝更新以及控制树冠辅养枝等。其反应与缩剪程度、留枝强弱、伤口大小等有关。如缩剪时留强枝、直立枝,伤口较小,缩剪适度可促进生长;反之则抑制生长。前者多用于更新复壮,后者多用于控制树冠或辅养枝(图6.15)。

3. 疏剪

疏剪也叫疏删,指从分生处剪去枝条。一般用于疏除枯枝、病虫枝、过密枝、徒长枝、竞争枝、衰弱枝、下垂枝、交叉枝、重叠枝及并生枝等,是减少树冠内部枝条数量的修剪方法。不仅一年生枝从基部剪去称疏剪,而且二年生以上的枝条,只要是从其分生处剪除的,都称为疏剪(图6.16)。疏剪时,对将来有妨碍或遮蔽作用的非目的枝条,虽然最终也会除去,但在幼树时期,宜暂时保留,以便使枝体营养良好。为了使这类枝条不至于生长过旺,可放任不剪,尤其是同一树上的下部枝比上部枝停止生长早,消耗的养分少,供给根及其他部分生长的营养较多,因此宜留则留,切勿过早疏除。

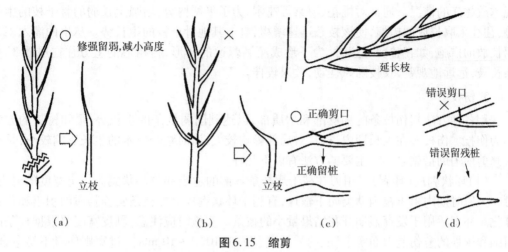

图6.15　缩剪

(a)正确回缩修剪位置,立枝方向与干一致,姿态自然;

(b)不正确回缩修剪位置,立枝方向与干不一致,姿态不自然;(c)正确留桩;(d)错误剪口留桩

(张涛,2003)

　　疏剪的应用要适量,尤其是幼树一定不能疏剪过量,否则会打乱树形,给以后的修剪带来麻烦。枝条过密的植株应逐年进行,不能急于求成。

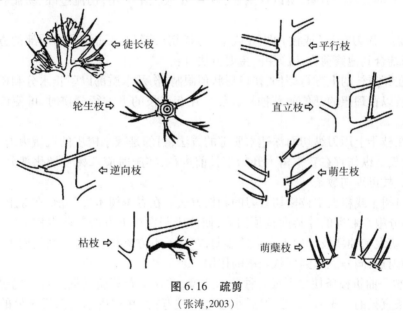

图6.16　疏剪

(张涛,2003)

4.长放

　　营养枝不剪称甩放、长放。长放的枝条留芽多,抽生的枝条也相对增多,致使生长前期养分分散,而多形成中短枝;生长后期积累养分较多,能促进花芽分化和结果。但是营养枝长放后,枝条增粗较快,特别是背上的直立枝,越放越粗,运用不妥就会出现树上生树的现象,必须注意防止。

一般情况下，对背上的直立枝不采用甩放，如果甩放也应结合运用其他修剪措施，如弯枝、扭伤或环剥等。长放一般应用于长势中等的枝条，促使形成花芽的把握性较大，不会出现越放越旺的情况。通常对桃花、海棠等花木，为了平衡树势，增强生长弱的骨干枝的生长势，往往采取长放的措施，使该枝条迅速增粗，赶上其他骨干枝的生长势。丛生的灌木多采用长放的措施，如在整剪连翘时，为了形成潇洒飘逸的树形，在树冠的上方往往甩放3~4条长枝，远远地观赏，长枝随风摆动，效果较佳。

5.伤枝

用各种方法损伤枝条的韧皮部和木质部，以达到削弱枝条的生长势、缓和树势的方法称为伤枝。伤枝多在生长期内进行，对局部影响较大，而对整个树木的生长影响较小，是整形修剪的辅助措施之一。主要的方法有以下几种。

（1）环状剥皮（环剥）　用刀在枝干或枝条基部的适当部位环状剥去一定宽度的树皮，可在一段时期内阻止枝梢糖类向下输送，有利于环状剥皮上方枝条营养物质的积累和花芽分化。环剥适用于发育盛期开花结果量小的枝条。实施时应注意，剥皮宽度要根据枝条的粗细和树种的愈伤能力而定，一般约为枝直径的1/10（2~10 mm），过宽则伤口不易愈合，过窄则愈合过早而不能达到目的。环剥深度以达到木质部为宜，过深会伤及木质部造成环剥枝梢折断或死亡，过浅则韧皮部残留，环剥效果不明显。

实施环剥的枝条上方需留有足够的枝叶量，以供正常光合作用之需。

环剥是在生长季应用的临时性修剪措施，通常在开完花或结完果后进行。在冬剪时要将环剥以上的部分逐渐剪除，所以在主干、中干、主枝上不采用，伤流过旺、易流胶的树一般不用。

（2）刻伤　用刀在芽（或枝）的上（或下）方横切（或纵切）而深及木质部的方法。刻伤常在休眠期结合其他修剪方法施用。主要方法有：

目伤：在芽或枝的上方行刻伤，伤口形状似眼睛，伤及木质部以阻止水分和矿质养分继续向上输送，以在理想的部位萌芽抽枝；反之，在芽或枝的下方行刻伤时，可使该芽或该枝生长势减弱。

纵伤：在枝干上用刀纵切而深达木质部的方法，目的是减小树皮的机械束缚力，促进枝条的加粗生长。纵伤宜在春季树木开始生长前进行，实施时应选树皮硬化部分，小枝可行一条纵伤，粗枝可纵伤数条。

横伤：对树干或粗大主枝横切数刀的刻伤方法。在春季树木发芽前，在芽上方刻伤，可暂时阻止部分根系贮存的养料向枝顶回流，使位于刻伤口下方的芽获得较为充足的养分，有利于芽的萌发和抽新枝。如果在生长盛期，在芽的下方刻伤，可阻止糖类向下输送，滞留在伤口芽的附近，同样能起到环状剥皮的作用。

（3）折裂　曲折枝条使之形成各种艺术造型，常在早春芽萌动期进行。先用刀斜向切入，深达枝条直径的1/3~2/3处，然后小心地将枝弯折，并利用木质部折裂处的斜面支撑定位。为防止伤口水分损失过多，往往在伤口处进行包裹。

（4）扭梢和折梢（枝）　多用于生长期内将生长过于旺盛的枝条，特别是着生在枝背上的徒长枝。扭转弯曲而未伤折者称扭梢，折伤而未断者则称折梢。扭梢和折梢均是部分损伤传导组织，阻碍水分、养分向生长点输送，达到削弱枝条长势、促生短花枝形成的目的。

（5）屈枝　屈枝是为了变更枝条生长方向和角度，以调节顶端优势为目的的整形措施。为改变树冠结构，有屈枝、弯枝、拉枝及抬枝等形式，通常结合生长季修剪进行，对枝梢实行屈曲、缚扎或扶立、支撑等技术措施。直立诱引可增强生长势;水平诱引具有中等强度的抑制作用,使组织充实易形成花芽;向下屈曲诱引则有较强的抑制作用,但枝条背上部易萌发强健新枝,需及时去除,以免适得其反。

6. 其他方法

(1)摘心 摘心是摘掉新梢顶端生长部位的措施。摘心后削弱了枝条的顶端优势,改变了营养物质的输送方向,有利于花芽分化和结果,促使侧芽萌发,从而增加了分枝,促使树冠早日形成。适时摘心,可使枝、芽得到足够的营养,充实饱满,提高抗寒力。

(2)抹芽 抹芽或称除芽,是把多余的芽从基部抹除。此措施可改善留存芽的养分供应状况,增强其生长势。如行道树每年夏季对主干上萌发的隐芽进行抹除,一方面能使行道树主干通直,不发分枝,以免影响交通;另一方面能减少不必要的营养消耗,保证行道树健康成长。如芍药通常在花前疏去侧蕾,使养分集中于顶蕾,以使顶端的花开得大而色艳。有的为了抑制顶端过强的生长势或为了延迟发芽期,将主芽抹除,促使副芽或隐芽萌发。

(3)摘叶 带叶柄将叶片剪除,叫摘叶。摘叶可改善树冠内的通风透光条件,对观果的树木,可使果实充分见光,着色好,增加果实的美观程度,提高观赏效果。对枝叶过密的树冠进行摘叶,有防止病虫害发生的作用。

(4)去蘖(除萌) 榆叶梅、月季等易生根蘖的园林树木,生长季期间应随时除去萌蘖,以免扰乱树形,并可减少树体养分的无效消耗。嫁接繁殖树,则须及时去除其上的萌蘖,防止干扰树形,影响接穗树冠的正常生长。

(5)摘蕾 实质上为早期进行的疏花、疏果措施,可有效调节花果,提高存留花果的质量。如杂交香水月季,通常在花前摘除侧蕾,使主蕾得到充足养分,开出漂亮而肥硕的花朵;聚花月季,往往要摘除侧蕾或过密的小蕾,使花期集中,花朵大而整齐,增强观赏效果。

(6)断根 断根指将植株的根系在一定范围内全部切断或部分切断的措施。断根可刺激根部发生新的须根。在移栽珍贵的大树或山野自生树时,往往在移栽前 1~2 年进行断根,在一定的范围内促发新的须根,利于移栽成活。

以上方法中适于休眠期修剪的有:短截、回缩、疏除。

适于生长期修剪的有:长放、折裂、扭梢和折梢、屈枝、摘心、抹芽、摘叶及摘蕾。

在生长期或休眠期均可实行的修剪措施有:去蘖、环剥、刻伤及断根。

(六)修剪的技术

1. 剪口状态

剪口向侧芽对面微倾斜,使斜面上端与芽端基本平齐或略高于芽尖 0.6 cm 左右,下端与芽的基部持平,这样的剪口面积小,创面不致过大,很易愈合,芽的生长也较好。如果剪口倾斜过大,伤痕面积大,水分蒸发多,影响对剪口芽的养分和水分的供给,会抑制剪口芽的生长,而下面一个芽的生长势则得到加强,这种切口一般只有在削弱树的生长势时采用。如果在剪口芽上方留一小段桩,则因养分不易流入小桩,剪口很难愈合,常常导致干枯,影响观赏效果,一般不宜采用。

2. 剪口芽的选择

剪口芽的强弱和选留位置不同,生长出来的枝条强弱和姿势也不一样,剪口芽留壮芽,则发壮枝;剪口芽留弱芽,则发弱枝。

背上芽易发强旺枝,背下芽发枝中庸。剪口芽留在枝条外侧可向外扩张树冠,而剪口芽方向朝内则可填补内膛空位。为抑制生长过旺的枝条,应选留弱芽为剪口芽;而欲弱枝转强,剪口则需选留饱满的背上壮芽(图6.17)。

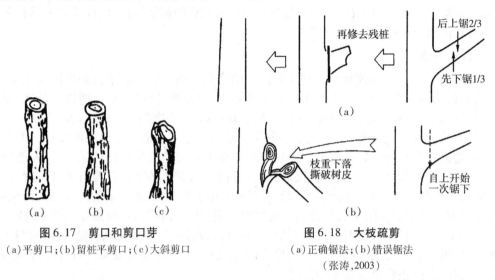

图6.17　剪口和剪口芽
(a)平剪口;(b)留桩平剪口;(c)大斜剪口

图6.18　大枝疏剪
(a)正确锯法;(b)错误锯法
(张涛,2003)

3.大枝剪除

将枯枝或无用的老枝、病虫枝等全部剪除时,为了尽量缩小伤口,应自分枝点的上部斜向下部剪下,残留分枝点下部凸起的部分伤口不大,很易愈合,隐芽萌发也不多;如果残留其枝的一部分,将来留下的一段残桩枯朽,随其母枝的长大,渐渐陷入其组织内,致使伤口迟迟不能愈合,很可能成为病虫巢穴(图6.18)。

回缩多年生大枝时,往往会萌生徒长枝。为了防止徒长枝大量抽生,可先行疏枝和重短截,削弱其长势后再回缩。同时剪口下留弱枝当头,有助于生长势缓和,则可减少徒长枝的发生。如果多年生枝较粗必须用锯子锯除,则先从下方浅锯伤,然后再从上方锯下,可避免锯到半途因枝自重向下折裂,造成伤口过大,不易愈合。由于这样锯断的大枝,伤口大而表面粗糙,因此还要用刀修削平整,以利愈合。为防止伤口的水分蒸发或因病虫侵入而引起伤口腐烂,应涂保护剂或用塑料布包扎。

4.剪口保护

树干因修剪造成较大的伤口,特别是珍贵树种,在树体主要部分的伤口应用保护剂保护。目前应用较多的保护剂有如下两种:

(1)固体保护剂　取松香4份、蜂蜡2份、动物油1份(质量)。先把动物油放在锅里加热熔化,然后将旺火撤掉,立即加入松香和蜂蜡,再用文火加热并充分搅拌,待冷凝后取出,装在塑料袋密封备用。使用时,只要稍微加热令其软化,然后用油灰刀将其抹在伤口上即可。一般用来封抹大型伤口。

(2)液体保护剂　原料为松香10份、动物油2份、酒精6份、松节油1份。先把松香和动物油一起放入锅内加温,待熔化后立即停火,稍冷却后再倒入酒精和松节油,同时搅拌均匀,倒入瓶内密封储藏,以防酒精和松节油挥发。使用时用毛刷涂抹即可。这种液体保护剂适用于小型伤口。

5.竞争枝的处理

(1)一年生竞争枝　无论是观花观果树、观形树或用材树,其中心主枝或其他各级主枝,由于冬剪时顶端芽位处理不妥,往往在生长期形成竞争枝,如不及时处理就会扰乱树形,甚至影响观赏或经济效益。这些情况可按以下方法进行处理:

①竞争枝未超过延长枝,下邻枝较弱小,可齐竞争枝基部一次剪除。疏剪时留下的伤口,虽会削弱延长枝和增强下邻弱枝的长势,但不会形成新的竞争枝。

②竞争枝未超过延长枝,下邻枝较强壮,可分两年剪除竞争枝。当年先对竞争枝重短截,抑制其生长势,待来年延长枝长粗后再齐基部疏除竞争枝;否则下邻枝长势会加强,成为新的竞争枝。

③竞争枝长势超过原延长枝,竞争枝下邻枝较弱小,可一次剪去较弱的原延长枝。

④竞争枝长势旺,原延长枝弱小,竞争枝下邻枝又很强,应分两年剪除原延长枝,使竞争枝逐步代替原延长枝,即第一年对原延长枝重短截,第二年再予以疏除(图6.19)。

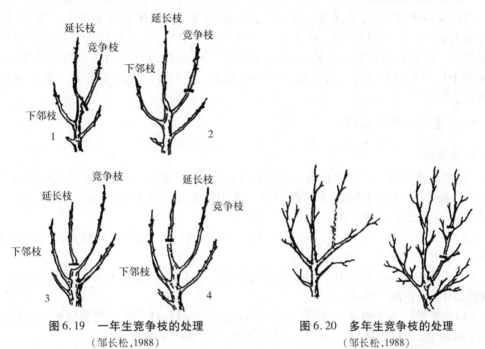

图6.19　一年生竞争枝的处理
(邹长松,1988)

图6.20　多年生竞争枝的处理
(邹长松,1988)

(2)多年生竞争枝　这种情况常见于放任生长树木的修剪。如果处理竞争枝不会造成树冠过于空膛和破坏树形,可将竞争枝一次回缩到下部侧枝处或一次疏除;如果会破坏树形或会留下大空位,则可逐年回缩疏除(图6.20)。

6. 主枝的配置

在园林树木修剪中,正确地配置主枝,对树木生长、调整树形,提高观赏和综合效益都有好处。主枝配置的基本原则是树体结构牢固,枝叶分布均匀,通风透光良好,树液流动顺畅。树木主枝的配置与调整随树种分枝特性、整形要求及年龄阶段而异。

多歧式分枝的树木(如梧桐、臭椿等),和单轴分枝的树木(如雪松、龙柏等),随树木的生长容易出现主枝过多和近似轮生的状况,如不注意主枝配备,就会造成"掐脖"现象。因此在幼树整形时,就要按具体树形要求,逐步剪除主轴上过多的主枝,并使其分布均匀。如果已放任生长多年,出现"轮生"现象时,应每轮保留2~3个向各方生长的主枝。

在合轴主干形、圆锥形等树木修剪中,主枝数目虽不受限制,但为了避免主干尖削度过大,保证树冠内通风透光,主枝间要有相当的间隔,且要随年龄增大而增大。合轴分枝的树木,常采用杯形、自然开心形等整形方式,应注意三大主枝的配置问题。目前常见的配置方式有邻接三主枝或邻近三主枝两种。

　　邻接三主枝通常在一年内选定，三个主枝的间隔距离较小，随着主枝的加粗生长，三者几乎轮生在一起。这种主枝配置方式如是杯形、自然开心形树冠，则因主枝与主干结合不牢，极易造成劈裂；如是疏散分层形、合轴主干形等树冠，则有易造成"掐脖"现象的缺点，所以在配置三大主枝时，不要采用邻接三主枝形式。

　　邻近三主枝一般分两年配齐，通常在第一年修剪时，选留有一定间隔的主枝两个，第二年再隔一定间距选留第三主枝。三大主枝的相邻间距可保持 20 cm 左右。这种配置方法，结合牢固，且不易造成"掐脖"现象，所以园林树木修剪中经常采用此配置形式。

7. 主枝的分枝角度

　　对高大乔木而言，分枝角度太小，容易受强风、雪压、冰挂或结果过多等压力的影响而发生劈裂；反之，如分枝角较大时，由于有充分的生长空间，两枝间的组织联系很牢固，不易劈裂。所以在修剪时应剪除分枝角过小的枝条，而选留分枝角较大的枝条作为下一级的骨干枝。对初形成树冠而分枝角较小的大枝，可采用拉、撑、坠的方法加大枝角，予以矫正。

（七）整形修剪的工具

1. 修枝剪

　　（1）普通修枝剪　普通修枝剪一般剪截 3 cm 以下的枝条，只要能够含入剪口内，都能被剪断。操作时，用右手握剪，左手将粗枝向剪刀小片方向猛推，就能迎刃而解，不要左右扭动剪刀，否则影响正常使用。

　　（2）长把修枝剪　长把修枝剪剪刀呈月牙形，手柄很长，能轻快地修剪直径 1 cm 以内的树枝，适用于高灌木丛的修剪。

　　（3）高枝剪　高枝剪装有一根能够伸缩的铝合金长柄，使用时可根据修剪的高度要求来调整，用以剪截高处的细枝。

　　（4）大平剪　大平剪又称绿篱剪、长刃剪，适用于绿篱、球形树和造型树木的修剪，它的条形刀片很长，刀片很薄，易形成平整的修剪面，但只能用来平剪嫩梢。

2. 修枝锯

　　修枝锯适用于粗枝或树干的剪截，常用的有五种锯：手锯、单面修枝锯、双面修枝锯、高枝锯和电动锯。

　　（1）手锯　手锯常用于花木、果木、幼树枝条的修剪。

　　（2）单面修枝锯　单面修枝锯适用于截断树冠内中等粗度的枝条，弓形的单面细齿手锯锯片很窄，可以伸入树丛当中去锯截，使用起来非常灵活。

　　（3）双面修枝锯　双面修枝锯适用于锯除粗大的枝干，其锯片两侧都有锯齿，一边是细齿，另一边是由两层锯齿组成的粗齿。在锯除枯死的大枝时用粗齿，锯截活枝时用细齿。另外，锯把上有一个很大的椭圆形孔洞，可以用双手握住来增加锯的拉力。

　　（4）高枝锯　高枝锯适用于修剪树冠上部大枝。

　　（5）电动锯　电动锯适用于大枝的快速锯截。

3. 刀具

　　使用的刀具有芽接刀、电工刀或其他刃口锋利的刀具。

4. 其他工具

　　斧头、梯子。

四、大树移植

（一）大树移植的概念及作用

1. 大树移植的概念

大树移植是指对树干胸径为 10～20 cm 甚至 30 cm 以上，树高 5～12 m，树龄一般在 10～20 年或更长的大型树木的移栽。大树移植技术条件复杂，在山区和农村绿化中极少使用，但在城市园林绿化中却是经常采用。许多重点工程中要求有特定的优美树姿相配合时，大树移植是首选的方法。

2. 大树移植的作用

（1）提高绿化质量　快速建成景观效果为了提高园林绿化、美化的造景效果，经常采用大树移植。它能在最短时间内改善城市的园林布置和城市环境景观，较快地发挥园林树木的功能效益，及时满足重点工程、大型市政建设绿化、美化等要求，对于城市园林来说具有特殊作用。

（2）体现园林艺术　园林园艺造景的重要内容无论是以植物造景，还是以植物配景，如果要反映景观效果，都必须选择理想的树形来体现艺术的景观内容。而幼年树难以实现艺术效果，只有选择成型的大树才能创造理想的艺术作品。

（3）保留绿化成果　在繁华的街道、广场、车站等地方，人为损坏使城市的绿化与保存绿化成果的矛盾日益突出，因而只有栽植大规格的苗木，提高树木本身对外界的抵抗能力，才能在达到绿化效果的同时，保存绿化成果。

（二）大树移栽的特点

与一般的树木相比，移植大树的技术要求比较复杂，移栽的质量要求较高，需要消耗大量的人力、物力、财力。大树往往具有庞大的树体和质量，往往需要借助于一定的机械力量才能完成移植。

同时，移植大树的根系往往趋向或已达到最大根幅，主根基部的吸收根多数死亡。吸收根主要分布在树冠垂直投影附近的土壤中，而所带土球范围内的吸收根很少，导致移植大树在移植后会严重失去水分，发生生理代谢不平衡。为使其尽早发挥园林绿化、美化的效果和保持原有的优美姿态，对于树冠，一般不进行重剪。在所带土球范围内，用预先促发大量新根的办法为代谢平衡打下基础，并配合其他移栽措施，以确保成活。

（三）大树移栽前的准备与处理

1. 做好规划与计划

进行大树移栽，事先必须做好树种的规划，包括所栽植的树种规格、数量及造景要求，以及使用机械、转移路线等。为使移植树种所带土球中具有尽可能多的吸收根群，尤其是须根，应提前有计划地对移栽树木进行断根处理。实践证明，许多大树移栽后死亡，其主要原因是没有做好树种移栽的规划与计划，对准备移栽的大树未采取促根措施。

根据园林绿化和美化的要求，对可供移栽的大树进行实地调查。调查的内容包括树木种类、年龄、树干高度、胸径、树冠高度、冠幅、树形及所有权等，并进行测量记录，注明最佳观赏面的方位，必要时可进行照相。调查记录苗木产地与土壤条件，交通路线有无障碍物等周围情况，判断是否适合挖掘、包装、吊运，分析存在的问题，提出解决措施。

对于选中的树木应进行登记编号，为园林规划设计提供基本资料。

2. 断根处理

断根处理也称回根、盘根或截根。定植多年或野生大树，特别是胸径在 25 cm 或 30 cm 以上的大树，应先进行断根处理，利用根系的再生能力，促使树木形成紧凑的根系和发出大量的须根。丛林内选中的树木，应对其周围的环境进行适当的清理，疏开过密的植株，并对移栽的树木进行适当的修剪，增强其适应全光和低湿的能力，改善透光与通气条件，增强树势，提高抗逆性。

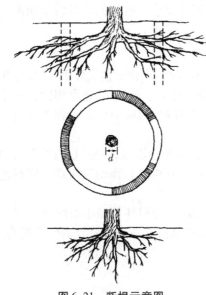

图 6.21　断根示意图

断根处理通常在实施移栽前 2～3 年的春季或秋季进行。具体操作时，应根据树种习性、年龄大小和生长状况，确定开沟断根的水平位置。落叶树种的沟离干基的距离约为树木胸径的 5 倍，常绿树须根较落叶树集中，围根半径可小些。例如，若某落叶树的胸径为 20 cm，则挖沟的位置离树干的距离约为 100 cm。沟可围成方形或圆形，将其周长分成 4 或 6 等份，第一年相间挖 2 或 3 等份。沟宽以便于操作为度，一般为 30～40 cm；沟深视根的深度而定，一般为 50～100 cm。沟内露出的根系应用利剪（锯）切断，与沟的内壁相平，伤口要平整光滑，大伤口还应涂抹防腐剂，有条件的地方可用酒精喷灯灼烧进行炭化防腐。将挖出的土壤打碎并清除石块、杂物，拌入腐叶土、有机肥或化肥后分层回填踩实，待接近原土面时，浇一次透水，水渗完后覆盖一层稍高于地面的松土。第二年以同样的方法处理剩余的 2～3 等份，第三年移栽（图 6.21）。用这种方法开沟断根，可使断根切口后部产生大量新根，有利于成活。截根分两年完成，主要是考虑避免对树木根系的集中损伤，不但可以刺激根区内发出大量新根，而且可维持树木的正常生长，有利于移栽后的成活。

在特殊情况下，为了应急，在一年中的早春和深秋分两次完成断根处理的工作，也可取得较好的效果。

（四）大树挖掘

1. 软包装土球

常多采用草绳、麻袋、蒲包及塑料布等软材料包装，适用于油松、雪松、香樟、龙柏及广玉兰等常绿树和银杏、榉树、白玉兰及国槐等落叶乔木。

（1）挖掘　土球的规格一般可按树木胸径的 7～10 倍来确定，具体可参考表 6.6。

表 6.6　土球规格参考表

树木胸径/cm	土球规格		
	土球直径（胸径倍数）	土球高度/cm	留底直径
10～12	8～10	60～70	土球直径的 1/3
13～15	7～10	70～80	

挖掘时先按照规范要求保留土球的直径,以树干为圆心划一圆圈。以不伤根为准,铲除树木表层的浮土,再于圆外沿圆开沟。为了便于操作,沟宽通常多为 60～80 cm;沟深多为 60～100 cm。挖掘时,凡根系直径在 3 cm 以上的大根,如果露出应用锯切断;小根用利铲截断或剪除。切口要平滑,大伤口应涂漆防腐剂。在挖掘过程中,应随挖随修整土球,将土球表面修平。当沟挖至所要求的深度时,再向土球底部中心掏挖,使土球呈苹果形(图 6.22)。土球直径在 50 cm 以上,应留底部中心土柱(图 6.23),便于包扎。土球的土柱越小越好,一般只留土球直径的 1/4,不应大于 1/3。这样在树体倒下时,土球不易崩碎,且易切断树木的垂直根。

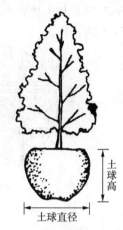

图 6.22 土球形状示意图

在进一步修削土球根群以上的表土和掏挖土球下部的底土时,必须先打腰箍,再将无根的表土削成凸弧形。在整个挖掘、切削过程中,要防止土球破裂。球中如夹有石块等杂物暂时不必取出,到栽植时再做处理,这样就可保持土球的整体性。

(2)包装

①打腰箍:土球达到所需深度并修好土柱后应打腰箍。开始时,先将草绳(1～5 cm)一端,压在横箍下面,然后一圈一圈地横扎。包扎时要用力拉紧草绳,边拉边用木锤慢慢敲打草绳,使草绳嵌入土球卡紧不致松脱,每圈草绳应紧密相连,不留空隙,至最后一圈时,将绳头压在该圈的下面,收紧后切除多余部分。腰箍包扎的宽度依土球大小而定,一般从土球上部 1/3 处开始,围扎土球全高 1/3。

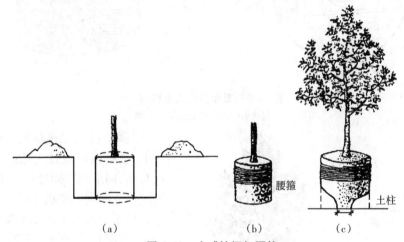

图 6.23 土球挖掘打腰箍

(a)土球挖至一定深度;(b)打腰箍后掏底土;(c)留土柱

②打花箍:腰箍打好以后,向土球底部中心掏土,直至留下土球直径的 1/4～1/3 土柱为止,然后打花箍(也称紧箍)。花箍打好后再切断主根。花箍的形式分"井字包"(又叫古钱包)、"五角包"和"橘子包"(又叫网络包)三种。运输距离较近,土壤又较黏重,则常采用井字包或五角包的形式;比较贵重的树木,运输距离较远而土壤的沙性又较强时,则常用橘子包的形式。

"井字包":先将草绳一端结在腰箍或主干上,然后按照图 6.24 左所示的顺序包扎。先由 1 拉到 2,绕过土球底部拉到 3,再拉到 4,又绕过土球的底部拉到 5,再经 6 绕过土球下面拉至7，经8与1挨紧平行拉扎，如此顺序地打下去，包扎满6～7道井字形为止，最后成图6.24右的式样。

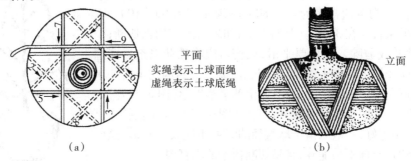

平面
实绳表示土球面绳
虚绳表示土球底绳

（a）　　　　　　　（b）

图6.24　井字包扎法示意图
（a）包扎顺序图；（b）包扎好的土球

"五角包"：先将草绳一端结在腰箍或主干上，然后按照图6.25左所示的顺序包扎。先由1拉到2，绕过土球底部，由3拉至土球面到4，再绕过土球底，由5拉到6，绕过土球底，由7过土球面到8，绕过土球底，由9过土球面到10，绕过土球底回到1，如此包扎拉紧，顺序紧挨平扎6～7道五角星形，最后包扎成图6.25右的式样。

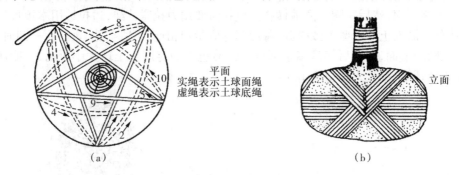

平面
实绳表示土球面绳
虚绳表示土球底绳

（a）　　　　　　　（b）

图6.25　五角包扎法示意图
（a）包扎顺序图；（b）包扎好的土球

"橘子包"：先将草绳一端结在主干上，呈稍倾斜经过土球底部边沿绕过对面，向上到球面经过树干折回，顺着同一方向间隔绕满土球。如此继续包扎拉紧，直至整个土球被草绳包裹为止，如图6.26所示。橘子式包扎通常只要扎上一层就可以了。有时对名贵的或规格特大的树木进行包扎，可以用同样方法包两层，甚至三层。中间层还可选用强度较大的麻绳，以防止吊车起吊时绳子松断，土球破碎。

2.土台挖掘与包装

带土台移栽多采用板箱式包装，故又称为板箱式移栽，一般适用于直

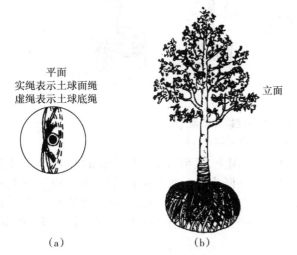

平面
实绳表示土球面绳
虚绳表示土球底绳

立面

（a）　　　　　（b）

图6.26　橘子包扎法示意图
（a）包扎顺序图；（b）包扎好的土球

径 15 ~ 30 cm 或更大的树木,以及沙性较强不易带土球的大树。在树木挖掘时,应根据树木的种类、株行距和干径的大小来确定树木根部土台的大小。一般按照树木胸径的 7 ~ 10 倍确定土台(表6.7)。

表 6.7　移栽树木所用木箱规格参考表

树木胸径/cm	15 ~ 17	18 ~ 24	25 ~ 27	28 ~ 30
木箱规格(上边长×高)/m	1.5×0.6	1.8×0.7	2.0×0.7	2.2×0.8

(1)土台的挖掘　土台大小确定之后,以树木的干基为中心,按照比土台大 10 cm 的尺寸,画一正方形边线,铲除正方形内的表土,沿边框外缘挖一宽 60 ~ 80 cm 的沟。沟深与规定的土台高度相等。挖掘时随时用箱板进行校正,保证土台上部尺寸与箱板完全吻合。土台下部可比上部小 5 cm 左右。需要注意的是,土台四个侧面的中间应略微突出,以便装箱时紧抱土台,切不可使土台四壁中间向内凹陷。挖掘时,如遇较大的侧根,应予以切断,其切口要留在土台内。

(2)装箱

①上箱板:修好土台后应立即上箱板。将土台四个角修成弧形,用蒲包包好,再将箱板围在四面,用木棒等临时顶牢,经检查、校正,使箱板上下左右放得合适,每块箱板的中心与树干处于同一直线上,其上缘低于土台 1 cm(预计土台将要下沉数),即可将钢丝分上下两道围在箱板外面。

②上钢丝绳:在距箱板上、下边缘各 15 ~ 20 cm 的位置上钢丝绳。在钢丝绳接口处安装紧线器,并将其松到最大限度。上、下两道钢丝绳的紧线器应分别装在相反方向箱板中央的横板条上,并用木墩等硬物材料将钢丝绳支起,以便紧线。紧线时,必须两道钢丝绳同时进行。钢丝绳的卡子不可放在箱角或带板上,以免影响拉力。紧线时如钢丝跟着转动,则用铁棍将钢丝绳别住。当钢丝绳收紧到一定程度时,用锤子等物试敲打钢丝绳,若发出"当、当"之声,说明已经收紧。

③钉铁皮:钢丝绳收紧后,先在两块箱板交接处,即围箱的四角钉铁皮(图 6.27)。每个角的最上和最下一道铁皮距上、下箱板边各 5 cm 左右。如箱板长 1.5 m,则每角钉 7 ~ 8 道;箱板长 1.8 ~ 2.0 m,每角钉 8 ~ 9 道;箱板长 2.2 m,每角钉 9 ~ 10 道。铁皮通过箱板两端的横板条时,至少应在横板上钉两枚钉子。钉尖向箱角倾斜,以增强拉力。箱角与板条之间的铁片,必须绷紧,钉直。围箱四角铁皮钉好之后,用小锤轻敲铁皮,如发出老弦声,证明已经钉紧,此时即可旋松紧线器,取下钢丝绳。

(3)掏底

①备好底板:土台四周箱板钉好之后,开始掏土台下面的底土、上底板和面板。先按土台底部的实际长度确定底板和所需块数,然后在底板两端各钉一块铁皮并空出一半,以便对好后钉在围箱侧板上。

②掏底:掏底时,先沿围板向下深挖 35 cm,然后用小镐和小平铲掏挖土台下部的土。掏底土可在两侧同时进行,并使底面稍向下凸,

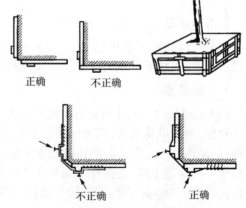

正确　　不正确

不正确　　正确

图 6.27　钉铁皮的方法

以利收紧底板。当土台下边能容纳一块底板时,就应立即将事先准备好与土台底部等长的第一块底板装上,然后继续向中心掏土。

③上底板:上底板时,将底板一端突出的铁皮钉在相应侧板的纵向板条上;再在底板下放木墩顶紧,底板的另一端用千斤顶将底顶起,使之与土台紧贴,再将底板另一端突出的铁皮钉在相应侧板的纵向横条上。撤下千斤顶,同样用木墩顶好,上好一块后继续往土台内掏直至上完底板为止。需要注意的是,在最后掏土台中央底土之前,先用四根 10 cm×10 cm 的方木将木箱四方侧板向内顶住。支撑方法是,先在坑边中央挖一小槽,槽内插入一块小木板,将方木的一头顶在小木板上,另一头顶在侧板中央横板条上部,卡紧后用钉子钉牢,这样四面钉牢就可防止土台歪斜。然后掏出中间底土。掏挖底土时,如遇树根可用手锯锯断,并使锯口留在土台下面,决不可让其凸出,以免妨碍收紧底板。掏挖底土要注意安全,决不能将头伸入土台下面。风力超过 4 级时应停止掏底作业。

上底板时,如土壤质地松散,应选用较窄木板,一块接一块地封严,以免底土脱落。如万一脱落少量底土,应在脱落处填充草席、蒲包等物,然后再上底板。如土壤质地较硬,则可在底板之间留 10 ~ 15 cm 宽的间隙。

④上盖板:底板上好后,将土台表面稍加修整,使靠近树干中心的部分稍高于四周。如表面土壤亏缺,应填充较湿润的好土,用锹拍实。修整好的土台表面应高出围板 1 cm,再在土台上面铺一层蒲包,即可钉上木板(图 6.28)。

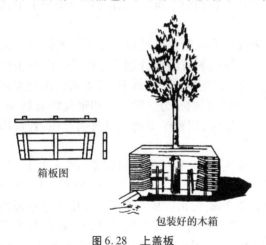

箱板图

包装好的木箱

图 6.28　上盖板

(五)大树的吊运

1. 滚动装卸

如果移植树木所带土球近圆形,直径 50 cm 以上,可在土球包扎后,在坑口一侧开一与坑等宽的斜坡,将树木按垂直于斜坡的方向倒下,控制住树干将土球推滚出土坑,并在地面与车厢底板间搭上结实的跳板,滚动土球将树木装入车厢。如果土球过重(直径大于 80 cm),可将结实的带状绳网一头系在车上,另一头兜住土球向车上拉,这样上拉下推就比较容易将树木装上车。卸车方法同装车,但顺序相反。

2. 滑动装车

在坡面(跳板)平滑的情况下,可按上拉下推的方法滑动装卸。若为木箱移栽,可在箱底横放滚木,上拉下推滚滑前移装车或缓慢下滑卸车。

3. 吊运装卸

(1)土球吊运　土球吊运的方法有三种:一是将土球用钢索捆好,并在钢索与土球之间垫上草包、木板等物吊运,以免伤害根系或弄碎土球;二是用尼龙绳网或帆布、橡胶带兜好吊运;三是用一中心开孔的圆铁盘兜在土球下方,再用一根上、下两端开孔铁杆从树干附近与树干平行穿透土球,使铁杆下端开孔部位从铁盘孔中穿出,用插销将二者连接起来,上部铁杆露出 40 ~ 80 cm,再将吊索拴在铁杆上端的孔中。吊运与卸车的动力可用吊车、滑轳、人字架及摇车等。

（2）板箱吊运　板箱包装可用钢丝，围在木箱下部1/3处，另一粗绳系在树干（于外面应垫物保护）的适当位置，使吊起的树木呈倾斜状。树冠较大的还应在分枝处系一根牵引绳，以便装车时牵引树冠的方向。土球和木箱重心应放在车后轮轴的位置上，冠向车尾。冠过大的还应在车厢尾部设交叉支棍，土球下面两侧应用东西塞稳，木箱应同车身一起捆紧，树干与卡车尾钩系紧（图6.29）。运输时应由熟悉路线等情况的专人押运。押运时人不能站在土球和板箱处，以保证安全。

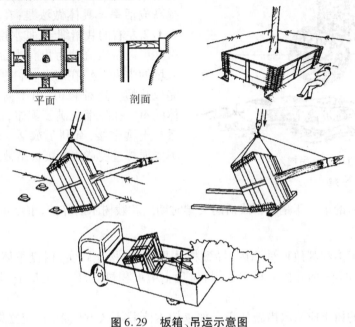

平面　　　剖面

图6.29　板箱、吊运示意图

（六）大树的栽植

1.挖坑

大树栽植前必须检查树坑的规格、质量及待栽树木是否符合设计要求。栽植底坑的直径一般应大于大树土台50~60 cm，土质不好的应该是土球的一倍。如果需换土或施肥，应预先做好准备。肥料应与土壤拌匀。栽植前先在坑穴中央堆一高15~20 cm、宽70~80 cm的长方形土台，以便放置木箱。

2.吊树入坑

（1）板箱式　将树干包好麻包或草袋，然后用两根等长的钢丝绳兜住木箱底部，将钢丝绳的两头扣在吊钩上，即可将树直立吊入坑中。若土体不易松散，放下前应拆去中部两块底板，入穴时应保持原来的方向或把姿态最好的一侧朝向主要观赏面。近落地时，一个人负责瞄准对直，四个人坐在坑穴边用脚蹬木箱的上口放正和校正栽植位置，使木箱正好落在坑的长方形土台上。

拆开两边底板，抽出钢丝，并用长竿支牢树冠，将拌入肥料的土壤填至1/3时再拆除四面壁板，以免散坨。捣实后再填土，每填20~30 cm土，捣实一次，直至填满为止。按土球大小和坑的大小做双圈灌水堰。

（2）软包装土球　吊装入穴前，应将树冠丰满、完好的一面作为主要观赏面，朝向人们观赏的方向。坑内应先堆放15~25 cm厚的松土，吊装入穴时，应使树干立直，慢慢放入坑

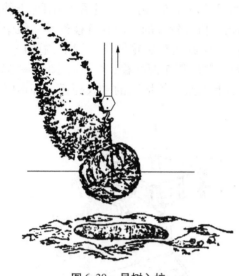

图6.30　吊树入坑

内土堆上（图6.30）。填土前，应将草绳、蒲包片等包装材料尽量取出，然后分层填土踏实。栽植的深度，一般不要超过土球的高度，与原土痕相平或略深3～5 cm 即可。

另外，对于裸根或带土移栽中球体破坏脱落的树木，可用坐浆或打浆栽植的方法来提高成活率。具体做法是：在挖好的坑内填入1/2 左右的栽培细土，加水搅拌至没有大疙瘩并可以挤压流动为止。然后将树木垂直放入坑的中央"坐"在浆上，再按常规回土踩实，完成栽植。这种栽植，由于树木的自重使根体的每一孔隙都充满了泥浆，消除了气袋，根系与土壤密接，有利于成活。但要特别注意不要搅拌过度造成土壤板结，影响根系呼吸。

（七）养护管理

树木栽植后的第一年是能否成活的关键时期。新栽树木的养护，重点是水分管理。

1. 扶正培土

由于雨水下渗和其他种种原因，导致树体晃动，应松土踩实；树盘整体下沉或局部下陷，应及时覆土填平，防止雨后积水烂根；树盘土壤堆积过高，要铲土耙平，防止根系过深，影响根系的发育。

对于倾斜的树木应采取措施扶正。如果树木刚栽不久发生歪斜，应立即扶正；如因种种原因不能及时扶正的，落叶树种可在休眠期间扶正，常绿树种在秋末扶正。扶正时不能强拉硬顶，以免损伤根系。首先应检查根茎入土的深度，如果栽植较深，应在树木倒向一侧根盘以外挖沟，至根系以下内掏，用锹或木板伸入根团以下向上撬起，并向根底塞土压实，扶正即可；如果栽植较浅，可按上法在倒向的对侧掏土，然后将树体扶正，将掏土一侧的根系下压，回土压实。大树扶正培土以后还应设立支架。

2. 水分管理

新栽树木的水分管理是成活期养护管理的最重要内容。

（1）土壤水分管理　一般情况下，移栽第一年应灌水3～4 次，特别是高温干旱时更需注意抗旱。栽植后于外围开堰并浇水一次，水量不要过大，主要起到压实土壤的作用；2～3 d 浇第二次水，水量要足；7 d 后浇第三次水，待水渗下即可中耕、松土和封堰。多雨季节要特别注意防止土壤积水，应适当培土，使树盘的土面适当高于周围地面；在干旱季节和夏季，要密切注意灌水，最好能保证土壤含水量达最大持水量的60% 左右。

（2）树冠喷水　对于枝叶修剪量小的名贵大树，在高温干旱季节，由于根系没有恢复，即使保证土壤的水分供应，也易发生水分亏损。因此当发现树叶有轻度萎蔫征兆时，有必要通过树冠喷水增加冠内空气湿度，从而降低温度，减少蒸腾，促进树体水分平衡。喷水宜采用喷雾器或喷枪，直接向树冠或树冠上部喷射，让水滴落在枝叶上。喷水时间可在上午10 时至下午4 时，每隔1～2 h 喷一次。

3. 抹芽去萌及补充修剪

移栽的树木,如经过较大强度的修剪,树干或树枝上可能萌发出许多嫩芽和嫩枝,消耗营养,扰乱树形。在树木萌芽以后,除选留长势较好、位置合适的嫩芽或幼枝外,其余应尽早抹除。

此外,新栽树木虽然已经过修剪,但经过挖掘、装卸和运输等操作,常常受到损伤,使部分芽不能正常萌发,导致枯梢,此时应及时疏除或剪至嫩芽、幼枝以上。对于截顶(冠)或重剪栽植的树木,因留芽位置不准或剪口太弱,造成枯枝桩或发弱枝,则应进行修剪。在这种情况下,待最接近剪口而位置合适的强壮新枝长至 5～10 cm 或半木质化时,剪去母枝上的残桩。修剪的大伤口应该平滑、干净,并进行消毒、防腐。

对于发生萎蔫经浇水喷雾仍不能恢复正常的树,应加大修剪强度,甚至去顶或截干,以促进其成活。

4. 松土除草

因浇水、降雨及人类活动等导致树盘土壤板结,影响树木生长,应及时松土,促进土壤与大气的气体交换,有利于树木新根的生长与发育。但在成活期间,松土不能太深,以免伤及新根。

树木基部附近长出的杂草、藤本植物等,应及时除掉,否则会耗水、耗肥,藤蔓缠绕妨碍树木生长。可结合松土进行除草,每隔 20～30 d 松土除草一次,并把除下的草覆盖在树盘上。

五、各种自然灾害的防御

树木在生长发育过程中经常遭受冻害、冻旱、寒害、霜害、日灼、风害、旱害、涝害、雹灾、雪害等自然灾害的威胁。摸清各种自然灾害的规律,采取积极的预防措施是保持树木正常生长,充分发挥其综合效益的关键。

(一)低温危害

根据低温对树木的伤害机理,可以分为冻害、冻旱和霜害三种基本类型。

1. 冻害

冻害是指气温在 0 ℃以下,树木因组织内部结冰所引起的伤害。树体各部位冻害表现症状如下:

(1)花芽　花芽是抗寒力较弱的器官,花芽冻害多发生在春季回暖时期。腋花芽较顶花芽的抗寒力强。花芽受冻后,内部变褐色,初期从表面上只看到芽鳞松散,不易鉴别,到后期则芽不萌发,干缩枯死。

(2)枝条　枝条的冻害与其成熟度有关。成熟的枝条,休眠期和生长期各组织的抗寒能力不同。休眠期以形成层最抗寒,皮层次之,而木质部、髓部最不抗寒,韧皮部严重冻害时才受伤,随受冻害程度的加重,髓部、木质部先后变色,如果形成层变色则枝条失去恢复能力。生长期则以形成层抗寒力最差。

幼树在秋季因雨水过多贪青徒长,枝条生长不充实,易加重冻害,特别是成熟不良的先端对严寒敏感,常首先发生冻害,轻者髓部变色,较重者枝条脱水干缩,严重时枝条可能冻死。多年生枝条发生冻害,常表现树皮局部冻伤,受冻部分最初稍变色下陷,不易发现,如果用刀挑开,可发现皮部已变褐,以后逐渐干枯死亡,皮部裂开和脱落,但是如果形成层未受冻,则可逐渐恢复。

（3）枝杈和基角 枝杈或主枝基角部分进入休眠较晚,位置比较隐蔽,疏导组织发育不好,通过抗寒锻炼较迟,因此遇到低温或昼夜温差变化较大时,易引起冻害。枝杈和基角冻害有各种表现:有的受冻后皮层和形成层变褐色,而干枝凹陷,有的树皮成块状冻坏,有的顺主干垂直冻裂形成劈枝。这些表现依冻害的程度和树种、品种而有不同。主枝与树干的基角越小,枝杈基角冻害也越严重。

（4）主干 主干受冻后有的常发生"冻裂"现象,即形成纵裂,树皮成块状脱离木质部,或沿裂缝向外卷折。一般生长过旺的幼树主干易受冻害。冻裂一般不会直接引起树木死亡,但由于树皮开裂,木质部失去保护,容易招致病虫,特别是木腐菌的危害。

冻裂的原因是气温急剧降到零下,树皮迅速冷却收缩,致使主干组织内外张力不均,因而自外向内开裂,或树皮脱离木质部。树干"冻裂"常发生在夜间,随着气温的变暖,冻裂处又可逐渐愈合。

树干的不同侧面发生冻裂的可能性不一样,由于树干向阳面昼夜温差较大,因此冻裂多发生。另外,落叶树种较常绿树种易发生冻裂;孤立木和稀疏的林木比密植的林木冻裂现象严重;幼龄树比老龄树严重。

（5）根颈和根系 一年中,根颈停止生长最迟,进入休眠期最晚,而开始活动和解除休眠又较早,因此在温度骤然下降的情况下,根颈未能很好地通过抗寒锻炼,同时近地表处温度变化又剧烈,因而容易引起冻害。根颈受冻后树皮先变色,以后干枯,可发生在局部,也可能成环状。根颈冻害对植株危害很大。

根系无休眠期,所以较其地上部分耐寒力差,但由于根系在越冬时活动力明显减弱,因而耐寒力较生长期略强。根系受冻后变褐,皮部易与木质部分离。一般粗根较细根耐寒力强;近地面的根由于地温低,较下层根易受冻;新栽的树或幼树因根系小而浅,易受冻害,而大树则相当抗寒。

温度降至 0 ℃以下,土壤结冰与根系连为一体,由于水在结冰以后体积增大,因而根系与土壤结冰后被抬高,化冻后土壤与根系分离而下沉,造成根系裸露,即发生冻拔现象。冻拔常发生在苗木和幼树上,在土壤含水量大、质地黏重时容易发生。冻拔主要危害树木根系扎根,使树木倒地死亡。

低温是造成树木冻害的直接原因,但冻害的发生与多种因素有关:

①冻害与低温到来的时间有关。如果低温到来的时间早又突然,树木本身尚未经过抗寒锻炼,很容易发生冻害。

②冻害与降温速度和温度回升速度有关。降温速度和温度回升速度越快,受冻越严重。

③冻害与栽植地环境的小气候有关。昼夜温差变化小的地方,发生冻害的可能性较小,因此江苏、浙江一带种植在山南面的柑橘比同样条件下山北面的柑橘受害严重。

④冻害与种植时间和养护管理水平有关。不耐寒的树种如在秋季种植,栽植技术又不到位,冬季很容易遭受冻害。施肥量适宜的比施肥不足或不施肥的容易发生冻害。

2. 抽条

幼龄树木因越冬性不强而发生枝条脱水、皱缩、干枯现象,谓之"抽条",有些地方又称为烧条、灼条、干梢等。抽条实际上是冻旱脱水造成的,严重时全部枝条枯死,轻者虽能发枝,但易造成树形紊乱,不能更好地扩大树冠。

抽条的发生与树种、品种有关,南方树种移植到北方,由于不适应北方冬季寒冷干旱的气候,往往会发生抽条。抽条与枝条的成熟度有关,枝条生长充实的抗性强,反之则易抽条。

造成抽条的原因有多种说法,但各地实验证明,幼树越冬后干梢是"冻、旱"造成的。即冬季直到早春气温低,尤以土温降低持续时间长,致使根系吸水困难,而地上部则因早春温度较高且干燥多风,蒸腾作用加大,因而枝条逐渐失水,表皮皱缩,严重时最后干枯,所以,抽条实际上是冬季的生理干旱,是冻害的结果。

3. 霜害

由于气温急剧下降至 0 ℃或 0 ℃以下,空气中的饱和水汽凝结成霜而使树木枝条幼嫩组织和器官受害的现象,称为霜害。发生霜冻时,气温越近地面越低,所以树木下部受害较上部严重。

霜害一般发生在树木生长季内。根据季节的不同,可分为早霜和晚霜两种:

早霜:即秋霜。由于当年夏季较为凉爽,秋季又比较温暖,树木的生长期推迟,枝条在秋季不能及时成熟和停止生长,木质化程度较低,遭受霜冻时,导致枝条一些部位受害。有时即使在正常年份,如遭遇突然来临的霜冻也会造成霜害。

晚霜:即春霜。一般发生在树体萌动后,气温突然下降,使刚长出的幼嫩部分受害。经受晚霜危害后,针叶树常发生叶片变红和脱落现象,阔叶树嫩枝和叶片萎蔫、变黑和死亡。我国幅员辽阔,各地发生晚霜的时间各不相同,有的地区即使在 6、7 月也会发生晚霜危害。发芽较早的树种或树木因春季温暖过早萌发等最易遭受晚霜袭击;南方树种引种到北方,也容易受晚霜危害。从总体来看,与早霜相比,晚霜具有更大的危害性。

(二) 低温危害的防治

1. 冻害的预防

(1) 灌冻水　晚秋树木进入休眠期到土地封冻前,灌足一次冻水,到了冬季封冻以后,树根周围就会形成冻层,维持根部恒温,不受外界气温骤然变化的影响。同时,灌了冻水,土壤湿度增加,也可以防止树木灼条(抽条)。灌冻水的时间不宜过早,否则会影响抗寒力,北京地区一般掌握在霜降以后、小雪之前。

(2) 覆土　在 11 月中下旬,土地封冻以前,将枝干柔软、树身不高的灌木或藤本植物,压倒覆土,或先盖一层干树叶,再覆 40 ~ 50 cm 的细土,轻轻拍实。这种方法不仅防冻,也能保持枝干温度,防止灼条。

(3) 根部培土　冻水灌完后结合封堰,在树根部培起直径 80 ~ 100 cm、高 30 ~ 50 cm 的土堰,防止冻伤树根,同时也能减少土壤的水分蒸发。

(4) 扣筐、扣盆　一些植株比较矮小珍贵的露地花卉(如牡丹等),可以采用扣筐、扣盆的方法,用大花盆或大筐将整个植株扣住,外边堆土或抹泥,不留一点缝隙,给植物创造比较温暖、潮湿的小气候条件,以保安全越冬。这种方法不会损坏原来的树形。

(5) 架风障　为减低寒冷、干燥大风吹袭造成的对树木枝条的伤害,可以在上风方向架设风障。架风障的材料常用秫秸、篱笆、芦席等,风障高度要超过树高,用木棍、竹竿等支牢以防大风吹倒,漏风处用稻草填缝,有时也可以抹泥填缝。

(6) 涂白、喷白　对树身涂白、喷白,可以减弱温差骤变的危害,还可以杀死一些越冬病虫害。涂白、喷白材料常用石灰加石硫合剂，为黏着牢固可适量加盐。

（7）春灌　早春土地开始解冻时及时灌水，经常保持土壤湿润，以供给树木足够的水分，对于防止春风吹袭使树木干旱、灼条也有很大作用。

（8）培月牙形土堆　在冬季土壤冻结、早春干燥多风的大陆性气候地区，有些树种虽耐寒，但易受冻旱的危害而出现枯梢。针对这种情况，对不能弯压埋土防寒的植株，可于土壤封冻前，在树干北面培一向南弯曲、高40~50 cm的月牙形土堆，具体高度可依树木大小而定。早春可挡风、反射和积累热量，使穴土提早化冻，根系也能提早吸水和生长，即可避免冻、旱的发生。

（9）卷干、包草　新植树木、冬季湿冷地不耐寒的树木可用草绳道道紧接地卷干或用稻草包主干和部分主枝来防寒。

（10）积雪　可以保持一定低温，免除过冷大风侵袭，早春增湿保墒，降低土温，防止芽过早萌动而受晚霜危害等，尤其在寒冷、干旱地区。

（11）选用抗寒品种　在栽植前必须了解不同树种在当地的抗寒性，有选择地选用耐寒性强的树种，这是避免低温危害最根本的措施。

1991年冬，长江流域发生了罕见的大面积冻害，有关专家对园林树木的受害情况做了调查，其结果见表6.8，供参考。

表6.8　长江流域园林树木抗寒能力

抗寒能力	树　种
强	石楠、湿地松、山茶花、柏木、赤楠、栀子、千头柏、龙柏、铅笔柏、绒柏、雪松、四月斑竹、广玉兰、海桐、柳杉、罗汉松、蚊母、匍匐柏、杨梅、枸骨、黑松、藤本七里香、池杉、紫薇、白玉兰、泡桐、水杉、紫荆、槐树、白绢梅、紫玉兰、凌霄、贴梗海棠、青枫、红枫、合欢、无患子、红叶李、紫叶桃、马褂木、鸡爪槭、银杏、梅花、柿、木槿、郁李、梧桐、柳树、枫杨、法桐、枫香木、绣球、金银花、爬山虎等
较强	桂花、冬青、南天竹、樱花、桃、碧桃、丁香、结香等
弱	凤尾竹、含笑、山茶、女贞、杜英、竹柏、青皮竹、大叶黄杨、苏铁、大叶樟、樟树、木莲、月季、蜜橘、草绣球、蜡梅、木芙蓉、花竹柚、枇杷、金橘、景裂、白兰、黄杨、杜鹃、迎春、月桂、毛竹、夹竹桃、茉莉花、金边女贞、棕榈、代代、橘石榴、翅荚木、栾树等

2. 防止抽条的措施

①通过合理的肥水管理，促进枝条前期生长，防止后期徒长，充实枝条组织，增加其抗性。经验表明，北方地区，7月中旬以后少施或不施氮肥，适量增施磷、钾肥，8月中旬以后，控制灌水，均可有效地防止抽条。

②加强病虫害防治。病虫害的发生，往往对树木生长产生一定的不利影响，严重者可造成树势衰弱，尤其对枝条顶梢部位影响更为明显。因此，日常管理中应加强病虫害的防治。

③秋季新定植的不耐寒树木尤其是幼龄树木，为了预防抽条，一般多采用埋土防寒，即把苗木地上部向北卧倒培土防寒，既可保温减少蒸腾又可防止干梢。但植株大则不易卧倒，可在树干北侧培起60 cm高的半月形土埂，有利根部吸水，及时补充枝条失去的水分。如在树干周围撒布马粪、树叶等也可增加土温，提早解冻，或于早春灌水，增加土壤温度和水分，均有利于防止或减轻抽条。

④秋季对幼树枝干缠纸、缠塑料薄膜,或胶膜、喷白等,对防止浮尘子产卵和抽条现象发生均具有一定的作用。

3. 防霜措施

防霜主要有两方面的措施,一是利用各种手段推迟树木萌芽,二是改变小气候,增加或保持树木周围的热量。

(1)推迟萌芽

①树干涂白:利用涂白减少树木地上部分吸收太阳辐射热,减慢春季升温速度,延迟芽的萌动。

②早春灌返浆水:用于降低地温,在萌芽后至开花前,灌水 2~3 次,一般可推迟开花 2~3 d。

③利用化学药剂:利用药剂或激素使树木萌动推迟,延长植株休眠期。如青鲜素、B_9、乙烯利、萘乙酸钾盐(250~500 mg/kg)溶液在萌芽前或秋末喷洒树上,可以抑制树木萌动。

(2)改变小气候

①喷水法:根据天气预报,利用喷雾设施在将发生霜冻的黎明,向树冠喷水。由于喷到树上的水温比树冠周围的气温要高,能放出很多热量,提高树冠周围空气温度,同时也能减少地面辐射热的散失,因而能起到较好的防止霜冻的作用。

②熏烟法:此法简单易行,效果明显。注意天气预报,事先在园内每隔一定距离设置发烟堆,材料用易燃的干草、秸秆等,与潮湿的落叶、草等分层交互堆起,外覆一层土,中间插上木棒,高度一般不超过 1 m。上风方向烟堆可密一些。在有霜冻危险的夜晚,当温度降至 5 ℃ 左右时即可点火发烟。但多风或降温至−3 ℃ 以下时,效果不理想。

③吹风法:日本、美国等发达国家的果园、茶园常采用这种方法。由于霜害是在空气静止的情况下发生的,因此,利用大型吹风机增加空气流动,将冷空气吹散,能起到防霜效果。

此外,对于小苗、珍贵幼树可以采用遮盖法来防止霜害;有的发达国家在果园定点放置加热器,在霜来临时通电加热。

4. 低温受害植株的养护措施

低温危害发生后,如果树木受害严重,没有继续培养的价值,应该及时加以清除。但多数情况下,低温危害只会造成树木部分器官和组织受害,不会引起毁灭性的危害,因此可以采取一些必要的措施,帮助受害树木恢复生机。

(1)加强肥水管理　树木如果受害比较严重,不宜立即施肥,即使施肥一般也要到 7 月份以后,因为过早施肥会刺激枝叶生长,加强蒸腾,而树木输导组织尚未恢复正常的运输功能。

如果树木受害较轻,灾害过后可增施肥料,促使新梢萌发、伤口愈合。

(2)防治病虫害　树木遭受低温危害后,树势较弱,树体上常有创伤,极易引发病虫危害。因此,应结合修剪,在伤口涂抹或喷洒化学药剂(药剂用杀菌剂加保湿胶黏剂或高膜脂制成)。

(3)适当修剪　树木受到低温危害后,要全部清除已枯死的枝条,如果只是枝条的先端受害,可将其剪至健康位置,不要整枝清除。

(三)高温危害

树木在异常高温的影响下,生长下降,甚至会受到伤害。实际上它是在太阳强烈照射下树木所发生的一种热害,以仲夏和初秋最为常见。高温对树木的影响,一方面表现为组织和器官的直接伤害——日灼病,另一方面表现为呼吸加速和水分平衡失调的间接伤害——代谢干扰。

1. 日灼

夏秋季由于气温高,水分不足,蒸腾作用减弱,致使树体温度难以调节,造成枝干的皮层或其他器官表面的局部温度过高,伤害细胞生物膜,使蛋白质失活或变性,导致皮层组织或器官溃伤、干枯,严重时引起局部组织死亡,枝条表面被破坏,出现横裂,负载能力严重下降,表皮脱落、日灼部位干裂,甚至出现枝条死亡现象;果实表面先出现水烫状斑块,而后裂果或干枯。

2. 代谢干扰

树木在达到临界高温以后,光合作用开始迅速降低,呼吸作用继续增加,消耗了本来可以用于生长的大量糖类,生长缓慢。高温引起蒸腾速率提高,蒸腾失水过多,根系吸水量减少,造成叶片萎蔫,气孔关闭,光合速率进一步降低。当叶子或嫩梢干化到临界水平时,可能导致叶片或新梢枯死或全树死亡。

（四）高温危害的防治

根据高温对树木伤害的规律,可采取以下措施:

1. 选择抗性强的树种

选择耐高温、抗性强的树种或品种栽植。

2. 栽植前的抗性锻炼

在树木移栽前加强抗性锻炼,如逐步疏开树冠和庇荫树,以便适应新的环境。

3. 保持移栽植株较完整的根系

移栽时尽量保留比较完整的根系,使土壤与根系密接,以便顺利吸水。

4. 树干涂白

树干涂白可以反射阳光,缓和树皮温度的剧变,对减轻日灼和冻害有明显的作用。涂白多在秋末冬初进行,有的地区也在夏季进行。此外,树干缚草、涂泥及培土等也可防止日灼。

5. 加强树冠的科学管理

在整形修剪中,可适当降低主干高度,多留辅养枝,避免枝、干的光秃和裸露。在需要去头或重剪的情况下,应分2～3年进行,避免一次透光太多,否则应采取相应的防护措施。在需要提高主干高度时,应有计划地保留一些弱小枝条自我遮阳,以后再分批修除。必要时还可给树冠喷水或抗蒸腾剂。

6. 加强综合管理,促进根系生长,改善树体状况,增强抗性

生长季要特别防止干旱,避免因各种原因造成的叶片损伤,防治病虫危害,合理施用化肥,特别是增施钾肥。

7. 加强受害树木的管理

对于已经遭受伤害的树木应进行审慎的修剪,去掉受害枯死的枝叶。皮焦区域应进行修整、消毒、涂漆,必要时还应进行桥接或靠接修补。适时灌溉和合理施肥,特别是增施钾

肥,有助于树木生活力的恢复。

(五)风害

北方冬季和早春的大风,易使树木枝梢抽干枯死。春季的旱风常将新梢嫩叶吹焦,吹干柱头,并缩短花期。我国东南沿海地区,台风危害频繁,常使枝叶折损,果实脱落,甚至大枝折断,整株拔起。阵发性的大风,对高大树木破坏性更大,很多地区常造成几十年的大树折倒。

风害的发生与树种的抗风力有关。刺槐、悬铃木、加杨等树种,因树高、冠大、叶密、根浅的原因,抗风力较弱;垂柳、乌桕等树种,因树矮、冠小、根深、枝叶稀疏等缘故,抗风力较强。

风害的发生也与环境条件有关。如果风向与街道的走向(行道树)平行,风力汇集,风压迅速增加,风害也随之加大,如树木被夹在狭小的建筑过道内,刮风时形成狭管效应,树木常因风压太大而倒折。局部绿地因地势低洼,排水不畅,雨后积水,土壤松软,如遇大风,极易刮倒。

(六)风害的预防

1.保证苗木质量

移栽苗木,特别是移栽大树,必须按规定要求起苗,绝不能使根盘小于规定尺寸,否则,根盘起得小,会因上重下轻易遭风害。

2.栽植技术

设计时要注意树木的株行距,株行距不宜过小。在多风地区,种植穴应适当加大,保证树木根系舒展,生长发育良好。栽后立即立支柱。

3.合理修剪

对园林树木进行修剪时,要注意上下结合,不能顾下不顾上。如果仅仅对树冠的下半部进行修剪,忽视树冠中上部的枝叶,其结果增强了树木上部的枝叶量,头重脚轻,很易发生风害。

4.合理配置树木

在种植设计时,首先将深根性、耐水湿、抗风力强的树种安排在风口、风道等易受风害的地方。

(七)雪害

雪害是指树冠积雪过多,压断枝条或树干的现象。通常情况下,常绿树种比落叶树种更易遭受雪害;落叶树如果在叶片尚未落完前突遭大雪,也易遭受雪灾。

雪害的程度受树形和修剪方法的影响。一般而言,当树木扎根深、侧枝分布均匀、树冠紧凑时,雪害轻。不合理的修剪会加剧雪害。

(八)雪害的预防

1.加强培育

加强肥水管理,促进根系生长,增加树木的承载力。

2. 合理修剪

修剪时应注意侧枝的着力点要均匀地分布在树干上，不能过分追求造型而不顾树木的安全。

3. 合理配置

栽植时应注意乔木与灌木、高与矮、常绿与落叶之间的合理搭配，使树木之间能互相依托，增强树木群体的抗性。

4. 其他措施

①对易遭受雪害的树木进行必要的支撑。

②及时摇落积雪。

六、古树名木的养护

（一）古树名木衰老的原因

树木由衰老到死亡不是一个简单的时间推移过程，而是复杂的生理、生态、生命与环境相互影响的变化过程，受树种遗传因素及环境因素的共同制约。古树衰老的原因归纳起来，主要有两个因素，一是树木自身内部因素，二是外部环境条件。

1. 树木自身因素

树木自幼年阶段一般需经数年生长发育，才能开花结实，进入成熟阶段，之后其生理功能逐步减弱，逐渐进入老化过程（即衰老过程），这是树木生长发育的自然规律。但是，由于树种受自身遗传因素的影响，树种不同，其寿命长短、由幼年阶段进入衰老阶段所需时间、树木抵抗外界不利环境条件影响的能力等，均会有所不同。

2. 外部环境条件

（1）土壤密实度过高　地面过度践踏，造成土壤通气透水性能降低。古树、名木大多生长在城市公园、宫、苑、寺庙等风景名胜处，地面受到大量频繁的践踏，密实度增高，导致土壤板结，土壤团粒结构遭到破坏，通透气性能及自然含水量降低，树木根系呼吸困难，须根减少且无法伸展；板结土壤层渗透能力降低，降水大部分随地表流失，树木得不到充足的水分和养分，生长受阻。

同时古树周围经常遭受各种污染，如增设临时厕所、乱倒剩饭剩菜，造成土壤的含盐量升高，土壤理化性质遭到严重破坏，对古树、名木的生长极为有害。

（2）树干周围铺装面过大　公园、名胜古迹由于游人增多，为了方便观赏，一些地方用水泥砖或其他硬质材料铺装，仅留下比树干粗度略大的树池。铺装地面平整、夯实，人为造成了土层透气通水性能下降，树木根系呼吸受阻且无法伸展，产生根不深、叶不茂现象。同时，树池较小，不便于对古树进行施肥、浇水，使古树根系处于营养与水分条件极差的环境中。

（3）根部营养不足　许多古树栽植在殿基之上，虽然植树时在树坑中换了好土，但树木长大后，根系很难向四周（或向下）坚土中生长。此外，古树长期固定生长在某一地点，持续不断地吸收消耗土壤中的各种营养元素，常常形成土壤中某些营养元素的贫缺，致使古树长期缺素，生理生化活动失调，加速了衰老。

（4）病虫危害　古树由于年代久远，难免遭受人为和自然破坏所造成的各种伤残，例如主干中空、破皮、树洞、主枝死亡等,导致树冠失衡、树体倾斜、树势衰弱,容易诱发病虫危害。对已遭到病虫危害的古树,如得不到及时和有效防治,其树势衰弱的速度将会进一步加快,衰弱的程度也会进一步增强。

(5)自然灾害　大风、雷电、干旱和地震等自然灾害,均会对古树、名木造成伤害,轻者影响古树冠形,重者造成断枝和倒伏。这些自然因素对古树的影响往往带有一定的偶然性和突发性,其危害程度有时是巨大的,甚至是毁灭性的。

(6)空气污染的影响　随着城市化进程的不断推进,各种有害气体如二氧化硫、氟化氢、氧化物和二氧化氮等造成了大气污染,古树、名木不同程度地承受着这些污染物的侵害,过早地表现出衰老症状。

(7)人为的损害　对古树、名木的人为损害,如在树下摆摊设点;乱堆东西(如建筑材料,水泥、石灰、沙子等),特别是石灰,堆放不久树体就会受害死亡;有的还在树上乱画、乱刻、乱钉钉子;地下埋设各种管线,尤其是煤气管道的渗漏,暖气管道的放热等,均对古树的正常生长产生了较严重的影响。

(8)盲目移植　近年来,随着城镇化水平的提高,许多地方盲目通过"大树搬家""古树进城"的途径,借以提升城市绿化的档次与品位。一些人挡不住高额利润的诱惑,参与盗卖、盗买古树、名木,致使许多珍贵大树在迁移过程中造成严重的生长不良,甚至死亡。目前,这种现象业已成为古树、名木遭受破坏的主要原因。

(二)古树、名木养护与复壮的基本原则

1.恢复和保持古树、名木原有的生境条件

环境条件,特别是土壤条件的剧烈变化,会严重影响树木的正常生活,导致树体衰弱,甚至死亡。因此,古树的衰弱如果是由土壤及其他环境条件的剧烈变化所致,则应该尽量恢复其原有的状况;对于尚未明显衰老的古树,不要随意改变其生境条件。在古树周围进行建设,如建厂、建房、修厕所、挖方及填方等,必须首先考虑对古树、名木是否有不利影响。风景区,由于游人践踏,造成古树周围土壤板结,透气性日益减退,导致树木根系因缺氧而早衰或死亡,需要进行土壤改良,尽力给予古树以良好的生长环境。

2.养护措施必须符合树种的生物学特性

不同的树种对土壤的水肥要求以及对光照变化的反应是不一样的,在养护中,应根据不同树种的生态适应性,顾其自然,满足要求。例如肉质根树种,多忌土壤溶液浓度过大,若在养护中大水大肥,不但不能被其吸收利用,反而容易引起植株的死亡。树木的土壤含水量要适宜,古松柏土壤含水质量分数一般以14%～15%为宜,沙质土以16%～20%为宜;银杏、槐树一般应以17%～19%为宜,最低土壤含水质量分数为5%～7%。

3.养护措施必须有利于提高树木的生活力,增强树体的抗性

这类措施包括灌水、排水、松土、施肥、树体支撑加固、树洞处理、防治病虫害、安装避雷器及防止其他机械损伤等,根据树种特性,合理制定综合养护方案,促使树木更新复壮,提高生活力,推迟死亡期的到来。

(三)古树、名木的调查登记、存档

为保护大树,必须对本地区的古树、名木进行调查登记与存档。

1. 调查

在调查前,应该走访相关部门,了解本地区的古树、名木分布状况以及相关资料。调查内容主要为树种、树龄、树高、冠幅、胸径、生长势、病虫害、生境及观赏与研究的作用、养护措施等。

2. 分级

我国通常按树龄分为四级:

一级:树龄1 000年以上的古树,或具有很高的科学、历史、文物价值,姿态奇特可观的名木;

二级:树龄600~1 000年的古树,或具有重要价值的名木;

三级:树龄300~599年的古树,或具有一定价值的名木;

四级:树龄100~299年的古树,或具有保存价值的名木。

3. 建档

对所调查的古树、名木进行登记,编号在册,设立永久性标牌。

（四）树干伤口和树洞处理

1. 树干伤口的处理

对于树木枝干上因各种自然灾害和人畜破坏等原因造成的伤口,必须及时进行处理:

（1）一般伤口的处理　步骤如下:

第一步:用锋利的刀具刮净削平伤口的周围,如果伤口已经腐烂,应削掉腐烂部分直至活组织,使皮层边缘成弧形;

第二步:用2%的硫酸铜液或50Be的石硫合剂液进行消毒,然后涂上保护剂,以防伤口腐烂,并促进愈合。

保护剂常用配方:

①液体接蜡:用64%的松香、8%的油脂、24%的酒精、4%的松节油熬制而成;

②简易保护剂:2份黏土、1份牛粪,加入少量羊毛和石硫合剂,用水调制。

（2）严重腐烂伤口的处理　如果皮层过度腐烂不能愈合,可用植皮法进行处理。方法如下:

第一步:削掉皮层腐烂部分,将伤口上下端健康皮层挑开3.3 m左右;

第二步:取2块新鲜皮层,其中一块相当于伤口面积大小反贴于伤口处,另一块（比伤口长6.6 cm）正贴于第一块皮层上,并将上下端插入挑开的皮层中;

第三步:用铁钉钉实,外用薄膜包扎,让其自然愈合。

2. 树洞的处理

古树在长期的生命活动过程中,由于各种原因造成的树皮创伤,如未及时采取保护、治疗和修补措施,会经常遭受雨水侵蚀、病菌寄生繁殖和蛀干害虫的蚕食,伤口逐渐扩大,最后形成树洞。树洞主要发生在大枝分叉处、干基和根部。干基的空洞都是由于机械损伤、动物啃食和根颈病害引起的;大枝分叉处的空洞多源于劈裂和回缩修剪;根部空洞源于机械损伤,动物、真菌和昆虫的侵袭。

处理的主要目的是给树洞重建一个保护性表面,阻止树木的进一步腐朽,消除各种有害生物如各类病菌、蛀虫、白蚁等的繁殖场所,并通过树洞内部的支撑,增强树体的机械强度,改善树木外貌,提高观赏价值。树洞处理的原则是阻止腐朽,而不是根除腐朽,在保持障壁层完整的前提下清除已腐朽的心材,进行适当的加固填充,最后进行洞口的整形、覆盖和美化。

过去我国处理树洞的办法,是简单地用某些固体材料充填到洞内,而近年来树洞的处理技术已得到较大的进步,有如下主要步骤:

(1)树洞的清理　清理工具可用各种规格的凿、刀具、木锤。树洞很大时,利用气动或电动凿等可大大提高工效。清理时从洞口开始逐渐向内清除已经腐朽或虫蛀的木质部,已完全发黑变褐、松软的心材要去掉,要注意保护障壁层(木材虽已变色,但质地坚硬的部分)。对于基本愈合封口的树洞,强行开凿会破坏已经形成的愈伤组织,影响树木生长,最好保持不动,但为了抑制内部的进一步腐朽,可在不清理的情况下,向洞内注入消毒剂。

(2)树洞的整形　树洞的整形分为内部整形和洞口整形。

①内部整形:树洞内部整形主要是为了消灭水袋,防止积水。

在树干和大枝上形成的浅树洞,当有积水的可能时,应该切除洞口下方的外壳,使洞底向外向下倾斜。

有些较深的树洞,应该从树洞底部较薄洞壁的外侧树皮上,用电钻由下向内、向上倾斜钻孔,直达洞底的最低点。在孔中安置一个向下排水管,其出口稍突出树皮。如果树洞底部低于地面,难以排水,则应在树洞清理后在洞内填入理想的固体材料,填充高度高于地表10~20 cm,并向下倾斜,以利于排水出洞。

②洞口整形:洞口整形最好保持其健康的自然轮廓线,保持光滑而清洁的边缘。在不伤或少伤健康形成层、不制造新创伤的前提下,树洞周围树皮边沿的轮廓线应修整成基本平行于树液流动方向的长椭圆形或梭形开口,同时应尽可能保留边材,防止伤口形成层的干枯。

如果伤口周围有已经切削整形的皮层幼嫩组织,应立即用紫胶清漆涂刷,保护形成层(图6.31)。

(3)树洞的加固　通常情况下,小洞的清理整形不会影响树木的机械强度,但是大洞的清理和整形,有时会严重削弱树体结构,需要进行加固,以增强树洞边缘的刚性和填充材料的牢固性。

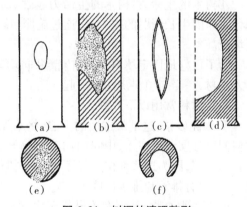

图6.31　树洞的清理整形
(a)正面;(b)侧面;(c)正面;(d)侧面;
(e)横断面腐朽的树洞;(f)横断面清理整形
(A. Bematzky,1978)

树洞加固可用螺栓或螺钉。利用锋利的钻头在树洞两壁适当位置钻孔,所用螺栓或螺钉的长度和粗度应与其相符。把螺栓或螺钉插入孔中,将两边洞壁连接牢固(图6.32)。

利用螺栓或螺钉进行树洞加固,应注意几个问题:

①钻孔的位置至少离伤口健康皮层和形成层带5 cm;

②螺栓或螺钉的两头必须不突出形成层,以利愈伤组织覆盖表面;

③所有的钻孔都要消毒,并用树木涂料覆盖。

(4)树洞的消毒和涂漆　消毒和涂漆是树洞处理的最后一道工序。在树洞清理后,用木馏油或3%的硫酸铜溶液涂抹树洞内外表面,进行消毒。然后,对所有外露的木质部涂漆。

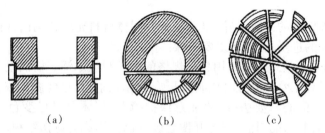

图6.32 树洞的加固
(a)单螺栓加固(示理头孔);(b)螺丝加固与假填充;(c)多螺栓加固(不同高度)
(A. Bematzky,1978)

(5)树洞的填充 关于树洞是否需要填充,历来就有争议。但随着科技的发展,新型填充材料的研制,树洞填充已成为重要的树洞处理措施之一。

树洞填充的目的在于防止木材的进一步腐朽,加强树洞的机械支撑,为愈伤组织的形成和覆盖创造条件,并改善树木的外观。

在实施树洞填充之前,应充分考虑以下因素:

①树洞的大小:树洞越大,越难保持填充材料的持久性和稳定性。

②树木的年龄:老龄树木大面积暴露的木质部遭受感染的危险性较大,也易受其他不利因素的影响,因此有必要进行填充。

③树木的价值与抗性:一般情况下,像臭椿等一类寿命较短的树种,刺槐、花楸及大多数落叶木兰类树种,其树洞没有必要进行填充。

④树木的生命力:树木的生命力越强,对填充的反应越敏感。因雷击、污染、土壤条件恶化等原因生长衰弱的树木,应通过施肥、修剪等有效措施来恢复其生命活力,然后才能进行填充。

为了更好地固定填料,可在内壁纵向均匀地钉上用木馏油或沥青涂抹过的木条,一半钉入木材,一半与填料浇注在一起。

填充材料常用以下几种:

A.水泥砂浆:这是最常用的方法,将水泥、细沙、卵石按1:2:3的比例加水混合调制。大树洞要分层分批注入,中间用油毛毡隔开。水泥填料可用于小树洞,特别是干基或大根的孔洞填充,因为这些部位一般不会由于树体摇晃而挤破洞壁。但要注意,用水泥砂浆填充,必须要有排液和排水措施。

B.沥青混合物:其填充效果优于水泥砂浆,但操作烦琐。将1份沥青加热融化,加入3～4份干燥的硬材锯末、细刨花或木屑,边加料边搅拌,使填加物与沥青充分混合,成为面糊颗粒状混合物。注入时应充分捣实,注意不要弄脏树体。沥青混合物的缺点是,在夏季艳阳照射下,洞口附近的沥青会变软、溢出。

C.其他填充材料:如聚氨酯塑料、弹性环氧胶等新推出的高分子新型材料,具有坚韧结实、弹性强、与木材的黏合性好、质量轻、能杀菌、易灌注等优点,因而应用面越来越广。

树洞内的填料一定要捣实、砌严,不留空隙,洞口填料的外表面务必不能高于形成层,不能与树皮表面相平,以利于愈伤组织的形成。树洞填充后应定期进行检查,发现问题及时纠正。

(五)古树、名木的复壮养护措施

引起古树、名木衰弱的原因十分复杂,如土壤板结、含水量过多或过少、缺乏某些营养元素,病虫危害,树体受损等。要根据当地实际情况,调查分析古树、名木生长的环境条件和树木生长状况,准确判定树木衰弱的主要原因,对症下药,采取有效措施,制定科学合理的复壮技术方案。

古树、名木的复壮措施涉及地上与地下两个部分。地上部分复壮措施以树体管理为主,包括修剪、修补、树干损伤处理、树洞处理、水肥管理、病虫害防治等;地下部分复壮措施主要是改善古树生长立地环境条件,促进根系活力诱导,创造适宜根系生长的营养、水汽等生长环境。

古树、名木的复壮措施常有以下几种方法:

1.地下部分的复壮措施

(1)埋条法　在土壤板结、通透性差的地方,采用此法可以改善土壤结构,起到截根再生复壮的作用。可分为放射沟埋条和长沟埋条,其中前者适用于孤立木或配置距离比较远的树木,后者适用于古树林或行状配置的树木。

放射沟埋条是以树木根颈为圆心,在树冠投影外侧挖放射状沟4~12条,每条沟长120 cm、宽40~70 cm、深80 cm;或挖长条沟,沟宽70~80 cm、深80 cm、长200 cm。沟应内浅外深、内窄外宽。沟内先垫放10 cm厚的松土,再将苹果、海棠、紫穗槐等阔叶树的树枝捆成捆,平铺一层,每捆直径20 cm左右,上撒松土,同时施入粉碎的麻酱渣、饼肥和尿素等,为补充磷肥,可加入动物骨头和贝壳等物,覆土10 cm,再放第二层树枝捆,最后覆土踏平。

(2)开复壮沟、通气、渗水系统

①复壮沟:位置在树冠投影外侧,深80~100 cm,宽80~100 cm,长度和形状因地形而定,有的是直沟,有的是半圆形或U字形。

沟内填入复壮基质、各种树条、增补营养元素等。复壮基质采用松、栎、槲的自然落叶,取60%腐熟加40%半腐熟的落叶混合,再加少量N、P、Fe、Mn等元素配制而成。这种基质含有丰富的多种矿质营养元素,可以促进古树根系生长。

埋入的大多为紫穗槐、杨树等阔叶树的枝条,枝条截成40 cm长的枝段后埋入沟内,树枝之间以及树枝与土壤之间形成较多的大孔隙,利于古树根系在枝间穿行生长。复壮沟内的枝条也分两层铺设。

增施在基质中的营养元素应根据需要而定。北方的许多古树,常以铁元素为主,施放少量氮、磷元素。硫酸亚铁使用剂量是长1 m、宽0.8 m的面积施入0.1~0.2 kg。

城市以及公园中严重衰弱的古树,地下环境复杂,土壤贫瘠,营养面积小,内渍严重,必须开挖复壮沟。

复壮沟的垂直分布:复壮沟向下的纵向分层结构依次为,表层为10 cm的素土;第二层为20 cm的复壮基质;第三层为树木枝条10 cm;第四层仍为20 cm的复壮基质;第五层为10 cm厚的枝条;最下一层为粗沙和陶粒,厚约20 cm(图6.33)。

②渗水系统:在复壮沟中可安置通气管和渗水井。

通气管用直径10 cm、长80~100 cm的硬塑料管组成,管壁打孔,外包棕片等物,上部开口带穿孔的盖,其主要功效是通气、施肥、灌水,必要时可以抽水。在复壮沟中垂直埋设,每棵树2~4根。

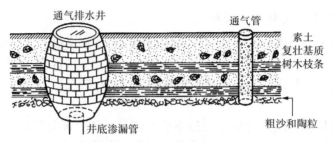

通气排水井　　　　通气管

素土
复壮基质
树木枝条

井底渗漏管　　　　　　粗沙和陶粒

图 6.33　复壮沟-通气-透水系统

渗水井深 130～170 cm、直径 120 cm,主要用于把多余的水分排掉,保证古树根系分布层不会被水淹没。渗水井四周用砖垒砌而成,下部不用水泥勾缝,有时还需向下埋设 80～100 cm 的渗漏管,以利渗水。井口用盖盖住。一般渗水井的深度要比复壮沟深 30～50 cm。当井中的积水过多、来不及排水时,可直接用水泵抽水。

(3)土壤改良　土壤改良的方法应该因地制宜,根据环境条件制定具体的实施方案。下面列举几个典型事例:

①北京市故宫园林科从 1962 年起开始用土壤改良的方法挽救古树,使老树复壮。1962 年宁寿门外有一古松,幼芽萎缩,叶片枯黄。该科技术人员和工人,在该树的树冠投影范围内,对骨干根附近的土壤进行换土。挖土深度为 50 cm,挖土时随时注意将暴露出来的根系用浸湿的草帘子盖上。将原土与沙土、腐叶土、大粪、锯末、少量化肥混合均匀之后回填踩实。半年后,该古松重新长出新梢,地下部分长出 2～3 cm 的须根,终于死而复生。

1975 年,给一株濒死古松进行换土处理。挖土面积大于树冠投影部分,深度 150 cm,并挖深达 400 cm 的排水沟,底层填上大卵石,中层填以碎石和粗沙,然后用细沙和园土填平,效果十分显著。

目前,故宫里凡是经过土壤改良处理的古树,均已返老还童,生长郁郁葱葱,充满生机。

②南通市在古树管理中采用的方法是,将表层 20 cm 含有杂屑的表土清除,再深耕30～40 cm,回填 10 cm 厚的耕作土;或距树干 60～120 cm 或 200～300 cm 处深耕 20～40 cm,加入“泡沫塑料(E.P.S 发泡)”(颗粒 2 cm×3 cm),厚度 5～10 cm,然后拌土掩埋;或将冬季修剪的 1～1.5 cm 粗的二球悬铃木枝条,剪成 30～40 cm 长的小段,打成 20 cm 左右的小捆,在距干基 50～120 cm 的四周挖穴,埋入 4～6 捆,然后覆土 10～15 cm。这两种方法能够有效地改善土壤通气透水条件,利于有机质分解,使树木营养状况得到改善,促使古树更新复壮。

(4)地面铺装透气砖或种植地被植物　为了解决表层土壤的通气问题,可在地面铺装透气砖。透气砖的形状和材料可根据需要设计,常用的为上大下小的特制梯形砖,砖与砖之间不勾缝,以便通气,下面用石灰砂浆衬砌,砂浆用石灰、沙子、锯末按 1∶1∶0.5 的比例配置。

在人流少、进行土壤改良、埋土处理的地方,可以铺设草坪或种植地被植物(如白三叶、苜蓿、垂盆草、半支莲),以改善土壤条件。

(5)使用助壮剂或生长调节剂　用稀土元素配置而成的助壮剂无毒、无副作用,施用后能促进古树根系生长,提高古树生长势。给植物根部施用一定浓度的植物生长调节剂,如6-苄基腺嘌呤(6-BA)、激动素(KT)、玉米素(ZT)、赤霉素(GA_3)以及生长调节剂(2,4-D)等,有延迟衰老的作用,但这些调节剂的最佳使用时间、浓度等还需要进一步的研究。

2.养护管理措施

（1）土、肥、水管理　春夏干旱季节及时灌水防旱，雨后注意排水通畅，冬季浇水防冻。防止土壤板结，经常松土，可在测定土壤元素含量的基础上进行科学施肥。

城镇空气浮尘严重，古树树体截留灰尘极多，影响光合作用和观赏效果，应及时用喷水方法对树体加以清洗。

（2）整形修剪　由于古树、名木的特殊性，应由相关人员进行研究，制定科学合理的整形修剪方案，并报有关部门批准。应以保持原有树形为基本原则，必要时剪去过密枝、病虫害枝等。对有重大意义或价值的古树，为充分保持原貌，有时要对枯枝作防腐处理。

（3）围栏设置　为防止游人踩踏，使古树、名木根系生长正常，保护树体，在过往行人较多的地方应设置围栏。围栏一般距树干2～3 m，围栏内可种植地被植物。对露出的树根应用腐殖土覆盖或上面加设网罩或护板。在古树、名木根系分布范围内，严禁设置厕所和排污沟渠，不准在树下堆放会污染土壤的物品，如垃圾、废料等。

（4）支撑加固，修补树洞，设避雷针　古树由于年代久远，生长衰弱，主干会有中空，主枝也常有死亡，造成树冠失去均衡，树体容易发生倾斜，因而需要支撑加固。树体加固应用螺栓、螺丝等，不可用金属箍，以免造成韧皮部受伤。有树洞的应予以修补。

古树高大且电荷量大，容易遭受雷电袭击。有的千年大树在遭受雷击后，严重影响树势，甚至死亡。因此，对于高大的古树应安装避雷装置，以防雷击。对于遭受雷击的大树，应立即进行伤口处理，涂上保护剂。

（5）靠接小树复壮濒危古树　相关研究表明，靠接小树复壮遭受严重机械损伤的古树，具有激发生理活性、诱发新叶、帮助复壮等作用。小树靠接技术关键是先将小树移到受伤大树旁加强管理，促其成活，要掌握好实施时期、刀口切面以及形成层位置，靠接最好在受创伤后及时进行。在靠接小树的同时，结合深耕、松土等措施，效果更加明显。

（6）防治病虫害　古树年老体衰，容易招致病虫害。病虫危害是古树生长衰弱的重要原因之一。据调查，北京地区危害古松、柏的害虫主要有红蜘蛛、蚜虫，有的古树还有天牛、小蠹危害。

古树的蛀干害虫十分严重，用药剂注射和堵虫孔的办法效果都不理想。北京市中山公园经过试验，认为用药剂熏蒸效果较好。其方法是：用塑料薄膜分段包好树干，用黏泥等封好塑料薄膜上下两端与树木的接口，并用细绳捆好，以防漏气，从塑料薄膜交口处放入药剂，边放边用胶带封好，熏蒸数天。

第三节　温室观赏植物的栽培管理

温室观赏植物是指在当地常年或较长一段时间需在温室栽培的观赏植物。近年来，随着设施条件的改善和提高，使得观赏植物反季节生产、周年供花以及南花北调有了环境保证，推动了观赏植物商品化的实现。温室观赏植物的栽培方式主要有温室盆栽和温室地栽两种。地栽主要用于大面积的切花生产，而盆栽主要以温室观赏植物以及节日观赏植物的促成栽培为主。对温室内环境进行科学合理的调控，是提高温室观赏植物产量和质量的有效保证。

一、温室消毒

（一）休闲期消毒

在夏季休闲期,应将前茬作物残体与地膜、草秸等覆盖物清除后重施有机肥耕翻,再起垄灌水,进行高温闷棚,使棚内温度在55 ℃以上,湿度达95%以上,连续两周可杀灭大部分病虫源。在冬季休闲期,应将土壤耕翻灌水后敞开通风口,令其迅速降温,地面冻结,经两三周可基本杀灭虫源。

（二）种植前土壤消毒

不能安排休闲期时,应在定植前利用熏蒸剂熏蒸,密闭数日,可采用硫黄粉22.5 ~ 30.2 kg/hm², 加锯末堆放后点燃熏蒸;或40%甲醛15 kg/hm²兑水至450 ~ 800 kg/hm²进行喷洒,密闭消毒。采用熏蒸剂处理时,施药人员应加强自身防护。

二、土壤准备

（一）培养土的特点

温室花卉种类很多,习性各异,对栽培土壤的要求不同。为适合各类花卉对土壤的不同要求,必须配制多种多样的培养土。

温室盆栽,盆土容积有限,花卉的根系局限于花盆中,因此要求培养土必须含有足够的营养成分,具有良好的物理性质。一般盆栽花卉要求的培养土,一要疏松、透气,以满足根系呼吸的需要;二要水分渗透性能良好,不会积水;三要能固持水分和养分,不断供应花卉生长发育的需要;四要培养土的酸碱度适应栽培花卉的生态要求;五不允许有害微生物和其他有害物质滋生和混入。

培养土中含有丰富的腐殖质,则排水良好,土质松软,空气流通;干燥时土面不开裂,潮湿时不紧密成团,灌水后不板结;腐殖质本身又能吸收大量水分,可以保持盆土较长时间的湿润状态。

因此,腐殖质是培养土中重要的组成成分。

（二）常见的温室用土种类

1. 堆肥土

堆肥土系由植物的残枝落叶、旧换盆土、垃圾废物、青草及干枯的植物等,一层一层地堆积起来,经发酵腐熟而成。堆肥土含有较多的腐殖质和矿物质,一般呈中性或微碱性(pH 值为6.5 ~ 7.4)。

2. 腐叶土

腐叶土是配制培养土应用最广的一种基质,由落叶堆积腐熟而成。秋季收集落叶,以落叶阔叶树最好。针叶树及常绿阔叶树的叶子,多革质,不易腐烂,延长堆积时间。

堆制的方法是将落叶、厩肥(牛、马、鸡、羊或猪粪等)与园土层层堆积。先在地面铺一层落叶,厚度为20 ~ 30 cm;上面铺一层厩肥,厚度为10 ~ 15 cm;厩肥上最好再撒一层骨粉(或米糠);然后铺一层园土(壤土),厚约15 cm;每堆积10 份体积的厩肥材料,可撒入3 份体积的粪尿或粪水,前后撒 2 ~ 3 次,最后堆成高 150 ~ 200 cm 的肥堆,上小下大,堆的顶端中央部分稍成凹形,以便在堆积物干燥时,便于自上部灌入粪尿或水分。堆完以后,上加覆盖物,以防雨水浸入。在堆积期间,应每隔数月上下翻倒 1 次,并灌入稀薄粪尿,使堆积物均匀分解。如此堆积到第 2 年秋季,即可筛取应用。制备完成的腐叶土,要贮存室内,若放置露地,因分解过度,会失去腐殖质的多孔性和弹性,并使一部分养分散失。堆积用的园土,以富含腐殖质的壤土为宜,土质过于黏重,应混入部分细沙。

腐叶土土质疏松,养分丰富,腐殖质含量多,一般呈酸性反应(pH 值 4.6 ~ 5.2),适于多种温室盆栽花卉应用,尤其适用于秋海棠、仙客来、地生兰、蕨类植物、倒挂金钟及大岩桐等。

此种腐叶土除人工制备外,亦可在天然森林中的低洼处或沟内采集。

3. 泥炭土

泥炭土是由泥炭藓炭化而成。

(1)褐泥炭　是炭化年代不久的泥炭,浅黄至褐色,有机质含量大,呈酸性(pH 值 6.0 ~ 6.5)。褐泥炭粉末加河沙是温室扦插床的良好床土。泥炭不仅具有防腐作用,不易生霉菌,而且含有胡敏酸,能刺激插条生根,比单用河沙效果好得多。

(2)黑泥炭　是炭化年代较久的泥炭,呈黑色,含有较多的矿物质,有机质较少,并含一些沙,呈微酸性或中性(pH 值 6.5 ~ 7.4),是温室盆栽花卉的重要栽培基质。

4. 沙土

沙土即一般的沙质土壤,排水良好,但养分含量不高,呈中性或微碱性反应。

另外,蛭石、珍珠岩也可作栽培基质。

(三)培养土的配制和消毒

1. 培养土的配制

温室花卉的种类不同,其适宜的培养土也不同,即使同一种花卉,不同的生长发育阶段对培养土的质地和肥沃程度要求也不相同。例如播种和弱小的幼苗移植,必须用疏松的土壤,不加肥分或只含微少的肥分。大苗及长成的植株,则要求较致密的土质和较多的肥分。盆栽花卉的培养土,因单一的土类很难满足花卉多方面的习性要求,故多为数种土类配制而成。例如一般播种用的培养土的配制比例为:腐叶土 5、园土 3、河沙 2。温室木本花卉所用的培养土,在播种苗及扦插苗培育期间要求较多的腐殖质,大致的比例为腐叶土 4、园土 4、河沙 2。植株成长后,腐叶土的量应减少。各地区培养土的配制多有不同,华东常用腐叶土;但上海多用砻糠灰、草木灰、塘泥及黄泥等。

2. 培养土的消毒

土壤是病虫害传播的主要媒介,也是病虫繁殖的主要场所,许多病菌、虫卵和害虫都在土壤中生存或越冬,且土中还存有杂草种子,因此不论是苗床、盆花用土,使用前都应彻底消毒。

(1)化学药剂法　化学药剂法是使用化学农药来对土壤进行消毒处理防治地下害虫、土传病害和杂草的土壤消毒处理办法。当前化学药剂法是土壤消毒处理的关键措施。

溴甲烷又称甲基溴,是高毒杀虫剂(熏蒸剂)。溴甲烷杀灭土传有害生物高效、广谱,具有杀虫、杀线虫、杀菌、杀螨、除草、灭鼠等多种功效。除草彻底,土壤穿透力强而且迅速,熏蒸与播种间隔时间短,对所有种类各生长阶段的植物寄生性线虫、多年生杂草及大多数一年生杂草籽、地老虎及其他幼虫、蝼蛄、各种蛴螬、蚂蚁、甲虫类土生昆虫、猝倒病、根黑腐、黑胫病等有较好的杀灭作用。

溴甲烷在密闭条件下使用效果较好,在熏蒸消毒土壤时一般用塑料薄膜进行密封覆盖。该药渗透性受被熏蒸物表面、温度、害虫种类、生态等因素影响,使用剂量因环境变化而不同,这样才能以最低用量获得最佳效果。一般使用剂量为 $32 \sim 50 \ g/m^2$。一般来说,温度越低,土壤越疏松,施用量越高,否则越低。同等剂量,温度越高,熏蒸消毒时间越短,熏蒸效果越好。熏蒸时间一般不超过 3 d。熏蒸后要揭膜散毒,为散毒充分,可翻动土壤。散毒时间为 4 ~ 7 d。温度高时,散毒时间相对较短。遇到降雨,塑料膜不能完全揭去,可在熏蒸拱棚侧面开口,既可通风,又可防止雨水侵入影响散毒。

(2)物理处理法 物理处理法主要利用热力、冷冻、干燥、电磁波、超声波、核辐射、激光等手段抑制、钝化或杀死病原物、杂草等。物理处理方法有蒸汽消毒法、太阳能加热法等。

①冷冻、太阳能加热法。翻耕苗床土壤,在夏季高温曝晒或冬季进行冷冻。这种方法简单经济、但是灭菌效果较差。

夏季高温期铺设黑色地膜,吸收日光能,使土壤升温,能杀死土壤中多种病原菌和地下害虫。对于大棚育苗,在夏季高温季节,将苗床土翻松,然后对土壤进行覆膜高温闭棚消毒。太阳能消毒法操作简便,花费低,对环境无害。但效果受气候的影响,如遇较长的阴雨天,效果不理想。

②蒸汽消毒法。蒸汽消毒是行之有效的土壤消毒方法。国外已有专用于土壤消毒的可移动式全自动蒸汽消毒机(如 IMO 熏蒸系统)。蒸汽消毒的优点是通过高压密集的蒸汽,杀死土壤中的有害生物。采用蒸汽消毒法还可使重土变为团粒,提高土壤的排水性和通透性。此外,蒸汽消毒具有对人畜无害,多次使用无有害生物的抗药性问题。大量试验表明,在湿热情况下,65 ℃保持 30 min,可杀灭苗床土壤中的植物病原菌、线虫和杂草。

三、施肥与灌溉

(一)温室花卉的施肥

在上盆及换盆时,常施以基肥,生长期间施以追肥。现将花卉常用肥料及施用方法分述于下:

1.有机肥料

(1)饼肥 为盆栽花卉的重要肥料,常用作追肥,有液施与干施之分。液肥的制备:饼肥末 18 L、加水 9 L,另加过磷酸钙 0.09 L,腐熟后为原液,施用时,按花卉种类加水稀释。其中,需肥较多及生长强健的花卉,原液加水 10 倍施用;花木及野生花卉,原液加水 20 ~ 30 倍施用;高山花卉、兰科植物,原液加水 100 ~ 200 倍施用。

饼肥也可做干肥施用。加水 4 成使之发酵,而后干燥,施用时埋入盆边的四周,浇水使其慢慢分解不断供应养分。未发酵的饼肥使用过多时,易伤根系,应予注意。饼肥发酵干燥后,亦可碾碎混入培养土中用作基肥。

(2)人粪尿 大粪晒干,用石滚压细过筛,制成粪干末施用。粪干末与培养土混合可做基肥,其混入量依花卉种类而异,大致小苗宜混入 1 成,一般草花 2 成,木本花卉 3 成。粪干末又可做追肥,混入盆土表面,或埋入盆边四周,肥力可达半年。若用作液肥使用,易被植物利用,即人粪尿加水 10 倍,腐熟后取其清液施用。

（3）牛粪　为温室花卉常用肥料,尤常用于香石竹、月季、热带兰等栽培;牛粪充分腐熟后,可施用于温室地床中。牛粪加水腐熟后,取其清液用作盆花追肥。

（4）油渣　榨油后之残渣,一般用作追肥,油渣可混入盆面表土中,特别适用于木本花卉。因其无碱性,为白兰花、茉莉所常用。油渣加水腐熟后,取其清液作追肥。

（5）米糠　含磷肥较多,应混入堆肥发酵后施用,不可直接用作基肥。对于茎叶柔软的草花,在播种或移植前使用未发酵的米糠,常使植物受害。

（6）鸡粪　鸡粪含水少,为浓厚的有机肥料,含磷丰富,适用于各类花卉,尤适于香石竹、菊花及其他切花栽培。施用前,混入土壤 1 ~ 2 成,加水湿润,以便发酵腐熟,可用做基肥,也可加水 50 倍做液肥。

2.无机肥料

（1）硫酸铵　温室月季、香石竹、菊花及其他花卉都可应用,但施用量切勿过多。月季可稍多些,而菊花、香石竹要少些。硫酸铵仅适于促进幼苗生长。切花花卉多施硫酸铵易使茎叶柔软,而降低切花品质。一般用作基肥时 1 m^2 放 30 ~ 40 g,液肥施用量需加水 50 ~ 100 倍浇施。

（2）过磷酸钙　温室切花栽培施用较多,常做基肥施用,每 1 m^2 施用 40 ~ 50 g;做追肥时,则加水 100 倍施用。由于磷肥易被土壤固定,可以采用 2% 的水溶液行叶面喷洒。

（3）硫酸钾　切花及球根花卉需要较多,基肥用量为 1 m^2 施用 15 ~ 20 g,追肥用量为每 1 m^2 施用 2 ~ 7 g。

（二）温室花卉的灌溉

花卉生长的好坏,在一定程度上决定于灌溉的适宜与否。要综合自然气象因子、温室花卉的种类、生长发育状况、生长发育阶段、温室的具体环境条件、花盆大小和培养土成分等各项因素,科学地确定浇水次数、浇水时间和浇水量。

1.花卉的种类不同,浇水量不同

蕨类植物、兰科植物、秋海棠类植物等生长期要求丰富的水分,多浆植物要求较少水分。每一种花卉又有不同的需水量,同为蕨类植物,肾蕨在光线不强的室内,保持土壤湿润即可;而铁线蕨属的一些种类,为满足其对丰富水分的要求,常将花盆放置水盘中或栽植于小型喷泉之上。

2.花卉的不同生长时期,对水分的需要也不同

花卉进入休眠期时,浇水量应依花卉种类的不同而减少或停止。从休眠期进入生长期,浇水量逐渐增加。生长旺盛时期,浇水量要充足。开花前浇水量应予适当控制,盛花期适当增多,结实期又需要适当减少浇水量。

幼苗期,如四季秋海棠、大岩桐等一些苗很小的花卉,必须用细孔喷壶喷水,或用盆浸法来湿润。

3.花卉在不同季节中,对水分的要求差异很大

①春季天气渐暖,花卉在将出温室之前,应逐渐加强通风。这时的浇水量要比冬季多些,草花每隔 1 ~ 2 d 浇水 1 次;木本花卉每隔 3 ~ 4 d 浇水 1 次。

②夏季大多数花卉种类已放置在荫棚下,但因天气炎热,蒸发量和植物蒸腾量仍很大,

一般温室花卉宜每天早晚各浇水 1 次。夏季雨水较多，有时连日阴雨，应注意盆内勿积雨水，可在雨前将花盆向一侧倾倒，雨后要及时扶正恢复原来位置。雨季要根据天气情况来决定浇水的多少和次数。

③秋季天气转凉，放置露地的盆花，可每 2～3 d 浇水 1 次。

④冬季盆花移入温室，浇水次数依花卉种类及温室温度而定，低温温室的盆花每 4～5 d 浇水 1 次；中温及高温温室的盆花一般 1～2 d 浇水 1 次；在日光充足而温度较高之处，浇水要多些。

4. 花盆的大小及植株大小对盆土的干燥速度有影响

盆小或植株较大者，盆土干燥较快，浇水次数应多些；反之宜少浇。浇水的原则是盆土见干才浇水，浇水就应浇透，要避免多次浇水不足，只湿及表层盆土，而形成"腰截水"，使下部根系缺乏水分，影响植株的正常生长。

（三）盆花在温室中的排列

温室中栽培花卉，特别是在一间温室中同时栽培多种花卉时，为了获得生长发育良好的植株，就要考虑在温室中如何放置。放置不当，不仅影响花卉的生长发育，而且对温室的利用也极不经济。因此，必须了解温室的性能和植物的生态习性。

温室内的小气候是随着季节、温室类型、人工管理情况（如加温、通风、浇水等）而改变的。温室中各个部位的微气候也有差别，所以温室内盆花的放置部位决定于它们对于日光、温度、湿度和通风等因子的要求，满足和保证各种花卉正常生长发育所必需的适宜环境条件，是花卉栽培的首要原则。

温室中，随着与玻璃（膜）面距离的增大，光照度也随着减弱，因此应把喜光的花卉放到光线充足的温室前部和中部，尽可能接近玻璃（膜）窗面和屋面，这也是应用级台来放置盆花的主要原因；耐阴的和对光线要求不严格的花卉放在温室的后部或半阴处。

在进行盆花排列时，要使植株互不遮光或少遮光，应把矮的植株放在前面，高的放在后面。走道南侧最后一排植株的阴影，可投射在走道上，以不影响走道另一侧的花卉为原则。温室各部位的温度不一致，近侧窗处温度变化大，温室中部较稳定。近热源处温度高，近门处因为门常开闭，温度变化也较大。应把喜温花卉放在近热源处，把比较耐寒的强健花卉放在近门及近侧窗部位。有些花卉放在潮湿处容易徒长，应放在干燥、通风良好的部位。在花盆下面放一倒置的花盆，有助于通风。

花卉在不同生长发育阶段，对于光线、温度、湿度等条件有不同的要求，应相应地移动位置或转换温室。为使播种、扦插速度加快，花卉应放在接近热源的地方。当生根放叶后，需移到温度较低而阳光充足的地方。休眠的植株对光线、温度要求不严格，可放在光照、温度条件较差处，密度可以加大；植株发芽后，移到有适宜光照的部位；随着植株生长、株幅不断扩大，应给予较大的空间。

在满足花卉生长发育的要求和管理方便的前提下，生产上必须尽量提高温室的利用率，以降低生产成本。提高温室利用率，要从平面排列和立面排列两方面来考虑。

在一个温室的平面上，除走道、水池、热源（火炕、火道、暖气道）外，其他面积为有效面积。在栽培中，如果安排合理，可以提高有效面积的使用率，如在白兰花的大盆间，放一些对光线要求不严格的或进入休眠的盆花，并将之叠置起来。另外要做好温室面积的利用计划，安排好一年中花卉生产的倒茬、轮作计划。一年当中，为使温室面积得到充分使用，当一种花卉出圃后,应用另一种花卉及时将空出的温室面积补上,不使其空闲。

除平面利用外,也应把空间(立面)利用起来,在较高的温室中,可把下垂植物在走道上方悬挂起来;在低矮的温室中,可把下垂的蔓性花卉如吊兰等花卉放在植物窗台的边缘。在单屋面温室中,可在级台下放置一些耐阴湿的花卉。

四、病虫防治

温室观赏植物栽培中最大的问题就是易发生病虫害且难以防治。研究表明,室内比室外环境要复杂得多,室内温度高、湿度大、温湿度变化小,长时间通风不良,环境卫生差等都非常有利于病虫害的繁衍。为害温室观赏植物的常见害虫有蚜虫、白粉虱、红蜘蛛、介壳虫等,常见病害有白粉病、立枯病、锈病、叶斑病、煤污病等。温室病虫害的防治首先要考虑到病虫害的发生规律及发病条件,然后再根据不同寄主植物的生长习性及症状,采取相应的防治措施,从而达到合理防治的目的。

(一)常见病害

1.真菌性病害

由真菌引起的温室观赏植物病害,主要类型有白粉病、锈病、叶斑病、立枯病等。多数真菌引起的病害,在植株的病害部位常有褪绿斑、黄斑、灰斑、黑斑或点状的病状,还可见到霉状物、粉状物、锈状物、颗粒状物或菌核等病征,一般是局部侵染,系统侵染较少。如瓜叶菊、月季、大丽花等白粉病,植株受害先可见褪绿斑块,后在褪绿斑上能见几乎布满病斑的白色粉状物,病情严重时常使叶片卷曲、嫩梢或花变形;月季、蔷薇等锈病叶部先见黄色点状斑,后来叶面或叶背表皮隆起、破裂而见锈黄色粉末(夏孢子);白兰花叶枯病、菊花叶斑病等受害部位先形成褪绿、发黄的病斑,后期病斑成黑色、褐色或灰色,上面有黑色、褐色或灰色细沙粒状的小颗粒,是分生孢子堆。一串红、万寿菊等的立枯病,大都在苗期受害,受害后接近土表部位的茎基部或腐烂或干缩,致使苗木猝倒死亡,土壤过湿、苗期通风不良是发病的有利条件,土壤带病菌是发病的根本原因。

2.细菌性病害

温室内高温高湿、通风不良为细菌侵染创造了有利条件,有病菌植株是传染病的主要来源,而后细菌会通过昆虫、土壤、工具、伤口及地面溅起的水滴来传播,最后在植株的根、茎、叶上表现出不同的症状。细菌侵入植株,多数在叶部形成水渍状、油渍状斑点,然后发黄,最后变成黑色或褐色枯死斑,在湿度较大的时候,细菌病害的病状部位有时可见溢出浑浊的菌脓。有些细菌病害侵害植物的维管束,在疏导组织内扩散,造成植物整株萎蔫、死亡。温室观赏植物常见的细菌性病害有菊花青枯病、君子兰(仙人掌、仙客来)细菌性生软腐病等。

3.病毒性病害

由病毒侵染后造成的植物病状,一般是整株性的,常有植株发黄、出现黄绿相间的条纹或斑块的"花叶",植株矮小、叶片皱缩、枝条丛生,叶脉肿亮呈"明脉",出现枯死斑、环斑、组织坏死等。病毒造成的病状没有病征、也见不到菌脓、解剖时见不到细菌溢出,只有用几万倍的电子显微镜才能在植物病部检查到病毒。病毒主要由蚜虫来传播。目前尚无药物可直接杀死病毒,主要用防治传毒昆虫、改换栽培基质、培育无毒苗木等系列措施防止病毒病的发生。温室内瓜叶菊、菊花、一串红、月季、翠菊、兰花等都有病毒病发生，往往因为诊断困难，被怀疑是肥水管理上出了问题。

4.线虫引起的病害

线虫为专性寄生物，寄生根部的常形成小瘤状、虫瘿，寄生地上部的常造成幼芽枯死、茎叶卷曲、枯死斑、种瘦、叶瘦等。根部受害，植株生长受阻，植株矮小、早衰如缺肥症状。线虫还常传播细菌、病毒病害。常见的有月季根结线虫病、仙客来胞囊线虫病、菊花叶枯线虫病等。

（二）常见虫害

为害温室内观赏植物的害虫主要有蚜虫、白粉虱、介壳虫、螨类、蛾类等。蚜虫一年发生10多代，有世代交替现象，是温室植物发生最频繁的虫害之一。蚜虫主要群集在叶背取食汁液，致使被害叶向叶背卷缩，影响植物生长发育，传播病毒。介壳虫主要群集于苏铁等的枝干上取食汁液，并分泌白色蜡质逐渐形成介壳。发生多时，壳体重叠，覆盖整个枝干成一层白粉，影响树势，严重时造成枝干枯死。介壳虫与蚜虫为害时还可诱发煤污病。白粉虱主要为害叶片，也可诱发煤污病。螨类个体很小，红色，主要聚集在叶背两侧为害。

（三）防治措施

1.温室内环境卫生与日常养护管理

温室的环境因子比较复杂，人为活动又比较频繁，非常有利于病虫害的传播和繁殖。

①及时清除室内杂草，保持好室内卫生，消除病虫害的传播载体。

②经常用高锰酸钾、次氯酸钾或福尔马林对各种工具、土壤和花盆消毒，做到无菌繁殖。注意控制土壤水分和保持室内通风，改变病虫害滋生环境。

③严格控制有病虫的植株进入室内，发现有病虫的植株应及时隔离，对被污染的工具和环境及时消毒，防止病虫蔓延和再次侵染。

④修剪病枝、虫枝，人工刮除虫瘿及虫体。

2.化学防治

在化学防治病害的过程时，应根据不同病原菌的特点，选择相应的有效药剂。白粉病类、锈病类可用石硫合剂或粉锈宁农药在发病初期防治，或发病前预防。叶斑病可用广谱性的农药进行防治，如可用多菌灵、甲基托布津、50%可湿性克菌丹等药剂防治。

防治细菌性病害主要用石硫合剂、波尔多液、高锰酸钾、福尔马林、硫酸铜液、春雷霉素等对土壤进行喷雾消毒。防治线虫主要用呋喃丹等农药进行土壤消毒。

防治温室害虫的药剂有：敌敌畏、乐果、氧化乐果、溴氰菊酯、抗蚜威、三氯杀螨醇等。40%的氧化乐果乳油1 500～2 000倍液喷雾可防治蚜虫、粉虱、介壳虫、蓟马、蛾类、螨类等害虫；在15～25 ℃的条件下，10 m^3 使用1 g敌敌畏乳剂封闭熏蒸2 h，能够防治蚜虫、卷叶虫、粉虱等。

五、整形修剪

温室花卉通过整形修剪可以达到通风透光、促进生长；整姿造型，有利观赏；调节树势，延长寿命；剪除病虫为害的枝条，恢复健康等不同目的。为了让花儿的姿态更雅致些，要选择适宜的修剪时间，掌握正确的修剪方法。

（一）修剪时间

花卉修剪在休眠期、生长期都可进行，具体掌握时，应根据它们不同的开花习性、耐寒程度和修剪目的决定。早春先开花后长叶的木本花卉，它们的花芽一般在去年的夏秋季形成，如果在早春发芽前修剪，就会剪掉花枝，因此修剪应在花后1~2星期内进行，但此时花木已开始生长，树液流动比较旺盛，修剪量不宜过大；夏秋季开花的花木，它们的花朵或花序往往着生在新梢上，可在发芽前即休眠期进行，观叶的植物也可在休眠期修剪。在进行休眠期修剪时，耐寒性强的可在晚秋和初冬进行，不宜过早，过早会诱发秋梢；耐寒性差的则应在早春树液开始流动但尚未萌芽前进行。另外，花木整形，锯截粗枝或修剪的目的是更新，因而强修剪时，均宜于休眠期进行。生长期的修剪，主要是为了调节营养生长，常进行抹芽、摘心、剪除徒长枝等轻度修剪。

（二）修剪方法

1. 摘心

摘心是以手指或剪刀摘除新梢的顶端，目的是抑制生长，有利于养分积累，促使萌发侧枝，或加粗生长，或花芽分化等。有时为了调整邻近新梢的长势，也可通过摘心来达到抑强扶弱的目的，或者对侧枝摘心，使其成为主干的辅养枝，促使主干通直健壮。草本或木本花卉均可行摘心作业。

2. 抹芽除萌

抹去腋芽或刚萌生的嫩枝，其作用与疏枝相同，可节省养分。摘蕾也属抹芽的一种，方法是留中央顶端的花蕾，其余抹去，摘蕾的目的是集中养分促使留下的蕾长得朵大花艳。观果植物如幼果太多，也可摘去部分，使留下的长得更丰硕。

3. 疏枝

疏枝是剪除枯枝、病虫枝、纤细枝、过强枝、密生枝及无用枝等以调整姿态，使枝条疏密有致，利于通风透光，一般应在休眠期进行。疏枝时残桩不能过长，也不能切入下一级枝干，一般上切口在分枝点起，按45°倾斜角剪截，切口要平滑。萌芽力弱的花木，如佛手、白兰等，疏枝量宜少。

4. 短截

短截是剪除枝条的一部分，使之短缩。其目的是促使萌发侧枝，或者使萌发的枝条向预定空间抽生，或者为了调整长势。如为了使冠幅均匀，可对强枝短截，如为了恢复长势，可对弱枝进行重短截，促使长出有力的新枝。短截常施用于花木，一般宜在休眠期进行。短截时应注意剪口芽的方向，使它朝着较疏的枝间或朝向外侧，成45°角向剪口芽相反方向倾斜，剪口的下端与剪口芽的芽尖相齐。花芽顶生的花木不宜短截。

5. 剪根

苗木移植时，剪短过长的主根，促使长出侧根；花卉上盆或翻盆时适度剪根，可抑制枝叶徒长，促使花蕾形成。剪根一般在休眠期进行，但植株过分徒长时，生长期也可进行切根作业。

6. 环状剥皮、芽伤、扭枝

三者都是通过损伤枝条的一部分来达到调整生长的目的。环状剥皮常施行于新梢基部,促使养分在环剥处的上方积累,利于花芽分化。芽伤在即将发育芽的上方施行,做深达木质部的刻伤,促使萌发。扭枝主要用于直立、过旺的徒长枝,经过扭曲使之趋于水平方向,抑制长势,扭枝也有促进孕蕾的效果。

7. 花卉的引诱

攀援性的草本或木本花卉,可预先做好架子,使它们附着其上,以达到观赏的目的。在栽培叶子花、一品红等花卉时,也常作伞形或圆形引诱,以形成丰满的观赏面。此外,为了帮助花卉生育,使之形姿整齐,不论露地或盆栽花卉,可用竹梢或苇秆作支柱,将花枝绑扎在上面。

六、温室环境的调控

温室环境的调节主要包括温度、光照和湿度三个方面,根据不同花卉的要求和季节的变化来进行,这三方面的调节是相互联系的。

(一)温度调控

1. 加温、保温

原产于热带的喜热观赏植物生长最低温度为 16～18 ℃,亚热带观赏植物为 8～12 ℃,温带观赏植物为 3～5 ℃。因此,在北方冬季,加温、保温非常重要。

(1)加温　温室的加温设备有多种,常用火道加温、暖气加温、热风加温等,以人工补充温室内热量,维持温室内一定的温度水平。冬季应根据地区特点,选择适宜的加温方式。

(2)保温　应选用各种保温的覆盖材料,如中空的复合板材、固定式双层玻璃或薄膜、双层薄膜充气结构等,以减少散热;还可以采用多层覆盖,如室内设置两层保温幕或温室大棚内设一层或两层小拱棚;在低温期的夜间要覆盖草帘、保温被等保温材料。

2. 降温

高温对观赏植物的生长极为不利,尤其是对于喜凉爽的吊金钟、仙客来、马蹄莲等观赏植物,长期高温会造成植株死亡,因此,夏季应注意降温。

(1)通风降温　一般只要室内温度超过观赏植物要求的温度时,就应打开门窗及时通风降温;也可以掀开部分大棚薄膜进行自然对流,以达到降温目的;或利用排风扇,强制换气降温。

(2)遮阴降温　通过挂设遮阳网,可降低光照强度而达到降温的目的。

(3)水帘降温　水帘和排风扇配合使用。在温室一端内设水帘,不断用水淋湿,另一端用排风扇抽风,使空气先通过水帘再进入室内。利用水帘的循环水不断蒸发而起到降温效果。

(4)喷雾降温　在室内高处喷以直径小于 0.05 mm 的浮游性细雾,用强制通风气流使细雾蒸发,达到降温的目的。喷雾装置不但降低室温,还可增加湿度。

(二)光照调控

光照的调控就是在充分利用自然光照的基础上,用人工方法增强或减弱温室的自然光照,使温室内观赏植物正常生长发育。

1. 调节光照度

(1)人工补光　当温室内光照强度不能满足花木生长所需时,必须进行人工补光,以补充自然光的不足,提高光照度。冬季或春秋季节,如果遇到连续阴天,温室内往往光照不足,会引起植株徒长,影响开花,亟需及时补光。

(2)提高透光率　扣棚时,选择透光率高、防雾滴、耐老化性强的多功能薄膜。管理中,保持透明屋面洁净,经常清扫,使植株光照充足。

(3)遮阴　可以减弱温室的光照强度,同时可以降低温室内的温度。在高温季节,光照强度过大,对喜阴开花植物生长不利,可采用在温室顶部覆盖苇帘、遮阳网,而减弱光照强度,以满足观赏植物生长所需。

2.调节光照时间

(1)遮光　多用于花期调控,进行短日照处理。常用黑色塑料薄膜、黑布等覆盖遮光,以缩短光照时间,达到花期控制的目的。许多短日照观赏植物如菊花、一品红等,在长日照季节,应用遮光的方法来缩短光照,达到提前开花的目的。

(2)补光　多用于进行花期调控,进行长日照处理。采用电灯光源,延长光照时间,达到花期控制的目的。长日照观赏植物如唐菖蒲、小苍兰等,在冬季通过补光处理可使其在冬季开花。

(三)湿度调控

1.增加湿度

原产于热带雨林的观赏植物,如热带兰花、观赏凤梨、观赏蕨类、天南星科观赏植物等,对空气相对湿度和土壤湿度的要求都比较高,而夏秋季温室内气温高,空气干燥,对其生长发育极为不利,因此要提高温室内空气相对湿度。

(1)喷雾加湿　可在温室内顶部安装喷雾系统,降温、加湿同时进行,自动调节湿度。

(2)地面洒水　为了满足一般观赏植物对于湿度的要求,可在室内的地面上、植物台上及盆壁上洒水,以增加水分的蒸发量。

2.降低湿度

温室内空气湿度都比较高,特别是在冬季不通风条件下,一般常在80%以上,夜间可达100%。这不仅会造成温室内植物生理失调,还易发生软腐病、灰霉病等。

(1)通风换气　打开天窗、侧窗,通风换气,使温室空气与外界交流,可以降低湿度。但在降低湿度的同时也会降低温度,因此在冬季通风降湿的同时必须做好保温工作。

(2)加温除湿　通过加温降低湿度。

(3)覆盖地膜　通过减少地面蒸发降低湿度。

第四节　草坪与地被植物的栽培管理

草坪与地被植物是城市园林植物的重要组成部分。从植物种类上,人们常把大部分禾本科及少数莎草科适合作草坪的植物叫草坪植物,而其他的各种矮生地表植物称作地被植物。但在植物学上,草坪植物仍属于地被植物的范畴。

一、草坪建植与管理

草坪建植是指用有性（种子）和无性繁殖的方法人工建立草坪的过程,包括草种选择、场地准备、种植、苗期管理等。

（一）草种的选择

1.草坪草种的选择依据

（1）根据建坪地的环境条件选择 不同的草种具有不同的生态适应性和抗逆性,所选择的草种必须适应建坪地的气候、土壤、光照等自然条件,而且对当地的不利环境条件具有较强的抗性。选择草种最好的方法是优选乡土草种。我国草坪草种质资源丰富,品种繁多,各地都有较优良的乡土草种。如西北、东北地区的草地早熟禾、紫羊茅等,华北地区的中华结缕草等,长江以南地区的普通狗牙根、结缕草等。这些草种在当地具有较强的生态适应性并具有定的抗逆性,只要栽培得当,加强管理易获得优质草坪。

（2）根据草坪的功能选择 不同功能的草坪对草坪草的要求各不相同。如建植运动场草坪,可选择耐践踏的狗牙根、中华结缕草、高羊茅、草地早熟禾、黑麦草等;建植观赏草坪,可选择观赏效果好的细叶结缕草、沟叶结缕草、细弱翦股颖等;建植护坡护岸草坪,可选择根系发达、适应性强、耐粗放管理的结缕草、狗牙根等。

（3）根据经济实力和管理水平选择 建植草坪的成本和养护管理的费用也是选择草种时应该考虑的问题。如果没有较强的经济实力和养护管理能力,应选择耐粗放管理的草种,否则,不但会增加负担,而且很难达到应有的草坪效果。例如,抗旱、抗病的狗牙根在管理粗放时外观质量较差,但如果用于建植体育场,在修剪低矮、及时的条件下,可以形成档次较高的草坪,同时也需要有档次较高的滚刀式剪草机和较高的管理技术,还要有足够的经费支持。

2.混播草种的选择

混播是指把两种或两种以上的草坪草种混在一起或同一草种的不同品种混在一起进行播种。混播的目的是利用不同种或不同品种的优势互补,提高草坪的总体抗性、延长绿期、提高草坪受损后的恢复能力。在冬季较寒冷的地区,冷季型草坪草多采用混播。

暖季型草坪草不宜混播,因为暖季型草般营养繁殖都很快,互相之间竞争激烈,多为单播。单播是指只用一种草坪草的单个品种建植草坪的方法。

草种的混播要注意以下几个问题:掌握各类主要草种的生长习性和主要优点,以便合理组合。被选作混播的草种或品种要在叶片质地、生长习性（丛生、根状茎）、色泽、枝叶密度、垂直向上生长的速度等几方面有较一致的特点,如小糠草,因其叶片质地较粗,颜色灰绿,故不宜与草地早熟禾、紫羊茅混播。混播各组分的比例要适当,生长旺盛的草种,如多年生黑麦草在混播中的比例常不超过50%。

以下是几个常见草种混播配方:

①90%草地早熟禾（3种或3种以上混合）,10%多年生黑麦草。适于冷凉气候带的高尔夫球场球道、发球台和庭院等。

②50%草地早熟禾（3种或3种以上混合）,50%多年生黑麦草。适于冷暖转换地带的庭院、冷凉沿海地区的高尔夫球道及发球台。

③55%草地早熟禾,25%丛生型紫羊茅,10%多年生黑麦草,10%高羊茅。适于冷凉

气候带的各类运动场。

④混合高羊茅（3 个或 3 个以上品种混合）。适于过渡地带及亚热带的运动场、庭院。

⑤50% 高羊茅，25% 多年生黑麦草，20% 狗牙根，5% 结缕草。适于建植护坡草坪。

以上混播配方只是局部地区的组合例子，在使用时应根据立地条件等因素而调整，并在实践中创造最优组合。

（二）场地准备

土壤是草坪生长的基础，它的状况直接影响草坪的生长和质量。在种植之前，要准备好种植草坪的场地。场地的准备包括各种清理工作，同时还有耕作、整地、土壤改良、施肥及排灌设施的安装等。

1. 木本植物整理

木本植物包括树木与灌丛、树桩及埋藏的根。生长着的树木可以根据其美学价值和实用价值来决定是否移走。乔木和灌木可增加草坪的美学价值，但只能起点缀作用，如数量太多，树木的遮阴和养分、水分竞争对草坪生长与管理都不利。腐木、树桩、树根要连根清除。

2. 石块清除

清除裸露岩石是必须做的清理工作，并使这些岩石埋藏在地面 35 cm 以下，覆盖土壤。如果在大的岩石或巨石上覆土不足，当灌溉或降雨时土壤便会长时间潮湿；而后由于下层土壤的水分不能充分向上供应，这些地方会变得干、硬。在 10 cm 表层土壤中，小岩石或石块可影响以后草坪的耕作管理（如打孔等）；另外，在草根生长受阻的地方，还会促进杂草侵入。通常在种植前，大部分石块要用耙清除。如果石块的量不是太多，等幼苗根系扎牢后用手捡或用耙移走；若石块太多，种植前可用筛筛出。

3. 植前除草

坪床上的许多多年生杂草（如茅草等）和莎草科杂草对新建植的草坪危害严重。即使在耕作后再耙也难以清除这些杂草。残留在土壤中的根、根茎、茎、块茎等，以后仍会再次蔓延。控制杂草最有效的方法是使用熏蒸剂和非选择性、内吸型除草剂。用于这个目的的主要除草剂是草甘膦，当杂草长到 7 ~ 8 cm 高时施用。为了使除草剂吸收和向地下器官运输，使用除草剂 3 ~ 7 d 后再开始耕作。除草剂施用后休闲一段时间，对控制杂草数量是有好处的。通过耕作措施让植物地下器官暴露在表层，这些器官易于干燥脱水，也是灭杂草的好办法。在杂草根茎量多时，等杂草重新出现后，需要再次使用除草剂。

4. 耙地

场地准备在程序上分为粗整地和细整地。粗整地包括排、灌设施的埋设、换土、清理垃圾、填土。细整地包括改良材料的施用，肥料的拌施及表面的细平整。草坪的根系大多生长在根茎以下 30 cm 以内的土壤范围内。因此，场地准备主要是表层 30 cm 的土壤准备。土质黏重的可用加沙混层耕法改良土壤结构。土地呈酸性的，需加入石灰改良；呈碱性的，需加入硫酸亚铁来改良。

5. 安装排灌系统

安装排灌系统一般是在场地粗整之后进行。

（1）排水系统　排水主要有地表排水法和心土排水法两种。地表排水即通过建植前对坪地整理出的坡度进行排水。心土排水是运动场和大型公共草坪经常使用的方法,排水管安置在 45~90 cm 深度处,管间距 4.5~18 m,铺上专用排水管后覆土,或用块石、碎石、粗沙做成盲沟。在半干旱气候区,如有地下水上升引起表层土壤盐化时,排水管埋设深度可为 1.2~2 m。排水管安放要呈星羽形或格状。下水道、湖泊、河流等经常用作排水出路。

(2)灌水系统　对草坪最好的灌溉方式是喷灌。应根据所选草坪草种、草坪的作用、对浦溉的要求及经济实力等确定是否设立喷灌系统。

6. 施基肥

基肥又称底肥,是在草坪草播种或草皮移植前施用的肥料,一般以有机肥为主,化肥为辅。有机肥要深施 20~30 cm,具体施法是将有机肥撒在土表,经土壤耕翻入土。由于有机肥是迟效肥,因此基肥还应配施速效肥,一般以氮、磷、钾三元复合肥为主。

(三)建植方法

草坪建植方法分两大类,即有性(种子)繁殖法和无性(营养)繁殖法。种子繁殖法又分为播种法、草块法、植生带建植法、喷播法等;营养繁殖法又可分为铺设法和播茎法等。

1. 播种法

播种法建坪的优点是草坪平整度好,整齐均一,成本低。要选用优良的草坪种子。播种期的确定:冷季型最适宜春秋两季,暖季型 6~8 月为最适宜。播种量确定:种子的大小相差很大,用种量也相差很多,一般每平方米出苗应在 10 000~20 000 株。覆土和镇压:覆土 1 cm 以内,镇压后发芽率提高。

2. 草块法

草块法建坪使用非常普遍,这种方法形成草坪快,养护粗放,缺点是成本稍高。具体操作是:先选好优良的草坪,按 30 cm×30 cm 铲下来。草块运至场地后,立即进行铺植。草块铺贴好后,应立即浇水,且要浇透。浇水后第 2 天或第 3 天进行滚压或拍实。

3. 植生带法

草坪植生带是指把草坪草种子均匀固定在两层无纺布或纸布之间形成的草坪建植材料。生产植生带的材料应为天然易降解的有机材料,如棉纤维、木质纤维、纸等。建植时将植生带展铺在整好的地面上,均匀覆土 0.5~1 cm,覆土后镇压,采用微喷或细小水滴设备浇水。40 d 左右即可成坪。

4. 喷播法

喷播法是将草坪草种子、黏结剂、覆盖材料、肥料、保湿剂、染色剂等加入水中混合均匀,通过高压把草浆喷到土壤表面的一种草坪建植方式。施肥、覆盖与播种一次操作完成,该方法中,混合材料选择及其配比是保证播种质量效果的关键。喷播法特别适于坡地,如高速公路两侧的隔离带、堤坝等大面积草坪的建植,也可用于高尔夫球场、机场建设等大型草坪建植。喷播材料喷播到坪床后不会流动,干后比较牢固,能达到防止冲刷的目的,又能满足植物种子萌发所需的水分和养分。但播后遇干旱、大雨,都易遭受较大损失。其他繁殖方法有草茎撒播法、草根茎栽植法等。

5. 蔓植法

将植株或根茎、匍匐茎分成单株或 2~3 株为一组,按一定距离穴栽或条栽。条栽时一般沟深 5~8 cm,沟间距 15~30 cm。这种方法常用于具匍匐茎的暖季型草坪草,草地早熟禾也可用这种方法栽植。

6. 播茎法

这种方法是把匍匐枝切成 3～4 cm 长、含 2～3 个节的小条,均匀地撒在准备好的坪床上,再覆土 1～1.5 cm 厚,滚压、浇水,短期内成坪。匍匐枝一般即取即用,不要超过 24 h。

(四)草坪的养护管理

1. 草坪修剪

修剪是最重要的管理措施之一。原则上每次修剪量不能超过草长的 1/3,装饰草坪应保持在 2～4 cm 的高度,娱乐用草坪保持 4～5 cm 的高度。晚春和初夏是草坪生长最旺盛季节,这个时期的刈草量及次数将大大增加,每周修剪 2～3 次,可以保持草坪质地密集、有弹性。通过修剪可以促进禾草分蘖,增加草坪的密集度、平整度和弹性,增强耐磨性,延长草坪寿命。如果希望在草坪中修剪出类似专业棒球场中"条形"或"块状"图案的草坪,可通过"往返修剪法"实现。采用"往返修剪法"修剪草坪可以将叶片向相反方向弯曲,使阳光朝不同的方向折射,从而形成草色的区别。

2. 草坪追肥

草坪植物虽然具有耐瘠薄的特点,但是为了保证草坪叶色浓绿,生长繁茂,促进其平衡生长,增强草坪对杂草的抵抗能力和耐践踏力,施肥是必要的。除建造草坪时增施有机肥以外,在每年的生长季节要追肥 1～2 次。追肥多用化肥,以氮肥为主,如尿素每一次施 2 kg/亩左右,可直接撒在草坪上,然后浇水,也可在小雨前撒于草坪上。施用化肥需注意以下几点:

(1)N∶P∶K 的比例控制在 5∶4∶3 左右。

(2)一般土壤施用量为 2～10 kg/亩。

(3)正常情况下,南方秋季施肥,北方春季施肥。

(4)施肥和浇水应密切配合,有条件的最好使用配比好的液肥。有机肥多在休眠期施用,用量一般为 1 000～1 500 kg/亩,每隔 2～3 年施用 1 次。有机肥的施用不仅能改进土壤疏松度和通透性,而且有助于草坪安全越冬。

3. 草坪浇水

浇水不仅可以维持草坪的正常生长,而且还可以提高茎叶的韧性,增强草坪的耐践踏性。浇水不足可能削弱草坪的抵抗力,使草坪易染病害并受杂草侵袭。浇水过多则会造成草坪缺氧,从而导致生理疾病及根部受害。应充分利用灌溉或降雨,确保处在生长期的草坪能获得足够的水量。

(1)浇水时期　草坪的灌水应在蒸发量大于降水量的干旱季节进行,夏季浇水随着温度升高,必须及时调整草坪的浇水频率,以防草坪干枯、泛黄。在多风、炎热和干燥天气持续时间较长的情况下,每周应在正常浇水频率基础上适当增加浇水次数。冬季草坪土壤封冻后,不需浇水。

(2)浇水时间　就天气情况而言,有微风时浇灌最好,能有效地减少蒸发损失,利于叶片干燥。在一天中,早晚是浇水的最佳时间。

(3)浇水量　干旱期,每周补充 3～4 cm 水,在炎热干旱条件下,每周补充 6 cm 或更多的水。

（4）浇水方式　可用喷灌、滴灌、漫灌等，为保持在秋季草坪停止生长前和春季返青前各浇一次水，要浇足、浇透，这对草坪越冬和返青十分有利。浇水过多或过勤影响根系发育，根系弱，入土浅，因而降低草坪的抗旱性能。

4. 清除杂草

杂草是草坪生长的大敌，一旦侵入，轻者影响草坪质量，使草坪失去原有的均匀、整齐的外貌，有碍观赏。重者影响草坪正常生长，使草坪成片死亡造成荒废。除草的方法有两种：一是人工清除杂草；二是使用化学除草剂，在使用时应根据草种种类选择除草剂的种类，严格控制使用范围和剂量。

5. 打孔松根

打孔松根就是在草坪上扎些小孔，为根茎提供充足的氧气，让草自由呼吸。每年进行2～3次便可提高草坪质量。如果草坪不存在土壤板结和枯草问题，不必为草坪通气。

6. 草坪补播

补播就是播种那些遭践踏而被磨损的地块。一般来讲无需将整块草坪进行重播。

7. 草坪加土

由于人为损伤使草坪空颓，草根裸露，故必须逐年加土以利草种再生。加土多于每年冬季或早春进行，加土厚度每次0.5～1.0 cm，不宜过厚，否则影响嫩芽生长。加土也可与施有机肥结合起来，其好处一是改良土壤，增加土壤肥力；二是防止水土流失，增加草坪的平整与美观。

8. 草坪滚压

草坪土壤经过冬季的冻结，草根常常脱离土壤而暴露于地面，受到日晒很容易枯死。因此，通常在早春土壤解冻至未发芽前，在土壤水量适中时对草坪进行滚压。滚压不仅能使松动的草根茎与下层的土壤结合起来，而且能提高草坪场地的平整度。滚压又常和加土结合进行。

9. 病虫害防治

草坪类型较多，地域环境条件不同，养护管理水平不一，布局零散，加之草坪草引种混乱等，诱发草坪病虫害发生的因素较为复杂。近年来，草坪病虫害的防治问题越来越突出，集中表现在冷季型草坪草病虫害发生严重。草坪病虫害的防治要遵循"预防为主，防治结合"的原则，了解主要病虫害的发生规律，弄清诱发因素，采取综合防治措施。

（1）种植抗病品种　随着引进我国的草坪品种的不断增加，不但要了解引入品种的生活习性，还要对其抗病性进行筛选。

（2）加强养护管理　合理施肥，在高温、高湿季节增施磷钾肥，减少氮肥用量；合理灌水，降低草坪湿度，选择适宜的浇水时间；适宜修剪，修剪时严禁带露水修剪，保持刀片锋利，对草坪病斑要单独修剪，防止交叉感染，修剪后对刀片进行消毒，病害多发季节可适当提高修剪留茬高度；减少枯草层，可通过疏草，表施土壤等方法清除枯草层，减少菌源、虫源数量。

（3）采取药物控制　防治草坪病虫害的主要药剂为杀虫剂、杀螨剂和杀菌剂等，使用时应严格按照使用说明进行，防止产生药害。

二、地被植物

地被植物资源丰富,栽培历史悠久,应用广泛,是园林绿地重要的基础材料。随着我国园林绿化事业的不断发展,地被植物已被广泛应用于环境的绿化美化,尤其是在园林配置中,它可以有效控制杂草滋生、减少尘土飞扬、防止水土流失,对美化和保护环境、丰富园林景观所起的作用越来越重要,在现代园林中地被植物起着十分重要的作用。

(一)地被植物的概念

所谓地被植物,是指某些有一定观赏价值,铺设于大面积裸露平地或坡地,或适于阴湿林下和林间隙地等各种环境覆盖地面的多年生草本和低矮丛生、枝叶密集或偃伏性或半蔓性的灌木以及藤本植物。它不仅包括多年生低矮草本植物,还有一些适应性较强的低矮、匍匐型的灌木和藤本植物。在地被植物的定义中,使用"低矮"一词,但低矮是一个模糊的概念。因此,又有学者将地被植物的高度标准定为1 m,并认为有些植物在自然生长条件下,植株高度超过1 m,但是,它们具有耐修剪或苗期生长缓慢的特点,通过人为干预,可以将高度控制在1 m以下。

(二)地被植物的特性

地被植物和草坪植物一样,都可以覆盖地面,涵养水分,但地被植物种类繁多,类型复杂,既有宿根、球根和自播繁衍能力强的一年生草本植物,也包括低矮的木本植物。地被植物有许多草坪植物所不具备的特点。随着我国园林绿化事业的不断发展,地被植物已被广泛应用于环境的绿化美化,尤其是在园林配置中,其艳丽的花果能起到画龙点睛的作用。一般来讲,地被植物应具备如下主要特性:

①多年生植物,常绿或绿色期较长,以延长观赏和利用的时间。

②具有美丽的花朵或果实,而且花期越长,观赏价值越高。

③具有独特的株型、叶型、叶色和叶色的季节性变化,从而给人以绚丽多彩的感觉。

④具有匍匐性或良好的可塑性,这样可以充分利用特殊的环境造型。

⑤植株相对较为低矮。在园林配置中,植株的高矮取决于环境的需要,可以通过修剪人为地控制株高,也可以进行人工造型。

⑥具有较为广泛的适应性和较强的抗逆性,耐粗放管理,能够适应较为恶劣的自然环境。

⑦具有发达的根系,有利于保持水土以及提高根系对土壤中水分和养分的吸收能力,或者具有多种变态地下器官,如球茎、地下根茎等,以利于贮藏养分,保存营养繁殖体,从而具有更强的自然更新能力。

⑧具有较强或特殊净化空气的功能,如有些植物吸收二氧化硫和净化空气的能力较强,有些则具有良好的隔音和降低噪声效果。

⑨具有一定的经济价值,如可药用、食用或为香料原料,可提取芳香油等,以利于在必要或可能的情况下,将建植地被植物的生态效益与经济效益结合起来。

⑩具有一定的科学价值,主要包括两个方面,一是有利于植物学及其相关知识的普及和推广,二是与珍稀植物和特殊种质资源的人工保护相结合。

上述特性并非每一种地被植物都要全部具备,而是只要具备其中的某些特性即可。同时,在园林配置中,要善于观察和选择,充分利用这些特性,并结合实际需要进行有机组合,从而达到理想的效果。

（三）地被植物的分类

地被植物的种类很多，分布极为广泛，可以从不同的角度加以分类，一般多按其生物学、生态学特性，并结合应用价值进行分类。

1.一、二年生草本

一、二年生草本植物主要取其花开鲜艳，大片群植形成大的色块，能渲染出热烈的节日气氛。常用的一、二年生草本有半支莲、藿香蓟、彩叶草等。

2.多年生草本

多年生草本植物在地被植物中占有很重要的地位。多年生草本植物生长低矮，宿根性，管理粗放，开花见效快，色彩万紫千红，形态优雅多姿。重要的多年生草本地被植物有吉祥草、石蒜、葱兰、麦冬、鸢尾类、玉簪类、萱草类等。

3.蕨类植物

蕨类植物在我国分布广泛，特别适合在温暖湿润处生长。在草坪植物、乔灌木不能生长良好的阴湿环境里，蕨类植物是最好的选择，常用的蕨类植物有肾蕨、凤尾蕨、波士顿蕨等。

4.蔓藤类植物

蔓藤类植物具有常绿蔓生性、攀缘性及耐阴性强的特点。如常春藤、油麻藤、爬山虎、络石、金银花等。

5.亚灌木类

亚灌木植株低矮、分枝众多且枝叶平展，枝叶的形状与色彩富有变化，有的还具有鲜艳果实，且易于修剪造型。常见的有十大功劳、小叶女贞、金叶女贞、红继木、紫叶小檗、杜鹃、八角金盘、地被月季等。

6.竹类

竹类中的箬竹，匍匐性强、叶大、耐阴；还有倭竹，枝叶细长、生长低矮，用作地被配置，别有一番风味。

其他一些适应特殊环境的地被植物，如适宜在水边湿地种植的慈姑、菖蒲等，以及耐盐碱能力很强的蔓荆、珊瑚菜和牛蒡等。

（四）地被植物栽培

园林绿化中常见的草本地被植物繁殖容易、管理粗放，适应性和抗性比较强。常见地被植物栽培技术见模块四"常见观赏植物的栽培技术"。

三、观赏草

观赏草是一种选择性广泛的观赏性植物，种类繁多，姿色各异，百媚千娇，有"草中美人"的美誉，为园林景观增加了特有的色彩、动感和声音。观赏草生命力强，易于种植，养护管理相对简单，利于低成本园林景观的建造，是一类值得推广的植物造景材料。随着人们回归自然意识的深化，越来越认识到观赏草的应用价值，因为它自然而优雅、朴实而刚强，是回归自然的最好象征。

（一）观赏草的观赏特性

1.植株及叶片形态多种多样

观赏草的植株及叶片形态多种多样，变化无穷。株高从几厘米至数米不等，有的高大挺拔,如芦竹;有的短小刚硬,如蓝羊茅;有的则柔软飘逸,如苔草。常见的叶形是皱叶或叶缘皱褶,还有如叶子与鸭蹼极其相似的"鸭蹼"系列,叶片为螺旋状的"翘螺旋"等。即使在寒冬,许多干枯的观赏草叶片在变色后仍不凋落,或刚强屹立,或在风中摇曳,平添了一道迷人的风景。

2.叶色丰富多彩

观赏草五彩斑斓、异彩纷呈,除了浓淡不同的绿色外,还有自然古朴的黄色、尊贵壮观的金色、浪漫多情的红色、高贵典雅的蓝色甚至奇特的黑色,一些珍贵的观赏草品种的叶片还有浅色条纹、斑点等,大大提高了其观赏价值。如叶子上带两条白边的菅草,光照下熠熠生辉。观赏草叶片的颜色随季节而变化,从春季的淡绿到冬季的金黄,极大地丰富了景观色彩。

3.花序形状独特壮观

草类植物虽然不像观花植物那样具有美丽鲜艳的花朵,但其变幻无穷的花序也能产生出独特的美感。如荻的花序飘逸洒脱,狼尾草的花序美丽俊俏,而蒲苇草的花序则朴实壮观,有着雕塑般的凝重美。

4.韵律和动感

观赏草给花园增添的不仅是视觉美,还有独特的韵律美和动感美。每当微风吹过,观赏草的叶片前后摆动,沙沙作响。秋季,成片种植的观赏草随风起伏,像浪花在园中翻滚,尽现动感美。观赏草这种动感美和声音效果是一般观赏植物所不具备的。观赏草既可独立成景,又可作为色块或栽植在道路两侧,都有较好的观赏效果。

5.观赏草是一种天然的柔和材料

观赏草最能打动设计者和园林应用者的特点当为其独特的质地,线形柔软的姿态,飘逸如发的动感和得天独厚、温柔浪漫的气质。它使得观赏草本身具有视觉柔化效果,是一种天然的柔和材料。

6.观赏草是一种良好的色彩添加剂

观赏草的草色是红、橙、黄、绿、蓝、紫、白乃至杂色齐备,可以任意挑选组合,并且与一般观赏植物的艳丽色彩不同,观赏草色彩柔和且着色均匀,其色感效果随植物数量的累加而增强。观赏草的特殊形态是造景的良好素材,可以密集地种成一排,形成一堵活的墙体,隔离开园中的各个分区。有时为了遮挡园内的景物,可种植高大的芦竹、蒲苇等,形成自然屏障,既有屏蔽作用又有美感。观赏草是自然庭院风格的天然素材,历来被当作野生植物来赏玩,特别是与沙、石、木、水等有机组合在一起时,可以和谐地将水体和陆地自然地连成一体。

(二)观赏草的生物学特点

1.适应性广

观赏草种类繁多,适合在不同条件下栽培,既可在肥水条件优越的沃土中生长,也能在贫瘠干旱的土壤中定植。

2.抗病虫能力强

绝大部分观赏草具有很强的抵抗病虫害能力,在生长过程中基本上不用喷施农药,这

在环保呼声越来越高的现代社会很受青睐。

3. 抗旱性强

观赏草根系发达，耐旱能力强，一般情况下，只在种植初期浇水，以后不用人工灌溉，完全靠自然降水就能正常生长。

4. 管护成本低

观赏草在生长过程中几乎不需特别管护，除了在早春平茬一次外，以后不需修剪就能长期保持其美感，大大减轻了由于修剪所耗费的人力和能源。

（三）观赏草在园林景观中的配置

观赏草种类多，能在不同的环境下生长，既可在肥水良好的沃土中生长，也能在贫瘠干旱的土壤中生长，有的品种甚至能在废弃地和建筑渣土上生长，在园林中应用很广。通过设计发挥其形态、线条、色彩、韵律、动感等自然美，创造出生机盎然、优美靓丽的园林景观。常见观赏草的配置有以下几种方式：

1. 组建观赏草花园

将多种形状、质地、色彩及高矮不同的观赏草组合搭配，可创造出精致的花园，其观赏价值不低于花卉组成的花园。

2. 与观叶植物配置

虽然观赏草的观赏部位主要在叶片，但其仍然能与其他观叶植物进行配置，丰富视觉效果。如在一簇簇玉簪周围种植浅黄色的苔草，在叶片平展的常春藤中点缀叶片垂落的观赏草，都能起到丰富植物种类、改变单一形状的效果。

3. 与花卉配置

花卉与草是两类截然不同的园林植物，但二者的合理搭配仍然能产生脱俗不凡的美丽景观。在色彩艳丽的鲜花中点缀一些观赏草，既可烘托花的美丽，又能缓和不同色彩花朵之间的强烈反差，同时还可作为背景，衬托花的美丽。

4. 与灌木配置

灌木是园林景观中不可缺少的植物，观赏草与灌木配置也能产生奇妙的观赏效果。如在秋季，卫矛的叶片与荻配置，可产生出浓浓的秋意；而蓝羊茅与黄杨搭配种植，可以巧妙地遮盖黄杨下半部的光秃。

5. 作为过渡带

观赏草除了本身的观赏价值外，还可作为过渡带进行栽植，起引导不同景观的作用。如在树林和草地之间种植观赏草，可以产生很好的林草过渡效果。相反，如果从林地直接到草坪，将给人一种生硬的感觉。又比如在水体和陆地之间种植观赏草，可以将水体和陆地和谐自然地连成一体，否则，从水体直接进入陆地，很难产生美的效果。

6. 用于盆栽

盆栽可自由移动，放置在不同的空间里，快速形成优美景观，还可用于屋顶绿化。大部分观赏草都可烘干制成艺术品，应用十分广泛。

综上可以看出，观赏草有许多其他园林植物不具备的优点，特别是观赏草的耐旱性和低养护管理的特性，使其应用范围迅速扩大，形成了一个新的绿色产业。相信在不久的将来,观赏草在我国将发展成为重要的园林绿化植物。

(四)观赏草的栽培管理

绝大部分观赏草具有很强的抗病虫害能力,在生长过程中,基本上不用喷施农药。观赏草根系发达,耐旱能力强,一般情况下,只在种植初期浇水,以后基本不用人工灌溉,靠自然降水就能正常生长。观赏草的这一特性,满足了人们寻求节水抗旱型地被的需求。

1. 精心管理

有些观赏草与杂草在形态上很接近,容易混淆,尤其在幼苗期,极大地影响了观赏草的景观,而且给养护管理带来了困难,所以,要加强管理。

2. 防止蔓延

有些观赏草的适应范围广,生命力很强,极易蔓延成害,不但影响绿地景观,而且容易对当地植物造成生存威胁。因此,试验引种研究尚不成熟的观赏草种切勿推广,以免造成生物入侵。应用中注意选用不育种子及品种或在种子成熟前将花序剪除,防止自播蔓延,也可将其种植在容器中或种植池中,使其不能蔓延。

3. 适地种植

在推广观赏草时,注意其适应的气候和环境条件范围。

 行动

一、温室消毒

(一)考核目的

了解温室消毒的常用方法,掌握硫黄熏蒸的温室消毒技术。

(二)材料与用具

硫黄、锯末、天平、铁桶等。

(三)方法与步骤

1. 消毒前的准备

温室休闲时期进行硫黄熏蒸消毒。消毒在前茬生产结束后,清除残枝落叶,封闭大棚。

2. 消毒方法

每100 m长大棚用2.5~3 kg硫黄粉。拌入倍量干锯末,分放5~6堆点燃,点燃后,人立刻退出。

3. 消毒后的管理

熏蒸消毒后密封大棚2 d,打开通风口放风8~10 d后再定植或育苗。

(四)考核方法与标准

项目	温室硫黄熏蒸消毒技术									
序号	测定标准	评分标准	满分	检测点						得分
1	考核时间	20 min完成熏蒸消毒	20							
2	消毒前的准备	残枝落叶清理干净;密封大棚或温室	20							

续表

项目	温室硫黄熏蒸消毒技术					
序号	测定标准	评分标准	满分	检测点		得分
3	熏蒸消毒	药剂用量准确;添加助燃锯末适量;操作方法正确熟练	30			
4	消毒后管理	消毒后密封大棚或温室防止熏烟泄漏	20			
5	问题	回答正确,熟练	10			
总 分		100		实际得分		

二、园林树木的施肥

（一）目的要求

通过实际操作进一步掌握园林树木土壤施肥和根外施肥的方法。

（二）材料与器具

不同类型的园林树木（大树、幼树等），若干种肥料,镢头、锹、水桶、喷雾器、打孔钻,胶皮管等。

（三）方法步骤

1.施肥

（1）地面施肥　对不同的树木分别采用地表施肥、沟状施肥、穴状施肥、打孔施肥等方法,比较分析各种施肥的工作量、施肥量,并预测施肥效果。

序号	重点实训环节	考核标准	标准分值
1	施肥时期、施肥种类的确定	能准确说出施肥的时期、肥料种类	5
2	施肥部位、施肥量的确定	准确标出施肥部位、确定施肥量	5
3	操作的准确性及熟练程度	操作熟练、准确性强	30
4	土壤回填的技巧(表土底土)	表土底土回填顺序准确	10
5	施肥效果	效果明显	40
6	技能实训报告	按时认真完成报告、认真分析报告中出现的问题	10

（2）根外追肥　使用肥料质量分数为尿素0.3%～0.5%,过磷酸钙1%～3%,硫酸钾或氯化钾0.5%～1%,草木灰3%～10%,腐熟人尿10%～20%,硼砂0.1%～0.3%。选用以上一种或几种,进行叶面追肥实习。

（四）考核方法与标准

①过程考核（土壤施肥方法）。

②结果考核。

三、园林树木的松土除草

（一）目的要求

了解松土除草的原则和作用,掌握园林树木松土除草的方法。

(二)材料和工具

锄头、镰刀、铁锹等。

(三)方法步骤

①人工清除杂草、灌木,进行松土。

②树盘覆盖。

注意要点:用锄头松土,注意深浅适宜,不伤、少伤树根、树皮等。

(四)考核要点

①树木周围清理整洁的程度;

②有否伤及树体;

③实习报告内容:如何确定松土除草的时期、次数;松土除草的注意事项。

四、园林树木的定点放样

(一)目的要求

能用学过的方法,掌握按照设计图定点放样的能力。

(二)材料与工具

皮尺、钢尺、石灰、经纬仪、木桩若干。

(三)方法与步骤

1.行道树放样

选定笔直道路一条(长度最好在1 000 m左右),有完好路牙。距路牙内侧距离以及株距根据当地所选树种和具体情况而定。

要求:行位、点位准确。

2.树丛放样

选定一定面积的空旷地块(若没有设计图,可结合树种规划实习设计),划定树丛范围,根据具体条件应用交会法、平板仪法、网格法中的一种,确定每株树木的位置。要求:

①树种、数量、规格应符合设计图。

②树丛内的树木应形成一个流畅的倾斜树冠线。

③现场配置时应注意自然,整齐美观。

五、起挖裸根小苗

(一)考核目的

掌握1~2年生落叶树种在休眠期内的起苗操作要求。

(二)材料与工具

铁锹、塑料筐、修枝剪、稻草或塑料袋等。

(三)操作步骤

1.准备工作

做好起苗的现场准备,锹、塑料筐、修枝剪等放在苗床的旁边。(10分)

2.起苗

先在顶行离根部10~20 cm处向下垂直挖起苗沟,深度20~30 cm,1年生苗略浅,2年生苗略深,然后在20~25 cm处向苗行斜切,切断主根,再从第1行到第2行之间垂直下切,向外推,取出苗木,在锹柄上敲击以去掉泥土,放入苗筐内,以后按此法继续操作。(40分)

3.苗木分级与修剪

当苗筐装满后,抬至阴凉处,按不同高度和粗度进行分级,并用修枝剪剪去过长的部分

和受机械损伤的根系。(20分)

4.打浆与包装

就近移植可不打浆,及时运往栽植地栽植,如运往外地出销需进行打浆和包装工作。在苗圃地旁用水调好泥浆水,要求不稀不浓,以根系不互相粘在一起为标准。将苗木根系放入泥浆水中,均匀地沾上泥浆保湿,根据苗木大小,大苗10株1捆,小苗可50株左右一捆。用塑料袋或稻草包装好。(10分)

5.装运

将打包好的苗木装入运输工具,做到堆放整齐,下面一层和上面一层的根梢位置要错开。(10分)

6.操作程序符合要求。(10分)

六、挖掘带土球大苗

(一)考核目的

掌握大苗的起苗要求和操作技术。

(二)材料与工具

铁锹、手锯、修枝剪、草绳等,4人一组。

(三)操作步骤

1.土球直径

以苗木1.3 m高处干径的9~12倍确定土球直径。(10分)

2.起宝盖

将根部划圆内的表土挖至苗床空地内,深度5 cm左右。(10分)

3.起苗

在划圆外围挖30~40 cm的操作沟,深度为土球直径的2/3。

注意:①以锹背对土球;②遇粗根应用手锯或修枝剪剪断,而不能用锹硬劈,防止土球破碎;③挖至土球深度1/2~2/3时,开始向内切根掏底,使土球呈苹果状,底部有主根暂不切断。(30分)

4.包装

土球挖好后,首先扎腰绳,1人扎绳,1人扶住树干,2人传递草绳,腰绳道数根据运输距离远近确定。土球直径小于50 cm时3~5道,随直径增加道数也相应增加。缠绕时,应一道紧靠一道拉紧,并用砖块或木块敲击嵌入土球内。然后扎竖绳,顺时针缠绕,包装完毕后切断主根。(20分)

5.树冠修剪与拢冠

切断主根后,苗木倒下,放倒时注意安全,放倒后根据树种特性进行修剪。落叶树种可保持树冠外形,适当强剪;常绿阔叶树种可保持树型,适当疏枝和摘去部分叶片,然后进行拢冠,用绳将树冠拢起,捆扎好,便于装运。(10分)

6.装运

装车时,1人扶住树干,2~4人用木棍放至根颈处抬上车,使树梢朝后,上车后只能平移,不要滚动土球,防止震散土球。装车时使苗木土球互相紧靠,各层之间错位排列。装后再次拢冠,使树冠不要超过车厢板。(10分)

7.安全生产,操作程序符合要求。(10分)

七、裸根苗的栽植

（一）考核目的

掌握裸根苗的栽植操作步骤和技术措施。

（二）材料与工具

皮尺、尼龙绳、木桩、锹、锄头、盛苗器、运输工具、浇水器具等。

（三）操作步骤

1. 挖种植坑

根据苗木大小确定种植坑的大小。（20分）

2. 放苗

根据设计要求将裸根苗放置到各种植坑。（10分）

3. 栽植

将苗木放在栽植沟或穴中扶正,使根系比地面低3～5 cm,回土达根颈处,用手向上提一提苗,抖一抖,使细土深入土缝中与根系结合,提苗后踩实土壤再回第二次土,略高于地面踩紧,第三次用松土覆盖地表。概括起苗即"三埋、二踩、一提苗"的操作技术要求。（40分）

4. 浇水

栽好后第一次要浇足定根水,以后视天气情况而定。（20分）

5. 安全生产

操作程序符合要求。（10分）

八、土球苗的栽植

（一）考核目的

掌握土球苗栽植的操作步骤和技术措施。

（二）材料与工具

皮尺、尼龙绳、木棍、锹、锄头、运输工具、麻绳、修枝剪、浇水器具等。

（三）操作步骤

1. 定点放样

根据设计要求定点放样。（10分）

2. 挖穴

穴径比土球直径大40 cm左右,做到壁面垂直,表土和心土分开堆放。（20分）

3. 放苗

根据设计要求的树种和规格,将苗木放置到各种植坑。放苗时注意轻拿轻放,保护好土球。（10分）

4. 整形与修剪

苗木运至栽植地时,应及时修剪,以减少水分蒸发,落叶树种萌发力强的可保留主干,剪去侧枝,萌发力弱的可保持树冠外形。常绿阔叶树种可保持观赏外形,抽稀树冠,摘去大部分叶片。如出圃时已经修剪,只能适当修剪或直接栽植。（10分）

5. 栽植

根据大小高度,先将表土堆在穴中成馒头形,使苗木放上去的土球略高于地面,如土球有包装材料,应用修枝剪解除。将苗木扶正,再进行回土栽植。当回土达土球深度1/2时,用木棍在土球外围夯实,注意不要敲到土球上,以后分层回土夯实,直至与地面相平,上部用心土覆盖,不用夯实,保持土壤的通气透水。（30分）

6. 浇水

栽好后浇1次透水,以后视土壤墒情而定。(10分)

7. 安全生产

操作程序符合要求。(10分)

九、行道树栽植

(一)考核目的

掌握行道树栽植的操作步骤和技术要领。

(二)材料与工具

皮尺、木棍、锹、锄头、麻绳、草绳、修枝剪、运输工具、竹梢、铁丝、浇水器具等。

(三)操作步骤

1. 定点放样

行道树栽植一般选用直径5 cm以上的大苗,大多数带土球栽植,少量的发根力强的落叶树种可在适宜季节裸根栽植(如悬铃木等)。定点放样可以路中心点或路牙为标准放样,株距6~8 m。(5分)

2. 挖穴

土球直径为50~60 cm时,穴径应1~1.2 m。一般挖方形穴,要求壁面垂直,深0.6 m以上,心土和表土分开堆放。(10分)

3. 放苗

苗木运至路边,下车时应轻拿轻放,不要滚动土球,抬苗时应在根颈处衬垫草垫、麻袋等衬垫物,防止磨伤树皮,将苗木抬至栽植穴旁放好。摆放时,注意苗木高矮粗细的排列,注意整体的整齐度。(10分)

4. 整形修剪

修整树冠,落叶树种可保留树冠外形强剪,常绿阔叶树保持树冠观赏树形,适当抽稀树冠和摘叶处理。(5分)

5. 吊线

行道树栽植先两头后中间,先栽三株树,使三点成一直线,然后在这一条线上进行栽植,保证行道树在一条直线上,整齐美观。(10分)

6. 栽植

根据土球高度回填表土,堆成馒头形,使苗木放上去根颈与地面齐平或略高于地面,苗木放好后扶正,用修枝剪解除包装材料,然后分层回土夯实,一直填土至与土球相平,上面用松土堆成馒头形。(20分)

7. 围堰

在栽植穴外缘用土围成一圈,用锹拍实踩紧防止漏水。(5分)

8. 缠干

用草绳从根颈部开始缠绕树干至1.3 m高度。(5分)

9. 设立支架

用三根竹梢成三角点支撑树木,支撑点用草绳缠绕防止磨伤树皮,用铁丝扎牢,防止风吹摇晃,土球松动与土壤分离。(10分)

10. 浇水

第一次水要浇透,浇湿缠干草绳,常绿树要对叶面喷水。(10分)

11.安全生产

操作程序符合要求。(10分)

十、园林树木整形修剪(一)

(一)目的要求

熟悉园林树木枝、芽生长特性以及树体结构,掌握整形修剪的基本方法并能灵活运用,综合修剪。

(二)材料与器具

需要整形修剪的园林植物(观花、观果类,行道树、庭荫树及绿篱等),修枝剪,园艺锯,梯子,保护剂等。

(三)方法步骤

1.在现场了解树体结构,熟悉各种枝条的名称。

2.具体操作

(1)短截

轻短截:约剪去枝梢的1/4~1/3。

中短截:在枝条饱满芽处剪截,一般剪去枝条长度的1/2左右。

重短截:在枝条饱满芽以下剪截,约剪去枝条的2/3以上。

极重短截:剪至轮痕处或在枝条基部留2~3个秕芽剪截。

(2)回缩(缩剪) 对二年生或二年生以上的枝条于分枝处进行剪截。注意切口方向、剪口芽的处理。

(3)疏剪(疏除) 从分生处剪去枝条。一般用于疏除枯枝、病虫枝、过密枝、徒长枝、竞争枝、衰弱枝、下垂枝、交叉枝、重叠枝及并生枝等。

(4)长放 桃花、海棠等花木,为了增强生长弱的骨干枝的生长势,平衡树势,往往采取长放的措施,使该枝条迅速增粗,赶上其他骨干枝的生长势。丛生的灌木多采用长放的措施,如连翘。

(四)考核方法与标准

1.过程考核

序 号	重点实训环节	考核标准	标准分值
1	修剪基本方法	能准确掌握修剪的基本方法	20
2	修剪基本方法的运用	能准确应用修剪的基本方法	20
3	剪口及剪口的处理	剪口剪留正确、较大伤口用保护剂处理	10

2.结果考核

序 号	重点考核内容	考核标准	标准分值
1	修剪反应	修剪反应准确	40
2	技能实训报告	按时认真完成报告、认真分析报告中出现的问题	10

十一、园林树木整形修剪(二)

(一)目的要求

掌握园林树木辅助修剪的方法。

(二)材料与工具

枝剪、刀片等。

(三)方法步骤

1.环状剥皮(环剥)

用刀在枝干或枝条基部的适当部位环状剥去一定宽度的树皮,剥皮宽度要根据枝条的粗细和树种的愈伤能力而定,约为枝直径的1/10(2~10 mm),环剥深度以达到木质部为宜。实施环剥的枝条上方需留有足够的枝叶量,以供正常光合作用之需。

在生长季开完花或结完果进行。

2.刻伤

用刀在芽(或枝)的上(或下)方横切(或纵切),深及木质部。刻伤常在休眠期结合其他修剪方法施用。主要方法有:

(1)目伤 在芽或枝的上方行刻伤,伤口形状似眼睛,伤及木质部。

(2)纵伤 枝干上用刀纵切而深达木质部,宜在春季树木开始生长前进行。

(3)横伤 对树干或粗大主枝横切数刀。

3.折裂

曲折枝条使之形成各种艺术造型。常在早春芽萌动期进行。先用刀斜向切入,深达枝条直径的1/3~2/3处,然后小心地将枝弯折,利用木质部折裂处的斜面支撑定位。为防止伤口水分损失过多,往往在伤口处进行包裹。

4.扭梢和折梢(枝)

扭梢和折梢生长期内使用,适于过于旺盛的枝条,特别是着生在枝背上的徒长枝。扭转弯曲而未伤折者称扭梢,折伤而未断者则称折梢。

5.屈枝

屈枝通常结合生长季修剪进行,对枝梢实行屈曲、缚扎或扶立、支撑等技术措施。直立诱引可增强生长势;水平诱引具有中等强度的抑制作用,使组织充实易形成花芽;向下屈曲诱引则有较强的抑制作用,但枝条背上部易萌发强健新枝,需及时去除,以免适得其反。

6.摘心

摘心生长期使用。摘掉新梢顶端生长部位。

7.抹芽

抹芽生长期使用。把多余的芽从基部抹除。有的为了抑制顶端过强的生长势或为了延迟发芽期,将主芽抹除,而促使副芽或隐芽萌发。

8.摘叶

摘叶生长期使用。带叶柄将叶片剪除。

9.去蘖(又称除萌)

易生根蘖的园林树木,生长季期间应随时除去萌蘖;嫁接繁殖树,则需及时去除其上的萌蘖。

10.摘蕾

摘蕾实质上为早期进行的疏花、疏果措施。

11. 断根

断根是将植株的根系在一定范围内全部切断或部分切断。在移栽珍贵的大树或移栽山野自生树时，在移栽前1~2年进行断根，在一定的范围内促发新的须根，有利于移栽成活。

(四)考核要点

①操作规范性。

②实习报告。

注:本项目可选择5~8个有代表性的树种，先由老师或师傅示范，然后由学生操作练习。

十二、大树移植实训(软包装土球)

(一)目的要求

掌握软包装土球大树移植的技术要求和操作技术。

(二)材料工具

大树每组一棵(3~4人一组),修枝剪,锹,皮尺,草绳,运输车辆等。

(三)方法与步骤

1. 确定土球直径

土球直径根据苗木的胸径确定(7~10倍)。

2. 起宝盖

将根部画圆内的表土挖至苗床的空地内,深度5 cm左右使根系显露(注意不能伤及根系)。

3. 起苗

在画圆处的外侧挖30~40 cm的操作沟,深度为土球直径的2/3左右。

注意:一是以锹背对土球;二是遇到粗根应用手锯或修枝剪剪断,不能用锹硬劈,防止土球破碎;三是挖至土球深度的1/2~2/3时,开始向内切根,使土球呈苹果状,底部有主根暂时不切断。

4. 包装

土球挖好后,首先扎腰绳,4人一组,1人扎绳,1人扶树干,2人传递草绳,腰绳的道数根据运输的距离远近来确定。近距离、土球的直径小于50 cm的为3~5道,随直径的扩大而增加道数。

远距离运输应为土球的高度的1/3。缠绕时,应该一道紧靠一道拉紧,并用砖块或木块敲击草绳使其嵌入土球内。

腰箍打好以后,向土球底部中心掏土,直至留下土球直径的1/4~1/3土柱为止,然后打花箍。花箍打好后再切断主根。

花箍可选用"井字包""五角包"和"橘子包"三种中的任意一种,也可都做练习。

5. 树冠修剪与拢冠

切断主根后,苗木倒下,放倒时注意安全,放倒后根据树种的特性进行修剪,落叶树种可保留树冠的外形,适当强剪;常绿针叶树种只整形,少量修剪;常绿阔叶树种可保持树形,适当摘去叶片和疏枝。然后用绳子将树冠拢起,捆扎好,便于运输。

6. 装运

根据情况采用人工或机械的方法装车,树梢向后。装车时使苗木土球互相紧靠,各层之间错位排列，装完后再一次拢冠，使树冠不要超过车厢板。

7. 卸苗定植

在定植地，首先根据设计密度用皮尺定点放样，然后根据大树规格确定挖坑的大小，将栽植坑挖好，卸苗栽植。栽植时要做到深浅适当，根土密接，分层踩实。带土球苗，放苗后应及时解开草绳，拿出或剪碎撒在坑内做肥料，在栽植时注意将表土层回填到苗木根系的周围，每填土 20～30 cm 厚，用木棍夯实踩紧，直到与地面相平，做堰浇透水。

（四）技术要求和注意事项

①起苗时要保持根系和土球的完整，不伤枝梢。

②做到随起、随运、随栽。

③栽植的深度适当，一般与原地面相平或稍深 3～5 cm。

④回土时要夯实踩紧，使根土密接，促使尽快发根，提高成活。

⑤栽好后立即浇足定根水，以后根据天气情况及时浇水，大苗至少要浇 3 次水，第 2 次在栽植后的 3 天内，第 3 次在栽植后的 10 d 内进行。注意培土扶正。

（五）考核方法与标准

从起苗到栽植，根据学生的操作情况进行评分。

①根据苗木的大小确定起苗的规格，符合规格 8～10 分，基本符合 5～8 分，不符合 0～5 分。

②起出苗木的土球完好 20～30 分，土球基本完好 10～20 分，基本无土球 0～10 分。

③苗木的栽植坑的大小符合要求 8～10 分，基本符合 5～8 分，不符合 0～5 分。

④栽植的方法符合要求 40～50 分，基本符合要求 30～40 分，不符合技术要求 0～30 分。

十三、防寒技能实训

（一）目的要求

掌握园林树木越冬防寒的技术要点。

（二）材料与用具

各类园林树木、铁锹、稻草帘子、稻草、草绳、石灰、水和食盐或石硫合剂、桶、定高杆等。

（三）方法步骤

1. 保护根颈和根系

（1）冬灌封冻水　在封冻前进行。

（2）堆土　在树木根颈部堆土，土堆高 40～50 cm，直径 80～100 cm（依树木大小具体确定）。堆土时应选疏松的细土，忌用土块。堆后压实，减少透风。

（3）堆半月形土堆　在树木朝北方向，堆向南弯曲的半月形土堆。高度依树木大小而定，一般为 40～50 cm。

（4）积雪　大雪之后，在树干周围堆雪防寒。雪要求清洁，不含杂质，不含盐分。

2. 保护树干

（1）卷干　用稻草或稻草帘子，将树干包卷起来，或直接用草绳将树干一圈接一圈缠绕，直至分枝点或要求的高度。

（2）涂白　将石灰、水与食盐配成涂白剂涂刷树干。一般每 500 g 石灰加水 400 g，为了增加石灰的附着力和维持其长久性，可再加食盐 10 g，搅拌均匀后即可使用。涂白时要求涂刷均匀，高度一致。

（3）打雪　大雪后对有发生雪压、雪折危害的树种,应打掉积雪。

（四）考核方法与标准

优(90分以上)：能够对树体各部位采取正确的防寒措施,防寒技术准确,效果好。

良(75~89分)：能够对树体各部位采取正确的防寒措施,防寒技术基本准确,效果较好。

及格(60~74分)：在实践教师指导下基本能够完成园林树木防寒操作,技术基本准确。

不及格(60分以下)：不能认真完成园林树木防寒操作。

十四、古树、名木的调查登记、存档

（一）目的要求

了解古树、名木的调查登记、存档的方法和内容,为古树、名木的养护做准备。

（二）材料与用具

记录材料、皮尺、轮尺或围尺、测高器、土壤采样器具等。

（三）方法步骤

分组对学校周边地区进行古树、名木的调查登记与存档。

①走访当地园林、林业部门,了解本地区古树、名木的分布范围以及相关情况。

②调查古树、名木的树种、树龄、树高、冠幅、胸径、生长势、病虫害、养护措施沿革等。

③根据分级标准对所调查的古树进行分级。

④建立档案。

（四）考核方法与标准

考核记录古树、名木的调查登记与存档的过程与结果。

优(90分以上)：调查内容全面、准确,分级正确,登记、编号、存档规范,能够独立完成。

良(75~89分)：调查内容基本全面、准确,分级基本正确,登记、编号、存档规范,能够独立完成。

及格(60~74分)：在实践教师指导下基本能够完成古树、名木的调查登记与存档。

不及格(60分以下)：不能认真完成古树、名木的调查登记与存档。

十五、古树、名木的一般性养护措施

（一）目的要求

掌握古树、名木的一般性养护管理(如支撑、加固,树干伤口的治疗,修补树洞,设围栏等)的方法。

（二）材料与用具

支架、钢管、钢片、2%~5%的硫酸铜溶液、0.1%升汞溶液、石硫合剂等常用消毒药,石蜡、刀、水泥、砂石、铁锹等。

（三）方法步骤

针对古树、名木的情况,进行一般性养护。

1.支撑、加固

对树体衰老、枝条下垂的树木,用钢管、竹条等做支架支撑,干裂的树干用钢片箍起。

2.树干伤口的治疗

对枝干上的伤口,首先用锋利的刀刮净削平四周,使皮层边缘呈弧形,然后消毒(2%~5%的硫酸铜溶液、0.1%升汞溶液、石硫合剂原液等);修剪造成的伤口可涂抹石蜡等。

3. 修补树洞

先将腐烂部分彻底清除,刮去坏死组织,露出新组织,用药剂消毒,并涂防水剂;对较窄的树洞先消毒然后用腻子封闭,再涂以白灰乳胶、颜料;或用水泥、石砾的混合物填充,外层用白灰乳胶、颜料涂抹,增加美感,还可以在外面钉上一层真树皮。

注意,填充物表面不能高于形成层。

4. 设围栏

围栏距树干3~4 m,围栏外地面做透气铺装;在古树干基堆土或筑台,筑台时台边留孔排水。

（四）考核方法与标准

根据实际情况采取适宜的古树、名木养护措施。

优(90分以上):能够根据古树、名木的具体情况而采取正确、有效的养护措施,操作正确,效果好。

良(75~89分):能够根据古树、名木的具体情况而采取正确、有效的养护措施,操作基本正确,效果较好。

及格(60~74分):在实践教师指导下基本能够完成古树、名木的一般性养护。

不及格(60分以下):不能认真完成古树、名木的一般性养护。

十六、古树、名木的复壮养护措施

（一）目的要求

掌握古树、名木复壮养护管理的常用方法。

（二）材料与用具

刀、铁锹等。

（三）方法步骤

根据古树、名木衰老的原因,进行复壮养护。

1. 埋条法复壮

在树冠投影外侧挖放射状沟4~12条,每条沟长120 cm,宽40~70 cm,深80 cm;或挖长条沟,沟宽70~80 cm,深80 cm,长200 cm。沟内先垫放10 cm厚松土,再将苹果等阔叶树树枝捆成捆,平铺一层,每捆直径20 cm左右,上覆松土,覆土10 cm后再放第二层树枝捆,最后覆土踏平。

2. 挖复壮沟

复壮沟深80~100 cm,宽80~100 cm,位置在树冠投影外侧,长度和形状因地形而定。沟内填入复壮基质、各种树条、增补营养元素等。复壮基质采用松、栎、槲的自然落叶,取60%腐熟加40%半腐熟的落叶混合,再加少量N、P、Fe、Mn等元素配制而成。埋入枝条截成40 cm长,枝条可用修剪的悬铃木或其他阔叶树的枝条。

复壮沟向下的纵向分层结构依次为:表层为10 cm的素土;第二层为20 cm的复壮基质;第三层为树木枝条10 cm;第四层仍为20 cm的复壮基质;第五层为10 cm厚的枝条;最下一层为粗沙和陶粒,厚约20 cm。

3. 换土

在树冠投影范围内,对大的主根部分进行换土,换土时深挖0.5~1.5 m,用原来的旧土与沙土、腐叶土、锯末、少量化肥混合均匀后填埋。

（四）考核方法与标准

根据实际情况采取适宜的古树、名木复壮养护措施。

优（90分以上）：能够正确分析古树、名木衰老的原因，并能采取正确的复壮措施，操作正确，效果好。

良（75～89分）：能够正确分析古树、名木衰老的原因，并能采取正确的复壮措施，操作基本正确，效果较好。

及格（60～74分）：在实践教师指导下基本能够分析古树、名木衰老的原因，并能采取适宜的复壮措施，操作基本正确，效果较好。

不及格（60分以下）：不能认真分析古树、名木衰老的原因，复壮措施不合理、效果差。

拓展

西芹无土有机生态型栽培

西芹是从国外引进、栽培历史较短的蔬菜，属伞形科一、二年生草本植物，主要食用部分是脆嫩的叶柄。它含有丰富的维生素、矿物盐及挥发性芳香油，因而具有特殊香味，能促进食欲。西芹的适应性强，适宜在富含有机质、保水、保肥力强的腐殖土、冲积土和沙壤土中种植。在栽培过程中，经常会出现发芽率低、叶柄空心、茎秆碎裂、病虫为害等问题，往往造成减产或商品性降低。

一、种子发芽问题

有时播种后，迟迟未见出苗，或出苗不整齐。

（一）原因分析

1. 种子本身的特点

①西芹种子属双悬果，表面有突起的果棱，果棱下有油腺，充满了芳香油，所以西芹播种后吸水缓慢，发芽时间较长。

②西芹种子具有一定的休眠期，刚采收的种子即使条件适宜，也不会发芽。

③西芹的开花期较长，种子的成熟度不一致，总体发芽率较低，一般为75%左右。

④西芹种子较小，贮藏养分少，影响发芽。

2. 外界条件不适宜

①温度过高或过低，西芹种子的发芽适温为15～20 ℃，当高于25 ℃时，一般不能发芽。

②土壤干燥。

（二）解决办法

①种子处理。高温季节播种前可将种子在50～55 ℃温水中浸泡30 min，然后用纱布或毛巾包裹，置于水井水面以上30 cm处，或置于山洞或冰箱内，温度以15～20 ℃为宜，每天淘洗1～2次，最好白天置于冷凉处，晚上置于室温下，进行变温处理，经7～12 d后种子开始发芽，即可播种。

②播种苗床表土必须细、碎、平，土质疏松，排灌方便。

③播前苗床浇透底水，播种要均匀，最好拌细砂土混合播种，播后盖0.3 cm厚的营养土（可用细砂：细床土：木屑按50：25：25的比例或砻糠灰拌细砂土），并用双层遮阳网

覆盖（出苗后及时揭除）。

评估

1. 露地观赏植物栽培中的技术环节有哪些？

2. 露地观赏植物防寒越冬的方式有哪些？

3. 露地观赏植物的起苗和定植应注意哪些问题？

4. 古树、名木衰老的原因有哪些？

5. 如何处理古树、名木的伤口和树洞？

6. 如何对衰老的古树进行复壮养护？

7. 简述树木成活原理。

8. 如何提高栽植树木的成活率？

9. 与露地培育的苗木相比，容器苗的特点是什么？

10. 裸根苗与土球苗分别是如何挖掘的？如何栽植？其质量要求是什么？

11. 何为"三埋、二踩、一提苗"？

12. 怎样确定园林树木的施肥量？

13. 怎样判断园林树木是否需要灌水？

14. 在截除粗大的侧生枝干时，怎样才能避免劈裂？

15. 整形修剪对树木的生长发育有什么影响？

16. 修剪整形的形式有哪些？

17. 什么是大树移植？

18. 大树移植有什么作用？

19. 大树移植前期准备工作包括哪些内容？

20. 如何进行断根处理？

21. 简述大树移植的技术要点。

22. 对目前城市绿化中大量进行大树移植，你是如何看待的？

23. 树木冻害的发生主要与哪些因素有关？常用的防寒措施有哪些？

24. 对受冻害的树木应采取哪些技术措施？

25. 保护和研究古树、名木的意义是什么？

26. 古树、名木衰老的原因是什么？

27. 古树、名木养护与复壮的基本原则是什么？

28. 如何对衰老的古树进行复壮养护？古树、名木的复壮养护措施有哪些？

29. 如何处理古树、名木的伤口和树洞？

30. 如何进行温室环境的调控？

31. 温室盆栽用的培养土有哪些方面的要求？

32. 温室花卉的播种用土如何配制？

33. 如何把握温室花卉的上盆、换盆技术环节？

34. 温室花卉的灌溉与施肥如何进行？

35. 温室土壤消毒的方法有哪些？

36. 无土栽培对基质的要求是什么？

37. 营养液对水质的要求有哪些?

38. 观赏植物无土栽培的方法有哪些?

39. 简述基质栽培的方法与步骤。

40. 简述观赏植物从有土栽培转无土栽培的技术要点。

41. 草坪的建植主要有哪几个方面?

42. 谈谈草坪养护管理的主要内容。

43. 什么叫地被植物,地被植物有何特征?

第七章
观赏植物的花期调控

目标

知识目标

- 了解花期调控的原理；
- 了解花期控制的常见问题；
- 能根据花卉种类确定用花日期；
- 熟悉花期控制的技术途径。

能力目标

- 熟悉掌握常见花卉花期调控技术；
- 能初步解决花期控制中常见的问题。

准备

第一节　花期调控概述

观赏植物都有各自的自然开花期,通过人为的调控手段改变其自然花期,使之按照人们的意愿提前或延迟开花,称为花期控制。使花期比自然花期提前的栽培方式,称促成栽培;使花期比自然花期推迟的栽培方式,称抑制栽培。促成栽培和抑制栽培可使不同花期的观赏植物集中在同一个时候开花,以满足节日用花、举办展览会的需求;还能使观赏植物四季均衡生产,解决市场上淡旺季的矛盾;使不同期开花的父母本同时开花,解决杂交授粉上的矛盾,有利于杂交育种工作的进行。

一、花期调控的原理

观赏植物在个体发育过程中年复一年地重复着萌芽、生长、开花、结实,然后逐渐衰老而死亡,各个时期的变化均表现一定的规律性。这种规律的形成是观赏植物长期适应环境的结果。人工栽培的关键就是要掌握这种规律,从而创造适宜的环境,使其正常生长。促成栽培和抑制栽培就是通过改变自然环境条件,以及采取一些特殊的栽培管理方法,使观赏植物提早或延迟开花的措施。

(一)营养生长

营养生长是生殖生长的基础,观赏植物开花之前必须有一定的营养生长,以积累足够的营养物质,才能进入生殖生长,进行花芽分化、开花结果,否则不能开花或开花不良。而且,营养生长越充分,对生殖生长越有利。如紫罗兰长到15片叶子,君子兰长到16片叶子才能进入开花期。对于球根观赏植物来说,球必须达到一定的大小规格才能正常开花,否则栽植当年难以开花或开花细弱,如风信子周径应大于19 cm,水仙鳞茎要培养3年,直径达到7～13 cm时才能开花。从观赏角度看,开花植物也应有适当大小的体量,才能显示出花叶并茂的美丽。从商品价值的角度,树冠丰满、花枝丰富的姿态,其养护时间长,商品价值也越高。因此,观赏植物必须经过充实的营养生长,才能进行促成和抑制栽培。

(二)花芽分化

花芽分化是植物由营养生长期进入生殖生长期的标志。花芽分化不仅受观赏植物本身遗传特性的影响,而且各种环境因子对花芽分化的影响也很大,其中温度和光照是最主要的影响因子。

1. 温度

各种观赏植物生长的适温各不相同,花芽分化的温度也各不相同。有的需要高温才分化花芽,有的则需要低温。高于或低于其临界温度时,就不能分化花芽。

许多春天开花的木本类观赏植物,如牡丹、丁香、梅、榆叶梅、杜鹃、山茶等,于6—9月高温季节进行花芽分化,第二年春天开花。球根观赏植物也在夏季较高温度下进行花芽分化,如郁金香、风信子、水仙等,花芽分化在夏季休眠期间进行,此时温度不宜过高,通常最适温度为17～18 ℃,但也视种类而异。

有些观赏植物,在个体发育中必须经过一段时间的低温春化阶段,才能进行花芽分化而开花,否则只进行营养生长而不开花。许多二年生观赏植物如三色堇、紫罗兰、金鱼草等,需在0～10 ℃的低温下,经过30～70 d,才能完成春化阶段;而一年生观赏植物、秋季开花的宿根观赏植物需5～15 ℃的低温,经过5～15 d,就可完成春化阶段。

2. 光照

(1)光照强度　观赏植物原产地不同,花芽分化对光照强度的要求不同。原产于热带雨林地带的观赏植物,适应光照较弱的环境;原产于热带干旱地区的观赏植物,适应较强的光照环境。如月季长期在室内养护,则开花不好或不开花,就是由于光照强度不足,影响了花芽分化。

(2)光周期　观赏植物的花芽分化还受光周期影响,不同的观赏植物对光周期的反应极为不同。短日照植物只能在短日照条件下完成花芽分化,如菊花、一品红等;长日照植物则正相反,如唐菖蒲等。观赏植物需要光周期的时数因植物种类不同而不同,品种间也有差异。如一品红短日照临界值为12 h 20 min,菊花短日照临界值为13 h 30 min。

（三）花芽发育

观赏植物花芽分化后，不一定都能顺利地形成各种花器官，或不一定能正常地生长发育而开出高质量的花朵。有些观赏植物花芽分化完成后即进入休眠，要经过一定的温度或光照处理才能打破花芽的休眠。

如牡丹、杜鹃等许多春天开花的木本观赏植物，夏季高温期已经完成了花芽分化，但是必须经过冬季的低温期之后，花芽才能迅速膨大起来。另外，当光照不足时，往往会促进叶子的生长而影响花芽的发育。

（四）休眠

观赏植物都有休眠的习性。宿根观赏植物、球根观赏植物以及木本观赏植物，通常都有休眠期。导致休眠的环境因子有温度、光照和水分等。

秋季短日照和低温使很多植物进入休眠，延长低温时间，可使植物继续休眠，如牡丹、芍药、玫瑰等。夏季的长日照、干旱、高温也能导致一些植物进入半休眠，如仙客来、报春花、杜鹃、马蹄莲等，一旦环境条件转变，即能迅速恢复生长。在休眠期中，植物内部仍进行复杂的生理生化活动，很多植物的花芽分化也就在休眠期中进行。

在观赏植物栽培中，人为地延长或缩短休眠期，可以控制花期。如将种球贮藏在低温干燥的环境中，便可延长休眠时间，从而推迟开花期。

二、花期控制的常见问题

花期控制技术是否成功，不仅取决于是否按期开花，还取决于开花的数量和质量。在很多情况下，花卉所开放的花朵由于种种原因无法保持应有的种性，从而使其观赏效果大打折扣。当出现这种情况时，花期控制的前期管理似乎没有什么意义，因此如何调控好保证植株正常开花的诸多因素，从而确保花卉开放出品质优良的花朵，为管理者所关心。花卉种类很多，影响其开花的因素各不相同，但是在花期控制过程中经常遇到的主要问题有哑蕾现象、花朵露心、时间错位、花色劣变等。

（一）哑蕾现象

在观赏植物的花期控制过程中，常常遇到植株所长出的花蕾无法正常开放的哑蕾现象。造成哑蕾的原因很多，例如土壤干旱、肥料不足、持续高温等都会导致这种现象发生，但是上述因素是否能导致植物哑蕾还与观赏植物的种类、品种等有很大的关系。

1.过度干旱

对于绝大多数花卉来说，在其花蕾生长从肉眼能够分辨至花朵开放前的一段时间里，环境缺水往往导致花朵无法正常开放。容易因缺水而导致哑蕾的花卉主要有倒挂金钟、令箭荷花、昙花、蟹爪等。

为了避免因缺水而导致的哑蕾现象发生，除了加强日常管理保证供水之外，最好在植株定植前进行蹲苗处理，以提高其抗逆性。不要给处于缺水状态的植株大量浇水。最好先进行喷水来缓解植株的缺水状态，然后再正常浇水。在很多情况下，植株哑蕾往往是由于在短期内给遭受干旱的植株浇水过多所致。

2.缺少肥料

肥料供应贫乏，会使光合产物的积累受到抑制，从而导致植株生长发育得十分缓慢，在这种情况下已经完成部分形态分化的花蕾发育往往停止,从而出现哑蕾的情况。在花卉栽培过程中,尽管管理者对肥料的供应十分注意,但在大规模管理的情况,特别是在有些花卉的花器迅速形成阶段还是容易出现上述情况,例如大丽花、荷花、睡莲等都是如此。

3. 温度过高

对一些花卉来说,随着气温的升高,其花芽的分化也会受到一定的抑制。换言之,环境温度过高不利于某些种类的花卉分化花芽。在这种情况下,往往会导致花朵的品质下降,特别是对于那些属于地中海气候型的花卉来说更是如此,这时气温过高是导致其哑蕾的重要原因。由于高温而导致花蕾无法正常开放的花卉,主要有荷兰鸢尾、喇叭水仙、连翘、小苍兰、迎春、郁金香、榆叶梅、中国水仙等,在管理中需要注意的是,当它们现蕾后,应该设法降低环境温度。最好将其控制在 5~15 ℃ 以避免哑蕾现象发生。

(二)花朵露心

很多花卉的花瓣数目都是随着栽培条件的变化而改变的,在很多情况下,其花瓣数目的增加是由于雄蕊等花器的瓣化所致,而花瓣数目的减少则是由于雄蕊等花器脱瓣化所致。上述情况在自然界中比较少见,即使是对一些栽培历史十分久远的大田作物来说,随着栽培条件的改变而导致花瓣数目改变的现象也较为罕见。然而对于花卉来说,因栽培条件而使花朵形态产生变化的现象十分常见,例如施肥多寡、光照长短等因素均能影响某些花卉的花瓣数目。通常人们称花瓣较多的花为重瓣花,而称花瓣较少的花为单瓣花。当花朵完全开放后,位于中部的雄蕊露出,这就是所谓的花朵露心。对于大多数开单瓣花的花卉而言,花朵露心并非不良的性状,而对大多数开重瓣花的花卉而言,花朵露心则是花朵品质明显下降的主要标志。在很多情况下,人们认为花朵露心则无观赏价值可言,故如何减少这种现象发生有着重要的意义。通常,花朵露心主要由于下列因素所引起。

1. 品种退化

很多花卉经过长期的人工栽种,其花朵多会由单瓣转变成重瓣。然而当条件不适宜时,则上述情况往往会出现逆转,即发生重瓣花转变为单瓣花的现象。品种退化往往是由多种因素造成的,例如长期采用营养繁殖、品种没有进行复壮等,均会使重瓣花转变为单瓣花。由于栽培措施而导致的品种退化原因是十分复杂的,当花卉因此而出现花朵露心的现象时,进行品种更新往往是最为有效的解决办法。

对于有些花卉来说,由于采用的繁殖方式不同,花朵的遗传特性也会有所改变。在栽培中,经常遇到原本开重瓣花的植株而其实生苗却开放出单瓣花的情况,例如牡丹、芍药等,这种情况也会给人以花朵露心的感觉。它的发生并不完全是由于父母本基因重新组合的结果,因为将这些实生苗栽培一段时间后,则随着栽种年限不断增加,植株所开的单瓣花就会越来越少,重瓣花就会越来越多。

研究表明,由于取材部位不同,所繁殖出的花卉种苗在开花等方面的表现也有所不同。此外,对于某些花卉来说,使用单瓣花品种作为砧木,会使重瓣花品种接穗在以后开花时花朵变得越来越单,这种情况通常要在较长的一段时间后才会被注意到。综上所述,品种退化而导致花朵露心的现象是较为复杂的,其原因可能是遗传上的,也可能是管理上的,因此必须根据不同的花卉种类进行相应处理,以最大限度地减少这种降低花朵观赏价值的发生。

2. 营养亏缺

充足的矿质营养有助于植物体分化花芽、顺利开花。在很多情况下，由于肥料供应不足，植株生长缓慢，这时虽然花器也能正常发育，但是花朵的观赏价值就会受到影响。对于很多植物来说，它们在养分供应不足的情况下，首先将体内的营养物质转运至花器中，以保证它们的正常发育，这种特性确保了其后代能够不断繁衍。从园艺学的角度而言，当植株孕蕾而养分不足时，所产生的影响是令人担忧的。尽管在很多情况下花卉把有限的养分转运至花蕾中，以保证它们正常开放。但是这时其花朵的观赏价值相对来说是较低的。花卉不同于其他农产品之处，是要求有较高的整体水平才能作为成品使用或商品出售。在养分亏缺的情况下，很多重瓣品种在开花时就会由重瓣花变成单瓣花。这种情况是十分普遍的。当花卉在花芽分化过程中，营养供应不足往往会导致其中的一些种类，特别是菊科植物的某些种类花朵发育不良，具体表现是其头状花序上的舌状花减少，从而使管状花能够更容易地被看到。为了避免这种现象发生，应该在花卉花芽分化的施肥临界期前为植株提供充足的养分，以保证花蕾的正常发育。实践证明，保证肥料充足对减轻花朵露心的现象颇为有效。

3. 光照不足

在很多情况下，因光照不足导致的花朵露心与光合产物的积累直接相关，因为在一定范围内光照越强，植株分化花芽越多，已经成为众所周知的事实。因此，为了能够提供植株开花所必需的光合产物，从栽培上应该根据花卉的习性来对光照条件进行调控，以获得最佳的栽培效果。对于有些短日照植物而言，例如大丽花、菊花等来说，当处于短日照条件下，花序上的舌状花数量减少，而管状花还能正常发育，这时就会出现整个花序看起来不很丰满的露心现象。由于光周期导致花卉舌状花减少而影响观赏价值的例子虽不很多，但由于大丽花、菊花均是栽培很少的花卉，因此所造成的不良影响经常被遇到。为了避免这种现象发生，应该在植株处于花芽分化阶段时进行合理的光周期调控，以确保舌状花的数量保持在相当的水平，而避免露心现象发生。当然，随着育种技术的不断发展，培养出对光周期要求不严的大丽花、菊花等品种，是解决此问题的有效方法。

（三）时间错位

在花卉的栽培过程中，如何进行花期控制是其核心问题之一。由于花期控制本身有着很强的时效性，因此花卉的栽培明显不同于大田作物。一般来说，大田作物采收的早晚仅会对其品质产生影响，但是对那些以花朵为使用主体的花卉来说，其开花之早晚往往会决定着其是否在市场上能够占有一席之地。众所周知，如果花卉，特别是观花植物，出现了花期提前或延后的时间错位，会对它们的生产、应用造成十分严重的后果。

1. 花期提前

如果花卉在预定的日期前就已开花，那么无论对其应用还是销售都会带来一些麻烦，尤其是那些花期仅有数天的花卉，当它们的花朵提前开放后，到了使用时间尽管尚未凋谢，但也已经过了最佳的观赏时间。然而对于某些单花花期较长的植物而言，花期适当前移并不会造成什么严重的后果，例如杜鹃、一串红等即使在预定日期前 6～7 d 开花，从整体上看，其观赏价值也不会受到很大影响；但是对于那些单花花期较短的植物，例如扶桑、月季等来说，花期即使提前了 2～3 d 也会对其商品价值造成较大影响。

为了避免植株开花过早,除了应该在整个管理过程中严格按照管理的程序办事外,在预定开花前的头 3 周左右应该根据花蕾的生长情况及时进行处理,可以通过停止追肥、进行遮光、降低环境温度等措施来延缓花朵的开放。由于植物的花期早晚在很大程度上并不受单一因素的影响,因此在管理上应该考虑到诸多方面的因素进行综合管理,以保证植株如期开花。

2. 花期后延

如果花卉不能在预定的时间内开花而使花期后延,对于生产者来说,其后果是不堪设想的。例如在情人节时所栽种的月季不能按时开花,或在复活节时所需要的麝香百合不能如期开花都会对市场供应、实际应用造成严重的后果。

植株由于发育迟缓而不能如期开花,常常是令管理者十分头疼的事情。当遇到这种情况时,特别是已经临近预定花期时,凭借常规的管理措施无法扭转这种局面,因此应该在预定花期的数周前就采取相应的措施,以使植株正常生长发育,确保花朵如期开放。

为了确保花卉能够在预定的时间开花,可以通过增施追肥,特别是进行叶面施肥的方法来进行催花。在实际管理过程中,采用较多的方法是间隔数天为植株喷施一次磷酸二氢钾等催花药剂。通过这种方法进行处理,再适当增加光照对于促使花冠迅速膨大、正常开放颇为有效。对于绝大多数花卉来说,提高环境温度能够有效地促使花朵迅速开放,但是对于那些喜凉爽环境的地中海气候型花卉来说,如果环境温度过高则常常会使花期后延,这时植株的正常生长节奏也会随之被打乱。

(四)花色劣变

在花期控制过程中,由于管理条件的不同,已经开花的花卉的花色往往会发生变化。譬如,如果将晚菊的花期控制在教师节前后,则由于环境温度较高,绝大多数品种的花色都会发生劣变,通俗地讲就是花色不正。为了处理好这个问题,管理者应该对花朵颜色的产生、消退原因进行必要的了解。

要弄清花色劣变的原因,需要了解各种色系花朵的成色原因和影响色素合成的因素。

1. 主要花色形成的原因

(1)白色花　白色的色素在植物体内是找不到的,通常把近于无色的类黄酮称为白色的色素,但是这些类黄酮也不是白色花瓣产生的原因。研究表明,花瓣之所以呈现白色是因其细胞间隙中的气泡所致。当很多细胞不很规则地排列在一起时,它们中间就形成了很多极小的间隙,由于这些间隙中存在着空气,因此用肉眼来看可以使人感觉到这些花瓣是白色的。如果设法将花瓣中的小气泡抽去,就会发现花瓣变得近于无色透明。通过挤压的方式就可使白色的花瓣呈半透明状,例如被指甲掐过的白色月季花瓣,有掐痕处就会变得近乎透明,就是由于花瓣细胞间隙中的气泡已被挤出的结果。

(2)橙色花　胡萝卜素是以黄色为主的橙色花色彩的主要表现色素,花青素是以红色为主的橙色花色彩的主要表现色素。当类黄酮与花青素共同存在于花瓣中时,花瓣就会呈现橙色。例如金鱼草、郁金香等就属于这种情况。

(3)粉色花　当花瓣中的花青素含量较少而本身又含有大量细微气泡时,花朵就会呈现粉红色。一般来说,红色的深浅与花青素的含量关系密切。当花瓣里的花青素含量较低时,花朵呈现淡粉色;而花瓣里的花青素含量较高时,花朵呈现深粉色。

（4）黑色花　黑色花在自然界里并不存在。有些花朵之所以能够给人以黑色的感觉，主要原因还是由于其花瓣表皮细胞的结构所致。一般来说，黑色花所含的主要色素是花青素和花青苷。例如月季品种黑旋风就是如此，它的花朵之所以能呈现黑紫色，主要还在于其花瓣上表皮细胞的形态结构。黑色花朵的上表皮细胞狭长而长，而红色花朵的上表皮细胞阔而短，当光线从斜上方照射到花瓣表面时，在色素含量较高的情况下，上表皮细胞就会出现较为强烈的阴影，因此花朵就会显得更黑。而对于红色的花来说，当光线从斜上方照射到花瓣表面时，产生的阴影较少，加之由于色素含量较低，因此其便会呈现红色。这也正是为什么很多黑色花朵在初开时颜色显得很深，而完全开放后颜色又变得较淡之原因所在。因为随着细胞的不断增大，其花瓣也逐渐变大，这时单位面积花瓣所含的色素却相应减少，因此花朵的黑颜色也会显得越来越浅。

（5）红色花　当花瓣细胞里含有大量花青素时，花朵一般就会呈现红色。如果花瓣所含的花青素较多，则花朵就会呈现深红色；如果花瓣所含的花青素较少，则花朵就会呈现粉红色。

（6）黄色花　黄色花主要含有黄色类黄酮，例如大丽花、金鱼草等；或含有类胡萝卜素，例如郁金香、月季等；有些则含有黄色类黄酮和类胡萝卜素，例如万寿菊、酢浆草等。

（7）蓝色花　很多研究者认为，蓝色花瓣的产生是由于花青素与助色素如三价铁离子等形成了络合物，使花青素呈蓝。例如，矢车菊蓝色花朵中的矢车菊色素、飞燕草色素等所形成的金属络合物。也有人认为，花瓣内部 pH 的改变是导致花瓣转变为蓝色的主要原因，但目前还有争议。例如花青素在酸性溶液中呈红色，在碱性溶液中呈蓝色，但矢车菊花瓣处于生活状态时，其细胞液 pH 呈酸性，但是其花朵仍然是蓝色的。

（8）紫色花　花的紫色是由于其细胞内含有大量的花青素所致。从组织结构的角度来说，细胞的大小对花朵的紫色色调也有着一定的影响，例如在花瓣尚未充分膨大时，其紫色的色调就较深，而当花瓣完全展开后，其紫色色调就会变浅。显然，这种状况是在单位面积内的花青素含量发生了变化所致。

2. 影响色素合成的因素

花朵的色素合成受基因调控，不同的种类，其合成途径并不相同。环境因素对色素合成有重要的影响。以下是花朵的色素合成的主要环境因子。

（1）养分的影响　研究表明，某些糖能够促进花青素苷的形成，例如当蔗糖的含量降低至一定程度时，就能够促进组织培养凤仙花的花瓣外植体的花青素苷形成。这表明，蔗糖对花青素苷的生物合成有促进作用，但它在整个过程中的作用机理尚不清楚。大多数研究认为：当光合产物充足时，花青素的含量就会较高，从而使花朵显得艳丽夺目。

（2）光照的影响　光照对花朵的颜色影响很大，在室外栽种的花卉要比在室内栽种的花卉颜色更为鲜艳，这是由于花青素苷容易在蓝光、红光、远红光更为丰富的室外直射日光下形成。但是对于某些花卉品种来说，例如，某些白色的菊花在接受过强的日光照射后，花朵上就会出现粉晕，这种情况是因花瓣在光照下中生成了其他色素，从而影响了观赏效果。

光线能促进花青素苷的形成。研究表明，不仅在光照时，植物合成花青素苷会受到影响，当停止光照后，这种促进效应依然能够表现出来。因为在给植物增加光照时，试验初期通常没有花青素苷形成，然而经过一段时间后，花青素苷的合成便与光照时间的长短呈线性关系。一般来说，诱导花青素苷所需时间因植物的种类而有所不同，通常自数小时至十余小时不等。

光线强弱也能影响到花青素苷的合成，Arisumi（1964）等人发现，月季品种"Masquerade"的花瓣在弱光下只形成3,5—二单糖苷型花青素苷，而在强光照射下除了能够形成3,5—二单糖苷型花青素苷之外，还有三单糖苷型花青素苷形成。

（3）温度的影响　温度条件对花色的影响也很大。通常，低温环境有利于光合产物的积累和花青素苷的形成，而高温条件不利于光合产物的积累抑制花青素苷的形成。当花卉生长在昼夜温差较大的环境中，其花朵的颜色会显得更加鲜艳夺目。例如将花期控制在5月初的一串红于出圃前的头10天就置于昼温20℃、夜温10℃的环境中，则植株的花色就会呈现异常鲜艳的猩红色，从而大大提高了一串红的观赏价值。

能够使花朵表现出最佳色彩的温度范围因花卉原产地的不同而异，譬如，原产温带地区植物的花朵，要在低温环境中才能具有最佳的色彩；原产热带地区植物的花朵，只有在高温环境中才能展现最美的颜色。在进行花卉的花期调控时，应该对所处理的花朵着色最佳温度作详细了解。当花芽形成后，要把温度控制在理想的范围内，以保证它们的花色更为纯正。可以认为，花卉的花朵颜色也像花芽分化那样为内部系统与外部系统所调控。前者通过细胞内部基因发生作用，而后者通过细胞外部环境产生影响。

三、花期控制的准备

为了保证花期控制的顺利进行，花期控制前需要做好如下几项准备工作。

1. 了解日期

了解花期控制的起止日期，尤其要弄准花开后的应用期。

2. 了解气候

了解花期控制的气候条件，尤其是花期控制的要求开花期及前期的环境条件。

3. 了解植物生长发育特性

花卉和其他植物一样，必须要有一段时间的营养生长，才能进入生殖生长，也就是说，在此营养生长的基础上进行发芽分化，最终达到开花。如郁金香4～5片叶、紫罗兰15片叶、风信子球茎周长达19 cm时进行花芽分化。

花卉生长发育的环境条件，主要是指花芽分化和花发育的温度、光照条件。

花卉休眠的因素与催醒休眠的方法：休眠是植物个体为了适应生存环境，在长期的种族繁衍和自然选择中逐步形成的习性。若使正在休眠期的花卉开花，就要了解其休眠习性。休眠可以分为两种类型：不良环境引起的被迫休眠，由于通过改善环境即可打破休眠。如郁金香、风信子、美人蕉由于植物自身习性决定的自发休眠，往往出现在冬季温度最低时期，此时即使环境条件改善，仍很难打破休眠，如菖蒲、小苍兰。多年生球根、宿根及木本花卉，环境适应即可生长，仅仅在不利生长条件（如日照不足、温度过低、干旱时）休眠。秋季短日、低温也可导致很多植物休眠；夏季长日照、高温、干旱也可导致半休眠。长日照、高温，可使一些球根休眠，此时内部在进行复杂的生理活动，花芽在其中进行。对这些花卉进行花期控制的重要措施就是打破休眠或延长休眠。

4. 了解植株的生长发育现状

植物开花是沿着一定规律进行的。要了解植物生长发育现状进行到哪一阶段，然后采

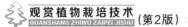

取针对性的措施,才能收到预期的效果。

5. 了解环境因子在花期控制中的相互影响

有时低温可以部分代替短日照的作用,高温和强日照也可以部分代替长日照的作用。因此,在花期控制中,这些环境因子间可以在一定的有效范围内互相补充,起到累加的效果,但有时也会互相削弱。

第二节　花期调控的基本技术

一、温度处理

温度处理调节花期,主要是通过温度的作用调节休眠期以及花芽的形成、发育等,从而实现对花期的控制。开花对温度敏感的观赏植物,都可以采用温度处理法。

（一）增加温度

1. 增加温度,打破休眠,促成栽培

大多数观赏植物在冬季由于气温变低,生长停滞,进入休眠。如果冬季将观赏植物放入温室栽培,给以加温,可打破休眠,让其提前开花。

如石竹、桂竹香、三色堇、雏菊等二年生观赏植物,牡丹、杜鹃、桃花、山茶等春季开花的木本观赏植物,冬季放入温室栽培,人为地提前给予适宜生长发育的温度条件,就能让其提前在春节开花,满足春节市场观赏植物的供应。

2. 增加温度,延长花期

秋冬季温度低,植物生长缓慢不开花,这时如果增加温度可使植株加速生长,不断开花。如在夏季开花的月季、大丽花、美人蕉、茉莉花、凌霄等,当秋季温度降低停止开花时,及时移进温室加温,可使其在冬季继续不断开花。

采用增温措施调节花期时,首先应该确定花期,然后根据观赏植物本身的习性,确定提前加温的时间。开始加温日期以植物生长发育至开花所需要的天数而推断。一般温度是逐渐升高的,同时要满足观赏植物生长所需要的光照、水分、营养等条件,就可以达到预期开花的目的。

如牡丹为满足春节用花而进行的促成栽培,需在春节前 50~60 d,将露地的植株挖出,放于室内温暖处裸根晾 2~3 d,等到根略变软后上盆,上盆后浇 1 次透水,然后放于温室内,每天向枝叶喷水,室内空气湿度要经常保持在 80% 以上。4~5 d 后花芽即可逐渐膨大。在 8~9 ℃ 的条件下放置 5~6 d,然后加温至 10~11 ℃,保持经常喷水。春节前 10 d 升温至 18~25 ℃ 并适当追肥,还应注意通风换气,光线不足时要增加日光灯的照射。另外,还要经常调换盆的位置和方向,使其受热受光均匀,春节即可开花。

（二）降低温度

1. 降低温度,延长休眠期,推迟开花

在春季自然气温回暖前,将一些早春开花的观赏植物,如桃、玉兰、杜鹃、榆叶梅等,预

先移至低温环境中,使其休眠期延长,从而延迟开花。这种处理方法适用于比较耐寒和耐阴的种类及晚花品种。对处于休眠的植株给予 1~4 ℃的低温,同时做好水分管理。

这种处理,应根据需要开花的日期、植物的种类与当时的气候条件,推算出低温后培养至开花所需的天数,从而确定停止低温处理的日期。这种方法管理方便,开花质量好,延迟花期时间长,适用范围广。如杜鹃于早春花芽萌动之前,将其移入 3~4 ℃的冷室中,并于开花前 2 周移出冷室,给予 20 ℃左右的温度条件,便可达到预期开花的目的。

2. 降低温度,减缓生长,推迟开花

较低的温度可以减缓新陈代谢,使观赏植物发育迟缓,达到推迟开花的目的。这种处理常用于含苞待放或进入初花期的观赏植物。将含苞待放或初开的观赏植物,移入 2~5 ℃的低温温室,同时注意控制浇水,则可延缓开花和延长开花时间。

如菊花、天竺葵、八仙花、瓜叶菊、唐菖蒲、月季、水仙等常用这种方法处理,尤其是在观赏植物展览的时候,这种处理是最为实用的。

3. 降低温度,顺利度过春化阶段,提早开花

对于必须经过低温春化阶段才能正常生长开花的观赏植物,提前给予春化温度,可使其提前度过春化阶段,预期开花。

如金盏菊、金鱼草等二年生草花,自然环境下一般是秋季播种,经过冬季的低温,第二年春天开花。如果想让其春季播种,夏季开花,则在种子或幼苗期给予 0~10 ℃的低温一段时间,就可顺利度过春化阶段,预期开花。秋植球根观赏植物,如风信子、郁金香等,需要 6~9 ℃的低温才能度过春化阶段,使花茎伸长,栽植后可以预期开花。

4. 降温避暑,延长开花期

很多原产于夏季凉爽地区的观赏植物,在夏季炎热的地区生长不好,开花不良,甚至进入半休眠或休眠状态。对这些观赏植物,如在夏季降低温度,使温度处于 28 ℃以下,这样植株继续处于活跃的生长状态中,就会继续开花。

如仙客来、倒挂金钟、马蹄莲等,如在夏季高温前采取降温措施,创造一种适宜其开花的低温凉爽环境,则可在夏季不断地开花。

二、光照处理

(一) 长日照处理

短日照季节中,常常用人工补光的方法延长每日连续光照的时间。通常在太阳下山之前打开光源,延长光照 5~6 h,使每日的光照时间达到 12 h 以上。或在午夜中断暗期 1~2 h,把一个长夜分成两个短夜,破坏了短日照的作用,也可以达到同样的效果。人工补光可采用荧光灯,悬挂在植株上方 20 cm 处。这种处理方法,可使长日照观赏植物在短日照季节开花,使短日照观赏植物推迟开花。

如唐菖蒲是典型的长日照观赏植物,正常花期在夏季,冬季栽培时,在日落之前加光,使每日有 16 h 的光照,并结合加温,可使它在冬季开花。

(二) 短日照处理

长日照季节中,常常用人工遮光的方法缩短每日的光照时间。例如用黑色的遮光材料进行遮光处理,缩短光照时间。通常在每天下午 5—6 时开始遮光,第二天上午 7—8 时揭

掉遮光材料。这样可促使短日照植物在长日照季节开花,使长日照观赏植物推迟开花。

如一品红、菊花采用10 h光照法,50~60 d即可开花;蟹爪兰采用9 h光照法,2个月可开花。遮光时注意遮光材料要密闭、不透光,防止散射光产生的破坏作用。因在夏季炎热季节使用,对某些喜凉的植物种类,要注意通风和降温。

(三)昼夜颠倒

这种处理方式适用于夜间开花的植物,如昙花,在花蕾形成后,白天放于暗室中,完全遮光,夜间给予充足的光照,在花蕾上方1 m处用100 W灯光照射,1周后便可改变其晚上开花的习性,使其在白天开花,并且可使开花期延长2~3 h。

(四)调节光照强度

观赏植物开花前,一般需要较强的光照,如月季、香石竹、菊花、紫薇等大多数观花观果类观赏植物。但在开花后,较低的光照强度则可以延长开花期和保持较好的开花质量。因此,在观赏植物开花前,应适当增加光照强度,以促进开花;花开后,遮阴减弱光照强度,以延长开花时间。

三、生长激素处理

生长调节剂和激素具有代替低温、解除休眠、加速花期生长,促进开花的作用,适当地使用生长调节剂和激素,可达到控制花期的目的,常用的药剂有赤霉素、萘乙酸、2,4-D、乙烯利等。使用生长调节剂和激素时一定要注意其浓度、时期。

(一)解除休眠,提早开花

赤霉素具有代替低温、解除休眠的作用。如用500~1 000 mg/kg的赤霉素涂在牡丹、芍药的休眠花芽上,7 d左右就可使其萌动。

(二)促进花芽分化

一些人工合成的生长调节剂,如萘乙酸、赤霉素、乙烯利等都有促进花芽分化的作用。如凤梨上用100 mg/kg的乙烯利浇灌,能促使其开花。

(三)抑制花芽分化

2,4-D对花芽分化和花蕾发育具有抑制作用。当未被处理的菊花已经盛开时,用浓度为0.1 mg/kg的2,4-D喷过的菊花,其花蕾膨大而透色;用浓度为5 mg/kg的2,4-D喷过的菊花,花蕾尚小;可见,不同浓度的2,4-D都具有延迟开花的作用。

四、栽培管理措施处理

(一)调节播种期、栽植期、扦插期控制花期

观赏植物从播种、栽植到开花有一定的时间,采用控制播种期、栽植期等可控制花期。早播种的早开花,晚播种的晚开花。如一串红,春季晚霜过后播种,可于9—10月开花;2—3月温室播种,可于8—9月开花;11月温室播种,可于第二年5月开花。四季海棠播种后12~14周开花,一串红播种后20~22周开花,万寿菊在扦插后10~12周开花,唐菖蒲球茎栽植后12~16周开花,水仙鳞茎水培栽植后5~6周开花。对唐菖蒲来说,为延长其露地

观赏时间,华北地区可从4月中旬至6月初,分期分批种植,每隔15 d栽植一次,则可使花期从7月一直持续到10月。因此,采用分期分批播种、扦插、栽植,可使观赏植物在预定的时间开花,或延长开花时间。

(二)通过整形修剪手段调控花期

用摘心、短截、摘蕾、剥芽等措施调节植株生长速度,对花期控制有一定的控制作用。

常采用摘心方法控制花期的有一串红、康乃馨、万寿菊、菊花、大丽花等。如一串红最后一次摘心后20~25 d即可开花,而且每增加1次摘心就延迟10 d左右开花,故可通过摘心控制花期。

在当年生枝条上开花的花木用短截法控制花期,在生长季节内,早修剪,早长新枝,早开花;晚修剪则晚开花。如月季短截后,经过6周即可再次开花。

剥去侧芽、侧蕾,有利主芽开花,摘除顶芽、顶蕾,有利侧芽、侧蕾生长开花。

(三)控制水肥调控花期

某些植物,在其生长期间控制水分,可促进花芽分化。如梅、叶子花在生长期适当进行控水,有利于花芽的形成。

某些花木在春夏之交,花芽已分化完成,如丁香、玉兰、黄金条、海棠、郁李等,如人为给予干旱环境,会进入暂时休眠状态,此后,再供给水分,常可在当年第二次开花或结果。

在干旱的夏季生长季节增加灌水,常能促进开花。如唐菖蒲在花蕾近出苞时,大量灌水一次,约可提早一周开花。

在观赏植物营养生长期,适当多施氮肥,有利于枝叶的生长,但在观赏植物开花之前,如果施了过多的氮肥,常延迟开花,甚至不开花。在植株进行一定营养生长后,增施磷、钾肥,有促进开花的作用。

总之,促成和抑制栽培是一项综合性的技术措施。对一种观赏植物进行促成和抑制栽培时,往往同时运用几种技术措施。采用什么方法进行花期的调节,要根据特定的条件灵活应用。

第三节　常见花卉的花期调控技术

一、一串红

一串红的自然花期7—10月,花期可达20余天,其花序长,花形奇特,花色艳丽,有红、白、粉、紫等,是节日室内外应用的传统花卉,深受人们的喜爱。

一串红的花期控制的关键措施在于调整繁殖期,扦插繁殖比播种繁殖开花要早。

(一)"五一"节应用

为促成栽培,播种繁殖时,8月中旬播种于露地,10月上中旬,将移植1次的幼苗攒坨假植于冷室,苗下垫腐叶土与沙混合物,促使根系发达,于11月至翌年1月陆续上盆。室内保持15 ℃,渐升至20 ℃,1月中旬至2月中旬换至23 cm口径的盆中,缓苗后每半月施一次有机肥水。经常摘心,充分见阳光,则于 3 月中下旬即可显蕾。为使"五一"开花,可继续摘心,最后一次摘心于 3 月 28 日左右,则于 4 月 25 日左右开始开花。

扦插繁殖时,将扦插母株于 10 月上中旬移至温室,将全部花序剪除,促使分枝,初入室保持 15 ℃,以后升温至 20 ℃,至 11 月中下旬开始至翌年 1 月上旬,陆续掰取健壮的分枝 6 ~ 8 cm 为插穗,插入细沙土或蛭石中,深度 3 cm,经 10 ~ 20 d 即可生根,生根后即可上盆,其他按正常管理,则可自春节开始开花,如继续摘心,则可连续开花,最后一次摘心在 3 月 28 日,"五一"盛花。

(二)"十一"节应用

为推迟花期,播种繁殖时,3—4 月露地播种,宜用大串红,一切按正常管理,则"十一"花朵繁茂,最后一次摘心宜在 9 月 4 日前后进行,这次摘心只需 25 d 左右即可开花良好。扦插繁殖时,5 月中旬至 6 月中旬进行扦插。取苗壮的插条,插于地畦,遮阴、防雨、防涝,10 ~ 20 d 可生根,生根后即可上盆,其他按正常管理。最后一次摘心亦可在 9 月 4 日。亦可供"十一"用花。

另外,一串红为相对短日性植物,在完成营养生长阶段,每日给予 8 h 光照,经 57 d 可开花,16 h 光照 82 d 开花。

二、矮牵牛

矮牵牛的自然花期 6—9 月,其花形变化多端,姿态飘逸,花色艳丽多彩,给人以兴奋欢快之感。可用于露地花坛、花境、岩石园及开阔草坪边缘、绿地中心等。亦可盆栽用于家庭室内几案、窗台、阳台装饰用,尚可用于庆典、演出会场等。

矮牵牛的花期控制关键在于调整繁殖期、适时摘心并调整温度。一般情况下,4 月中旬露地播种,7 月开花。6 月下旬扦插,9 月开花。

(一)促成栽培

①"六一"用花提前于温室内 1 ~ 2 月播种,保持 20 ℃ 左右室温,经 7 ~ 10 d 可萌芽,幼苗期降温至 12 ℃ 左右,充分见阳光,使其苗壮成长,经间苗及两次移植后可上盆并加强水肥管理及空气流通,5 月上中旬可移至室外定植,"六一"即可开花。花期可延至 7 月上旬。

②要求开花期前 80 d 左右,在温室扦插,保持 20 ~ 25 ℃,生根后降温至 12 ℃,保持稍干的土壤湿度条件,以利于根系发育,根系发育完好后再升温至 20 ℃ 左右,其他管理按正常进行,则扦插后 80 d 左右即可开花。如现蕾较迟,可在插后 60 d 浇施 0.1% 的磷酸二氢钾 3 次,每隔 3 d 施一次,可起到促进开花的作用。

③秋、冬季短日照条件下用 10 ~ 100 mg/kg 的赤霉素处理,可提前开花。

④8 月下旬播种,10 月下旬入冷床,11 月下旬施肥水作为封冻水,5 月上旬出冷床,则可提前于 5 月中旬开花。

(二)抑制栽培

1."十一"开花

6 月中旬于露地扦插,雨季注意防涝、防雨水冲击,遮阴,其他按正常养护管理,9 月上中旬定植、上盆,"十一"正值开花期。

2.9 月上旬开花

5月下旬露地播种，一切按正常管理，8月上中旬定植或上盆，则9月上旬可开花。

3. 摘心控制花期

开花前2～3周，选健壮植株，开过花或未开花的植株均可，进行摘心处理，摘心后如果温度、光照及水分、肥力等条件适宜，则摘心后1～3周即可开花。如果1周后尚未见幼蕾，则可施用0.1%磷酸二氢钾，2～3次后即可现蕾。

三、凤仙花

凤仙花的自然花期在6—8月。其花色艳丽多彩，花形奇特，可露地种植，组成色彩艳丽的花坛、花境及草坪边缘，又可盆栽作室内装饰及点缀铺装广场或建筑物前，美化庭园。

其花期控制关键在于调整播种期与保持生长期20～25℃的高温。一般情况常于4月上中旬于露地播种，7月开花，从播种到开花约需80～120 d。

(一) 促成栽培

1.6 月中下旬开花

于3—4月在温室或露地冷床播种，保持20～25℃的温度，5月植株长至15 cm高时可定植于露地，从播种至开花需90 d左右，6月中下旬即可开花。其他浇水、施肥、中耕等管理按正常进行。

2.6—10 月陆续开花

4月开始气温逐渐上升，因此在4—7月在露地每隔15 d播种一批，则可6—10月陆续开花不断，自播种至开花约需80 d。

(二) 抑制栽培

1."十一"开花

于7月上旬播种，一切按正常浇水、施肥等管理。于9月上中旬定植，则可于"十一"盛开。

2. 圣诞节及元旦开花

于9月上中旬播种，10月上旬移入温室，保持20～25℃高温，注意通风与控制水分，以防徒长，则12月上中旬即可开花。可在11月中旬开始给予人工补光，每日接受14～16 h光照，有促进开花的作用。

在花期控制过程中，由于受自然界温度的影响，如花显蕾过早，则可采取适当控制水分，以延迟花期。另一办法是增加一次移植。每移植一次必断一次根，以断根的办法延缓花芽发育，推迟开花。如显蕾过迟可喷洒磷酸二氢钾。

四、瓜叶菊

瓜叶菊的自然花期在4—5月。其花色丰富多彩，花团似锦，鲜艳夺目，以大而绿色叶片衬托，富有强壮生命力，为冬季优良的观赏盆栽，用于庆典及家庭生活装饰。亦可用于"五一"精致花坛，起到画龙点睛的作用。

其花期控制关键在于调整播种期、品种选择与夏季控制温度。

（一）促成栽培

1. 圣诞节、元旦开花

选早花品种，于6—7月播种，夏季炎热，注意通风、降温，上盆后应适当遮阴并防雨，10月定植以后加强光照，每日给予15～16 h的长日照，室温保持15 ℃左右，其他管理按正常，12月中下旬即可开花。如用小型、中花型品种，则需要较长的生长期，宜于3月中旬播种，3月下旬分苗，在炎热夏季到来之前于4月上盆，6月上中旬定植，使之安全度夏，生长后期加强管理，亦可于12月上中旬开花。

2. 春节开花

选中早期开花品种，8月中旬播种，9月上旬分苗，10月上盆定植，放入温室内保持15～20 ℃，一切按正常管理则可于翌年1月春节开花。

（二）抑制栽培

1. "五一"开花

选中期开花品种于8月上旬播种，8月下旬分苗，9月中下旬上盆，11月定植，冬季室温保持15 ℃左右，则于4月中下旬开花，并可延至"五一"节，与自然花期接近，易控制。

2. "六一"开花

可选丰花型品种于8月中下旬播种，其他与"五一"用花管理相似，由于花期与自然花期接近，且不经过炎热多雨高温的夏季，所以较易控制花期。

五、三色堇

三色堇的自然花期在4—6月。其花色丰富，明亮艳丽，花朵大型，图案奇特，并具独特的芳香，特别是黄色花，香味甚浓诱人。多用于精致的花坛、花台、路边绿化带，亦可盆栽用于家庭生活及美化庭院。

其花期控制关键在于控制低温阶段与调整栽植期。

（一）促成栽培

按正常8月中下旬播种，10月下旬假植于地畦，在自然低温下通过春化阶段，但应防止早霜危害，于11月上中旬至翌年2月中旬起栽于温室或上盆于室内，给予日温15～18 ℃，夜温10 ℃左右，光照不足时可适当给予人工补光，则可于12月中下旬至翌年3月中旬陆续开花，在室内浇水、施肥按正常管理，加施磷、钾肥，充分见阳光，注意空气流通。

（二）推迟花期

1. "六一"用花

地畦假植苗，于3月上中旬除去覆盖物，充分见阳光，控制水分，过于干旱时适当喷水，于4月上旬浇一次透水及肥水，并移栽一次，则可萌发新叶，部分枯黄叶自行脱落，4月下旬5月上旬株形丰满，5月中旬可定植于花坛或上盆，花繁叶茂。

2. 春播

于5月下旬浸种后保持潮润，种子膨胀后，略有萌芽，放在2～4 ℃低温下1～2周，再播于苗床,加以遮阴,保持空气流通,防雨防涝,注意防夏日高温,于9月上中旬可定植于花坛或上盆,则可自9月中旬开花至10月中旬,但花不如春季花朵茂密,在生长期宜少施氮肥,增施磷、钾肥。

六、芍药

芍药的自然花期在5月,其花朵硕大,或丰满,或飘逸,花型千姿百态,花色丰富,富丽堂皇。芍药为优美的庭园花卉,可用于花坛、花台、花境,亦可剪花枝为插花花材。

其花期控制关键在于控制其休眠期。

(一)促成栽培

于11月选已进入休眠期的早花品种芍药植株,3~5年生的最好,芽饱满充实,进行上盆,移至低温冷库,保持0~2℃,使其继续休眠。于欲开花期前50~60 d移至玻璃温室,逐渐升温,保持空气湿度与空气流通,保持土壤的潮润,如欲春节开花,则可于12月上中旬开始加温即可。

(二)推迟花期

利用延长休眠期的办法使之推迟花期,于11月将植株自露地掘起,直接上盆或囤于冷库中,于2月中旬上盆。当气温尚未转暖时放入0~2℃冷库中,使之继续休眠,于欲开花期前35~40 d出冷库,放至背风的阴凉处或阴棚下,夜温保持15~18℃,日温保持20~25℃即可。如欲"十一"开花可于8月23—25日出冷库;如欲"七一"开花,可于5月25日出冷库,品种可选择中花品种,如赵园粉、莲台、桃花争春、月照山河等。

七、菊花

秋菊的主要花期是9月上旬至10月下旬。其花色丰富,黄色明亮,是四大切花之一,还可盆栽成各种形式作为室内装饰。

菊花的花期控制关键在于类型及品种的选择及光周期的控制。

(一)促成栽培

秋菊在长日照条件下,保持15~20℃时,50 d左右完成营养生长阶段,即可进行短日处理促成花芽分化与发育。具体措施为白天自早8时至晚5时充分见阳光,接受9~10 h光照,夜间给予14~15 h暗处理。品种不同,需短日处理的时间长短也不同,一般经45~60 d即可开花,如分批自4—7月处理,则可在6—9月陆续开花。以控制9月下旬至10月上旬开花为例,当植株完成营养生长阶段后,于7月25日开始,每日给予9 h光照的短日处理,早花品种的粉面条经45 d可开花;麦浪、紫玉经55 d可开花;中花品种的凤凰振羽、杏花春雨则需60 d可开花。短日处理时期应注意暗期必须严格控制,不能漏光,温度要求15~20℃,温度不可过高,在暗室加通风设备降温。短日处理以花蕾吐色时停止。一般早生品种需6~7周,中生品种8~9周,晚生品种需10~12周。

(二)抑制栽培

根据短日性植物在长日照条件下可以推迟花期的特性,选择菊花的晚花品种,如古铜蟹爪、紫风朝阳等进行长日照处理,每日给予14 h以上的光照,晚花品种在自然条件下花芽分化在9月中下旬开始，长日照处理应在花芽分化时开始，自9月初开始至10月下旬进行，则可将花期推至12月至次年2月，即可在圣诞节、元旦及春节开花。

一般情况下，停止补光后约10～15 d开始花芽分化。从花芽分化至开花，在日温20℃、夜温15℃及自然短日照条件下，需50～55 d即可开花。所以补光应在所需开花之日前60 d停止。长日照处理具体方法是每10～15 m²安装一盏100 W的钨丝灯，每日自下午5时至晚10时给予光照，光源距植株顶端1 m为宜。在采取光周期控制时，亦可结合提前或推迟繁殖期，采取摘心、修剪以及调整氮、磷、钾的施肥比例等栽培措施，达到催延花期的目的。

如欲使秋菊春节开花，则可选中花品种于8月扦插，温室内越冬，保持15～20℃，适时浇水、施肥，在自然短日照条件下可春节开花。

如欲"五一"开花，可于11月中下旬将开过花的秋菊换盆、换土、修根，将地上部全部剪除，在温室栽培，使萌发新芽，加强水肥管理，促进营养生长，在自然短日照条件下于翌年3月即可现蕾。

八、非洲菊

非洲菊四季开花，5—6月及9—10月为盛花期。其花大色彩鲜艳，群花中特别引人注目。非洲菊为当前世界重要的切花花材，矮品种亦可种植于花坛及盆栽。

非洲菊花期控制的关键在于调整定植期及加强养护管理。一般非洲菊定植后5～6个月即可开花，可根据所需开花期来推算定植期，预先准备好幼苗。在生长期随营养生长情况调整氮、磷、钾肥料比例，促使花芽分化。保持20～25℃的高温和加强空气湿度的管理。浇水注意勿浇及叶心，干、湿得当。如欲周年生产则可每半月栽植一批，则可连续开花不断。

九、香石竹

香石竹的自然花期在5—7月，温室栽培可四季有花。其花形优美，花色丰富，具有香味，花期长。香石竹大量用于切花，象征慈祥、幸福，为母亲节的习惯用花。矮品种可栽于花坛、花境、花台等处，效果非常好，并可作盆栽。

香石竹的花期控制关键在于品种选择与繁殖栽培管理，香石竹一次种植约可采收3批花。

（一）品种选择

花期控制一般切花用则选四季开花种，如欲元旦、春节开花应选耐寒性强、冬季型品种的西姆、白西姆、波尔姆、凯丽帕索等。如欲夏季开花则可选耐高温、茎挺直的夏季型品种，如肯迪、罗马、帕宋丝等。

（二）繁殖与定植期

如欲圣诞节、元旦、春节开花，可于1—4月在温室扦插，5—6月定植于露地，9月下旬到10月上旬于塑料大棚保护地栽植。如在露地10—11月扦插，冬季于保护地栽植，则可翌年5—7月及9—10月开花。

（三）摘心

由于摘心促进分枝,决定花枝数量,而摘心的时间、次数与修剪的方法决定了花期。一般摘心后早花品种 100～110 d 开花,晚品种需 150 d 左右始可开花。所需时间的长短与品种、温度、光照关系密切。

十、水仙

水仙的自然花期在 1—2 月。其花洁白淡雅,又具芳香,且可水培,便于家庭养植,给人以纯洁、真诚、玲珑、高贵之感。温暖之地可地栽,美化庭园,芳香诱人,盆栽可用于家庭书斋、厅堂作桌饰,于大型会议室或主席台上装饰用。

其花期控制关键在于温度控制,调整栽植期及栽培方式。控制花期宜选用较大的鳞茎,20 桩以上的,可以萌生 5～7 个花葶,每个葶 8～10 朵花。

（一）促成栽培

1. 雕刻法

此法多用于水仙造型,也有提前开花的作用。一般雕刻后 25 d 左右即可开花,较正常养护开花提前 8～10 d。具体措施为:取较大的鳞茎,剥除外面的皮膜,用刀将基部残根泥土刮除,用清水洗净。取利刀从鳞茎的宽面自中央微偏一侧纵切一刀,深度达鳞茎高度的 1/2,稍伤及幼叶及花葶,切勿伤及花蕾,再自鳞茎高度 1/2 处横切一刀,两刀口会合,切下部分鳞片,使花芽及幼叶外露,刻后及时浸泡在水中;经 36～48 h,使黏液充分外流,伤口敷上干净棉花,以防污染与水分蒸发,每天换水,保持较低的室温 5～15 ℃为宜。每天早、晚喷水各一次,当白天室外气温在 0 ℃以上、阳光充足且又无风,可将盆放室外背风向阳处 3～5 h 则可提前开花。如要在圣诞节、元旦开花,则可于 11 月底 12 月初雕刻。春节开花时于 1 月中旬雕刻即可。

2. 水养法

促使提前开花于 11 月上旬将休眠的种球储存于 2 ℃左右的冷库中,保持休眠状态,于要求开花之日前 30～40 d 开始水培。水培管理同雕刻法,但应在夜间将盆水倒干净,否则叶片生长迅速,花葶生长迟缓,开花时花藏在叶丛中,不甚美观,如欲春节开花,可于 1 月上旬进行水养。

（二）抑制栽培用

低温延长休眠期的办法进行水养。具体措施为于 11 月份,将正处于休眠期的水仙鳞茎,放入冷室,保持 0 ℃左右的低温,于 2 月中旬气温开始回升时,将鳞茎沙藏于大瓦缸中。一层沙一层鳞茎,4～6 层,放入冷库中,保持 0～2 ℃的低温。为防止鳞茎水分蒸发过多,以潮湿的锯末在瓦缸面向上覆盖 3 cm 左右的厚度。出冷库至开花所需天数,依外界气温而定,当外界气温达 25 ℃时,鳞茎出冷库 7～10 d 即可开花,花期 4～5 d。由于冷库温度与室外气温差别太大,出库后宜放在阴棚下水养并每天换盆水 3～4 次,降低温度,防止根的腐烂。为使"十一"开花,可于 9 月 20 日至 25 日陆续取出鳞茎进行水养。

十一、郁金香

郁金香的自然花期在 3—5 月。其花形以杯形为主,花色明亮艳丽,有白色及深浅不同的黄、粉、红、绯红、紫等色。花葶直立,自叶丛中抽起,可作切花,也可盆栽室内外观赏。

郁金香的花期控制关键在于品种选择与温度控制。

(一)品种选择

1. 促成栽培

需要在圣诞节、元旦及春节开花时,宜选早花品种、中花品种及易于催花的品种。有些品种自然花期虽迟至 5 月,但易于催花,促成栽培效果极好,如蒙替卡罗、西点、热情的鹦鹉等。

2. 推迟花期

需要在 5—10 月开花时,宜选中晚期开花的品种。在品种选择上,除花期早晚及易于控制花期外,对色彩、花型变化上亦应考虑丰富多彩,更重要的一点是选抗性强及不易出盲花的品种。北京中山公园 1997 年郁金香花展时 80% ~90% 的"利夫伯夫人"均出现盲花。另外,有些品种花期虽早,如红骑士,但花期过短,植株过矮。有些原种花期虽早开花,抗性亦强,但观赏价值较低,均不适于进行花期控制。

(二)温度控制

温度控制的关键在于鳞茎贮存期即休眠期进行花芽分化阶段的适当高温及催花前花芽发育阶段所必要的适当低温。在催花与推迟开花处理前的管理至关重要。鳞茎采收后,常将鳞茎放在 34 ℃高温条件下处理 1 周,再降至 17 ℃处理 50 ~60 d,以促进花芽分化。然后给予 9 ℃低温 6 周。鳞茎于 9 ℃经 4 周即可生根,根的生长对开花质量有很大影响。在 9 ℃处理时,宜将鳞茎埋于箱中,底层可用粗河沙 2 ~3 cm,上放大粒蛭石 10 cm,再放种球。球上加粗沙 2 cm,保持潮润即可。

1. 促成栽培

在需要开花前 90 d,将 9 ℃处理已生根的种球自低温条件下取出,放玻璃温室,最初保持 15 ℃,1 周后升温至 20 ℃。此期充分见阳光,光照不足时可人工补光,每日光照 14 h 以上,注意空气流通,保持空气湿度在 60% ~80%,使植株苗壮,如生长缓慢则可升温至 25 ℃左右。

2. 推迟花期

如欲推迟开花,取经 9 ℃处理 4 周已生根的鳞茎,放在 2 ~5 ℃条件下,使鳞茎停止生长,避免在低温阴暗条件下萌芽。在要求开花期前 40 d 将鳞茎取出,先放在 9 ℃条件下 1 周,再放在 15 ~20 ℃的玻璃温室中,在温室内的管理方法同促成栽培。

在花期控制中,不论是促成栽培还是推迟花期,由于品种不同,鳞茎大小差异,植株的强弱及某些环境因素的影响,如过早现蕾,则可在花蕾即将显色时放在 4 ℃冷库中,则可延缓生长,推迟花期 5 ~7 d。如冷处理采用 5 ℃时,则经 84 d 后,再放到 15 ~20 ℃的玻璃温室,60 d 即可开花。

十二、百合

百合的自然花期在 5—7 月。花色洁白,花大而别致型,又具温馨清香,是高档切花,亦可盆栽供室内装饰之用。

百合花期控制关键在于调整种植期及低温打破休眠。

（一）促成栽培

催花前应将种球进行低温处理,此期给予-1~2℃的低温,经8周即可打破休眠。同一品种,低温期时间愈久,则从种植到开花所需时间愈短。低温后催花初期保持14~16℃为宜,有利于生根,生根后可加温至20℃左右,促使萌芽生长,以后逐渐升至22~26℃室温。从升温至开花一般约需90~120 d。麝香百合催花品种常用四季开花品种白雪公主及白沙丁及其他四季栽培品种亦可供花期控制之用。催花期间温度不可低于12℃。7月中下旬种植大球,12月中旬可开花,供圣诞节、元旦使用。9月下旬种植则可翌年1月中旬至2月上旬开花,可供春节使用。

（二）推迟花期

推迟花期常采取低温的办法抑制生根与萌芽。植株休眠后,以一层微潮湿的锯末、一层鳞茎交互叠放于箱中,可放2~3层。将箱贮存于1℃的冷库中,保持50%的相对湿度,4周后降至-2~0℃冷冻,直至欲开花期前12周取出,出库后先放于5~8℃冷凉处化冻。陆续出库分批种植,则可连续开花。

（三）温汤处理

开花后经2~3个月休眠的鳞茎,以45℃的温汤处理60 min,有打破休眠的效果。

（四）"十一"节用花

于3月上旬将休眠鳞茎放入-1~2℃冷库中,7月中旬出冷库进行栽植,放于阳光充足处,则可于9月中下旬盛开。

十三、唐菖蒲

唐菖蒲的自然花期在夏、秋季。唐菖蒲为世界四大著名切花之一,其花朵硕大,花色丰富,有白、黄、鹅黄、粉、红、绯红、紫红、紫、蓝及复色等,花姿飘逸,花瓣质地细腻。花期长,一个花序可开2~3周。除作切花外,还适用于大型庆典、小型家宴等室内装饰,亦可于露地种于花坛、花境及草坪边缘等绿地。

唐菖蒲的花期控制关键在于品种选择、控制温度和光照时间。在品种选择上,春季开花宜选春花品种,夏、秋季开花宜选夏花品种。并且大球开花期早,中球次之,小球较迟。催花宜用周径14~16 cm的球,一般可用12~14 cm的球。唐菖蒲生长期的长短与温度密切相关,气温在12~15℃范围内,温度愈高,达开花期愈短,反之则愈长。早春平均气温在12~15℃时,种植到开花需90~120 d,夏季平均气温在20~25℃时,种植达开花期仅需60~80 d。光照长度达14 h以上时,可促进开花,特别在萌芽后长出2~3枚叶片时,光照时数影响较大,长日照可促进花芽分化。

（一）促成栽培

根据所需开花时间选择品种,尽量选取大球茎。球茎经低温阶段后给予高温,或用药物处理打破休眠,促进萌芽。球茎采收后,经2~4℃低温处理,再给予35℃高温并保持干燥,经20 d后进行栽植,于9—12月份批栽植于温室,保持日温25~27℃,夜温12~15℃,正常浇水、施肥并注意空气流通。当萌芽后长出2~3枚叶片时,给予人工补光,则可自12

月至翌年4—5月陆续开花。

欲元旦开花,可9月下旬至10月上旬栽植。欲春节开花,可10月中旬至11月上旬栽植。欲"五一"开花,可于2月中旬栽植。欲"六一"开花,选早品种于3月种于温床。人工补光可用100 W钨丝灯,1盏\m²,光源距植株顶端60~80 cm,正常条件下每日补光4~6 h,阴雨天应加长光的照射时间,一般应使每日光照时数达14 h以上。

利用激素处理打破休眠,促进萌芽,使花期提前。①常用6-BA处理,浓度为50~100 mg/L,浸球茎12~18 h。②以30%氯乙醇处理2 h,再密封24 h。③以清水浸泡24 h,亦可施入a-萘乙酸、赤霉素或2,4-D等。④尚可用硫化氢熏蒸处理。均可达到促进发芽、提早开花的效果。

（二）推迟花期

采用延长休眠期的办法达到推迟花期。选晚花品种、中等大小正在休眠的种球,给予1~3 ℃的低温,并保持干燥,使之连续休眠。在欲开花期前,根据品种、种球大小,提前60~80 d栽植,先给予4~5 ℃低温,使之萌芽,并给予20~25 ℃日温、10~15 ℃夜温,并在长出2~3枚叶片时,开始给予每日14 h以上的光照。当苗长出3~4枚叶片时可施用0.1%~0.2%磷酸二氢钾,3~4次浇灌,有利于花芽分化与开花。

十四、仙客来

仙客来的自然花期在1—3月。其花色丰富,花形奇特,有的还具有芳香,叶具斑纹。花、叶均有观赏价值,为冬季室内不可缺少的温室花卉,多用于几案与窗饰,并可剪取花朵作插花之用。

其促成栽培关键在于改变播种期,促进种子发芽及打破休眠。推迟花期关键在于延长休眠期及延长花期。

（一）促成栽培

为使仙客来圣诞节、元旦及春节开花均可采取如下措施：

①采用催芽法（见播种法）促使提早发芽,生长期及开花亦可提前10 d左右。

②加强夏季管理使球茎不休眠或轻度休眠。幼苗对高温有较强的抗热性,夏季采取措施降温,防雨,适当给予稀薄氮肥及水分,使之及早进入生长期并提前进行花芽分化,则可提前花期1个月左右。

③利用乙醚、丙酮等水溶液熏蒸解除休眠。将休眠的球茎放在1 000 cm³的空间,放入乙醚0.5 cm³,处理24~48 h,则可迅速解除休眠,促进萌芽及早进入生长期从而提前花期。

④以化学药剂促进开花。花蕾形成后,花梗尚未伸展而卷缩于球茎顶端时,以100~500 mg/kg的赤霉素喷洒于花梗,促使花梗加速伸长,从而提早开花。

⑤选用生长期较短、开花较早的小花品种。

（二）推迟花期

推迟仙客来的花期,多用于需要"五一""六一"开花时。

1.延长开花期

选用晚花品种,并于花期加强养护管理,适当施用磷、钾肥,并降低室温,保持15~18 ℃,保持空气流通与空气湿度,适时遮阴,防止阳光直射,则可延续开花至6—7月。

2.延长休眠期

推迟开花常用萘乙酸钠乙酯、苯氨基甲酸乙酯等酯类溶液熏蒸即将萌动的仙客来球茎,可使之推迟数周萌动,从而推迟整个生长期而达到推迟花期的目的。

十五、牡丹

牡丹的自然花期在 4—5 月,其花朵肥硕,花色艳丽,花瓣质地柔嫩,素有富贵花之称,雍容华贵,人人喜爱。在园林中可孤植、丛植、片植或组成专类园,在古典园林中可植于花台上,更显典雅。盆栽便于陈列观赏,用于庆典或庭园,剪枝亦可用于切花。

牡丹花期控制的关键在于控制休眠期。促成栽培时需打破休眠期使之提早开花。

(一)春节用花

欲使牡丹春节开花,可采取如下栽培措施:于 9 月上旬至 10 月上旬将牡丹上盆,放在室外,浇一次透水,使接受自然低温,至 12 月上旬移至冷室,保持 0 ~ 5 ℃低温,于春节前 60 d 移至玻璃温室,浇透一次肥水,先给予 10 ~ 15 ℃的室温,逐渐升至 20 ~ 30 ℃。每日在植株上喷 2 ~ 4 次水,使枝条与混合芽保持湿润以利于芽的萌动。当混合芽开始萌动时施一次饼肥,升温切忌过急,虽高温下花芽萌动速度快,但温度过高影响叶的伸展,从而降低观赏价值。花开后宜逐渐降温,保持 10 ~ 15 ℃为宜。在加温过程中保持较高的空气湿度及空气流通,光照不可过强,于花蕾吐色后逐渐见光,如开花稍早,可在初开时以柔软的棉纸将花朵轻轻包裹上,亦可涂以鸡蛋清,防止花瓣过早脱落,如显蕾过迟,可施 2 ~ 3 次 0.2%的磷酸二氢钾,并升温至 30 ℃以上。

(二)二次开花

欲使牡丹二次开花,可采取如下栽培措施:

①利用提前休眠的办法,将 5 月开过花的植株,于 7 月中下旬至 8 月上旬自露地起栽上盆,放入 0 ~ 2 ℃冷库休眠。8 月 28 日出冷库浇透一次肥水,放树阴下,平均气温约 20 ℃,花芽萌动后逐渐移至阳光下。9 月 25 日充分见阳光,保持 24 ℃左右。9 月 30 日开花,花期 4 d,正好为"十一"用花。

②利用 GA_3,将 5 月地栽开过花的植株自 8 月 23 日开始,先将混合芽鳞片剥除 2 ~ 4 枚,再每日以毛笔蘸 1 000 mg/kg 的 GA_3 溶液涂抹,半个月后芽开始萌动,则停止涂抹,于 10 月上旬开始开花。

(三)"十一"用花

欲推迟牡丹花期,可利用延长休眠期的办法,于 8 月下旬自露地掘起上盆,浇一次透水,放至露地接受自然界低温,进入休眠,于翌年 1 月下旬至 2 月上旬,气温尚未转暖时,将盆栽移至 -1 ~ 1 ℃的冷库,使之继续休眠,于花期前 40 ~ 50 d 出冷库,放在荫棚下。待盆土稍干时浇透一次肥水,每日在植株上喷 3 ~ 4 次水,待芽开始萌动时,每枝选一个饱满芽留作开花用,其他芽均抹除并施一次饼肥。花吐色后可逐渐见阳光,开花过早、过迟的处理可参照促成春节开花的办法,推迟花期的办法可用于"七一""十一"等节日。

十六、月季

月季的自然花期为 5—10 月。其品种多,花色丰富,艳丽多彩,又具芳香,用途非常广泛。攀缘型月季可供园林立体美化,灌木型月季可作路边、林缘美化材料,大量种植,亦可将不同品种、类型的月季组成专类园,栽植形式多样,规模可大可小,一年开花多次。盆栽可用于庭园及室内装饰。更有切花品种,可终年使用。

月季花期控制关键在于温度控制与修剪。在植株选择上,以 2 ~ 3 年生嫁接盆栽植株为好,亦可用扦插植株,但开花不如嫁接植株丰满,品种宜用金背大虹、红双喜、白佳人、冰山、红和平等。

(一)促成栽培

促成栽培时,于 11 月上旬进行重剪,将当年生枝留 2 ~ 3 个芽,11 月下旬放入 0 ℃ 低温,保持较暗的条件,使充分休眠;于 2 月上旬移入玻璃温室,逐渐加温并保持日温 10 ~ 12 ℃,夜温 3 ~ 5 ℃。夜温低,可防止生长过速,使之茁壮生长。注意空气流通,以防止冷空气直吹植株,空气湿度不宜过高或过低,芽萌动后开始浇水,每隔 3 ~ 5 d 浇水一次。3 月初芽长到 3 ~ 5 cm 时,施一次有机干肥,浇水量渐增。4 月再施一次肥,直至显蕾。促成栽培期一般不用液肥。4 月中旬可移至室外。月季花期较短,花蕾期对高温又敏感,一旦萌动过早花易开败,花期控制切勿过早。花蕾充分透色后宜降温至 6 ~ 10 ℃,降低发育速度,至欲开花期 2 ~ 3 d 再移至室外。

(二)二季花栽培

月季二季花的栽培管理从 5 月始花后开始,应加强栽培管理,及时修剪、施肥、中耕。于 8 月中旬,将茁壮枝条留 4 ~ 6 个饱满芽进行修剪,萌芽后选 2 ~ 4 个方向适宜、生长适度的芽,使之开花;其他芽抹除,加强水肥管理,芽长至 3 ~ 5 cm 时加施 0.296 的磷酸二氢钾,充分见阳光,则“十一”盛开。

(三)周年栽培

为使月季周年开花,首先按正常水肥管理,保持 20 ~ 25 ℃ 的温度,每次花后进行修剪,可自 5 月开始,每隔 10 ~ 15 d 处理一批。冬季给予人工补光,由于修剪后不断萌生新枝,进行花芽分化,约 45 d 新枝顶端又可开花,可以做到周年开花不断。

十七、一品红

一品红的自然花期 12 月至翌年 2 月,花较小,观赏部位主要是花序基部着生多数艳丽的苞片。花期可持续 30 d 以上。在北方地区主要盆栽观赏。

其花期控制的关键在于光周期控制。

(一)促成栽培

促成栽培时,根据开花需要短日照的特点,当完成营养生长阶段后,每日给予 9 ~ 10 h 自然光照,遮光 14 ~ 15 h,即可形成花芽而开花。一般单瓣品种经 45 ~ 50 d,重瓣品种经 55 ~ 60 d 即可开花。如欲“十一”开花,一般于 8 月 1 日开始进行短日处理即可,在短日处理期间应注意以下几点:

①遮光绝对黑暗,不可有透光光点。遮光应连续,不可间断。

②遮光暗室或棚内温度不可高于 30 ℃,否则叶片焦枯甚至落叶,影响开花质量。

③高株品种在短日处理期间仍应进行裱扎。

④短日照处理期间应正常浇水施肥,并加施磷、钾肥。

⑤短日照处理时间应准确,不可过早或过迟。一品红花期虽长,但以初开 10 d 内花色最鲜艳,10 d 以后花色逐渐发暗,特别是单瓣品种,所以不宜过早进行短日照处理。因短日照处理一旦间断,已变红的苞片与叶片,在长日照下会还原变为绿色,前期处理完全无效。

(二)抑制栽培

一品红在自然气候条件下,约在 9 月下旬开始花芽分化,如欲推迟花期,宜在花芽分化前的 9 月中旬开始给予长日照处理,每日给予 14~16 h 光照,则可推迟花期。

十八、八仙花

八仙花的自然花期在 5—7 月。花朵大而繁茂,覆盖全株,花色艳丽多彩,花期也较长,花开时间达 30~40 d,为非常好的耐阴花卉,既可盆栽供室内观赏,又可栽植于建筑物阴面及绿地乔木、灌木丛下或花境边缘。

花期控制的关键在于控制休眠期。

(一)促成栽培

促成栽培在花芽分化完成后进行。八仙花的花芽分化于 11 月中下旬基本完成。选 3~5 年生、生长苗壮、枝条分布均匀、顶芽饱满的植株,需经 2~4 ℃的低温处理 1 周,再移至玻璃温室,逐渐升温,保持 10~20 ℃,约经 50~60 d 即可开花。在室内注意空气流通,充分见光,避免强光直射;当花芽萌动后,可施有机追肥,每半月施一次,直至花序伸展,并降温到 15 ℃,则可延长花期。

(二)抑制栽培

延长休眠期是八仙花抑制栽培常用的办法。将正在休眠期的盆栽植株,于 1 月下旬放至 1~4 ℃的低温条件下,使其继续休眠,至所需开花期前 45~55 d 移入玻璃温室,逐渐升温至 10~20 ℃。注意空气流通,充分见阳光,并且每日在枝条上喷水 2~3 次至花芽萌动为止。当花芽萌动开始时可每半月施一次有机液肥,直至花序伸展,并将温度降至 15 ℃。如花序伸展过迟,可升温到 25 ℃,亦可施磷酸二氢钾 2~3 次。

十九、昙花

昙花的自然花期在 7—9 月。花期很短,花仅开 3 h 左右,花淡雅、清香,仅作盆栽供观赏。

其花期控制关键在于昼夜倒置。昙花每年于高温的夏季可开 3~4 次花,由于是夜间开放,不便于人们观赏,为使其白天开放,可选生长多年并已显蕾的大盆植株,当花蕾先端开始膨胀,长约 18 cm,白天进行遮光处理,黑夜给予 40 W 的钨灯照射约 12~14 h(自下午 6 时至次日早上 8 时),3~5 d 后即可于上午 9 时开花。根据花蕾的大小,处理时间长短也不同,如花蕾仅有 12 cm 长,则需处理 6 d 左右;如植株较大,有 10 余朵大小不等的花蕾,则可以最大的花蕾进行处理 3 d 后,第一批花于上午 9 时开放,12 时开败后,接着再处理;第二批花则在翌日 10 时开放,较第一批晚 1 h;第三天上午 11 时第三批花又开放。遮光时如有间断,会推迟白天开花的时间,间断时间越长,开花时间越迟。

行动

仙客来花期调控

一、实训目的、要求

通过本次花期调控实训,掌握仙客来花期调控的基本方法和途径,为生产和科学研究服务。

二、实训学时

2 学时。

三、实训工具

光度计、剪刀、喷雾器等。

四、实训材料

盆栽仙客来、乙醚、樟脑、丙酮、萘乙酸乙酯、苯氨基甲酸乙酯、赤霉素、磷钾肥等。

五、实训内容、步骤

教师现场讲解指导。学生分组完成。

1.通过调节温度控制开花时间

4 月下旬以后,将仙客来置于带防雨设施的荫棚下栽培,经常向地面喷水,降低环境温度,使之夏季不休眠,以提早花期。花芽分化适温 15 ~ 18 ℃,生长发育最适温度为 15 ~ 20 ℃,冬季的生长适温为 10 ~ 22 ℃,昼夜温差保持在 8 ~ 10 ℃。若夜间温度控制在 7 ~ 8 ℃时也可开花,但花期会稍向后推迟;若花期温度保持 8 ~ 15 ℃,可显著延长花期。

2.通过调节光照强度控制开花时间

仙客来对光照时间长度的变化没有显著反应。植株的生长发育和开花主要受植株中央部分接受的光照量影响,生长期要求光照强度为 28 000 ~ 36 000 lx,若高于 45 000 lx 或小于 15 000 lx,则光合作用强度显著下降;如果超过 50 000 lx,最好采取遮阳措施。如果是玻璃温室,建议用白色涂料进行部分喷涂,以达到反光的目的。此法比遮阳网效果更好,固定式遮阳则更不可取。对于正在开花的仙客来,通过遮光等措施降低光强至 28 000 ~ 32 000 lx,可使每一朵花及整个植株的开花时间延长,而未开花的仙客来在光照强度低于 25 000 lx 时,需通过补光等措施增加光强至 32 000 ~ 36 000 lx 促进开花。

3.通过调整盆间距控制开花时间

栽培管理中,分苗时小苗不宜栽得过深,否则会延迟花期。及时调整盆间距可以改善植株的质量,使株型保持紧密,开花期提前,增强抗病能力。否则,叶子会长得大而粗糙,并且稀少。

4.通过调整施肥量控制开花时间

仙客来生长后期应适当增施磷钾肥,控制氮肥(氮、磷、钾配比为 1∶0.2∶1.5),则促进开花。花期不宜施氮肥,否则会引起枝叶徒长,缩短花朵的寿命。如叶过密,可适当疏去一些,使营养集中,开花繁多。

对即将进入休眠的开花植株,应置于 25 ℃的凉爽通风处,增施两次稀薄氮肥和磷肥,并适当遮阳,则可继续开花至 6—7 月。通过精细管理,不仅能延长花期,推迟休眠,甚至可以打破休眠。

5.利用化学药剂控制开花时间

利用挥发性的化学药剂和激素,可将乙醚、樟脑、丙酮等水溶液注入芽内或用来熏蒸,以打破休眠。如在 1 000 m² 密闭空间内,放入乙醚 0.5 mL,处理 24~48 h,仙客来块茎迅即解除休眠,恢复生长,提前开花。

将浸有萘乙酸乙酯或苯氨基甲酸乙酯等酯类溶液的布团放于即将萌动的仙客来块茎旁,可使块茎于数周内不萌动,从而推迟花期。

仙客来花蕾形成后,在上午 8—10 时用 1~2 mg/L 的赤霉素点涂所有显色花蕾,可使花期提前 10~15 d;在盆中施入阿司匹林溶液(每株 1 片)可推迟开花 15~20 d。

六、作业与思考

记录操作过程,观察效果并分析原因,完成任务后根据效果进行讲解、点评、考核。

七、考核方法与标准

根据提供的实验材料选取合适调控方法。

优(90 分以上):能够正确制定调控措施,操作正确,效果好。

良(75~89 分):能够正确分析实验成功失败的原因,操作基本正确,效果较好。

及格(60~74 分):在实践教师指导下基本能够分析实验成功失败的原因,操作基本正确,效果较好。

不及格(60 分以下):不能认真分析实验成功失败的原因,实验方案不合理、效果差。

 拓展

控根快速育苗技术——解决育苗行业的四大难题

控根快速育苗技术是一种以调控植物根系生长为核心的新型育苗方法,它由控根育苗容器独特的设计原理和专用育苗基质的科学配方,以及辅助控根培育管理技术组成。育苗周期均缩短 50% 左右,后期管理工作量减少 50%~70%,植物侧根的总数量比常规育苗侧根增加 20~30 倍,并且彻底解决了大苗植物很难四季移栽的难题,被赞誉为"可移动的森林"。

从 20 世纪 80 年代开始,该技术在澳大利亚、新西兰、欧洲、美国、日本等国家和地区广泛应用,90 年代中国科学院与林业系统的科技人员对该产品作了适应性改进。

1. 林木大苗全冠移栽技术难题

常规绿化大苗移栽,都须截枝去冠,否则很难成活。控根快速育苗技术采用特制育苗容器以控制主根系生长,促使毛细根快速生长,形成粗而短的发达须根系,且数量大,根系营养充足,树木生长旺盛;移栽时,不起苗,不包根,不需要砍头、截枝、摘叶,完全可以全冠移栽大苗,被誉为可移动的森林。

2. 成活率的技术难题

设计独特的控根容器不但透气性能好,而且具有防止根腐病和主根缠绕的独特功效,加上控根专用基质的双重作用,使苗木所需水肥条件得到良好控制,控根容器拆卸方便,移栽时不伤根,所以移栽成活率可达 100%,况且后期管理费用可减少 50%~70%。

3. 四季均可移栽的技术难题

用该技术培育的苗木,不起苗,不伤根,不失水,控根容器可拆卸,更易运输、远栽,节省

方便,可四季移栽,成活率高。

4.解决了果园快速更新的技术难题

果园更新换代至少需要5年时间,采用控根育苗技术可在空闲地上育苗,2~3年内苗木地径可达4 cm左右、冠径可达1 m以上,已能开花、少量开始结果,移栽时不伤根、不换苗,次年即可大量结果,这样既能保证在果园更新期间,果农收入不减,同时又确保苗木品种纯正。

评估

1.什么是花期调控? 主要技术措施是什么?

2.哪些花卉可以通过控制温度达到催延花期的目的? 举例说明。

3.哪些花卉可以通过控制光照来促进或延迟开花? 举例说明。

4.短日照处理和长日照处理对不同花卉花期调控的作用有何不同?

5.叙述缩短盆栽仙客来生长周期的栽培措施。

模块四

常见观赏植物的
栽培技术

第八章
园林植物

目标

知识目标

- 了解各类园林植物的形态特征、生态习性及园林用途;
- 掌握常见园林植物的识别要点、繁殖方法和栽培管理技术。

能力目标

- 能识别常见园林植物;
- 掌握常见园林植物的繁殖及栽培管理技术。

准备

　　园林植物是指在各种园林绿地中栽培应用的、具有一定观赏价值的草本植物和木本植物。园林植物包括一、二年生观赏植物、宿根观赏植物、球根观赏植物、木本观赏植物、水生观赏植物等。

第一节　一、二年生观赏植物栽培

　　一年生观赏植物是指在一年内完成其生长、发育、开花、结实直至死亡的生命周期(即春天播种、夏秋开花结实后枯死)的观赏植物,如凤仙花、鸡冠花、万寿菊、百日草等。二年生观赏植物是指在两年内完成其生长、发育、开花、结实直至死亡的生命周期(即秋天播种、幼苗越冬,翌年春夏开花结实后枯死)的观赏植物,如金鱼草、三色堇、金盏菊、羽衣甘蓝等。

一、一串红

　　一串红又名爆竹红、西洋红、墙下红,为唇形科鼠尾草属多年生草本观赏植物(图8.1)。一串红因其花为红色并成串生长而得名;同时,每个花枝又像一挂爆竹,故又叫爆竹红;可在庭院种植,又叫墙下红;原产于巴西,又叫西洋红。现中国各地广泛栽培。

(一)形态特征

一串红在华南露地栽培可多年生长,呈亚灌木状,株高30～80 cm。茎四棱形,幼时绿色,后期呈紫褐色,基部半木质化。叶卵形或三角状卵形,长5～8 cm,先端渐尖,边缘有锯齿,叶柄较长。轮伞状花序,密集成串着生,每序着花4～16朵;花筒状,端部唇形;花萼钟状,和花冠同为红色。花期7—10月。种子卵形,黑褐色,千粒重2.8 g,寿命1～4年。

常见园艺栽培品种有:"一串白""一串紫""一串粉"等。另外,还有"矮生"一串红。

图8.1　一串红

(二)生态习性

一串红性喜温暖、湿润气候和阳光充足环境,耐半阴,不耐寒,也不耐热,生长适温20～25 ℃,15 ℃以下种子很难发芽,温度超过30 ℃,植株生长发育受阻,花、叶变小。长期在5 ℃低温下,易受冻害。对土壤要求不严,在疏松而肥沃的沙质土壤中生长良好。

(三)繁殖方法

一串红常用播种和扦插繁殖。

播种繁殖,华南地区一般以春、秋播种为宜,北方则在春季播种,应提前在保护地育苗。播后7 d左右发芽,待小苗长至3～5片真叶时可移栽。一串红种子成熟后会自然脱落,当花由红转白时,把花枝轻轻剪下晒干脱粒。

扦插繁殖可结合摘心进行,春、秋均可,华南地区多在4—5月。北方由于生长期短,很少采用扦插繁殖。扦插宜采用10～12 cm的嫩枝,扦插于基质中,遮阴养护,约20 d可生根。

(四)栽培管理

1.浇水

浇水要掌握"干透浇透"的原则,过湿则通气不良,影响新根萌发。在生长旺季,可酌情增加浇水次数和水量,空气湿度以60%～70%为宜。平时不喜多水,否则易发生黄叶、落叶现象,造成株大而稀疏、开花较少。

2.施肥

生长旺季每隔15 d左右追施1次有机液肥,促使开花茂盛并延长花期。

3.光照

一串红喜光,栽培场所必须阳光充足。若光照不足,植株易徒长,茎叶细长,叶色淡绿,如长时间光线差,叶片会变黄脱落。开花植株摆放在光线较差的场所,往往花朵不鲜艳,容易脱落。

4.摘心

当幼苗长出3~4片真叶时，开始留2片叶摘心，促使萌发侧枝。侧枝长出3~4片叶时摘心，开花前25~30 d停止摘心。每增加1次摘心延迟开花10 d左右，故可通过摘心控制花期。

5.病虫害防治

一串红常见病害有疫霉病、花叶病毒病等。疫霉病可用75%白菌清可湿性粉剂700倍液防治，花叶病以预防为主，及时清除病株并销毁。常见虫害有蛴螬、蚜虫、粉虱等，防治蛴螬多用50%辛硫磷乳剂1 000倍液根灌，防治蚜虫、粉虱可用40%乐果1 500倍液喷洒。

（五）观赏应用

一串红花色鲜艳，花期长，常用于布置花坛、花境或花台，或作花丛和花群的镶边，也可盆栽。

二、鸡冠花

鸡冠花又名红鸡冠、鸡冠海棠，为苋科青葙属一年生草本观赏植物（图8.2）。因花序扭曲折叠，酷似鸡冠，俗称鸡冠花。鸡冠花原产亚洲热带地区。

图8.2 鸡冠花

（一）形态特征

株高30~50 cm，茎直立，少分枝。单叶互生，卵形或线状披针形，全缘，绿色或红色。穗状花序单生茎顶，花序梗扁平肉质似鸡冠，红色或黄色；花小，小苞片，苞片红色或黄色。胞果卵形，种子细小，亮黑色，能自播繁衍。花期7—9月。

常见园艺栽培种：

1.普通鸡冠

高40~60 cm，很少有分枝，花扁平鸡冠状，四环叠皱，花色有紫红、绯红、粉、淡黄、乳白、单或复色。常见高型种80~120 cm以上，矮型种15~30 cm，花多紫红或殷红色。

2.子母鸡冠

高30~50 cm，多分枝而紧密向上生长，株姿呈广圆锥形。花序呈倒圆锥形叠皱密集，在主花序基部生出若干小花序，侧枝顶部亦能着花，多为鲜橘红色，有时略带黄色。叶绿色，略带暗红色晕。

3.圆绒鸡冠

高40~60 cm，具分枝，不开展，肉质花序卵圆形，表面流苏状或绒羽状，紫红或玫红色，具光泽。

4.凤尾鸡冠

凤尾鸡冠又名芦花鸡冠或扫帚鸡冠，株高60~150 cm或以上，全株多分枝而开展，各枝端着生疏松的火焰状花序，表面似芦花状细穗，花色富变化，有银白、乳黄、橙红、玫红至暗紫,单色或复色。

(二)生态习性

鸡冠花喜温暖、干燥和阳光充足环境。生长适温为 18～24 ℃,开花适温为 24～26 ℃。冬季温度低于 10 ℃,植株停止生长,逐渐枯萎死亡。耐干燥,怕水涝。尤其梅雨季雨水多,空气湿度大,对鸡冠花生长极为不利。如盆土积水,常受涝死亡。光线不足时茎叶易徒长,叶色淡绿,花朵变小。土壤选择肥沃疏松、排水良好的沙质壤土,忌黏湿土壤。鸡冠花在瘠薄土壤中生长差,花序变小。

(三)繁殖方法

鸡冠花宜用种子繁殖。一般南方春、夏、秋三季均可播种,北方应在 4 月中旬至 5 月上旬播种。由于种子细小,对播种用土要求细致。播种时可混细沙进行撒播,播后覆薄土。如温度保持在 20～25 ℃,5～7 d 即可发芽,等小苗长出 4～5 片真叶时进行移植。有的品种播后 45～50 d 即可见花。鸡冠花为异花授粉植物,各品种间易杂交。对于留种植株,宜集中种植,防止混杂退化。

(四)栽培管理

1.浇水

盆栽夏季每天浇水 1 次,种子成熟阶段,少浇水,以利种子成熟。

2.施肥

生长期每半月施肥 1 次,前期以氮肥为主,后期以磷、钾肥为主。氮肥不宜过多,以免植株徒长而延迟开花。

3.光照

鸡冠花喜光,栽培场所必须阳光充足。若光照不足,植株易徒长并影响开花。

4.病虫害防治

常见病害有叶斑病、立枯病和炭疽病,可用等量式波尔多液或 65% 代森锌可湿性粉剂 600 倍液喷洒。常见虫害有蚜虫、小绿蚱蜢、叶螨,可用 90% 敌百虫原药 800 倍液喷杀。

(五)观赏应用

鸡冠花由于花期长,花色丰富,花形奇特,适于布置秋季花坛、花池和花境,也可盆栽摆设,群体摆放于城市中心广场、公园主道花坛、商厦入口等处,鲜艳夺目,能为节日增添喜庆气氛。

三、万寿菊

万寿菊又名臭芙蓉、蜂窝菊、臭菊花、万盏灯,为菊科万寿菊属一年生草本观赏植物(图8.3)。原产于墨西哥,中国南北均可栽培。

(一)形态特征

茎粗壮,株高 40～70 cm,全株具异味。单叶对生或互生,羽状全裂,裂片披针形,具锯齿;裂片边缘有油腺、锯齿有芒。头状花序着生枝顶,径达 10 cm,黄或橙色;总花梗肿大。

图8.3 万寿菊

瘦果黑色,冠毛淡黄色。花期6—10月,无霜地区则全年有花。

同属常见栽培种有:

1.孔雀草

孔雀草别名小万寿菊,杨梅菊,一年生草本,茎带紫色,株高20～40 cm,舌状花黄色,基部或边缘红褐色,亦有全黄或全红褐色而边缘为黄色者,单瓣或重瓣。花期6—10月,无霜地区则全年有花。

2.细叶万寿菊

一年生草本,多分枝,叶羽状分裂,裂片线形。舌状花5枚单轮排列,淡黄或橙黄色,基部色深或有赤色条斑。花期晚于孔雀草。

3.香叶万寿菊

全株芳香。头状花序金黄或橙黄色,花径1.5 cm。

(二)生态习性

万寿菊喜温暖、湿润和阳光充足环境。不耐寒。生长适温15～20 ℃,冬季温度不低于5 ℃。夏季高温30 ℃以上,植株徒长,茎叶松散,开花少。10 ℃以下生长速度减慢。喜湿又耐干旱,夏季水分过多,茎叶生长旺盛,影响株形和开花。高温期要严格控制水分,以稍干燥为好。万寿菊光,阳光充足对生长十分有利,植株矮壮,花色艳丽。对土壤要求不严,但以肥沃深厚、富含腐殖质、排水良好的沙质土壤为宜。

(三)繁殖方法

采用播种和扦插繁殖。播种繁殖以3—4月为宜,发芽适温19～21 ℃,播后5～7 d发芽。幼苗长出2～3片真叶时即可移植。

扦插繁殖宜在5—6月进行,选择嫩枝作插条,长10 cm左右,插入沙床或泥炭土中,室温19～21 ℃,插后10～15 d生根,扦插苗30～40 d可开花。

(四)栽培管理

1.浇水

应根据见干见湿的原则浇水。夏、秋季早上浇水,冬、春季中午浇水。

2.施肥

生长期追施2～3次0.1%尿素肥水,以促进植株生长。植株满盆后追施0.1%三元复合肥,以促进花芽分化。

3.光照

万寿菊能忍受全日照,可在维持适量光照的同时尽可能保持较高的光照水平。

4.摘心

苗期应反复摘心2～3次,促其分枝,使植株矮化,花朵增多。

5.病虫害防治

万寿菊常见病害有叶斑病、锈病、茎腐病等,可用50%托布津可湿性粉剂500倍液喷洒。常见虫害有盲蝽、叶蝉和红蜘蛛等,可用50%敌敌畏乳油1 000倍液喷杀。

(五)观赏应用

万寿菊花大色美,开花繁多,花期长,栽培容易,是园林中常见的草本观赏植物,广泛用于花坛布置和盆栽摆设。

四、矮牵牛

矮牵牛又名碧冬茄、番薯花,为茄科碧冬茄属多年生草本观赏植物(图8.4)。在我国华北为一年生,在华南常作多年生栽培。因其花朵似牵牛,植株矮小而得名。矮牵牛原产于南美,在欧美及日本等地区广泛栽培。

(一)形态特征

株高15～45 cm,全株被有白色黏毛。茎直立稍呈匍匐状。叶卵形全缘,几乎无柄,互生,嫩叶略对生。花单生叶腋及顶生;花萼5裂,裂片披针形;花冠漏斗状;花瓣变化多,有重瓣、半重瓣、单瓣及花瓣边缘皱褶或呈波状锯齿等各式变化。花色丰富,有纯白、粉红、桃红、玫瑰红、紫红、深红、紫色、雪青、红白相间,以及具有各种条纹、网纹、放射纹等镶嵌间色。花期4—10月。如保持适宜温度,可四季开花。

图8.4　矮牵牛

常见园艺栽培类型有:

1.垂吊型

F1代杂交种,株高5～15 cm,冠幅90～120 cm,可作盆花、花坛及大型容器栽培,也可地栽。

2.花篱型

F1代杂交种,适宜地栽,如"潮波",整个生长季节保持灌木丛状株型,耐葡萄孢菌病害,抗倒伏,雨后复植很快,地被植物,冠幅达75～120 cm。

3.大花单瓣型

F1代杂交种,适宜盆栽、布置花坛及大型容器栽培,如"大地"系列等,是最畅销的带脉纹大花品种,花径10 cm,开花早。

4.大花重瓣型

F1代杂交种,株高25～40 cm,适宜盆栽、花坛及大型容器栽培,如"双瀑布"系列等,开花早,分枝性好,花特大,直径10～13 cm,花瓣浓密。

5. 多花单瓣型

株高 25～40 cm，适宜盆栽、花坛及大型容器栽培，如"地毯"系列，无限多花，株形紧凑，耐热。"海市蜃楼"，综合了大花型矮牵牛花大和多花型花多的特点，花色齐全，共 22 个花色，适应性极强，分枝多。

6. 多花重瓣型

株高 25～40 cm，适宜盆栽、花坛及大型容器栽培，如"二重唱"系列，有 11 个红色品种，花形整齐一致，开花早，分枝性强，株形整齐。"水果馅饼混色"，多花型重瓣花，抗病性强，花量大。

（二）生态习性

矮牵牛是经过杂交培育得到的新类型。性喜温暖，不耐寒，耐暑热。生长适温为 15～20 ℃，冬季温度为 4～10 ℃，如低于 4 ℃，植株生长停止，能耐受-2 ℃低温；夏季高温 35 ℃时，矮牵牛仍能正常生长，对温度的适应性较强。忌雨涝积水，喜疏松、排水良好的微酸性沙质土壤，要求阳光充足、通风良好，天气阴凉则花少叶茂。花期长，只要气温维持在 15～25 ℃，并满足阳光及肥水条件，就可以全年开花不断。

（三）繁殖方法

常用播种繁殖和扦插繁殖。矮牵牛种子细小，多用盆播法。在播种时，可在种子中掺少量细沙，使播种均匀，然后播入浅盆内，播后可不覆土，需盖薄膜或玻璃保温。发芽适温 20～22 ℃，播后 5～7 d 出苗。华南地区常年均可播种，但在冬季播种应进行保温。如在 1 月上旬播种，5 月上旬开花；4 月上中旬播种，7 月上旬即可开花；7 月上旬播种，9 月上旬开花。

重瓣和大花品种一般不易结实，可采用扦插繁殖。春、夏、秋三季均可，以春、秋季为佳。一般在 4—5 月和 8—9 月进行。夏季温度高、湿度大，插条易腐烂，成活率较低。插条选择带顶芽的嫩枝，长 8～10 cm，剪除下部叶片，插入基质中，温度保持 25 ℃左右，15 d 即可发根。

（四）栽培管理

1. 浇水

矮牵牛喜干怕湿，水分不宜过多，夏季高温季节可在早、晚浇水，保持盆土湿润。梅雨季节雨水多，盆土过湿，对矮牵牛生长十分不利，茎叶容易徒长。花期雨水多，则花朵褪色，易腐烂。盆内长期积水，往往引起根部腐烂，整株萎蔫死亡。

2. 施肥

矮牵牛施肥不宜过多，以免植株徒长倒伏。一般每半月施肥 1 次，以腐熟饼肥水为主。花期增施 2～3 次过磷酸钙。如在幼苗期喷施 0.25%～4% 的 B$_9$ 溶液，可使花朵紧密美观，并提早开花。矮牵牛在夏季高温多湿条件下，植株易倒伏，注意修剪整枝，摘除残花，达到花繁叶茂。

3. 光照

矮牵牛属长日照植物。生长期要求阳光充足，大部分品种在正常阳光下，从播种至开花需 100 d 左右，如果光照不足或阴雨天过多，则往往开花延迟，且开花少。

4.病虫害防治

矮牵牛常见病害有花叶病和细菌性青枯病,防治方法是必须对盆栽土壤进行消毒,出现病株时立即拔除,并用10%抗菌剂401醋酸溶液1 000倍液喷洒防治。常见虫害主要是蚜虫,可用10%二氯苯醚菊酯乳油2 000～3 000倍液喷杀。

（五）观赏应用

矮牵牛花朵较大,色彩丰富,夏季开花不断,已成为重要的盆栽和花坛植物。单瓣品种适应性较强,更适宜布置花坛,大花重瓣品种多用作盆栽造型,长枝种还可作为窗台、门廊的垂直美化材料。

五、三色堇

三色堇又名蝴蝶花、猫儿脸、鬼脸花,为堇菜科堇菜属多年生草本观赏植物,常作二年生花卉栽培(图8.5)。原产于欧洲,现各地广泛栽培。

（一）形态特征

图8.5 三色堇

株高15～25 cm,全株光滑,分枝多。叶互生,基生叶卵圆形,有叶柄;茎生叶披针形,具钝圆状锯齿,或呈羽状深裂,托叶宿存。花梗细长,单花生于花梗顶端;花瓣5片,上面1片先端短钝,下面的花瓣向后伸展,状似蝴蝶,花径4～5 cm;花色绚丽,每朵花有黄、白、蓝三色,花瓣中央还有一个深色的"眼"状斑纹;花萼5片,宿存,花期通常为4—6月,南方可在1—2月开花。蒴果椭圆形,呈三瓣裂;种子倒卵形。果熟期5—7月,种子千粒重1.16 g,寿命2年。

常见园艺栽培类型有:

1.大花型

花径10～12 cm,如"巨像",花色有红、粉、紫、蓝、黄等,还有蓝、白、红、黄、双色品种。还有"笑脸""帝国"等新品种。

2.中花型

花径5～7 cm,如"和弦""纯报春""王冠""水晶碗""白边红脸"等早花新品种,花色有橙、黄、白、红、蓝、紫等。

3.小花型

花径3～5 cm,如"黑魔",为真正黑色花;"帕德帕拉德杰",株高15 cm,花径5 cm,是三色堇中颜色最深的橙色品种,耐半阴环境;"露西姬姑娘",花径3.5 cm,是真正的迷你小花,株高10～12 mm,花天蓝色,花期长。

（二）生态习性

三色堇性喜凉爽的气候,较耐寒而不耐暑热。在昼温15～25 ℃、夜温3～5 ℃的条件下发育良好。昼温若连续在30 ℃以上,则花芽消失,或不形成花瓣。对光照反应比较敏感,若光照充足,日照时间长,则茎叶生长繁茂,开花提早;如光照不足,日照时间短,则开花不佳或延迟开花。要求肥沃湿润的沙壤土,土壤瘠薄则生长发育不良。

（三）繁殖方法

三色堇可用播种或扦插繁殖,多用播种繁殖。播种繁殖通常进行秋播,发芽适温 15 ~ 20 ℃,7 ~ 10 d 发芽出苗,从播种至开花需 100 ~ 110 d。8—9 月间播种育苗,可供春季花坛栽植,南方可供春节观花。

扦插繁殖可在夏初剪取嫩枝扦插,但较少使用。

（四）栽培管理

1. 浇水

生长期要求水分充足,经常保持土壤湿润,同时注意排水防涝,冬季则适当控制浇水。

2. 施肥

三色堇喜肥,生长期间应做到薄肥勤施。冬季不施肥。春暖后结合浇水施稀薄液肥。

3. 光照

三色堇属阳性植物,对光照反应比较敏感,栽培场所应光照充足,如光照不足,则开花少或开花延迟。

4. 病虫害防治

常见病害有炭疽病和灰霉病,发现病株应及时拔除,并用50%多菌灵可湿性粉剂500倍液喷洒防治。常见虫害有蚜虫和红蜘蛛,应及时防治。

（五）观赏应用

三色堇植株矮生,花色丰富,是春季花坛的主要观赏植物,布置花坛、花境,覆盖地面,均能形成独特的早春景观。

六、翠菊

翠菊又名江西腊、八月菊,为菊科翠菊属草本观赏植物(图 8.6)。原产于中国北部,现世界各地广泛栽培。

图 8.6　翠菊

（一）形态特征

茎直立,上部多分枝,高 20 ~ 80 cm。全株疏生短毛。叶互生,叶片卵形至长椭圆形,有粗钝锯齿,下部叶有柄,上部叶无柄。头状花序单生枝顶,花径 3 ~ 15 cm;总苞片多层,苞片叶状,外层草质,内层膜质;花色丰富,有绯红、桃红、橙红、粉红、浅粉、紫、墨紫、蓝、天蓝、白、乳白、乳黄、浅黄等色;管状花黄色。瘦果楔形,浅褐色。春播花期 7—10 月,秋播花期 5—6 月。

常见的栽培类型有：

1. 单瓣型

有平瓣单瓣、管瓣单瓣和鸵羽单瓣，花梗长，多用于切花栽培。

2. 鸵羽型

花径 10 cm，外部数轮狭长卷曲鸵羽形花瓣，株高 45 cm，还有高茎大花的类型，高达 90 cm。

3. 翻卷型

株高 45 cm 以上，花形整齐满心，径大者可达 10 cm，舌状花短阔，先端外翻，作为切花或布置花坛。

4. 平展型

花形整齐满心，但舌状花先端平展，有矮生种，株高 30 cm。

5. 内卷型

舌状花先端内卷，有大花、小花品种和矮生种。

6. 管状重瓣型

舌状花卷成管形或半管形，散射，满心，中间小瓣略呈扭曲。花序直径可达 10 cm 以上。有矮生小花品种，高仅 30 cm，花径 3 cm，株丛圆，适宜布置花坛或盆栽。

（二）生态习性

翠菊喜温暖、湿润和阳光充足。怕高温、多湿和通风不良。生长适温为 15～25 ℃，冬季温度不低于 3 ℃。若 0 ℃以下茎叶易受冻害。夏季温度超过 30 ℃，开花延迟或开花不良。对土壤要求不严，喜富含腐殖质、疏松肥沃和排水良好的沙质壤土。根系浅，忌连作。

（三）繁殖方法

翠菊常用播种繁殖。因品种和应用要求不同播种时间不同。可从 11 月至翌年 4 月播种，开花时间可为 4—8 月。发芽适温为 18～21 ℃，播后 7～15 d 发芽。幼苗生长迅速，应及时间苗。

（四）栽培管理

1. 浇水

翠菊为浅根性植物，生长过程中要保持盆土湿润，有利茎叶生长。盆土过湿易引起徒长、倒伏和病害。

2. 施肥

翠菊好肥，盆栽时要施足基肥，以后每隔 10～15 d 再施 1 次饼肥水（化肥不宜多用），以促株壮叶茂。

3. 光照

翠菊为长日照植物，对日照反应比较敏感，在每天 15 h 长日照条件下，保持植株矮生，开花可提早。若短日照处理，植株长高，开花推迟。夏季高温强光，需适当遮阳，否则花期延迟或开花不良。

4.病虫害防治

翠菊常见病害有锈病和立枯病,锈病可用120～160倍等量式波尔多液或250～300倍敌锈钠液防治。立枯病可用100倍福尔马林进行土壤消毒。常见虫害有红蜘蛛和蚜虫,可喷施1 500倍乐果防治。

(五)观赏应用

翠菊花色鲜艳,花形多样,开花丰盛,花期颇长,是国内外园艺界非常重视的观赏植物。矮生种用于盆栽、花坛观赏,高秆种可作切花观赏。

七、雏菊

雏菊又名延命菊、春菊,为菊科雏菊属多年生草本观赏植物,常作二年生栽(图8.7)。原产于西欧,各地园林常见栽培。

图8.7 雏菊

(一)形态特征

植株矮小,全株具毛,高15～20 cm。叶自基部簇生,长匙形或倒长卵形,基部渐狭,先端钝,微有齿。花葶自叶丛中抽出,头状花序单生,舌状花1轮或多轮,具白、粉、紫、洒金等色,管状花黄色,花径2.5～4.0 cm。瘦果扁平,灰白色。花期2—6月,果熟期3—7月。

目前栽培类型主要有平瓣型、小花型、筒状花型等。

(二)生态习性

雏菊性强健,较耐寒,喜冷凉气候,忌炎热,可耐-3～-4 ℃低温,通常可露地覆盖越冬,但重瓣大花品种耐寒力较弱。在肥沃、富含腐殖质的壤土开花更佳。到夏季暑热时则长势不佳,开花很少。

(三)繁殖方法

雏菊可用播种和分株繁殖,多用播种繁殖,但播种繁殖往往不能保持其母本特性。播种用撒播法,多在秋季9—10月份播种,也可于早春播种,但夏季生长不良。北方秋播,冬季花苗需移入温室进行栽培管理。种子发芽适温20～25 ℃,播后7～10 d出苗,长出2～3片真叶时可移栽1次,5片真叶时定植于花坛或花盆中。

由于播种繁殖变异较大,一些优良品种可采用分株法繁殖,但长势不如播种繁殖,且结实差。

分株可在秋季进行,把植株分割成数丛,然后直接上盆养护。

(四)栽培管理

1.浇水

盆栽雏菊应保持土壤湿润,在发蕾时要适当控水,以防止花茎抽生过长。

2. 施肥

雏菊栽培除多施基肥外,生长期间每月追施 2 次 0.2% 的复合稀释液肥,现蕾后停止施肥。

3. 光照

雏菊喜光照充足,略耐阴,忌暑热,作多年生栽培时,夏季应置阴处养护。

4. 病虫害防治

雏菊常见病害有菌核病,可用 50% 托布津可湿性粉剂 500 倍液喷洒。常见虫害有短额负蝗,可用 50% 杀螟松乳油 1 000 倍液喷杀防治。

(五)观赏应用

园林中宜栽于花坛、花境的边缘,或沿小径栽植,与春季开花的球根观赏植物配合,也很协调。此外,也可盆栽观赏。

八、百日草

百日草又名百日菊,为菊科百日草属草本观赏植物(图 8.8)。原产于墨西哥、美国和南美。

(一)形态特征

株高 50 ~ 90 cm,茎直立而粗壮。叶对生,全缘,卵形至长椭圆形,基部抱茎。头状花序单生枝端,梗甚长,花径 4 ~ 10 cm;舌状花倒卵形,有白、黄、红、紫等色;管状花黄橙色,边缘 5 裂;花期 6—9 月。瘦果,果熟期 8—10 月。

图 8.8　百日草

百日草品种类型很多,常见的主要有:

1. 大花重瓣型

花径达 12 cm 以上,极重瓣。

2. 纽扣型

花径仅 2 ~ 3 cm,极重瓣性,全花呈圆球形。

3. 低矮型

株高仅 15 ~ 40 cm。

(二)生态习性

百日草性喜温暖和阳光充足。对温度比较敏感,生长适温为 20 ~ 25 ℃;低于 13 ℃ 则停止生长,茎叶开始枯黄;幼苗期要求温度在 15 ℃ 以上,低于 15 ℃ 生长受阻。要求肥沃而排水良好的土壤,若土壤瘠薄,过于干旱,则花少,花色不艳,花径也小。

(三)繁殖方法

常用播种和扦插繁殖。播种繁殖于 3—4 月进行。发芽适温 21 ~ 25 ℃,播后 7 ~ 10 d 发芽,发芽率为 60%。播种至开花时间因品种不同而异,一般为 45 ~ 75 d。

扦插繁殖于6—7月进行。剪取10 cm长的侧枝,插入沙床,插后15~20 d生根。由于扦插苗生长不整齐,费工,多不采用。

（四）栽培管理

1. 浇水

百日草耐干旱,在夏季多雨水或土壤排水不良情况下生长不良,植株细长,节间伸长,花朵变小,可通过控制浇水来调节植株高度。

2. 施肥

百日草幼苗期每半月施肥1次,花蕾形成前增施2次磷钾肥。氮肥不宜过多,以免植株徒长。

3. 光照

百日草属阳性植物,栽培场所应光照充足,光照不足则容易导致徒长,开花少且花色不艳。

4. 修剪

百日草定植成活后,留下两对真叶摘心,以促腋芽生长,使植株粗壮矮化。如在摘心后腋芽长至3 cm左右时用0.5%的B$_9$喷洒,矮化效果显著。花后不留种需及时摘除残花,减少养分消耗,促使叶腋间萌发新侧枝而多抽花蕾。

5. 病虫害防治

常见病害有白粉病,可用75%百菌清可湿性粉剂800倍液喷洒。常见害虫有蚜虫,可用50%杀螟松乳油1 500倍液喷杀。

（五）观赏应用

百日草花朵硕大,色彩丰富,花形别致,花期又长,是园林中常见的夏季盆栽草花,可用于花坛、花境布置。

九、金鱼草

金鱼草又名龙头花、龙口花、狮子花,为玄参科金鱼草属多年生草本观赏植物,常作二年生栽培(图8.9)。因其花冠筒状唇形,基部膨大成囊状如金鱼而得名。原产于地中海沿岸,现世界各地广泛栽培。

图8.9　金鱼草

（一）形态特征

株高20~70 cm。茎直立,基部有时木质化,茎中上部被腺毛,基部有时分枝。下部的叶常对生,上部的叶常互生,具短柄;叶片披针形至长圆状披针形,长2~6 cm,无毛,先端尖,基部楔形,全缘。总状花序顶生,密被腺毛;花梗短;萼片5深裂,钝或急尖;花冠筒状唇形,基部膨大成囊状,上唇直立,2裂,下唇3浅裂,在中部向上唇隆起,封闭喉部,使花冠呈假面状;花色有白、淡红、深红、肉色、深黄、浅黄、黄橙等色;花期5—6月为主。蒴果卵形,种子细小,千粒重0.12 g,寿命3~4年。

常见栽培的有高型、中型和矮型品种,还有重瓣和四倍体品种等。

(二)生态习性

金鱼草喜阳光,也耐半阴,较耐寒,不耐热,生长适温为7~16 ℃,幼苗在5 ℃条件下通过春化阶段。高温对金鱼草生长发育不利,开花适温为15~16 ℃,有些品种温度超过15 ℃,不出现分枝,影响株形。对水分比较敏感,土壤应保持湿润。土壤宜用肥沃、疏松和排水良好的微酸性沙质壤土。

(三)繁殖方法

主要用播种繁殖,也可以扦插繁殖。长江以南地区可秋播,以9—10月为好。播种用泥炭土或腐叶土、培养土和细沙的混合土壤,通过高温消毒后,装入播种盘。金鱼草每克种子6 300~7 000粒,播后不覆盖,将种子轻压一下即行,发芽适温为21 ℃,浇水后盖上塑料薄膜,放半阴处,切忌阳光暴晒,约7 d可发芽,发芽后幼苗生长温度为10 ℃,出苗后6周可移栽。金鱼草易自然杂交,为了做到品种纯正,留种母株需隔离采种。许多重瓣和杂种一代金鱼草很难收到种子。

重瓣品种可以扦插繁殖,插穗选用当年播种健壮小苗的腋芽或剪取当年生健壮小苗的顶芽(结合摘心)。也可在花谢后选择健壮的植株,剪去老枝,地上部保留2~3 cm主茎,剪后施以氮为主的复合肥,待发出芽后剪取扦插。插穗长度为3~4个节,去掉下部叶片,保留上部1~2片叶。插后8~9 d就可生根。

(四)栽培管理

1. 浇水

定植后要浇1次透水,以后视天气情况而定,防止土壤过干与过湿。在养护管理过程中,浇水必须掌握见干见湿的原则,隔2 d左右喷1次水。雨后要注意排涝。

2. 施肥

施肥应注意氮、磷、钾的配合。金鱼草具有根瘤菌,本身有固氮作用,一般情况下不用施氮肥,适量增加磷、钾肥即可。在生长期内,施2次以氮肥为主的稀薄饼肥水或液肥,促使枝叶生长,但注意施肥不能过多,否则引起徒长,影响开花。出现花蕾时,喷施2%磷酸二氢钾溶液,有利于花色鲜艳。

3. 光照

金鱼草喜光,阳光充足条件下,植株矮生,丛状紧凑,生长整齐,高度一致,开花整齐,花色鲜艳。半阴条件下,植株生长偏高,花序伸长,花色较淡。金鱼草对光照长短反应不敏感。

4. 摘心与修剪

当幼苗长至10 cm左右时,就可以做摘心处理,以缩短植株高度。植株长到20 cm时再摘心1次,增加侧枝数量,增加花朵。修剪时剪去病弱枝、枯老枝和过密枝条,每次开完花后,剪去开过花的枝条,促使其萌发新枝条继续开花。

用作切花品种的不宜摘心,而要剥除侧芽,使养分集中在主枝上,但随着花枝生长要及时用细竹绑扎，使其挺直。

5.病虫害防治

金鱼草常见病害有茎腐病、苗腐病和灰霉病等。茎腐病可用50%敌菌丹可湿性粉剂1 000倍液浇灌植株根茎部。苗腐病发病初期可喷洒50%多菌灵可湿性粉剂800倍液或75%百菌清可湿性粉剂800倍液。灰霉病是温室内栽培金鱼草的重要病害，发病初期选用70%甲基托布津可湿性粉剂1 000倍液，或50%多菌灵可湿性粉剂800倍液喷雾防治，每隔10～15 d喷1次，连喷2～3次。

常见虫害有蚜虫、红蜘蛛、白粉虱等。用3%天然除虫菊酯或25%鱼藤稀释800～1 000倍液，对蚜虫有特效。40%三氯杀螨醇兑水1 000倍，是专用杀螨剂，可杀红蜘蛛。用黄色塑料板涂重油，可诱杀白粉虱成虫。

（五）观赏应用

金鱼草为优良的花坛、花带和花境材料，高型品种可作切花和背景材料，矮型品种可盆栽观赏和作花坛镶边。

十、彩叶草

彩叶草别名红五色草、锦紫苏、洋紫苏，为唇形科鞘蕊花属多年生草本或亚灌木观赏植物，作一年生栽培（图8.10）。原产于亚太热带地区的印度尼西亚爪哇，现世界各国广泛栽培。

（一）形态特征

株高50～80 cm，栽培苗多控制在30 cm以下。全株有毛，茎为四棱，基部木质化。单叶对生，卵圆形，先端长渐尖，缘具钝齿牙，叶长15 cm；叶片有淡黄、桃红、朱红、紫、绿等色彩相间成斑纹。顶生总状花序，花小，浅蓝色或浅紫色。小坚果平滑有光泽。彩叶草变种、品种极多，仍在不断地培育新品种，在装饰中占有重要地位。

图8.10 彩叶草

（二）生态习性

彩叶草适应性强，喜温，不耐寒，冬季温度不低于10 ℃。喜充足阳光，光线充足能使叶色鲜艳，夏季高温时稍加遮阴。对土壤要求不严，宜疏松、肥沃、排水良好的沙质土壤，忌积水。

(三)繁殖方法

通常采用播种繁殖。有些尚不能用播种繁殖的需采取扦插繁殖。

在高温温室内,四季均可播种,一般于3月在温室中盆播。用充分腐熟的腐殖土与沙土各半掺匀装入苗盆,将盛有细沙土的育苗盆放于水中浸透,然后按照小粒种子的播种方法下种,微覆薄土,以塑料薄膜覆盖,保持盆土湿润,发芽适温 25～30 ℃,10 d 左右发芽。出苗后间苗 1～2 次,再分苗上盆。

扦插一年四季均可进行,极易成活。也可结合植株摘心和修剪进行嫩枝扦插。剪取生长充实饱满枝条,截取 10 cm 左右,插入干净消毒的河沙中,入土部分必须带有叶节,扦插后遮阴养护,保持盆土湿润。温度较高时,生根较快,期间切忌盆土过湿,以免烂根。15 d左右即可发根成活,根长至 5～30 mm 时即可栽入盆中。

(四)栽培管理

1.浇水

应经常保持盆土及环境适度湿润,防积涝,忌干旱,以免叶片脱水失色,夏季浇水应做到见干见湿,过湿易烂根。

2.施肥

彩叶草喜富含腐殖质沙壤土。盆栽时施以骨粉或复合肥作基肥,生长期多施磷肥,以保持叶面鲜艳,忌施过量氮肥,否则叶面暗淡,盛夏时节停止施用。施肥时,切忌将肥水洒至叶面,以免灼伤腐烂。

3.光照

光照柔和充足,则彩叶草叶色艳丽鲜明,忌盛夏晴空烈日强光直射,易导致叶面粗糙失去光泽度。而在荫蔽环境条件下,叶色不鲜艳,导致叶面颜色变浅,植株生长细弱。

4.摘心与修剪

幼苗期应多次摘心,以促发侧枝,使之株形饱满。花后,可保留下部分枝 2～3 节,其余部分剪去,重发新枝。

5.病虫害防治

彩叶草常见病害有猝倒病、叶斑病、灰霉病等。幼苗期易发生猝倒病,应注意播种土壤的消毒,发病初期及时喷 50% 多菌灵 500 倍液,每隔 5～7 d 喷 1 次,连喷或交替喷 2～3 次;立枯病可喷洒 50% 立枯净可湿性粉剂 900 倍液;叶斑病和灰霉病可用 50% 托布津可湿性粉 500 倍液喷洒。室内栽培时易发生介壳虫、红蜘蛛和白粉虱危害,可用 40% 氧化乐果乳油 1 000 倍液喷雾防治,在生产过程中也可采用地膜全覆盖和挂防虫板等措施减少病虫害的发生。

(五)观赏应用

彩叶草色彩鲜艳、品种甚多,为应用较广的观叶观赏植物,除可作小型观叶花卉陈设外,还可配置图案花坛,也可作为花篮、花束的配叶使用。

十一、凤仙花

凤仙花又名指甲花、小桃红、急性子,为凤仙花科凤仙花属一年生草本观赏植物(图

8.11）。原产于中国及印度,现在世界各国广泛栽培。

图8.11　凤仙花

（一）形态特征

株高20～80 cm。茎平滑直立,脆而多汁,节部常膨大,无托叶,叶阔披针形,缘具细齿;一般互生、对生,上部叶片常轮生。花两性,左右对称,单生于叶腋或稍簇生;萼片3枚,绿色,下面一枚大,花瓣状,呈囊状,向下延伸成距;花瓣5,花色繁多,有紫、红、粉红、玫瑰红、白等,有1朵花开几种颜色的复色花,有单瓣和重瓣;花期长久,从6月一直开到深秋蒴果。

常见栽培的有:高型品种,株高80 cm以上,花多为单瓣;矮型品种(20～30 cm)和中型(40～60 cm),直立,无或少分枝,花多重瓣。

（二）生态习性

凤仙花性喜温暖、湿润、日照充足,耐热但忌炎热,不耐寒冷,生长适温为15～25 ℃,夏季要求凉爽并适当遮阴。怕湿,宜疏松肥沃排水良好、微酸土壤,但也耐瘠薄。

（三）繁殖方法

播种繁殖四季都能进行,以4月播种最为适宜,播种适温为20 ℃左右,约1周出苗。播种前应将苗床浇透水,使其保持湿润,当小苗长出2～3片叶时就要开始移植,以后逐步定植或上盆培育。凤仙亦可以自播繁衍。

（四）栽培管理

1.浇水

生长期间保证水分的供应,尤其夏季浇水要及时并充足,保持盆土湿润但不能积水。盆土干燥,植株极易萎蔫,待表现出萎蔫时,再浇水很容易引起腐烂;积水易烂根。整个生长季节要保持一定的空气湿度,夏季可以向叶面和地面喷水,以增加空气湿度。

2.施肥

施肥应注意氮、磷、钾的配合。每10 d浇施一次薄肥,为控制株高和株形,除前期多施氮肥外,开花前后应控制氮肥的施用。

3.光照

凤仙花喜阳光充足,越夏时适当遮阴,过强的阳光会灼伤叶片,而光线过弱则植株徒长,叶质变薄,叶色浅绿。

4.病虫害防治

常见病害有白粉病、褐斑病、立枯病等。白粉病发病期间用15%粉锈宁可湿性粉剂1 000倍液,或70%甲基托布津可湿性粉剂1 000倍液防治;发生褐斑病、立枯病,可发病初期用25%多菌灵可湿性粉剂300倍液，或50%甲基托布津100倍液，或75%百菌清1 000倍液防治。

虫害主要有蓟马和红蜘蛛等。蓟马用氧化乐果防治;红蜘蛛用杀螨药剂防治。

(五)观赏应用

凤仙花的形状像一只头足尾翅都向上翘的凤凰,凤仙花之名由此而来。我国民间,自古以来就使用凤仙花花瓣染指甲,故有指甲花之称。凤仙花是我国传统的花坛、花境美化材料,也可以栽植成花丛或花群。

十二、石竹

石竹是中国传统名花之一,又名中国石竹、洛阳花,为石竹科石竹属多年生草本观赏植物,作二年生栽培(图8.12)。原产于中国东北、华北、长江流域,分布很广,除华南较热地区外,几乎中国各地均有分布。

(一)形态特征

图8.12　石竹

株高30~40 cm,直立簇生。茎有节,多分枝;叶对生,条形或线状披针形。花萼筒圆形,花单朵或数朵簇生于茎顶,形成聚伞花序,花径2~3 cm;单瓣5枚或重瓣,先端锯齿状,花瓣阳面中下部组成美丽环纹,微具香气;花色有紫红、大红、粉红、纯白、红色、杂色等;花期4—10月,集中于4—5月。蒴果矩圆形或长圆形;种子扁圆形,黑褐色,千粒重0.9 g,寿命3~5年。

(二)生态习性

石竹喜阳光充足、干燥、通风及凉爽湿润气候。耐寒,不耐酷暑,夏季多生长不良或枯萎,栽培时应注意遮阴降温。要求肥沃、疏松、排水良好及含石灰质的壤土或沙质壤土,忌水涝,好肥。

(三)繁殖方法

常用播种、扦插和分株繁殖。播种繁殖一般秋播,在9—10月进行。种子发芽最适温度为21~22 ℃。播种于露地苗床,保持土壤湿润,播后5 d即可出芽,10 d左右即出苗,苗期生长适温10~20 ℃。当苗长出4~5片叶时可移植,翌春开花。

扦插繁殖在10月至翌年2月下旬到3月进行,枝叶茂盛期剪取嫩枝5~6 cm长作插条,插后15~20 d长出主根。

分株繁殖多在花后利用老株分株,可在秋季或早春进行。如可于4月分株,夏季注意排水,9月份以后加强肥水管理,10月初再次开花。

(四)栽培管理

1.浇水

石竹应保持盆土湿润,浇水应做到见干见湿,过湿易烂根。夏季雨水过多,注意排水,冬季宜少浇水。

2.施肥

盆栽石竹要求施足基肥,生长旺季,追施1次有机液肥,促使开花茂盛并延长花期。

3.光照

生长期间宜放置在向阳、通风良好处养护,夏季阳光过于强烈,适当遮阴。

4.摘心与修剪

苗长至15 cm高时摘除顶芽,促其分枝,以后注意适当摘除腋芽,不然分枝多,会使养分分散而花小,适当摘除腋芽可使养分集中,促使花大而色艳。开花前应及时去掉一些叶腋花蕾,主要是保证顶花蕾开花。

5.病虫害防治

常有锈病和红蜘蛛危害。锈病可用50%萎锈灵可湿性粉剂1 500倍液喷洒,红蜘蛛用40%氧化乐果乳油1 500倍液喷杀。

（五）观赏应用

石竹株型低矮,茎秆似竹,叶丛青翠,自然花期5—9月,温室盆栽可以花开四季。花朵繁茂,此起彼伏,观赏期较长。花色五彩缤纷,园林中可用于花坛、花境、花台或盆栽,也可用于岩石园和草坪边缘点缀,大面积成片栽植时可作景观地被材料。

十三、羽衣甘蓝

羽衣甘蓝又名叶牡丹、花包菜,为十字花科甘蓝属二年生草本观赏植物（图8.13）。原产于西欧,中国中、南部广泛栽培。

图8.13 羽衣甘蓝

（一）形态特征

株高20~40 cm,抽薹开花时连花序可高达1 m,无分枝。叶矩圆倒卵形,宽大,集生茎基部,被有白粉;叶柄粗而有翼。总状花序着生茎顶,花淡黄色。长角果圆柱形,种子球形。花期4月。

常见的栽培品种有:

1.红叶系统

顶生叶紫红,淡紫红或雪青色,茎紫红色。

2.白叶系统

顶生叶乳白、淡黄或黄色,茎绿色。

（二）生态习性

羽衣甘蓝性喜光,喜冷凉气候,极耐寒,经锻炼幼苗能耐−12 ℃的短时低温,可忍受多次短暂的霜冻。耐热性也很强,能在夏季35 ℃高温中生长。生长势强,栽培容易,生长适温15~25 ℃。对水分需求量较大,干旱缺水时叶片生长缓慢,但不耐涝。对土壤适应性较强,而以腐殖质丰富、肥沃的砂壤土或黏质壤土最宜。在肥水充足和冷凉气候下生长迅速,品质好。在钙质丰富、pH 5.5～6.8的土壤中生长最旺盛。

（三）繁殖方法

播种繁殖。秋季8—9月播种，5～7 d可发芽出苗，出苗整齐。4～5片叶时移植。

（四）栽培管理

1. 浇水

羽衣甘蓝全生育期需水较多，但也不能积水，浇水以见干见湿为宜，雨季应注意排水防涝，叶簇生长期不能缺水，应保持土壤湿润。

2. 施肥

羽衣甘蓝喜肥，在施足基肥的基础上，应适当进行追肥。前中期是追肥的重点时期，可每7～10 d施1次氮、磷、钾液肥，促其生长茂盛。

3. 光照

羽衣甘蓝较耐阴，但在充足的光照条件下叶片生长快速，品质好，因此，宜阳光充足。

4. 病虫害防治

羽衣甘蓝常见病害有黑斑病、菌核病。黑斑病可用50%多菌灵800～1 000倍液或40%退菌特400倍液防治；菌核病可用505速特灵2 000倍液或50%多菌灵600～800倍液防治。常见虫害有蚜虫、菜青虫等，应及时用药防治。

（五）观赏应用

羽衣甘蓝由于品种不同，叶色丰富多变，叶形也不尽相同，整个植株形如牡丹，所以被形象地称为"叶牡丹"，是著名的冬季露地草本观叶植物，用于布置冬季花坛、花境，亦可盆栽观赏。

十四、长春花

长春花别名日日草、山矾花、五瓣梅等，为夹竹桃科长春花属多年生常绿亚灌木状草本观赏植物，作一年生栽培（图8.14）。原产于非洲东部，现在我国各地园林多见栽培。

（一）形态特征

茎直立，多分枝。叶对生，长椭圆状；叶柄短，全缘，两面光滑无毛，主脉白色明显。聚伞花序顶生，花玫瑰红；花冠高脚碟状，5裂，花朵中心有深色洞眼。长春花的嫩枝每长出一叶片，叶腋间即开出两朵花，因此它的花朵特多，花期特长，花势繁茂，从春到秋开花从不间断，故有"日日春"之美名。

图8.14　长春花

（二）生态习性

长春花喜温暖、稍干燥和阳光充足。3—7月生长适温为18～24 ℃，9月至翌年3月为

13～18 ℃,冬季温度不低 10 ℃。宜肥沃和排水良好的壤土,耐瘠薄,但切忌偏碱性、板结、通气性差的黏质土壤,植株生长不良,叶子发黄,不开花。

（三）繁殖方法

常用播种和扦插繁殖。长江流域及其以北通常 4 月中旬播种,长春花每克种子 750 粒,发芽适温 20～25 ℃,播后 14～21 d 发芽。出苗后在光线强、温度高的中午,需遮阴 2～3 h。待苗高 5 cm,有 3 对真叶时移植。管理简单,无特殊要求,但应避免积水。

扦插繁殖于春季或初夏剪取嫩枝,长 8～10 cm,剪去下部叶,留顶端 2～3 对叶,插入沙床或腐叶土中,保持扦插土壤稍湿润,室温 20～24 ℃,插后 15～20 d 生根。

（四）栽培管理

1.浇水

长春花忌湿怕涝,盆土浇水不宜过多,过湿影响生长发育。露地栽培,盛夏阵雨要及时排水,以免受涝造成整片死亡。室内越冬植株应严格控制浇水,以干燥为好,否则极易受冻。

2.施肥

幼苗进入快速生长阶段,虽然栽培土中富含养分,但由于根系尚未发达,此时最需要补充肥料。过多的化肥易使介质中盐基浓度过高,从而导致幼苗根系无法扩展,出现“僵苗”。从 5 月下旬开花至 1 月上旬,每半月施肥 1 次,以延长花期。

3.光照

长春花喜光,生长期必须有充足阳光,叶片苍翠有光泽,花色鲜艳。随着植株的生长,对光照需求变为全日照,虽然在稍阴环境下可正常生长,但其开花数、开花大小却不如全日照下生长的植株,而且花期较短。因此,保持良好的光照相当重要。

4.摘心

幼苗长至 3～4 对真叶时可进行摘心,促使植株侧枝萌发,使株形匀称。苗高 7～8 cm 时摘心 1 次,以后再摘心 2 次,以促使多萌发分枝,多开花。花期随时摘除残花,以免残花发霉影响植株生长和观赏价值。

5.病虫害防治

常有叶腐病、锈病和根疣线虫病危害。叶腐病用 65% 代森锌可湿性粉剂 500 倍液喷洒;锈病用 50% 萎锈灵可湿性粉剂 2 000 倍液喷洒;根疣线虫病用 80% 溴氯丙烷乳油 50 倍液喷杀防治。

（五）观赏应用

长春花姿态优美,株形整齐,叶片苍翠具光泽,花期特长,适用于盆栽、花坛和岩石园观赏,特别适合大型花槽观赏,高秆品种还可作切花观赏。

十五、五色苋

五色苋别名红绿草、锦绣苋、模样苋,为苋科虾钳草属的多年生观赏植物,常作一年生栽培(图 8.15)。

（一）形态特征

茎直立或斜生，分枝较多，株高 15 ~ 40 cm。叶对生，全缘，窄匙形；叶面绿色或具各色彩纹。花序头状，簇生叶腋，小型，白色，胞果。

常见栽培品种有 3 个：

1.“黄叶”五色草

叶黄色而有光泽。

2.“花叶”五色草

叶具各色斑纹。

3.“小叶黑”五色草

叶绿褐色至茶褐色。

图 8.15　五色苋

（二）生态习性

五色苋喜温暖而不耐寒，宜在 15 ℃以上越冬。宜阳光充足，喜高燥，不耐干旱和水涝。土壤以沙质湿润及排水良好为宜，盛夏生长旺盛，入秋后叶色艳丽。

（三）繁殖方法

五色苋主要于春、夏季扦插繁殖。扦插的适宜温度为 20 ~ 25 ℃，相对湿度为 70% ~ 80%。一般取健壮的嫩枝顶部 2 节的长度为插穗，保持适宜条件 7 ~ 10 d 即可生根，2 周即可移植上盆或定植。夏季扦插宜略遮阴。

（四）栽培管理

1.浇水

生长季节适量浇水，保持土壤湿润，喜欢略微湿润的气候环境，要求生长环境的空气相对湿度为 50% ~ 70%。做模纹花坛时候，需要浇水喷雾。

2.施肥

五色苋一般不需施肥，为促其生长，也可追施 0.2% 磷酸铵。若施肥过多，叶色暗淡。

3.光照

在炎热的夏季遮掉大约 30% 的阳光。在春、秋、冬三季，由于温度不是很高，就要给予直射阳光的照射，特别冬季管理注意阳光充足。

4.摘心

当气温 20 ℃以上时，五色苋生长加速，可进行多次摘心或修剪，使之保持矮壮、密集的枝丛。若作模纹花坛，注意刈平。

（五）观赏应用

五色苋以观叶为主，原产于南美巴西，中国园林中常见栽培。五色苋类植株矮小，分枝力强，耐修剪，叶色鲜艳，适用于模纹花坛，形成浮雕式或立体图样。

十六、半支莲

半支莲又名太阳花、松叶牡丹、龙须牡丹、死不了等，为马齿苋科马齿苋属一年生肉质草本观赏植物（图8.16）。见阳光花开，早、晚、阴天闭合，故有太阳花、午时花之名。原产于南美巴西，中国各地均有栽培。

图8.16 半支莲

（一）形态特征

株高10～15 cm，茎细而圆，平卧或斜生，节上有丛毛。叶散生或略集生，圆柱形，长1～2.5 cm。花顶生，直径2.5～4 cm，基部有叶状苞片；花瓣颜色鲜艳，有白、深、黄、红、紫等色；6～7月开花。蒴果成熟时盖裂，种子小巧玲珑，棕黑色。园艺品种很多，有单瓣、半重瓣、重瓣之分，还有许多复色和杂色。

（二）生态习性

半支莲喜温暖、阳光充足而干燥的环境，不耐寒，阴暗潮湿之处生长不良。极耐瘠薄，一般土壤均能适应，能自播繁衍。

（三）繁殖方法

播种或扦插繁殖。春、夏、秋均可播种。当气温20 ℃以上时种子萌发，播后10 d左右发芽。覆土宜薄，不盖土亦能生长。幼苗分栽，株间隔5 cm×6 cm。需施液肥数次。在15 ℃以上条件下约20 d即可开花。果实成熟即开裂，种子易散落，需及时采收。

扦插繁殖常用于重瓣品种，在夏季将剪下的枝梢作插穗，萎蔫的茎也可利用，插活后即出现花蕾。移栽植株不需带土。

（四）栽培管理

1.浇水

半支莲生长期不必经常浇水，以干燥为好，盛夏阵雨，注意及时排水。

2.施肥

半支莲对肥料没有特殊要求，可半月施1次磷酸二氢钾，就能达到花大色艳、花开不断的效果。

3.光照

半支莲属强阳性植物，必须光照充足，晴天午间盛开，其他时间光照弱时，花朵常闭合或不能充分开放。近年已经育出了全日开花的品种，对日照没有要求。

4.病虫害防治

半支莲重点防治蚜虫、杏仁蜂、球坚介壳虫等。防治蚜虫的关键是在发芽前即花芽膨大期喷药，此期可用吡虫啉4 000～5 000倍液。发芽后使用吡虫啉4 000～5 000倍液并加兑氯氰菊酯 2 000 ~ 3 000 倍液即可杀灭蚜虫,此法也可兼治杏仁蜂。坐果后可用蚜灭净 1 500 倍液。球坚介壳虫分别于发芽前和 5 月下旬喷 40% 氧化乐果 1 000 倍液。

(五)观赏应用

半支莲不仅花色丰富、色彩鲜艳,景观效果极佳,且生长强健,管理粗放,自播繁衍能力强,能够达到多年观赏的效果,是良好的景观观赏植物,宜布置花坛的镶边或盆栽。

十七、麦秆菊

麦秆菊又名蜡菊,为菊科蜡菊属多年生草本观赏植物,常作一年生栽培(图 8.17)。花朵总苞片花瓣状,色彩鲜艳而且具光泽,坚硬,干膜质状如麦秆,花似菊花。原产于澳大利亚,在东南亚和欧美栽培较广,中国也有栽培。

(一)形态特征

茎直立,多分枝,株高 50 ~ 100 cm,全株具微毛。叶互生,长椭圆状披针形,全缘,短叶柄。头状花序生于主枝或侧枝的顶端,花冠直径 3 ~ 6 cm;总苞苞片多层,呈覆瓦状,外层椭圆形呈膜质,干燥具光泽,形似花瓣,有白、粉、橙、红、黄等色;管状花位于花盘中心,黄色;晴天花开放,雨天及夜间关闭,花期 7—9 月。瘦果小棒状,或直或弯,上具四棱,千粒重 0.85 g,种子寿命 2 ~ 3 年。果熟期 9—10 月。

图 8.17　麦秆菊

常见的栽培品种为"帝王贝细工",分高型、中型、矮型 3 型,也有大花型、小花型之分。

(二)生态习性

麦秆菊不耐寒、怕暑热,夏季生长停止,多不能开花。喜向阳处生长,喜肥沃、湿润而排水良好的土壤。

(三)繁殖方法

采用播种繁殖。发芽适温 15 ~ 20 ℃,约 7 d 出苗。一般 3—4 月播种于温室,温暖地区可秋播。3 ~ 4 片真叶时分苗,7 ~ 8 片真叶时定植,株距 30 ~ 40 cm,定植于园地或花坛,播种至开花约需 3 个月。

(四)栽培管理

1.浇水

江南地区 6 月开始进入梅雨季节,注意排积水,防止烂根。夏天遇干旱天气,早晚要各浇一次水,秋天保持土壤一定的湿度,以利结果。

2.施肥

定植后至开花期间,施 2 次豆饼液肥,浓度 20% 为宜,花期前追肥次数不能太多,肥量不能过大,否则开花虽多,但花色不艳。

3.光照

由于麦秆菊性喜干燥,栽培环境的阳光要充足,以利于生长。

4.摘心

为促使麦秆菊多发分枝,多开花,生长期可摘花2~3次。麦秆菊株高达75~120 cm时,要在株间插杆,设立支架,以防倒伏。

(五)观赏应用

麦秆菊可布置花坛,或在林缘自然丛植。花瓣因含硅酸而膜质化,并有光泽,干燥后形成花色经久不变,是天然的干花材料,通过自然阴干或加工可制成干花。

十八、虞美人

图8.18 虞美人

虞美人,别名丽春花、赛牡丹、小种罂粟花、蝴蝶满园春等,为罂粟科罂粟属一年生草本花卉(图8.18)。原产于欧、亚大陆温带,世界各地多有栽培,在中国广泛栽培。

(一)形态特征

株高40~60 cm,分枝细弱,全株被开展的粗毛,有乳汁。叶片呈羽状深裂或全裂,裂片披针形,边缘有不规则的锯齿。花单生,有长梗,未开放时下垂;花萼2片,椭圆形,外被粗毛;花冠4瓣,近圆形,具暗斑;花径5~6 cm;花色丰富,花期5—8月。蒴果杯形,成熟时顶孔开裂,种子肾形,多数,千粒重0.33 g,寿命3~5年。

(二)生态习性

虞美人耐寒,怕暑热,喜阳光充足。喜排水良好、肥沃的沙壤土。

(三)繁殖方法

采用播种繁殖。9—10月播种于预先整理好的苗床中,发芽适温20 ℃,因种子很小,苗床土必须整细,播后不覆土,盖草保持湿润,出苗后揭盖。待长到5~6片叶时移植,虞美人为直根系,再生能力弱,植株移栽后常常枯瘦,应选择阴天,先浇透水,再移植,移时注意勿伤根,并带土。亦可自播繁殖。

(四)栽培管理

1.浇水

耐干燥耐旱,不耐积水,生育期间浇水不宜多,以保持土壤湿润为好。若非十分干旱,不必浇水,但过于干旱会推迟开花并影响品质。

2. 施肥

施肥不能过多,否则植株徒长,过高也易倒伏。一般播前深翻土地,施足基肥,在孕蕾开花前再施1~2次稀薄饼肥水即可,花期忌施肥。

3. 光照

虞美人喜阳光充足,阳光不足,植株过于细弱,不利于生长和开花。

4. 病虫害防治

虞美人很少发生病虫害,常见病害有苗期枯萎病,用25%托布津可湿性粉剂1 000倍液喷洒。通常,子叶出苗后每周用1 000倍液百菌清或甲基托布津喷施,连续2~3次。若施氮肥过多,植株过密或多年连作,则会出现腐烂病,需将病株及时清理,再在原处撒石灰粉即可。

虞美人虫害不多,但有时会遭金龟子幼虫、介壳虫、蚜虫危害。若发现,可用40%氧化乐果1 000倍液喷除,每隔7 d喷施两次即可灭虫。蚜虫用50%灭蚜灵乳油1 000~1 500倍液或10%氯氢菊酯乳油3 000倍液,防治效果较好。

(五)观赏应用

虞美人袅袅婷婷,花朵上4片薄薄的花瓣质薄如绫,光洁似绸,兼具素雅与浓艳华丽之美。是春季美化花坛、花境以及庭院的草花,也可盆栽或切花。

第二节　宿根观赏植物栽培

宿根观赏植物,个体寿命超过两年,属于多年生草本,其特征是地下部分的形态正常,不发生变态现象;地上部分年年开花结实,秋冬枯死,来年从根部萌发新株,重新生长开花结实。例如芍药、萱草、鸢尾、玉簪、蜀葵等。

一、芍药

芍药又名将离、离草、梦尾春,为芍药科芍药属多年生草本观赏植物(图8.19)。古人评花:牡丹第一,芍药第二,称牡丹为花王,芍药为花相。因为开花较迟,故又称为"殿春"。原产于中国北部。中国栽培芍药已有2 000多年的历史,古代扬州栽培最盛。

(一)形态特征

多年生宿根草本观赏植物,高1 m左右。具纺锤形的块根,于地下茎产生新芽,新芽于早春抽出地面。初出叶红色,茎基部常有鳞片状变形叶,中部复叶二回三出,小叶矩形或披针形,枝梢部分渐小或成单叶。花单生枝顶,花大且美,有芳香;花瓣白、粉、红、紫或红色;单瓣、复瓣或重瓣。花期4—5月。

(二)生态习性

芍药在阳光充足处生长最好,性耐寒,在我国北方可以露地越冬。土质以深厚的壤土最适宜,以湿润土壤生长最好,但排水必须良好;积水尤其是冬季很容易使芍药肉质根腐

图 8.19　芍药

烂,所以低洼地、盐碱地均不宜栽培。芍药性喜肥,要深翻并施入充分的腐熟厩肥。

（三）繁殖方法

芍药的繁殖有播种、扦插和分株法。通常以分株繁殖为主。分株期以 9 月下旬至 10 月上旬为宜,将根株掘起,震落附土,用刀切开,使每个根丛具 2~3 芽,最好 3~5 芽,然后将分株根丛栽植。如果分株根丛较大(具 3~5 芽),第 2 年可能有花,但形小,不如摘除使植株生长良好;根丛小的(2~3 芽),第 2 年生长不良或不开花,一般要培养 2~5 年。

播种繁殖以 9 月采下即播为宜,越迟播,发芽率越低。播种后当年生根,次年春发芽出土。幼苗生长缓慢,有的芽 3~4 年才可开花,还有到第 5~6 年才开花的。

扦插法可用根插或茎插。秋季分株时可收集断根,切成 5~10 cm 一段,埋插在 10~15 cm 深的土中。茎插法在开花前 2 周左右,取茎的中间部分由二节构成插穗,插入温床沙土约 5 cm 深,要求遮阴并经常浇水,一个半月至两个月后发根,并形成休眠芽。

（四）栽培管理

1. 浇水

芍药喜旱怕涝,一般不需灌溉,严重干旱时,宜在傍晚灌透水 1 次。多雨季节,及时清沟排水,减少根病。

2. 施肥

芍药种植第二年起每年追肥 3 次:第 1 次于 3 月下旬到 4 月上旬,施淡有机肥(人粪尿);第 2 次 4 月下旬,每亩施有机肥 500 kg;第 3 次在 10—11 月,以圈肥为主,每亩施 150~200 kg。每次施肥,宜于植株两侧开穴施下。

3. 光照

芍药栽培地点要阳光充足,炎热夏天适当遮阳,否则叶片容易焦边。

4. 摘蕾

为了使养分集中供主蕾生长,每年春季芍药现蕾时及时将侧蕾摘除,可使花大而美丽。

5. 病虫害防治

芍药常见病害有炭疽病、叶斑病、锈病、灰霉病、软腐病等。

炭疽病发病时,清除病源,病害流行期及时摘除病叶,防止再次侵染危害。喷药最好在发病初期,常用药剂可选用 80% 炭疽福美可湿性粉剂 800 倍液、50% 甲基托布津湿性粉剂 500~800 倍液;叶斑病常发生在夏季,应及时剪除,清扫落叶集中烧毁;发病前及发病初期喷波尔多液或 50% 退菌特 800 倍液,7~10 d 喷 1 次,连续多次。锈病喷波美度 0.3~0.4 波尔多液或 97% 敌锈钠 400 倍液,7~10 d 喷 1 次,连续多次。灰霉病用 65% 代森锌 300 倍液浸泡种子 10~15 min 后下种,发病初期喷波尔多液,每隔 10~14 d 喷 1 次,连续 3~4 次。软腐病是种芽贮藏期间和芍药加工过程中的一种病害,种芽贮放要选通风处,使切口干燥,贮放场所先铲除表土及熟土后,用1%福尔马林或石硫合剂喷洒消毒。

虫害有蛴螬和小地老虎,按常规方法防治。

(五)观赏应用

芍药花大艳丽,品种丰富,在园林中常成片种植,花开时十分壮观,是花坛的主要观赏植物。可沿着小径、路旁作带形栽植,或在林地边缘栽培,并配以矮生、匍匐性观赏植物。有时单株或二、三株栽植以欣赏其特殊品型花色。还可以构成专类芍药园。芍药又是重要的切花,可插瓶,或作花篮。

二、鸢尾

鸢尾,别名蝴蝶花、蝴蝶兰、铁扁担,为鸢尾科鸢尾属多年生宿根观赏植物(图8.20)。原产于中国、西伯利亚和几乎整个温带地区,中国园林栽培甚广。

(一)形态特征

株高30~50 cm,根状茎匍匐多节,粗而节间短,浅黄色。叶为渐尖状剑形,长30~45 cm,宽2~4 cm;质薄,淡绿色,呈二纵列交互排列,基部互相包叠。花梗从叶丛抽出,总状花序1~2枝,每枝有花2~3朵;花蝶形,花冠蓝紫色或紫白色,径约10 cm;外3枚较大,圆形下垂;内3枚较小,倒圆形;外花被有深紫斑点,中央有一行鸡冠状白色带紫纹突起;雄蕊3枚,与外轮花被对生;花柱扁平如花瓣状,覆盖着雄蕊。花期4—6月,果期6—8月,蒴果长椭圆形。

图8.20 鸢尾

变种有白花鸢尾,花白色,外花被片基部有浅黄色斑纹。

(二)生态习性

鸢尾耐寒性较强,喜阳光充足,气候凉爽,亦耐半阴环境。要求适度湿润,排水良好,富含腐殖质土壤。

(三)繁殖方法

鸢尾多采用分株、播种繁殖。分株一般在春季花后或秋季进行,种植2~4年后分栽1次。分割根茎时,注意每块应具有2~3个不定芽,待伤口晾干后即可栽植。

一般种子于秋天成熟后立即播种,需要2~3年才能开花。

(四)栽培管理

1.浇水

盆栽夏季每天浇水1次,种子成熟阶段少浇水,以利种子成熟。

2.施肥

生长期每半月施肥1次,前期以氮肥为主,后期以磷、钾肥为主。氮肥不宜过多,以免植株徒长而延迟开花。

3.光照

鸢尾对光敏感,应在室外光照充足的地方种植,否则不利生长。

4.病虫害防治

鸢尾常见的病害有白绢病、鸢尾锈病和鸢尾叶斑病。白绢病用50%托布津可湿性粉剂500倍液浇灌,锈病及叶斑病用1∶160波尔多液喷洒2次。

（五）观赏应用

鸢尾叶片碧绿青翠,花色丰富,花形奇特,宛若翩翩彩蝶,是庭园中的重要观赏植物之一,也是优美的盆花、切花和花坛用花,也可用作地被植物,有些种类为优良的鲜切花材料。

三、萱草

萱草,又称黄花菜、谖草、金针、宜男草等,为百合科萱草属多年生草本观赏植物(图8.21)。原产于中国,有几千年栽培历史。1930年以后,美国一些植物园、园艺爱好者收集中、日等国所产萱草属植物,进行杂交育种,现品种已达万种以上,是百合科观赏植物中品种最多的一类。

图8.21 萱草

（一）形态特征

萱草具短根状茎,肉质。叶基生,宽线形,对排成两列,宽2~3 cm,长可达50 cm以上;背面有龙骨突起,嫩绿色。花葶细长坚挺,高60~100 cm,着花6~10朵,呈顶生聚伞花序;花大,漏斗形,直径10 cm左右;花被裂片长圆形,下部合成花被筒,上部开展而反卷,边缘波状,橘黄至橘红色。花期6月上旬至7月中旬,每花仅放1 d。蒴果,背裂,内有亮黑色种子数粒。果实很少能发育,制种时常需人工授粉。

（二）生态习性

萱草性强健,耐寒,华北可露地越冬。适应性强,喜湿润也耐旱,喜阳光又耐半阴。对土壤选择性不强,耐瘠薄和盐碱性。但以富含腐殖质,排水良好的湿润土壤为宜。

（三）繁殖方法

萱草常分株和播种繁殖。春秋以分株繁殖为主,每丛带2~3个芽,施以腐熟的堆肥,若春季分株,夏季就可开花,通常3~5年分株1次。

播种繁殖春秋均可。春播时,前一年秋季将种子沙藏,播后发芽迅速而整齐。秋播时,9—10月露地播种,翌春发芽。一般2年开花。现多倍体萱草需经人工授粉才能结种,采种后立即播于浅盆中,遮阴,保持一定湿度,40~60 d出芽,出芽率可达60%~80%。6月份待小苗长出几片叶子后移栽露地,行株距20 cm×15 cm,次年7—8月开花。

（四）栽培管理

1. 浇水

萱草虽适应性强,在干旱、贫瘠土壤均能生长,但生长开始至开花前如遇干旱应适当灌水,否则开花小而少,雨涝则注意排水。

2. 施肥

种植时施足基肥(以腐熟的牛粪或猪粪为宜),花前及花期需补充追肥 2～3 次,以磷、钾肥为主,也可喷施 0.2% 磷酸二氢钾,促使花朵肥大,并可达到延长花期的效果,入冬前施 1 次腐熟有机肥。

3. 光照

萱草栽培地点要阳光充足,炎热夏天适当遮阳,否则叶片容易焦边。

4. 摘蕾

为了使养分集中供主蕾生长,每年春季现蕾时及时将侧蕾摘除,使开花美而大。

5. 病虫害防治

叶枯病和锈病是萱草极易发生的两种病害,要加强栽培管理。叶枯病发病初期用 50% 代森锰锌 500～800 倍液可有效防治。锈病发病初期用 15% 粉锈宁可湿性粉剂 1 000～1 200 倍液,每隔 10～15 d 喷洒 1 次,可有效控制病害的发生。

（五）观赏应用

萱草花色鲜艳,栽培容易,且春季萌发早,绿叶成丛极为美观。园林中多丛植,或于花境、路旁栽植。萱草类耐半阴,又可做疏林地被植物。

四、荷包牡丹

荷包牡丹又称兔儿牡丹,罂粟科荷花牡丹属多年生草本观赏植物(图 8.22)。原产于中国河北和东北地区。

（一）形态特征

荷包牡丹在地下有粗壮的根状茎,株高 30～60 cm。叶对生,有长柄,三出羽状复叶,小叶倒卵形,有缺刻,基部楔形,似牡丹的叶。总状花序,有小花数朵至 10 余朵,着生于枝顶下弯呈拱状生长的细长总梗的一侧;花瓣 4 片,交叉排列为内外两层,外层两瓣粉红色或玫红色联合成心脏形,基部膨大为囊状似荷包,故名荷包牡丹;内层两瓣粉白色,细长,从外瓣内伸出,包被在雄雌蕊外,好似铃,故别名铃儿草。花期 4—6 月,花后结细长的圆形蒴果,种子细小,先端有冠毛。

图 8.22　荷包牡丹

（二）生态习性

荷包牡丹喜光，可耐半阴。性强健，耐寒而不耐夏季高温。喜湿润，不耐干旱。宜富含有机质的壤土，在沙土及黏土中生长不良。

（三）繁殖方法

常用播种、分株或扦插繁殖。

播种繁殖，种子成熟后，随采随播，3年开花。

常用分株法，早春2月当新芽萌动而新叶未展出之前，将植株从盆中脱出，抖掉根部泥土，用利刀将根部周围蘖生的嫩茎带须根切下，两三株植于一盆，覆土高于旧土痕2～3 cm，浇水，置阴处，长新叶后按常规管理，当年可开花。分株要注意两点：一要适时，如老株的新叶已展开再分株，易伤根系，成活率低，深秋休眠期亦可分株，但成活率不高；二要相隔2～3年才能分1次，不能年年分株。

扦插法，花谢后剪去花序，7～10 d后剪取下部有腋芽的健壮枝条10～15 cm，切口蘸硫黄粉或草木灰，插于素土中，浇水后置阴凉处，常向插穗喷水，但要控制盆土浇水，微润不干即可，月余可生根，翌春带土上盆定植，管理好当年可开花。

（四）栽培管理

1.浇水

荷包牡丹系肉质根，稍耐旱，怕积水，因此要根据天气、盆土的墒情和植株的生长情况等因素适量浇水，坚持不干不浇，见干即浇，浇必浇透，不可渍水的原则。春秋和夏初生长期的晴天，每日或隔日浇1次，阴天3～5 d浇1次，常保持盆土半湿，对其生长有利，过湿易烂根，过干生长不良叶黄。盛夏和冬季休眠期，盆土要相对干一些，微润即可。

2.施肥

荷包牡丹喜肥，上盆定植或翻盆换土时，宜在培养土中加骨粉或腐熟的有机肥或氮、磷、钾复合肥，生长期10～15 d施1次稀薄的氮磷钾液肥，使其叶茂花繁，花蕾显色后停止施肥，休眠期不施肥。

3.光照

荷包牡丹喜散射光充足的半阴环境，比较耐寒，而怕盛夏酷暑高温，怕强光暴晒，因此宜置于庭院的大树下、葡萄架下、高大建筑物的背阴面、东向或北向阳台。夏季休眠期要置于通风良好的阴处，不能见直射光，并常向附近地面洒水，提高空气湿度，降低温度。

4.病虫害防治

荷包牡丹有时发生叶斑病，可用65%代森锌可湿性粉剂600倍液喷洒。虫害有介壳虫危害，用40%氧化乐果乳油1 500倍液喷杀。

（五）观赏应用

荷包牡丹叶丛美丽，花朵玲珑，色彩绚丽，形似荷包。宜布置花境、花坛，也可以盆栽，还可以点缀岩石园，在林下大面积种植或草地边缘湿润处丛植，景观效果极好。

五、玉簪

玉簪又名玉春棒、白鹤花、白萼，为百合科玉簪属多年生草本观赏植物（图8.23）。原产于中国,1789 年传入欧洲,园林绿化中应用广泛。玉簪是较好的阴性植物,在园林中可植于林下作地被植物,或植于岩石园或建筑物北侧,也可盆栽观赏,或取其叶片作插花作品的配叶,或作切花。其花色美如玉,芳香,沁人心脾。

图 8.23　玉簪

(一)形态特征

株高 30 ~ 50 cm。叶基生成丛,卵形至心状卵形,基部心形,叶脉呈弧状。总状花序顶生,高于叶丛,花为白色,管状漏斗形,浓香。花期 6—8 月。同属有开淡紫色花的紫萼、狭叶玉簪、波叶玉簪等。

(二)生态习性

玉簪性强健,耐寒冷,喜温暖气候,但夏季高温、闷热(35 ℃以上,空气相对湿度在 80%以上)不利于生长。对冬季温度要求很严,温度在 10 ℃以下停止生长,在霜冻出现时不能安全越冬。性喜阴湿,不耐强日光照射。要求土层深厚,排水良好且肥沃的沙质壤土。

(三)繁殖方法

玉簪的繁殖有播种和分株法,以分株为主。分株繁殖最好是在早春 2—3 月份土壤解冻后进行,把母株从花盆内取出,用锋利的小刀切成两株或两株以上,每一株要带有相当的根系,并对其叶片进行适当地修剪,以利于成活。把分割下来的小株在百菌清 1 500 倍液中浸泡 5 min 后取出晾干,即可上盆。也可在上盆后马上用百菌清灌根。分株装盆后灌根或浇 1 次透水。分株后 3 ~ 4 周内要节制浇水,以免烂根,还要防止阳光过强,最好是放在遮阴棚内养护。

播种繁殖,用温水浸种 12 ~ 24 h,直到种子吸水膨胀后,将种子按 3 cm×3 cm 的间隔点播于基质中。播后覆盖基质,厚度为种粒的 2 ~ 3 倍。播后将播种基质淋湿,盆土略干时再淋水。幼苗出土后,及时揭开薄膜,并在每天上午的 10 时前,或者在下午的 3 时之后见光,否则幼苗生长柔弱;大多数种子出齐后,需要适当间苗;当大部分幼苗长出了 3 ~ 4 片叶移栽上盆。

(四)栽培管理

1.浇水

玉簪喜欢略湿润的气候环境,空气相对湿度为 50% ~ 70%。保持土壤湿润,夏天可以叶面喷水,提高空气湿度,遵循"见干见湿,干要干透,不干不浇,浇就浇透"的原则。

2.施肥

玉簪要求"淡肥勤施、量少次多、营养齐全",在施肥过后,保持叶片和花朵洁净。

3.光照

在春、秋、冬三季,由于温度不高,给予充足光照,以利于进行光合作用和形成花芽、开花、结实,忌阳光直射。在夏季的高温时节(白天温度在 35 ℃以上),放在直射阳光下养护,生长缓慢或进入半休眠状态,叶片也会受到灼伤而变黄、脱落。因此,在炎热的夏季要遮掉大约50%的阳光。

4.病虫害防治

常见病害包括炭疽病、叶霉斑点病、黑斑病、白绢病和病毒病等。炭疽病发生期间,清除病残体,集中烧掉;用70%甲基托布津800倍液、50%代森锰锌600倍液或50%多菌灵600倍液等喷雾。叶霉斑点病发生期间,及时摘除病叶后立即喷药防治,可用65%代森锌可湿性粉剂500倍液,或75%百菌清可湿性粉剂500~800倍液,或50%代森铵800~1000倍液,每5~7 d喷1次,共喷2~3次。灰斑病发病期间可喷施1%波尔多液或65%代森锌可湿性粉剂600~800倍液。

虫害主要有蜗牛、蚜虫、白粉虱。防治蜗牛用6%的密达,撒施9 kg/hm^2;防治蚜虫、白粉虱,用10%的蚜虱净2000倍液,或90%杜邦万灵2500倍液叶面喷雾。

(五)观赏应用

荷包牡丹叶丛美丽,花朵玲珑,色彩绚丽,形似荷包。宜布置花境、花坛,也可以盆栽,还可以点缀岩石园,在林下大面积种植或草地边缘湿润处丛植,景观效果极好。

第三节　球根观赏植物栽培

球根观赏植物属多年生,其特征是地下部分的根或茎变态肥大成球状或块状等。如大丽花、美人蕉、郁金香、石蒜、葱兰等。

一、大丽花

大丽花又叫大丽菊、天竺牡丹、大理花等,是菊科大丽花属多年生块根类草本观赏植物(图8.24)。原产于墨西哥高原地区,世界各国广泛栽培。

(一)形态特征

大丽花具肥大的纺锤状肉质块根,株高40~200 cm。叶对生,1~3回羽状分裂。头状花序,总梗长伸直立;花色及花形多变,花色有红、黄、橙、紫、淡红和白色等单色,还有多种更为绚丽的复色;花期因品种而异,夏、秋季开花。瘦果黑色,有的品种不结实。

大丽花同属植物约15种,常见栽培观赏的原种有红大丽菊、卷瓣大丽菊、光滑大理菊等,经过长期选育,其花形、花色、植株高矮变化甚大。当今有1.4万多个园艺品种,按花型大致可分为单轮型、领饰型、托挂型、牡丹型、蟹爪型、蜂窝型、装饰型、睡莲型、仙人;掌型、菊型、球型等11型;按其株高可分为高型(200 cm左右)、中型(10~150 cm)、矮型(80~90 cm)、极矮型(20~40 cm)等4型。

(二)生态习性

大丽花性喜阳光和温暖而通风的环境,既不耐寒又忌酷暑。10~32 ℃都能适应,以15~25 ℃最适宜,32 ℃以上生长停滞,夏季宜生长于干燥而凉爽的气候条件下,每年要有一段时间的低温,以满足其休眠。我国辽宁、吉林等地夏季气温条件颇适合大丽花生长,而南方因夏季高温多雨,生长不及北方,但秋、冬季大丽花生长正常,花大色艳。忌黏重土壤,以富含腐殖质、排水良好的沙质壤土为宜,盆栽时要注意排水和通气。

图8.24　大丽花

(三)繁殖方法

大丽花以分根和扦插繁殖为主,育种用种子繁殖。

分根繁殖最为常用,因大丽花仅于根颈部能发芽,在分割时必须带有部分根颈,否则不能萌发新株。常采用预先埋根法进行催芽,待根颈上的不定芽萌发后再分割栽植。分根法简便易行,成活率高,苗壮,但繁殖株数有限。

扦插繁殖也是大丽花的主要繁殖方法,繁殖系数大,一般于早春进行,夏、秋亦可,以3—4月在温室或温床内扦插成活率最高。插穗取自经催芽的块根,待新芽基部1对叶片展开时,即可从基部剥取扦插。也可留新芽基部一节以上剪取,以后随生长再取腋芽处之嫩芽,这样可获得更多的插穗。春插苗经夏秋充分生长,当年即可开花。6—8月初可自生长植株取芽进行夏插,但成活率不及春插,9—10月扦插成活率低于春季,但比夏插要高。扦插基质以沙质壤土加少量腐叶土或泥炭为宜。

种子繁殖仅限于花坛品种和育种时应用。大丽花夏季多因湿热而结实不良,故种子多采自秋凉后成熟者。垂瓣品种不易获得种子,须进行人工授粉。播种一般于播种箱内进行,20 ℃左右4~5 d即萌芽出土,待真叶长出后再分植,1~2年后开花。

(四)栽培管理

1.浇水

大丽花喜水但忌积水,既怕涝又怕干旱,浇水要掌握"干透浇透"的原则。一般生长前期的小苗阶段,晴天可每日浇1次,保持土壤稍湿为度,太干太湿均不合适。生长后期,枝叶茂盛,消耗水分较多,中午或傍晚适当增加浇水量。夏季连续阴天后突然暴晴,应及时向地面和叶片喷洒清水降温,否则叶片发生焦边和枯黄。伏天无雨时,除每天浇水外,也应喷水降温。

2.施肥

从幼苗开始一般每10~15 d追施一次稀薄液肥。现蕾后每7~10 d施一次,到花蕾透色时停止浇肥水。气温高时不宜施肥,施肥量的多少要根据植株生长情况而定。叶片色浅,为缺肥;反之,施肥过量,则叶片边缘发焦或叶尖发黄。施肥的浓度要求一次比一次加大,这样能使茎秆粗壮。

3.光照

盆栽大丽花应放在阳光充足的地方,每日光照要求在6 h以上,这样植株苗壮,花朵硕大而丰满。若每天日照少于4 h,则茎叶分枝和花蕾形成会受到一定影响,特别是阴雨寡照则开花不畅,茎叶生长不良,且易患病。

4.整形修剪

盆栽大丽花的整枝,要根据品种灵活掌握。一般大型品种采用独本整形,中型品种采用4本整形。独本整形即保留顶芽,除去全部侧芽,使营养集中,形成植株低矮、大花型的独本大丽花。4本大丽花是将苗摘心,保留基部两节,使之形成4个侧枝,可成4秆4花的盆栽大丽花。大丽花不耐寒,11月间,当枝叶枯萎后,要将地上部分剪除或掘出块根越冬。

5.插杆扶株

大丽花的茎既空又脆,容易被风吹倒折断,应及时插杆扶持。杆避免枝条生长弯曲,提高盆栽观赏价值。当植株长高至30 cm以上时,应在每一枝条旁边插一小杆,并用麻皮丝(或细线绳)绑扎固定;随着植株长高,还应及时更换插杆,最后插的小杆要顶在花蕾的下部。

6.病虫害防治

大丽花易发生的病害有白粉病、花腐病等。白粉病防治以加强养护,使植株生长健壮,提高抗病能力为前提,控制浇水,增施磷肥;发病时,及时摘除病叶,并用50%代森铵水溶液800倍液或70%托布津1 000倍液进行喷雾防治。花腐病可用0.5%波尔多液或70%托布津1 500倍液喷洒,每7~10 d喷1次,有较好的防治效果。

虫害主要是螟蛾、红蜘蛛等。螟蛾防治一般应在6—9月,每20 d左右喷1次90%敌百虫原药800倍液,可杀灭初孵幼虫。红蜘蛛防治可以用三氯杀螨醇和双甲脒(螨克)等。

(五)观赏应用

绚丽多姿的大丽花象征大方、富丽、大吉大利,为庭园中的常客,世界著名的观赏植物。适宜布置花坛、花境或庭前丛植,矮生品种可作盆栽。花朵用于制作切花、花篮、花环等。

二、大花美人蕉

大花美人蕉别名红艳蕉,是美人蕉科美人蕉属多年生根茎类草本观赏植物(图8.25)。原产于美洲热带和亚热带,中国各地广为栽培。

图8.25　大花美人蕉

(一)形态特征

地下具肥壮多节的根状茎,地上假茎直立无分枝,株高1~1.5 m,全身被白粉。叶大型,互生,呈长椭圆形;叶柄鞘状。顶生总状花序,常数朵至十数朵簇生在一起;萼片3枚,绿色,较小;花被3片,柔软,基部直立,先端向外翻;花色丰富,有乳白、米黄、亮黄、橙黄、橘红、粉红、大红、红紫等多种,并有复色斑纹;雄蕊多瓣化,其中一枚常外翻成舌状,其他的呈旋卷状。蒴果椭圆形,外被软刺,种子圆球形黑色。花期6—10月。

大花美人蕉除按花色而分成不同品种外,其叶色有粉绿、亮绿或古铜色,也有红绿镶嵌或黄绿镶嵌的花叶品种。还有矮生种,株高仅

50~60 cm,高生种株高可达 2~3 m。

(二)生态习性

大花美人蕉性喜阳光充足和温暖、湿润的环境条件,不耐寒,在华南亚热带地区为常绿植物,新老植株自然更迭,四季生长开花,无休眠。长江流域,凡土壤不结冻的地区,冬季落叶后根茎可在土层中越冬,但宜加覆盖物防寒保护。北方需将根茎放在 0 ℃以上的室内贮藏。对土壤要求不严,但在土层深厚而疏松肥沃、通透性能良好的沙壤土中生长较好。

(三)繁殖方法

大花美人蕉通常以分割根茎繁殖为主,可每年分割一次,一棵母株可分成 4~5 株,每株必须带 1 个以上的顶芽,从根茎的分枝部分切开。在北方为了使其提早开花,多在 3 月初将冬藏的根茎分割,每 3~4 株用素沙上盆假植,放在中温室内催芽,经常保持盆土湿润,室温在 18 ℃以上,4 月中旬根茎萌发,5 月上旬成苗即可脱盆整坨定植花坛。

也可播种繁殖。美人蕉的种皮坚硬并带一层不透水的物质,播种前可用砂纸搓磨把表皮磨薄,放 30 ℃的温水中浸泡一昼夜,然后在高温下室内盆播。早春 2 月播种,苗高 10 cm 时带土坨分苗移栽,上盆或地栽,当年即可开花。

播种繁殖常发生变异,可在开花后进行优选,得到具优良性状的新个体,再用无性繁殖方法保存。

(四)栽培管理

1. 浇水

浇水应根据季节、天气而灵活掌握。春天植株解除休眠,部分叶芽正常生长,水分消耗量也随之增加,注意浇水。夏天植株生长旺盛,应加大浇水量,遇大雨时应及时排涝。秋天浇水量则应酌情减少。

2. 施肥

大花美人蕉喜肥,栽植时施足基肥。春天嫩芽开始萌动时施有机肥,也可混施复合肥和尿素。进入生长、开花期,需要不断追肥,有效地促进花的生长,加深花色,使叶大叶色油绿。

3. 光照

大花美人蕉生长期以光照充足为好。

4. 修剪

3—10 月是美人蕉生长、开花旺盛的季节,由于新芽分蘖极为旺盛,容易出现植株过密的情况,需要通过修剪,以达到植株形状完整,开花丰满适度。一般修剪应根据不同的季节和植株生长情况灵活操作。

5. 病虫害防治

常见病害有花叶病、蕉锈病、黑斑病、梭斑病等。花叶病必须及时拔除病株并销毁,不用带病毒的根、茎作繁殖材料,在整个生长期注意治蚜防病。蕉锈病在冬季清除病叶及病株残体,集中烧毁。喷施 20% 锈宁乳剂 2 000~3 000 倍液 1 次,注意交替使用,可以减轻病情。黑斑病和梭斑病必须加强管理,种植不应过密,发病时定期喷 50% 托布津 500~800 倍液或 65% 代森锌 500 倍液。

常见虫害有焦苞虫、小地老虎等。焦苞虫发病时,摘除虫苞,杀死其中虫体;冬春清除枯叶残株,消灭其中越冬幼虫;喷90%敌百虫800倍液,可毒杀幼虫。小地老虎可用氧化乐果液喷施。

（五）观赏应用

大花美人蕉叶片翠绿,花朵艳丽,以其抗污染、花期长、易栽培等优良特性,宜作花境背景或在花坛中心栽植,也可成丛或成带状种植在林缘、草地边缘。矮生品种可盆栽或作阳面斜坡地被植物。

三、郁金香

郁金香别名洋荷花、草麝香等,为百合科郁金香属多年生鳞茎类草本观赏植物(图8.26)。原产于地中海南北沿岸及中亚细亚和伊朗、土耳其,16世纪传入欧洲,现已普遍在世界各地种植,其中以荷兰栽培最为盛行。郁金香作为荷兰主要的出口观赏植物,已成为荷兰经济命脉之一,和风车并称为荷兰的象征。

（一）形态特征

鳞茎扁圆锥形或扁卵圆形,长约2 cm,具棕褐色皮膜,外被淡黄色纤维状皮膜。茎叶光滑具白粉。叶3~5枚,长椭圆状披针形或卵状披针形,长10~21 cm,宽1~6.5 cm,全缘并呈波状。花葶长35~55 cm,花单生茎顶,杯状,基部常黑紫色;花瓣6片,倒卵形;花期一般为3—5月。蒴果3室,室背开裂,种子多数,扁平。

郁金香品种多达8 000余种,花型有杯型、碗型、卵型、球型、钟型、漏斗型、百合花型等,有单瓣也有重瓣。花色有白、粉红、洋红、紫、褐、黄、橙等,深浅不一,单色或复色。唯缺蓝色,花期有早、中、晚之别。

图8.26 郁金香

（二）生态习性

郁金香原产地属于地中海气候,形成郁金香适应冬季湿冷和夏季干热的特点,其特性为夏季休眠、秋冬生根并萌发新芽,但不出土,需经冬季低温后第二年2月上旬左右(温度在5℃以上)开始伸展生长形成茎叶,3—4月开花。生长开花适温为15~20℃。花芽分化在夏季贮藏期间进行。分化适温为20~25℃,最高不得超过28℃。郁金香属长日照植物,性喜向阳、避风,冬季温暖湿润,夏季凉爽干燥的气候。8℃以上即可正常生长,一般可耐-14℃低温。耐寒性很强,在严寒地区如有厚雪覆盖,鳞茎就可在露地越冬,但怕酷暑。如果夏天来得早,盛夏又很炎热,则鳞茎休眠后难以越夏。要求腐殖质丰富、疏松肥沃、排水良好的微酸性沙质壤土,忌碱土和连作。

（三）繁殖方法

常用分球繁殖。秋季9—10月份栽小球。母球为一年生,花后在鳞茎基部发育成1~3

个次年能开花的新鳞茎和 2 ~ 6 个小球,母球干枯。母球鳞叶内生出一个新球及数个子球,发生子球的多少因品种不同而异,与栽培条件也有关,新球与子球的膨大常在开花后一个月的时间内完成。可于 6 月上旬将休眠鳞茎挖起,去泥,贮藏于干燥、通风和 20 ~ 22 ℃温度条件下,有利于鳞茎花芽分化。分离出大鳞茎上的子球放在 5 ~ 10 ℃的通风处贮存,秋季 9—10 月栽种,栽培地应施入充足的腐叶土和适量的磷、钾肥作基肥。植球后覆土 5 ~ 7 cm 即可。

(四)栽培管理

1. 浇水

种植后应浇透水,使土壤和种球能够充分结合而有利于生根,出芽后应适当控水,待叶渐伸长,可在叶面喷水,增加空气湿度,抽花蕾期和现蕾期要保证水分供应,以促使花朵充分发育,开花后,适当控水。其根系生长最忌积水,选择的地势一定要排水通畅。

2. 施肥

深耕后宜施用腐熟的有机肥料和其他的磷、钾肥,由于基质中富含有机肥,生长期间不再追肥,但是如果氮不足而使叶色变淡或植株生长不够粗壮,则可施易吸收的氮肥如尿素、硝酸铵等,量不可多,否则会造成徒长,甚至影响植株对铁的吸收而造成缺铁症。生长期间追施液肥效果显著,一般在现蕾至开花每 10 d 喷浓度为 0.2% ~ 0.3% 的磷酸二氢钾液 1 次,以促花大色艳,花茎结实直立。

3. 光照

充足的光照对郁金香的生长是必需的。光照不足,将造成植株生长不良,叶色变浅及花期缩短。但郁金香上盆后半个多月时间内,应适当遮光,以利于种球发新根。另外,发芽时,花芽的伸长受光照的抑制,遮光能够促进花芽的伸长,防止前期营养生长过快而造成徒长。出苗后应增加光照,促进植株拔节,形成花蕾并促进着色。后期花蕾完全着色后,应防止阳光直射,延长开花时间。

4. 病虫害防治

郁金香主要病害有菌核病、白绢病、病毒病等,虫害多为蚜虫和根虱。郁金香栽种前应进行充分的土壤消毒,尽可能选用脱毒种球栽培,发现病株及时挖出并销毁,保持良好的通风,防止高温高湿。

菌核病防治一是栽种前进行土壤消毒;二是发病后立即拔除病株,并喷洒代森锌 500 倍液。白绢病的防治方法是发现病株及时拔除、烧毁,病穴及其邻近植株淋灌 5% 井冈霉素水剂 1 000 ~ 1 600 倍液。病毒病是使郁金香种质退化的主要原因之一,危害郁金香的病毒有多种,我国常见的有花叶病毒和碎色病毒两种,防治方法主要是选择无毒植株作繁殖材料;及时除去病株,同时积极防止蚜虫。蚜虫发生时,可用 3% 天然除虫菊酯 800 倍喷杀。根虱在土中食害鳞茎,将带虫鳞茎放在稀薄石灰水中浸泡 10 min,取出后冲洗干净即可杀死根虱。

(五)观赏应用

郁金香花朵似荷花,花色繁多,是重要的春季球根观赏植物,适宜盆栽,或点缀庭院、室内装饰等,增添欢乐气氛。矮壮品种宜布置春季花坛,鲜艳夺目;高茎品种适用切花或配置花境,也可丛植于草坪边缘。

四、风信子

风信子为百合科风信子属多年生草本鳞茎类草本观赏植物（图8.27）。起源于东南欧、非洲南部、地中海东部沿岸及土耳其小亚细亚一带，已在世界各地广泛栽培。

（一）形态特征

风信子的鳞茎卵形，有膜质外皮，膜质外皮与花色具有一定的关系。叶4～8枚，狭披针形，肉质，上有凹沟，绿色有光泽。花葶肉质，略高于叶；总状花序顶生，花5～20朵，横向或下倾，钟状；花被筒长，基部膨大，裂片长圆形、反卷；花有紫、白、红、黄、粉、蓝等色。蒴果。有重瓣、大花、早花和多倍体等品种。

图8.27　风信子

（二）生态习性

风信子喜冬季温暖湿润、夏季凉爽稍干燥、阳光充足或半阴的环境。喜肥，宜肥沃、排水良好的砂壤土，忌过湿或黏重的土壤。风信子鳞茎有夏季休眠习性，秋冬生根，早春萌发新芽，3月开花，6月上旬植株枯萎。在生长过程中，鳞茎在2～6℃低温时根系生长最好。芽萌动适温为5～10℃，叶片生长适温为10～12℃，现蕾开花期以15～18℃最有利。鳞茎的贮藏温度为20～28℃，最适为25℃，对花芽分化最为理想。

（三）繁殖方法

风信子可进行分球繁殖和播种繁殖。以分球繁殖为主，也可用鳞茎繁殖。母球栽植1年后分生1～2个子球，可用于分球繁殖，子球繁殖需3年开花。风信子在每年9—10月间栽种，不宜种得太迟。种子繁殖，秋播，翌年2月才发芽，培养4～5年后开花。

（四）栽培管理

1. 浇水

在栽培过程中，水分的供应必须足以保持盆内土壤的正常水分标准。不能提供过多的水，也不能让盆土过干，土壤湿度应保持在60%～70%。水分过高，根系呼吸受抑制易腐烂；水分过低，则地上部分萎蔫，甚至死亡。空气湿度应保持在80%左右，并可通过喷雾、地面洒水增加湿度，湿度过高，可用通风换气等办法降低湿度。

2. 施肥

施足基肥，穴内施入腐熟的堆肥，堆肥上盖一层土再栽入球根，上面覆土，春天施追肥。

3. 光照

风信子只需5 000 lx以上光照，就可保持正常生理活动。光照过弱，会导致植株瘦弱、茎过长、花苞小、花早谢、叶发黄等情况发生，在温室生产可用白炽灯在1 m左右处补光；但光照过强也会引起叶片和花瓣灼伤或花期缩短。

4.病虫害防治

风信子常见的病害有芽腐烂、软腐病、菌核病和病毒病。鳞茎收藏时,应剔除受伤或有病鳞茎,贮藏鳞茎时室内要通风。病害防治应以加强管理为基础,种植前基质严格消毒,种球清选并做消毒处理,生长期间每 7 d 喷 1 次 1 000 倍退菌特或百菌清,交替使用,可以在一定程度上抑制病菌的传播。严格控制浇水量,加强通风管理,控制环境中空气相对湿度,出现中心病株及时拔除,可以大幅度降低发病率。

(五)观赏应用

风信子植株低矮整齐,花序端庄,花色丰富,花姿美丽,在光洁鲜嫩的绿叶衬托下,恬静典雅,是早春开花的著名球根观赏植物之一,也是重要的盆花种类。适于布置花坛、花境和花槽,也可作切花、盆栽或水养观赏。

五、晚香玉

晚香玉别名夜来香、月下香等,为石蒜科晚香玉属多年生草本观赏植物(图 8.28)。原产于墨西哥及南美,中国很早就引入栽培,现各地均有栽培。

(一)形态特征

晚香玉具鳞茎,株高 80 cm 左右。叶基生,披针形,基部稍带红色。穗状花序,具成对的花 12 ~ 18 朵,自下而上陆续开放;花白色,漏斗状,有芳香,夜晚更浓,故名夜来香。7—10 月开花,蒴果。

晚香玉栽培品种有白花和淡紫色两种。白花品种多为单瓣,香味较浓;淡紫花品种多为重瓣,每花序着花可达 40 朵左右。

图 8.28　晚香玉

(二)生态习性

晚香玉性喜温暖、湿润、阳光充足的环境,最适宜生长温度为白天 25 ~ 30 ℃,夜间 20 ~ 22 ℃。好肥喜湿而忌涝,于低湿而不积水之处生长良好。对土壤要求不严,以肥沃黏壤土为宜。花芽分化于春末夏初生长时期进行,此时期要求最低气温 20 ℃ 左右,但也与球体营养状况有关。一般球体质量大于 11 g 者,均能当年开花;否则当年不开花。晚香玉对土质要求不严,以黏质壤土为宜。

(三)繁殖方法

晚香玉多采用分球繁殖,于 11 月下旬地上部枯萎后挖出地下茎,除去萎缩老球,一般每丛可分出 5 ~ 6 个成熟球和 10 ~ 30 个子球,晾干后贮藏室内干燥处。春季分球,种植时将大小子球分别种植,通常子球培养一年后可以开花,小子球经培养 1 ~ 2 年可长成开花大球。

(四)栽培管理

1.浇水

栽植初期因苗小叶少,水不必太多;待花葶即将抽出时,给以充足水分。夏季要注意浇水,经常保持土壤湿润,但不积水。干旱时,叶边上卷,花蕾皱缩,难以开放。

2.施肥

晚香玉喜肥,栽植时要整地并施基肥,应经常施追肥。一般栽植1个月后施1次,开花前施1次,以后每一个半月或两个月施1次。

3.光照

晚香玉喜阳光充足的环境。

4.种球储藏

秋末霜冻前将球根挖出,略以晾晒,除去泥土及须根,并将球的底部薄薄切去一层,以显露白色为宜。继续晾晒至干,然后将残留叶丛编成辫子吊挂在温暖干燥处贮藏过冬。

5.病虫害防治

晚香玉病害主要有炭疽病,可用75%甲基托布津可湿性粉剂1000倍液,或用75%百菌清可湿性粉剂700倍液等喷雾防治。

虫害主要有黄胸花蓟马、华北蝼蛄。黄胸花蓟马,可用10%氯氢菊酯乳油200～300倍液;华北蝼蛄可每公顷用5%特丁磷颗粒剂作毒土撒施,施后覆土浇水,或用50%辛硫磷乳油1000倍液灌杀。

（五）观赏应用

晚香玉是庭院花坛、花境的重要球根观赏植物,亦适宜成片栽植或于草坪或花灌木间丛植、路边石旁点缀。叶丛与花枝素雅大方。在夜晚,洁白清秀的花朵更是清香扑鼻,是夜花园布置中不可或缺的材料。晚香玉是重要的切花,瓶插花期可持续10 d左右;切花装饰中常与唐菖蒲相配,制作花束、花篮、瓶花更是色香俱全,矮生品种适宜盆栽观赏。

六、石蒜

石蒜,别名彼岸花、蟑螂花、龙爪花、红花石蒜、老鸦蒜等,为石蒜科石蒜属鳞茎类草本观赏植物(图8.29)。原产于中国及日本,中国长江流域及西南各省有野生。

图8.29 石蒜

（一）形态特征

鳞茎椭球形。叶基生,晚秋叶从鳞茎抽出,至春枯萎,狭条形,深绿色,中央具一条淡绿色条纹。夏秋之交,花茎破土而出。花5～7朵,呈顶生伞形花序,鲜红色;花瓣反卷如龙爪;雌雄蕊很长,伸出花冠外并与花冠同色。花型有百合花型、萱草型、龙爪型等多种。蒴果。

同属中常见的植物还有忽地笑(花黄色)、中国石蒜(花鲜黄色)、玫瑰石蒜(花玫瑰红色)、乳白石蒜(花白色)等。

（二）生态习性

石蒜在自然界多野生于山林阴湿处及河岸边,因此喜阴湿环境。耐寒性强,也耐干旱,以疏松、偏酸性、肥沃的腐殖质土最好。有夏季休眠习性。

（三）繁殖方法

分球和播种繁殖,以分球繁殖为主。春、秋两季用鳞茎繁殖。春季叶刚枯萎后或秋季花后将鳞茎挖起分栽。鳞茎不宜每年采收,一般 4 ~ 5 年掘起分栽一次。石蒜自然结实率不高,种子成熟度差,播种繁殖,发芽不整齐,需 5 ~ 6 年才能开花。

（四）栽培管理

1. 浇水

石蒜夏季休眠期浇水要少,春秋季需经常保持盆土湿润。越冬期间严格控制浇水。

2. 施肥

施足基肥,生长季节每半月追施 1 次稀薄饼肥水。越冬停止施肥。

3. 光照

石蒜喜半阴,夏季避免阳光直射,春秋季置半阴处养护。

4. 病虫害防治

常见病害有炭疽病和细菌性软腐病,鳞茎栽植前用 0.3% 硫酸铜液浸泡 30 min,用水洗净,晾干后种植。每隔半月喷 50% 多菌灵可湿性粉剂 500 倍液防治。发病初期用 50% 苯来特 2 500 倍液喷洒。

常见的害虫有斜纹夜盗蛾、石蒜夜蛾、蓟马等。斜纹夜盗蛾,一般从春末到 11 月危害,可用 5% 锐劲特悬浮剂 2 500 倍液,万灵 1 000 倍液防治。石蒜夜蛾经常集中叶背,有排列整齐的虫卵,发现即刻清除,防治上可结合冬季或早春翻地,挖除越冬虫蛹,减少虫口基数;发生时,用辛硫磷乳油 800 倍,在早晨或傍晚幼虫出来活动时喷雾,防治效果比较好。蓟马可以用 40%,氧化乐果乳油 1 500 倍液、或 20% 氰戊菊酯（速灭杀丁）乳油 3 000 倍液、或 10% 吡虫啉可湿性粉剂 2 000 倍液等喷施。地下害虫有蛴螬,发现后应及时采用辛硫磷或敌百虫等药物进行防治。

（五）观赏应用

石蒜在中国有较长的栽培历史,夏末秋初花茎破土而出,花色红艳,花姿奇特,盛开时山谷坡地团团簇簇。石蒜冬季叶色深绿,打破了冬日的枯寂气氛,多于草地、林下、庭院成片种植。

七、花毛茛

花毛茛又称芹菜花、波斯毛茛、陆莲花等,为毛茛科毛茛属多年生块根类草本观赏植物（图 8.30）,因叶形很像芹菜叶,故称"芹菜花"。原产于亚洲西南部至欧洲东南部,世界各地多有栽培。

（一）形态特征

花毛茛块根呈纺锤形,常数个聚生于根颈部。株高 20 ~ 40 cm,茎单生,或少数分枝,有毛。基叶阔卵形,具长柄;茎生叶无柄,为 2 回 3 出羽状复叶。花单生或数朵顶生,花瓣平展,每轮 8 枚,错落叠层;花径 3 ~ 4 cm;花期 4—5 月。栽培品种很多,有重瓣、半重瓣,花色

图8.30 花毛茛

有白、粉、黄、红、紫等色。花毛茛有盆栽种和切花种之分。

（二）生态习性

花毛茛喜凉爽及半阴环境，忌炎热，适宜的温度为白天20℃左右，夜间7~10℃。既怕湿又怕旱，宜种植于排水良好、肥沃疏松的中性或偏碱性土壤。6月后块根进入休眠期。

（三）繁殖方法

可分球繁殖和播种繁殖。分球繁殖，9—10月间将块根带根茎掰开，以3~4根为一株栽植，覆土不宜过深，埋入块根即可。播种于秋季露地播种，温度不宜超过20℃，在10℃左右约20 d便可发芽。小苗移栽后，转至冷床或塑料大棚内培养，翌年初春即能开花。

（四）栽培管理

1.浇水

保持盆土湿润而不积水，冬季移入0℃以上的冷室内越冬，不必浇太多的水。春季植株生长旺盛，应经常浇水，以保持盆土湿润。

2.施肥

开花前施2~3次腐熟的稀薄液肥，可促使开花繁茂。开花后若不需留种，应及时剪去残花并追施1~2次液肥，以促使块根的生长和发育。

3.光照

花毛茛忌强光直射。盆栽应放疏荫清爽环境处。

4.种球储藏

6—7月植株进入休眠期，地上部分逐渐枯萎，可将块根从土中挖出，晾干后放在通风干燥处或沙藏度夏。

5.病虫害防治

花毛茛的病害主要有斑驳病毒病和根腐病等。斑驳病毒病防治方法主要是：加强植物检疫，加强栽培管理，及时拔除病毒株；发病初期，用68%病毒必克可湿性粉剂100倍液或7.5%克毒灵水剂800倍液喷洒防治，并且喷洒10%吡虫啉可湿性粉剂1 000倍液或40%氧化乐果1 000倍液，同时可杀灭蚜虫、潜叶蝇、斑潜蝇等传毒昆虫。根腐病用50%，苯来特可湿性粉剂1 000倍液浇灌。

主要虫害有根蛆、潜叶蝇，用40%氧化乐果乳油1 000倍液喷杀。

（五）观赏应用

花毛茛花大而美丽，常种植于树下、草坪中丛植，或栽植于花坛、花带、林缘等处，同时，也适宜作切花或盆栽。

第四节 木本观赏植物栽培

木本观赏植物属于多年生木本植物,包括乔木、灌木及藤木。有落叶树,有常绿树;有针叶树,有阔叶树;有被子植物,有裸子植物。例如,雪松、龙柏、白皮松、牡丹、桂花、丁香、榆叶梅、碧桃、海棠、红枫、蜡梅、樱花、广玉兰、南天竹、夹竹桃、紫藤、凌霄、叶子花、爬山虎、棕榈、蒲葵、海枣等。

一、牡丹

牡丹又名白术、木芍药、鹿韭、洛阳花、国色天香,为芍药科芍药属落叶小灌木(图8.31)。原产于中国西北部,在陕、甘、川、鲁、豫、皖、浙、藏和滇等省区有野生牡丹分布。河南洛阳和山东菏泽是中国牡丹主要生产基地和良种繁育中心。

(一)形态特征

株高达 1~3 m,枝粗挺生。叶宽大,互生,2回3出羽状复叶;顶端小叶卵圆形至倒圆形,先端3~5裂,基部全缘;侧生小叶长卵圆形,先端2浅裂;叶背有白粉,平滑无毛。花单生枝顶,两性,花径10~30 cm;花型有多种;花色丰富,有红、粉、深红、白、黄、绿、紫、黑等色;雄蕊多数。花期4—5月。蓇葖果,密被短柔毛。

牡丹园艺品种已达800多个。按花型可分为:

图8.31 牡丹

1. 单瓣型

花瓣1~3轮,宽大,雄雌蕊正常。如"黄花魁""泼墨紫""凤丹""盘中取果"以及所有的野生牡丹种。

2. 荷花型

花瓣4~5轮,宽大一致,开放时,形似荷花。如"红云飞片""似何莲""朱砂垒"。

3. 菊花型

花瓣多轮,自外向内层层排列逐渐变小。如"彩云""洛阳红""菱花晓翠"。

4. 蔷薇型

花瓣自然增多,自外向内显著逐渐变小,少部分雄蕊瓣化呈细碎花瓣;雌蕊瓣化或正常。如"紫金盘""露珠粉""大棕紫"。

5. 托桂型

外瓣明显,宽大且平展;雄蕊瓣化,自外向内变细而稍隆起,呈半球形。如"娇容三变""鲁粉""蓝田玉"。

6.金环型

外瓣突出且宽大,中瓣狭长竖直,呈金环型。如"朱砂红""姚黄""首案红"。

7.皇冠型

外瓣突出,中瓣越离花心越宽大,形如皇冠。如"墨魁""烟绒紫""赵粉"。

8.绣球型

雄蕊完全瓣化,排列紧凑,呈球形。如"赤龙换彩""银粉金鳞""胜丹炉"。

(二)生态习性

牡丹喜温暖而不耐酷热,较耐寒。喜干燥而不耐潮湿,忌积水,宜排水良好的沙质壤土。喜光但忌夏季暴晒。栽培场地要求地下水位低,土层深厚、肥沃、排水良好的沙质壤土。牡丹属于较长寿的观花灌木,寿命可达百年以上。

(三)繁殖方法

牡丹采用播种、分株、嫁接和扦插繁殖。以分株、嫁接为主,播种主要用于新品种培育。

分株繁殖宜选择生长良好、枝叶繁茂的 4～5 年生母株,于秋季 9—10 月进行。分株时,要求每株应有 2～4 个蘖芽;嫁接繁殖多选用实生苗或芍药根作砧木,采用劈接法或切接法进行,嫁接时期宜选在 9—10 月进行;扦插繁殖选择根际萌发的短枝为插条,用 IAA、IBA 或 ABT 生根粉处理后再行扦插,成活率较高。

播种繁殖为培育新品种而采用,种子 8 月上、中旬成熟,成熟后立即采收,并于当月播种。为保证种子发芽整齐,需用层积法催芽。利用种子繁殖的牡丹需经 3～4 年培育才能陆续开花。

(四)栽培管理

1.浇水

牡丹根系为肉质根,浇水不宜过多,以免烂根,但在早春天旱时要注意适时浇水,夏季天热时也要定期浇水,雨季少浇水,并注意排积水。

2.施肥

牡丹喜肥,但新栽牡丹需半年后才能施肥。一般每年至少施 3 次肥,第 1 次是开花前的促花肥,第 2 次是花谢后的促芽肥,第 3 次为冬季休眠期的过冬肥。前两次应选用速效性肥料,最后一次则选用长效有机肥。

3.光照

牡丹喜光,但不能忍受夏季中午的强光及西晒,夏季应适当遮阳防护,其他季节则需接受充足光照。

4.整形修剪

刚栽植不久的牡丹,每 2 年现蕾时,每株保留 1 朵花,其余花蕾摘除,花谢后及时剪除残花,以减少养分消耗。栽培 2～3 年后需及时进行整形修剪定干,每株留 3～5 干为好,花谢后需及时剪去残花。定干后,每年落叶后要对其上部发生的侧枝进行修剪。修剪的原则是去弱留强,去病留健,去内留外。春季当根际处产生萌枝时,应及时剪除。落叶后,常由新梢基部发生幼芽,只保留一个大而饱满的芽,其余均摘除,以保证树形及开花硕大。

5．病虫害防治

牡丹常见病害有灰霉病、褐斑病、炭疽病、轮斑病、叶枯病等，常见虫害有吹绵介壳虫，地下害虫主要是蛴螬，应及时防治。

（五）观赏应用

牡丹为中国特产的传统名贵花卉，在中国已有1 500多年的栽培历史，其种类繁多，花色丰富，株形端庄，叶色深紫嫩绿，与花相映，相得益彰。每逢花季，芳姿艳质，超逸万卉，清香宜人，观赏价值极高，园林绿化中，无论孤植、丛植、片植都很适宜。牡丹也可盆栽，摆放园林主要景点中供观赏、展览，也可置于室内或阳台装饰观赏，还可作切花。

二、金叶女贞

金叶女贞为木犀科女贞属半常绿小灌木（图8.32），为金边卵叶女贞和欧洲女贞的杂交种，1983年由北京市园林科学研究所从德国引进。

（一）形态特征

金叶女贞株高2～3 m，冠幅1.5～2 m。单叶对生，椭圆形或卵状椭圆形；初生叶片金黄色，尤以新梢叶为甚，老叶呈绿色，有光泽。圆锥花序顶生，小花白色，花期5—6月。果期9—10月，果实椭圆形，成熟果实紫黑色。

图8.32　金叶女贞

（二）生态习性

金叶女贞喜光，稍耐阴，抗旱，耐寒能力较强，在京津地区小气候好的楼前避风处，冬季可以保持不落叶。耐修剪，适应性强，对土壤要求不严格，但以疏松肥沃、通透性良好的砂壤土为最好。

（三）繁殖方法

金叶女贞通常采用扦插繁殖，也可播种。用1～2年生木质化枝条剪成15 cm左右的插穗，将下部叶片全部去掉，上部留2～3片叶即可，上剪口距上芽1 cm平剪，下剪口在芽背面斜剪成马蹄形。插条用0.5%高锰酸钾液消毒1 d后方可用来扦插。扦插基质用粗沙土比用细沙土生根率高。扦插前蘸0.1%生根粉药液，用比插穗稍粗的木棍打孔，插后稍按实，扦插密度以叶片互不接触、分布均匀为宜，然后喷水保湿。夏季扦插比秋季生根率高。

（四）栽培管理

1．浇水

移植后应及时灌水，若天气干旱要经常灌水，注意松土和除草，雨季注意排水。

2．施肥

扦插苗7月中旬以前，可结合灌水追施1～2次氮肥；9月以后应控制灌水，以促使幼苗木质化。

3.光照

金叶女贞是喜光树种,在缺乏阳光的地段,叶片呈现绿色,因此应种植在光照充足的地方。

4.整形修剪

育苗期间,为促生分枝,培养冠形,可在生长期间进行 3～5 次轻剪。硬枝扦插苗一般在 6 月前后开始修剪,根据生长势每隔 20～30 d 进行一次。嫩枝扦插苗入冬后至早春前对植株进行适当修剪整形,使枝条分布均匀,冠形丰满。

5.病虫害防治

金叶女贞病虫害较少,主要有叶斑病、轮纹病及地下害虫蛴螬、钻蛀形害虫木蠹蛾和叶面害虫螨类。栽培中应做好土壤的消毒、排水等工作。

(五)观赏应用

金叶女贞叶黄色,宜与紫叶小檗、红花檵木、龙柏、黄杨等树种配置成彩色图案,形成强烈的色彩对比,具极佳的观赏效果;也可修剪成圆球形树冠植于草坪、路旁、花坛、建筑物前等,或作绿篱,是目前可替代草坪进行园林造景的彩色地被植物。

三、紫叶小檗

紫叶小檗又名红叶小檗,为小檗科小檗属落叶灌木(图 8.33)。原产于日本,中国秦岭地区也有分布,现中国各大城市都有栽培。

图 8.33 紫叶小檗

(一)形态特征

株高可达 2～3 m。幼枝紫红色,老枝灰褐色或紫褐色,有槽,具刺。叶全缘,菱形或倒卵形,在短枝上簇生,深紫色或红色。花单生或 2～5 朵成短总状花序,黄色,下垂,花瓣边缘有红色纹晕。浆果红色。花期 4—5 月,果熟期 9—10 月。

同属植物约 500 种,常见的有:"矮紫"小檗,株高仅 60 cm,可盆栽;细叶小檗,小枝细而有沟槽,枝紫褐色,花黄色,8～15 朵成下垂总状花序,果卵状椭圆形,亮红色;金小檗,叶色金黄亮丽,其他同紫叶小檗。

(二)生态习性

紫叶小檗喜凉爽、湿润环境,耐寒也耐旱,不耐水涝。喜阳,也能耐阴。萌芽性强,耐修剪。对各种土壤都能适应,在深厚肥沃、排水良好的土壤中生长更佳。

(三)繁殖方法

紫叶小檗多用扦插繁殖。6—8 月选生长健壮的当年生半成熟枝条,剪成长 10～12 cm 的插穗,插入沙床或土中,搭棚遮阴或全光照喷雾,一般 30～40 d 能生根成苗。

(四) 栽培管理

1. 浇水

浇水应掌握"见干见湿"的原则,不干不浇。虽较耐旱,但经常干旱对其生长不利,高温干燥时,如能喷水降温增湿,对其生长发育大有好处。

2. 施肥

生长期间每月施用氮、磷、钾复合肥1次,秋季落叶后,在根际周围开沟施腐熟厩肥或堆肥1次,然后埋土并浇足水。

3. 光照

需阳光充足,不能在荫蔽处栽培,阳光不足则叶色不鲜艳或退化为绿色。

4. 修剪

紫叶小檗萌蘖性强,耐修剪,定植时可强行修剪,以促发新枝。入冬前或早春前疏剪过密枝或截短长枝,花后控制生长高度,使株形圆满。

5. 病虫害防治

紫叶小檗病虫害较少,有少量大蓑蛾危害,可用黑光灯或诱杀成虫,或用50%辛硫磷乳油1 000倍液喷雾防治。

(五) 观赏应用

紫叶小檗叶形、叶色优美,姿态圆整,春开黄花秋结红果,深秋叶色变紫红,果实经冬不落,是一种叶、花、果俱美的观赏花木,适宜在园林中作篱植、在园路角隅处丛植、大型花坛镶边、色块配植、剪成球形对称状配植、盆栽观赏、制作盆景或剪取果枝插瓶观赏。

四、火棘

火棘又名火把树、火焰树、小红果、吉祥果、救兵粮,为蔷薇科火棘属常绿小灌木(图8.34)。原产于华中、华东、西南地区及陕西、甘肃、河南等省,现各地普遍栽培。

(一) 形态特征

火棘株高可达3 m,侧枝短,顶端成刺状,幼枝有锈色柔毛,老时无毛。叶片倒卵形或倒卵状长圆形,顶端圆或微凹,或有短尖头,基部渐狭,下延,边缘有钝锯齿,两面无毛。花成复伞房花序,花白色,直径约1 cm;萼筒钟状,无毛。梨果深红色或橘红色,近球形。花期5—6月,果期8—10月。

同属植物约10种,常见的有狭叶火棘、细齿火棘。

图8.34　火棘

（二）生态习性

火棘性喜温暖、湿润而通风良好、阳光充足、日照时间长的环境,最适生长温度是20～30 ℃。耐寒性较强,在-16 ℃仍能正常生长,并安全越冬。冬季气温高于10 ℃则对植株休眠不利,影响翌年开花结果。耐瘠薄,对土壤要求不严,但以土层深厚、土质疏松、富含有机质的微酸性土壤为好。

（三）繁殖方法

火棘可用播种和扦插繁殖。播种繁殖可在秋季采摘成熟果实,压碎后除去果肉,然后将种子充分清洗干净,晒干。春季撒播于沙床或土床中,覆土1～2 cm,保持土壤湿润,约30 d即可发芽。

扦插繁殖可在春季选择1～2年生粗壮枝条,剪成10～15 cm长的插穗,斜插于土床或沙床中,深度为插条长度的2/3。或在生长季节剪取嫩枝扦插,极易成活。

（四）栽培管理

1. 浇水

火棘耐旱不耐湿,浇水时基本上是按"不干不浇,浇则浇透"的原则进行。开花期保持土壤偏干,有利坐果,如花期正值雨季,还要注意挖沟、排水,避免植株因水分过多造成落花。果实成熟收获后,在进入冬季休眠前要灌足越冬水。

2. 施肥

移栽定植时要施足基肥,以豆饼、油渣、鸡粪和骨粉等有机肥为主,定植成活后3个月再施无机复合肥。为促进枝干的生长发育和植株尽早成形,施肥应以氮肥为主。植株成形后,每年在开花前适当多施磷、钾肥。开花期间为促进坐果,提高果实质量和产量,可施0.2%磷酸二氢钾溶液。冬季停止施肥。

3. 光照

火棘是喜阳树种,植株全年都要放在全日照的位置养护,特别是秋季要光照充足,使植株健壮并形成花芽。

4. 整形修剪

火棘在自然生长条件下枝条杂乱,因此需在秋季进行整形修剪,保持树形优美,并可促进第二年花繁叶茂,果实累累,提高观赏价值。

5. 病虫害防治

火棘常见病害有白粉病、煤烟病等,可用波尔多液或多菌灵防治。常见虫害有介壳虫、蚜虫等,应及时喷药防治。

（五）观赏应用

火棘枝叶茂盛,初夏白花繁密,入秋红果累累,经久不落,极富观赏价值。在园林庭园中常作绿篱,或丛植、孤植于草地边缘与园路转角处。

五、南天竹

南天竹别名南天竺、南竹叶、红杷子、蓝天竹等,小檗科南天竹属常绿灌木(图8.35)。

原产于中国及日本,国内外庭园普遍栽培。

(一)形态特征

株高约 2 m,直立,少分枝。老茎浅褐色,幼枝红色。2~3 回羽状复叶,互生,常集于叶鞘;小叶 3~5 片,椭圆披针形,先端渐尖,基部楔形,无毛。夏季开白花,圆锥花序顶生,花序长 13~25 cm。花期5—7 月,果熟期9—10 月。浆果球形,熟时鲜红色,偶有黄色,含种子 2 粒,种子扁圆形。

栽培品种有"玉果"南天竹、"狐尾"南天竹、"五彩"南天竹、"琴丝"南天竹。

图 8.35　南天竹

(二)生态习性

南天竹喜半阴,阳光不足生长弱,结果少,烈日暴晒时嫩叶易焦枯。喜通风良好的湿润环境。不耐严寒,黄河流域以南可露地种植。喜排水良好的肥沃湿润土壤,是钙质土的指示植物。耐微碱性土壤,不耐贫瘠干燥。生长较慢,实生苗需 3~4 年才开花。萌芽力强,萌蘖性强,寿命长。

(三)繁殖方法

南天竹通常以分株、播种、扦插等法繁殖。种子宜随采随播或沙藏,种子后熟期长,需经过 120 d 左右萌发。幼苗忌暴晒,应注意施肥、修剪枯弱枝,以保持株形美观。

(四)栽培管理

1. 栽植

春、秋两季皆可移植,小苗裸根沾泥浆而大苗需带土球。南天竹根系较浅,栽植不宜过深。

2. 浇水施肥

南天竹根系浅,不耐干旱,平时应注意浇水,特别是在干旱季节。栽后第一年内在春、夏、冬三季中耕除草、追肥各 1 次,以后每年只在春季或冬季中耕除草,追肥 1 次。

3. 整形修剪

对茎干过高的南天竹,一般在秋后将高于剪除,仅留孤根,翌春根基重新萌发新枝。通过修剪使新枝均匀分布,剪后树形既通风透光且又丰满,所结果实也会增多。

4. 病虫害防治

南天竹室内养护要加强通风透光,防止介壳虫发生。发现茎枯病病枝及时铲除并销毁,冬季喷洒达科宁胶悬剂 500 倍液。

(五)观赏应用

南天竹秋冬叶色红艳,叶丛中露出簇生的一串串红色闪亮的小浆果,姿态清丽,可观果、观叶、观姿态。可丛植建筑前配置粉墙一角或假山旁,也可丛植草坪边缘、园路转角、林荫道旁、常绿或落叶树丛前。常盆栽或装饰厅堂、居室，布置大型会场。枝叶或果枝配蜡梅是春节插花佳品。

六、叶子花

图8.36　叶子花

叶子花又名宝巾花、三角花、三角梅、勒杜鹃、九重葛、毛宝巾等，为紫茉莉科叶子花属常绿蔓性灌木（图8.36）。因其花常三朵簇生在纸质的苞片中，苞片形状似叶，故名叶子花。原产于巴西，中国各地均有栽培，西南到东南部极常见。

（一）形态特征

茎枝具尖刺。单叶互生，叶片卵形，有光泽。花常3朵聚生，为3枚叶状苞片所包围，苞片有红、粉红、橙红、橙黄、白、紫、紫红或单苞双色等，中肋明显；花很小，花被筒状，白色或淡绿色，顶端具5～6齿裂。花期10月至翌年3月。

常见的园艺栽培品种有：宝巾、"双色"宝巾、"金心"宝巾、"斑叶"宝巾、"金边"宝巾、"珊红"宝巾、"西施"宝巾等。

（二）生态习性

叶子花喜温暖湿润、光照充足的环境。稍耐寒，5 ℃以下低温落叶，长江以南可露地越冬。对土壤要求不严，以微酸性壤土为好，但在中性至微碱性钙质土也能正常生长，喜肥亦耐瘠薄。花芽在短日照下分化，抑制水分也可刺激开花，可一年多次开花。盆栽可用熟园土、腐叶土与壤土混合，加少许饼肥作基肥。

（三）繁殖方法

以扦插为主，硬、嫩枝均可扦插，3—9月进行，以5月中旬至6月上旬成活率高。扦插时选健壮枝条，剪成长10～15 cm插穗，去叶插于沙床中或营养袋中，保持充足水分。春秋季扦插可不遮阴，夏季要遮阴，21～25 ℃条件下，约20 d可生根，生根后20～30 d可移植。扦插苗生长2年后开花。也可压条繁殖。

（四）栽培管理

1.浇水

生长期要保持盆土湿润，约2/3干时再进行浇水，土壤太干或太湿都可引起植株落叶，冬季休眠期只要保持土壤不完全干即可。

2.施肥

在生长期可每月施2次复合肥，不要偏施氮肥。近开花时增施磷酸二氢钾，可使其着花更多，花色更艳。

3.光照

叶子花属阳性植物，需要阳光直射才能生长良好和开花，如果光线不足，很难开花，也易导致落叶。植株不宜放在室内,必须向阳。

4. 修剪

应经常进行修剪,使植株矮化,株形丰满,每次花期过后,对过密枝、内膛枝、徒长枝进行疏剪,柔弱枝进行适当的短截,保持株型美观。但应避免修剪过重,否则影响花芽的形成和开花。

5. 造型

叶子花可作各种造型栽培。最常见的是做成分层的塔状。造型时,以长势强健的紫红叶子花为好,先用竹竿引导最壮的主枝向上生长,其他侧枝则用铁线蟠扎成层。当第一层成胚后,在其上方约30 cm处短截主枝,促进上部侧枝萌发,再按上法选一主枝引导向上,如此下去可做成多层塔状,开花时甚为壮观。制作过程中,要根据生长状况更换大盆。南方可先地栽培养成型后再上盆,可大大缩短培养年限。另外,也可做成各种动物形状。

6. 花期控制

北方地区可用短日照处理控制花期,但应保证温度28 ℃以上。国庆开花,可从8月中旬开始短日照处理,利用黑色塑料棚遮光,每日见光9 h,一般遮光处理40~50 d,到国庆前可开花。要控制在其他季节开花,也可照此法处理。

在南方高温地区,则常用控水的方法控制花期。按确定的用花日期倒推40~50 d开始控水,控水时以叶子呈缺水状下垂为度,持续15~20 d,再恢复正常浇水,约1个月后可开花。控水前如能增施磷、钾肥,效果更佳。

7. 病虫害防治

叶子花常见病害有叶斑病,可用65%代森锌可湿性粉剂600倍液喷洒。常见虫害有刺蛾和介壳虫危害,可用2.5%敌杀死乳油5 000倍液喷杀。

(五)观赏应用

叶子花色彩鲜艳,花形独特,花量大,花期很长,在温度适宜条件下可常年开花。可盆栽摆设。华南地区可地栽作庭园树、绿篱、花廊、花墙、拱门、蔓篱或阴棚美化。还可作为树桩盆景制作材料。

七、锦带花

锦带花为忍冬科锦带花属落叶灌木(图8.37)。原产于中国东北、华北及华东北部,各地都有栽培。

(一)形态特征

树高1~3 m,枝条开展,小枝细,幼时有2列柔毛。叶椭圆形或卵状椭圆形,上面疏生短柔毛,背面毛较密。花1~4朵成聚伞花序;萼裂片披针形,分裂至中部;花冠漏斗状钟形,玫瑰红色或粉红色。蒴果柱形,种子细

图8.37　锦带花

小。花期4—6月,果期10—11月。

（二）生态习性

锦带花喜光、耐旱、耐寒,适应性强。耐瘠薄土壤,以深厚、湿润、腐殖质丰富的壤土生长最好,不耐水涝。萌芽、萌蘖力强。对氯气等有害气体抗性强。

（三）繁殖方法

锦带花扦插、压条、分株或播种繁殖均可以扦插法最常用。一般在6月中、下旬,剪取半木质化枝条作插穗嫩枝扦插,剪成15 cm左右长的插条,插入经过翻整并灌透水的细沙、蛭石或草炭土苗床,入土深度3~5 cm,扣膜、保温、保湿,搭帘遮阴,一般插后约20 d生根。也可在春季3月硬枝扦插,或者秋季落叶后在阳畦内扦插,用塑料膜封严,夜晚加盖蒲苫保温。翌年3月上中旬萌芽展叶时补水保湿,4月上旬逐渐通风炼苗,中下旬出床移栽到圃地。

分株繁殖多在早春萌动前进行。将根际萌发的新枝带根掘出,另行栽植,每4~5枝分成1株,裸根栽植。也可将整株挖出,分株后另栽。

锦带花植株下部的枝条多呈匍匐状,压条繁殖可在6月上旬顺其自然长势将枝条压入土中,节处极易生根,翌春与母株分离,另行栽植。

播种多在春季室内盆播。10月采集种子,净种后干藏,3月中下旬条播,行距20~25 cm,播种量50~100 kg/hm²。

（四）栽培管理

1.浇水

春季萌动后,要逐步增加浇水量,经常保持土壤湿润。夏季高温干旱易使叶片发黄干缩和枝枯,要保持充足水分并喷水降温或移至半阴湿润处养护。

2.施肥

栽后每年早春施一次腐熟堆肥,并修去衰老枝条。盆栽时可用园土3份和砻糠灰1份混合,另加少量厩肥等作基肥。在生长季每月要施肥1~2次。

3.整形修剪

锦带花开于1~2年枝上,早春修剪时不宜对上一年生的枝作较大的修剪,只需剪去枯枝及老弱枝条,可隔年在花后结合整形对3年以上的老枝作适当修剪,逐次更新,刺激萌发新枝,保持较强的树势,使来年抽出更多的花枝。如果不留种子,应在花谢之后将残花摘除,以减少养分消耗,促进枝条生长。

4.病虫害防治

锦带花病虫害少,主要害虫有刺蛾、蓑蛾等,要注意防治。偶尔有蚜虫和红蜘蛛危害,可用乐果喷杀。

（五）观赏应用

锦带花花繁色艳,花期长,是东北、华北地区重要花灌木之一。宜丛植草坪、庭园角隅、山坡、河滨、建筑物前,亦可密植为花篱,或点缀假山石旁,或制盆景。花枝可切花插瓶。

八、海桐

海桐又名七里香,为海桐花科海桐花属常绿灌木至小乔木(图8.38)。原产于中国江苏南部、浙江、福建、台湾、广东等地,朝鲜、日本亦有分布。长江流域及其以南各地庭园常见栽培。

(一)形态特征

株高2~6 m,枝条近轮生。叶聚生枝端,革质,狭倒卵形,长5~12 cm,宽1~4 cm,全缘,无毛或近叶柄处疏生短柔毛,顶端钝圆或内凹,基部楔形,有柄。聚伞花序顶生,花白色或带淡黄绿色,芳香。蒴果近球形,有棱角,长1.5 cm,成熟时3瓣裂,果瓣木质。种子鲜红色。花期5月,果熟期10月。

常见的种、变种和品种有:

图8.38　海桐

1."斑叶"海桐

常绿灌木,叶面具乳黄色斑,革质。耐旱耐瘠,适合作绿篱,美化庭园。

2.台湾海桐

常绿小乔木,树高可达5 m。叶互生,倒卵形或长椭圆形,全缘或波状缘,薄革质。夏秋季开花,顶生,圆锥花序,花白或淡黄色,具香味。蒴果球形,熟果黄红色。生性强健,生长快,耐旱、耐潮、抗风,极适合于滨海地区的庭园美化、作绿篱或行道树。

3.兰屿海桐

常绿小乔木,株高可达6 m。叶互生或簇生于枝端,倒披针形,革质性弱。春季开黄白色花。蒴果长椭圆形,橙黄色。耐潮、抗风,适合作滨海美化。

(二)生态习性

海桐喜光,略耐阴,喜温暖湿润气候,适应性较强,能耐寒冷,亦耐暑热。黄河流域以南可在露地安全越冬。华南可在全光照下安全越夏。以长江流域至岭南以北生长最佳。黄河以北,多作盆栽,置室内防寒越冬。对土壤要求不严,黏土、沙土及轻盐碱土均能适应。干旱贫瘠地生长不良。稍耐干旱,颇耐水湿。萌芽力强,耐修剪。抗海潮风及二氧化硫等有毒气体能力较强。

(三)繁殖方法

海桐常用播种或扦插繁殖。蒴果10—11月成熟,果实摊放数日,果皮开裂后,敲打出种子,湿水拌草木灰搓擦出假种皮及胶质,冲洗出种子。种子忌日晒,宜混润沙贮藏。翌年3月中旬播种,用条播法,种子发芽率约50%。幼苗生长较慢,实生苗一般需2年方可上盆。

扦插可在早春新叶萌动前进行。剪取 1~2 年生嫩枝，长约 15 cm，插入湿沙床内。稀疏光照，喷雾保湿，约 20 d 发根。

（四）栽培管理

1. 光照

海桐对光照的适应能力较强，较耐荫蔽，亦颇耐烈日，但栽植地过阴，或植株栽植过密，易引起吹绵介壳虫危害。

2. 施肥

海桐喜肥，生长期每月施肥 1 次，冬季停止施肥。

3. 修剪

露地栽植生长迅速，生长季节可根据造型要求进行适当修剪，以保持良好造型。

4. 病虫害防治

海桐主要虫害有红蜘蛛和吹绵介壳虫，可分别喷洒 20% 三氯杀螨醇和氧化乐果防治。

（五）观赏应用

海桐株形圆整，四季常青，花味芳香，种子红艳，萌芽力强，颇耐修剪，一般 4~5 年生以后，可根据观赏要求，修剪成圆球状、圆柱状等多种株形，具有很高的观赏价值。可孤植、丛植于草坪边缘或林缘。抗二氧化硫等有害气体的能力强。

九、榆叶梅

榆叶梅别名小桃红、榆梅、鸾枝，为蔷薇科李属落叶灌木（图 8.39）。原产于中国华北及东北地区，生于海拔 2 100 m 以下山坡疏林中，南北各地都有栽培。

图 8.39 榆叶梅

（一）形态特征

株高 2~5 m，小枝紫褐色，无毛或幼时有毛。叶宽椭圆形至倒卵形，先端渐尖，常 3 浅裂，粗重锯齿，背面疏生短毛。花 1~2 朵腋生，先叶开放，粉红色。果球形，有柔毛，果肉薄。花期 4—6 月；果熟期 6—7 月。

榆叶梅因叶似榆叶而得名，是我国北方地区普遍栽培的早春观花树种。常见栽培观赏的变种有：鸾枝榆叶梅，小枝及花紫红色，花繁密，单瓣或重瓣；毛瓣榆叶梅，花粉红色，花瓣有毛；半重瓣榆叶梅，花粉红色，半重瓣。品种主要分为榆叶梅系（由纯榆叶栽培变异选育）和樱榆系（由榆叶梅与樱李杂交而来，有单瓣类、半重瓣类、千叶类和樱榆类，其中"红花重瓣"榆叶梅，花玫瑰红色，花期最晚。

（二）生态习性

喜光,耐寒,对土壤要求不严,耐土壤瘠薄,耐旱,喜排水良好,不耐积水,稍耐盐碱。根系发达,萌芽力强,耐修剪。

（三）繁殖方法

播种、嫁接繁殖。秋季播种翌年出苗,用45 ℃温水浸泡后水再浸泡6～8 d,捞出用0.5%高锰酸钾消毒,洗净混沙,置于2～5 ℃冷室内,保持种沙湿润,经常翻动,约2月发芽。嫁接用桃、山桃或播种实生苗作砧木。若为了培养乔木状单干观赏树,可用方块芽接法在山桃树干上高接。

（四）栽培管理

1. 浇水

首先浇好早春返青水,夏季及时供给充足水分,初冬浇灌封冻水。

2. 施肥

栽植可在秋季落叶后至春季萌芽前进行,栽植前施足牛马粪作基肥,入冬前施有机肥,花后应追施速效磷钾肥料,以促进植株健壮生长和花芽分化。

3. 光照

榆叶梅喜光,应在光照良好的地方栽植,否则花芽分化不良,影响开花。另外,应结合整形修剪,解决好光照问题。

4. 整形修剪

榆叶梅花朵着生在一年生新枝上,栽培时应注意修剪,树体适宜整成开心形。榆叶梅生长旺盛,枝条密集,为了保持树形的姿态优美,使其花繁叶茂,对过长的枝条应作适当短截或疏剪。

5. 病虫害防治

可用70%代森锰锌500倍液防治榆叶梅黑斑病,用铲蚜1 500倍液杀灭蚜虫,用40%三氯杀螨醇乳油1 500倍液杀灭红蜘蛛,用绿色威雷500倍液防治天牛。

（五）观赏应用

榆叶梅花团锦簇,灿若云霞,是北方春天的重要花木,常丛植于公园或庭园的草坪边缘、墙际、道路转角处。若与金钟花、迎春、连翘配置,红黄花朵争艳,更显得欣欣向荣;若在常绿树丛前配置则最显娇艳。可盆栽或切花观赏。

十、蜡梅

蜡梅为蜡梅科蜡梅属落叶丛生灌木(图8.40)。蜡梅产于中国湖北、陕西等地,现各地有栽培。

（一）形态特征

株高达3 m。叶半革质,椭圆状卵形至卵状披针形,长7～15 cm,先端渐尖,叶基圆形或

图 8.40　蜡梅

广楔形，叶表有硬毛，叶背光滑。花单生，径约 2.5 cm，花被外轮蜡黄色，中轮有紫色条纹，有浓香。果托坛状，聚合果紫褐色。花期 12 月到翌年 3 月，远在叶前开放。果实 8 月成熟。

常见变种有素心蜡梅、磬口蜡梅、红心蜡梅、小花蜡梅四种。

（二）生态习性

蜡梅性喜阳光，稍耐阴，较耐寒，耐干旱，怕风。要求深厚、肥沃和排水良好的中性或微酸性沙质壤土。忌水湿，花农有"旱不死的蜡梅"之说。生长势强，发枝力强。

（三）繁殖方法

蜡梅采用嫁接、扦插和分株方法繁殖，以嫁接繁殖为主。嫁接可用狗蝇梅实生苗或分株苗作砧木，进行切接或芽接。切接可于春季叶芽萌动后进行，芽接则于梅雨季节间进行。嫁接成活后要及时将砧木萌发的蘖芽除掉。

（四）栽培管理

1. 栽植施肥

蜡梅栽植宜在秋后或春季发芽前，带土球移植。蜡梅喜肥，栽植前应施足有机肥，生长期以氮肥为主。秋季落叶花芽分化时，可改施磷、钾肥，以利于分化花芽，使花朵大、花量多、花香浓。开花后补充基肥，夏季施液肥 2～3 次，冬季翻土 1 次。

2. 整形修剪

蜡梅发枝力强，每年秋、冬季对树冠进行修剪，保持树姿美观。修剪可于开花后发叶前进行，长枝要适当剪短，以促进多发短壮花枝。当年生枝条大多可以形成花芽，应及时控制徒长枝以促进花芽分化。花谢后也应及时剪除已谢花朵，并短截枝条，留 15～20 cm 即可。实生苗整成丛干形，嫁接苗整成单干形。

3. 病虫害防治

蜡梅炭疽病发病严重时可喷洒 50% 多菌灵可湿性粉剂 1 000 倍液。叶斑病、黑斑病发病严重时可喷洒 50% 多菌灵可湿性粉剂 1 000 倍液。蜡梅虫害有天牛、避债蛾、介壳虫和粉虱等，用 40% 氧化乐果乳油 1 500 倍液喷杀。

（五）观赏应用

花开于寒月早春，花黄如蜡，清香四溢，为冬季观赏佳品。配置于室前、墙隅均极适宜，作为盆花、桩景和瓶花亦独具特色。我国传统上喜用南天竹与蜡梅搭配，可谓色、香、形三者相得益彰，极得造化之妙。

十一、夹竹桃

夹竹桃别名柳叶桃、半年红，夹竹桃科夹竹桃属常绿灌木或小乔木（图 8.41）。原产于伊朗、印度、尼泊尔,中国长江以南广为栽植。

(一)形态特征

株高可达4~5 m,树冠开展。枝直立而光滑,丛生,嫩枝具棱,分枝力强,多呈三枝式生长。叶3~4枚轮生,枝条下部叶对生,窄披针形,长11~15 cm,上面光亮无毛,中脉明显,叶缘反卷。花序顶生,花冠深红色或粉红色,单瓣5枚,喉部具5片撕裂状副花冠;重瓣15~18枚,组成3轮,每裂片基部具顶端撕裂的鳞片。果细长,种子长圆形,顶端种毛长9~12 mm。花期6—10月。

图8.41 夹竹桃

常见栽培变种有:白花夹竹桃、重瓣夹竹桃。

(二)生态习性

喜光,喜温暖、湿润气候。不耐寒,耐旱力强。抗烟尘及有毒气体能力强。对土壤适应性强,在碱性土上也能正常生长。性强健,萌蘖性强,病虫害少。

(三)繁殖方法

夹竹桃一般用压条或扦插繁殖,易生根成活。

(四)栽培管理

1.栽植

夹竹桃生长势强,容易栽活。春、秋两季皆可进行移栽,但以春季3月为宜,苗木需带土球。

2.施肥浇水

栽植时必须浇足水分,生长期应施追肥。

3.整形修剪

栽植后需适当重剪。夹竹桃病虫少,在粗放管理下也能良好生长。

4.病虫害防治

枝叶易遭介壳虫危害,需注意防治。

(五)观赏应用

夹竹桃姿态潇洒,花色艳丽,兼有桃竹之胜,自夏至秋花开不绝,有特殊香气,可植于公园、庭院、街头等处。此外,性强健,耐烟尘,抗污染,是工矿区等生长条件较差地区绿化的好树种。但全株有毒,人畜误食有危险。

十二、丁香

丁香又叫华北紫丁香、紫丁香、百结花,为木犀科丁香属落叶灌木或小乔木(图8.42)。

原产于中国东北、华北、山东、陕西、甘肃、青海、四川等地,已有1 000多年的栽培历史。

图8.42　丁香

（一）形态特征

株高可达4 m。单叶对生,卵圆形至肾形。圆锥花序腋生,长15 cm,宽6 cm,有时几个花序组成长30 cm,宽10 cm的圆锥花丛。花冠紫色、蓝紫色或淡粉红色。花期4月,果熟期8—9月。

常见园艺栽培变种有:白丁香,花白色,叶片较小,幼叶下面有微柔毛;紫萼丁香,花序轴和花萼紫蓝色,叶先端狭尖,背面微有柔毛;湖北丁香,花紫色,叶卵形,叶基楔形;佛手丁香,花白色,重瓣。

（二）生态习性

丁香喜光,稍耐阴,阴地能生长,但花量少或无花。耐寒性较强,耐干旱。对土壤的酸碱度要求不严,在排水良好、肥沃而湿润的沙壤土中生长良好。

（三）繁殖方法

丁香可用嫁接、扦插或播种繁殖。嫁接可用小叶女贞、水腊等作砧木,枝接、芽接均可,枝接在早春萌芽前进行,芽接在7月份进行。华北偏南地区,实生苗生长不良,可高接于女贞上使其适应。

扦插宜在夏季采半成熟枝进行,插前用生根粉处理,30~40 d可生根。

播种苗不易保持原有性状,常有新的花色出现。8—9月采集成熟的种子,在0~7 ℃条件下冷藏,翌年春季播种,10~20 d出苗。

（四）栽培管理

1.浇水

丁香忌水涝,栽于低洼积水处,往往烂根或死亡。浇水应适量,以"见干见湿"为原则,一次浇透可维持数日,雨季应注意排积水。

2.施肥

幼龄丁香每年施肥2~3次,冬季增施1次磷肥即可。成龄丁香一般不施肥或仅施少量肥,切忌施肥过多,否则会引起徒长,从而影响花芽形成,使开花减少。一般每年或隔年入冬前施1次腐熟堆肥即可。

3.光照

丁香喜光照充足环境,如果栽在荫蔽环境中,则枝条细长较弱,花序短小而松散,花朵没有光泽。

4.整形修剪

3月中旬发芽前,要对丁香进行整形修剪,疏除过密枝、细弱枝、病虫枝,中截旺长枝,使树冠内通风透光。花谢后如不留种,可将残花连同花穗下部两个芽剪掉,以减少养分消耗,促进萌发新枝和形成花芽。落叶后,还可进行一次整枝,以保树冠美观,利于来年生长、开花。

5.病虫害防治

丁香常见病害有褐斑病和煤烟病,可用 1：1：100 倍的波尔多液喷雾防治。常见害虫有蚜虫、袋蛾、刺蛾及红蜡介壳虫等,应及时用药防治。

(五)观赏应用

丁香春季盛开时,硕大而艳丽的花序布满全株,花香四溢,观赏效果甚佳,为世界园林绿化中著名的观赏花木。可丛植或孤植于路边、草地及庭园中,或将多种丁香集中种在一处,建成颇具特色的丁香专类园,还可用作插花材料。

十三、连翘

连翘又名黄寿丹、黄花杆、黄金条,为木犀科连翘属落叶灌木(图 8.43)。原产于中国北部、中部及东北各省,现各地有栽培。

(一)形态特征

连翘茎丛生,直立。枝开展,拱形下垂,略有藤性,小枝黄褐色,稍 4 棱,节间中空。单叶或有时为 3 出小叶,对生,卵形,边缘有锯齿。花 1～3 朵腋生,鲜黄色;花萼4 深裂,萼片长椭圆形,与花冠筒等长;花冠筒内有橘红色条纹;花期3—5月。蒴果卵圆形,略扁,种子有刺,10 月成熟。

图 8.43　连翘

常见园艺栽培变种有:垂枝连翘,枝较细而下垂,通常可匍匐地面,而在枝梢生根,花冠裂片较宽,扁平,微开展;三叶连翘,叶通常为 3 小叶或 3 裂,花冠裂片窄,常扭曲。

(二)生态习性

连翘性喜温暖、湿润气候,也耐寒。喜光,略耐阴。连翘生长需光照充足环境,光照不足则不利于开花结实。不择土壤,以石灰岩形成的钙质土最好,耐干旱瘠薄,根系发达,病虫害少。

(三)繁殖方法

连翘可用播种、扦插、压条、分株繁殖。播种繁殖可在 10 月采种后干藏,翌年、2—3 月条播,15 d 左右出苗,第 2 年移栽到田间。扦插于 3 月进行,剪取长约 20 cm 的硬枝,插于畦面或插床中,保持湿润即可,也可在生长季节取嫩枝扦插。分株繁殖在落叶后进行,春季分株会影响当年开花量。压条繁殖时,将植株上较长的当年枝条向下压弯,埋入土中 3～4 cm,然后灌足水,保持湿润,秋季即能发根生长。

（四）栽培管理

1. 水肥管理

连翘浇水应以保持湿润为原则，雨季应注意排水防涝。因生长强健，根茎发达，萌蘖力强，管理、施肥比较简单。在开花前和谢花后，各追施 1～2 次复合肥料，能使花繁色美，延长开花时间；隔年入冬前施 1 次有机肥，则能使树势强壮。

2. 整形修剪

冬季修剪以疏剪为主，除保持 3～7 株生长旺盛的主干外，其余枯枝、老枝、瘦弱枝及开始衰老的枝条均应剪除。每年花后也要剪除枯枝、弱枝，疏去过密、过老枝条，对部分比较健壮的枝条进行适度短剪，促使萌生新的骨干枝和花枝。

3. 病虫害防治

连翘常见病害有叶斑病，可用 80% 代森锌可湿性粉剂 250～500 倍液喷雾防治。常见虫害有钻心虫和叶螨等，可用 50% 敌敌畏乳油 1 500 倍液或 40% 乐果乳油 1 000 倍液喷雾防治，每隔 5～7 d 一次，连喷 2～3 次。防治钻心虫应在虫卵孵盛期喷药。

（五）观赏应用

连翘早春先叶开花，满枝金黄，艳丽可爱，是早春优良观花灌木。适宜于宅旁、亭阶、墙隅、篱下与路边配置，也宜于溪边、池畔、岩石、假山下栽种。因根系发达可作花篱或护堤树栽植。

十四、桂花

桂花又名木犀、丹桂、岩桂，为木犀科木犀属常绿灌木或乔木（图 8.44）。原产于中国西南和中部，现广泛栽种于长江流域及以南地区。

（一）形态特征

株高可达 10 m。树干粗糙，灰白色。树冠圆球形。叶革质，对生，椭圆形或长椭圆形，幼叶边缘有锯齿。花簇生，3～5 朵生于叶腋，多着生于当年春梢，二、三年生枝上亦有着生；花色有乳白、黄、橙红等色，香气极浓。果实为紫黑色核果，俗称桂子。花期 9—10 月。

主要变种和品种有：

1. 丹桂

花色较深，橙黄、橙红至朱红色，秋季开花，有"大花丹桂""齿丹桂""朱砂丹桂""宽叶红"等品种。

2. 金桂

花柠檬黄淡至金黄色，秋季开花，有"大花金桂""大叶黄""潢川金桂"

图 8.44　桂花

"晚金桂""圆叶金桂"等品种。

3.银桂

花色纯白、乳白、黄白色,秋季开花,有"籽银桂"(结籽)"九龙桂""早银桂""晚银桂""白洁"等品种。

4.四季桂

花白色或黄色,四季开花,有"月月桂""日香桂""大叶佛顶珠""齿叶四季桂"等品种。

(二)生态习性

桂花喜光,稍耐阴。喜温暖和通风良好的环境,不耐寒。适于土层深厚、排水良好、富含腐殖质的偏酸性砂壤土,忌碱性土和积水。

(三)繁殖方法

桂花可用扦插、嫁接、高枝压条等方法繁殖。

扦插时,插穗以当年生健壮嫩枝为宜,采穗后将其剪成长 10 ~ 15 cm 的枝条,用 1 000 mg/kg 的萘乙酸溶液将插条下端 2 cm 内快浸 3 ~ 5 s,稍干后即可扦插。春、秋两季均可进行。插后要保持土壤湿润,促使生根发新梢,成活的插穗翌年即可带土移栽,培育壮苗。

嫁接时,采用 3 年生的女贞幼苗作砧木,常用切接法或嵌接法。切接法宜于春季进行,嵌接法则适于夏、秋季进行。

高枝压条时,宜于每年的 3 月中、下旬进行,在开过花的桂花树上选择冠形较好、无病虫害、直径为 3 cm 左右的枝条进行高枝压条繁殖。其方法是:将选好的枝条进行环状剥皮,在伤口处涂上 50 mg/kg 的萘乙酸或萘乙酸钠溶液,用湿润的苔藓和肥沃的土壤均匀敷在伤口处,外面用塑料薄膜扎好,然后经常保持土壤湿润,经过 75 ~ 80 d,就可以将高压枝条剪离母树,移栽培育成苗。

(四)栽培管理

1.浇水

桂花浇水应掌握"二少一多",即新梢发生前少浇水,阴雨天少浇水,夏秋季干旱天气需多浇水。平时浇水以经常保持盆土50%左右含水量为宜。阴雨天要及时排水,以防盆内积水烂根,否则易"淹死"。一般春秋季每隔 3 ~ 4 d,夏季每隔 1 ~ 2 d,冬季每隔 7 ~ 10 d 浇 1 次水。

2.施肥

桂花喜猪粪,花谚有"要使桂花香,多备猪粪缸"之说。根据花农的实践经验,如从初春桂花萌芽后,开始施用腐熟稀薄的猪粪液,4—5 月每 10 ~ 15 d 施 1 次,6—7 月每 7 ~ 10 d 施 1 次,8 月初施最后 1 次,则能保证桂花生长茂盛,开花多且味香浓郁。城市没有猪粪,可用腐熟的饼肥液。如果施肥不足,则分枝少,花也少,而且不香。

3.光照

桂花较喜阳光,亦能耐阴,在全光照下其枝叶生长茂盛,开花繁密,在阴处则枝叶生长稀疏、花稀少。北方室内盆栽尤需有充足光照,以利于生长和花芽的形成。

4.整形修剪

桂花根系发达,萌发力强,成年的桂花树每年抽梢两次。因此,要使桂花枝多、花繁叶茂，需适当修剪，保持生殖生长和营养生长的生理平衡。一般应剪去徒长枝、细弱枝、病虫枝，以利通风透光和养分集中，促使桂花孕育更多、更饱满的花芽。

5.病虫害防治

桂花常见病害有叶枯病、褐斑病和角斑病等，可用波尔多液或50%多菌灵可湿性粉剂1 000倍液喷雾防治。常见虫害有红蜘蛛、粉虱、介壳虫、军配虫等，可用40%氧化乐果乳油1 000倍液喷雾防治。

（五）观赏应用

桂花终年常绿，枝繁叶茂，花期正值中秋，香飘数里，是我国人民喜爱的传统园林花木。常作园景树，可孤植、对植，也可成丛成林栽种。在我国古典园林中，桂花常与建筑物、山、石相配，丛植于亭、台、楼、阁附近。旧式庭园常用对植，古称"双桂当庭"或"双桂留芳"。在住宅四旁栽植桂花树，能收到"金风送香"的效果。

十五、紫薇

紫薇又名百日红、满堂红、痒痒树，为千屈菜科紫薇属落叶小乔木或灌木（图8.45）。产于中国长江流域，分布于海拔500～1 200 m向阳、湿润的溪边和缓坡林缘，现全国各地多有栽培。

图8.45　紫薇

（一）形态特征

紫薇树皮呈片状剥落，光滑，小枝四菱形。单叶对生。圆锥花序着生于当年生枝条顶端，花有白、粉、红、紫堇色及紫色，花瓣边缘呈皱状波。花期6～9月中旬。蒴果球形。种子有翅。花紫色或淡紫色。

常见的栽培品种有：

1."矮"紫薇

树枝短密，株形自然成景，开花早，花期长，花色艳丽，花期5—10月。

2."白花"紫薇

花白色，叶色淡绿。

3."粉花"紫薇

花桃红镶白边，雄蕊成簇集生于中央。

（二）生态习性

紫薇对环境条件的适应性较强。喜温暖湿润和阳光充足环境，耐寒冷，略耐阴。对土壤要求不严，但以肥沃、深厚、疏松的微酸性土壤为最佳，生长健壮，花期长。耐干旱，怕水涝，忌种在地下水位高的低湿处。紫薇具有较强的抗污染的能力，能抗二氧化硫、氟化氢、氯气等有毒气体。

(三)繁殖方法

紫薇多采用播种、扦插繁殖。

播种繁殖在10—11月适时采收健壮母株上的蒴果,晾干。待果皮开裂后去皮净种,干藏于冷凉处,第二年春季2—3月播种。播前用45～55 ℃温水浸种24 h。种子量小可采用室内盆播,量大时适于露地条播或撒播。出苗后保持土壤湿润,加强水肥管理,适当间苗,生长健壮者当年就可开花。

扦插繁殖多采用春季硬枝扦插。3月份采1年生枝条,剪成12～15 cm长的插穗,将其2/3插入沙床中并保持湿润,生根率可达80%以上,当年可成苗。也可在6—8月采当年生半木质化枝条,剪除顶部花枝,截成8～12 cm长的插穗,将其1/3插入苗床,20 d左右可生根。

(四)栽培管理

1. 浇水

紫薇喜湿润而怕涝,浇水应适量。浇水过多,造成积水,会烂根而死。但不及时补充水分,也会因缺水而暂停生长或枯死,尤其在花期盆土更不能过干。夏季高温时,蒸发水分快,宜在傍晚浇足水,若是浅盆可早晚各浇1次水,以满足白天生长的需要。春秋季可隔日浇水1次。冬季应保持盆土湿润,数日浇水1次即可。

2. 施肥

紫薇幼苗成长期每月施1次复合肥,以加快其生长。成株后,每年施有机肥或复合肥2～3次即可。一般在开花前和开花后施用。

3. 整形修剪

紫薇的花生长在当年萌发的春梢顶部,萌发力强,树冠不整齐,因此需要进行合理修剪。修剪分冬季修剪和花后修剪。冬季修剪时,仅留基部5～10 cm,剪去当年生枝条,使翌年抽出壮枝开花;在夏季花后及时剪去残花,以减少养分损耗,促进萌发新枝和开花。

(五)观赏应用

紫薇树形优美,树皮光滑洁净,花色艳丽,花朵繁密,且花期长久,是盛夏极有观赏价值的花木。常植于建筑物前,庭院内或池边等。也可片植、丛植,以体现鲜艳热烈的气氛,常与常绿树配植,构成多彩画面。紫薇对有毒气体有一定的抵抗性,因此也是厂区绿化的好树种。枝干多扭曲,具有叶细、枝密、干粗、露根等特点,很适宜制作盆景。

十六、樱花

樱花又名山樱桃,为蔷薇科李属落叶乔木(图8.46)。原产于中国长江流域及东北、华北地区及日本,品种多达数十种,尤以日本栽培最盛。

(一)形态特征

株高可达15 m以上。叶互生,卵状椭圆形或长卵形,叶缘有细锯齿。花白色或淡红色,少为黄绿色,无香味,常3～5朵排成短伞房总状花序。核果球形,先红而后变紫褐色,稍有涩味,可食。花期4月,与叶同时开放,果熟7月。

图8.46 樱花

常见园艺栽培变种或变型有:重瓣白樱花、红白樱花、垂枝樱花、重瓣红樱花、瑰丽樱花、山樱花、毛樱花。

(二)生态习性

樱花喜阳光充足、凉爽和通风的环境。不耐炎热,有一定耐寒能力。喜深厚肥沃、排水良好的土壤,不耐旱,不耐盐碱。不耐移植,不耐修剪。对烟尘、有害气体及海潮风抵抗力较弱。

(三)繁殖方法

樱花可播种、扦插或嫁接繁殖,但以嫁接繁殖最常用,苗木成长最强健。多采用樱桃、山樱花作砧木,砧木繁殖以每年冬至前后播种为最适期,成苗后经栽培1年,早春嫁接,4~5年可开花。

(四)栽培管理

1. 浇水

樱花忌积水,根据不同季节和苗木大小进行合理浇水,掌握"见干见湿"的原则,土壤不能过湿或积水,否则会引起烂根,轻则叶片脱落,影响开花,重则全株死亡。

2. 施肥

樱花管理要仔细,施肥要足。一般每月施2~3次腐熟的液肥,早期以氮肥为主,后期注意配合施用磷肥,防止营养生长过旺,影响花芽分化,5—6月配合浇水叶面喷施0.1%~0.2%的磷酸二氢钾,冬季或早春施用豆饼、鸡粪等腐熟有机肥料,为开花打下基础。

3. 光照

樱花生长需要阳光充足的环境,但夏日强光直射也不利其生长,故宜种植在夏季有适当遮蔽和免受日晒处。

4. 整形修剪

樱花修剪忌重剪。花前可对生长过密的枝条进行适当疏剪。生长期修剪不能伤害树皮,以防伤口感染,修剪后要用5波美度石硫合剂涂抹伤口,防止雨淋后病菌侵入,导致腐烂。花后修剪应根据树冠的整体形态,从主枝的茎部自内向外地逐渐向上修剪,对徒长枝、内膛枝并生枝以及枯枝、病枝均加以抑制或剪除,并注意维护树冠的匀称完整。

5. 病虫害防治

樱花常见病害有流胶病和褐斑病。流胶病为蛾类钻入树干产卵所致,可用尖刀挖出虫卵,同时改良土壤,加强水肥管理,合理修剪等措施来预防。其他病虫害可及时用药防治。

(五)观赏应用

樱花是重要的园林观赏树种,早春开花时,花朵布满全树,绚丽夺目。最适于群栽、片植于溪旁、池畔、山坡,或于庭园内小路两旁成行栽植,也可作插花材料。树皮、鲜叶可药用。

十七、碧桃

碧桃别名粉红碧桃、千叶桃花、花桃等，为蔷薇科李属落叶小乔木（图 8.47）。原产于中国，分布在西北、华北、华东、西南等地，现世界各国均已引种栽培。

图 8.47　碧桃

（一）形态特征

树高 4~8 m，树冠广卵形。小枝红褐色或褐绿色，无毛，芽密生灰白色茸毛。叶椭圆状披针形，叶缘细钝锯齿；托叶线形，有腺齿。花单生，单瓣或重瓣，先叶开放，粉红色。花期 3—4 月。有多个变种，如洒金碧桃、白花碧桃等。

（二）生态习性

碧桃喜光，不耐阴。耐干旱气候，有一定的耐寒力。对土壤要求不严，耐贫瘠、盐碱、干旱，须排水良好，不耐积水及地下水位过高。在黏重土壤栽种易发生流胶病。浅根性，根蘖性强，生长迅速，寿命短。

（三）繁殖方法

碧桃以嫁接、播种为主，亦可压条繁殖。用 1~2 年生实生苗或山桃苗作砧木，嫁接时间以 7 月中下旬至 8 月上旬为宜，采集树势健壮、无病虫害、开花良好的成年树树冠外围生长充实枝条作接穗，可用"T"字形芽接或嵌芽接。若枝接在春季砧木树液已经流动而接穗树液尚未流动时进行，嫁接方法可采用劈接、切接。

（四）栽培管理

1. 浇水

碧桃耐旱，怕水湿，要视干旱情况及时浇水。北方一般除早春及秋末各浇一次开冻水及封冻水外，霜冻前灌一次防冻水。但在夏季高温天气，如遇连续干旱，适当的浇水是非常必要的。南方应注意梅雨季节排水防涝，以防水大烂根导致植株死亡。

2. 施肥

冬施基肥，开花前、花芽分化前施 1 次稀释的人粪尿或复合化肥。

3. 整形修剪

碧桃喜光，栽植后，要根据生长势及所培养树形进行定干，而后选留主枝，逐渐培养自然开心形或自然杯状形树冠，控制树冠内部枝条，使其透光良好。碧桃夏季修剪常采用抹芽、除萌、摘心、扭梢、拉枝等方法，休眠期进行整形修剪，以保持树形丰满美观，促使花繁叶茂。

4. 病虫害防治

碧桃主要病害有穿孔病、炭疽病、流胶病、缩叶病，可用 70% 甲基托布津 1 000 倍液进行喷施，亦可和百菌清交替使用。主要虫害有蚜虫、红蜘蛛、介壳虫、红颈天牛等，可用 40%

氧化乐果乳油 1 000 倍液喷杀蚜虫、红蜘蛛和介壳虫;红颈天牛的成虫可人工捕杀,幼虫可用敌敌畏等农药注入虫孔中,并将洞口用泥巴封死,冬季在主干及粗壮枝上涂白,对防治天牛繁衍幼虫有较好的效果。

(五)观赏应用

桃花烂漫妩媚,品种繁多,栽培简易,是园林中重要的春季花木。孤植、列植、群植于山坡、池畔、山石旁、墙际、草坪、林缘,构成"三月桃花满树红"的春景。最宜与柳树配置于池边、湖畔,"绿丝映碧波,桃枝更妩艳",形成"桃红柳绿"江南之动人春色。

十八、海棠

海棠是蔷薇科苹果属著名观赏花木,原产于中国,现在山东、河南、陕西、安徽、江苏、湖北、四川、浙江、江西、广东、广西等省(自治区)都有栽培(图8.48)。

图 8.48 海棠

(一)形态特征

海棠属落叶灌木或小乔木,树冠高达 8 m,树形俏丽。形、缘具紧贴细锯齿,背面幼时有柔毛。花蕾色红艳,开放后呈淡粉红色;萼片较萼筒短或等长,宿存。果近球形,黄色,径约 2 cm,基部不凹陷。花期 4—5 月;果熟期 9 月。

我国海棠资源比较丰富,据文献记载,同属常见的海棠种有垂丝海棠、西府海棠。

(二)生态习性

海棠喜光,不耐阴,耐寒,对土壤要求不严。耐旱,亦耐盐碱,不耐湿。萌蘖性强。枝条直立,小枝红褐色。叶椭圆形至长椭圆。

(三)繁殖方法

海棠可播种、分株、嫁接繁殖。嫁接繁殖砧木以山荆子为主。

(四)栽培管理

1.栽植施肥

海棠宜春季裸根栽植,在落叶后至发芽前进行,中小苗留宿土或裸根栽植,大苗需带土球。海棠栽植后要加强抚育管理,经常保持土壤疏松肥沃。每年秋、冬季可在根际处换培一批塘泥或肥土。遇春旱时,要进行 1~2 次灌溉。

2.整形修剪

在落叶后至早春萌芽前进行修剪,短截过长过细枝条,以保持树冠疏散,通风透光。为促进植株开花旺盛,要把徒长枝实行短截,以减少发芽的养分消耗,使所留的腋芽均可获较多营养物质,形成较多的开花结果枝。结果枝、中间枝则不必修剪。在生长期间,如能及时进行摘心,早期限制营养生长,则效果更为显著。

3. 病虫害防治

海棠易受红蜘蛛、蚜虫、刺蛾等危害,要及时防治,并且注意防治金龟子、卷叶虫、袋蛾等害虫以及腐烂病、赤星病等。

(五)观赏应用

海棠花枝繁茂,美丽动人,宜配置在门庭入口两旁、亭台、院落角隅、堂前、栏外和窗边。在观花树丛中作主体树种,下配灌木类海棠衬以常绿之乔木,妩媚动人;亦可植于草坪边缘、水边池畔、园路两侧,可作盆景或切花材料。

十九、羊蹄甲

羊蹄甲别名红花紫荆、洋紫荆,豆科羊蹄甲属半常绿小乔木(图8.49)。原产于中国华南,分布于福建、广东、广西、云南等地,东南亚群岛一带均有栽培。

(一)形态特征

树高约 8 m。叶近革质,宽椭圆形至近圆形,长 5～12 cm,先端 2 裂,深为全叶的 1/3～1/2,呈羊蹄状;裂片端钝或略尖,掌状脉 9～13。顶生或腋生伞房花序,花大,玫瑰红色,有白色条纹;花萼裂为几乎相等的 2 裂片;花径 10～12 cm。荚果扁条形,略弯曲,成熟时黑色。花芳香,晚秋至初冬开放。

羊蹄甲属种类很多,花色有大红、桃红、米黄、白色等多种,花期亦有先后,均为园林绿化中的重要观赏花木,但这些树种,大都只开花一季,观赏价值均逊于红花羊蹄甲。

图8.49　羊蹄甲

(二)生态习性

羊蹄甲喜阳光和暖热、潮湿气候。耐干旱,不耐寒,生长快。我国华南各地可露地栽培,其他地区均作盆栽,冬季移入室内。宜湿润、肥沃、排水良好的酸性土壤。

(三)繁殖方法

羊蹄甲主要用种子繁殖,亦可扦插。播种繁殖在夏、秋间种子采收后随即播种,或将种子干藏至翌年春播,播种深度以见不到种子为度。播后浇透水,并经常保持土壤湿润,但不能积水。待苗出齐后可浇少量稀薄液肥,宜淡不宜浓。当株高约 20 cm 时分床移植,株间距 20 cm×25 cm,一般株高达 3 m 或胸径 3～4 cm 时可出圃定植。

(四)栽培管理

1. 栽植

羊蹄甲栽培简单,不择土壤,移栽时若能施些腐熟有机肥作基肥,栽后灌足水,以后天气干旱时注意补充水分,则生长旺盛,花繁叶茂。移植宜在早春 2、3 月进行,小苗需多带宿土,大苗要带土球。羊蹄甲在北方多盆栽,春、夏宜水分充足,湿度要大,秋、冬应干燥,冬季应入温室越冬,最低温度需保持5℃以上。

2.光照

羊蹄甲喜光,栽植地点应选阳光充足的地方。北方盆栽羊蹄甲,夏季高温时要避免强光直射。

3.整形修剪

羊蹄甲生长健壮,为华南常见的花木之一,栽培管理粗放,应注意树形的美观,如出现偏长,应及时立柱加以扶正。幼树期要略加修剪整形,树形趋于整齐时便可任其自然生长。

4.病虫害防治

羊蹄甲主要有白蛾蜡蝉、蜡彩袋蛾、茶蓑蛾、棉蚜等危害,可喷施90%敌百虫或50%马拉松乳剂1 000倍液杀灭。

（五）观赏应用

羊蹄甲树冠开展,枝丫低垂,花大美丽,秋冬开放,叶片形如牛、羊蹄甲,很有特色。广州等地常植为庭园风景树及行道树。

二十、蒲葵

蒲葵别名扇叶葵、葵树、葵竹,为棕榈科蒲葵属常绿乔木(图8.50)。原产于中国南部及印度,中国福建、台湾、广东、广西等地普遍栽培。

（一）形态特征

蒲葵为单干型常绿乔木,高10～20 m,干径可达30 cm。树冠紧实,近圆球形,冠幅可达8 m。叶片直径1 m以上,掌状分裂至中部,裂片条状披针形,具横脉;叶柄长2 m。肉穗花序长1 m,腋生;花无柄,黄绿色。果椭圆形,长1.8～2 cm,熟时蓝黑色。

同属其他栽培种:澳洲蒲葵,干细长,光滑,中下部叶片下垂,原产于大洋洲;圆叶蒲葵,干细长,具环纹,叶近圆形,质薄而平展,两面绿色有光泽,浅裂,原产于马来西亚;矮蒲葵,干高3～5 cm,叶硬,深裂,叶柄有细齿,适作盆栽观赏,原产于大洋洲。

图8.50　蒲葵

（二）生态习性

蒲葵喜光,亦耐阴,惧烈日暴晒。喜高温、多湿的气候及肥沃、富含腐殖质的黏壤土,不耐盐碱。较耐寒,能耐0℃的低温。耐水湿,不耐旱。虽无主根,但侧根发达,密集丛生,抗风力强,能在沿海地区生长。

（三）繁殖方法

蒲葵均采用播种繁殖。采种后不宜暴晒,应立即播种。从15年以上老株上采种,采后去果肉阴干,用沙土埋藏至来年2月,先浸种催芽,待种子胚根露出后在苗床内点播,然后搭设小棚遮阴,或播于花盆中放置于荫蔽处。注意保持土壤湿润,当年生长非常缓慢,第2年春季移栽1次,5月以后追肥2~3次,第3年上盆。

(四)栽培管理

1. 栽植管理

蒲葵在我国南方可地栽,选砂壤土为宜,同时施入大量有机肥料,于春季或雨季带土球栽植。江南一带可栽植于背风向阳庭院,用包草法越冬。北方地区可盆栽,要用腐叶土加河沙作栽培基质;每年夏季施液肥4~5次,并加强浇水,避免干旱;10月中下旬入室越冬,室温在1 ℃以上即可,每2年换盆1次。

2. 施肥浇水

夏季应经常向植株喷水来增加空气湿度,盛夏季节如果一天不浇水,叶片就会萎蔫枯黄,甚至死亡。蒲葵虽有一定的耐涝能力,雨季也应注意排水防涝。5月上旬至9月中旬每月施2次液肥,生长期施用肥料应以氮肥为主。

3. 光照

蒲葵喜光照充足,但在北方栽培时,春、夏两季切勿放在烈日暴晒,更不要放在建筑物的南侧,以防墙面反射过来的辐射热把叶片烤黄,最好放于楼北侧或大树遮阴处栽培养护。盆栽夏季要放在阴棚下养护,并注意通风。

4. 病虫害防治

蒲葵对病虫害抵抗能力强,常见病害有叶枯病、炭疽病、褐斑病、叶斑病等。主要害虫有绿刺蛾、灯蛾。

(五)观赏应用

蒲葵四季常青,树冠伞形,叶片扇形,为热带及亚热带地区优美的庭荫树和行道树,可孤植、丛植、对植、列植。在温暖地区适宜庭院绿化布置可作行道树、风景树。寒冷地区可作室内盆栽观赏。

二十一、紫竹

紫竹又叫黑竹、乌竹,禾本科刚竹属乔木状中小型竹(图8.51)。紫竹主要分布于中国长江流域,陕西、北京亦有栽培,垂直分布在海拔1 000 m以下。

(一)形态特征

秆高3~8 m,有的可达10 m以上,径2~5 cm。新竹绿色,密被白粉和刚毛,当年逐渐全部变为紫黑色。小枝黑色,顶端具2~3叶,叶脉也为紫色,叶片窄披针形,长4~10 cm,先端渐长尖而质薄。笋期4月中下旬。

(二)生态习性

紫竹性喜温暖、湿润,较耐寒,可耐-20 ℃低温,北京可露地栽培。紫竹亦耐阴,不耐积水,适应性强。对土壤要求不严,以疏松、肥沃、排水良好、微酸性的土壤最为适宜。

图8.51 紫竹

（三）繁殖方法

紫竹一般采用移植母竹或埋根茎繁殖方法。

移植母竹法，以选择1~2年生，秆形较小、生长健壮的植株为宜。移植时，应留根茎30~50 cm，并带宿土，保护根茎笋芽不受损伤。一般要切去秆梢，留分枝5~6个，以便成活。于早春2月间移植为宜。移植母竹应注意覆土盖草，浇足水分，并用支架固定以防摇动。

埋根茎繁殖一般在早春进行。选择2~3年生粗壮根茎，截取60 cm长的茎段，要求茎色紫黑鲜嫩，节上侧芽饱满，根系发达健全。挖取时不伤及根茎，更不能损伤侧芽，切口平整，剔除瘦小扁平的侧芽，茎芽处多留宿土。进行深耕整地，清除杂草和异物，做成宽80 cm、高15~20 cm的苗床，按株行距30 cm的距离开沟。将处理好的根茎埋入床沟中，覆土5 cm左右。覆盖塑料薄膜，以增温保温，促进其提早萌发，还能使产苗量提高30%左右，并使竹苗提早木质化，增强抗旱能力，也提高了竹苗的保存率。

（四）栽培管理

1.栽植

紫竹移植成活较易，一般选2~3年的为好，除冰冻季节外，从春到秋都可进行，但以2—3月栽种最宜。华北地区露地栽培需选择避风向阳处；庭院中栽植，宜选墙隅、屋旁空隙地，数株丛植并注意浇水培土。栽前穴底先填细土，施腐熟厩肥，与表土拌匀，分层盖土压实，浇足水，并搭支架以防风摇。

2.浇水施肥

注意冬春灌溉，如遇久旱不雨、土壤干燥，要适时适量浇水。而当久雨不晴、积水时须及时排水。注意除草松土，合理施肥，护竹留笋。保持表土疏松。冬季可施腐熟厩肥、土杂肥。一般隔年施有机肥，生长季施速效肥。

3.整形修剪

紫竹易发笋，过密时应疏除老竹。盆景用竹应抑制过高生长，当竹笋长出10~12片笋箨时，剥去基部2片，尔后陆续向上层层剥除，至最低分枝下一节处。在雪压、冰挂、风倒等危害严重的地方应在10—11月采取钩梢措施，留枝15个左右。

4.病虫害防治

注意竹苗立枯病和笋腐病防治。成竹应防治茎腐病、竹秆锈病，刚竹毒蛾等。及时防治笋夜蛾、竹蝗、竹螟、卵圆蝽及毛竹枯梢病。防治象甲虫可注射50%甲胺磷乳油。

（五）观赏应用

紫竹秆紫叶绿，别具特色，极具观赏价值，宜与"黄金间碧玉""碧玉间黄金"等观赏竹品种配植或植于山石之间、园路两侧、池畔水边、书斋和厅堂四周,亦可盆栽观赏。

二十二、凌霄

凌霄别名凌霄花、紫葳,为紫葳科凌霄属落叶藤本植物(图8.52)。原产于中国长江流域中、下游地区,分布于中国华东、华中、华南等地,现从海南到北京各地均有栽培,日本也有分布。

(一)形态特征

凌霄以气生根攀缘上升,藤蔓长达9~10 m。树皮灰褐色,呈细长状纵裂。小枝紫褐色。羽状复叶对生,小叶7~9片,长卵形至卵状披针形叶缘疏生粗齿。顶生聚散花序或圆锥花序,花冠唇状漏斗形,红色或橘红色;花萼绿色,5裂至中部,有5条纵棱。果长如豆荚,种子有膜质翅。花期5~8月,果期10月。花粉有毒,能伤眼睛,须加注意。栽培品种有中国凌霄和美国凌霄两种。

图8.52　凌霄

(二)生态习性

凌霄喜光,稍耐阴,在强光下生长旺盛,宜于背风向阳处栽植。喜温暖、湿润气候,不甚耐寒。耐干旱、不耐积水。对土壤要求不严,但以肥沃、湿润、排水良好微酸性和中性土为宜。萌芽力、萌蘖力均强。

(三)繁殖方法

凌霄不易结果,很难得到种子,所以繁殖以扦插为主,亦可分根或压条。硬枝扦插在早春3月进行,选健壮的1~2年生枝,剪成20 cm左右长的插条,插条上最好带有气生根,插入沙土中。或在11月下旬至12月剪取长15~20 cm的粗壮插条沙藏,翌年3月扦插,2个月即可生根。嫩枝扦插,在7—8月进行,选当年生的半木质化枝条,剪成15 cm左右的插穗,插入苗床并适当遮阴,入冬前生根。

(四)栽培管理

1.栽植

凌霄栽培管理比较容易。移植在春、秋两季均可进行,植株通常需带土球移植,栽植后植株长到一定程度,要设立支架诱引攀缘。

2.浇水施肥

早期管理要注意浇水,后期管理可粗放些。夏季开花之前施一些复合肥、堆肥,或施一次液肥,并进行适当灌溉,使植株生长旺盛,开花茂密。现蕾后及时疏花,则花大而鲜丽。在旺盛生长期追肥2~3次,8月中旬停止水肥。

3.整形修剪

栽植后将主干保留30~40 cm短截,使其重发新枝,保留上部3~5个新枝,下部的全部剪去。每年在秋冬至萌芽前可进行适当疏剪,去掉枯枝和过密枝,使树形合理,利于生长。

4. 病虫害防治

在高温、高湿期间,凌霄易遭蚜虫危害,发现后应及时喷施40%乐果500~800倍液进行防治。

(五)观赏应用

凌霄干枝虬曲多姿,翠叶团团如盖,花大色艳,花枝从高处悬挂,柔条纤蔓,夏季开红花,花大色艳,花期甚长,是棚架、花门、假山、墙垣良好的绿化材料,也是夏秋主要的藤本观赏花木。

二十三、紫藤

图8.53 紫藤

紫藤又名藤萝、朱藤,为豆科紫藤属藤本植物(图8.53)。原产于中国黄河流域、长江流域及其以南各省区,山林中多野生,各地园林广泛栽培。

(一)形态特征

树干皮灰白色,有浅纵裂纹。羽状奇数复叶,互生。小叶7~13片,卵状,长椭圆形。嫩叶有毛,老叶无毛。总状花序,每轴着花20~80朵,呈下垂状,花大,色紫,芳香,每年3月开始现蕾,4月开花,花期4—5月,果熟期10—11月。果实为荚果,长条形,表面被有银灰色短绒毛,内含扁圆形种子1~3粒。紫藤寿命极长,一般可达数百年。

同属植物约9种,常见的为多花紫藤、白花紫藤。

(二)生态习性

紫藤为暖温带及温带植物,对气候和土壤的适应性强,较耐寒,能耐水湿及瘠薄土壤。喜光,较耐阴。以土层深厚、排水良好、向阳避风处栽培最适宜。主根深,侧根浅,不耐移栽。生长较快,寿命长。缠绕能力强,对其他植物有绞杀作用。

(三)繁殖方法

紫藤可用播种、扦插、嫁接繁殖,以播种为主。秋后采种,晒干贮藏,第二年春季用60 ℃温水浸种1~2 d,种子膨胀后即点播,约1个月出苗,出苗率90%左右。因植株不耐移植,故播种时株行距应稍大,2~3年后直接移往定植处。扦插繁殖在冬季落叶后、春季萌芽前进行。优良品种可嫁接繁殖,选用优良品种作接穗,接在普通品种的砧木上,一般多在春季萌芽前进行,枝接、根接均可。

（四）栽培管理

1. 浇水

紫藤消耗水分大，但土壤过湿，不利于开花。浇水要掌握"不干不浇，浇则浇透"的原则。特别是8月花芽分化期，应适当控水，9月可进行正常浇水，晚秋落叶后要少浇水。

2. 施肥

紫藤施肥应薄肥勤施，才能花繁叶茂。在生长期，可结合浇水，每半月施一次稀薄饼肥，直至7—8月停止施肥。9月继续施肥，但次数、浓度均应适当减少。开花前可适当增施磷、钾肥。

3. 光照

紫藤喜光照充足，也耐半阴环境。生长季节要有充足的强光照射，才能使其生长良好，花繁叶茂。

4. 整形修剪

紫藤在定植后，选留健壮枝作主枝培养，并将主枝缠绕在支柱上。第二年冬季，将架面上的中心主枝短截至壮芽处，促进来年发出强健主枝。骨架定型后，应在每年冬天剪去枯死枝、病虫枝、缠绕过分的重叠枝。一般小侧枝留2~3个芽进行短截，使架面枝条分布均匀。紫藤生长较快，为防止枝蔓过密，应在冬季或早春萌芽前进行疏剪，使支架上的枝蔓保持合理的密度。盆栽紫藤，除选用较矮小种类和品种外，更应加强修剪和摘心，控制植株大小。如作盆景栽培，需加强整形修剪，必要时还可用老桩上盆，嫁接优良品种。

5. 病虫害防治

紫藤常见虫害有枯叶蛾、蚜虫、刺蛾等。枯叶蛾可用敌百虫或辛硫磷300倍液喷杀，蚜虫及刺蛾可用80%敌敌畏1 200倍液喷杀，以5—6月进行防治为好。

（五）观赏应用

紫藤生长迅速，枝叶茂密，花大而美，颇有芳香，为良好的棚架材料，植于水滨、池畔、台坡等地，使之沿他树攀缘生长，极为优美。寿命长，能形成盘曲古老之态，盆栽紫藤可形成千年古藤之趣。

二十四、爬山虎

爬山虎别名爬墙虎、地锦，为葡萄科爬山虎属落叶大型藤本植物（图8.54），分布在中国华南、华北至东北各地。

（一）形态特征

爬山虎是落叶藤本，卷须短，多分枝，顶端有吸盘。叶形变异很大，通常宽卵形，先端多3裂，或深裂成3小叶；基部心形，边缘有粗锯齿。花序常生于短枝顶端两叶之间。果球形，蓝黑色，被白粉。

（二）生态习性

爬山虎对土壤及气候适应能力很强，喜阴，耐寒，耐旱，在一般土壤上都能生长，但在阴凉、湿润、肥沃的土壤中生长最佳，生长速度快，对二氧化硫、氯气等有毒气体的抗性较强。

图8.54　爬山虎

（三）繁殖方法

爬山虎通常采用播种、扦插或压条等方法繁殖。播种育苗，在秋季果实成熟时采集，采收后将浆果堆放数日，搓去果肉，阴干，随即秋播或沙藏春播。条播或撒播，覆土厚1~1.5 cm，一般10~15 d出苗，1年苗高1~2 m。

爬山虎硬枝、嫩枝扦插均可，春、夏、秋都能进行，极易成活。3月硬枝扦插，选粗壮枝条，剪10~15 cm长，插入土中2/3。夏季嫩枝扦插，约20 d生根。

压条育苗在4月上旬进行，将1~2年枝水平埋入土中2~3 cm，常浇水，保持湿润，1个月可生根，春季切离母体栽植，成为新的植株。

（四）栽培管理

1.栽植

早春萌芽前沿建筑物墙根种植，应离墙基50 cm挖坑，株距60~80 cm为宜。栽时深翻土壤，施足腐熟基肥，当小苗长至1 m长时，即应用铅丝、绳子牵向攀附物。

2.施肥浇水

栽植初期需适当浇水及防护，每年追肥1~2次，促其健壮生长，并经常锄草松土，以免被草淹没，使它尽快沿墙吸附而上，2~3年后可逐渐将数层高楼的壁面布满，以后可任其自然生长。爬山虎怕涝渍，要注意防止土壤积水。

3.整形修剪

移栽时重短截促发枝，将其主茎导向墙壁或其他支持物，即可自行攀缘。

4.病虫害防治

爬山虎病害有白粉病、叶斑病和炭疽病等，常见蚜虫危害，应注意防治。

（五）观赏应用

爬山虎生长强健，茎蔓纵横，吸盘密布，翠叶遍盖如屏，秋霜后叶变红色或橙色，是各种壁面垂直绿化的优良树种。可配植于建筑物墙壁、墙垣、庭园入口、假山石峰、桥头石壁，或老树干上。对氯气抗性强，可作厂矿、居民区垂直绿化，亦可作护坡保土植被。

第五节　水生观赏植物栽培

水生观赏植物指生长在水中或沼泽地中耐水湿的观赏植物，又叫水生花卉。例如荷花、睡莲、王莲、千屈菜、旱伞草、水葱、菖蒲等。

一、荷花

荷花又名莲花、芙蓉、藕，为睡莲科莲属多年生水生观赏植物（图8.55）。原产于亚洲热带地区和大洋洲，中国是世界上栽培荷花最普遍的国家之一，目前除中国西藏、内蒙古和青海等地，绝大部分地区都有栽培。

（一）形态特征

地下部分具肥大多节的根状茎，横生水底泥中，通称"莲藕"。节间内有多数大小不一的孔道，这是荷花为适应水中生活而形成的气腔。节部缢缩，生有鳞片及不定根，并由此抽生叶、花梗及侧芽。叶盾状圆形，全缘或稍呈波状；幼叶常自两侧向内卷，表面蓝绿色，被蜡质白粉，背面淡绿色，叶脉明显隆起；具粗壮叶柄，被短刺。花单生于花梗顶端，挺出水面，有单瓣、复瓣、重瓣；花径10~25 cm，具清香；花瓣倒卵状舟形，端圆钝；花红色、粉红色、白色、乳白色、浅蓝色及黄色等；雄蕊多数，雌蕊多数离生，埋藏于膨大的倒圆锥形花托内，俗称"莲蓬"；花托内为海绵质，上平坦，有多数蜂窝状孔洞，于花后逐渐膨大，每孔内含一粒圆球形小坚果，俗称"莲子"。花期5—9月，单花开放，单瓣品种3~4 d，半重瓣品种5~6 d，重瓣品种可达10 d以上，白天开放，晚上闭合。

图8.55　荷花

荷花依据用途不同可分藕莲、子莲和花莲三个系统。前两者以食用为目的，后者以观赏为目的。花莲系统常依据花瓣的多少，雌、雄蕊瓣化程度以及花色进行分类，但目前全国尚未制定统一的分类方法。

（二）生态习性

荷花性喜阳光和温暖环境，炎夏为其生长最旺盛时期，但耐寒性也甚强，我国东北南部尚能于露地池塘中越冬。通常8~10 ℃开始萌芽，14 ℃藕鞭（藕带）开始伸长，23~30 ℃为生长发育的最适温度，开花则需要高温；25 ℃下生长新藕，大多数栽培种在立秋前后气温下降时转入长藕阶段。荷花对光照要求高，在强光下生长发育快，开花早，但凋萎也早；在弱光或半阴条件下则生长发育缓慢，开花期推迟，凋萎也推迟。荷花喜湿怕干，缺水不能生存，但水过深淹没立叶，则生长不良甚至死亡，一般以水深不超过1 m为限。宜生长于静水或缓慢流水中。喜肥土，尤喜磷、钾肥多，而氮肥不宜过多，要求富含腐殖质及微酸性壤土和黏质壤土。酸性过大、土质过于疏松均不利其生长发育。对氟、二氧化硫有害气体抗性较强，而对含有强度酚、氰等有毒污水则无抗性。

荷花每年春季萌芽生长，夏季开花，边开花边结实。花后生新藕，立秋后地上茎叶枯黄，进入休眠，生育期180~190 d。从栽种至开花一般约60 d，视品种和栽植时期而异。荷花为虫媒花植物，既可异花授粉又可自花授粉。

（三）繁殖方法

荷花通常以分株繁殖为主，可当年开花。为培育新品种也可播种繁殖。

分株繁殖时，于4—5月挑选生长健壮、顶芽完整无损的根茎，每2～3节切成一段作为种藕，保留尾节（否则水易浸入种藕内，引起种藕腐烂）。用手指保护顶芽以20°～30°斜插入缸、盆中或池塘内。若不能及时栽种，应将种藕放置背风寒、背阴处，覆盖稻草，洒上水以保持藕体新鲜。

播种繁殖需选用充分成熟的莲子，播种前必须先"破头"，即将莲子凹进去的一端挫伤，露出种皮，放入温水中浸泡一昼夜，使种子充分吸水膨胀后再播于泥水盆中，温度保持在20℃左右，7 d左右可发芽，待长出2片小叶时便可单株栽植。

（四）栽培管理

1.池栽

先将池水放干，翻耕池土，施入基肥，然后灌水，将种藕顶芽一律朝向池心。栽后稍加镇压，以防灌水后浮起。灌水深度应按不同生育期逐渐加深，初栽水深10～20 cm，夏季加深至60～80 cm，至秋冬冻冰前放足池水，保持深度1 m以上，以免池底泥土结冰，根茎可在冰下不冰冻的泥土中安全越冬。一般每隔2～3年重新栽植1次。

2.缸栽

选特制的"荷花缸"，以口径60～80 cm，深30～35 cm为宜，缸底施入基肥，再填入缸深2/3左右的培养土。培养土可用含腐殖质的塘泥、河泥，也可在塘、河泥中混入豆饼粉和粪尿、骨粉及少量草木灰等。然后将根茎沿缸内周边栽入，使首尾相连，顶芽略向缸中央，灌水深至5 cm，放日光充足处，待泥土晒至龟裂，再加水晒，使种藕和泥土密结不易飘浮。以后随着荷花生长，逐渐加水，至盛夏时灌满缸。初冬将缸水倒出，移入地窖或冷室，保持土壤湿润即可越冬。一般每隔2～3年重新栽植1次。

3.病虫害防治

荷花常见病害主要有腐烂病，可用托布津800倍或65%代森锌600倍液喷洒。虫害有蚜虫、黄刺蛾、水蛆等，黄刺蛾可用90%敌百虫1 000～1 500倍液加800倍青虫菌液喷杀，水蛆可施石灰驱杀。

（五）观赏应用

荷花是我国十大名花之一，具有较高的园林观赏价值。它不仅花大色艳，清香远溢，凌波翠盖，而且有着极强的适应性，既可广植湖泊，蔚为壮观，又能盆栽瓶插，别有情趣；自古以来，就是宫廷苑囿和私家庭园的珍贵水生花卉，在今天的现代风景园林中，愈发受到人们的青睐，应用更加广泛。

二、睡莲

睡莲又称水百合、水浮莲、子午莲，为睡莲科睡莲属多年生水生观赏植物（图8.56）。原产于亚洲、美洲和大洋洲。

（一）形态特征

睡莲地下部分具横生或直立的块状根茎，生于泥中。叶丛生并浮于水面，圆形或卵圆形，边缘呈波状、全缘或有齿，基部深裂呈心脏形或近戟形，表面浓绿色，背面带红紫色；叶柄细长。花较大，单生于细长花梗顶端，浮于水面或挺出水上；花瓣多数，有白、粉、黄、紫红以及浅蓝色等。聚合果海绵质，成熟后不规则破裂，内含球形小坚果。花期夏、秋季，单朵花期 3 ~ 4 d（图8.56）。

图8.56　睡莲

睡莲属植物有 40 种，我国有 7 种以上。本属尚有许多种间杂种和栽培品种，通常依据耐寒性分为两类：不耐寒性睡莲和耐寒性睡莲。不耐寒性睡莲原产于热带，在我国大部分地区需温室栽培，目前栽培和应用均较少。耐寒性睡莲华北地区露地栽培的睡莲多属于此类，原产温带和寒带，耐寒性强，均属白天开花类型。主要种类有矮生睡莲、香睡莲、白睡莲、块茎睡莲。

（二）生态习性

睡莲类均喜阳光充足、通风良好、水质清洁、温暖的静水环境，水流过急不利于生长。要求腐殖质丰富的黏质土壤。每年春季萌芽生长，夏季开花。花后果实沉没水中，成熟开裂散出的种子最初浮于水面，而后沉底。冬季地上茎叶枯萎，耐寒类的根茎可在不冻冰的水中越冬，不耐寒类则应保持水温 18 ~ 20 ℃，最适水深为 25 ~ 30 cm。通常一般水深 10 ~ 60 cm 均可生长。

（三）繁殖方法

睡莲以分株繁殖为主，也可播种。

耐寒种通常在 2—4 月进行分株，不耐寒种对气温和水温的要求高，因此到 5 月中旬前后才能进行。分株时先将根茎挖出，挑选有饱满新芽的根茎，切成 8 ~ 10 cm 长，每段至少带 1 个芽，然后进行栽植，顶芽朝上埋入表土中，覆土深度以植株芽眼与土面相平为宜，每盆栽 5 ~ 7 段。栽好后，稍晒太阳就可注入浅水，以保持水温，但灌水不宜过深，否则会影响发芽，待气温升高，顶芽萌动时再加深水位。放置在通风良好、阳光充足处养护，栽培水深 20 ~ 40 cm，夏季水位可略深，高温季节要注意保持盆水的清洁。在少量分栽时，可把已栽植 2 ~ 3 年的睡莲倒出盆外，直接切割成 2 ~ 4 块，再栽入盆内。

睡莲也可采用播种繁殖，果实成熟前，用纱布袋将花包住，以便果实破裂后种子落入袋内。种子采收后，仍需在水中贮存，如干藏将失去发芽能力。播种在 3—4 月进行，盆土用肥沃的黏质壤土，不宜过满，离盆口 5 ~ 6 cm，播入种子后覆土 1 cm，压紧浸入水中，水面高出盆土 3 ~ 4 cm，在盆上加盖玻璃，放在向阳温暖处，以提高盆内温度。播种温度以 25 ~ 30 ℃为宜，经 15 d 左右发芽，第二年即可开花。

（四）栽培管理

1. 种植

睡莲可直接栽于大型水面的池底种植槽内，也可栽于放入池中的盆、缸内，便于管理，也可直接栽入浅水缸中。不论采用盆栽、缸栽、池栽，初期水位都不宜太深，以后随植株的生长逐步加深水位。池栽睡莲雨季要注意排水，不能被大水淹没。通常池栽应视长势强弱、繁殖以及布置的需要，每2~3年挖出分栽1次。而盆栽和缸栽，可1~2年分栽1次。

2. 施肥

睡莲需较多肥料。生长期中如叶黄质薄、长势瘦弱，则要追肥。盆栽可用尿素、磷酸二氢钾等作追肥。池栽可用饼肥、农家肥、尿素等作追肥。饼肥、农家肥作基肥较好。

3. 光照

睡莲类在生育期间均应保持阳光充足，如光照不足，则影响开花。

4. 越冬管理

耐寒睡莲在池塘中可自然越冬，但整个冬季不能脱水，要保持一定的水层。盆栽睡莲如放在室外，冬季最低气温在-8℃以下要用杂草或农膜覆盖，防止冻坏块根，放在室内可安全越冬。热带睡莲要移入不低于15℃的温室中储藏，到翌年5月再将其移出栽培。

5. 病虫害防治

睡莲常见病害主要是炭疽病，可在发病初期喷洒25%炭特灵可湿性粉剂500倍液、25%使百克乳油800倍液、80%炭疽福美可湿性粉剂800倍液，7~10 d喷1次，连续2~3次。虫害主要是蚜虫和斜纹夜蛾，斜纹夜蛾可用90%敌百虫1 200倍液加青虫菌800倍液喷杀。

（五）观赏应用

睡莲为重要的水生花卉，是水面绿化的主要材料，常点缀于平静的水池、湖面或盆栽观赏。也可作切花。

三、王莲

王莲又名亚马孙王莲，为睡莲科王莲属多年生水生花卉，多作一年生栽培（图8.57）。原产于南美洲亚马孙流域，不少国家的植物园和公园已有引种，中国北京、华南及云南的植物园和各地园林机构也已引种成功。

（一）形态特征

王莲地下部分具短而直立的根状茎，其下着生粗壮发达的侧根。叶大形，形状随叶龄大小而变化，幼叶向内卷曲呈锥状，以后逐渐伸展呈戟形至椭圆形，成叶时变圆形，直径可达100~250 cm；表面绿色，无刺，背面紫红色并具凸起的网状叶脉，脉上具坚硬长刺；叶缘直立高7~10 cm，全叶如大圆盘浮于水面；叶柄长可达2~3 m，直径2.5~3 cm，密被粗刺。花单生，大形，花径25~35 cm，常伸出水面开放；花瓣多数，倒卵形，初开为白色，具香气，第二天变淡红色至深红色，第三天闭合，沉入水中，花期夏、秋季，每天下午至傍晚开放，次晨闭合；雄蕊多数，外部雄蕊渐变成花瓣状。果实球形，种子多数，形似玉米，有"水中玉米"之称。

（二）生态习性

王莲性喜温暖、湿度大、阳光充足和水体清洁的环境。通常要求水温30~35℃。室内水池栽培时，室温需25~30℃，低于20℃便停止生长。空气湿度以80%为宜。

（三）繁殖方法

王莲多用播种繁殖。1—3 月在温室内将种子播于装有肥沃河泥的浅盆中，连盆浸入能加温的水池中，保持水温 30 ~ 35 ℃，水深 5 ~ 10 cm，经 10 ~ 20 d 便可发芽。发芽后随着幼苗的生长，逐渐增加浸水深度。

图 8.57　王莲

（四）栽培管理

1. 上盆与换盆

播种苗的根长约 3 cm 时即可上盆。盆土采用肥沃的河泥或沙质壤土。将根埋入土中，深度是种子本身的 1/2 埋入土中，注意不可将生长点埋入土中，否则容易腐烂。盆底先放一层沙，栽植之后土面上再放一层沙，可以防止土壤冲入水中，保持盆水的清洁。栽植后将盆放入温水池中。水深使幼苗在水下 2 ~ 3 cm 为宜。上盆后，叶和根均快速生长，3 ~ 4 d 可长 1 片叶。一般在温室小水池中需经过 5 ~ 6 次换盆才能定植。每次换盆后调整其离水面深度，2 ~ 3 cm 至 15 cm 不等。上盆、换盆动作要快，不能让幼苗出水太久。

2. 光照

王莲幼苗需要充足光照，如光照不足则叶子容易腐烂。冬季阳光不足，必须在水池上安装人工照明，由傍晚开灯至晚上 10 时左右。一般用 100 W 灯泡，离水面约 1 m 高。

3. 定植

当室外气温稳定在 25 ℃左右，植株长至 20 ~ 30 cm 时，可将幼苗定植到露地水池。1 株王莲需水池面积 30 ~ 40 m²，池深 80 ~ 100 cm。水池中需设立一个种植槽或种植台。定植前先将水池用 5% 硫酸铜液洗刷消毒，然后将肥沃的河泥和有机肥填入种植台内，使之略低于台面，中央稍高，四周稍低，上面盖一层细沙。栽入幼苗时，注意将其生长点露在水面。栽植后水不宜太深，最初水面在土面上 10 cm 左右即可，以后随着生长可逐渐加深水位。如能在水池内放养一些观赏鱼类，则既可观赏又能消灭水中微生物。

4. 种子采收与贮藏

王莲开花 2 ~ 2.5 个月后，种子在水中即可成熟。成熟时，果实开裂，一部分种子浮在水面，此时最容易收集。落入水底的种子到秋冬清理水池时进行收集。种子洗净后，用瓶盛清水贮于温室中以备翌年播种用，否则将失去发芽力。

5. 病虫害防治

常见病害是黑斑病，虫害主要是蚜虫和斜纹夜蛾，应及时防治。

（五）观赏应用

王莲叶片奇特壮观，浮力大，成熟叶片可负重 20 ~ 25 kg。适合池塘、水池等水体的美化。

四、千屈菜

千屈菜是千屈菜科千屈菜属草本观赏植物，因其叶呈柳树叶状，又称水柳、水枝柳和水枝锦（图8.58）。原产于欧洲和亚洲暖温带，中国南北各地均有野生，多生长在沼泽地、水旁湿地和河边、沟边等地，现各地广泛栽培。

（一）形态特征

千屈菜是多年生挺水宿根花卉，高30～100 cm。茎直立，多分枝，有四棱或六棱形，水面下的部分呈膨大海绵状。叶对生或3片轮生，狭披针形，先端稍钝或短尖，基部圆或心

形，有时稍抱茎。总状花序生于上部叶腋。花多数密集，花两性，数朵簇生于叶状苞片腋内；花萼筒状，三角形，花瓣6，粉色、洋红色至紫色。花期7—8月。蒴果椭圆形，种子多数，细小，果期8—11月。

同属植物约27种，常见栽培的有光千屈菜、大花桃红千屈菜、毛叶千屈菜。

（二）生态习性

千屈菜喜光照充足、通风好的环境。喜水湿，喜温暖，在15～30 ℃生长良好。比较耐寒，在我国南北各地均可露地越冬。在浅水中栽培长势最好，也可旱地栽培。对土壤要求不严，在土质肥沃的塘泥基质中栽培，长势强壮。

图8.58 千屈菜

（三）繁殖方法

千屈菜可用播种、扦插、分株等方法繁殖，但以扦插、分株为主。扦插应在6—8月生长旺盛期进行，剪取嫩枝长7～10 cm，去掉基部1/3的叶子插入装有鲜塘泥的盆中，6～10 d生根，极易成活。

分株在早春或深秋进行，将母株整丛挖起，抖掉部分泥土，用快刀切取数芽为一丛另行种植。每丛有芽4～7个，另行栽植。

种子盆播，于3—4月进行。将培养土装入适宜的盆中，灌透水，水渗后进行撒播。因其种子细小而轻，可掺些细沙混匀后再播。播后筛上一层细土，盆口盖上玻璃，20 d左右发芽。

（四）栽培管理

1.浇水

千屈菜一般种植在水边，或池塘的浅水区，如庭院盆栽，生长季节勤浇水，保持土壤湿润，保持盆土潮湿或有5～10 cm深的浅水，平时要注意补充水分。

2.施肥

一般不必施肥，若植株叶色泛黄，可酌情施饼肥水2次。

3.光照

千屈菜喜欢光照充足环境，亦耐半阴，最好保持全日照条件。如果环境荫蔽，植株不仅生长缓慢，而且开花也会受到严重影响。

4.摘心与修剪

盆栽千屈菜为控制株高,生长期内要摘心 1 ~ 2 次,生长期不断打顶促使其矮化分蘖。花后须剪去残花,以促进下一批花开放。冬季应剪去所有老枝,保持盆土潮湿,放背风向阳处即可越冬。

5.病虫害防治

在通风良好、光照充足的环境下,千屈菜一般没有病虫害。在过于密植通风不畅时,会有红蜘蛛的危害,可用杀虫剂防除。

(五)观赏应用

千屈菜株丛整齐、清秀、花色淡雅,多用于水边丛植和水池遍植,也做水生花卉园花境背景,还可盆栽摆放庭院中观赏。

五、旱伞草

旱伞草别名伞草、风车草、水竹等,为莎草科莎草属的多年生草本观赏植物(图 8.59)。因其苞叶轮生支端,很像风车的样子,故又称风车草。原产于西印度群岛和非洲马达斯加等地,中国南北各地均有栽培。

(一)形态特征

旱伞草是常绿挺水植物,高 40 ~ 160 cm。茎秆粗壮,直立生长,近圆柱形,丛生,上部较为粗糙,下部包于棕色的叶鞘之中。叶状苞片非常显著,约有 20 枚,近等长,叶状苞片呈螺旋状排列在茎秆的顶端,向四面辐射开展,扩散呈伞状。小花序穗状扁平,具 6 朵至多朵小花,多个小花穗组成大型复伞形花序;两性,小花白色至黄色,无花被。果实为小坚果,果实 9—10 月份成熟。

常见的变种有:矮旱伞草,高 20 ~ 25 cm,总苞伞状;花叶旱伞草,茎和叶有白色线条,呈现白绿相间,但容易返回绿色。

图 8.59 旱伞草

(二)生态习性

旱伞草性喜温暖,生长适温为 15 ~ 25 ℃,不耐寒冷,冬季室温应保持 5 ~ 10 ℃。喜阴湿及通风良好的环境,对土壤要求不严格,以保水强的肥沃土壤最适宜。沼泽地及长期积水地也能生长良好,忌干旱。

(三)繁殖方法

旱伞草分株、扦插或播种繁殖。分株在 4—5 月间结合翻盆换土操作,将老株丛用快刀切割分成若干小株丛作繁殖材料,另行种植。银钱旱伞草等带斑纹的,必须分株繁殖,否则新苗斑纹返绿消失。扦插法四季均可操作,于 6—7 月进行,选开花前的健枝最易生根。自茎秆顶端以下 2 ~ 3 cm 处将叶状总苞片剪下,并将周围剪掉仅留中心 2 cm,然后将茎秆插入细沙中,苞片平铺与沙面密贴。浇足水,罩薄膜,每天喷水 1 ~ 2 次,保持湿润。在 20 ~ 25

℃条件下,约20 d即可萌发多数小株苗。

播种繁殖可在春季于室内盆播,3—4月份将种子取出,均匀地撒播在具有培养土的浅盆中,播后覆土弄平,浸透水,盖上玻璃,温度保持20~25 ℃,10~20 d发芽。

(四)栽培管理

1.浇水

生长季节要保持土壤湿润,或直接栽入不漏水的盆中,保持盆内有5 cm左右深的水。平时要注意补充水分高温炎热的季节,应保持盆内满水,越冬时应适当控制水分。

2.施肥

生长旺季每月施肥1~2次稀饼肥水。以氮肥为主,但施用不宜过多,否则茎秆长得过于高大,容易比例失调,影响观赏的效果。为控制高度,5月份可浇灌1次$400×10^{-6}$的多效唑,能有效地控制其生长过高。

3.光照

旱伞草对光线适应范围较宽,全日照或半阴处都可良好生长,但夏季放半阴处对其生长更有利,可保持叶片嫩绿不老。

4.病虫害防治

旱伞草病虫害较少,有叶枯病和介壳虫、红蜘蛛危害。叶枯病可用50%托布津1 000倍液喷洒,介壳虫、红蜘蛛用40%乐果乳油1 000倍液喷洒。

(五)观赏应用

旱伞草茎秆挺直,细长的叶状总苞片簇生于茎秆,呈辐射状,姿态潇洒飘逸,不乏绿竹之风韵,常供盆栽观赏或作插花切叶,配置于水边或水景园等浅水之中,颇具野趣;与山石相配,更是秀态万千,清雅无比。

 行动

一、种球的采收与处理

(一)目的要求

使学生了解并掌握种球的采收时间及采收质量。

(二)材料

唐菖蒲、郁金香、百合、晚香玉、大丽花、大花美人蕉等,任意选择2~3种球根花卉。

(三)用具

铁锹、筐、标签、铅笔。

(四)方法步骤

掌握不同种球的适宜采收时间,选择2~3种球根花卉进行采收。挖出的种球,按大小进行分级,分别处理,分别贮藏,标明品种名称、采收时间、地点和级别。

(五)考核评价

实训考核从实训态度、实训具体环节操作、实训总结等方面进行考核。

考核项目	考核要点	参考分值
实训态度	态度端正,认真,积极主动,操作熟练	10
种球采收	根据教师讲解,正确识别种球的形态结构,挖掘时避免造成伤口	15
种球分级	及时清除带病种球,按照规格正确分级	20
种球处理	根据要求,处理各环节方法正确,操作熟练	20
种球储藏	正确设置调节种球储藏环境因子	20
实训报告	总结各工作环节技术要点,详细记录	15

二、苗木移栽技术

(一)目的要求

使学生掌握不同类型苗木移栽的关键技术。

(二)材料

落叶苗木、常绿苗木。

(三)用具

铁锹、草绳、枝剪、浇水桶等。

(四)方法步骤

①秋末春初,结合绿化工程,用裸根移栽法移栽落叶苗木。重点掌握挖掘、栽植、浇水等环节的技术要点。

②避开盛夏高温季节,结合绿化工程,移栽常绿苗木。重点掌握土球挖掘、包扎、起运、移栽、浇水等环节的技术要点。

(五)考核评价

实训考核从实训态度、实训具体环节操作、实训报告3方面进行考核。

考核项目	考核要点	参考分值
实训态度	态度端正,认真,积极主动,操作熟练	10
苗木挖掘	充分做好起苗的前期准备工作,正确起苗,挖掘时避免伤害苗木根系,正确挖掘和包扎土球,达到相关要求	25
苗木起运、修剪和移栽	起运前期准备和过程得当,对苗木进行移栽前的正确修剪等处理;种植穴挖掘合适,填土浇水得当;适当进行支撑	30
日常管理和成活	日常管理规范得当,成活率高	25
实训报告	总结各工作环节技术要点,详细记录	10

三、绿篱修剪整形

(一)目的要求

学生进行实际操作,掌握绿篱整形修剪的各种方法。

（二）材料

校园或社区内的公共绿地。

（三）用具

枝剪、手锯、绿篱剪或绿篱修剪机。

（四）方法步骤

①根据环境、植物的种类和长势及立地条件,研究确定修剪方案。修剪方案应包括修剪季节、修剪强度、适用工具等内容。

②先修剪绿篱的平面,再修剪绿篱的两侧。需要修剪成特殊形状时,应预先放样。

（五）考核评价

实训考核从实训态度、实训具体环节操作、实训报告3方面进行考核。

考核项目	考核要点	参考分值
实训态度	态度端正,认真,积极主动,操作熟练	10
绿篱修剪整形方案的制订	根据实际情况,制订正确的修剪整形方案,前期工作准备充分	20
修剪整形工具的使用	仔细检查修剪整形工具,操作规范,正确使用枝剪、手锯、绿篱机等工具,有安全意识	30
修剪整形效果	按照制订的方案和要求进行修剪整形,到达预期的景观效果	30
实训报告	总结各工作环节技术要点,详细记录并整理成实训报告	10

拓展

花坛常用观赏植物

花坛常用观赏植物通常指可以用于布置花坛的一、二年生露地花卉。

春季:瓜叶菊、雏菊、虞美人、石竹、美女樱、风信子、郁金香、羽衣甘蓝、金盏菊、报春花等。

夏季:鸡冠花、四季海棠、矮牵牛、金叶薯、彩叶草等。

秋季:一串红、各色菊花、万寿菊、彩叶草、地肤等。

冬季:红叶甜菜、等。

评估

1.我国各地园林中的观赏植物有所不同,为什么?

2.一、二年生观赏植物与木本观赏植物有何不同? 栽培管理主要有什么区别?

3.宿根观赏植物与球根观赏植物有何不同? 栽培管理主要有什么区别?

4.你能认识哪些当地园林木本观赏植物?

5.水生观赏植物栽培管理要点主要有哪些?

第九章
盆栽观赏植物

目标

知识目标

- 了解各种盆栽观赏植物的形态习性;
- 掌握各种盆栽观赏植物的栽培养护方法。

能力目标

- 能熟练掌握观赏植物整地做畦、整形修剪、上盆与换盆、水肥管理技能,培养土配制方法,无土栽培的方法;
- 能独立完成种盆栽观赏植物的繁殖与养护。

准备

盆栽观赏植物,就是用盆钵等器皿栽植的观赏植物,又称为盆花。盆栽是观赏植物用得最多的栽培方式,观赏植物都可以进行盆栽。

盆栽观赏植物的特点是:

①盆栽观赏植物所需要的环境条件大都需要人工控制。同时观赏植物经盆栽后,根系局限于有限的盆内,盆土及营养面积有限。因此,需要人为配制培养土,细致栽培,精心养护。

②盆栽观赏植物便于搬动,可根据庭院绿化和室内装饰的需要随意移动,随时布置装饰,便于庭院布置和室内观赏。

③盆栽观赏植物人为控制栽培条件,易于促成和抑制栽培,以达到控制花期,满足市场周年需求。

④盆栽观赏植物较少受外界环境条件的影响,可栽培不同气候型的各类观赏植物,使不同地区都能观赏到各种类型的观赏植物。

⑤观赏植物盆栽能及时适应市场,东西南北方相互调用,提高市场占有率。

第一节　盆栽观花类观赏植物栽培

　　盆栽观花类观赏植物以其丰富的色彩，迷人的花香，博得人们的喜爱，在室内装饰中起到十分重要的作用，同时也可布置于公园、街道、广场等场所。由于盆栽观花类观赏植物色彩千变万化，可使所装点的场所色彩更加丰富，其中许多花朵还能散发出香气，可消除人们在工作中的疲劳，使人心情愉快。盆栽观花类植物种类繁多，植物的大小、形态、花色和花期有较大差异，可根据实际情况进行选择。本节所讲述的盆栽观花类观赏植物多数是室内装饰的种类。

一、瓜叶菊

　　瓜叶菊别名千日莲、千叶莲、瓜叶莲，为菊科千里光属多年生宿根草本观赏植物，常作一、二年生栽培（图9.1）。瓜叶菊叶似黄瓜叶，故称瓜叶菊。

图9.1　瓜叶菊

（一）形态特征

　　株高20～40 cm，茎粗壮、直立，多分枝。叶大而薄，呈心形或三角状，边缘具波状锯齿，似瓜类叶片，叶柄粗壮。头状花序，簇生成伞房状，因品种不同有单瓣、重瓣、宽瓣、窄瓣之分；花色有白、粉红、玫瑰红、紫红、紫、蓝等，有单色或复色，显得五彩缤纷。瘦果纺锤形。

（二）生态习性

　　瓜叶菊性喜温暖，不耐寒，不耐高温，喜湿润、通风凉爽的环境。喜肥，喜疏松排水良好的土壤。要求光照充足，但忌强光直射，夏季及早秋可适当遮阴，晚秋应给以充足光照。生长适宜温度10～15 ℃，夜间不低于5 ℃，白天不高于20 ℃，室温高易引起徒长。

（三）繁殖方法

　　瓜叶菊多采用播种方式繁殖，5—6月、8—9月播于浅盆或浅木箱中，温度保持在20～25 ℃易发芽出苗。如需延长花期，可进行分期播种。

　　瓜叶菊有些重瓣品种不易结实，可采用扦插或分株繁殖。扦插基质用细河沙或黄沙效果较好，3周后即可移栽于盆土中。分株繁殖最好在生长旺季进行，将近根部的土扒开，带根切取嫩芽，切忌碰伤须根，然后栽入土中浇透水，置于半阴处，待恢复生长后，即可正常养护。

（四）栽培管理

1. 种子培育

繁殖瓜叶菊,首先必须获得高质量的种子。

(1)选择母株 开花初期,选择健壮、花色纯正的植株作为留种母株。将选好的母株分开放置,加强管理。

(2)加强母株管理 采种母株应多施磷钾肥,保持盆土湿润,避免忽干忽湿,置于通风,温度、光照条件良好的环境下。应及早去掉边缘的舌花,减少养分消耗,使营养更集中于种子发育。

(3)采种 从开花到种子成熟约需2个月。当花盘微裂,花萼开始脱落,伞绒毛已开始出现,种皮变黑时,种子已完全成熟,是采收种子的最佳时期。种子随熟随采,按花色及品种不同,分别采种存放。连同花盘采下来,放在种子袋内,待充分干燥后,除去杂质后保存。种子袋应放在阴凉、通风、干燥处贮藏。

2. 播种

瓜叶菊从播种到开花需8个月左右。若要元旦开花,可在5月上中旬播种;春节开花,在6月上中旬播种。一般可在4—9月分期分批播种,自12月至翌年5月开花不断。目前在我国很多地方栽培的矮生瓜叶菊,是瓜叶菊的杂交品种,从播种到开花约需4个月的时间。

播种前用40 ℃的温水浸种8~12 h,可提前3~4 d出苗。常用的播种基质,腐叶土和细沙各半,混合均匀并消毒。播种用浅盆或浅木箱,将种子拌细土撒播,覆土以不见种子为度。播种后用"浸盆法"浇水,加盖玻璃或塑料薄膜,置阴处或阴棚下,在20 ℃左右的条件下6~7 d便可出苗。

3. 培育壮苗

出苗后要放在通风和具有散射光的地方,并去掉玻璃或塑料薄膜,保持适当的湿度。待幼苗长出3~4片真叶时,进行第一次分苗。用口径10~12 cm的小盆,每盆分栽3~5株。培养土可用园土4份、腐叶土2份、充分腐熟的堆肥2份和河沙2份,并加入饼肥和过磷酸钙作基肥。植株长至7~8片真叶时,可定植于口径17~21 cm的盆中。定植后,放置在不被雨淋的通风阴凉处"缓苗"。"缓苗"期间每天用细眼喷壶喷水2~3次,以利缓苗。植株恢复生长后应给予充足光照,每7~10 d浇施1次稀薄腐熟有机液肥,保持盆土半干半湿。夏季要适当遮阴,每天用细眼喷壶喷水数次增湿,以创造阴凉、通风、湿润的环境。

4. 施肥

瓜叶菊喜肥,但不宜1次施用过多,要薄肥勤施。一般上盆后生长初期,可5~7 d追施1次0.1%氮肥,或7~10 d追施1次10%~15%的腐熟豆饼、鸡鸭粪水和人粪尿液肥,促进叶片迅速扩大。叶片基本长足时,停止施用氮肥,增施磷肥,5~7 d施1次充分腐熟的鸡鸭粪液肥,浓度为10%。现蕾期应多施磷、钾肥或复合肥,少施或不施氮肥。现蕾期结合叶面喷水,每7~10 d喷施1次0.1%~0.2%的磷酸二氢钾液肥,可使花大色艳。开花期可减少施肥的次数,15 d左右施1次肥,以稀薄的磷钾液肥为主。在温度低的季节,施肥要选择晴天中午进行,在高温季节应在傍晚进行。

5. 浇水

瓜叶菊在生长过程中,需要充足的水分,要求保持盆土湿润。瓜叶菊叶硕大,耗水量大,每天还要向叶面多次喷水。花芽分化前控制浇水,盆土稍干,以控制营养生长,促使形成花芽。冬季要少浇水,应在盆土表面发白时再浇,3～5 d 浇 1 次水。

6. 光照

瓜叶菊性喜光,充足的光照可使植株生长紧凑、整齐,花繁叶茂,抗性增强。光照不足,花茎细长,花色浅淡。但忌高温强光直射,可适当遮阴。晚秋至冬春应置于向阳处,尤其花梗抽出后应增加光照,以促进孕蕾。一般播种后 130 d 左右为花芽分化期,需要短日照条件,以促进花芽分化,每日应有 8 h 的光照时间。在生长过程中,要经常转动花盆,以保持株形端正。

7. 温度

瓜叶菊喜温暖又不耐高温,适宜温度为 15～20 ℃。温度高于 20 ℃时,易发生徒长,不利于花芽的形成;温度低于 5 ℃时植株停止生长发育,0 ℃即发生冻害。开花的适宜温度为 10～15 ℃,低于 6 ℃不开花,高于 18 ℃会使花茎细长,影响观赏价值。

瓜叶菊的花蕾在冬季形成,适宜温度十分重要。在气温降至 5 ℃时入室保温养护。越冬期间室温高可提早开花,但如室温长时间高于 25 ℃,叶片易卷曲,如不及时降温,会影响开花,严重时会使花提早凋谢。如发现卷叶,可在早、午、晚各喷 1 次水,并使温度降至 10～15 ℃。开花后维持室温在 8～10 ℃可延长花期。

8. 病虫害防治

瓜叶菊在长期潮湿、通风光照不良的情况下,易发生白粉病、黑锈病和灰霉病。如发现病害可用 50% 代森铵或 50% 多菌灵 2 000 倍喷雾,每 10 d 喷 1 次,连喷 2～3 次即可。黑锈病可喷施 80% 代森锌 500 倍液,每 10 d 左右喷 1 次,连续 2～3 次。灰霉病可喷施 75% 百菌清或 50% 多菌灵 500 倍液防治。

瓜叶菊的虫害主要有蚜虫、红蜘蛛,可用乐果 2 000～2 500 倍或速灭杀丁 1 000 倍液防治,每 10～15 d 喷施 1 次,连喷 2～3 次即可。

9. 花期调节

瓜叶菊为冬、春季开花的主要观赏植物之一,盛花期为 2—3 月。为满足元旦、春节用花,可采取提早播种的方法进行调节;为满足"五一"节用花,可推迟播种。但有时因播种期不准或生长条件等因素影响,致使花期提早或延迟时,要采取措施对花期进行调节。当晚于预想花期时,可在现蕾后,立即将温度提高至 20～25 ℃进行培养,以促其提前开花;或用 50 mg/L 的赤霉素涂蕾,并结合提高温度,效果更好。如早于预想花期时,当花蕾显色时或初开花时,降低温度,使温度控制在 5～8 ℃,则可延缓开花和延长花期。

(五)观赏应用

瓜叶菊叶片大而鲜绿,花朵艳丽,开花期时逢元旦、春节,是冬、春季节十分受欢迎的盆花。

二、蒲包花

蒲包花别名荷包花,为玄参科蒲包花属多年生草本观赏植物,常作一年生栽培(图9.2)。同属植物约有 300 种,主产于墨西哥至智利一带。蒲包花的主要亲本原产在南美厄瓜多尔、秘鲁、智利。现在世界各国温室都有栽培。

（一）形态特征

株高 20～40 cm,上部分枝,茎、叶有茸毛;叶卵形或卵状椭圆形,对生。花色变化丰富,单色品种具黄、白、红系各种深浅不同的花色;复色品种则在各种颜色的底色上,具有橙、粉、褐、红等色斑或色点。花形别致,具二唇花冠,上唇小而前伸,下唇膨胀呈荷包状,向下弯曲。花径 3～4 cm。蒴果,种子细小多数。

图9.2　蒲包花

同属植物常见的种还有:

1. 灌木蒲包花

半灌木,高1～2 m,分枝稍多,幼嫩部分有黏毛或软毛。叶长椭圆形或卵形,叶面多皱,故又称为皱叶蒲包花。圆锥花序密生黄色或赤褐色小花,径 1～1.5 cm,没有斑点,花期春至初夏。

2. 松虫草叶蒲包花

松虫草叶蒲包花原产于秘鲁、智利、厄瓜多尔潮湿的岩石上。一年生草本,高 40～70 cm,茎有分枝,具刚毛。叶羽状分裂,叶柄基部肥大,抱茎。伞房花序,花上唇小,下唇圆形袋状向前伸出。花色鲜黄色。花期5—9月。

3. 墨西哥蒲包花

一年生草本,高30 cm,茎柔软,有黏毛。下部叶 3 深裂或浅裂,上部叶羽状全裂,花小,浅黄色,上唇小,下唇为长倒卵形。茎部收缩,有耳。

4. 二花蒲包花

宿根草本,花深黄色有斑点,花期5—6月。低温温室越冬。原产智利。

（二）生态习性

蒲包花喜凉爽、空气湿润、通风良好的环境。不耐严寒,又畏高温,要求光照充足,但栽培中夏季要避免强光暴晒。喜肥沃、忌土湿,宜排水良好的疏松土壤。土壤以微酸性(pH在 6 左右)为宜。在 15 ℃以下花芽分化,15 ℃以上即进行营养生长。温度的变化可引起花色改变。蒲包花为长日照植物,长日照下促进花蕾发育,提早花期;而短日照下,花蕾发育受抑制。

（三）繁殖方法

蒲包花一般用播种法,也可扦插繁殖。播种期在 8 月下旬到 9 月间天气稍为转凉时进行,不宜过早,因为夏季高温下幼苗容易腐烂。用盆或浅木箱播种,播种用土以充分腐熟的腐叶土 6 份、河沙 4 份配合为佳,要事先进行土壤消毒。蒲包花种子细小,播种后不需覆土。用盆浸法灌水,盆上盖以玻璃、塑料薄膜或报纸。播种盆放置阴处或冷床内,维持 13～15 ℃,一周后出苗。出苗后要及时除去玻璃片或报纸,以利通风,并逐渐见光,使幼苗生长健壮。

（四）栽培管理

1. 上盆

当幼苗长出 2 片真叶时进行第 1 次移植,可上口径为 7 cm 盆,长出 5～6 片叶换入 10 cm 盆中。此后生长迅速,每周应施追肥 1 次,室内注意通风,最后定植于 13～17 cm 盆中,盆土宜腐殖质丰富的肥沃土壤。

2. 温度、光照、水分管理

蒲包花宜在低温温室培养,可与瓜叶菊、报春类在一起栽培。冬季温度维持 5～10 ℃,不宜过高,并遮去中午前后的直射光线。生长期间应保持较高的空气湿度,但土壤中水分不可过大,并注意通风。因叶有茸毛,浇水、追肥勿使肥水沾在叶上,以免叶片受害腐烂。12 月至次年 5 月为开花期。蒲包花为长日照植物,为提前开花可增加光照时间(每平方米 80 W,每天加光 6～8 h)。11 月加光,至翌年 1 月末即可开花。

3. 采种

春天开花后,5—6 月种子即逐渐成熟,此时应遮去过强的日光,加强通风并注意浇水,否则植株易枯萎。蒲包花自然授粉结实较为困难,宜进行人工授粉,在受精后除去花冠,以避免花冠霉烂影响结实,可提高结实率。在蒴果开裂前,种子呈茶褐色时及时采种,以免开裂种子散失。

4. 病虫害防治

幼苗期易发生猝倒病,应进行土壤消毒、拔除病株、喷代森锌和使盆土稍干。温室内空气过于干燥,温度偏高,易发生红蜘蛛和蚜虫。可喷药防治,并适当增加空气湿度,降低温度。

（五）观赏应用

蒲包花色彩艳丽,花形奇特,是深受人们喜爱的温室盆花,用于室内布置。

三、报春花类

报春花类为报春花科报春花属低矮宿根草本观赏植物,多作一、二年生栽培(图 9.3)。同属约 500 种,大多分布于北温带,少数产于南半球。我国约有 390 种,主要产于中国西部和西南部,云南省是世界报春花属植物的分布中心。在报春花属植物中适于温室盆栽者有报春花、四季报春、藏报春和多花报春等;在温暖地区适宜露地盆栽者有多花报春、樱草、欧洲报春和黄花九轮草等。多花报春也用于春季花坛布置。报春花是冬春季节重要的温室盆花,植株低矮,花色丰富,花期较长,各国广为栽培,其中较耐寒而适应性强的种类,也常用于岩石园,少数种可供切花用。

（一）形态特征

叶基生,有柄或无柄,全缘或浅裂。伞形花序或头状花序,有时单生或成总状花序。花柱两型,即有的品种花柱长,柱头达花冠筒的口部,雄蕊生于花冠筒中部;有的品种花柱短,柱头仅及花冠筒的中部,雄蕊生于花冠筒的口部。花冠漏斗状或高脚杯状,花冠裂片 5,种子细小。

常见栽培的有如下几种:

1. 藏报春

藏报春别名大樱草,多年生常作温室一、二年生栽培。高 15 ~ 30 cm,全株密被腺毛。叶卵圆形,有浅裂,缘具缺刻状锯齿,基部心形,有长柄;伞形花序 1 ~ 3 轮,花呈高脚杯状,花径约 3 cm;花色有粉红、深红、淡蓝和白色等。

图9.3 报春花

2. 四季报春

四季报春原产于我国南部、西南部。别名仙鹤莲、四季樱草。多年生草本,作温室一、二年生栽培。株高约 30 cm。叶长圆形至卵圆形,长约 10 cm,有长柄,叶缘有浅波状齿。花葶多数,伞形花序;花漏斗状,花色有白、洋红、紫红、蓝、淡紫至淡红色;花径约 2.5 cm。萼筒倒圆锥形。花期以冬春为盛。

3. 报春花

报春花原产于我国云南和贵州。多年生作温室一、二年生栽培。株高约 45 cm。叶卵圆形,基部心形,边缘有锯齿;叶长 6 ~ 10 cm,叶背有白粉,叶具长柄。花色白、淡紫、粉红以至深红色;花径 1.3 cm 左右,伞形花序,多轮重出,3 ~ 10 轮;有香气,花梗高出叶面。萼阔钟形,萼外密被白粉。

4. 多花报春

多花报春别名西洋报春,多年生草本,本种是经过园艺家长期选育而成的。株高 15 ~ 30 cm。叶倒卵圆形,叶基渐狭成有翼的叶柄。花梗比叶长;伞形花序多数丛生;花色有红、粉、黄、褐、白和青铜色等。花期春季。

5. 欧报春

欧报春原产于欧洲,花期春季。多年生草本。株高 8 ~ 15 cm。叶片长椭圆形或倒卵状椭圆形,钝头,叶面皱,基渐狭成有翼的叶柄。花葶多数,长 3.5 ~ 15 cm;单花顶生,有香气;花径约 4 cm;花色野生者淡黄色,栽培品种有白、黄、蓝、肉红、紫、暗红、蓝堇、淡蓝、粉、橙黄、淡红和青铜色等,一般喉部为黄色,还有花冠上有各色条纹、斑点、镶边的品种和重瓣品种。

6. 丘园报春

丘园报春多年生草本。高 50 cm。叶倒卵圆形,长 15 ~ 20 cm,宽 5 cm,叶缘波状,有锯齿,基部渐狭成有翼的叶柄。花鲜黄色,花径约 2 cm,有芳香,6 ~ 10 朵着生于 2 ~ 4 轮重出的伞形花序上。花期冬春。

7. 黄花九轮草

黄花九轮草原产于欧洲、西南亚和北非,花期春季。多年生草本,高 10 ~ 20 cm,全被细柔毛。叶皱,卵形或卵状椭圆形,钝头,基部急狭成有翼的叶柄。花序伞状,花黄、底部有橙色斑,园艺品种花色有橙黄、鲜红等色,稀紫色。具芳香。用于春季花坛。

(二)生态习性

报春花类观赏植物性喜温暖、湿润,夏季要求凉爽、通风环境,不耐炎热。栽培土中要

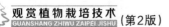

含适量钙质和铁质,报春花才能生长良好。施肥若氮素过多,叶片增大,着花减少。多有自播繁衍能力。报春花属植物受细胞液酸碱度的影响,花色有明显变化。

藏报春的抗寒性较四季报春和报春花稍弱,生长适宜温度白天20%左右,夜间5~10℃,在低温下其花色浓艳。四季报春属于中日照植物,只要温度等环境条件适宜,可以一年四季开花不绝。多花报春性强健耐寒,露地栽植对土壤要求不严,只要不过分干燥,夏天在半阴而通风良好处可旺盛生长,北方寒冷地区需在冷床或冷室越冬,夜间温度不低于10℃,可正常开花。

(三)繁殖方法

报春花用种子繁殖。为保持优良品种及重瓣品种的性状,可用分株法。报春花类种子细小,种子寿命短。正常种子发芽率约为40%。种子播种用土可以按壤土1份、腐叶土2份和河沙1份的比例配制。播种后,不覆土,用光滑木板将种子压入土中,也可稍覆细土,以不见种子为度。

(四)栽培管理

1.培养土配制

培养土可以按腐叶土1份、壤土3份、厩肥1份、河沙1份的比例配制,再加入少量石灰。

2.采种与播种

种子成熟期不一致,宜随熟随采。以春天开花者结实质量最好。种子采收后置通风处阴干,不可在强光下暴晒,以免降低发芽力。要在花期人工授粉,以提高结实率,藏报春自3—4月采种后,多在6—7月播种,11月开始开花,次年1—2月为盛花期。种子发芽温度15~20℃,约半月发芽。

3.温度与光照

在栽培中,报春花适宜的生长温度为13~18℃。除了冬季需要充足日光外,其他季节应遮去中午的强光。夏季宜放阴棚下栽培,注意降温和通风。一般有20~25片叶时抽茎开花。花谢后将残花连梗剪去,可继续抽出新花梗开花。花期结束时天气渐热,应移凉爽遮阴处,保持湿润,注意降温通风。秋末移入温室,冬季又可开花。

其他各种繁殖栽培大体同藏报春相似。四季报春要求水分稍充足些,较喜温暖,在土壤水分多、温度偏低时常发生白叶病,可进行换盆或移置温度较高处。

(五)观赏应用

蒲包花色彩艳丽,花形奇特,是深受人们喜爱的温室盆花,用于室内布置。

四、秋海棠类

秋海棠属种类繁多,共约1000种。除澳大利亚以外,广泛分布于从热带到亚热带的世界各地。

(一)类型及品种

栽培种类大体依据地下部分及茎的形态,分为以下几类:

1. 球根类

地下部分具有块茎或球茎,夏秋花谢后,地上部分枯萎,球根进入休眠。

(1)球根秋海棠　地下部分具块茎,呈不规则的扁球形。株高 30 ~ 100 cm。茎直立或铺散,有分枝,肉质,有毛。叶互生,多偏卵形,头锐尖,叶缘具有锯齿和缘毛。总花梗腋生,花单性同株,雄花大而美丽,花径 5 cm 以上,雌花小型,5 瓣,雄花具单瓣、半重瓣和重瓣;花色有白、淡红、红、紫红、橙、黄及复色等。尚无蓝色。花期夏秋季。

(2)玻利维亚秋海棠　块茎扁平球形,茎分枝下垂,绿褐色。叶长,卵状披针形。花橙红色,花期夏秋。原产玻利维亚,是垂枝类品种的主要亲本。

2. 根茎类

根状茎匍匐地面,节密多肉。叶基生,花茎自根茎叶腋中抽出,叶柄粗壮。6—10 月为生长期,要求高温多湿。开花后休眠。本类主要是观叶类秋海棠。常见的有:

(1)蟆叶秋海棠　叶及花轴自根茎发出,叶卵圆形,表面暗绿色有皱纹。带金属光泽,具不规则的银白色环纹,叶背红色,叶脉上多毛;秋冬开花,花高出叶面。园艺品种极多,叶片色彩变化异常丰富。原产印度东北部。

(2)莲叶秋海棠　叶圆形至卵圆形,形似莲叶,花小,粉色或白色。原产墨西哥。

(3)枫叶秋海棠　根茎粗大,密布红色长毛。叶有长柄,叶片圆形,有 5 ~ 9 狭裂片,深达叶片中部。花小,白色或粉红色,花径约 2.5 cm。原产墨西哥。

3. 须根类

通常分为四季秋海棠、竹节秋海棠和毛叶秋海棠三组,常见的有以下 4 种:

(1)四季秋海棠　四季秋海棠又名瓜子海棠,为秋海棠科秋海棠属多年生常绿草本,原产巴西。株高 15 ~ 40 cm,茎肉质光滑,多分枝。叶互生,卵形,有光泽,边缘有锯齿。聚伞花序腋生,花单性,雌雄同株;花色有红、粉、白等色,花期夏秋;蒴果三棱形,有翅,含有多数细小种子(图9.4)。

(2)银星秋海棠　亚灌木,茎红褐色,光滑,节部膨大。叶片长圆形至长卵形。叶面微皱绿色,其上密布小银白色斑点,叶背红色,花白色染红晕。四季有花,盛花期在夏季。原产巴西。

(3)花叶秋海棠　高 60 ~ 80 cm,茎肉质,被有红色毛,叶斜卵形,花朱红色或白色。9 月开花。

图9.4　四季秋海棠

(4)竹节秋海棠　亚灌木,茎光滑,节部膨大。叶斜卵形,叶面疏生银白色较大形斑点,叶背红色。花暗红或白色。

(二)生态习性

秋海棠类观赏植物喜温暖、湿润的环境,不耐旱,不耐寒,生长适温 20 ℃ 左右,低于 10 ℃ 生长缓慢。怕强光直射,喜半阴环境,在温度高的季节里适宜散射光照,冬季要求光照充足。北方通常在温室栽培。要求在肥沃、排水良好的沙质土壤上栽培。其中,四季秋海棠开花不受日照长短的影响,只要在适宜的温度条件下就可四季开花。但球根秋海棠在

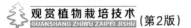

短日照条件下开花会受到抑制，长日照条件下能促进开花。

（三）繁殖方法

1. 播种繁殖

在温室内一年四季均可进行播种繁殖，但通常不在炎热夏天播种，这时温度高、湿度大，易造成幼苗腐烂。种子播种在浅盆中，因种子极小，发芽率又高，播种不宜密。播后不覆土，浸透水后，盖上塑料薄膜或玻璃放于阴处，保持 18～22 ℃，7～10 d 后发芽出苗，15～20 d 出齐苗。发芽出苗后适当增加光照，注意通风。当长出 1～2 片真叶时进行分苗。

2. 扦插繁殖

扦插繁殖主要用于保留优良品种或不结种子的重瓣品种，插穗选取植株基部萌生的健壮侧枝或球茎顶端的壮芽，具有 3～4 节，插于素沙或蛭石中，当萌发的新芽展叶后，即可上盆养护。

3. 分割块茎法

此法在根茎类秋海棠上使用，在早春块茎即将萌芽时进行分割，每块带 1 个芽眼，切口涂以草木灰，待切口稍干燥后即可上盆，栽植不宜过深，以块茎半露出土面为宜，过深易腐烂。每盆栽一个分割过的块茎。因分割块茎形成的植株，株形不好，块茎也不整，而且切口容易腐烂，所以很少应用。

（四）栽培管理

土壤应保持适度湿润，叶面不需洒水，秋季叶面留有水滴易使叶片腐烂。开花期间应保持充足的水分供应，但不可过量，浇水过多易落花，并常引起块茎腐烂。花谢后逐渐减少浇水量。追肥时常用的液肥均可。追肥时不可浇于叶片上，否则极易腐烂。当花蕾出现以后至开花前，每周追施液肥 1 次，液肥不可过浓。夏季阳光过强时应注意遮阴。

（五）观赏应用

秋海棠类大多作为室内盆栽花卉观赏，少数须根类的种类如四季秋海棠，可以作为花坛用花。

五、仙客来

仙客来又名兔耳花、萝卜海棠，为报春花科仙客来属多年生块茎类球根草本观赏植物（图9.5）。原产于地中海沿岸东南部。

（一）形态特征

地下块茎呈扁球形，肉质，底部密生须状根。地上无茎，叶自块茎顶部生出，心脏状卵形，叶缘具细锯齿，叶面深绿色有灰白色斑纹，叶背暗红色；叶柄肉质，较长，紫红色。花梗自叶丛中抽出，肉质，紫红色，顶生 1 花；花单生下垂，花萼 5 裂，花瓣 5 枚，基部联合成短筒状，开花时花瓣向上反卷，形似兔耳，边缘光滑或带褶皱。花色丰富，有白、粉、大红、紫红、玫瑰红等，有单色和复色；花型主要有平瓣型、皱瓣型、重瓣型、毛边型等；有些品种开花时有香气。花期为 11 月至翌年 5 月，蒴果球形；种子褐色，圆形。

（二）生态习性

仙客来性喜凉爽、湿润及光照充足,怕烈日,忌高温,不耐寒。秋、冬、春三季生长,夏季休眠;生长适宜温度为 15 ~ 20 ℃,冬季室温不低于 10 ℃,10 ℃以下花易凋谢,气温高于 30 ℃时,植株进入休眠,超过 35 ℃,植株易受热腐烂,甚至死亡。喜微酸性土壤,要求土壤疏松、肥沃、排水良好,富含腐殖质。

图9.5 仙客来

（三）繁殖方法

仙客来主要用种子播种繁殖。9—10 月播种,选用大粒种子,按 1.5 cm×1.5 cm 的株间距点播于浅盆中,覆土 3 ~ 5 mm,播后用浸盆法补充水分,在盆面上覆盖塑料薄膜,保持盆土湿润,放置阴处。温度以白天不高于 25 ℃、夜间不低于 15 ℃为宜。保持温度 18 ~ 22 ℃,35 ~ 40 d 可发芽成苗。

仙客来种子发芽迟缓,出苗不齐,为提早发芽,促使出苗整齐,可进行浸种催芽。用冷水浸种一昼夜或用 30%：温水浸泡 3 ~ 4 h,然后清洗掉种子表面附着物,包在湿布中催芽,保持温度 25 ℃,放置 1 ~ 2 d,待种子萌动即可取出播种,15 ~ 20 d 可出苗。

（四）栽培管理

1.春季管理

1 片真叶时开始分苗,带土分栽在浅盆或浅木箱中,苗距 3 cm×3 cm,深度以块茎与土面齐平为宜。待恢复生长后,喷浇 1 次 0.1%尿素液加 0.1%磷酸二氢钾溶液,以促进幼苗生长和根系发育,增强抗性。2 ~ 3 片真叶时,进行第二次分苗,苗距 50 cm×5 cm,深度以块茎露出土面 1/2 为宜。缓苗后,每 10 d 左右施 1 次 10%的腐熟油渣液肥。当幼苗长至 4 ~ 5 片叶时,开始栽入 10 cm 口径的盆中,深度以块茎露出土面 2/3 为宜。培养土用腐叶土 4 份、园土 3 份、河沙 2 份、有机肥 1 份混合配制而成,移植后要浇透水,置于阴处,保持环境湿润,待恢复生长后即可进行正常的养护管理。

仙客来幼苗初期的 3 ~ 4 个月,宜在光照充足、土壤湿润、15 ~ 20 ℃的条件下养护,每 7 ~ 10 d 可施 1 次 10%的腐熟有机液肥。

2.夏季管理

（1）幼株管理 要想使幼株仙客来在冬季开花,则夏季不能停止生长。应满足湿润、通风、阴凉的环境要求,温度不高于 28 ℃。当气温超过 28 ℃时,叶片逐渐变黄凋萎,生长停止,进入休眠或半休眠状态。夏季应控制施肥,浇水以盆土湿润为度,不宜过干过湿。

（2）老株管理 花开败以后,叶片逐渐枯黄脱落,进入休眠期。此时应停止施肥,并减少浇水,一般 2 ~ 3 d 浇 1 次水,保持盆土稍湿即可。植株全部枯萎以后,保持盆土适当干燥,每隔 20 d 左右喷少量水。在此期间,主要应注意降温,阴凉通风,每天向地面洒水。

3.秋季管理

（1）幼株管理 8 月下旬随气温逐渐降低,早晚可见阳光,并恢复施肥、浇水,可每 10 d 施 1 次 15% ~ 20%的腐熟饼液肥。9 月仙客来渐入旺长期,应及时换入 15 cm 口径的花盆中。盆底先放入约2 cm厚的粗培养土，以利透水。栽植深度，使块茎露出土面1/3为宜。换盆后浇透水，保持环境湿润。此期应增加磷、钾肥的用量，减少氮肥的用量，每隔7~10 d施1次0.1%~0.3%的氮、磷、钾复合液肥，施肥时，要注意不要让肥液淹没块茎顶而造成腐烂。

(2)老株管理　入秋以后，开始少量浇水，使盆土略湿。块茎萌发新芽后，长至约3 cm时，更换盆土。新的培养土以腐叶土4份、园土4份、河沙2份，加少量充分腐熟的优质有机肥配制。换盆栽植时应将块茎露出土面1/2~2/3为宜，浇透水。由于此时的温度仍较高，阳光比较强，应注意遮阴，使其逐渐增加光照，同时应保持较高的空气湿度。9月以后逐渐加大浇水量，1~2 d浇1次水，每隔10 d左右施1次15%~20%的腐熟油渣液或0.1%~0.3%以氮为主的氮、磷、钾复合肥，并摘除黄化老叶。10月以后，应增施磷、钾肥，以促进花芽分化。当日平均气温降至10~15 ℃时，应入温室养护，室温控制在10%~20%。

4.冬季管理

除按前面正常的管理进行施肥、浇水外，于11月上旬还应追施一次充分发酵腐熟的饼肥或其他优质有机肥，每盆50 g，撒于盆面并松土，使肥、土混合，随后浇水。12月开始开花，开花期应停止施肥，浇水也不宜过多，以延长花期。

5.病虫害防治

仙客来的病害主要有灰霉病、软腐病、病毒病等。应加强养护，控制水分，湿度不宜过大，保持通风透光良好，预防病害的发生；发病后，及时用75%百菌清500倍液或50%托布津1 000倍液，进行喷雾防治。

(五)观赏应用

仙客来盛花期正逢元旦、春节，摆放在室内十分喜庆，颇受人们的喜爱，而且花期长，色彩丰富，是优良的冬春盆花。

六、朱顶红

朱顶红别名朱顶兰、华胄兰、百枝莲，为石蒜科孤挺花属多年生鳞茎类球根草本观赏植物(图9.6)。朱顶红原产于热带和亚热带美洲。

(一)形态特征

地下鳞茎球形。叶着生于鳞茎顶部，4~8片呈二列叠生，带状。花、叶同发，或叶发后数日即抽花葶。花葶粗壮而中空，扁圆柱形，高出叶丛。近伞形花序，花大，漏斗状，花径10~15 cm，红色或具白色条纹，或白色具红色、紫色条纹。蒴果近球形，种子扁平，黑色。

(二)生态习性

朱顶红生长期间要求温暖湿润、阳光

图9.6　朱顶红

不强的环境,温度在 18～22 ℃,不可低于 5 ℃。喜排水良好及肥沃的沙质壤土,忌水涝。

(三)繁殖方法

1. 播种繁殖

朱顶红花期在 2—5 月,花后 30～40 d 种子成熟,采种后要立即播于浅盆中,覆土厚度 0.2 cm,上盖玻璃置于半阴处,温度在 15～20 ℃,经 10～15 d 可出苗。幼苗长出 2 片真叶时分栽,以后逐渐换大盆,2～3 年后可开花。

2. 分球繁殖

花谢后结合换盆,将母株鳞茎四周产生的小鳞茎切下另栽即可。注意勿伤小鳞茎的根。

3. 扦插繁殖

采用人工分割鳞茎的鳞片扦插繁殖大量子球。通常在 7 月上旬至 8 月上旬的高温期进行。保持适度湿润,温度 27～30 ℃,经 6 周后,鳞片间便可发生 1～2 个小球,并在下部生根。

(四)栽培要点

朱顶红上盆时宜将鳞茎埋入土中 2/3,外露 1/3,用加肥培养土和盆底施饼肥作基肥。朱顶红喜肥,生长期内可每隔 10～15 d 追施 1 次腐熟油渣液肥,并每天浇水 1 次,秋后停止施肥。10 月下旬入室越冬,将盆至干燥荫蔽处,室温保持 10～15 ℃,翌年 5 月初出室。

病害主要是赤斑病,尤其秋天危害严重,侵染叶、花、花葶、鳞茎。叶发生圆形或纺锤形的赤褐色病斑,扩大产生同心纹状。防治方法:摘去病叶,春天喷波尔多液,球根栽植前用 0.5% 的福尔马林溶液浸泡 2 h。

虫害主要是红蜘蛛。可用三氯杀螨醇 800～1 000 倍液,每 10～15 d 喷 1 次,连喷 3 次。

(五)观赏应用

朱顶红花大、色艳,可盆栽或作切花。

七、大花君子兰

大花君子兰又名君子兰、达木兰,为石蒜科君子兰属多年生常绿宿根草本观赏植物(图 9.7)。原产于非洲南部。

(一)形态特征

根肉质,叶基生,两列状交互叠生,叶基部紧密抱合成假鳞茎;叶片浓绿,革质,有光泽,宽带状,先端圆钝,全缘。花茎从叶丛中抽出,扁平,肉质。顶生伞形花序,着花数朵至数十朵;花被 6 片;花冠漏斗状,花开时伸展,花瓣基部结合形成短花筒;花色有橙黄、橙红、鲜红、深红等色。花期为 1—5 月。浆果,近球形,

图 9.7　大花君子兰

成熟时先由深绿变浅红色,最后呈紫红色,每个果实有 1～8 粒种子。

大花君子兰优良品种表现在:叶片宽、短、厚、挺、色深、光亮、脉纹明显、叶顶圆钝;花葶粗壮;花大、色艳;植株叶片两列状,侧看一条线,正看如扇面,株形整齐。

君子兰同属的常见种还有:

1. 垂笑君子兰

叶片较窄而长,叶缘粗糙;花呈半开状、下垂,花期夏秋季,本种在我国广泛栽培。

2. 细叶君子兰

叶窄,呈拱状下垂,花期冬季,我国很少栽培。

(二)生态习性

大花君子兰性喜温暖,怕高温,不耐寒,生长适温 15～25 ℃,10 ℃以下生长迟缓,5 ℃以下则处于休眠状态,0 ℃以下会受冻害;30 ℃以上叶片徒长,花葶过长,影响观赏效果。喜半阴,怕烈日,生长过程中不宜强光照射,尤其夏季应置阴棚下养护。喜土壤湿润,怕水涝,较耐干旱,不耐湿,生长期间应保持环境湿润,空气相对湿度 70%～80%,土壤含水量 20%～40% 较适宜,切勿积水,以免烂根。喜肥,怕浓肥和生肥,要求盆土富含腐殖质、疏松肥沃、排水和透气良好的沙质培养土。君子兰每年可开花一次或两次,第一次在春节前后,第二次在 8—9 月。

(三)繁殖方法

大花君子兰用播种和分株繁殖。

1. 播种繁殖

因其不易自花授粉结实,需进行人工授粉才能获得种子。授粉至种子成熟一般需 9 个月左右的时间。播种于秋季种子成熟后 11 月或早春 2—3 月进行,剥出种子稍晾即点播于盆内。播种基质可用纯沙,或用腐叶土 5 份加沙 5 份混合。播种前应将基质进行消毒。将种子点播于基质中,种脐朝向土面的侧下方,以利出苗。种子间距 2 cm 左右,点播后覆土 1 cm 左右。保持盆土湿润,温度保持在 20～25 ℃,经 40 d 左右发芽出苗。待幼苗长出 2 片真叶时即可上盆培养。经过 4～5 年的精心养护,便可抽箭开花。

2. 分株繁殖

宜在春季 3—4 月结合翻盆进行。一般要求蘖芽高 15 cm 左右,5～6 片真叶,并有一定数量的独立根系时分株,一般 2 年后即可开花。如果分蘖苗过小,分株后生长缓慢,需 3～4 年才能开花。分株时,将植株从花盆中全部取出,去掉根土,用刀切下带根蘖芽,切口蘸草木灰防腐,稍晾至切口略干燥时,上盆栽植。

(四)栽培管理

从 10 月至翌年的 5 月为大花君子兰的生长期,这一时期应加强养护管理,促进生长发育,提高开花质量。

1. 培养土的配制

培养土可以用腐叶土 6 份、堆肥土 2 份、炉渣(或河沙)1 份、饼肥 1 份,混合均匀配成培养土,也可以草炭土 7～8 份,河沙 2～3 份混合,或用腐叶土 7 份、河沙 2 份、饼肥 1 份混合配制。

2. 浇水

生长期保持环境湿润,但盆土湿度不宜过大,防止烂根,待盆土表面干燥时再浇水。一般小盆小花,气温高,通风好,蒸发快,土壤透气好者宜多浇,反之要少浇;在开花期需水多;春夏浇水宜多,秋冬浇水宜少,夏季高温时,每天向叶面和地面喷水,增加空气湿度,并加强通风,冬季盆土宜稍干燥,应控制浇水,但1月花箭抽出的时期,应满足对水分的要求,以保证花箭顺利抽出。

3. 施肥

大花君子兰喜肥,但施肥过量会造成烂根。生长期每隔15 d左右追施稀薄液肥1次,以发酵腐熟的饼肥为好。1月是花箭抽出的时期,此期应追施2～3次以磷为主的液肥,以促使花繁色艳。夏季高温季节君子兰生长停止,应停止施肥。春、秋、冬三季,可经常结合浇水追施液肥,施用发酵好的油渣水或复合化肥水,10～15 d施1次。化肥的施用浓度在0.1%～0.3%,油渣水的浓度为15%～20%,浓度不宜过大,否则易受肥害。一般秋季应施以氮为主的肥料,如饼肥水或化肥,以利叶片的生长;冬、春季则应多施以磷、钾为主的肥料,如磷酸二铵、骨粉等,以利叶脉的形成和亮度的提高。此外,还可用0.1%磷酸二氢钾或0.5%过磷酸钙等喷洒叶面,10 d左右进行1次,可使幼苗生长快,利于花芽分化,开花多、花大、花艳。

4. 温度管理

大花君子兰喜温暖,怕炎热,一般冬春两季白天室温保持在15～20 ℃,夜间10～15 ℃为宜。不同生育期要求的温度不同,播种育苗期温度达25 ℃则出苗快,出苗率高;幼苗期15～18 ℃有利蹲苗;抽箭阶段温度应高些,可维持在18～20 ℃;开花期温度降到15 ℃左右则可延长花期。适宜的昼夜温差为7～10 ℃。天气干热时应向盆周围地面洒水以增加湿度降低温度。

5. 光照管理

君子兰属半阴性观赏植物,喜半阴环境,早春、晚秋和冬季的光照对促使君子兰开花结果极为重要。秋冬春温度在20 ℃以下时,需充足光照,20%以上宜稍遮阴,即只在中午遮阴;超过25 ℃时宜全遮阴,应在荫蔽的通风环境下养护。

开花前如遇低温、光照不足或水分失调,会出现"夹箭"现象,即欲出又抽不出,因此花前应细致养护。为使叶子排列整齐美观,应每隔7～10 d转1次盆,将花盆转180°,将植株培养成"侧看一条线,正看如扇面"的株形。

6. 病虫防治

常见虫害仅吹棉介壳虫,主要危害叶片,可用肥皂水擦洗,在虫爬出蜡壳时,可喷加水1 000～1 500倍的乐果。病害有根腐病(根茎处腐烂)、褐斑病(叶背生黄斑)等,是由通风不良和肥水过大引起。可用加水1 500～2 000倍的托布津喷洒。

(五)观赏应用

大花君子兰花鲜叶翠,果实累累,叶、花、果兼美,开花时绿叶、花红相映,仪态雍容。尤其是其开花时正值新春佳节,因此深受人们的喜爱,是布置会场、楼堂馆所和美化家庭环境的名贵花卉。全国各地普遍栽培。

八、中国兰花

中国兰花又名兰花、地生兰、兰草，为兰科兰属多年生宿根草本观赏植物（图9.8）。原产于中国，以云、贵、川、藏分布较广，是我国传统名贵观赏植物，也是世界名花。

兰属约有40多种，分布在我国的有20多种。以其生态习性的不同，可分为地生兰和附生兰两大类。地生兰主要产于中国，所以又叫中国兰花，按开花时期分为春兰、蕙兰、建兰、墨兰等；附生兰多产于热带和亚热带森林中，由于兴起于西方，因此又叫洋兰，常见种有大花蕙兰、蝴蝶兰、卡特兰、石斛兰、兜兰、万带兰等。这里主要介绍的是地生兰，即中国兰花。

（一）形态特征

中国兰花的根为肉质根，较粗壮肥大，一般呈丛生须根状，分枝少，无根毛。茎为膨大多节的地下假鳞茎，生长在根叶交接处呈假鳞茎形。叶带形或线形，全缘，革质。花单生或由数朵花着生在花梗上，排成总状花序直立生长；花为6瓣，分为内外两层，外层为瓣化花萼；内层为花瓣，上侧两瓣同形，平行直立，下方一瓣较大，最具观赏价值，常称为唇瓣。蒴果，三角或六角形，种子细小呈粉末状。

图9.8　中国兰花

中国兰花按照花期，分为以下四类：

1.春兰

春兰又名草兰，春季开花；花单生或双生，淡黄绿色，亦有近白色及紫色品种，香味清幽；花期2—3月；依花瓣的形态可分为荷瓣型、梅瓣型、水仙瓣型、蝴蝶瓣型及素心瓣型五种花型。春兰的名贵品种很多，常见的有"绿云""宋梅""万字""逸品""瑞梅""春一品"等。

2.蕙兰

又名夏兰、九节兰，夏季开花。总状花序着花5～13朵，淡黄色，唇瓣白色，上具红紫色斑点；花期4—5月。名贵品种有"大一品""程梅""荣梅""荡字""东山梅"等。

3.建兰。

又名秋兰，秋季开花。总状花序着花6～12朵，淡黄绿色至淡黄褐色，上具暗紫色条纹，香味浓，花期7—9月。名贵品种有"银边"建兰、"温州"建兰、"宝岛仙女"、"金丝马尾"等。

4.墨兰

又名报岁兰，冬季开花；花茎高约60 cm，着花5～10朵，花色深，花瓣上具紫褐色条纹，香味淡，花期冬季至早春；名贵品种有"小墨""徽州墨""落山墨""云南白墨"等。

（二）生态习性

中国兰花性喜温暖、湿润的气候，喜阴湿，要求遮阴度为70%～85%，忌高温、干燥和强光。喜阴，种类不同，生长季节不同，对光的需求也不同。一般冬季光照要充足，夏季要遮阴。生长期空气湿度要在70%以上，休眠期一般要求50%左右。比较耐旱，土壤水分不宜过多,土壤积水易烂根,甚至死亡,因而有"干兰湿菊"的说法。对栽培基质的要求是:富含腐殖质,疏松透气、排水良好、pH 为 5.4～6.4 的酸性土。要求空气清新、无污染、通风良好的栽培环境。

(三)繁殖方法

兰花多采用分株繁殖和组织培养繁殖,培育品种采用播种法繁殖。

1. 分株繁殖

分株在春秋两季进行,因种类而不同,冬、春季开花的种类宜在秋末分株;夏、秋季开花的种类应在早春萌芽前进行。一般每隔 2～3 年分株 1 次。分株前要减少浇水,使盆土适当干燥。分株时用手握住盆,轻轻将母株从盆内磕出,除去泥土,剪掉腐败的根叶,然后用清水洗净,放置阴处晾 3～5 h,待浮水消失根发白变软略有皱缩时,再用利刀在假鳞茎间切开,切口处涂以草木灰防腐,阴干后立即栽植。分株操作时要细心,防止碰伤叶芽和肉质根。上盆后放于阴处,待恢复生长后再转入正常管理。

2. 组织培养繁殖

近年来,我国已利用组织培养技术大量进行兰花生产,除中国兰花外,如蝴蝶兰、大花蕙兰、石斛兰等洋兰也较多地应用此技术快速繁殖。

(四)栽培管理

1. 场地及上盆

兰花栽培环境应通风良好,空气湿润,无污染。花盆要选择高盆,上粗下细,具有多排水孔,或盆壁设有排水孔,花盆本身也应具有观赏价值。

由于兰花生长较慢,可每隔 1～2 年在花谢后换盆 1 次。上盆时先在盆底填入碎瓦粒、炉渣等约 3 cm,以利排水。然后,放入一层培养土,再将兰苗放入盆中央,把根理直,让其自然舒展。填土到一半时轻提兰苗,同时摇动花盆,使土与根紧密结合。栽好后浇透水放阴凉处,每天上、下午各喷水 1 次,7～10 d 后移到阴凉处养护。

2. 培养土配制

兰花用土应以腐殖质为主,主要采用腐叶土或山林腐殖土。在南方用原产地的腐殖土,俗称兰花泥;也可用腐叶土、蛭石、珍珠岩等,人工配制成疏松、通气、透水的培养土。一般采用腐叶土 8 份、河沙 2 份混合成培养土,或腐叶土 7 份、珍珠岩 2 份、河沙 1 份混合成培养土,或腐叶土(草炭土)6 份、堆肥土 3 份、河沙 1 份混匀的培养土。以上所配培养土均呈微酸性。

3. 温度管理

北方盆栽兰花,霜降节前后气温降到 5 ℃时移入室内,入室初期要经常开窗,保持空气流通。谷雨以后搬到室外养护。兰花生长适宜温度为 16～24 ℃,冬季室内温度一般要求比较低,白天在 10～12 ℃、夜间在 5～10 ℃为宜,冬季温度、湿度不能太高,夏季温度不超过 30 ℃。

4. 光照管理

兰花喜阴,怕强光直射,因此春夏秋三季都要进行遮阴。家庭养兰花,为控制光量,最好放在设有竹帘遮阴的阳台上或屋檐下,一般上午 9 时至下午 6 时前进行遮阴,早晨和下午6时后拉开帘子,使其接受散射阳光。冬季移入室内可见散射光处,但也应避免阳光直射。兰花耐阴程度以墨兰最强,建兰次之,而春兰及蕙兰则耐阴性较弱。

5.浇水

兰花浇水应润而不湿,干而不燥,水即不能多也不能少,并应做到秋不干、冬不湿。冬季气温低,植株处于休眠状态,应控制浇水,一般可每隔5~7 d浇1次水,但冬季开花的墨兰,在冬季需要浇较多水;春秋两季每隔2~3 d浇1次水;气温高的夏季又是兰花生长旺盛期,一般每天浇1~2次。浇水时要注意防止水点溅在叶片上,以免出现黑色斑点,影响观赏效果。兰花生育期应经常注意向叶片上喷水,夏季还需向花盆周围地面上洒水,增加空气湿度,以利于兰花的生长发育。兰花浇水,以雨水、雪水为最好,如用自来水,应存放2~3 d后使用。

6.施肥

兰花施肥,一是在培养土中施入基肥,二是生长期追肥,追肥多用液肥或叶面肥,浓度必须比其他花低。兰花每年换1次培养土,生长期间可少施追肥。一般在生长季节,可追施充分腐熟的15%左右的稀薄饼肥水,或0.1%尿素肥水加0.2%磷酸二氢钾肥水,每15~20 d施1次。开花前至开花期可向叶面喷施2~3次0.2%的磷酸二氢钾或草木灰水,以促进根、茎、花的发育。兰花系肉质根,不可施未经腐熟的肥料,以免烂根。

7.病虫害防治

栽培兰花的场所要经常保持洁净和适当通风。雨季高温时期易发生白绢病,可用波尔多液或托布津预防。害虫以介壳虫发生最多,可用10%乐果等药剂防治。

（五）观赏应用

人们历来把兰花看作高贵、典雅的象征,并与梅、竹、菊合称"四君子"。兰又以清香淡雅与菊、水仙、菖蒲并称"花草四雅",而兰花居四雅之首。兰花朴实无华,叶色常绿,叶质柔中有刚,花幽香清远,有极高的观赏价值,是陈列客厅、居室或点缀书房、门厅之珍品。

九、蝴蝶兰

蝴蝶兰又名蝶兰,为兰科蝴蝶兰属多年生常绿附生草本观赏植物(图9.9),其花朵形似蝴蝶。主要生长于热带、亚热带雨林高温多湿的环境中。

图9.9 蝴蝶兰

（一）形态特征

蝴蝶兰具气生根,自叶腋处和茎上长出,粗大肉质;茎短缩,花茎伸长;叶片成两行排列,互生,呈带形至矩圆形,肥厚、肉质,呈硬革质,表面具有光泽,因品种不同,叶片正面与背面的颜色也不同,根据叶片的颜色可判断花色的深浅;花朵较大,花瓣3片,位于内轮,两侧的称为花瓣,下方的称为唇瓣,花萼3片,位于花瓣的外轮,位于上部者称为上萼片,位于两侧者称为侧萼片,花萼瓣化成花瓣,外形与花瓣相似,同样有美丽的色彩;花色有白、红、紫、粉红、黄、浅绿等,有的花瓣上具斑点或条纹。

蒴果长条形或卵形,内含 10 万 ~ 30 万粒种子。蒴果成熟后自动开裂,将细小的种子弹出,随风传播。在人工栽培环境下,能自然萌发的种子十分稀少,故只能采用试管内无菌播种的方法才能获得一定数量的小苗。

(二)生态习性

蝴蝶兰喜暖怕寒、喜湿怕旱。适宜温度为 18 ~ 28 ℃,白天 25 ~ 28 ℃,夜间 18 ~ 20 ℃,温度过低,分化的花芽易腐烂;冬季在 15 ℃以上可安全越冬。空气湿度要保持在 60% ~ 90%,适宜的湿度为 70% ~ 80%。

蝴蝶兰喜半阴的光照条件,在原产地多附生于大树上或湿石上。在人工栽培环境下,一般可用 50% ~ 60% 的黑色遮阳网遮阴。蝴蝶兰属于长日照观赏植物,为了促进花芽分化,促使开花,可只遮光 30% 或将其放于全日照环境下栽培,湿度须保持在 95% 以上。若长期置于遮光 80% 以上的荫蔽环境下,只长叶而不开花。

蝴蝶兰生长周期长,在自然界,由小苗至开花需要 3 ~ 4 年时间;在良好的人工栽培条件下,可利用灯照延长每日受光至 14 h,将晚间温度维持在 21 ℃左右,并加强水肥管理,这样可缩短小苗至开花的时间。从小苗至开花需 1 ~ 2 年的时间。蝴蝶兰多数品种于春季开花,也有夏季开花的。每朵花可开放 1 个多月,可连续观赏 60 ~ 70 d。

(三)繁殖方法

蝴蝶兰属单轴型兰花,不会自根部产生蘖芽而长出子株,因此不能分株繁殖。但若生长环境适宜,其花茎的节上会长出高芽。待这些高芽生根后便可切下另盆栽植。现在生产上主要采用组织培养的方法进行大量的快速繁殖。

(四)栽培管理

1. 换盆

蝴蝶兰要求排水良好、通风、透气并具有一定保水性能的基质。常用的基质有苔藓、蕨根、树皮、木炭、陶砾等。换盆应选在生长期的夏季进行,方法是先将植株倒出,清除旧的栽培基质,并剪去老化和腐烂的气生根,然后在新盆底先放上一层木炭粒,放入植株,填入新基质,压实浇透水即可。换盆时间应视栽培基质而定,用水苔或树皮作基质,栽培 1 ~ 2 年要换盆 1 次,用椰子壳可 2 ~ 3 年换盆 1 次,用陶砾或木炭栽培可 3 ~ 5 年换盆 1 次,但要勤施薄肥,以弥补这些基质不含或少含养分的不足。

2. 浇水

蝴蝶兰如遇雨淋或浇水过多,极易造成腐烂。浇水时应尽量避免溅湿叶片,尤其是冬季,最容易引起烂叶。如果叶面滞留水分,应立刻用干布或干纸擦干或吸干,春夏季生长期间应每天浇水 1 次,喷雾 2 ~ 3 次;秋冬季随着温度的降低,浇水量也要逐渐减少,2 ~ 5 d 浇 1 次水,并停止喷雾,保持盆土稍湿即可。

家养蝴蝶兰,如遇天气干燥而湿度不足时,可每天定时喷雾 2 ~ 3 次。在冬季,当温度下降至 15 ℃以下时,可不用浇水,只需每天下午气温转高时喷雾 1 次即可。

3. 施肥

施肥一般以化学肥料为主。常用的有磷酸二氢钾、磷酸二铵及兰花专用肥,施用浓度

0.1% ～0.2%，在生长旺季5～7 d追施1次，生长缓慢季节20～30 d追施1次，冬季气温下降至15 ℃以下时停止施肥。在栽培过程中，根据生长期不同，对肥料的种类及其比例亦有所不同，氮、磷、钾的比例，中小苗营养生长阶段为1∶1∶1；大苗和开花株为1∶1.5∶4。

4. 遮阴

夏季是蝴蝶兰的旺盛生长时期，但要注意遮阴度为50%～60%，防止叶片受灼伤。秋季的阳光照射也比较强烈，因此，9月遮阴度仍需以50%为宜，10月以后方可拆除遮阴材料。

5. 病虫害防治

常见的病害有软腐病、褐斑病、炭疽病、病毒病等，可用托布津、百菌清、多菌灵和石硫合剂等药物稀释液喷洒防治。另外，改善通风条件，夏季防高温，冬季防寒是有效的防腐措施。

常见的害虫主要有介壳虫、红蜘蛛、蜗牛等，用50%的双硫磷乳油喷洒进行防治；防治蜗牛可在盆四周撒上石灰粉、晚上抓除或用30%呋喃丹施于盆土中，每盆3～5 g。

（五）观赏应用

蝴蝶兰品种繁多，花形和花色富于变化，花姿美丽，深受人们的喜爱，因此是世界上栽培最广泛的洋兰。

十、大花蕙兰

大花蕙兰又名西姆比兰，为兰科兰属常绿多年生附生草本观赏植物（图9.10）。原产于亚热带及温带地区。因其与蕙兰较相似，而且花朵大而得名。

图9.10　大花蕙兰

（一）形态特征

大花蕙兰在形态上有大花型和小花迷你型；假鳞茎粗壮，长椭圆形，稍扁；叶片带状，长70～110 cm，宽2～3 cm；花茎直立，长50～80 cm，着花6～12朵或更多，花大；在花色上，有黄、橙、白、红、紫、绿、素心等类型，有的品种有芳香气味。

（二）生态习性

大花蕙兰喜温暖、凉爽、湿润、半阴、通风良好的环境条件。生长适温为15～25 ℃，低于10 ℃或高于35 ℃则进入休眠状态。越冬温度以不低于10 ℃为好。多数品种在昼夜温差为15 ℃以下，花芽分化可顺利进行。与其他兰花相比，大花蕙兰较喜光照，但不能受阳光直射，小苗遮阴70%～80%，大苗遮阴60%，深秋之后宜多见光，以利于花芽分化孕蕾开花。

大花蕙兰需要较高的空气湿度和充足的水分，小苗适宜的空气相对湿度为80%，水质pH以5.4～6为宜，在生长旺季应保持基质湿润，并常给植株及根部喷水。花后有一段休眠期，要少浇水。大花蕙兰是各种兰花中最喜肥的一类。

（三）繁殖方法

大花蕙兰一般可用分株法繁殖，春天新芽开始萌动时，是分株的适宜时期。分株后的新株应有 3 个以上的假鳞茎，分切后，待伤口晾干再进行盆栽，正常植株可 3 年分株 1 次。分株时刀具应消毒，以免引起病毒感染。分株后的盆栽大花蕙兰，应置于温暖潮湿的环境下，直到其新芽伸出土面时，便可按正常方法进行管理。

（四）栽培管理

1. 基质

大花蕙兰可采用蕨根、泥炭、苔藓、树皮、木炭块、碎砖块等作栽培基质。

2. 上盆和换盆

植株过大时应进行换盆或分株上盆，以促进生长和开花。上盆或换盆时间，宜在开花后或早春新芽刚萌发时进行。换盆前需将植株从旧盆中倒出，剪去烂根黄叶，清除旧基质，然后在新盆底放一层碎瓦或碎砖，将植株放入盆内，填入新基质，用手压实浇透水即可。

3. 浇水

大花蕙兰是需要水分较多的观赏植物，尤其在夏季，浇水一定要充足，并向叶面喷水，以降温和提高湿度。大花蕙兰膨大的假鳞茎，有蓄水的作用，因此具有一定的耐旱性。但如果浇水不足，膨大的假鳞茎就会皱缩并影响正常生长。此外，开花期间应减少浇水，否则花朵会出现褐斑。

4. 施肥

大花蕙兰需肥较多，养分不足，叶片黄化脱落，花朵变小。因此，要加强施肥。在生长旺盛期应 10 d 左右追 1 次稀薄肥水。在幼苗期和低温季节，应少施或不施有机肥，可用比例为 7∶6∶19 的氮、磷、钾复合肥进行叶面喷肥，效果很好。春夏季应每 5～7 d 施肥 1 次，秋季每 10～15 d 施肥 1 次，在冬季可停止施肥。春夏季生长期，用氮、磷、钾含量相等的标准肥料稀释 1 000 倍液追施。秋季应多用钾肥，如磷酸二氢钾，可稀释 800～1 000 倍喷施。

5. 病虫害防治

主要病害有叶枯病、炭疽病、软腐病，可用 50% 克菌丹 500 倍液或 50% 多菌灵 500 倍液防治；软腐病、叶斑病也可用托布津或百菌清 500 倍液每月喷洒 1 次防治。主要虫害有蚜虫、红蜘蛛、介壳虫等，可用杀螟松、氧化乐果乳油各 1 000 倍液防治蚜虫，用三氯杀螨醇或敌敌畏 800～1 000 倍液防治红蜘蛛，每 15 d 喷 1 次。

（五）观赏应用

大花蕙兰花茎挺拔，花朵硕大，形态端庄，气势壮观，是世界上栽培最为普及的高档洋兰之一，备受人们青睐，在国际和国内兰花市场上享有很高的声誉。尤其是近几年，每当春节来临，各种花型及花色的品种纷纷上市，大量出现在全国各地的花卉市场上，而且售价较高。

十一、文心兰

文心兰又名舞女兰、跳舞兰、金蝶兰，为兰科文心兰属多年生常绿草本花卉（图 9.11）。

因其花型美观，像小姑娘跳舞，因此有"跳舞兰"之称。文心兰原产于美洲的巴西、秘鲁、墨西哥等热带地区。

图9.11　文心兰

（一）形态特征

株高20～90 cm，叶呈剑形，叶色淡绿，叶质较薄，每2～3片叶着生于卵形假鳞茎上，呈扇形互生；基部常长出许多柔软白色的气根，露在盆面之间，植株越健壮，气根就越多；花茎从假鳞茎基部抽出，或直立或弯曲，花茎直立的多供切花，花茎弯曲的常作盆栽观赏；花着生于主花茎长出的分枝上，呈棕、红、粉红、黄、绿或白色，每株一年可开花两次，花期长。

文心兰的花大小差异较大，分大花品种和小花品种。

（二）生态习性

厚叶型（或称硬叶型）文心兰喜温热环境，生长适温为18～25 ℃，冬季温度不低于12 ℃；薄叶型（或称软叶型）和剑叶型文心兰喜冷凉气候，生长适温为10～22 ℃，冬季温度不低于8 ℃。文心兰喜湿润和半阴环境，除增加基质湿度外，增加空气湿度对叶片和花茎的生长更有利。硬叶型品种耐干旱能力强，冬季长时间不浇水不发生干死现象。规模化生产需用遮阳网，以遮光率40%～50%为宜。

（三）繁殖方法

文心兰常用分株和组织培养繁殖。分株繁殖可在春、秋进行，在春季新芽萌发前结合换盆进行分株最好。将带2个芽的假鳞茎剪下，直接栽植于水苔的盆内，保持较高的空气湿度，很快恢复萌生新芽和新根。

组织培养繁殖时，可选取文心兰基部萌发的嫩芽为外植体，约100 d分化出的植株长出2～3片叶，成为完整幼苗。

（四）栽培管理

1. 浇水

文心兰浇水不用太勤，如盆土太湿易造成烂根。要有防雨设施，遇雨季宜少浇水，以防烂梢烂茎；闷热的夏季要求通风良好，每天清晨浇水，保持稍湿状态，并向地面洒水，以降低气温。入冬后进入休眠期，应减少或停止浇水。

2. 施肥

文心兰吸肥能力较好，5～10月为其生长旺盛期，每月喷施0.2%的复合肥液2次，每10 d喷施1次0.1%磷酸二氢钾液肥，休眠期停止施肥。施肥切忌施浓肥，更不可泼施人畜粪尿。

3. 光照

文心兰喜半阴环境，除冬季需充足阳光不用遮阴外，其他季节均需适当遮阴。

4. 换盆

换盆可结合分株繁殖,在花期过后进行,2～3 年分 1 次。未开花植株在萌芽前进行,这样有利于文心兰新根生长。文心兰常用基质为碎蕨根 4 份、泥炭土 1 份、碎木炭 2 份、蛭石 2 份、水苔 1 份。

5. 病虫害防治

常见病害为软腐病,多在梅雨季节发生,新叶长出时,应每隔 20～30 d 喷 70% 甲基托布津可湿性粉剂 800 倍液防治。常见虫害为介壳虫,发现介壳虫可用 80% 敌敌畏乳油 1 000 倍液喷杀。

(五)观赏应用

文心兰花繁叶茂,一枝花茎着花几十朵,极富韵味,加上花期亦长,深受人们喜爱。盆栽摆放居室、窗台、阳台。同时,还是良好的切花材料。

十二、一品红

一品红又名圣诞花、猩猩木、象牙红、老来娇,为大戟科大戟属直立灌木(图 9.12)。原产于墨西哥,后传至欧、亚各洲,19 世纪末便作为商品生产供圣诞节装饰,现全世界广泛栽培。

(一)形态特征

一品红是常绿灌木,植株体内具白色汁液;茎枝光滑,嫩枝绿色,老茎淡棕色;单叶互生,全缘或浅裂;杯状聚伞花序,每一花序只有 1 枚雄蕊和 1 枚雌蕊,其下形成鲜红色的总苞片,呈叶片状,色泽艳丽,是观赏的主要部位。真正的花则是苞片中间一群黄绿色的细碎小花,不易引人注意。一品红栽培品种有白、粉、红及复色,有重瓣、单瓣之分,花期为 12 月至翌年 3 月,果为蒴果。

变种与品种有:一品白,开花时总苞片乳白色;一品粉,开花时总苞片粉红色;重瓣一品红,除总苞片变色似花瓣外,小花也变成花瓣状叶片。

图 9.12 一品红

(二)生态习性

一品红喜温暖湿润,阳光充足,不耐寒;适宜温度为 20～30 ℃,低于 15 ℃ 或高于 32 ℃ 生长不良,易落叶,13 ℃ 以下停止生长,35 ℃ 以上茎变细,叶变小;对水分要求严格,土壤湿度过大,常会引起根部发病,进而导致落叶,而土壤水分不足,植株生长不良,也会引起落叶。一品红对土壤要求不严格,在各种基质内均可生长,但以肥沃、疏松通气、排水良好,pH 为 5.5～6.5 的微酸性土壤为佳。一品红为喜光观赏植物,在强光照下生长健壮,除盛夏需遮阴降温外,其他时间应满足充分光照。一品红是典型的短日照观赏植物,每天 12 h 以下的光照,才开始分化花芽,花芽自然分化期为 10 月初至翌年 3 月上旬。

（三）繁殖方法

一品红主要通过扦插进行繁殖。扦插基质可用素沙，或用腐叶土3份、河沙5份、珍珠岩2份混合。北方多于3月上中旬花谢后，在室内利用修剪下来的老枝剪成插穗，每插穗带3个节，进行扦插。或于5月下旬至6月上旬利用嫩枝扦插，每插穗带3个节，留上边2片叶，并将叶片剪去2/3。剪插条时，剪口有白色汁液流出，可蘸草木灰封住，并放置1~2 d，待剪口干燥后再插于素沙中。插后保持土壤湿度，在20℃左右条件下，30 d左右可生根。

此外，也可用水插繁殖。在5月下旬至6月上旬，剪取当年生的健壮枝条，在节下0.5~1 cm处剪下，插穗的顶端留2~3片嫩叶，并剪去1/2，以减少水分蒸发。可选用酒瓶、罐头瓶等，内装凉开水。插穗切口蘸草木灰封住，稍晾干后插入水中，入水深度为插穗的1/2。放在有散射光的地方，在20左右的条件下，15 d形成愈伤组织，20 d开始生根，待根长到2~3 cm时，便可上盆栽植。上盆后应放在阴处10 d左右，避免阳光照射，缓苗后便可进行正常养护管理。

（四）栽培管理

1. 上盆

盆土可用园土3份、腐叶土3份、珍珠岩（或河沙）3份、饼肥1份混合。应将生根的扦插苗及时上盆，每盆栽植苗数，应根据栽培方式和盆的大小而定。

（1）依栽培方式　标准型，用标准品种，每盆栽1苗，不摘心，每株形成1枝花；多花型，用自然分枝品种或标准品种，经摘心，每株形成3~5枝花。

（2）依盆的大小　标准型，用10~12 cm的小盆，每盆栽1苗，15 cm盆栽3苗，20 cm盆栽5苗；多花型，用15 cm以下小盆栽1苗，20 cm盆栽2~3苗。

2. 换盆修剪

在每年早春换盆并更换新的培养土。可用腐叶土4份、园土3份、河沙2份、饼肥1份混合配制的培养土。结合换盆进行修剪，对于多年生老株，每个侧枝基部留2~3个芽，将上部枝条全部剪去，促使其萌发新的枝条。

3. 浇水

生长期需水量大，应经常浇水以保持土壤湿润，但水分过多易引起根腐。浇水要注意均匀，防止过干或过湿，否则会造成植株下部叶片发黄脱落，或枝条生长不匀称。浇水量要根据植株生长情况和气候变化而定，新芽刚萌发时需水量少，不宜浇水过多，以防烂根；夏季气温高，枝叶生长旺盛，需水多，每天早晨浇1次透水，傍晚应根据盆土干燥情况，如盆土干燥再补浇1次水。

4. 施肥

一品红需肥量较大，尤以氮肥需求较多，但不耐浓肥。于5月上旬和6月上旬，要各施一次腐熟稀薄饼肥水，浓度为15%~20%。9—12月，可每隔7~10 d施1次氮磷配合的液肥，可追施0.2%~0.3%磷酸二铵肥水，或用0.1%的尿素肥水加0.2%的磷酸二氢钾肥水，混合追施。

5. 摘心

扦插时期的选择和摘心，是控制株高的重要措施。因地区不同，多花型品种于7月上旬至8月下旬扦插,标准型品种相对推迟30 d左右扦插。扦插苗上盆后,一般在苗株长至具4~6片展开叶时进行摘心,留3~5片叶,产生3~5个花枝。摘心后6~8 d应不断喷水,适当遮阴,保持较高的空气湿度,以利于侧芽的生长。

6. 用激素控制株高

当花芽开始分化时,茎尖保留6~7个未伸长的节间,若不加控制,植株会过高,用生长抑制剂可控制株高。常用的抑制剂主要有CCC、B₉、乙烯丰等。用CCC可进行灌根和叶面喷洒,灌根比喷叶效果更好。当根已充分发育后尽早使用,于摘心后15 d灌根,过迟将影响总苞片大小,一般不迟于10月中旬,浓度为3 000~6 000 mg/L。在10月前,用1 500~3 000 mg/L叶面喷洒,喷叶常使叶片暂时变黄或受害,应谨慎使用。用B₉叶面喷洒2次,每10 d喷1次,有中等矮化效果。用乙烯丰200 mg/L灌根2次,每隔7~10 d灌1次。

(五)观赏应用

一品红由于其观赏部分是色泽鲜艳的大形总苞片,观赏期长,备受人们的喜爱,成为圣诞、元旦、春节期间的重要观赏植物。

十三、杜鹃

杜鹃又名映山红、满山红、羊踯躅,为杜鹃花科杜鹃花属多年生常绿或落叶木本花卉(图9.13)。原产于中国,为中国十大传统名花之一,也是世界著名观赏植物。

(一)形态特征

杜鹃在不同的自然环境中,形成不同的形态特征,差异悬殊,有常绿大乔木、小乔木、常绿灌木、落叶灌木,有的高达20 m,有的匍匐状,高仅10~20 cm。主干直立,单生或丛生。枝条互生或假轮生。枝、叶有毛或无,有鳞片或无。叶椭圆形或椭圆状披针形,全缘,极少有锯齿,革质或纸质,常绿、半常绿或落叶。花顶生、侧生或腋生,单花、少花或集成总状伞形花序,花冠显著,漏斗形、钟形、碟形或管形等。花色有白、红、粉红、大红、紫红、桃红、橙黄、金黄等单色及复色;花有单瓣和重瓣。花期4—6月。蒴果开裂为5~10果瓣,种子多数,粉末状。

图9.13　杜鹃

杜鹃花属物种繁多,全世界已有800多种,我国就占600种之多。以开花期和植物性状分春鹃、夏鹃和毛鹃、西鹃。

1. 春鹃

自然花期4—5月。叶小而薄,色淡绿,枝条纤细,多横枝。花小型,直径在6 cm以下,喇叭状,单瓣或重瓣。

2. 夏鹃

自然花期在6月前后。叶小而薄,分枝细密,冠形丰满。花中至大型,直径在6 cm以上,单瓣或重瓣。

3. 毛鹃

自然花期4—5月。树体高大,可达2m以上,发枝粗长,叶长椭圆形,多毛。花单瓣或重瓣,单色,少有复色。

4. 西鹃

自然花期4—6月。有的品种夏秋季也开花。树体低矮,高0.5~1m,发枝粗短,枝叶稠密,叶片毛少。花型花色多变,多数重瓣,少有半重瓣,栽培不良亦会出现单瓣。

(二) 生态习性

杜鹃由于地理分布和生态环境不同,品种各异,因而生态习性有较大的差异。多数杜鹃生长在山区、峡谷疏林中,因此性喜凉爽,忌高温炎热;喜半阴,忌烈日,怕强光直射;喜湿润,忌干燥;耐瘠薄,忌浓肥;喜腐殖质丰富、疏松、排水良好的酸性土壤,忌黏重的碱性土。

(三) 繁殖方法

杜鹃可用扦插、嫁接和压条等方法繁殖,以扦插为主。大量繁殖可采用全光照扦插育苗法;少量繁殖时可插入花盆中。初夏和初秋扦插。扦插基质用腐叶土3份、园土1份、河沙6份混匀,也可腐叶土5份、河沙5份或用纯沙。插穗选节间短、生长健壮、无病虫危害、基部木质化的一年生枝条,长6~10cm。插前将插穗基部放入医用维生素B$_{12}$溶液中蘸一下,取出后晾2~3min,可提早生根10d左右。插后用塑料薄膜覆盖花盆,四周用细绳绑紧,放背阴处。一周内每天早晚各喷水1次,以后经常保持盆土湿润。一个月内保持遮阴,发芽后逐渐接受散射光。温度保持在18~25℃,一般品种40~60d即可生根。

为使杜鹃提早开花,也可采用高枝压条法。一般在3月选2~3年生的粗壮枝条进行环剥,用塑料袋套上,袋内放入腐叶土,经常保持湿润,温度在20~25℃,经5~6个月可生根,生根后切下上盆。第二年春季就能开花。

(四) 栽培管理

1. 温度、光照管理

春季3—4月上盆,也可在秋季进行。上盆时需带土移栽,栽后浇透水置于荫蔽处。北方盆栽杜鹃,一般于10月上中旬移入室内越冬,入室后放置在向阳处,冬季应给予充足的光照。入室初期应注意经常开窗通风。冬季室温以10℃左右为宜。翌年4月中下旬后出室,中午前后应当遮阴,入夏后须移至阴凉通风处养护。春、夏、秋均需在阴棚下养护,尤其在夏季长期处于烈日条件下,易造成枝叶枯黄,生长停滞,整株死亡。秋季每天见光时间要逐渐加长,到了秋末停止遮光。

2. 浇水

杜鹃的根系为浅根性,既怕旱又怕涝,浇水不当,轻则落叶,重则死亡,因此,适当浇水是养好杜鹃的关键之一。浇水应根据植株季节和生长期而定。生长期保持盆土湿润,4—6月开花期需水量较大;7—8月高温季节需向地面和叶面喷水,保持空气湿润;9月以后气温渐凉,应使盆土水分逐渐减少;冬季进入休眠期,应少浇水。

3. 追肥

由于杜鹃根浅而细,吸收能力弱,一定要掌握"薄肥勤施"的原则。在春鹃开花前的2~3月,每10~15d追施1次以磷为主的液肥,促进花大花艳;夏鹃可在3—4月施入同样的肥料。开花期应停止施肥,花谢后每隔 10 d 左右追 1 次以氮为主的肥料,促发新枝。7 月下旬以后,正是杜鹃花芽分化时期,应每隔 10~15 d 施 1 次以磷为主的液肥,以促进花芽分化。冬季休眠期不需要肥料,应停止追肥。

杜鹃是典型的酸性土壤观赏植物,为防止黄化,20 d 左右施 1 次 0.2% 的硫酸亚铁。如果发现叶色发黄时,即用 0.2% 硫酸亚铁水直接向叶面喷雾,可使叶片由黄转绿。

4. 修剪

杜鹃生长期间,在茎干和枝条上常易萌发不定芽,应及时抹去。孕蕾后,如发现花蕾过多时,每一花枝保留 1 个花蕾,多余的花蕾应及时摘除,集中养分,促进花大色艳。开花后将残花及时摘除,以促使新芽萌发。花后剪去过密枝、细弱枝、枯枝、病枝、残枝、交叉枝、徒长枝,以利通风透光。对于保留的枝条不要进行短剪,否则影响翌年开花数量。

5. 病虫害防治

常见病害主要有褐斑病(黑斑病)、黄化病等。褐斑病的防治,在植株展叶期,每半个月喷洒波尔多液 1 次,连续喷洒 3~4 次,开花前后用 32% 的克菌丹 1 000 倍液也有良好的防治效果。黄化病可以通过补充微量元素和加强田间管理来防治,新枝萌发阶段,叶面喷洒硫酸亚铁 1 次,以 0.2%~0.5% 为宜,喷洒时间宜在下午或傍晚。

常见的虫害主要有红蜘蛛、网蝽等。红蜘蛛多在夏季出现,可以喷洒 40% 三氯杀螨醇 800~1 000 倍液。5 月份喷洒 80% 的敌敌畏乳油或 50% 杀螟松乳剂 1 000 倍液,7~10 d 一次,连续喷洒 2~3 次,对防治网蝽有很好的效果。

(五)观赏应用

杜鹃花色彩艳丽,姿态优美,适于盆栽观赏,又是园林布置的好材料。

十四、米兰

米兰又名米仔兰、碎米兰、树兰,为楝科米仔兰属多年生常绿灌木或小乔木(图 9.14)。原产于东南亚,中国南方各省有分布,北方限于盆栽。

(一)形态特征

分枝多而密,奇数羽状复叶,互生,长 5~12 cm,小叶 3~7 片,全缘;圆锥形花序腋生,长 5~10 cm,花瓣 5 枚,花径 3 mm,花黄色似小米,具芳香气,夏、秋开花;浆果,近球形。

图 9.14　米兰

常见栽培的米兰有两种:

1. 一季米兰

一季米兰也叫米兰或大叶米兰,一年开 1 次花,开花量较少。

2. 四季米兰

四季米兰可四季开花,而且开花量较多,以 6—7 月开花最盛。

（二）生态习性

米兰性喜温暖湿润，喜阳光，喜肥，怕干旱，不耐寒。生长适温为 25 ℃以上，越冬温度 10～12 ℃，冬季最低温度不低于 5 ℃，因此中国北方地区均作盆栽，冬季搬入室内越冬。要求疏松、肥沃、微酸性的沙质壤土。

（三）繁殖方法

米兰常用扦插和高枝压条法繁殖。

扦插繁殖可在 6—7 月进行，用素沙、泥炭土或素沙与珍珠岩混合作基质，进行嫩枝扦插。插前将插条基部放在维生素 B₉ 针剂中蘸一下，取出经 1～2 min 后，再插入基质中，覆盖塑料薄膜保湿，经 50～60 d 即可分栽上盆。扦插法还可于春节前后，选筷子粗枝条，在其顶端以下 15 cm 处进行环状剥皮（宽约 0.5 cm），剥深以见到木质部为度。到了 5、6 月从环剥部位剪下，再插在上述基质中，经常保持湿润，经 50～60 d 即可栽植。

高压繁殖北方宜在 5—6 月进行，经环状剥皮后（宽约 0.5 cm），用大小适宜的塑料薄膜包裹，内填湿润培养土。经 50～60 d 生根后可剪离母体栽植。南方气温高，空气湿度大，生根较容易，高枝压条繁殖的时间可提早，在 3—4 月进行；江淮地区高枝压条繁殖，一般在 4 月下旬至 5 月上旬进行。高枝压条法繁殖成活率高，但繁殖数量少。

（四）栽培管理

1. 培养土

米兰是适宜酸性土的观赏植物，适宜的土壤 pH 为 4.5～6.0，北方栽培米兰要选用酸性土壤，一般可用腐叶土（或泥炭土）7 份、素沙 3 份混合配制，或腐叶土（或泥炭土）7 份、素沙 2 份、有机肥 1 份混合配制成培养土。盆栽米兰，一般宜每 1～2 年于早春换盆换土 1 次。换盆时在盆底施入饼肥、碎骨等作基肥，以保证其持续开花所需要的营养，同时保持良好的土壤条件。

2. 施肥

米兰性喜肥。生长期间，一般应每隔 7～10 d 追施 1 次氮磷配合的稀薄矾肥水。施肥时多施些含磷较多的肥料，有助于孕蕾、花多、色金黄、气味浓香；大量追施氮肥，会造成不开花、香味淡。或追施稀释的饼肥水，浓度为 10%～15%，即水、肥比为 10：1～100：15。以后每隔 10～15 d 追施一次液肥，浓度可适当加大至 15%～20%。7～8 月天气炎热，可少施肥，30 d 左右施 1 次肥，浓度要小，一般为 10%，而且要在傍晚进行。10 月初天气转凉后应停止施肥。冬季不施肥。生长期间每隔 10～15 d 浇 1 次 0.2% 的硫酸亚铁水溶液，或结合追肥施矾肥水，使土壤呈酸性反应。

3. 浇水

生长期间浇水应掌握"见干见湿"原则。浇水过多容易烂根，叶片枯黄脱落；开花期浇水太多易引起花蕾脱落，浇水过少又会造成叶缘干枯、卷曲、脱落。盛夏季节气温高，蒸发快，除每天浇 1～2 次水外，还应在日落前用清水喷洗叶面，并在花盆周围地面洒水，以增加空气湿度。立秋后要减少浇水。越冬期要控制浇水，不可多浇水，不干不浇。每次施肥浇水后都应及时进行松土。

4. 冬季管理

北方地区栽培米兰的成败与冬季管理有密切的关系。一般于 10 月上中旬移入室内越冬。越冬应注意两点：一是防风寒，二是掌握好水肥。将米兰放在向阳处，室温保持在 10 ~ 12 ℃，适当通风，停止施肥，并经常用与室温相近的清水喷洗叶片上的灰尘。

米兰怕风寒，一旦经受风寒，叶子就会在短期内突然大量脱落。若发现大量落叶时，应把植株从盆中磕出，去掉土球外围土的 1/3，剪除烂根，剪去 1/2 枝条，重新栽植。浇透水后，放在室温 10 ℃ 以上的向阳处，罩上塑料袋保持湿润，可重新长出新枝。

5. 病虫防治

危害米兰的病虫害主要有炭疽病、介壳虫等，发现后应及时进行防治。

（五）观赏应用

米兰枝密叶翠，四季常绿，夏、秋季节连续开花不断，金粟般的小花散发出阵阵幽香，是家庭养花中深受人们喜爱的盆栽观赏植物。它的花是熏制花茶和提取芳香油的名贵天然香料。

十五、含笑

含笑别名香蕉花，为木兰科含笑属常绿灌木或小乔木（图 9.15）。原产于中国广东、福建，为亚热带树种。

（一）形态特征

株高 2 ~ 5 m。嫩枝密生褐色茸毛。叶互生，椭圆形或倒卵状椭圆形，革质。花单生于叶腋，花小，直立，乳黄色，花开而不全放，故名"含笑"。花瓣肉质，香气浓郁，有香蕉味。4—6 月开花。

图 9.15　含笑

（二）生态习性

含笑较为耐阴，喜温暖、湿润的环境，不耐寒，越冬的温度不低于 5 ℃。喜排水良好、肥沃深厚的微酸性土壤，在碱性土壤中生长不良。不耐干燥瘠薄，畏积水。

（三）繁殖方法

含笑以扦插、嫁接为主，也可播种和压条繁殖。扦插繁殖一般在 6 月花谢后进行，取当年生新梢作为插穗，插床宜用排水良好的疏松沙质壤土或泥炭土，扦插后搭棚遮阴保湿。播种繁殖，种子采收后可行沙藏，翌年春进行盆播，5 月下旬即可发芽。嫁接繁殖可以选用黄兰作为砧木，一般在 3 月上中旬进行，适用腹接或枝接，约 3 个月接口愈合。

（四）栽培管理

含笑具有肉质根系，移植需多带土，一般在 3 月中旬至 4 月中旬进行。养护过程中应适当遮阴。在南方地区可地栽，在北方地区一般用盆栽，盆栽时需选用弱酸性、富含腐殖质的土壤，每年换土 1 次。5—9 月间施用有机肥或复合肥若干次，利于植株生长和花芽的形成。水分过多会造成根部腐烂或引起病虫害，南方梅雨季节时要注意排水。

在栽培过程中要注意防治煤污病、樗蚕、大蓑蛾等病虫危害。煤污病可以通过春季喷洒10%的吡虫啉可湿性粉剂2 000倍液对蚜虫进行喷杀。大蓑蛾和樗蚕等虫害的防治，主要通过喷洒90%敌百虫原液1 000倍液，或80%敌敌畏乳油1 000倍液喷雾防治，效果良好。

（五）观赏应用

含笑属于芳香花木，开花时香气扑鼻，花不全开，别具风姿，清雅宜人，为家庭养花之佳品。

十六、茉莉花

茉莉花又名玉麝、抹丽，是木犀科茉莉花属的常绿小灌木花卉（图9.16）。原产于印度及中国西部。

图9.16　茉莉花

（一）形态特征

茉莉花枝条细长，有棱，略呈蔓性。单叶对生，卵形或椭圆形，全缘，有光泽；聚伞状花序顶生或腋生，花白色，花瓣8~10枚，基部联合成筒状，香气浓郁，花期为5—10月，以7—8月产花最多，品质也最好。

同属常见栽培种还有：

1. 毛茉莉

茎、叶、花萼均被黄褐色柔毛，花期在冬春季。

2. 红茉莉

红茉莉原产于四川、云南、贵州等省，幼枝四棱形，有条纹，单花或数朵花顶生，花红色，花期为5月份。

（二）生态习性

茉莉花喜阳光，略耐阴。喜湿润温暖的气候，怕寒畏旱，在气温低于3 ℃以下时，枝叶即受冻害，因此冬季应在室内过冬。栽培土选择弱酸性的沙质壤土，忌碱性土。

（三）繁殖方法

茉莉花可采用扦插、压条、分株等多种方法进行繁殖，其中以扦插繁殖最为常用。扦插的时间为3—6月份，选择1~2年生的无病害健壮枝条为插穗，剪成10 cm左右的插条进行扦插，30~40 d后可生根，在插后3~4个月可将幼苗挖出，3~5株合并成一丛定植在花盆内。

（四）栽培管理

1. 培养土

茉莉盆栽的培养土要有丰富的有机质，而且具有良好的保水、透水和通气性能，可用腐叶土或田园土加 25% 砻糠灰及适量堆肥。

2. 光照

上盆时间以 4 月中、下旬新梢未萌发前最适宜,上盆后应放置在稍荫蔽处,避免阳光直射,平时须充足光照。

3. 浇水

盆栽茉莉浇水要掌握浇水时间和浇水量,春季 4—5 月茉莉正抽枝长叶,耗水量不大,可 2～3 d 浇 1 次,以中午前后为宜;5～6 月为春花期,浇水可略多些;夏季 6—8 月为高温气候,也是茉莉盛花期,需早、晚各浇 1 次水,天旱时应喷叶面水;9～10 月可 1～2 d 浇 1 次水;冬季需严格控制浇水量,如盆土湿度过大,对越冬不利。

4. 施肥

茉莉花喜肥,在生长季应每周施 1 次液肥,北方种植有时会因缺铁而叶片变黄,此时可施入 0.5% 硫酸亚铁溶液。

5. 修剪整形

茉莉花在春季的生长期要适当进行摘心,以刺激生长,增加花量,盛花期后可进行修剪整形。

6. 病虫害防治

茉莉花常受到白绢病的侵害,可用 70% 甲基托布津 1 000 倍液或 50% 多菌灵 1 000 倍液喷洒于植株基部及周围的土壤之中。常见虫害为红蜘蛛,可用 1 000 倍 40% 三氯杀螨醇,或用 40% 氧化乐果 1 000 倍液喷洒防治。

(五)观赏应用

茉莉花花色洁白,香气淡雅而浓郁,是点缀家居的佳品,多盆栽,在南方还经常用茉莉花作为熏制茶叶的香料。

十七、山茶

图 9.17 山茶

山茶别名华东山茶、川山茶、耐冬,山茶科山茶属常绿灌木或小乔木(图 9.17)。原产于中国。

(一)形态特征

株高可达 15 m,枝平滑,灰白色。叶椭圆形、卵形或卵状椭圆形,基部楔形乃至圆形;革质;叶面深绿色有光泽,叶背淡黄绿色;叶缘具有细锯齿。花瓣 5 枚,阔圆形、圆形或阔椭圆形;花红色,稀白色。子房表面光滑。花期在春季。

园艺品种很多,目前统计的山茶品种已经有 5 000 多个,中国约有 600 余个。根据花瓣的多少可以分为三大类:

1. 单瓣类

萼片数枚,阔圆形,花瓣 5 ~ 7 枚,基部合生,圆筒状。

2. 半重瓣类

花瓣 3 ~ 5 轮排列,一般为 20 片左右,最多可达 50 多片。

3. 重瓣类

萼片数个,呈不完全的鳞片状,花瓣在 50 枚以上,雄蕊大多瓣化。

(二)生态习性

山茶性喜温暖、湿润及半阴的环境,畏烈日,过冷、过热、干燥、多风均不宜。需疏松、肥沃、腐殖质丰富、排水良好的酸性土壤。pH 5 ~ 6 为宜。冬季虽可耐 0 ℃以下的低温,但一般盆栽时,冬季夜间温度不宜低于 3 ℃。白天温度可稍高,但不可超过 10 ℃。开花时期的适宜温度为白天 18 ℃左右,夜间应在 10 ℃以下,若在每天光照 8 ~ 9 h 的短日照条件下,开花良好。

(三)繁殖方法

山茶常用播种、扦插、压条及嫁接等方法。播种繁殖一般只用于繁殖砧木和培育新品种。扦插一般在 4—6 月间进行,采取 2 年生枝条,长 5 ~ 10 cm,上端留顶芽及侧芽各 1 个,仅留 2 ~ 3 枚叶,扦插于室内素沙或珍珠岩的苗床上,扦插盆可放阴棚下,经常保持湿润,30 ~ 60 d 生根。扦插苗到第二年春季才抽生新枝。

压条繁殖采用高枝压条法,通常 5—10 月进行,选健壮的一年生枝条作环状剥皮,宽 0.5 ~ 1 cm,伤口可用塑料袋填腐叶土包扎,保持湿润,2 个月后生根,剪下上盆。

嫁接繁殖在每年 4 月上旬用实生苗做砧木,接穗以 2 ~ 3 年生、长 30 ~ 40 cm 的枝为宜。靠接适期在 5—6 月份。接后 100 ~ 120 d,砧木与接穗可完全愈合,即可与母本剪离。

(四)栽培管理

生长期间给予充足水分,保持较高空气湿度,叶面应经常喷水。夏季宜在阴棚下;如仍置室内,须保持阴凉及通风。花后换盆,盆土用壤土与腐叶土或泥炭土等量混合,并加入少量河沙。

浇水不可用碱性水。北方土壤多偏碱性,而井水、河水也呈碱性,山茶花因缺铁,生长不良。可用矾肥水与清水间浇,以供给生长发育所需的铁元素,植株得以正常生长。通常冬季不浇矾肥水。

山茶容易受到蚜虫、介壳虫、卷叶蛾等害虫侵害。可以通过喷洒 25% 亚胺硫磷 1 000 倍液,10 d 一次,连续喷 2 ~ 3 次即可。对于常见的叶斑病和立枯病,可以使用 50% 多菌灵 500 倍液至 1 000 倍液或 65% 代森锌 1 000 倍液喷洒,效果明显。

(五)观赏应用

山茶是中国传统木本名花,是盆栽花卉中的精品。同时也可在园林和庭院栽培。地栽的山茶可列植在园路两侧作为绿篱使用,也可散植于草坪中或疏林下。

十八、扶桑

扶桑别名朱槿、佛桑、桑槿、花上花、大红花。为锦葵科木槿属常绿灌木花卉(图

9.18）。原产于中国南部,广东、福建、广西、云南、四川等地。

(一)形态特征

扶桑多分枝。叶互生,阔卵形,先端渐尖,边缘具大小不等粗锯齿或浅缺刻,基部近全缘,叶面深绿而具光泽。花单生枝端或叶腋,花大呈喇叭状,有单瓣与重瓣之分,蕊柱粗壮,伸出花冠之外,重瓣者花蕊多瓣化,花色有红、粉、橙黄、黄等色,花梗较长。单花期 1 ~ 2 d,但只要温度等其他环境条件适宜,一年四季均可开花,北方主要在 5—10 月。蒴果,多数不结子。

(二)生态习性

扶桑栽植比较容易,对土壤要求不严格,但以肥沃、排水良好沙质壤土为宜。喜温暖湿润,喜光。喜大肥大水,忌水涝。不耐阴,不耐寒。

图 9.18　扶桑

(三)繁殖方法

繁殖方法主要以扦插繁殖为主,一年四季均可进行,以 5—6 月最佳。剪取当年生健壮略呈木质化枝条,截成 10 ~ 12 cm,去掉下部叶片,只保留顶部 1 ~ 2 片叶,插入干净河沙中,置于荫蔽处,覆以塑料薄膜,经常喷水保温,20 d 左右即可生根。带有顶芽的插穗生根更快。

(四)栽培管理

扦插苗上盆用的培养土,多以壤土 8 份、有机肥 2 份的比例混合而成,上盆之后浇透水,以后保持每天浇 1 次水,适当遮阴,缓苗后再移至阳光充足处培育。每天给予 8 h 以上的日照,北方夏季应适当遮阴。当苗高达 20 cm 左右时,及时摘心,促发侧枝。若为多年盆栽时,应于每年春季换盆 1 次。扶桑盆花浇水宜充足,做到见干见湿,不宜有积水。一般春秋季每天浇 1 次水,酷热的夏季每天宜浇 2 次水。上盆之前,除了向培养土中施足基肥之外,生长期还应每月追施 2 ~ 3 次 0.2% 的尿素水溶液及磷肥为主的稀薄液肥。扶桑生长适温为 18 ~ 30 ℃,北方霜降前后应移入室内,维持室温 12 ~ 15 ℃,过低叶片易脱落,但温度过高,易使枝条徒长或者冬季继续开花不断而影响明年开花。冬季可减少浇水量。

(五)观赏应用

扶桑花期长,几乎终年不绝,花大色艳,开花量多。加之管理简便,除亚热带地区园林绿化上盛行采用外,在长江流域及其以北地区,为重要的温室和室内花卉。

十九、栀子花

栀子花又名栀子,为茜草科栀子属常绿灌木(图 9.19)。原产于中国长江流域及其以南各省。

图9.19　栀子花

2.雀舌花

植株较小,枝条平展,花、叶也较小。

3.狭叶栀子

叶狭披针形,对生或3叶轮生。

(二)生态习性

栀子花喜光,也稍耐阴,不宜强光直射。要求温暖湿润气候。适宜生长在疏松、肥沃、排水良好、轻黏性酸性壤土中,是典型的酸性花卉。不耐寒,怕积水,在干燥环境下生长不良。萌芽力强,耐修剪。

(三)繁殖方法

栀子花播种、扦插、压条、分根均可,通常以扦插或压条为主要繁殖方法。

扦插繁殖,北方10—11月在温室,南方4月至立秋随时可扦插,但以夏秋之间成活率最高。插穗选用生长健康的2年生枝条,长度10~15 cm,剪去下部叶片,先在维生素 B$_{12}$针剂中蘸一下,然后插于沙中,在80%相对湿度条件下,温度20~24 ℃条件下约15 d可生根。若用低浓度的吲哚丁酸浸泡24 h,效果更佳。待生根小苗开始生长时移栽或单株上盆,两年后可开花。

压条繁殖,4月份从3年生母株上选取健壮枝条,长25~30 cm进行压条,如有三叉枝,则可在叉口处,1次可得3苗。一般经20~30 d即可生根,在6月可与母株割离,至次年春季上盆。

(四)栽培管理

盆栽栀子于清明前后带土球上盆,盆土用塘泥土或腐叶土掺拌适当炉灰渣和矾肥水,均匀混合,最好经暴晒后再使用。日常管理要注意修剪整形,使形成一定冠形,在生长季节要修剪2~3次,剪去顶梢,促其分枝,构成半球形树冠。平时注意肥水管理,保持盆土湿润,雨后盆内不能有积水。春、夏生长旺盛,应经常追施饼肥水。夏季光照强烈,应放置荫蔽处。开花前多施薄肥,可促进花朵肥大。7月份花开后只浇清水,其量也应逐渐减少。冬季移至室内阳光充足处;春季3—4月可出房,并结合换盆,加施腐熟饼肥或鸡粪为基肥。

栀子花经常容易发生叶子发黄的黄化病,黄化病由多种原因引起,故须采取不同措施进行防治。栀子花在冬季室内通风不良及温湿度过高时,容易发生介壳虫危害,并伴有煤

(一)形态特征

干灰白色。叶革质,对生或3叶轮生,长椭圆形,表面有光泽。花单生枝顶或叶腋,白色,具浓香,花凋谢前呈淡黄色。花期6—7月,随品种不同可延至8月。果实卵形,初期为青绿色,后期变为褐色。

常见变种及变型有:

1.大花栀子

花形较大,重瓣,香浓。

烟病发生。介壳虫可用竹签刮除或用 40% 氧化乐果乳油 1 500 倍液喷杀。煤烟病可用清水擦洗,或喷 0.3 波美度石硫合剂,1 000 ~1 200 倍多菌灵。

(五)观赏应用

栀子花枝叶繁茂,花朵美丽,香气浓郁,为庭院中优良的美化材料,还可供盆栽或制作盆景。

二十、中国水仙

水仙别名天葱、雅蒜、金盏银台、雅客、姚女花、雪中花,为石蒜科水仙属球根草本观赏植物(图9.20)。花姿婀娜,冰清玉洁,形如美女,故有"水中仙子""凌波仙子"之称。

(一)形态特征

地下具有肥大的鳞茎,着生多层鳞片,呈圆锥形或卵圆形,由鳞茎皮、鳞片、叶芽、花芽及鳞茎盘组成。基部两侧可伴生小鳞茎,1 ~5 个不等,也称脚芽、边芽,可作繁殖材料用。根肉质,易断,折断后不能再生。叶呈扁平带状,叶色葱绿,叶面有霜粉,无叶柄。伞形花序,花序轴从叶丛中抽生,中空呈绿色圆筒形,花期15 d 左右。

图9.20　中国水仙

(二)类型及品种

中国水仙按花型分单瓣和重瓣两个品种,单瓣品种称"金盏银台",花被纯白色,平展开放,副花冠金黄色,浅杯状;重瓣品种称"玉玲珑",花变态,重瓣,花瓣褶皱,无杯状副花冠。

按栽培地区分为3 种:福建漳州,水仙鳞茎肥大,易出脚芽,均匀对称,花葶多,香味浓,是中国水仙佳品;崇明水仙,鳞茎较小,多为卵圆状球形,不易发生脚芽,花葶少,香味亦较淡;舟山水仙,形态介于两种之间,接近崇明水仙。

(三)生态习性

性喜温暖湿润的气候,忌炎热高温,喜水湿,较耐寒。在休眠期,鳞茎的生长点部分进行花芽分化。水仙属短日照花卉,每天只要10 h 光照就能正常生长发育,光照不足,叶片易徒长,开花少,光太强,不利于发育。花芽分化的适温为17% ~20%,超过25 ℃则花芽分化就受到抑制。喜疏松肥沃、深厚、保水力强而又排水良好的土壤。水仙为秋植球根花卉。

(四)繁殖方法

通常用分球法繁殖,将分生的小鳞茎取下作种球,另行栽植。此外还可采用双鳞片繁殖和组织培养育苗,双鳞片繁殖是水仙每两片鳞片间有1 个芽,将鳞茎放在4 ~10 ℃条件下4 ~8 周,把鳞茎从根盘向上切开,每两片1 块,切去上半部留下半部2 cm 就够用,再与蛭石和湿沙混合,装入塑料袋中,在20 ~28 ℃,黑暗条件,经2 ~3 个月可长出小鳞茎。

（五）栽培管理

水仙栽培分旱地和水田栽培两种方式。崇明水仙多用旱栽法，漳州水仙多用水栽法。旱栽法与其他秋植球根花卉基本相同，施足底肥，起高垄，垄上开沟栽入水仙头，覆土 3 ~ 4 cm，栽后经常向沟内浇水，保持土壤湿润，3 月份再施 1 ~ 2 次液肥，5—6 月份叶片枯黄后起出，大球用于观赏栽培。水田栽培法在 8—9 月间耕翻后泡地一周。9—10 月间，在田地上作高畦，然后将小鳞茎栽在畦面上，覆土 2 ~ 3 cm，覆土中掺入少许腐熟有机肥，向畦面喷水，保持湿润。以后向畦沟内灌水，至畦面湿润为止，春季再施 1 ~ 2 次饼肥，5 月份减少灌水，叶枯黄后起出鳞茎，大球用于观赏栽培。在以上两种栽培中都可以结合生产鳞茎与收获水仙花枝，用于切花出售。

病害主要有水仙斑点病、水仙腐烂病、斑叶病。水仙斑点病防治可用波尔多液喷洒，或剪除病叶烧掉。水仙腐烂病防治可在球挖出后浸入石灰水或波尔多液中消毒然后晒干贮藏；生长期中发生此病时，应将病株拔除，并在其生长地方用石灰水消毒。斑叶病防治方法即拔除病株，选育抗病品种。

虫害主要有水仙蝇、线虫，水仙蝇可用二硫化碳熏球防治；也可用升汞 23 g 溶于 36 L 水中于生长期浇灌。线虫可用福尔马林浸泡 5 min 消毒。

（六）水仙的雕刻水养

水仙的孕花期是在休眠期，收获后再过一段时间才开始花芽分化，约 2 ~ 3 个月，形成花苞后，就可以确定泡水的时间，从而控制花期，进行雕刻造型。

1. 挑选鳞茎

挑选好的水仙头是先决条件，漳州水仙一般以竹篓包装，分为 10、20、30、40 装等，装越少，花球径越大，开花越多。优质水仙头扁圆形，健壮坚实，球面纵条纹较阔，中膜绷得紧，主球两旁小球多。外壳深褐色发亮，无病斑。用手捏水仙球上下两端，坚实而有弹性的便是花芽，松软的多为叶芽。

2. 雕刻造型

选好水仙头后，先进行初步处理，剥去外皮和枯根，然后用小刀在鳞茎上部节间纵切十字小口，以帮助花茎抽出，切口时勿伤及叶芽和花芽。切好后进行水洗浸泡 1 d 后，即可进行水养，1 个月后开花。

为了提高水仙观赏价值，对水仙头多进行雕刻处理，一般在根未生出，开花前 40 ~ 50 d 雕刻。但不能过重刻伤花梗，更不能刻伤花苞膜。

3. 水养整形

雕刻后要清水冲洗多次，再用湿巾裹住伤口，阴干后再进行水养。水仙喜光，在水养时一定注意不能乱变向阳面，否则叶片长乱无形，如为了使叶直上生长，可每天变换 1 次光照方向，开花时不能再变方向。

雕刻的水仙应把雕刻面向上，水养时浸水达球茎厚度的 1/3，上面盖湿巾，以利于上部根系吸水。水养初期每天换清水，半月后隔天换水，生长适温为 10 ~ 18 ℃，过高则出现哑花现象。

通过增强光照和控水可以使水仙矮化，控水是在晚间把水倒掉，白天也可减少水分供给时间。通过温度可以调整开花期限，在不超过 25 ℃气温条件下，增高温度可以提前开花,降低温度可以延迟开花。此外,也可以施入激素及无机肥料影响开花时间。

(七)观赏应用

水仙花在寒冬腊月、元旦、春节期间,展开青翠的叶片,开出素雅清香的花朵,点缀居室、会议室,有很高的观赏价值,深受群众的欢迎,还可作切花,餐桌、摆台用。水仙还是中国传统的出口花卉。水仙可入药,具有清热解毒、散结消肿、活血通络的功效。水仙含有多种生物碱,对二氧化碳、二氧化硫、一氧化碳有较强的抗性,有利于保护环境。鲜花芳香油含量为 0.20% ~0.45%,提炼后可调制高级香精,用于香水、香皂及其他化妆品。

第二节　盆栽观叶类观赏植物栽培

盆栽观叶类观赏植物是以叶的形态和色泽为主要观赏对象的植物,这些观赏植物叶形多变、质感丰富、叶色丰富多彩。如常春藤、绿萝、喜林芋等种类茎节上生有气生根,具有向上攀爬的特性;变叶木类和秋海棠类叶色绚丽多彩,令人赏心悦目;龟背竹、鹿角蕨等叶形奇特;以及株形优雅的橡皮树、苏铁等。大多数盆栽观叶类观赏植物具有一定的耐阴性,适宜室内观赏。

一、吊兰

吊兰为百合科吊兰属多年生常绿草本观赏植物(图 9.21)。原产于南非热带丛林,同属植物约有 215 种,中国有 5 种,产于中国西南部和南部地区。其根、叶均似兰,花梗横伸倒悬,因此得名。

(一)形态特征

吊兰叶片着生于短缩茎上,条形至条状披针形,基部抱茎,叶长 25 ~40 cm,宽 1 ~2 cm,嫩绿色;具有肥大粗壮的肉质根;花茎从叶丛中抽出,长 30 ~60 cm,细长,弯曲下垂,在花茎先端产生数丛带根的小植株;总状花序,小花数朵一簇,白色,花期 4—5 月;蒴果三圆棱状扁球形。

图9.21　吊兰

同属约 200 种,主要产于非洲中南部。常见的栽培品种有:

"银边"吊兰,叶片边缘为白色;"金边"吊兰,叶片边缘为淡黄色;"金心"吊兰,叶片中部为淡黄色条斑。

(二)生态习性

吊兰性喜温暖、半阴和空气湿润的环境,要求土壤疏松、肥沃、排水良好的沙质壤土;夏季忌强光直射,生长适宜温度为 15 ~25 ℃,15 ℃以上生长正常,冬季越冬温度 12 ℃,最低不低于 5 ℃,长时间低于 5 ℃以下会受害;耐旱性较强。

(三)繁殖方法

吊兰多用分株法繁殖,自春至秋随时都可以剪取花茎上的小植株另行栽植,亦可于早春分离老株根丛另植。盆栽 2～3 年的植株春季换盆时进行分株,分株前停止浇水,使盆土适当干燥。将植株从盆中取出后,去掉旧土,分成数株,分别上盆栽植。

(四)栽培管理

1.盆土

用腐叶土 3 份、园土 3 份、沙土 3 份、腐熟饼肥(或畜禽粪肥)1 份混合配制成培养土,或用腐叶土 4 份、园土(或泥炭土)3 份、河沙 2 份、腐熟饼肥 1 份混合配制,作盆栽用土。每年早春 3—4 月换 1 次盆,略加修剪多余的肉质根,将其栽入新盆中,先放在荫蔽处,待植株恢复生长后,再进行正常养护管理。

2.浇水

吊兰喜湿润的环境,生长期间需经常保持盆土湿润,但由于其肉质根内储存有大量的水分,因此又有较强的抗干旱能力,数日不浇水不会干死。夏季浇水要充足,每天傍晚还需向枝叶上喷水,以保持空气湿润。10 月上旬移入室内,放在阳光充足处,每隔 5～7 d 在中午气温较高时,用与室温接近的清水喷洗枝叶,但盆土宜偏干。

3.施肥

春、秋生长旺盛季节,每 15 d 左右施一次稀薄液肥,以充分腐熟的饼肥水为好,浓度为10%～15%;也可追施氮、磷、钾化肥液,浓度为 0.1%～0.3%。夏季高温和冬季休眠期间,应停止追肥。花叶品种应少施氮肥,否则叶片上的白色或黄色斑纹会变淡。

4.光照

吊兰喜半阴的环境,怕强光直射。尤其在北方地区,春、夏、秋三季需遮去 50%～70%的阳光,否则易出现日灼病。花叶品种在光线弱的地方,生长得更漂亮。冬季光照较弱,可放在向光处;夏季放在阴凉通风处养护管理。

(五)观赏应用

吊兰为中、小型盆栽或吊盆植物,株态秀雅,叶色浓绿,走茎拱垂,是优良的室内观叶植物,也可点缀于室内山石之中。其纤细长茎拱垂,给人以轻盈飘逸,自然浪漫之感,故有"空中花卉"之美誉。室内亦可采用水培,置于玻璃容器中,以卵石固定,既可观赏花叶之姿,又能欣赏根系之态。

二、花叶万年青

花叶万年青又称黛粉叶,为天南星科花叶万年青属多年生常绿草本观赏植物(图9.22)。原产于南美,现世界各地都有栽培。

(一)形态特征

株高可达 1 m 以上,茎具汁,分枝少,表皮灰色,每个节上宿存有残留的叶柄;叶片大而光亮,着生在茎的上端,长圆至长椭圆形,全缘,顶端渐狭,深绿色的叶片上布满多变的白色或淡黄色的斑块,不同品种叶片上的花纹不同;花梗由叶鞘中抽出,短于叶柄,花单性顶生佛焰苞花序,佛焰苞呈椭圆形,下部呈筒状。佛焰苞宿存,很少开花(图9.22)。

花叶万年青同属植物25～30种,园艺品种很多,中国常见栽培的品种和杂交种有:

1."白玉"黛粉叶

"白玉"黛粉叶又称粉黛、"白玉"花叶万年青,小型种,株高30～45 cm,叶长17～25 cm,宽8～14 cm,椭圆形,边缘绿色,中央乳白色,宛如少女粉妆,易从叶腋中长出分枝。

2.大王黛粉叶

大王黛粉叶又称巨万年青,原产哥伦比亚、哥斯达黎加,株高1.5 m,叶长椭圆形,薄革质,长30～45 cm,宽10～25 cm,浓绿色有乳白色斑条块。

图9.22 花叶万年青

3.鲍斯氏花叶万年青

又称星点万年青,是花叶万年青和威尔氏花叶万年青的杂交种。黄绿色的叶片上有深绿色灼斑块和白色的小点,并有深绿色的边缘。

4.鲍曼氏花叶万年青

叶片呈椭圆形,长达60 cm,宽45 cm,叶柄长约30 cm。叶片通常为深绿色和浅绿色相杂,叶缘及近主脉的斑纹均为深绿色。

5."舶来"花叶万年青

它是一优良栽培品种,在我国已引种栽培,叶片十分美丽。叶片卵圆形,长25 cm,宽约10 cm,叶柄长约10 cm。叶色深绿,有不规则的白色或浅绿色的条纹。

(二)生态习性

花叶万年青喜温暖、湿润和半阴的环境。可长年在室内半阴处栽培养护,忌强光直晒。阳光太强可使叶片直立,变小变黄,或产生大面积的日灼,影响观赏效果。不耐寒,冬季最低温度宜在12 ℃以上,越冬温度应在15 ℃以上,室温若长时间低于10 ℃,易引起叶片变黄继而脱落,根部腐烂,但茎秆仍保持生命力。要求疏松、肥沃、透气及排水良好、保水、保肥的土壤。

(三)繁殖方法

花叶万年青主要用扦插法繁殖,春、夏都可进行。盆栽2年以上的植株可结合整形修剪进行繁殖。于4月中旬前后将茎秆在土面以上2～3节处剪断,母本植株仍可发芽。将剪下的茎秆剪成10 cm长的插穗,每个插穗带有2～3节,扦插在粗沙、珍珠岩或蛭石基质中,温度保持在20～25 ℃,30 d可生根。顶芽扦插生根较快,带顶尖枝条用28～30 ℃水浸泡下部,10～15 d可生根上盆栽植。也可将茎剪成2～3 cm长的茎段,每段带有1～2个芽,放入盛有培养土的花盆内,上盖玻璃保湿,30～40 d生根。

可利用基部的萌蘖进行分株繁殖,一般在春季结合换盆时进行。操作时将植株从盆内托出,将茎基部的根茎切断,涂以草木灰以防腐烂,或稍放半天,待切口干燥后再盆栽,浇透水,栽后浇水不宜过多。10 d左右能恢复生长。

(四)栽培管理

盆栽用土以腐叶土5份、园土3份、河沙2份,加少量腐熟厩肥或饼肥混合而成。生长季节宁湿勿干,气温高于25 ℃以上,要经常向叶面喷水;秋后要控制浇水,见干见湿为宜;冬季适当干燥。花叶万年青耐肥力强,施肥要适量,生长季节每15～20 d施1次20%饼肥水或1%复合肥液,冬季停止施肥。春秋中午及夏季要遮阴,应放在室内明亮处。冬季要应保持充足的光照。

病害主要有细菌性叶斑病、褐斑病和炭疽病,可用50%多菌灵可湿性粉剂500倍液喷洒。有时发生根腐病和茎腐病,除注意通风和减少湿度外,可用75%百菌清可湿性粉剂800倍液喷洒防治。

(五)观赏应用

花叶万年青叶片大,具有美丽的斑块,且耐阴性强,最宜盆栽供室内装饰。用小盆栽植的可放在书桌、茶几及卧室中;较大型的植株适宜用来布置客厅、会议室、办公室及大厅,是极好的室内观叶观赏植物。

花叶万年青的汁液有毒,不可误食或使其液体接触人体的黏膜。误食后喉头痛肿,说话困难。

三、观赏凤梨

图9.23 观赏凤梨

观赏凤梨为凤梨科多年生草本植物(图9.23),是凤梨科观赏植物的统称。凤梨科植物有60个属1 500余种及数百个杂交种,除少数种类是食用凤梨(菠萝)外,绝大多数是观赏凤梨。

(一)形态特征

观赏凤梨的品种较多,形态特征有一定的差异,但多数品种有其共同的形态特征:叶多为基生,质地较硬,带状或剑形,绿色或彩色,叶形雅致,叶色鲜艳。花茎从叶丛中抽出,花头为圆锥形、棒形或疏松的伞形,形态奇妙,花色艳丽。

(二)生态习性

观赏凤梨喜温暖、湿润和半阴的环境。忌强光直射,光照过强,叶片出现黄斑纹、褪色现象,春、夏、秋应遮阴50%～60%,可长年在室内半阴处栽培养护。不耐寒,生长适温为20～25 ℃,最低温度在12 ℃以上,冬季在10 ℃以上才能安全越冬,10 ℃以下易受冷害。夏季温度过高,叶片会因为水分过少干尖。因此,应注意经常向叶片喷雾,增加空气湿度;适当遮阴,加强通风,以降低温度。要求疏松、肥沃、透气及排水良好、保水、保肥的土壤。

观赏凤梨的花期很长,可达数月。

(三)繁殖方法

1.分株繁殖

植株开花后,从母株基部长出1至数个蘖芽,当蘖芽长到母株的1/3~1/2大时,用小刀从芽基部切离。去掉下部叶片,晾干切口,栽入腐叶土与素沙等份混合的基质中。温度在25~28℃,通风、湿润的环境条件下,12~15 d可生新根。待新叶开始生长后,可进行正常栽培管理。用分株繁殖,一般培养1~3年可开花。

2.播种繁殖

在开花时必须进行人工辅助授粉才能结实,种子很小。一般要求气温稳定在16℃以上才能播种,用酸性盆土,播后用切碎的苔藓或塑料薄膜覆盖保湿。一般在25~30℃的温度条件下,20~25 d即可出苗。幼苗长到约4 cm时,分苗到浅盘,随着幼苗生长进行分栽,最后定植到花盆中。用种子繁殖一般需3~4年才能开花。

目前已利用组织培养技术对观赏凤梨进行大量繁殖。

(四)栽培管理

由于观赏凤梨的属、种及品种较多,不仅不同属要求的栽培条件不一样,而且同一属的不同种也有一定的差异。

1.培养土配制

要求富含腐殖质,疏松、肥沃、透气、排水性能良好,微酸性(pH 5~5.5)。培养土以腐叶土(或泥炭土)6份,河沙4份,并加入3%~5%的腐熟鸡粪或饼肥混合配制。

2.上盆定植

在上盆之前,可在盆底装入2 cm厚的小石子或碎砖粒、粗沙等粒状物,以利于根部透气和排水。幼苗的叶片非常脆弱,在上盆时要特别小心。一般选用口径13~15 cm的盆,栽植深度以根部不外露为宜。上盆后立即浇透水,置于20~30℃、荫蔽处养护,恢复生长后即可转入常规管理。盆栽观赏凤梨应每隔1~2年换一次盆,盆栽3~4年后,老株在开花后逐渐萎缩或干枯,应繁殖新株。

3.浇水

生长期需保持较高的空气湿度和充足的盆土水分。空气湿度应保持在70%~80%为宜,一般3~7 d浇1次水。对于需水较少的硬叶种类,浇水应以盆土表面见干为准;对于需水较多的软叶种类,要经常保持盆土湿润,以表土不见干为宜;要经常保持叶筒内有水。入秋以后,应适当控制浇水和喷水。冬季进入休眠期,要控制浇水,保持盆土微潮即可,盆土过湿易烂根。叶筒底部保持湿润,但不要给水太多,以免造成腐烂。

4.施肥

在生长季节一般每10~20 d施1次液肥,通常用发酵的饼肥或化肥,化肥通常按氮、磷、钾1:1:1的比例,浓度为0.1%~0.3%,可施入盆土,也可叶面喷施。施肥时,切忌把肥料施在植株中心的叶筒内,以免引起危害。在花期、休眠期和夏季应停止施肥。

5.病虫害防治

常见病害主要是镰刀菌,用75%百菌清500倍液或50%多菌灵500倍液防治。常见虫害主要有介壳虫、红蜘蛛等,喷施1∶2的敌百虫与乐果混合液1 500~2 000倍液,7 d喷1次,连喷3次可防治介壳虫。用三氯杀螨醇800~1 000倍液,每10~15 d喷1次,防治红蜘蛛。

（五）观赏应用

由于观赏凤梨多姿多彩、耐阴性极强,是理想的室内观叶观花的观赏植物,其中有不少珍贵种类,已先后引入我国各地,深受人们的青睐。

四、绿巨人

绿巨人又名苞叶芋、一帆风顺,为天南星科苞叶芋属常绿草本观叶观赏植物（图9.24）。原产于南美洲热带地区。我国引进后在南方普遍栽培,目前北方也有栽培。

图9.24　绿巨人

（一）形态特征

株高60~80 cm,根为肉质。叶片茎生,宽大,椭圆形,莲座状,深绿色,无光泽,叶长40~60 cm,叶宽15~25 cm,叶柄长20~35 cm略弯,叶脉呈浅沟状。

（二）生态习性

绿巨人喜高温、高湿的环境,忌积水。耐阴性强,忌阳光直射。喜疏松、肥沃、富含腐殖质、排水透气性良好的偏酸性土壤。

（三）繁殖方法

绿巨人多用分株法繁殖,利用健壮植株上产生的根蘖苗,结合换盆进行分株,获得新的植株,生产上主要用组织培养大量繁殖。

（四）栽培管理

1.换盆

每1~2年换1次盆,换盆应于春季进行,换盆时在盆底放适量的饼肥作基肥。盆土宜用腐叶土5份、沙土3份、锯末2份及适量有机肥混合配制的培养土。

2.浇水

要经常保持盆土湿润,但不可过湿。冬季要少浇水,待盆土表面发白时再浇水,宜用温水。经常向叶面喷水,以提高空气湿度。

3.施肥

夏季高温高湿,是绿巨人生长的旺盛时期,应结合浇水,每7~10 d追施1次0.1%~0.3%的尿素水,同时喷施0.2%的磷酸二氢钾,以促使叶片宽大、亮丽;也可每隔7~10 d用0.2%的尿素水加0.2%的磷酸二氢钾肥水,混合追施。冬季温度超过20 ℃时,应施少量的氮肥和适量的磷钾肥,以培养根系,也可用0.1%的尿素水加0.1%的磷酸二氢钾肥水混合追施,15～20 d 追施 1 次。冬季温度在 20 ℃ 以下,应停止追肥。

4. 温度及光照

绿巨人生长适温为 20～30 ℃,夏季超过 30 ℃ 时,需要喷水降温,但要注意切不可将水浇在叶心中,否则会引起腐烂。冬季生长温度要保持在 15 ℃ 以上,长期低温或冷风吹袭会使叶片失绿、发黄、焦枯。生长期间应避免阳光直射,可置于阴处或阴棚内养护。冬季适当增加光照,以满足光合作用的需要。

（五）观赏应用

绿巨人叶片硕大,浓绿苍翠,观赏效果极佳,是中型观叶观赏植物,宜摆放于宾馆、饭店的大厅及会议室,也适于家庭客厅摆放。其叶色亮绿,花朵洁白雅致,给人以清凉、宁静的感觉。花枝可作插花材料。

五、肖竹芋类

肖竹芋类为竹芋科肖竹芋属,常绿宿根草本花卉(图 9.25)。分布在美洲热带和非洲。

（一）形态特征

株高 20～100 cm,叶片密集丛生,叶柄从根状茎长出。叶单生,平滑,具蜡质光泽,全缘,革质。穗状或圆锥状花序自叶丛中抽出,小花密集着生。本属绝大多数种类具有美丽的叶片,叶片斑纹及颜色的变化极为丰富,并且幼叶与老叶常具有不同的色彩变化。

图 9.25　肖竹芋

常见种及变种如下:

1. 披针叶竹芋

别名箭羽竹芋、花叶葛郁金。叶披针形,长可达 50 cm,形似长长的羽毛,叶面灰绿色,边缘稍深,与侧脉平行嵌入大小交替的深绿色斑纹,叶背棕色至紫色,叶缘波形起伏,花淡黄色。

2. 天鹅绒竹芋

原产巴西,各地均有栽培。同属常见种类还有:银心竹芋、玫瑰竹芋。株高 40～60 cm,具地下茎口叶基生,根出叶,叶大型,长椭圆状披针形,叶面淡黄绿色至灰绿色,中脉两侧有长方形浓绿色斑马纹,并具天鹅绒光泽口叶背浅灰绿色,老时淡紫红色口头状花序,苞片排列紧密。6—8 月开花,蓝紫色或白色,是世界著名的喜阴观叶花卉。

3. 孔雀竹芋

别名斑马竹芋。株高 30～60 cm,叶长可达 20 cm,叶薄革质,叶柄深紫色。在叶的表面绿色底上隐约呈现着一种金属光泽,且明亮艳丽,沿着主脉两侧分布着羽状暗绿色、长椭圆形的绒状斑块,与斑纹相对的叶背面为紫色,左右交互排列,极似孔雀开屏尾羽,故称孔雀竹芋。

4. 肖竹芋

株高可达 1 m 左右,叶椭圆形,长 10～16 cm,宽 5～8 cm,叶表黄绿色,有银白色或红色

的斑纹,叶背暗红色,叶柄长 5 ~ 13 cm。

5. 美丽竹芋

别名桃羽竹芋、饰叶肖竹芋。为肖竹芋的一个变种,叶柄很长,叶呈卵圆形至披针形,长 10 ~ 16 cm,宽 5 ~ 8 cm,在侧脉之间有多对象牙形白色斑纹,纹理清晰,但在幼株上呈粉红色,叶背为紫红色。

6. 斑纹竹芋

株高约 60 cm,叶片较大,长圆形,具天鹅绒光泽,其上有浅绿和深绿交织的阔羽状条纹。叶背灰绿色,随后变为红色,花紫色。

7. 紫背肖竹芋

株高 30 ~ 100 cm,叶线状披针形,长 8 ~ 55 cm,稍波状,叶表淡黄绿色,有深绿色羽状斑,叶背深紫红色,穗状花序长 10 ~ 15 cm,花黄色。

8. 华彩肖竹芋

株高约 60 cm。叶长椭圆状披针形,长约 35 cm,宽约 25 cm,叶表光泽,按绿色,有绿白色羽状斑纹,叶背紫红色。

(二)生态习性

性喜温暖、湿润和半阴的环境,怕空气干燥,忌强光直射。不耐寒,越冬温度须高于 10 ℃。喜肥沃、疏松、排水良好的酸性或微酸性沙质壤土。

(三)繁殖方法

结合春季换盆进行分株繁殖。选叶丛密集、生长旺盛的植株,控制浇水,待盆中的基质稍干时,将植株从花盆中脱出,用小铲小心地分开株丛的根系,尽量多带原有的基质,少伤根,缩短缓苗时间,每 3 ~ 4 个子株一丛上盆栽植,利于提早成形。分株后新栽植株应放在温暖、半阴和湿润的条件下栽培,可以用塑料袋将其罩上,直到植株生长健壮后再去掉塑料袋。

大规模生产采用组织培养法。用嫩茎或未展叶的叶柄作外植体。经常规消毒后,在无菌的条件下切成 3 mm 的小段,接种在 5 mg/L 6-BA 和 0.02 mg/L NAA 的 MS 培养基上,诱导愈伤组织和不定芽形成,在 0.5 mg/LNAA 的 MS 培养基上分化不定芽,生根苗移栽在泥炭和珍珠岩各半的基质中,保持较高的湿度,成活率在 95% 以上。

(四)栽培管理

常年保持盆土中有充足的水分,但忌盆土积水。夏季放置在阴棚下养护,冬季温度低,应少浇水,应用软水浇灌。喜较高的空气湿度,否则叶片容易产生卷曲和干边;可以在植株周围铺一些潮湿的苔藓或泥炭;常向植株周围洒水,并向叶面少量喷雾。以泥炭土或优良腐叶土作盆栽用土,疏松、透气和保水,绝不可用黏重的土壤盆栽;旺盛生长时期每 7 ~ 14 d 施一次液体肥料,盛夏和冬季停止浇灌肥料。两年左右换盆 1 次,于春季新芽萌发之前进行。如果环境通风不良,容易受到介壳虫的危害,可以喷洒速介克等防治。

（五）观赏应用

肖竹芋属植物株态秀雅,叶色绚丽多姿,斑纹奇异,是优良的室内观叶植物,也是插花的珍贵衬叶。既可以供单株欣赏,也可成行栽植为地被植物,欣赏其群体美,注意提供良好的背景加以衬托。用中、小盆栽观赏,主要装饰布置书房、卧室、客厅等。

六、一叶兰

一叶兰别名蜘蛛抱蛋、箬兰、箬叶,为百合科蜘蛛抱蛋属多年生常绿草本观赏植物(图9.26)。原产于中国海南岛、台湾等地。它的地下部具有粗壮根茎,叶片直接从地下茎上长出,带有挺直修长叶柄的片片绿叶拔地而起,故名一叶兰。因其果实极似蜘蛛卵,又名蜘蛛抱蛋。

（一）形态特征

图9.26　一叶兰

根状茎粗壮、匍匐,具有节和鳞片。叶色浓绿,叶基生、质硬,基部狭窄成沟状,长叶柄,叶长可达50 cm。总状花序,花梗极短,紧附地面,花径约2.5 cm,褐紫色,花期4~5月。蒴果球形。

常见变种:

1. 斑叶一叶兰

叶面有白色斑块。

2. 金线一叶兰

叶面有白色或黄色条纹。

（二）生态习性

耐阴性强。喜湿润。最适温度约15 ℃,较耐寒,能耐0 ℃的低温。喜疏松、肥沃、排水良好的沙质壤土。

（三）繁殖方法

通常采用分株繁殖。在春季新叶未萌发时结合换盆进行,从旧盆中倒出植株,去掉部分旧土,露出根系和匍匐茎,用利刀分成数丛,每丛要多带些新芽,以使植株及早长成满盆。

（四）栽培管理

栽培时常用直径为25 cm的大盆在春季换盆,2~3年换盆1次。换盆时施足基肥。在生长期间要经常浇水,保持盆土湿润。夏季需放在阴棚下养护,冬季需在温室中防寒越冬。每月施肥1次则能使其叶片翠绿美观。叶片如有枯黄要及时摘除。盾蚧为其最常见的害虫,可人工刷除,尤其是在雌成虫产卵前将其刷除,防治效果更佳。在孵化盛期,喷洒触杀性杀虫剂。可选用20%菊杀乳油1 000~1 500倍液、40%速扑杀乳油1 000~1 500倍液等。

（五）观赏应用

一叶兰终年常绿,叶形优美,生长健壮,是室内盆栽和插花艺术中极好的衬叶和造型材料。

七、朱蕉

图9.27 朱蕉

朱蕉别名铁树、红叶铁树、千年木,为龙舌兰科朱蕉属常绿亚灌木观赏植物(图9.27)。原产于澳大利亚及中国热带地区。

(一)形态特征

株高可达3 m,茎直立,不分枝或少分枝,茎干上叶痕密集。叶聚生顶端,紫红色或绿色带红色条纹,革质阔披针形,中筋硬而明显,叶柄长10～15 cm,叶片长30～40 cm。花为圆锥花序,着生于顶部叶腋,花淡红色至青紫色,间有淡黄色,果实为浆果。

(二)生态习性

性喜温暖湿润,喜光也耐阴。喜排水良好的沙质壤土,不耐碱性土壤。不耐寒,生长适宜温度18～28 ℃,冬季室内须保持10 ℃以上才能越冬。

(三)繁殖方法

以扦插、分株、播种法繁殖。6—10月均可进行。将下部叶脱落的老株剪成5～10 cm的茎段,待切口稍干后,插入沙土或蛭石中,也可横埋在基质中,稍覆土,保持25%～30%和较湿润的空气环境,1个月左右可生根。剪去顶芽的老枝基部萌生分蘖,1年后可分株。在产地可收到种子,进行播种繁殖。

(四)栽培要点

朱蕉栽培比较容易,盆土用腐叶土4份、园土4份、河沙2份配制,使之呈微酸性。朱蕉喜光,在光照充足且多湿的条件下生长旺盛,但夏季光照太强,不利于朱蕉生长,叶片易老化、色暗,应注意遮阴。生长季节,除浇水保持土壤湿润外,每半月应施肥1次。肥料不足容易出现老叶脱落、新叶变小的现象。天气干燥时,应向叶面喷水增湿。秋季后应减少浇水量,保持盆土适当干燥,应待盆土稍干后再浇水。低温和盆土潮湿往往容易造成烂根。若在通风不良环境下,植株易生介壳虫,要注意防治。发生炭疽病和叶斑病危害,可用10%抗菌剂401醋酸溶液1 000倍液喷洒。也有介壳虫危害,用40%氧化乐果乳油1 000倍液喷杀。

(五)观赏应用

朱蕉株形美观,色彩华丽高雅,盆栽适用于室内装饰。盆栽幼株,点缀客室和窗台,优雅别致。成片摆放会场、公共场所、厅室出入处,端庄整齐,清新悦目。

八、变叶木

变叶木又名洒金榕,为大戟科变叶木属多年生常绿灌木(图9.28)。原产于东南亚和太平洋群岛及澳大利亚的热带地区。

（一）形态特征

株高 50～200 cm，枝条近直立生长，内含乳汁。单叶互生，具短柄，叶片厚革质，全缘或分裂，表面光亮。叶形因品种不同多变化，有线形、披针形、椭圆形、戟形、长椭圆形等，细叶种的叶面大都平展，宽叶种大都起皱，有的还出现缺刻或扭曲。叶色极为丰富，绿色杂以黄、红或白色的斑点、条纹。总状花序单生于枝顶叶腋间，长 12～20 cm，雌雄同株异花，花小，不显著，无观赏价值，主要用于观叶。蒴果球形，白色。在我国极少见其结果。

目前栽培的变叶木绝大多数是由杂交培育出来的园艺品种，共分 7 个类型、120 多个品种，十分复杂。常见的栽培品种有"柳叶"变叶木、"重叶"变叶木、"戟叶"变叶木、"琴叶"变叶木、"鹅掌"变叶木等。其中大部分品种的叶片都是多种颜色组合相间，从而构成色彩斑斓的斑块。

图 9.28　变叶木

（二）生态习性

变叶木喜温暖、湿润的气候，喜阳光充足，但怕烈日暴晒。极不耐寒，越冬室温不低于 15 ℃，幼苗的耐寒力更弱。对土壤条件要求不严格，喜疏松、肥沃而又排水良好的中性至微酸性沙质壤土。

（三）繁殖方法

扦插繁殖容易生根。于 5—6 月中旬，剪取 1～2 年生枝的顶梢作插穗，老枝扦插不易生根。插穗长 10 cm 左右，去掉下部叶片，插入素沙或蛭石中。插前需将切口处流出的乳汁冲洗掉，涂上草木灰或硫黄粉，稍晾干后再插，入土深度约 3 cm，插后用塑料薄膜覆盖以保温保湿。经常喷水，以保持较高的湿度。温度保持在 25 ℃ 左右，30～40 d 可生根。

家庭盆栽也可采用水插法，此法生根快而且成活率高。可在夏季高温时进行，剪取插穗后，去除插穗下部的叶片，将插穗的下部浸泡在水中。每 3～5 d 换 1 次清水，30 d 左右可生根。

（四）栽培管理

1. 施肥

用腐叶土 5 份、园土 3 份、河沙 2 份配制成培养土，或用腐叶土 3 份、园土 3 份、河沙 3 份、饼肥 1 份混合配制为宜，每 2 年翻盆换 1 次土。在 5—9 月旺盛生长期，每 10～15 d 施 1 次稀薄腐熟饼肥水或含氮、磷的复合肥，可使叶片肥厚，色彩鲜明。注意氮肥不可过多。越冬期停止施肥。

2. 浇水

生长季节注意给予充足的水分，应保持盆土湿润。夏季晴天要勤浇水，5—6 月每 1～2 d 浇 1 次水，7～8 月每天早晚要浇两次水。越冬期间控制浇水，只需保持盆土微潮，不干不浇水。每隔 10 d 左右用与室温接近的清水喷洗 1 次叶片。春季温度升高后，植株开始萌芽时再逐步增加浇水。生长期间，每天还要向叶面上喷水2~3次，增加空气湿度，以利保持枝叶清新鲜艳。每隔30 d左右浇1次0.2%硫酸亚铁水，以利保持叶色碧绿光亮。

3. 温度管理

变叶木喜温暖，怕寒冷。温度变化比较小，最高温度38 ℃，最低温度21 ℃，光照充足和湿润的环境下生长最好。在北方地区，一般每年10月上旬应移入室内，春季出室要晚，应在5月上中旬出室，出室后应适当遮阴，室内陈设必须见到阳光。冬季室内夜间最低温度不低于15 ℃，否则易引起叶片脱落。较长时间10 ℃左右的低温，是造成北方养护变叶木大量死亡的主要原因。

4. 光照管理

变叶木喜欢阳光，光线强，叶色艳丽，若长期光线不足，美丽的斑点或条纹就会褪色并失去光泽。但不宜强光直射，在北方4月中旬至9月中旬应遮光50%，其他时间应给以充足的光照。冬季放室内向阳处养护，每天最少有3 h日照，叶片才能显出美丽的色彩。

5. 病虫防治

变叶木易遭红蜘蛛、介壳虫危害，应注意及时防治。

（五）观赏应用

变叶木叶色斑斓，五彩缤纷，具有独特的色彩美，同时其叶形千变万化，具有奇特的姿态美，是木本观叶观赏植物中的珍品，用以美化房间、厅堂和布置会场。由于耐阴性较弱，在室内观赏的时间不宜超过15~20 d。

九、龟背竹

龟背竹又名蓬莱蕉、电线兰、龟背芋，为天南星科龟背竹属常绿多年生藤本植物（图9.29）。

图9.29 龟背竹

（一）形态特征

茎粗壮，生有绳索状肉质气根。叶片长40~100 cm，叶宽、厚、革质，暗绿色，叶柄长50~70 cm，幼叶心脏形，没有穿孔，长大后叶呈矩圆形，具不规则羽状深裂，自叶缘至叶脉附近孔裂，如龟甲图案。佛焰苞白色。

常见栽培变种和种有：

1. 斑叶龟背竹

叶面有黄绿斑纹。

2. 多孔龟背竹

叶更大，裂片具有1~3排小穿孔。

（二）生态习性

龟背竹性喜温暖湿润的环境，忌阳光直射和干燥，喜半阴，不耐寒。生长适温为20~30 ℃，低于15 ℃停止生长，越冬温度为4 ℃。对土壤要求不甚严格，在肥沃、富含腐殖质的土壤中生长良好。

（三）繁殖方法

龟背竹可用扦插和播种方法繁殖。扦插多于春季 4 月份气温回升之后进行。一般可剪取带有 2 个节的茎段作为插穗，剪去叶片，横卧于苗床或盆中，仅露出茎段上的芽眼，放在温暖、半阴处，保持湿润。约经 1 个月即可生根抽芽。也可把整段茎切下，去除叶片，横卧于苗床，覆土一半，待生根抽芽后再分切带有根与芽的小段，然后上盆种植。亦可采集成熟的果实，剥取种子，随即播种于河沙中，保持湿润，1 ~ 2 个月即可发芽出苗。

（四）栽培管理

换盆应在春季进行，约 2 年换盆 1 次，根据植株的大小适当增大盆的直径。盆栽通常用腐叶土、泥炭土或细沙土。春、夏、秋遮阴 50% 左右，冬季可不遮光；耐阴力较强，在没有直射光的室内可长时间摆放，但生长缓慢。春、夏、秋三季经常保持盆土中有充足的水分，冬季微潮，减少浇水。耐空气干燥，冬季室内加温后最好经常清洗成熟叶片。龟背竹为大型观叶植物，茎粗叶大，定型后，茎节叶片生长过于稠密、枝蔓生长过长时，注意整株修剪，力求自然美观。

（五）观赏应用

龟背竹叶形奇特，孔裂纹状，极像龟背。茎节粗壮又似罗汉竹，深褐色气生根，纵横交叉，形如电线。其叶常年碧绿，极为耐阴，是有名的室内大型盆栽观叶植物，可大、中型盆栽或垂直绿化。其叶片及株形巨大，适宜布置厅堂、会场、展览大厅等大型场所，豪迈大方。不宜与其他植物混合群植，为独特的切叶材料。

十、袖珍椰子

袖珍椰子又名矮生椰子、袖珍棕、矮棕、好运棕，为棕榈科袖珍椰子属常绿矮灌木或小乔木（图 9.30）。原产于墨西哥和委内瑞拉。由于其株形酷似热带椰子树，形态小巧玲珑，美观别致，故得名袖珍椰子。

（一）形态特征

株高可达 1 ~ 3 m，但盆栽时株高一般 40 ~ 80 cm，其茎干细长直立。羽状复叶，小叶 20 ~ 40 片，披针形。春季开花。肉穗花序腋生直立，花小，雌雄异株。

果实橙红色，卵圆形。

同属植物中可作观赏栽培的常见种有：

1. 夏威夷椰子

又称竹茎玲珑椰子。丛生灌木，有地下茎，高可达 2 ~ 4 m。茎干纤细，绿色，形如竹状。

羽状复叶，小叶披针形。佛焰状花序，雌雄异株，花橙红色。果熟时黑色。

2. 璎珞椰子

又称富贵椰子。丛生灌木，高约 1.5 m，茎粗壮。羽状复叶，小叶 13 ~ 16 对，线状披针

图 9.30　袖珍椰子

形,柔软弯垂。本种较耐阴、耐干旱。

（二）生态习性

袖珍椰子喜温暖、湿润和半阴环境。生长适温为20~28℃,13℃进入休眠,温度低于5℃易受冻害。要求排水良好、肥沃而湿润的土壤。忌积水。

（三）繁殖方法

播种或分株繁殖皆可。播种繁殖,开花后人工授粉使其结果,果实半年成熟。在5—8月将新鲜种子播在沙质壤土中,气温24~26℃,3~6个月才能出苗,翌年春天分苗。分株繁殖多在冬末春初植株恢复生长前进行。

（四）栽培管理

盆土应选用含有机质丰富的疏松砂壤土,且土壤呈微酸性。浇水注意宁湿勿干的原则,盆土经常保持湿润。冬季适当控制浇水。夏季每天向叶面喷水2~3次,以提高空气湿度。5—9月为旺盛生长季节,应每半月施1次腐熟的有机液肥,并遮去50%~70%的阳光,避免在直射光下栽培,否则叶片易枯焦。冬季应置于温暖向阳处,温度不能低于5℃。

袖珍椰子在高温高湿下,易发生褐斑病,应及时用800~1000倍托布津或百菌灵清防治。在空气干燥、通风不良时也易发生介壳虫,可用人工刮除,还可用800~1000倍氧化乐果喷洒防治。

（五）观赏应用

袖珍椰子性耐阴,故十分适宜作室内中小型盆栽,装饰客厅、书房、会议室、宾馆服务台等室内环境,可使室内增添热带风光的气氛和韵味。

十一、绿萝

绿萝又名黄金葛、魔鬼藤,为天南星科绿萝属多年生常绿藤本观赏植物(图9.31)。原产于亚洲马来半岛和南美巴西一带的热带雨林。

图9.31 绿萝

（一）形态特征

茎较粗壮,长可达十几米或更长,多分枝。节间生有发达的气生根。叶片大,有光泽,呈心形、卵形或长椭圆形;叶片绿色,亦有黄色或乳白色不规则条状斑纹或块状斑纹。成株可开花,肉质花序生于茎顶叶腋间,果实成熟时为红色浆果。绿萝在室内盆栽条件下,往往茎干较细,叶片较小,长约10 cm。

绿萝有两个园艺品种:

1. "黄金蔓绿绒"

叶色全部金黄,适宜小盆种植或室内悬挂。

2. "白金葛"

灰绿色的叶子上面具有银白色的斑纹。

（二）生态习性

绿萝性喜温暖怕寒冷,生长适温为 20～28 ℃,秋末、冬季、早春要注意防寒防冻,越冬温度宜 10 ℃以上。喜多湿和半阴环境,宜在有足够散射光的明亮处养护。对土壤要求不严,但以疏松、肥沃而又排水良好的微酸性沙质壤土为好。

（三）繁殖方法

绿萝多用扦插繁殖。一般在春、秋季节选取叶色亮丽、叶质肥厚、生长健壮的一年生枝条,剪取长约 15 cm 茎段,带有 2～3 节作插穗,插入素沙中,深度为插穗的 1/3,浇足水放置在荫蔽处,或对扦插苗床进行遮阴。每天向叶面喷水两次,经常保持土壤和空气湿润,在温度 25 ℃以上和半阴的环境中,15～20 d 即可生根、长叶。

绿萝也可用水插法进行繁殖,将插穗插入水中,待生根后定植。

（四）栽培管理

1. 盆土与上盆

绿萝的盆土宜选用腐叶土 3 份、园土 3 份、河沙 3 份、厩肥 1 份混匀配制而成的培养土。当扦插繁殖的绿萝幼苗地下部分根系长至 5 cm 左右,地上部分嫩芽长至 5～7 cm 时,即可直接上盆栽植。可用 25 cm 釉盆,每盆呈三角形栽植 3 株小苗。上盆后置通风阴棚内,每天喷雾水 3～4 次,并保持盆土湿润。待幼苗恢复生长后即可转入正常的养护管理。幼株每年换 1 次盆,成株可每隔 1～2 年换 1 次盆。

2. 浇水

绿萝喜湿,春、夏、秋季应保持盆土湿润,盆土过干则叶片易发黄,但浇水过多造成积水,会导致烂根枯叶。一般春季、晚秋每 2～3 d 浇 1 次水,夏季每天浇 1 次水,并经常向叶面和四周地面喷水。冬季应控制浇水,盆土表面见干才浇水。浇水过多,盆土过湿,会降低抗寒能力,造成黄叶、烂根。冬季可每 3～5 d 用温水喷洗 1 次叶片,以保持叶片光亮翠绿。

3. 施肥

绿萝生长较快,在生长季节需加强追肥。追肥应以氮为主,氮、磷、钾肥配合施用。可用 0.1% 的尿素和 0.3%～0.5% 的磷酸二铵液肥追施,或用 0.1%～0.2% 的尿素液和 0.1% 的磷酸二氢钾液肥配合施用,也可追施 15%～20% 的腐熟饼肥液。春至夏初每 10～15 d 追施 1 次,夏至秋初每 20 d 左右追施 1 次,秋季每 10～15 d 追施 1 次,冬季不向盆土追肥,只需每 20～30 d 用 0.1%～0.2% 的尿素液喷施叶面,以使叶片青翠光亮。

4. 光照

绿萝忌阳光直射,应在半阴或散射光条件下养护,因此,绿萝可常年在室内培养。春、夏、秋三季可摆放在北或东面窗口,冬季摆放在南窗口。在室外培养绿萝,切忌阳光直射,可置于通风良好的阴棚内,阴棚透光率以 50% 左右为宜。

5. 造型

为了更好地提高绿萝的观赏效果,应对其进行适当的造型。

（1）柱型 在花盆的中央竖立约 1 m 高、直径 5～6 cm 的木棒或竹竿、塑料管作柱子,柱子外绑裹棕皮。在柱子四周栽 3～5 株扦插生根后植株大小相近的绿萝,以便较快成型。随着绿萝的生长,要及时对其茎蔓进行引导,以使茎节上的新发气生根吸附在柱子上。

（2）下垂型　在盆中栽植 2~3 株绿萝,悬吊、摆放在花架上或室内高处。随着生长,茎叶沿盆口下垂。对枝蔓进行修剪,让其萌发新枝,以使株形更加丰满。

（五）观赏应用

绿萝作为一种耐阴观叶植物,十分适合于室内栽培、观赏。

十二、喜林芋类

喜林芋别名蔓绿绒,为天南星科喜林芋属常绿多年生藤本植物（图 9.32）。原产于中南美洲热带地区,约有 200 余种。

图 9.32　喜林芋

（一）形态特征

茎坚硬木质化,节间长,有分枝。叶长 20~45 cm,宽 10~18 cm,心状长椭圆形或箭形,浓绿色,光滑,质厚;叶柄有鞘,花序梗长 3 cm,佛焰苞长 7~8 cm。

本属常见栽培种和品种有:

1. "红宝石"喜林芋

茎粗壮,新梢红色,后变为灰绿色,节上有气根,叶柄紫红色,叶长心形,深绿色,有紫色光泽,全缘。嫩叶的叶鞘为玫瑰红色,不久脱落（图 9.32）。

2. "绿宝石"喜林芋

株形、叶形与"红宝石"喜林芋基本相同,只是"绿宝石"喜林芋叶片为绿色,茎和叶柄绿色,嫩梢、叶鞘也是绿色。

3. 绒叶喜林芋

叶卵状心形或箭形,鲜绿色,具光泽,叶脉条纹清晰。

4. 羽裂蔓绿绒

别名春芋、春羽、羽叶蔓绿绒,茎短,叶片巨大,可达 60 cm,叶色浓绿,有光泽,叶片宽心脏形,羽状深裂。叶柄细长且坚挺,达 80 cm。变种为斑叶春芋,叶片上有黄白色的花纹。

5. 琴叶喜林芋

别名琴叶蔓绿绒、琴叶树藤。茎蔓性,呈木质状,上生有多数气生根,可附着于他物生长。叶片基部扩展,中部细窄,形似小提琴,革质,暗绿色,有光泽。

（二）生态习性

喜林芋性喜温暖、潮湿及半阴的环境,忌强光直射,怕干旱,生长适温为 20~28 ℃。在土质肥厚、通透性好的土壤中生长良好。

（三）繁殖方法

喜林芋可用分株法、扦插法、压条法进行繁殖。

喜林芋属植株基部有小萌蘖长出,以将生根的小萌蘖与母株分离,另行栽植;也可以取茎段扦插。为了得到更多的插穗,可以去顶促萌。切除顶芽后 10 d 左右茎干基部的芽就会萌发,当侧芽长到 5 ~ 8 cm 时,取下扦插。剪取至少有 2 个节的茎插入沙中,在 21 ~ 24 ℃ 生根最为适宜。也可用水插法繁殖。

(四)栽培管理

夏季须遮阴养护,避免阳光直射,冬季需要阳光充足,温度保持在 13 ~ 16 ℃。生长季要经常浇水,每天叶面喷水 2 次。每半月施肥 1 次。每 2 年换盆 1 次。5—7 月适当进行修剪,可使树形紧凑。蔓生种用桩柱栽培。

(五)观赏应用

喜林芋适合布置厅堂、会议室。也可垂悬、吊挂栽培观赏。

十三、鹅掌柴

鹅掌柴又称鸭脚木、小叶手树,为五加科鹅掌柴属常绿灌木或乔木(图 9.33)。原产于中国广东、福建等亚热带疏林下。

(一)形态特征

盆栽一般株高 30 ~ 80 cm,高的可达 120 ~ 170 cm,多分枝,枝条紧密。掌状复叶互生,小叶 5 ~ 9 片,椭圆形至卵状椭圆形,长 7 ~ 17 cm,宽 2 ~ 5 cm。叶片浓绿,有光泽。圆锥花序顶生,花白色,有芳香。浆果球形,果期 12 月至翌年 1 月。该种有许多栽培品种,主要有"矮生"鹅掌柴,株型较小紧凑;"黄斑"鹅掌柴,叶片具有黄色斑点。另外,同属种还有亨利鹅掌柴和花叶鹅掌柴。

图 9.33　鹅掌柴

(二)生态习性

鹅掌柴喜温暖、湿润和半阴环境,生性强健,对光照的适应范围广,但日照较强时,叶片无光泽,而半阴和半日照环境下,叶色浓绿有光泽。室内养护每天见到 4 h 左右的直射光就能生长良好,在明亮的室内可较长时间观赏。夏季需遮阴 50% 左右,冬季需充足光照。鹅掌柴喜高温的环境下生长,适宜生长温度为 18 ~ 28 ℃,耐寒性较弱,冬季温度在 10 ℃ 时可安全越冬,最低应保持在 5 ℃ 以上,温度过低会造成落叶;较耐瘠薄,要求肥沃、微酸性壤土。

(三)繁殖方法

鹅掌柴用播种和扦插繁殖。播种繁殖可于 12 月采收成熟果实,剥下种子藏至翌年春播。4 月中下旬用腐殖土和沙土混合盆播。在温度 20 ~ 25 ℃ 的条件下,15 ~ 20 d 出苗,苗高 5 ~ 7 cm 时移植 1 次,或分苗移至小盆中,次年春即可定植。

每年 3—9 月可扦插,多于春季结合修剪进行。剪取一年生枝条,插穗长 8 ~ 10 cm,去掉下部叶片,扦插在河沙或蛭石中,放于荫蔽处,用塑料薄膜覆盖,保持较高的空气湿度和充足的水分,保持 25 ℃ 左右的温度,30 ~ 40 d 可生根,生根后即可上盆栽植。因播种繁殖叶片易变成绿色,花叶品种必须用扦插法繁殖。

（四）栽培管理

1.盆土

鹅掌柴盆栽用土,可用腐叶土 4 份、园土(或泥炭土)3 份、河沙(或珍珠岩)2 份、有机肥(禽畜粪或油渣)1 份混合而成。每年春季新芽萌发之前应换盆,去掉部分旧土,换用新土盆栽。多年生老株在室内栽培显得过于庞大时,可结合换盆进行修剪。

2.浇水

浇水量应根据季节、温度、生长期来确定。春、秋季生长较缓慢,需水量较小,可每隔 3 ~ 4 d 浇水 1 次。夏季温度高,生长快,需水分较多,每天需浇水 1 次,保持盆土湿润,并经常向植株叶面喷水。冬季气温低,植株处于休眠或半休眠状态,要少浇水,浇水过多易引起根腐。

3.施肥

生长期间应追施氮、磷、钾肥水,比例以 1∶1∶1 为宜,可用 0.1% 的尿素水加 0.1% ~ 0.2% 的磷酸二氢钾水混合追施。春秋季每 10 ~ 15 d 追施 1 次,夏季生长旺盛时期应每 7 ~ 10 d 施肥 1 次。斑叶种类应少施氮肥,氮肥过多斑块会逐渐褪淡而不明显,或伞部转为绿色。鹅掌柴生长较慢,又易发生徒长枝,平时需注意经常整形和修剪。

4.盆栽方法

鹅掌柴的盆栽方法有两种:

(1)单株盆栽法　用口径 15 ~ 17 cm 的花盆栽植,每盆只栽 1 株,待苗高 15 cm 左右时进行摘心,即将顶尖摘去,促其分枝。萌芽后,一般留 3 个芽,将多余的芽抹掉,最后形成 3 个分枝,株高 30 ~ 50 cm,作为中小型盆栽观叶植物,在室内布置应用十分理想。

(2)三株盆栽法　用口径 20 ~ 25 cm 的盆,每盆栽 3 株,盆中央立一竹竿,以支撑株苗,使 3 株苗同时向上生长,不分枝。生长期间随时将茎干捆绑在竹竿上,防止向外侧倒伏。株高一般 80 cm 左右,直径约 50 cm。这种柱式盆栽的鹅掌柴,作为中型盆栽观叶植物,适于大厅、会议室、客厅等较大空间的室内摆放,十分受欢迎。

（五）观赏应用

鹅掌柴四季常青,叶面光亮,株形丰满优美,是优良的盆栽观叶植物,适宜布置在门厅、过廊、大厅、会议室、客厅、书房等处。

十四、橡皮树

橡皮树又名印度橡皮树,为桑科榕属常绿乔木(图9.34)。原产于亚热带的印度等地。

（一）形态特征

树冠开张,树干及枝光滑,有乳汁。叶片椭圆形或长椭圆形,叶宽大厚实,深绿色,革质,叶面有光泽,叶背浅绿色;幼叶向内卷,外包红色托叶,幼叶展开后托叶干枯,自行脱落。

图9.34　橡皮树

常见栽培的变种和品种有:金边橡皮树、花叶橡皮树、白斑橡皮树、红苞橡皮树等。

(二)生态习性

橡皮树喜温暖、湿润和光照充足的环境,但也较耐阴;长时间摆放于室内会引起落叶。因此,生长期间置于室内的时间一般不宜超过60 d。耐寒性较弱,生长适宜温度为20~28 ℃,冬季最低温度不低于5 ℃。耐旱力较强。宜疏松、肥沃、排水良好的土壤。

(三)繁殖方法

橡皮树多用扦插法繁殖,扦插宜于春、秋季节进行。剪取一年生半木质化的枝条,剪去先端的幼嫩部分,选中段作插条成活率最高。插穗有2~3节,保留上部1个叶片,并将叶片剪去一半,或用线绳将所留叶片向上卷拢扎好,以便于扦插时操作和减少水分蒸腾。剪后立即用胶泥将上、下切口封住,防止汁液流出过多,而影响成活。然后再将插条插入素沙中,在气温20%以上条件下,40~50 d可生根。橡皮树也可用单芽扦插和叶插的方法进行繁殖。

家庭盆栽,也可用高枝压条法进行繁殖。此外,繁殖橡皮树还可采用水插法。

(四)栽培管理

1.栽植

可采用腐叶土、园土、河沙各1/3混合配制的培养土,另施少量饼肥作基肥。幼株期宜每隔一年换一次盆。

2.水肥管理

生长期间保持盆土湿润,炎热夏季每天早晚各浇1次水,并经常向叶片上喷水。气温达到20 ℃以上时,可每30 d左右施1次以氮肥为主的复合肥或稀薄腐熟饼肥水。一般每年施3~5次追肥,橡皮树即可枝繁叶茂。

3.光照与温度

生长需充足的光照,但较耐阴,室内养护宜放置在光照充足处,并注意空气流通;越冬温度需保持在10 ℃以上,长期低温和盆土潮湿,易造成根部腐烂。一般每年4月下旬至10月上旬搬至室外养护。炎夏中午需遮阴。

4.整形修剪

家庭培养橡皮树用于布置厅室的,以中、小型植株为好。因此,当植株长到约1 m高时,可于早春在60~70 cm处打顶,促使其萌发侧枝。以后每年早春还需根据长势再酌情将侧枝截短,促其萌发更多的新枝,使株形丰满。但应注意,每次修剪后都要立即用胶泥把切口堵住,以免橡皮树因汁液流出过多而失水枯死。

(五)观赏应用

橡皮树四季常绿,株形雄伟,是用于居室客厅、会议室、大厅等场所布置的大型观叶植物。

十五、香龙血树

香龙血树又名巴西木、巴西铁树,为百合科龙血树属多年生常绿乔木(图9.35)。因其切口能分泌出一种有色的汁液,即"龙血",而得名龙血树。香龙血树并不产自巴西,而是原产于几内亚一带的非洲热带雨林中,我国已广泛引种栽培。

(一)形态特征

茎干直立,在原产地株高可达 6 m 左右,盆栽通常高50～150 cm,少分枝。叶簇生于茎干的顶部,长椭圆状披针形,全缘,叶缘呈波状起伏,鲜绿色,有光泽;叶尖稍钝,叶片弯曲呈弓形,绿色的叶片上较宽的金黄纵条纹,新叶更为明显。老株开花,花序穗状,花小,白色或黄绿色,具香气。

常见园艺栽培品种:

1."金边"香龙血树

叶缘为金黄色,喜光,耐阴,但长期光照不足叶片斑纹会逐渐减退,耐寒力差。

2."金心"香龙血树

图9.35　香龙血树

叶片中央有金黄色的条纹,喜光、耐阴,但长期光照不足叶片斑纹会逐渐减退。如果长期光照过强,叶色会变黄,"金心"不明显,耐寒力差。

3."金边"香龙血树

叶缘有白色条纹,耐寒能力较弱。

(二)生态习性

香龙血树性喜光照充足、温暖、湿润的环境,耐旱,耐阴,如温度适宜,一年四季均可生长;生长适宜温度为 20～25 ℃,不耐寒,10 ℃以上可安全越冬,低于 5～10 ℃易受冷害;要求空气湿度70%～80%;耐修剪,萌芽力强。对土壤要求不严,但以疏松、排水良好、富含腐殖质、偏酸性(pH5.5～6.0)的土壤最为适宜。

(三)繁殖方法

香龙血树以扦插繁殖为主,除冬季外,其他季节均可进行,但初夏扦插较为适宜。可剪取带叶的茎顶或截干后长出的侧枝,扦插于素沙中,温度在 25～30 ℃,保持一定的湿度,约经 30 d 即可生根。

也可用种子繁殖,由于种子繁殖无法保持品种特性,尤其是斑叶品种,因此,香龙血树的园艺品种通常不用播种繁殖。

(四)栽培管理

1.浇水

香龙血树较耐旱,但浇水不足,盆土过干,则生长不良,其生长季节应经常保持盆土湿润,尤其在旺盛生长的夏季更应充分浇水。家庭盆栽要"见干见湿"。入秋以后应逐渐减少浇水量,在冬季休眠期应控制浇水。在栽培养护过程中,应保持一定的空气湿度,在生长期间,每天向叶面喷水 2～3 次。

2. 施肥

家庭盆养的香龙血树,不宜生长过快,以保持适当的高度和植株的大小,因此,应少施肥。生长时期每 15 ~ 30 d 追施 1 次稀薄液肥。斑叶品种少施氮肥或含氮量高的肥料,以免使叶片的斑纹色泽变淡。用腐熟的 20% ~ 25% 饼肥液,效果较好,也可用 0.2% ~ 0.3% 磷酸二铵加 0.3% ~ 0.5% 硝酸钾追施,还可用 0.1% 尿素加 0.2% 磷酸二氢钾水溶液进行叶面喷施。

3. 光照

香龙血树对光照的适应范围很宽,喜光耐阴,但长期摆放室内过于荫蔽的地方会导致叶片发黄,具有斑纹的叶片会使斑纹变淡;春、秋、冬季要多见阳光,尤其是冬季要有充足的光照。夏季在室外养护,应注意用 50% 左右的遮光材料进行遮阴,以防烈日灼伤叶片,影响观赏效果。

4. 修剪

香龙血树生长强健,可形成大型植株,但植株过于高大或下部叶片脱落,会使植株显得细高,不够丰满,影响观赏效果。出现此种情况后即需要进行修剪。将植株顶部或离地面 15 cm 左右处剪去,剪口下就会萌芽,长出新枝。每 3 ~ 5 d 向植株叶面喷 1 次水,提高空气湿度,保证叶片不干尖。

5. 病虫害防治

主要病害有软腐病、叶斑病和茎腐病。应注意通风,湿度不宜过大,可减少病害的发生。发病后,可喷施 75% 可湿性百菌清 600 倍液或 70% 可湿性甲基托布津 1 000 倍液加以防治。主要虫害有红蜘蛛、介壳虫等,可用 80% 敌敌畏 1 000 倍液防治,或使用其他适当的杀虫剂喷施防治。

(五)观赏应用

香龙血树主茎挺拔,披散的叶丛形如伞状,叶色亮绿或斑斓,四季如春,因此被人们视为室内点缀厅堂的上品。

十六、散尾葵

散尾葵又名黄椰子,为棕榈科散尾葵属多年生常绿灌木(图 9.36)。原产于马达加斯加。

(一)形态特征

原产地株高可达 3 ~ 5 m,盆栽株高 1.5 m 左右。基部多分蘖,植株丛生状,茎干光滑,细长,形似竹竿,有叶痕环纹;叶生于枝顶,羽裂,披针形,深绿色,有光泽;叶柄稍弯曲,叶鞘平滑。肉穗花序橙黄色,果实深绿或蓝色,果小,成熟时白色。

图 9.36　散尾葵

（二）生态习性

散尾葵性喜温暖湿润、半阴、通风良好的环境。不耐干旱，不耐寒，较耐阴，怕烈日。越冬温度 10 ℃ 以上，生长适宜温度为 25～30 ℃。喜富含腐殖质、疏松、肥沃、透气、保水良好的土壤。

（三）繁殖方法

散尾葵主要用分株繁殖，结合每年换盆时分株。选分蘖多的盆栽植株，用刀从根部连接处分割成丛，每丛有 3～5 个茎苗。分株后遮阴或放在阴处，增加空气湿度，在 25 ℃ 以下进行养护。

大量繁殖可播种育苗，主要是在南方热带地区，大量生产商品散尾葵时，采用播种繁殖。当气温上升达到 18 ℃ 以上时，用浅盆或浅木箱进行播种，苗高 20～30 cm 时，每 3 株栽在口径 8～10 cm 的小盆中，苗高 50 cm 左右时栽在苗圃，适当遮阴，经 1～2 年培养，苗高达80～100 cm 时，可上盆出售。

（四）栽培管理

盆土主要用腐叶土 3 份、园土 3 份、河沙（或珍珠岩）3 份、腐熟的厩肥 1 份配制。由于散尾葵的蘖芽产生较靠上，盆栽时应比原深度稍深一些，以促进分蘖的形成。春、夏、秋三季应遮光 50% 左右。北方 9 月上中旬、长江流域 10 月上旬入室，冬季白天应保持 20～25 ℃，夜温应在 15 ℃ 以上。散尾葵喜肥，在 5—10 月，每 15 d 左右追肥 1 次，以氮肥为主，可追施 15%～20% 腐熟的饼肥水，或 0.1%～0.3% 尿素肥水加 0.1% 磷酸二氢钾肥水，以促进生长。生长期要保持盆土湿润，并经常向叶面喷水，保持叶面清洁。冬季盆土不宜过湿，以"见干见湿"浇水为宜。冬季每 3～5 d 向植株叶面喷 1 次水，提高空气湿度，保证叶片不干尖。

（五）观赏应用

散尾葵株形十分美观，是布置客厅、会议室及大堂的上好观叶植物，在光线较好的明亮房间内可长期观赏，在阴暗房间内可连续摆放 30～40 d。

十七、马拉巴栗

马拉巴栗又名发财树、栗子树、大果木棉、美国花生树，为木棉科瓜栗属多年生常绿乔木（图 9.37）。原产于中美洲墨西哥、哥斯达黎加及南美洲委内瑞拉、圭亚那一带。原为果树，近年发展成为世界流行的室内观赏植物，因其名为发财树，在人们心目中作为一种吉祥的象征而备受欢迎。

（一）形态特征

马拉巴栗具有直立的主干，茎干基部膨大，肉质状，具韧性，树高可达 10 m。叶互生，质薄而翠绿，掌状复叶，小叶 5～9 片，具短柄或无柄，小叶长椭圆形，全缘，先端尖。花大单生，花瓣 5 片，上半部反卷，淡黄绿色；花期 4—5 月，花后结出细椭圆形蒴果，9—10 月果实成熟，果皮厚而硬，内有种子 10～20 粒，种子为不规则形，红褐色。种子可炒食，味似花生，故有"美国花生"之称。

（二）生态习性

马拉巴栗喜温暖、湿润的环境。喜光而又有耐阴性，喜湿润又有一定的耐旱能力，适应性强，易于养护管理。对土壤要求不严格，喜肥沃、排水良好、富含腐殖质的沙质壤土为佳。生长适温为 20 ~ 30 ℃，冬季温度应保持在 16 ~ 18 ℃以上，低于 15 ℃叶片变黄，进而脱落，10 ℃以下容易发生冷害，轻者落叶、或叶片上出现冻斑，重则死亡。

（三）繁殖方法

马拉巴栗可用播种、扦插、嫁接、组培等方法繁殖，多采用种子播种繁殖。播种繁殖出苗整齐，根直苗顺，茎基部膨大，而用其他方法繁殖出的植株，则不会形成膨大的茎基部。

图 9.37　马拉巴栗

1.播种繁殖

果实成熟后即可采摘，敲开果壳，取出种子，立即播种。将种子按 5 cm×10 cm 的株间距播种于育苗浅盆，播种基质为素沙，深度为 3 ~ 4 cm。播种后用浸盆法浸透水，保持盆土湿润，温度保持在 25 ~ 30 ℃，经过 7 ~ 10 d 即可发芽。马拉巴栗为多胚植物，每粒种子可出苗 1 ~ 4 棵，繁殖系数较大。当幼苗长至 3 ~ 5 片叶时，可上盆定植。

2.扦插繁殖

扦插繁殖在华南一年四季均可进行，在北方宜在 5—8 月进行。扦插繁殖多选用带顶梢的枝条作插条，将插条扦插在盛有素沙的盆内或沙床内，浇透水，上覆塑料薄膜保湿。温度保持在 25 ~ 28 ℃，保持盆（床）土湿润，并注意遮阴，约经 15 d 即可生根。

斑叶品种的马拉巴栗需用嫁接法繁殖，以保持其优良的特性。砧木用普通的马拉巴栗。一般于 8—9 月嫁接，接穗具有 3 个芽，用嫩枝劈接法嫁接。

（四）栽培管理

1.盆土

可用园土 5 份、腐叶土 3 份、河沙 2 份，或腐叶土 8 份、煤渣灰 2 份等配制成培养土。

2.浇水

浇水以保持盆土湿润为宜，盆土过干易造成叶片脱落。夏季生长快，需水较多，应每隔 2 ~ 3 d 浇 1 次水，并注意每天定时向叶面喷水，春、秋季 4 ~ 5 d 浇 1 次水。冬季温度较低，应保持盆土适当干燥，较干时再浇水，如浇水过多，易引起根部腐烂，导致植株死亡。

3.施肥

马拉巴栗长势强，生长迅速，需肥较多。除在盆土中施基肥外，每 1 ~ 2 个月追肥 1 次，以有机肥或复合肥为宜。在生长旺盛季节忌用氮肥，以防徒长，要多施磷、钾肥，或追施腐熟饼肥。

4.造型与修剪

播种繁殖出的幼苗，上盆时可 3 ~ 5 株同栽一盆，将其茎干互相编成不同的造型，常见有三枝编、五枝编等造型,枝干高低错落,叶片层次分明,提高了观赏价值。嫁接苗一般每株接3芽,当3个芽长成枝条后,将其编成三枝编造型。

马拉巴栗每年修剪一次。修剪一般与换盆结合进行,将株型较松散的植株进行重新修剪,要剪去顶生弱枝,同时应及时去除黄化叶,以免影响观赏效果。

（五）观赏应用

将其培育成低矮茂密的矮化盆景,用于装饰居室、厅堂等场所,显得十分大方。

十八、苏铁

苏铁又名铁树、凤尾蕉等,为苏铁科苏铁属常绿乔木,因其树干坚硬如铁,所以称为铁树(图9.38)。苏铁是现存种子植物中最原始的种类,有"活化石"之称,原产于中国福建、广东,在日本和印度尼西亚也有分布,世界各地广泛栽培。

图9.38 苏铁

（一）形态特征

高1~3 m,茎干粗壮直立,不分枝或极少分枝,留有叶基和叶痕。羽状复叶长50~150 cm,丛生于茎顶端;小叶线条形,先端尖,质地坚硬,浓绿色有光泽。花顶生,雌雄异株。雄花序圆柱形,黄色,长30~70 cm,直径10~15 cm,有许多长方形楔状小孢子叶,有黄色茸毛;雌花序半球形,大孢子叶扁平,长13~20 cm,密生黄褐色长茸毛,呈羽状分裂。种子倒卵圆形略扁,成熟时为朱红色;花期为6—7月,种子成熟期10月。

同属常见栽培的种还有:

1.华南苏铁

又称刺叶苏铁,小叶宽线形,边缘不翻卷;种子成熟时为橙黄色。观赏效果不如苏铁。

2.云南苏铁

又称泰国苏铁、蓖叶苏铁,小叶较稀,观赏效果较差。市场上作为苏铁低价出售的多为此种。

3.四川苏铁

与苏铁极为相似,但羽状叶片较大。

（二）生态习性

苏铁喜温暖、干燥及通风良好的环境,喜阳光,耐半阴,耐干旱,忌积水,不耐寒,生长缓慢。生长适宜温度为20~30 ℃,低于10 ℃则生长缓慢,越冬温度为5 ℃,低于0 ℃会受冷害,冬季保持5~10 ℃即可。土壤要求疏松、肥沃、排水良好、微酸性的沙质壤土。

苏铁开花必须满足所需要的环境条件。全年的日平均气温在20 ℃以上;适当控水,保持盆土相对干燥;控制氮肥,增施磷、钾肥;提供充足的光照,否则只能进行营养生长而不能开花。盆栽苏铁,需经 20 年左右才能开花。

(三) 繁殖方法

苏铁主要用分株和播种进行繁殖。分株繁殖是苏铁最常用的繁殖方法。生长健壮的多年生植株,可在其茎基部或茎干上生出蘗芽或吸芽,将蘗芽或吸芽取下进行繁殖。

播种繁殖。苏铁雌雄异株,雄株比雌株开花早 7 d 左右,需科学的管理或通过人工授粉可获得种子。4 月中下旬播种,播前用 40 ℃ 温水浸种 10 d 左右,至肉质皮开裂脱离硬壳时,再换冷水浸 5 d 左右,用清水冲洗净即可播种。播种在花盆或木箱内,用河沙、珍珠岩混合作基质。播种深度为 3 cm,种子间距 6 ~ 8 cm。浇透水,并在盆(箱)面上盖塑料薄膜保温、保湿。温度在 25 ~ 30 ℃,保持适当的土壤湿度和光照,从播种到出苗需 4 ~ 6 个月。待幼苗长出 1 ~ 2 叶并展开后,开始分苗,再培养 2 ~ 3 年即可上盆。

(四) 栽培管理

1. 盆土

可采用腐叶土 4 份、园土 4 份、河沙 2 份混合配制成的培养土,或腐叶土 4 份、园土 2 份、河沙 2 份、珍珠岩 1 份、腐熟厩肥 1 份,或腐叶土 3 份、园土 2 份、河沙 2 份、珍珠岩 2 份、饼肥 1 份。苏铁生长较慢,一般每隔 2 ~ 3 年换一次盆,于 4 月中下旬至 5 月上旬进行。

2. 光照

苏铁为强阳性植物,喜阳光,耐半阴,一年四季都应摆放在阳光直射的地方,在新叶萌发形成时期,长时间摆放在室内,会使萌发形成的叶子又瘦又长,严重降低观赏价值。幼叶有很强的向光性,在新叶形成时期,每隔 3 ~ 5 d 转盆 180°,以使叶片短壮、整齐、美观。

3. 浇水

苏铁耐旱能力较强,浇水不宜多,但在新叶形成期,需经常保持盆土湿润。4—5 月可 2 ~ 3 d 浇 1 次水,6—8 月生长快,气温高,蒸发量大,应每天浇 1 次水,并需早、晚各喷 1 次水;9—10 月气温逐渐降低,应减少浇水,3 ~ 5 d 浇 1 次水;冬季盆土宜干不宜湿,每次浇水应视盆土表面的干燥程度,一般掌握表面干燥 2 cm 左右时,浇 1 次水。冬季应经常用清水冲洗叶片,以保持清洁秀丽。夏季雨后盆内积水,要及时排除,以防烂根。

4. 施肥

在生长期,每隔 15 ~ 20 d 施 1 次 15% ~ 20% 的腐熟饼肥水,并加入 0.3% ~ 0.5% 的硫酸亚铁,以促进叶色浓绿光亮。11 月至翌年 3 月应停止施肥。如因缺铁引起的叶片发黄,可喷施 0.3% 硫酸亚铁,15 ~ 20 d 喷 1 次,连喷 2 ~ 3 次,可使叶片恢复绿色,以后 25 ~ 30 d 喷 1 次即可。

5. 修剪

苏铁叶片寿命长,不易枯萎,每年又可形成 1 ~ 2 层新叶,如使叶片积聚过多,不仅影响观赏效果,而且影响茎干的生长。每年在晚秋或早春,适当剪去下层部分老叶,可减少养分消耗,促进茎干生长,提高观赏效果。

(五) 观赏应用

苏铁是我国传统的观赏植物,华南栽植于庭园中,北方多用盆栽。大型盆栽用于布置花坛、花台的中心,或摆放在门厅两侧。中小型盆栽苏铁可用于客厅、会议室及宾馆、饭店厅堂等处的摆放，显得庄重、优雅、高贵。

十九、棕竹

棕竹别名棕榈竹、大叶拐仔棕，为棕榈科棕竹属常绿丛生灌木（图9.39）。因其茎纤细直立，叶痕如节状，叶掌状深裂如棕，似竹非竹，似棕非棕，故名棕竹。棕竹原产于中国南部及日本，在中国南方广泛栽培。

图9.39 棕竹

（一）形态特征

株高可达4 m，盆栽常为50～100 cm。茎圆柱形，上部具褐色网状粗纤维质叶鞘。叶掌状，3～10深裂，裂片条状披针形，光滑，暗绿色，长达30 cm，边缘和中脉有褐色小锐齿。肉穗花序，多分枝；雌雄异株，雄花小，淡黄色雌花大，卵状球形；花期4—5月。浆果球形，果熟期11—12月。

同属常见种及变种有：

1.观音棕竹

干丛生，高2～4 m，叶掌状深裂，阔线形，软垂，裂片数7～20枚。

2.细棕竹

干丛生，高1～1.5 m，叶片放射状，2～4深裂，裂片长圆状披针形，产于中国海南。

3.斑叶细棕竹

为细棕竹的变种，叶片具有黄色斑纹，叶姿优雅，性耐阴，为高贵室内盆栽植物，颇受欢迎。

（二）生态习性

棕竹喜温暖湿润气候，抗寒力低，不耐霜冻，生长适温20～30 ℃，越冬温度5 ℃以上，长期3～5 ℃低温，植株即受冷害。北回归线以南地区可在露地栽培，在中国华中、华北的广大地区，冬季只宜作室内盆栽。喜弱光，苗期忌烈日，成龄植株可耐直射光，但以半阴生长最宜。较耐干旱，亦稍耐水湿。适宜在肥沃、疏松的微酸性沙质土壤中生长。

（三）繁殖方法

棕竹可用分株或播种繁殖。分株繁殖多于春季结合松土进行或挖取蘖生苗，将大丛分割为数小丛，每丛保留3～4苗，当年即可供观赏。

播种于4—5月进行。将果实堆沤数日后，置水中搓擦，洗去杂质。种子有短期休眠，发芽不整齐。可先用35 ℃温水浸种24 h，然后播于湿沙床内催芽，约经30 d出苗，发芽率约为60%。苗期需严格遮阴，翌年春或第三年春，上盆或移至苗圃培育。

（四）栽培管理

1.浇水

盆土以湿润为宜，宁湿勿干。但不能积水，否则容易烂根。生长季节应多浇水，保持空气和土壤湿润。秋冬季节则适当减少浇水。

2. 施肥

棕竹喜肥,在5—9月的旺盛生长期需经常进行施肥,以满足其生长的需要。但其不耐浓肥、重肥,因此,施肥浓度要淡,要薄肥勤施。每月追施10%腐熟饼肥液或尿素1~2次,还可用0.2%尿素进行叶面施肥。冬季休眠期则不需施肥。

3. 光照

棕竹喜弱光,盛夏应放通风遮阴处养护,避免强光直射,否则叶片发黄,植株生长缓慢而低矮,一般夏季遮阴度掌握在50%左右。

4. 换盆

一般隔2~3年换1次盆。8年生以上棕竹,株丛过大,可将高出的老茎剪去,改善通风条件或分株另行种植,也可换上大盆,作大丛栽植。

5. 病虫害防治

常见病害有叶枯病和叶斑病,可多次喷洒波尔多液防治。常见虫害有介壳虫,若少量发生,可及时人工刮除,并用800倍氧化乐果溶液喷雾防治,同时注意通风透气,及时修剪枯枝败叶。

(五)观赏应用

棕竹茎多丛生,叶片翠绿轻柔,株丛典雅秀丽,是优良耐阴观叶植物,适合布置客厅、会议室、走廊和楼梯拐角处等。

二十、八角金盘

八角金盘又名八角盘、八手、手树,为五加科八角金盘属常绿灌木或小乔木(图9.40)。原产于中国台湾和日本。

(一)形态特征

株高3~5 m,茎直立少分枝。叶柄长,叶革质,有光泽,近圆形,5~9掌状深裂,叶缘有锯齿,新叶嫩绿色,成熟叶浓绿色。顶生伞形花序,花白色。花期10—11月。浆果球形,熟时黑色。

(二)生态习性

八角金盘喜温暖,畏酷热,较耐湿,怕干旱,极耐阴,怕强光暴晒,也较耐寒。对有害

图9.40　八角金盘

气体抗性较强,宜在较阴环境和湿润、疏松、肥沃的土壤中生长。我国长江以南地区可露地越冬。

(三)繁殖方法

八角金盘常用扦插和分株繁殖。扦插在梅雨季节用嫩枝扦插,插后1个月左右生根,当年盆栽可供观赏。分株繁殖常在早春换盆时进行,将母株基部的蘖芽带根切下另行

栽植。

（四）栽培管理

盆土可用园土3份加1份砻糠灰混合使用,加点基肥更好。上盆宜在春季萌发前进行,在植株较高时可适当短截,以适合盆栽观赏。平时养护要避免烈日直射,放置在半阴处,通风良好的环境比较适合。在新叶生长期,浇水要适当多些,保持土壤湿润;以后浇水要掌握见干见湿。气候干燥时,还应向植株及周围喷水增湿。5—9月时,每月施饼肥水2次。花后不留种子的,要剪去残花梗,以免消耗养分。冬季注意防寒。

常见炭疽病和叶斑病危害。可定期喷洒波尔多液或用50%多菌灵可湿性粉剂1 000倍液喷雾防治。虫害有介壳虫危害,用50%杀螟松乳油1 500倍液喷杀。

（五）观赏应用

八角金盘叶大光亮,叶色多变,为重要的耐阴观叶植物。除室内盆栽观赏外,适合配置庭院,于栅栏、池畔栽种。

第三节 盆栽观果类观赏植物栽培

一、金橘

金橘为芸香科金橘属常绿灌木或小乔木(图9.41)。原产于中国南部。

图9.41 金橘

（一）形态特征

金橘枝密生,节间短,无刺。叶繁茂,厚而革质,披针形或椭圆形,脉不明显。花单生或数朵簇生于叶腋间,乳白色,具芳香。果小,倒卵形或椭圆形,成熟前为青绿色,成熟后为金黄色至橙黄色。

同属的种还有:

1.金枣

又名罗浮,果略呈椭圆形,皮薄,果肉多汁,味酸甜。

2.金弹

果实圆而大,皮厚味甜,鲜食最佳。

3.圆金橘

果小,圆形,大如樱桃,橙黄色,果味较酸。此外,还有月月橘,又名四季橘、金豆,均为我国特产。

（二）生态习性

金橘性喜温暖、湿润、通风良好的环境。喜阳光充足,稍耐阴,不耐寒,适宜温度为15～

25 ℃，冬季室内温度应保持在 5 ~ 10 ℃，如高于 10 ℃，则不利于金橘的正常休眠，影响翌年开花结果。温度低于 5 ℃，易引起大量落叶而影响翌年开花结果；低于 0 ℃，易遭受冻害。北方地区在寒露后温度降至 5 ℃时，就应移入室内向阳处养护。南方盆栽金橘也需在一定的御寒条件下越冬，在室内越冬更为理想，适宜疏松、肥沃的微酸性和中性土壤。

（三）繁殖方法

金橘可采用播种、嫁接、高枝压条等方法进行繁殖，多采用嫁接繁殖。用枸橘作砧木，用切接法嫁接，在 3 月中下旬进行；也可于 5—7 月用芽接法进行嫁接，大量繁殖。嫁接苗经过 2 ~ 3 年的培育即可开花、结果。也可在 5—6 月采用靠接法嫁接，接后 1 ~ 2 年即可结果。砧木可用柑橘类实生苗，其中以柚子的实生苗生长最快。

（四）栽培管理

1. 培养土与换盆

可用腐叶土 3 份、园土 4 份、河沙 2 份、厩肥 1 份，并加少量饼肥作基肥配制培养土。当年嫁接成活的金橘苗，于晚秋 9—10 月上盆。盆栽金橘一般每 2 ~ 3 年换 1 次盆，在 3—4 月或 9—10 月进行，以 3—4 月发芽前进行为好。金橘用盆不宜过大，以植株能装进盆里为准。若盆过大，盆土不易干，长期湿度过大，会影响其生长发育。

2. 浇水

金橘喜湿润忌积水，浇水应见干见湿。为促进花芽的形成，在夏梢生长期间应控制浇水，即从处暑前后开始逐渐减少浇水量，经过 4 ~ 5 d 的强光直晒，上部嫩叶呈轻度萎蔫而下垂，并有轻度卷曲，此时，应在每天早晚向叶面上喷水，并向盆中浇少量的水。经过 15 ~ 20 d，夏梢的腋芽日益膨大，由绿变白，即表示完成了花芽分化，此时恢复正常浇水，保持盆土湿润状态，每 1 ~ 2 d 浇 1 次水。金橘从花期至幼果期对水分的要求比较敏感，在此期间浇水过多、过少，均易造成落花落果，所以，盆土应保持不干不湿的半湿状态。

3. 施肥

金橘较喜肥。早春第一次修剪后施 1 次以氮肥为主的腐熟有机液肥，一般用20% 的腐熟饼肥液为好，以后每 7 ~ 10 d 施 1 次液肥，每次摘心后都应施 1 次腐熟液肥。在花芽形成期至坐果期，应增施磷、钾肥，以促进花芽分化和开花、结果。

5 月中旬后，花芽开始分化，应施以磷为主的肥料，一般每 10 d 左右施 1 次，施用 15%的腐熟饼肥液或 10% ~ 15% 的腐熟鸡粪水，并在肥液中加入 0.2% ~ 0.3% 的过磷酸钙浸泡液。7—8 月间秋花之前，施足以磷为主的肥料，喷施 0.1% ~ 0.2% 尿素和 0.1% 磷酸二氢钾溶液 1 ~ 2 次，以提高坐果率。坐果初期停止施肥，待果实长到小拇指大时，每 7 ~ 10 d 施 1 次肥。入秋后控制施肥，每 15 d 左右施 1 次肥。

10 月以后停止盆土施肥，但每 15 d 左右可向叶面喷施 1 次 0.1% 硫酸镁、0.2% 尿素和 0.1% 磷酸二氢钾混合液，连喷 2 ~ 3 次，既能保护叶片浓绿越冬，又可防止幼果脱落，并可使果实健壮、鲜艳。此外，每 20 ~ 30 d 还可向叶面喷 1 次 0.1% 的磷酸二氢钾，每 15 ~ 20 d 施 1 次 0.1% 的硫酸亚铁。每次施肥浇水后都要及时进行松土。

4. 整形修剪

通过整形修剪可使金橘树冠匀称、美观。每年早春新芽萌发前剪去枯枝、病虫枝、瘦弱枝、徒长枝和重叠枝，促进萌发健壮枝条，以培养健壮的结果母枝。一般春季抽发的新枝，翌年开花多，结果大，坐果稳，但坐果量少；初夏6月所抽出的枝条，翌年开花多，结果多，但果小于春枝，且坐果不稳；7—8月上旬所发枝条，翌年开花多，结果多而稳，只是果太小；8月中旬以后抽生的枝条花少，果少，且冬季易受冻害。根据枝条结果的特性，应少留春枝，在春芽萌发后抹去约2/3的春芽；多留夏枝及初秋枝，6—8月上旬所发的芽，抹除弱芽和过密芽，其余全部保留；去除秋枝，8月中旬以后所发的芽应全部抹去。

盆栽金橘可在4月初将果实全部摘除，同时在春梢萌发前进行1次重剪，强枝轻剪，弱枝重剪，只保留3～5个分布匀称的健壮主枝，并对保留的主枝再进行短截，每个主枝留3～5个节，以促进春梢形成粗壮枝条。待春梢长至15 cm左右时，进行摘心；以后新梢长出5～6片叶时再摘心1次，留4～5个节，以控制枝叶徒长，并诱发大量夏梢。

5.疏花疏果

金橘早春第1次现蕾后，宜将花蕾全部摘除。夏季第2次现蕾后，在花蕾绿豆大时，可根据结果数剥除多余的花蕾。保留花蕾的数目，应依据树形的大小、枝条的强弱来确定，一般将花蕾约除去2/3。粗壮枝条可留2～3个果，细弱枝留1～2个。据此，每枝留花蕾2～3个；同一叶腋内有2～3个花蕾时，只选留1个，以达到每朵花都能结果并能坐果。如未进行疏花或疏花时留花过多，则在果实长至樱桃大时，根据树形和结果数量，进行疏果。应保持植株四周都能挂果，以提高观赏价值。

6.病虫害防治

盆栽金橘易受红蜘蛛、介壳虫等危害，应及时防治。

（五）观赏应用

金橘枝叶茂密，四季常青，一年开花2～3次，花色乳白，芳香四溢；秋冬果熟，呈金黄色，绿叶丛中挂满金色小果，装饰厅堂、居室，颇受人们欢迎。

二、代代

代代为芸香科金橘属常绿灌木或小乔木（图9.42）。原产于中国东南部。代代果实秋、冬季如不采摘，翌年夏季果实皮色又转变为青绿色，继续长大，入冬后又复转为橙黄色，可经数年不凋落。由于老果不脱落，新果继续形成，几代的果实同挂在一株上，因而得名"代代"。

图9.42　代代

（一）形态特征

花白色，单生或簇生于叶腋间，极芳香，花期5—6月，果实扁圆形。

（二）生态习性

代代性喜温暖、凉爽的气候，喜欢光照充足，若环境荫蔽，光线不足，则枝叶徒长，开花结果少；生长适温为22～27 ℃，超过35 ℃易落果，所以高温季节的中午要适当遮阴降温；北方地区于霜降前移至室内向阳处，室温以保持在5 ℃左右为宜。要求土层深厚、排水良好的微酸性土壤。

（三）繁殖方法

代代通常采用扦插和嫁接繁殖。扦插多于 4—5 月进行,选生长健壮的一年生枝条作插穗,剪去下部叶片,插入沙土内,在 20 ~ 24 ℃的温度下保持空气湿润,30 d 左右可生根。嫁接繁殖选择 2 ~ 3 年生枸橼、橘、柚的实生苗作砧木,在谷雨至立夏间或秋后进行切接。嫁接苗生长旺盛,故生产上多用此法繁殖。

（四）栽培管理

1. 培养土

盆栽宜选用腐叶土 3 份、园土 3 份、河沙 3 份、粪肥 1 份混合配制成的培养土。代代根系发达,宜每隔 1 ~ 2 年于早春换一次盆,换盆时剪去部分老根,施入基肥,增添新的培养土。

2. 施肥

代代较喜肥,在 4—5 月,每隔 7 ~ 10 d 施 1 次 15% ~ 20% 的腐熟饼肥水,促使其发芽和枝叶生长。5 月中下旬以后以磷、钾肥为主;开花期间少施或不施氮肥,若施氮肥过多,易落花、落蕾。秋季应减少施肥,避免萌发新梢。

3. 浇水

代代喜湿润,适宜的土壤含水量约 40% 。应避免过干或过湿,否则易落花、落蕾。若坐果期间土壤含水量少于 18% 即易落果。夏季浇水要充足,雨后避免盆内积水,5—8 月经常向枝叶上喷水。秋凉后要逐渐减少浇水,否则易引起冬季落叶。冬季室内盆土宜偏干,温度低、盆土湿,易落叶,影响来年生长和开花结果。

4. 修剪

结合换盆对植株进行重剪,剪除枯枝、病虫枝、过密枝、纤细枝、交叉枝以及果梗,并对保留枝条上的一年生粗壮夏梢和秋梢短截约 1/2,在每个侧枝上只保留 2 ~ 3 个芽,其余的均剪去,促使新枝生长粗壮。

（五）观赏应用

代代花香浓郁,果实美丽,是优良的观果观赏植物。除供欣赏外,其花朵可制花茶,也可烘制干花,香气久储不散,适用于泡茶和入药,果实可供药用,鲜花和叶子均可提取香精。

三、佛手

佛手为芸香科金橘属常绿小乔木(图 9.43)。原产于亚洲,主要分布在中国华南地区和印度。因其果形似佛手而得名。

（一）形态特征

株高可达 2 m 以上,枝上有短刺。叶互生,椭圆形,薄革质,边缘有波状锯齿。花着生于叶腋间,白色有香味,花瓣边缘有紫色晕。果实卵形或长圆形,果顶开裂呈指状,果实形状如佛手;果皮发皱,上有较大的油胞突起,成熟时金黄色,老熟后呈古铜色,有浓郁的香气,果肉坚硬木质化,可长期存放香味不减。初夏开花,10—12 月果实成熟。

图9.43　佛手

（二）生态习性

佛手喜温暖、湿润的气候,不耐寒,怕霜冻,冬季室内温度不得低于6℃。喜阳光,但高温强光照不利于生长发育,因此夏季需要适当遮阴。要求疏松、肥沃、排水良好的微酸性土壤。

（三）繁殖方法

佛手多用扦插和嫁接繁殖。

扦插繁殖宜在早春新芽萌发前结合修剪进行。选修剪下来的健壮、节间短的枝条,取中段剪成长10 cm左右的插穗,插入纯沙中,浇透水,用塑料薄膜覆盖,保温、保湿,置于半阴处,保持在25℃左右的温度条件下,25~30 d可生根。

佛手多采用嫁接繁殖,主要用切接法进行,用橘、柚的实生苗作砧木,选择2~3年生的实生苗,在4月下旬至5月上旬或在9月进行嫁接。

佛手还可采用高枝压条的方法进行繁殖,于7—8月,在老株上选择挂果枝进行高枝压条,发根后于9—10月剪离母株,上盆栽植。

（四）栽培管理

1. 浇水

生长期间需保持盆土适度的湿润。春季佛手开始进入生长期,应逐渐增加浇水量,3~5 d浇1次水;夏季浇水要充足,每1~2 d浇1次水,并每天向植株和花盆周围的地面喷水,以增加空气湿度和降低温度。坐果初期浇水宜适当控制,一般2~3 d浇1次水,以免水分过多造成落果。立秋后浇水要逐渐减少,每2~3 d浇1次水。北方一般于10月中旬移入室内,放置阳光充足处,室温宜保持在10℃左右,此时要控制浇水,7~10 d浇水1次即可。每5~7 d用与室温接近的清水喷洗1次枝叶,以防叶面沾染灰尘,引起落叶。

2. 施肥

（1）幼年树的施肥　幼龄佛手春季上盆后,如盆土是肥力较高的营养土,一般当年可不再施肥。第二年春季,每隔15~20 d可施次20%的腐熟饼肥液,或每10~15 d施1次以氮为主的氮、磷、钾肥水,浓度为0.1%~0.3%,连续施2~3次。8月中下旬再施1次腐熟有机肥。第三年开始结果,可按常规管理施肥。

（2）结果树的施肥　一般4月下旬出室,结合翻盆施足基肥,肥料以腐熟饼肥为主,加少量骨粉或磷肥。缓苗后放背风向阳处,每隔10~15 d施1次15%左右的稀薄饼肥水,至现蕾后停止施用。孕蕾期用0.1%的磷酸二氢钾液喷施叶面,每7~10 d喷1次,连喷2~3次。坐果后每隔10~15 d追施1次15%~20%的稀薄饼肥水或0.1%~0.2%的磷酸二氢钾肥水,连续追施2~3次。为防止发生黄化病,每20 d左右浇1次0.2%的硫酸亚铁水,以保持土壤微酸性。

3. 修剪

早春萌芽前进行一次修剪,剪除细弱枝、过密枝及病虫枝。由于佛手的短枝多为结果枝,因此应尽量保留。夏季生长的徒长枝可剪去 2/5 ~ 1/2,让其抽生果枝。6—7月的夏梢应适当摘除,秋梢需适当保留,以备第二年结果。

4.疏花疏果

佛手每年春、夏两次开花、两次坐果。疏花时,多留花序中上部子房肥大、花心发绿的花蕾,这样的花蕾坐果率高。同时,疏花时要注意,老树、弱树多留春花结果;旺树、壮树多留夏花结果。

疏果应在幼果长到蚕豆大时进行,10 年生以下的盆栽植株,每株留果 5 ~ 6 个,同时把果枝上的侧芽全部抹掉。佛手的疏花疏果,既可促进果实个大而匀称,又有利于年年结果。

(五)观赏应用

佛手叶色青翠,花白色,果形奇特,金黄色,有光泽,具有浓郁清香,装饰居室,古色古香,十分雅致。

四、石榴

石榴又名安石榴、若榴、金罂、金庞等,为石榴科石榴属落叶灌木或小乔木(图9.44)。原产于伊朗。

(一)形态特征

树冠分枝多,小枝四棱形,多密生,柔韧,不易折断,具小刺,旺树多刺,老树少刺;营养枝的先端多呈刺状。叶披针形,尖端圆钝或微尖,革质,全缘,单叶对生或簇生。花 1 朵或数朵着生在当年生新梢顶端及顶端以下的叶腋间,花萼肉质,宿存,具蜡质,橙红色。

花红色或白色,单瓣或重瓣;花期为5—8月;花为两性花。浆果球形,成熟后果皮呈铜红色或酱褐色,果熟期为9—10月。

石榴栽培品种分为果石榴和花石榴。果石榴为观果种类,植株较高大,着花少,每年只开花一次,坐果率高。花石榴为观花种类,株较小,着花多,一年可多次开花,花期长,很少结果,果小。

图9.44　石榴

(二)生态习性

石榴喜阳光和温暖的气候,耐寒力弱,较耐干旱,怕涝。生长期要给予充足的光照,使其生长健壮,花多色艳,果多。在花期和果实膨大期,要求空气干燥、日照良好。果实近成熟期遇雨,易引起生理性裂果或落果。喜肥,但较耐瘠薄;对土壤要求不严,但以疏松、肥沃的砂壤土或壤土为宜。石榴对于城市高层建筑阳台及屋顶空气干燥的环境尤其适应。

(三)繁殖方法

1.扦插繁殖

选择品种纯正、生长健壮的植株,在其顶部和向阳面选择生长健壮的枝条作插穗。硬

枝扦插应选 2 年生枝条,插穗长 15 ~ 20 cm。插穗的上部切口要平,下部切口均应剪成斜形。硬枝扦插深度为插穗的 1/2 ~ 2/3,插后注意保温。

2. 分株繁殖

分株繁殖宜在早春进行,也可于早春将根部分蘖枝压入土中,经三季生根后,切离母体,待翌年春再挖出另栽。

3. 压条繁殖

可在春、秋两季进行。萌芽之前将根部分蘖枝压入土中,经夏季生根后,切离母体,秋季可成苗,翌春移植,容易成活。

4. 播种繁殖

可冬播或春播,采用点播和条播方式。春播的种子如冬季已经沙藏,可直接播种。干藏种子应在播前用30 ~ 40 ℃温水浸泡12 h,或用凉水浸泡24 h,种子吸水膨胀后进行播种。播后覆土厚度为种子厚度的 3 倍,15 d 左右即可出苗。

(四)栽培管理

1. 施肥

石榴较喜肥,除早春翻盆时施入一定量的有机肥作基肥外,生长期每隔 15 ~ 20 d 追施液肥一次,以充分发酵腐熟的饼肥液为好,浓度为20% 左右。也可追施氮、磷、钾化肥,应增加磷、钾肥的用量,氮肥用量不宜过多,以防止徒长,开花减少。开花期暂停施肥。果实形成后施肥应掌握少而勤的原则,以减少落果,增强防病能力。

2. 浇水

石榴耐干旱,要严格控制浇水,盆土宜稍干燥。盆栽石榴,切忌盆土表面干了就浇水,应掌握在嫩枝叶开始萎蔫时再浇足水,以保持花繁叶茂。

3. 修剪

早春萌芽前剪除弱枝、根部萌蘖枝及影响树形的交叉枝条,对徒长枝要进行夏季摘心和秋后短截,使来年形成结果母枝。若盆株未能及时开花,生长期间应当摘心,抑制营养枝生长,促进花芽形成。春季修剪时,要特别注意保留健壮的结果母枝,剪除过密的内膛枝。3 年以上老枝要更新,1 年的新枝要缩枝。生长期间要及时去掉根际萌生的蘖芽。花期要疏花,当钟状花(完全花)和筒状花(不完全花)有明显区别时,应疏去全部筒状花,保留钟状花。

(五)观赏应用

石榴花、果均有较高的观赏价值,而且挂果时间长,可作盆栽观赏和庭园布置,也是制作树桩盆景的良好材料。石榴花给人以热情、奔放和美的感觉,果被喻为繁荣、昌盛、和睦、团结的吉庆佳兆,是多子、多孙,多福、多寿的象征,因此,石榴自古以来就深受人们的喜爱。

五、冬珊瑚

冬珊瑚别名珊瑚豆、寿星果、万寿果、吉庆果,为茄科茄属常绿小灌木(图 9.45)。原产于欧、亚热带,中国安徽、江西、广东、广西、云南、四川等省(自治区)有野生分布。

（一）形态特征

冬珊瑚是多年生木本，干直立，株高可达 60 ~ 120 cm。叶互生，长圆形或倒披针形，边缘呈波状；花白色，单生或数朵簇生叶腋。浆果球形，熟时橙红色或黄色，如樱桃状，久挂枝头不落。

（二）生态习性

北方多盆栽观赏。喜温暖、湿润，喜光，亦较耐阴，不耐寒。适生于肥沃、疏松、排水良好，富含磷肥的微酸性或中性土壤。萌生力强。

图 9.45　冬珊瑚

（三）繁殖方法

通常采用播种或扦插法繁殖。播种于 3 ~ 4 月间进行，苗床土以疏松的沙质壤土为好。播后覆以细土，以不见种子为度，经常保持床土湿润，约 1 个月后即可出苗。当幼苗出现 3 ~ 4 片真叶时移植 1 次，6 ~ 8 片真叶时即可定植。扦插春、秋季均可进行，剪取健壮嫩枝扦插，易于成活。

（四）栽培管理

定植后的苗木要注意浇水和施肥，生长期适当浇水，以不受干旱为度，盛夏每天浇水两次。入冬后减少浇水，可以使挂果期延长。适量施肥，不可过多，以免徒长。夏季生长旺盛季节每 15 d 左右可施 1 次腐熟的稀薄肥液，促进生长。苗木定形后可上盆栽植，盆土宜用肥沃、疏松、排水良好的田园土，掺拌适量沙土，盆底放适量有机肥。生长适温 10 ~ 25 ℃。冬季移入室内，室温不低于 5 ℃。每天至少 4 h 直射光，在室内应放在明亮的窗前。当苗高 15 cm 时打顶，分枝后再摘心 1 ~ 2 次，使其多分枝，树形匀称美观。

（五）观赏应用

冬珊瑚殷红圆形果实，长挂枝头，经冬不落，十分美观。夏秋可露地栽培，点缀庭院；冬季上盆入室，陈设案头。果、叶有毒，注意勿食用。

六、朱砂根

朱砂根别名富贵籽、红铜盘、大罗伞、雨伞朱，属于紫金牛科紫金牛属常绿灌木（图 9.46）。分布于中国陕西、长江流域各省及福建、广西、广东、云南、台湾等省区。

（一）形态特征

株高 30 ~ 150 cm，盆栽控制在 60 cm 左右。叶片互生，叶两面具隆起腺点，椭圆状披针形至倒披针形，先端尖，叶缘有波皱。伞形花序腋生，花小，淡紫白色。核果球形，成熟时鲜红色，具斑点，经久不落。成熟时宛如"绿伞遮金珠"的富贵吉祥景象，故花农们称它"富贵籽"。

图9.46 朱砂根

（二）生态习性

朱砂根性喜温暖湿润气候，忌干旱，较耐阴，喜生于肥沃、疏松、富含腐殖质的沙质壤土上。

（三）繁殖方法

朱砂根采用播种繁殖。冬季果实成熟后，在温室条件下，可随采随播，种子发芽适温为18℃。用条播或撒播，注意遮阴，约2周可出苗。在南方亦可采后即播。此外还可用嫩枝扦插繁殖。

（四）栽培管理

盆土用4份腐叶土、4份培养土和2份河沙混合配制。上盆时应选用小号盆（以后再换盆），先在盆底垫上3 cm厚的粗大石砾或瓦砾，以利排水，然后将小苗栽于盆中，浇足定根水，放在室内或排放在室外阴棚下养护。幼苗新梢应摘心，促进分枝。夏秋季生长快，要求水分充足，通风良好，要勤浇水，保持盆土湿润状态，并向叶面和地面喷水，以增加空气湿度。生长季内每2周施肥1次。冬季果实转为红色，浇水量宜减少，水多容易黄叶。越冬温度不低于5℃即可。如发生褐斑病，可用多菌灵800倍液喷洒防治。

（五）观赏应用

朱砂根耐阴，株形秀丽，果实鲜红，挂果时整个植株大红大绿、亭亭玉立，十分高雅，是优良的室内观果花卉，也适宜作观果地被。同时根煎水服可治腹痛，根、叶可祛风除湿、散瘀止痛、通经活络。果可食，榨油可制肥皂。

第四节　多肉、多浆类观赏植物栽培

一、长寿花

长寿花又名寿星花、矮伽蓝菜、圣诞伽蓝菜等，为景天科伽蓝菜属多年生常绿多肉、多浆类观赏植物（图9.47）。原产于非洲马达加斯加。其自然花期一般从12月下旬开始，可持续到翌年5月初，因此得名长寿花。

（一）形态特征

茎直立，株高10～30 cm。叶肉质，对生，椭圆状长圆形，叶片上部具圆齿或呈波状，下部全缘，深绿色有光泽，边缘稍带红色。圆锥状聚伞花序，花色有绯红、桃红、橙红、黄、白等色，花朵小，排列紧密簇拥成团。长寿花园艺品种较多，有高型品种与矮型品种之分。

同属常见栽培的种有：

1. 王吊钟

株高约 25 cm, 叶肉质扁平, 边缘有锯齿, 蓝灰绿色, 叶面上生有不规则的乳黄和粉红色斑块。

2. 月兔耳

叶片肉质匙形, 密被白毛, 叶端锯齿的缺刻处褐色。

3. 花叶川莲

浅黄色叶片上生有褐紫色斑点。

4. 玉海棠

花鲜红色, 冬季开放。

图 9.47　长寿花

(二) 生态习性

长寿花性喜冬暖夏凉的环境, 怕酷暑和严寒, 生长适温为 15～25 ℃, 高于 30 ℃生长迟缓, 低于 10 ℃生长停滞, 0 ℃以下受冻害。喜阳光充足, 耐半阴, 耐旱怕湿。

(三) 繁殖方法

长寿花主要采用扦插繁殖。除高温、高湿的夏季扦插容易腐烂外, 其他季节只要温度在 15 ℃以上均可进行。一般多于春秋季节剪取带有 3～5 片叶的茎段, 插入盛素沙或蛭石盆内, 约经半个月即可生根。为提高繁殖成活率, 也可剪取带叶柄的叶片进行斜插, 每隔 2～3 d 浇 1 次水, 使基部保持半干状态, 约经 20 d 即可从叶柄切口处发根, 并长出细小的幼芽。

(四) 栽培管理

1. 盆土

不能使用黏重的土壤, 否则就会导致生长不良, 烂根落叶, 严重时造成植株死亡。因此, 盆土以选用腐叶土 4 份、园土 4 份、河沙 2 份, 另加少量骨粉混合配制而成为好。一般于每年春季花谢之后换 1 次盆, 换盆时注意添加新的培养土。

2. 温度

冬季室温不能低于 12 ℃, 以白天 15～18 ℃、夜间在 10 ℃以上为好。如温度低至 6～8 ℃则叶片发红, 开花期推迟, 不能保证节日用花。

3. 光照

长寿花若长期光线不足, 不仅枝条细长, 叶片薄而小, 影响株形美观, 而且开花数量减少, 花色也不鲜艳, 还会引起叶片大批脱落, 影响观赏价值。长寿花具有向光性, 应注意经常调换花盆的方向, 使植株受光均匀, 促使枝条向四周各方匀称发展。

4. 浇水

长寿花与其他多肉观赏植物一样, 体内含有较多水分, 抗旱能力较强, 故不需要大量浇水, 生长期间只要每隔 3～4 d 浇 1 次透水, 保持盆土略湿润即可。冬季温度低时更要控制浇水。若浇水过多, 排水不畅, 盆土过湿, 易导致根系腐烂。

5. 施肥

生长旺季可每15～20 d施一次稀薄复合液肥,促使生长健壮,开花繁茂。11月花芽形成后增施1～2次0.2%磷酸二氢钾,或0.5%过磷酸钙,则花多色艳,花期长。

6. 摘心

生长旺盛初期注意及时摘心,促使其多分枝,则株形就会显得更加丰满,从而提高观赏效果。花谢之后要及时剪掉残花,以免消耗养分,影响下一次开花的数量。

(五)观赏应用

长寿花植株矮小,株形紧凑,叶色碧绿,花色艳丽,花团簇拥,花期极长,开花时节正值新年、春节期间,用小型的紫砂盆栽培,摆放在窗台或茶几上,既可观叶,又可赏花,为喜庆节日增添欢乐气氛,也是新春佳节赠送亲友的好礼品。

二、蟹爪兰

蟹爪兰又名蟹爪莲、仙人花,为仙人掌科蟹爪兰属多年生肉质观赏植物(图9.48)。原产于南美洲的巴西。

(一)形态特征

图9.48　蟹爪兰

茎扁平状,鲜绿肉质,多分枝,常悬垂,茎节矩圆形,边缘有尖齿,形如蟹足。花单生或2朵左右对称,着生于枝的顶端,长4～6 cm,花瓣反卷,花色有桃红、深红、橙黄、淡粉、白色等;花期为12月至翌年3月;浆果梨形,红色。

与蟹爪兰非常相似的还有仙人指,两者在形态上的主要区别是:蟹爪兰的茎节边缘有尖齿,节的顶端具蟹爪状尖齿;仙人指的茎节边缘呈浅波状,节的部分稍呈圆形。

(二)生态习性

蟹爪兰性喜温暖、湿润、半阴、通风环境,怕寒,忌强光直射。生长温度10～25 ℃,白天15～25 ℃,夜间10～15 ℃,低于10 ℃生长缓慢,低于5 ℃进入半休眠状态。蟹爪兰为短日照观赏植物,12 h以下的短日照条件,有利于花芽分化、现蕾开花。蟹爪兰耐旱、怕水涝,要求富含腐殖质、疏松、肥沃、排水良好的沙质壤土。

(三)繁殖方法

1. 扦插繁殖

一般在花后的4—5月进行扦插,选取健壮茎节2～5节作插穗,剪下后放置阴处晾1～2 d,待切口稍干后,插于沙床或盆中,深度为最下1节的1/2。插后注意遮阴,7～10 d后逐渐见光,提高空气湿度,保持基质湿润,半月后见散光。20 d左右可生根,30 d后上盆。扦插繁殖长势较弱,开花少而差,也不易造型。

2. 嫁接繁殖

蟹爪兰一般多采用嫁接繁殖,可用三棱箭、仙人掌等作砧木。嫁接适宜温度为 20 ~ 25 ℃,一般在 4—5 月进行。取 2 ~ 3 节蟹爪兰作接穗,用刀在基部两侧各削一刀,将接穗削成楔形,长 1.5 ~ 2 cm,削去表皮;在砧木顶端横切一刀,切口不宜过大,切口比接穗削口稍长,将接穗插入,然后将竹牙签纵破几份,截约 3 cm 长穿刺固定,15 d 左右即可愈合。

(四)栽培管理

1. 上盆与换盆

嫁接苗的盆土可用腐叶土 3 份、园土 4 份、河沙 3 份,另加少量有机肥或骨粉等作基肥。成株一般每隔 1 ~ 2 年换 1 次盆,更换盆土。换盆在春季花谢后进行。

2. 光照

立秋后,应放在见光 50% 的地方,以接受光照,促进花芽分化,随着天气转凉逐步增加光照,晚秋至冬季应给予充足的光照。

3. 浇水

蟹爪兰早春花谢后有短暂的休眠期(约 40 d),在此期间应控制浇水,以免造成烂根。进入夏季高温季节,蟹爪兰处于休眠或半休眠状态,应少浇水,避免雨淋。入秋后,随着天气转凉,蟹爪兰逐渐恢复长势,开始正常浇水,盆土应保持湿润。现蕾期,要经常喷水雾,浇水以保持土壤湿润为宜;开花后要控制浇水,以延长花期。

4. 施肥

早春花后约 40 d 应停止施肥,恢复生长后开始施肥,从春季至入夏,每隔 10 ~ 15 d 施 1 次 10% ~ 15% 的有机液肥或 0.1% 的氮素化肥。入夏后生长趋于缓慢,逐渐处于半休眠或休眠状态,此时应停止施肥。从立秋至开花应加强施肥,以促进孕蕾开花,延长花期。施肥以磷、钾为主,促进花芽的形成,有利于花色鲜艳。一般每 10 d 左右施 1 次 0.2% 磷酸二氢钾和 0.1% 尿素溶液或 0.5% 过磷酸钙浸出液和 0.1% 尿素溶液,10% 的饼肥水等。也可用 2 ~ 3 g 磷酸二铵沿盆边施入盆土中。

5. 花期调节

蟹爪兰属于短日照植物,在自然日照环境条件下,一般在冬季至早春开花。如要提早开花,每天日照 8 ~ 10 h,其余时间完全进行黑暗的短日照处理,并进行适当的控水,一般60 ~ 70 d 就可开花。如要求国庆节开花,可在 7 月中下旬开始,用不透光的黑布罩或黑色塑料罩对蟹爪兰进行遮光处理。每天只见光 8 h,其余时间罩上黑布罩,这样到了 9 月下旬便可开花。在遮光处理期间,每天浇 1 次水,保持盆土略湿润,并注意通风。为延长蟹爪兰的开花期,开花后,应将其置于 15 ℃ 左右的环境下。若要推迟开花,可将盆株置于 5 ~ 8 ℃的低温条件下养护,或每天延长光照至 14 h 以上,即可推迟开花。

(五)观赏应用

蟹爪兰花色鲜艳,花期长,宜于造型,花期正值元旦、春节,是冬春开花的优良盆花,深受人们的青睐。

三、仙人掌

仙人掌为仙人掌科仙人掌属多年生多肉、多浆植物（图9.49）。原产于美洲亚热带的巴西、阿根廷、墨西哥和亚热带沙漠或半沙漠地区，少数产于亚洲、非洲热带地区，印度、澳大利亚及其他热带地区也有分布，在中国主要分布在华南及西南地区。

图9.49　仙人掌

（一）形态特征

茎半木质，圆柱形，茎节扁平，长椭圆形、卵形至倒卵形，肥厚多肉，绿色，多分枝，每节基部稍圆，表面稀疏分布刺丛，刺密集，黄色或褐色；初夏开花单生，鲜黄色，短漏斗状，被绿色鳞片；花后结实，浆果，梨形，黄至暗红色。

仙人掌类植物是一个庞大的种群，有株形高大的种类，株高可达3~4 m，也有个体微小的种类，株高只有30~40 cm。常见的栽培种有白毛掌、红毛掌、黄毛掌、仙人扇等。

（二）生态习性

仙人掌性强健，喜阳光充足，喜温暖，不耐低温，耐干旱性强；忌涝，潮湿易造成烂根；对土壤要求不严，在沙土或沙壤土中生长良好，中国华南等温暖地区可露地栽培。

（三）繁殖方法

仙人掌采用扦插和种子播种进行繁殖。

1. 扦插繁殖

扦插是仙人掌类植物最简便的繁殖方法，极易生根。在生长期进行扦插繁殖，但以夏季扦插为好，在热带地区或温室中一年四季均可进行扦插繁殖。选成熟的茎片作为插穗，用利刀切取，在切口涂抹草木灰或硫黄粉，晾2~3 d，待切口干燥后，插入湿润的纯沙内或其他透气性较好的基质中，深度为茎片的1/4左右。扦插基质不能过于潮湿，稍潮湿即可，25~30 d生根，待发根后移至盆内养护。

2. 播种繁殖

仙人掌类可用种子繁殖。播种盆土先浇透水，然后点播或撒播，播后一般不覆土。盆口盖上塑料薄膜或玻璃，再加盖一层报纸，白天盆口需露缝，以利通气。播种后保持20~25 ℃的温度，15~20 d后即可萌芽出苗。

（四）栽培管理

1. 盆土

培养土要求排水、通透性良好，具有石灰质的壤土或砂壤土。培养土的配制为腐殖质土3份、园土3份、粗沙3份、草木灰与腐熟后的骨粉1份，或腐殖质土6份、粗沙3份、骨粉和草木灰 1 份。配制培养土时，还应根据当地气候条件、具体材料，就地取材。

2. 栽植和换盆

栽植时间应在春季温度达到 15 ℃以上，开始进入生长时进行。盆的大小以比植株本身稍大 1～2 cm 为宜。上盆时，应在盆底填入瓦粒、碎砖粒等，以利于排水，然后放一层培养土，不宜栽得过深。

根据生长情况，可每 1～2 年换 1 次盆，换盆可在 3～4 月或 9～10 月间进行。在换盆前，停止浇水 2～3 d，待盆内培养土干燥后，小心将植株取出，除去旧土，将枯根、烂根剪除。

3. 温度

仙人掌类生长的适宜温度为 20～30 ℃，最高不超过 35 ℃，最低温度 5 ℃，冬季温度保持在 5 ℃以上，即可安全越冬，并且盆土越干燥越耐寒。冬季的温度要相对稳定，昼夜温差过大，容易产生冻害。春季气温达到 15 ℃以上时，开始生长，盛夏气温达 35 ℃以上时，开始进入休眠，入秋后恢复生长。

4. 光照

仙人掌类为喜阳光植物，属强阳性，在强烈的阳光照射条件下才能花朵鲜艳，应给以充足的光照，尤其在冬季更需充分的光照。一般高大柱形及扁平状的仙人掌类较耐强光照，夏季可以放在室外而不需遮阴。较小的球形种类和一般仙人掌类的幼苗，都应以半阴为宜，避免夏季的强光直射。

5. 浇水

仙人掌类的休眠期一般在 11 月至翌年 3 月，在此期间应保持盆土稍干燥，温度越低盆土越应干燥。随着气温的升高，植株休眠逐渐解除，可逐渐增加浇水次数。在夏季高温季节应一天浇 1 次水。浇水应掌握"不干不浇，浇则浇透"的原则。此外，对一些有纤细长毛的种类，在浇水时不要将水溅到长毛上，以影响美观。用自来水浇时，应先将水贮存 1～2 d 后再使用。

6. 施肥

生长季节适当施肥，可使仙人掌生长速度加快。基肥一般可用充分腐熟的禽粪及骨粉配制在培养土内。追肥可用充分腐熟的饼肥水。生长期内每 15～20 d 追 1 次肥，嫁接株可每 10～15 d 追肥 1 次。休眠期，停止施肥。

（五）观赏应用

仙人掌适宜盆栽，热带地区亦可地栽。中国华南一带常以仙人掌作为篱垣。果实鲜红，可食用。茎片可榨汁制酒，去皮刺可炒食；将茎片捣成糊状敷于患处，可治疗流行性腮腺炎、乳腺炎、烧烫伤及冻伤。

四、金琥

金琥又称象牙球，为仙人掌科金琥属多年生大球形仙人球种类（图 9.50）。原产于墨西哥中部干燥炎热地区。

（一）形态特征

茎圆球形，单生，球径一般可达 50～60 cm，最大可达 80～90 cm，球径超过 80 cm 成短

图9.50 金琥

圆筒形;体色碧绿,球顶密被黄色绵毛;球体有21~37个棱,棱上排列整齐的刺座,刺座很大,密生金黄色辐射状硬刺8~10枚,中刺3~4枚,较粗。6~10月开花,花着生在茎顶部的绵毛丛中,钟形,黄色,花径3~6 cm。果实被鳞片及绵毛,基部孔裂。

金琥有许多变种,常见栽培的主要有:

1.白刺金琥

球体顶部绵毛白色,刺淡黄白色,半透明。个别球体刺白色,更为珍贵。

2.怒珑

球体大,扁长圆形,刺颜色较深,顶部密生黄褐色绵毛。

3.狂刺金琥

刺不规则地弯曲散乱,中刺较原种略宽,近球体顶部刺更密集,金黄色更纯,为珍品。

4.短刺金琥

又名裸琥,球体同原种,刺极短,刺顶端钝圆,体内含单宁,伤口见风变黑,繁殖困难,较少。

(二)生态习性

金琥喜温暖、阳光充足、通气良好的环境条件,夏季高温季节怕强光直射,应置于半阴处。生长适温为20~30 ℃,越冬温度5 ℃以上,冬季室温应保持在8~10 ℃,温度不可低于3 ℃,否则球体表皮会出现黄斑,严重时春季会腐烂。要求疏松、肥沃、利水、透气良好并含有适量的石灰质的沙质壤土,喜含石灰质及石砾的沙质壤土,在肥沃的土壤中生长迅速,人工栽培可长成巨大的球体,但不易开花。

(三)繁殖方法

金琥采取播种、嫁接及"砍头"的方法繁殖,通常采用种子播种和切顶促生子球繁殖。

1.播种繁殖

由于金琥不易获得种子,目前种子大多从国外进口。播种可在秋季或春季进行,选择饱满的种子,经过两天的催芽后,播入培养土中。培养土由等份的粗沙、园土、腐叶土加少量石灰质混合而成。播后白天保持温度25~30 ℃,夜间15 ℃,7~10 d开始发芽,待子球长至直径1 cm时,按5 cm×5 cm的株间距进行分栽。用种子播种产生的小球,4年可长至10 cm左右,10年直径可达15 cm左右,20年直径可达50 cm左右。

用种子播种产生的小球,可用量天尺(三棱箭)作砧木,嫁接栽培一段时间,待球体长至8~10 cm大时,蹲盆发根。

2.切顶促生子球繁殖

切顶生球,是在生长季节之初将球体顶部切除,促进长出子球。切球应在连续晴天时进行,如遇阴雨天时,可用电吹风将伤口吹干。当子球长至直径1 cm左右时切下作接穗,用三棱箭作砧木进行嫁接。成活后加强培育,待接穗球体长至 10 cm 左右时,将球自砧木处切下,切口稍晾干后再进行扦插促发新根。

(四)栽培管理

1. 盆土

盆栽金琥的培养土,可用腐叶土 2 份,园土 3 份、粗沙 4 份、充分腐熟的鸡粪 1 份混合配制,或腐叶土 6 份,粗沙 3 份、腐熟饼肥和草木灰 1 份,或腐叶土 3 份、园土 2 份、粗沙 2 份、珍珠岩 2 份、混合基肥(饼肥:过磷酸钙:硫酸钾＝2:2:1)1 份混合配制。每年翻 1 次盆,更换新的培养土,球直径达 20 cm 以上时,隔年翻盆 1 次。

2. 光照

金琥性喜阳光充足,冬季应放置在室内阳光充足处。盛夏宜半阴,可见散射光,应适当遮阴,在强烈阳光直晒下金琥易被灼伤。春季至初夏及夏季休眠期后的生长时期,应给以充足的光照,促进生长健壮,球体圆整,提高观赏效果。在室内陈列时间一般不超过 1 周,1 周后应换回温室养护,逐渐增加光照。

3. 浇水

金琥浇水不宜多,冬季和盛夏休眠期要严格控制浇水,盆土不干不浇,每次浇水必须待盆土完全干透再浇,并保持盆土不过分干燥即可。冬季温度越低越要保持盆土干燥。生长期应保持盆土潮湿,但不可过湿,否则会造成腐烂。

4. 施肥

生长期可施腐熟薄肥,一般每 20～30 d 施 1 次稀薄肥水,可追施 10%～15% 充分发酵腐熟的饼肥水或鸡粪肥水,也可追施 0.1% 尿素肥水加 0.2% 磷酸二氢钾肥水。休眠期停止追肥。

5. 防止烂球

金琥生长慢,稍有不慎,球体会腐烂开裂。腐烂前球体表皮常会出现许多小黄褐色斑点,后逐渐扩大成黄斑。造成腐烂的原因,一是病菌通过伤口传染(人为或害虫造成),要定期喷洒 0.15% 代森锌或 0.1% 甲基托布津,发现害虫要及时防治;二是盆土过湿,光照过强,通风不畅,温度过高、过低,肥料过浓、没有腐熟。因此应加强养护,精细管理。

(五)观赏应用

金琥球体碧绿,刺刚硬,金黄色,气势雄伟,华丽壮观,是仙人掌科球形种中最具观赏性的代表种,被称为"镇宅之宝"。

五、令箭荷花

令箭荷花别名红花孔雀、孔雀仙人掌,为仙人掌科令箭荷花属多年生直立灌木状草本观赏植物(图 9.51)。原产于墨西哥热带地区。

(一)形态特征

株高可达 1 m,一般控制在 30～50 cm,枝扁平,披针形,中肋显著凸起,边缘有疏锯齿,齿间有细刺。花生于茎两侧,花钟形。花色有紫、粉、红、黄、白等色。花期为 4—5 月,单花

图9.51　令箭荷花

开1～2 d。浆果椭圆形，红色，种子黑色。

（二）生态习性

令箭荷花性喜温暖、湿润、光线明亮的场所，生长适温23～28 ℃，5 ℃以上可安全越冬，连续35 ℃高温对生长不利。耐旱性强，忌积水。喜弱酸性、肥沃、排水良好的沙壤土。

（三）繁殖方法

令箭荷花主要以扦插繁殖为主，3—4月时，剪下2年生的成熟扁平茎枝(7～8 cm)，放置阴凉处，待其切口干缩后斜插入略湿的素沙中，插入深度为插穗长度的1/4～1/3，保持一定湿度，温度控制在20 ℃左右，注意通风，一个月后可生根。扦插苗2～3年后方可开花。

嫁接繁殖时可以用三棱箭(量天尺)为砧木，切下7～8 cm长的枝条作接穗嫁接，用劈接法。嫁接苗次年即可开花。

（四）栽培管理

1.盆土

栽培令箭荷花需要肥沃、疏松的培养土，可用腐叶土、园土、堆肥土、沙土按4∶3∶2∶1比例混合，也可用腐叶土与沙土等量混合，或木屑、堆肥土等量混合而成。

2.光照

令箭荷花喜阳，若要其正常生长、开花，除夏季需遮阳20%～30%，其余季节应给予全日照。

3.浇水

营养生长阶段提供较充足的水肥条件，见干见湿浇水，水要浇透。在花蕾发育前期控水，花蕾期浇水也不宜太勤，以半湿半干为好，这样有利于花蕾的形成，水多容易落蕾。

4.施肥

施肥宜薄肥勤施，每半月1次，可用0.1%尿素加30%腐熟豆饼水或0.2%磷酸二氢钾根施直至现蕾。现蕾后叶面喷施0.3%磷酸二氢钾，根施过磷酸钙泡水后的澄清液并交替进行，花谢时停肥。秋季要追施磷、钾肥，促进来年开花。

5.修剪

栽培中要常抹去不需要的芽体，防止茎枝萌生太多消耗营养。蕾期、花期及秋季发生太多嫩芽则会影响当年和第二年开花。春季萌芽前可适当修剪促进新枝萌发，夏季旺长期应抹除顶端及上部两侧萌发的弱芽，保留中、下、基部壮芽，使盆株丰满、矮壮。令箭荷花每2～3年换盆1次。

（五）观赏应用

令箭荷花是中国各地常见栽培的仙人掌类之一，枝茎清秀，花朵素丽，是装饰会场、厅堂及居室的良好盆栽花卉。其茎可入药，具有活血止痛的功效。

六、虎刺梅

虎刺梅又名虎刺、铁海棠、麒麟花,为大戟科大戟属灌木(图9.52)。原产于南非。

(一)形态特征

茎肉质,多棱,具乳汁,密生褐色硬刺,茎节不明显。聚伞花序顶生,花绿色,总苞鲜红,形似花瓣。叶通常长在茎上,倒卵形或矩圆状匙形。

(二)生态习性

不耐寒,耐高温。喜阳光,光照充足时,花色鲜艳,光照不足时呈暗淡色;长期荫蔽,则只长叶而不开花。干旱时叶片脱落,土壤湿度过大时根部易腐烂。能一年四季开花,茎内的乳汁有毒。

图9.52　虎刺梅

(三)繁殖方法

虎刺梅常用扦插繁殖,一年四季均可扦插,但多用于春插。扦插时取成熟充实的茎段7~8 cm作插穗,随即用草木灰等涂抹伤口,在阴凉处放置1~2 d后扦插在沙、珍珠岩等通气良好基质上,保持湿润,30 d左右即可生根。

(四)栽培管理

扦插苗生根后即可上盆,盆土要求利水、通气。可单株栽于小盆,或2~3株栽于大盆。一般小苗每年翻盆1次,大株2~3年翻盆1次。

生长期间应经常浇水,并每隔30 d左右追施1次肥料,秋季可减少施肥量。10月中旬移入温室,如室温保持15 ℃以上可继续开花。冬季低温条件下进入休眠状态,叶片脱落,此时应严格控水,保持盆土适度干燥。

虎刺梅可通过修剪调节株形,使株形丰满,以提高观赏价值。

(五)观赏应用

虎刺梅花形美丽,颜色鲜艳,茎枝奇特,常作高处陈列的盆花。

七、虎尾兰

虎尾兰又名千岁兰、虎皮兰等,为龙舌兰科虎尾兰属多年生肉质草本观赏植物(图9.53)。原产于非洲热带地区。

(一)形态特征

叶从地下茎生出,丛生、扁平、直立、先端尖、剑形、肥厚、表面浅绿色,横向有深绿色层层如云状的斑纹。

常见栽培品种有:

图9.53 虎尾兰

1."金边"虎尾兰

绿黄相映，明快醒目。

2."银脉"虎尾兰

株形较小，叶片较细短，边缘及叶心有宽窄不一的银白色纵条纹。叶缘浑圆，两侧各有一条金黄色条带。

3."金边短叶"虎尾兰

叶灰绿色，叶缘有金黄色或乳白色镶边。

此外，还有"白斑金边"虎尾兰、"黄斑"虎尾兰、"圆叶"虎尾兰、"广叶"虎尾兰、"短叶"虎尾兰等。

（二）生态习性

虎尾兰性喜温暖向阳环境，耐半阴，怕阳光暴晒。耐干燥，忌积水，要求排水良好的沙质壤土。

（三）繁殖方法

虎尾兰采用扦插、分株均可繁殖。扦插宜于5—6月进行，将叶片剪成长5~6 cm，直立插入素沙土中。"金边"虎尾兰用叶插方法繁殖成活后金边常易消失，故多采用分株法繁殖。

（四）栽培管理

虎尾兰对土壤要求不严，盆土可用腐叶土加1/3河沙配成，平时放在通风良好的向阳处；浇水要见干见湿，特别是幼苗阶段，不宜浇水过多，否则易引起根茎腐烂，甚至死亡。夏季需移至室内有明亮散射光的地方，每天向叶面上喷1~2次清水，保持空气湿润，以利叶色浓绿。生长旺季每隔15~20 d施1次氮、磷结合的稀薄液肥，若长期只施氮肥，叶面上的斑纹就会变得暗淡。冬季放室内阳光充足处，控制浇水，但仍需每隔5~7 d向叶面上喷1次温水，防止沾染灰尘，保持叶片洁净。室温应不低于12 ℃。每隔1~2年于春季结合分株换1次盆。由于虎尾兰叶丛直立向上生长，故宜选用筒子盆，以显示植株紧凑美观。

（五）观赏应用

虎尾兰叶形耸直，很像利剑，叶面斑纹状如虎尾，极有神韵，叶片厚硬，叶端尖细，株形挺立，有如绿色的武士，可摆设在书房、厅堂的角处或布置在大、中型会议室的椭圆形会议桌中央，四季青翠，古雅刚劲，给人以激奋亢进的感受。

八、绯牡丹

绯牡丹又名红牡丹，为仙人掌科裸萼球属多年生肉质观赏植物（图9.54）。原产于巴拉圭。

（一）形态特征

绯牡丹为扁球形，直径3~5 cm，鲜红色，成熟球体群生子球。花细长，花筒漏斗状，淡红色，夏季开花。

同属常见的观赏种有：

1.蛇龙丸

茎扁平半球形,直径 7～8 cm,顶部凹陷,绿色,花白色。

2.罗星丸

茎短圆筒形,直径 6 cm,12 棱,花紫红色。

3.九纹龙

茎扁球形,直径 10～15 cm,花白色。

4.多花玉

茎扁球形,直径 12 cm,10～15 棱,花淡红色。

图 9.54 绯牡丹

(二)生态习性

绯牡丹性喜温暖、干燥及阳光充足的环境。不耐寒,生长温度 10～30 ℃,适宜温度 20～28 ℃,冬季室温宜保持 10 ℃以上,温度降至 5 ℃左右时,植株即处于休眠状态,室温下降至 0 ℃左右时,其球体和三棱箭都会遭受冻害。适宜疏松、肥沃及排水良好的土壤。盆土过湿,光照不足,温度过高,均对其生长不利。

(三)繁殖方法

绯牡丹的球体缺乏叶绿素,不能进行光合作用,不能自养生存,必须嫁接在三棱箭等绿色的砧木上。嫁接时应选用 1～2 年生的三棱箭(量天尺)作砧木,采用平接法进行嫁接。嫁接宜选择晴天进行,室温 25～28 ℃为宜,这时嫁接愈合快,成活率高。

(四)栽培管理

1.盆土

盆土可选用腐叶土 4 份、园土 4 份、河沙 2 份配制而成,或腐叶土 3 份、园土 3 份、河沙 3 份、草木灰 1 份混匀配制。上盆时间宜在早春 2—3 月进行,花盆不宜过大,以略大于砧木为宜,每 1～2 年换 1 次盆。

2.光照

绯牡丹喜光,生长季节需要较充足的光照,光照不足,球体颜色变淡,甚至失去光泽,降低观赏价值。在光照不足的冬季,室内应适当增加灯光照明。但绯牡丹怕强光照射,夏季持续高温和强烈光照会使绯牡丹球体灼伤,色彩暗淡,因此,夏季强光条件下需要适当遮阴,并注意通风,每隔 1～2 d 往球体上喷水 1 次,则球体更加清新鲜艳。

3.浇水

非生长季节浇水要注意见干见湿,盆土表面不干不浇水,浇水量宜少不宜多,最怕盆内积水。夏季气温高,一般早晨浇 1 次透水,傍晚盆土干时再补浇 1 次水。开花期浇水可适当多些。冬季绯牡丹处于休眠状态,应严格控制浇水,经常保持盆土偏干为宜。浇水后应及时松土,以利保持土壤疏松。

4.施肥

生长期间每 10～15 d 施 1 次 15%左右的腐熟饼肥水,或 0.1%～0.3%的氮、磷、钾肥液。但春季刚换过盆的绯牡丹,因其根系还未恢复,20 d 内不宜施肥。夏季绯牡丹生长快,同时正在孕蕾,需要消耗大量的养分,一般 7～10 d 施 1 次含氮、磷、钾等成分的稀薄肥水,可结合浇水施用，或15%～20%的腐熟饼肥水。秋天当气温降至10℃时，应停止施肥，以免球体生长柔弱，而降低耐寒能力。

5.病虫防治

绯牡丹常易遭受红蜘蛛危害，要注意做好通风降温工作，一旦发现虫害，应立即喷洒20%，三氯杀螨醇或50%辛硫磷1 000～1 200倍液防治。

（五）观赏应用

绯牡丹色彩鲜艳夺目，其球体呈鲜红色，夏季开花，形似牡丹因而得名。以绯牡丹为主体，配以各色多肉植物加工成组合盆景，具有很高的观赏价值，在国际花卉市场上十分受欢迎。

九、沙漠玫瑰

沙漠玫瑰别名天宝花，夹竹桃科沙漠玫瑰属多肉植物（图9.55）。原产于非洲肯尼亚。植株矮小，树形古朴苍劲，根茎肥大如酒瓶状。

图9.55 沙漠玫瑰

（一）形态特征

株高30～80 cm，枝干肥厚肉质。叶簇生，倒卵形，叶正面浓绿色，背面浅绿色。花顶生聚伞花序，漏斗状，5瓣，有桃红、深红、粉红或白色，花期在春至秋季。

（二）生态习性

沙漠玫瑰喜高温，喜光，喜干燥环境。生长适温为20%～30%。耐酷暑，不耐寒，耐干旱，忌水湿。以富钙质、排水良好的沙壤土为宜。冬季温度不低于10℃。

（三）繁殖方法

沙漠玫瑰常用扦插、嫁接和压条繁殖。扦插繁殖，在夏季选顶端枝最好，剪成10 cm长，待切口晾干后插入素沙中，约30 d生根。嫁接繁殖可用夹竹桃作砧木，在夏季采用劈接法，成活后植株生长健壮，容易开花。压条繁殖，常在夏季采用高空压条法，在健壮枝条上切去2/3，先用苔藓填充后再用塑料薄膜包扎，约25 d生根，45 d后剪下上盆。

（四）栽培管理

盆栽需阳光充足，排水良好。以肥沃、疏松的河沙和腐叶土的混合土最好，或用泥炭土、腐叶土、砻糠灰、河沙按3∶3∶2∶2，加少量腐熟骨粉配制成培养土。生长期宜干不宜湿。夏季高温期，可根据土壤状况表土干后即可浇水，平时每2～3 d浇1次，盆中不能积水。在每年春季生长旺盛季节施用2～3次氮肥，花前可施用2次含钙、磷的复合肥。冬季干旱休眠期正常落叶。有时有叶斑病危害，可用50%托布津可湿性粉剂500倍液喷洒。虫害有介壳虫和卷心虫危害，用50%杀螟松乳油1 000倍液喷杀。

（五）观赏应用

花鲜红艳丽，深受人们喜爱。盆栽观赏，装饰室内、阳台别具一格。

十、昙花

昙花别名月下美人、琼花，为仙人掌科昙花属多肉、多浆观赏植物（图 9.56）。开花时，芳香四溢，光彩夺目，又因其开花时间短，故有"昙花一现"之说。对昙花适当遮光，颠倒昼夜，可在白天观赏到大型白色而清香之花。

（一）形态特征

茎稍木质，有叉状分枝。主枝圆筒形，分枝扁平叶状，边缘波状。无叶片。花大型，着生于扁茎边缘凹处，花萼筒红色、下垂，花朵翘起，纯白色。花晚上 8—12 时开放，有清香，开花 3～5 h 后即凋谢。花期 7—8 月。

图 9.56 昙花

（二）生态习性

昙花性喜温暖、湿润及半阴的生长环境。生长期内应充分浇水及向叶面喷水，不耐寒，在中国大部分地区冬天需在室内越冬。生长适宜温度 24～30 ℃，安全越冬温度 10 ℃ 以上，最低可耐受 5～8 ℃ 低温。对土壤适应性较强，但以弱酸性土壤为佳，忌黏重土壤，在疏松、较肥沃的沙壤土中生长良好。

（三）繁殖方法

昙花主要采用扦插繁殖，在气温较高的季节都能进行扦插，扦插苗经 1～2 年栽培即能开花。一般在 5—6 月，选取植株上部 1～2 年生的成熟的片状枝，基部棒状枝亦可，将茎枝 2～3 节剪下，下剪口应在节下。剪口晾干后，斜插于干净的沙或蛭石中，放置阴凉、通风处，适当喷水保湿，约 20 d 即可发根，生根后上盆养护。

（四）栽培管理

上盆时应施足基肥，在生长旺盛期要勤浇水、施肥，并常向叶片喷水雾，或喷 0.2% 硫酸亚铁水。每 7～10 d 施 1 次液肥，液肥可用有机物沤制的肥水，并掺进 0.2%～0.3% 磷酸二氢钾和 0.1% 尿素。开花前期要适当控水控肥，若气温高可向叶面喷雾。追肥以磷、钾肥为主，喷施 0.3%～0.5% 磷酸二氢钾液肥，或施用高磷钾比例复合液肥。花蕾发育期和花期恢复正常浇水，但不能偏湿，否则会引起落花落蕾。夏季注意遮阳，入冬前将昙花移至室内，冬季大量减少浇水量，并注意控制室温不宜过高，日夜温差不要太大。盆栽昙花可 2～3 年换盆 1 次。

（五）观赏应用

昙花虽然很短但是开花的时候美丽高贵，清香四溢。它能够释放出负离子，让室内的空气清新宜人。负离子可以说是空气的维生素，如果居室内的负离子含量减少时，人们便会感觉到憋气和窒息。所以，能把空气中的负离子浓度增加的昙花，确实是不可多得的美丽有益的花卉。昙花的气味有杀菌抑菌的能力,让家里的环境充满健康的气息。

十一、芦荟

芦荟又名大芦荟、龙角、狼牙掌等,为百合科芦荟属多年生常绿多肉观赏植物(图9.57)。原产于南非等地,中国云南南部的元江地区也有野生分布。用芦荟装饰厅堂、居室,会给人以清新、优雅、朴实无华的感受。中国南部、西南一带可露地栽培,布置庭院。芦荟还有多种用途,可药用、食用、美容,有很高经济价值。有工业开发价值的芦荟品种主要有库拉索芦荟、好望角芦荟和中国斑纹芦荟。

图9.57　芦荟

(一)形态特征

叶片肥厚,纯绿色或带有斑纹,长披针形,先端尖,叶缘多刺或全缘,簇生于茎上,呈螺旋状排列。总状花序从叶丛中抽生,直立向上生长,花梗高出叶片,花橙红色。盆栽多于秋、冬开花。蒴果三角形,成熟后开裂,露出种子。

同属常见栽培的种类有:

1.花叶芦荟

叶较宽,密集,具多数不整齐白色斑点。

2.剑叶芦荟

叶披针状剑形,先端下倾,反卷,背部凸出,蓝绿色。总状花序,小花密集,黄色至红黄色,并带有红色斑点。

3.木锉芦

叶面有突起的小点,如同木锉一样。

4.翠花掌

株形较小,在深绿的叶片上具有不规则的白色横纹,犹如鸟类的羽毛一样,花红色,是芦荟家族中最美的一种。

(二)生态习性

芦荟性喜温暖、湿润、阳光充足的环境。宜疏松、肥沃、排水良好的土壤,耐盐碱。不耐寒,冬季室温不得低于5 ℃,生长适温为20～30 ℃。耐旱力强,生长期宜稍湿,休眠期宜干。不耐阴,在荫蔽的环境下多不开花。阳光充足可使叶美花多。

(三)繁殖方法

芦荟可用分株或扦插繁殖。分株繁殖可结合早春换盆进行,将植株从盆内磕出,去掉老株,选取基部分生的小苗另行上盆。少浇水,并将分株苗置于温暖湿润的地方,在保证植株不萎蔫的情况下,4～5 d后向叶面、盆土表面喷水,10～15 d后再浇透水。

扦插可于4—5月进行,从老株顶端剪取长8～10 cm作插穗,切口涂抹草木灰,晾1～2 d,待切口干缩后再插入素沙中,保持盆土湿润,20～30 d即可生根。

（四）栽培管理

1. 盆土

芦荟生长较快,应在每年春季出室时换 1 次盆。盆土可用腐叶土 3 份、园土 3 份、河沙 4 份或腐叶土 3 份、园土 2 份、河沙 3 份、珍珠岩 2 份混合配制的培养土,并施入少量充分腐熟的鸡粪、骨粉、油渣等有机肥料作基肥。

2. 光照

芦荟喜欢光照,春秋季节应接受阳光直射,则生长健壮,夏季置于通风良好的半阴处,则更有利于其生长;北方秋后应将其移入室内养护,置于向阳处;冬季置于室内光线良好、室温不低于 10 ℃的地方。

3. 浇水

芦荟较耐旱,怕积水,特别在幼苗期盆土湿度不宜过大。春季可逐渐增加浇水,3 ~ 5 d 浇 1 次水;夏季高温干燥,可每天浇 1 次水,并经常向叶面喷水;秋季气温逐渐降低,应逐渐减少浇水,2 ~ 3 d 浇 1 次水;冬季停止生长,处于休眠状态,应严格控制浇水,以“不干不浇、浇则必透”为原则,一般 15 ~ 20 d 浇 1 次水即可。如发现叶片出现黑霉病时应减少浇水,并停止施肥,及时清除受害部位,以控制病害蔓延。

4. 施肥

如每年换 1 次培养土,养分充足时,生长期间可不施追肥或少施追肥。夏、秋两季生长最快,每 15 ~ 20 d 施一次稀薄液肥。可追施 10% ~ 15% 充分发酵腐熟的饼肥水或 0.1% 尿素肥水加 0.1% 磷酸二氢钾肥水。冬、春季可不施肥。

行动

一、水仙的雕刻及水养

（一）目的要求

让学生初步掌握水仙鳞茎雕刻造型及水养的技术。

（二）材料

水仙鳞茎、脱脂棉或纱布、清毒液。

（三）用具

雕刻刀、镊子、浅盆、石砾、水盆、小喷雾器。

（四）方法步骤

1. 净化

取 20 装或 30 装水仙鳞茎,剥去外皮,同时将护根泥、枯根及腐烂的杂质清除干净,避免水养的鳞片或根受污染而霉烂。

2. 开盖

确定花芽和叶芽大致位置,从芽体弯向的鳞面动刀,左手平捏鳞茎球,右手持刀,沿距离根盘约 1 cm 处划一条弧形线,沿线削掉表面的鳞片,直到看见花芽和叶芽。

3. 疏隙

把夹在芽体之间的鳞片刻除,使芽体之间有空隙,便于对芽苞片、叶片和花梗进行雕刻。

4.削叶

刮梗根据造型要求，确定削叶的宽度，先用斜口刀在叶片端部切一削口，再使用圆口刀顺叶脉由叶端朝基部方向顺削。刮梗时使用斜口刀由梗端顺梗基方向刮除表皮。

5.修整

最后把所有切口修削整齐，既保持外观优美，又可防止碎片霉烂。

6.清洗

雕刻完用清水浸泡，洗去汁液，用消毒液进行消毒，再敷上湿布于雕刻伤口上。

7.水养

在浅盘中放入一层石砾，水刚浸没石砾，将水仙球未雕刻面及根系浸入水中，其他部位不浸水，每天换清水1次，平时向叶面喷水。随着叶片的生长，雕去叶片宽度的1/4～1/3，使叶片弯曲成钩形。花茎抽出后，用刀尖刺破一侧的花茎壁，使花茎逐渐形成自然弯曲。水养时，多见光，勤换水，保持15～25 ℃的环境温度，经30～40 d即可开花。

（五）考核评价

每人完成一件水仙的雕刻作品并养护成型。从实训态度、水仙雕刻、水养结果、实训报告4方面进行考核。

考核项目	考核要点	参考分值
实训态度	积极主动，准备充分，操作认真	10
水仙雕刻	在教师的示范和指导下能够进行水仙雕刻，方法正确，操作规范	50
水养结果	经40 d左右的养护，株形优美，开花正常	20
实训报告	总结水仙雕刻及水养各环节技术要点，详细记录	20

二、上盆、换盆和翻盆

（一）目的要求

通过实习，使学生掌握盆栽观赏植物上盆、换盆、翻盆的技术要点。

（二）材料

花苗、盆花、不同型号的花盆、各类营养土。

（三）用具

花铲、铁锹、枝剪、喷壶、碎盆片、复合肥。

（四）方法步骤

1.上盆

①配制培养土根据观赏植物种类，配制合适的培养土。

②选盆按幼苗大小和观赏植物的种类，选用一定规格的盆。

③垫盆及装土瓦盆，用碎盆片覆盖盆底排水孔，塑料盆则不需垫放碎盆片，可以直接先放入粗粒土，保持良好的排水层。

④上盆栽植在盆内先放入少量培养土，将苗株置于盆中央，要注意深浅，让根系舒展。加土时，要边加土边用手指压实，保持土面平整，在盆口留2～3 cm的浇水余地，塑料盆则加土至水线上1 cm。

⑤浇水用细眼喷壶浇透水，放阴处缓苗一周。

2.翻盆与换盆

①配制培养土根据观赏植物种类，配制合适的培养土。

②脱盆将花苗由盆中取出来,注意一手托盆,将盆倒置,另一手轻敲盆口边缘,使土团自行脱出。

③处理将植株上土团去掉一部分,修剪掉部分枯根、烂根、病根。

④选盆换盆,则选择比原盆大一号的花盆;翻盆,则选择与原盆同样大小的花盆。

⑤垫盆装土、栽植、浇水、缓苗同上盆。

（五）考核评价

考核项目	考核要点	参考分值
实训态度	积极主动、操作认真、守时	10
上盆	配制培养土、选盆、垫盆及装上、上盆栽植、浇水	30
翻盆与换盆	配制培养土、脱盆、处理、选盆、垫盆装土、栽植、浇水	30
实训报告	总结上盆、翻盆与换盆各工作环节技术要点	30

三、盆栽观赏植物的肥水管理

（一）目的要求

通过实习,使学生熟悉盆栽观赏植物需水肥规律,掌握盆栽观赏植物施肥浇水原则及技术要点。

（二）材料

盆花、化肥、有机液肥。

（三）用具

喷壶、浇壶、花铲、喷雾器。

（四）方法步骤

1. 准备

将有机液肥稀释到5%、化肥配成0.2%和0.05%的溶液。

2. 施肥贯彻"薄肥勤施"的原则

①土壤施肥:浇施有机液肥;浇施0.2%化肥;直接施入化肥颗粒。

②根外施肥:用0.05%的化肥喷洒观赏植物叶片。

3. 掌握不同的浇水原则

旱生观赏植物"宁干勿湿",湿生观赏植物"宁湿勿干",中生观赏植物"下透浇透、见干见湿"。

①浇水:用喷壶或浇壶浇水。

②喷水:用细眼喷壶喷水。

（五）考核评价

考核项目	考核要点	参考分值
实训态度	积极主动、操作认真、守时	10
盆花施肥	掌握盆栽观赏植物施肥原则及技术环节	30
盆花浇水	掌握盆栽观赏植物浇水原则及技术环节	30
实训报告	总结盆栽观赏植物施肥、浇水原则及技术要点	30

四、摘心、抹芽及剥蕾

（一）目的要求

通过实习，使学生熟悉观赏植物生长发育规律，掌握观赏植物整形修剪技术摘心、抹芽及剥蕾的技术要点。

（二）材料

盆花。

（三）用具

直尺、竹签、塑料袋、杀菌剂、刀片。

（四）方法步骤

（1）准备　选择需要整形修剪的观赏植物。

（2）摘心　根据观赏植物种类，确定预留植株的高度和叶片数，然后一只手握住要保留的茎节，另一只手将茎尖摘除。

（3）抹芽　当腋芽长到 0.5 cm 时，用竹签或刀片剥掉腋芽，也可以直接用手抹除。抹芽时注意，除了要保留的腋芽外，其余的要全部抹去，抹芽时不要损伤枝叶。

（4）剥蕾　当侧蕾长到豌豆粒大小时，用竹签或手将侧蕾抹掉。注意，除了要保留的花蕾外，其余的要全部剥去，剥蕾时不要损伤枝叶。

（5）喷施杀菌剂　每次完成摘心、抹芽及剥蕾，最好喷施杀菌剂，以防杂菌感染。

（五）考核评价

考核项目	考核要点	参考分值
实训态度	积极主动、操作认真、守时	10
摘心	在教师指导下掌握观赏植物整形修剪的技术环节	20
抹芽	在教师指导下掌握观赏植物整形修剪技术抹芽的技术环节	20
剥蕾	在教师指导下掌握观赏植物整形修剪技术剥蕾的技术环节	30
实训报	分析摘心、抹芽及剥蕾操作不当引起的问题和解决的方法	20

五、观花、观果植物修剪

（一）目的要求

通过实习，使学生掌握观花、观果植物的修剪技术要点。

（二）材料

观花植物（月季、叶子花、碧桃、杜鹃等），观果植物（圆金橘、石榴、火棘等）。

（三）用具

枝剪，手锯。

（四）方法步骤

①在月季生长期间，根据预定冠型，将花谢枝及时剪去，使植株萌发新的枝叶并形成美观、高产的株型。注意切花月季和盆栽月季在修剪技术上的异同。

②为使四季橘挂果多而均匀，在开花期及时剪去弱枝、重叠枝、徒长枝、病虫害枝。坐果后，及时疏果。

（五）考核评价

记录修剪过程，观察修剪后的生长状况，总结修剪效果。考核从实训态度、观花植物修剪、观果植物修剪、实训报告 4 方面进行考核。

考核项目	考核要点	参考分值
实训态度	积极主动,操作认真	10
观花植物修剪	准备充分,修剪时期、修剪方法正确,操作规范	40
观果植物修剪	修剪时期、修剪方法正确,操作规范	30
实训报告	总结修剪效果,详细记录工作各环节	20

六、培养土的配制与消毒

(一)目的要求

使学生熟悉栽培中对培养土的要求,掌握培养土的配制技术及培养土的消毒技术。

(二)材料

园土、腐叶土、河沙、蛭石、珍珠岩、泥炭、炉渣灰、草木灰(砻糠灰)等。

(三)用具

铁锹、粉碎机、搅拌机、各种规格的筛子。

(四)方法步骤

①培养土配制。将各种材料粉碎、过筛后备用。根据栽植各类观赏植物对培养土的不同要求,将所需材料按比例混合,配制成各种培养土。

②测定培养土或扦插基质的 pH 及其他相关的理化指标。

③过筛时,根据需要,既要筛去过粗的颗粒,有时也需要筛去过细的颗粒。

④培养土的药物消毒用 5% 福尔马林溶液或 5% 高锰酸钾溶液。将配制的培养土摊在洁净的地面上,每摊一层土,就喷 1 遍药,最后用塑料薄膜覆盖严密,48 h 后晒干,等气体挥发后即可使用。

(五)考核评价

记录某种观赏植物的培养土配制过程及土壤酸碱度的测定。考核方法见下表。

考核项目	考核要点	参考分值
实训态度	积极主动,操作认真	10
培养土配制过程	材料准备充分,能按照栽培花卉的需要配制各类培养土	40
pH 测定	操作规范,测定准确,记录数值	10
培养土消毒	能够采用正确的消毒方法对配制的培养土进行消毒	20
实训报告	总结各工作环节技术要点,详细记录,整理成实训报告	20

 拓展

组合盆栽

组合盆栽(图9.58),是园艺花卉艺术之一,它主要是通过艺术配置的手法,将多种观赏植物同植在一个容器内。组合盆栽观赏性强,在欧美和日本等国相当风行,在荷兰花艺界还有"活的花艺、动的雕塑"之美誉。

组合盆栽在国内外已达到消费鼎盛时期,而在我国还处于刚起步阶段。随着社会的发展,人民生活水平的提高,单一品种的盆栽花卉因为传统及色彩单调,已经满足不了市场的需求,而组合盆栽因其色彩组合较为丰富,有望成为今后花卉业的主流产品。

图9.58 组合盆栽

评估

1. 盆栽观赏植物有何特点?

2. 盆花生产中如何选择花盆?

3. 常用的盆土配方有哪些?适用于什么植物类型?

4. 盆栽植物选择的原则是什么?

5. 盆花施肥要注意哪些方面?

6. 盆花有哪些浇水方法?浇水要掌握什么原则?

7. 常见的盆栽形式有哪些?

8. 怎样进行上盆、转盆、倒盆、换盆?

9. 盆栽的施肥和浇水方法有哪些?各自有什么特点?

10. 在选择栽培容器时应着重考虑哪些方面?(栽培容器的选择应考虑哪些方面?)

11. 栽培基质的消毒方法有哪些?

12. 当地有哪些配制培养土的材料?

13. 盆栽观花、观果类观赏植物修剪时应注意哪些问题?

14. 简述观叶类观赏植物的栽培要点。

15. 容器栽培的苗木具有哪些优点?

16. 昙花的花期如何控制?

17. 简述多肉、多浆类观赏植物的栽培要点。

18. 简述天竺葵类的重要观赏品种。

19. 菊花的园林用途主要有哪些?

20. 菊花按栽培方式主要分成几类?

21. 简述盆栽仙客来生长周期。

22. 简述中国兰花的形态特征和主要习性。

23. 简述缩短盆栽仙客来生长周期的栽培措施。

24. 简述热带兰的主要种类。

25. 简述蝴蝶兰的形态特征和主要习性。

第十章
切花观赏植物

目标

知识目标

- 熟悉切花观赏植物的种类;
- 了解主要鲜切花的周年生产技术要点;
- 掌握菊花、月季、唐菖蒲、香石竹等主要切花的栽培管理技术。

能力目标

- 掌握主要切花观赏植物的生产栽培技术;
- 能制订切花观赏植物栽培周年生产计划。

准备

切花是指切取有观赏价值的用于花卉装饰的茎、叶、花、果等植物材料的总称。切花包括切花、切叶、切枝与切果,主要用于制作花篮、花束、插花、花环、头饰和桌饰等。切花栽培具有单位面积产量高,生产周期短,易于周年供应,储存、包装、运输简便,可采用大规模工厂化生产等特点。

目前生产中主要以切花为主,不论栽培面积,还是产量,在切花中占有绝对优势。但随着插花艺术、鲜花装饰艺术的推广,切叶植物的栽培近几年发展很快,已出现专业的切叶生产基地。切枝、切果也逐渐受到关注。

一、切花生产的特点

目前世界切花生产大致有以下特点:

(1)品种比较集中 可作为切花的植物种类很多,但生产、销售量较大的切花主要集中在月季、菊花、唐菖蒲和香石竹等几种。

(2)季节性、地区性的制约渐减,易于周年生产供应 采取现代化的生产设施、人工调控等满足植物生长发育要求,使植物受季节性、地区性的制约影响减少,缩短生产周期,提高单位面积产量。只有达到周年生产,稳定供应,才能获得高的经济效益。

(3)储存、包装、运输简便,销售量大 切花的体积质量较小,储存、包装和运输相对简便，易于国际贸易交流。

（4）集约化生产　目前，各花卉生产出现国际性的专业分工，如哥伦比亚的香石竹、荷兰的郁金香、日本的菊花及泰国的热带兰等。

二、切花生产的方式

（一）土壤栽培

土壤栽培有保护地栽培和露地栽培两种。为获得较高的经济效益，多数采用保护地栽培。

（二）无土栽培

切花生产中大规模使用的无土栽培方法有两种：一是岩棉栽培，二是无土混合基质栽培。常用的混合基质原料有：泥炭、蛭石、珍珠岩、沙子、锯末、水苔及陶粒等。

（三）切花的保鲜

切花保鲜有两种含义。通常指消费者购回鲜花后，用保鲜剂来延长"瓶插切花寿命"。广义的保鲜是指从采收后预处理、储藏、运输到上架出售的切花鲜度，即"货架寿命"。生产上的保鲜指的即是广义的保鲜。

切花保鲜的措施有：

①加强田间管理，改善栽培措施，增加切花干物质的积累，如合理施肥，合理灌溉，加强植物保护等。

②采收的具体时间应因花而异，大部分切花应尽可能在蕾期采收。适于蕾期采收的种类有月季、香石竹、菊花、唐菖蒲、小苍兰、百合及郁金香等。但也有些切花不宜在蕾期采收，如热带兰、火鹤及非洲菊等。

③依据有关行业标准进行分级。包装一般在储运之前进行，适当的包装可减少切花在运输过程中的损耗。包装规格一般按市场要求，按一定数量包扎。

④低温冷藏是延缓衰老的有效方法，一般切花冷藏温度为-2 ℃，相对湿度为90% ～95%。一些原产热带的种类，如热带兰、一品红、火鹤等对低温敏感，需要储藏在较高的温度下。

⑤使用保鲜剂。常见的切花保鲜剂见表10.1。

表10.1　常见的切花保鲜剂

切花名称	保鲜剂配方
月季	3% ～5% 蔗糖+300 mg/kg 硫酸铝
	3% 蔗糖+2.5 mg/kg 硝酸银+130 mg/kg 8-HQC+200 mg/kg 柠檬酸
香石竹	5% 蔗糖+200 mg/kg 8-HQC+50 mg/kg 硝酸银
	3% 蔗糖+200 mg/kg 8-HQC
菊花	20% ～30% 蔗糖+25 mg/kg 硝酸银+75 mg/kg 柠檬酸
	3% 蔗糖+250 mg/kg 8-HQC+50 mg/k 硝酸银+2 mg 硫代硫酸钠
唐菖蒲	3% ～6% 蔗糖+200 ～600 mg/kg 8-HQC
非洲菊	3% 蔗糖+200 mg/kg 8-HQC+150 mg/kg 硝酸银+75 mg/kg 磷酸二氢钾
	5% 蔗糖+300 mg/kg 8-HQC+50 mg/kg 矮壮素
百合	3% 蔗糖+200 mg/kg 8-HQC
	500 ～1 000 mg/kg 赤霉素（开花前1周喷）

注：a.8-HQC:8-羟基喹啉硫酸盐。b.本表中的保鲜剂配方，大多引自国内外公开专利。

保鲜剂成分有:

①营养补充物质:蔗糖、葡萄糖等。

②乙烯抑制剂:硫代硫酸银、高锰酸钾等。

③杀菌剂:8-羟基喹啉硫酸盐、次氯酸钠、硫酸铜和醋酸锌等。

④水:蒸馏水或去离子水。

第一节　切花类观赏植物栽培

切花类观赏植物,主要观赏部位是花朵或整个花序,是切花的主要类别,其花朵颜色艳丽,花形娇美或奇特,常见的如菊花、月季、唐菖蒲、非洲菊、香石竹、百合、红掌、马蹄莲及满天星等。

一、月季

切花月季为蔷薇科蔷薇属落叶或常绿灌木,是世界五大著名切花之一(图10.1)。目前,国外切花月季生产多采用无土栽培。

(一)形态特征

株高20～200 cm,茎直立,多刺。叶互生,为基数羽状复叶,一般3～5片小叶,多的可达7片。花着生于新梢枝顶,单生或聚生,花瓣多数,花色有红、黄、紫、粉、白、黑紫等色,多数具芳香。大多数品种为两性花,能结实。月季株型有直立型、扩展型和半扩展型,用于切花生产的月季品种要求直立型,花枝少,少刺,花蕾略带长尖形,花均为重瓣型,花瓣数适中,初花时高心卷边,成酒杯状,且带有香味者为佳。

图10.1　月季

(二)类型和品种

月季品种繁多,目前世界上有1万多个品种。许多国家用月季、玫瑰、蔷薇进行反复杂交育种,形成了现代月季。现代月季不但花色、花形丰富,香味浓,而且周年开花,已成为商品化生产的主要切花种类之一。

现代月季大致可以分为六大类:杂种香水月季、丰花月季、壮花月季、微型月季、藤本月季和灌木月季。

(三)生态习性

月季喜温暖、湿润、光照充足的环境条件,不耐高温。生长适温白天20～25 ℃,夜间12～15 ℃,夏季高温对生长不利,28 ℃以上花蕾明显变小,30 ℃以上生长缓慢,进入半休眠状态,5 ℃以下停止生长,最低能耐-15 ℃的低温。月季喜空气流通的环境,适宜的相对湿度为75% ~80%。喜疏松、肥沃和排水良好的土壤,pH 值为5.5 ~6.5。月季为日中性花,只要条件适宜,四季均可开花。

(四)繁殖方法

月季的繁殖方法有种子繁殖、扦插繁殖、嫁接繁殖和组织培养繁殖。种子繁殖多用于培育新品种,生产上多用嫁接和扦插繁殖。

1.扦插法繁殖

扦插法只适用于发根容易的品种,如小花型月季等,大多数大花型和中花型的品种扦插不易生根,黄色系和白色系的品种尤难生根。扦插苗的优点是寿命较长,从基部发生的脚芽可培育成健壮的主枝。

扦插可分为生长期扦插和休眠期扦插两类。生长期扦插又称嫩枝扦插,一般在花谢后6 ~7 d进行,选用半成熟的枝条带踵并留2 片小叶进行扦插,以春插为主(4月下旬至5月底),约1 个月后生根;休眠期扦插又称硬枝扦插,是利用月季冬季落叶后的木质化枝条在苗床中进行高密度扦插,翌年开春后发根。休眠期扦插可结合冬剪进行。

插穗选取通常选自基部起的第二、第三叶片处的枝条,每3 ~4 个节剪成一插穗。在插穗基部斜切一刀并成45°角,切后立即蘸上生根粉,插入苗床基质中,深度为插条长度的1/3 ~1/2,插后注意保温湿。

2.嫁接法繁殖

嫁接繁殖采用芽接和枝接。嫁接法的优点是发育快,若管理得当,当年即能育成开花大苗。嫁接法又有枝接和芽接之分,现多用芽接苗,尤其以休眠期芽苗为佳。芽接苗抗逆性强,成活率高,切花产量高、品质好,且产花寿命长。切花月季生产上多采用芽接。

(1)砧木准备　以蔷薇为砧木。常规方法是取蔷薇的徒长枝,依扦插月季的方法育苗,生根移栽后作为砧木。休眠芽苗的生产需采用实生苗砧木,选用无刺多花蔷薇,由于其抗病力和耐寒性好,加之无刺和根系旺盛,芽接操作速度快、成苗率高。

(2)"T"形芽接法　芽接通常在5—6 月和9—10 月进行。在砧木离地面5 cm 处先横切一刀,深度到木质部为止,长度为1.5 cm,尽可能不要切进木质部。再在刀口中部竖割一刀呈"T"形,竖刀长度约为2 cm,然后将砧木皮层轻轻地向两边挑开备用。

通常在立秋以后,8 月下旬至10 月最适合进行休眠芽苗的生产。选择立秋后发出的叶色转青、腋芽饱满但未萌动的新枝作接穗,自穗芽下部1 cm 处进刀慢慢向芽上方1 cm 处削离穗条,剔除穗芽上的木质部,插入砧木接口,齐砧木刀口上部割平芽片,使穗芽完全嵌入砧木皮层内。最后用塑料带由下往上绑扎,将芽完全密封,使穗芽不接触空气,处于休眠状态。

(五)栽培管理

1.栽植

切花月季栽培要选择阳光充足,地势高燥,有排水条件的肥沃土壤栽培。施入腐熟的有机肥为基肥。翻耕后作栽植床,每床可作2 行或3 行定植。栽植时间最好在12 月至翌年2 月,栽植密度为9 ~10 株/m²。定植后要及时浇透水。

2. 肥水管理

切花月季栽植后可生产 4~5 年,一般年平均产花量 120~160 枝/m²,因而需要大量的营养和水分,要施足基肥和追肥。基肥除定植时施用外,还可以结合每年冬剪时在行间挖沟施入。在生长期间一般每隔 15~20 d 结合浇水追施 1 次薄肥。萌芽前需水肥量较少,萌芽至发新梢需水肥较多,每 7~10 d 施尿素 2.5 kg/100 m²,以促发新枝。进入开花期,要增加磷、钾肥,减少氮肥。在生长期间要满足水分的需求,保持土壤湿润状态。

3. 架网

植株长到一定高度开花枝易倒伏或弯曲,有的品种枝角开张度较大,应在畦两边竖枝张网,网宽依畦面宽度而定,一般网张宜为 18.5 cm×18.5 cm,两端立杆,高 1.8~2.3 m,两侧用尼龙绳将网隔目相穿,两端拉紧使网张开,可上下移位。

4. 地面覆盖

地面覆盖稻草、麦秸、锯木屑、棉籽壳等,可以抑制土壤水分蒸发,减少灌水次数,弱化地表冲刷,补充 CO_2 气源,缓冲温湿度。

5. 整枝修剪

整枝修剪是切花月季栽培的重要环节。其目的是控制植株高度,更新枝条,促进切花产量,控制花期。整枝修剪分轻度修剪、中度修剪、低位重剪 3 种方法。每次采花就是一种轻度修剪。中度修剪一般在立秋前后,7—8 月高温期间,不修剪,只摘花蕾,保留叶片,立秋后将上部剪掉,留 2~3 片叶,到 9 月下旬就可以进入盛花期。低位重剪,就是把植株回剪到离地面 60 cm 左右高度,12 月中下旬低位重剪,清明节产出早春花,此时花价位较高,到"五一"节进入盛花期,可产生较高的经济效益。新定植的月季,前 2~3 年都要进行低位重剪。

6. 花期控制

月季花期控制主要采用不同的修剪时间来调节,在日温 25~28 ℃ 的条件下,剪枝后 45 d 左右可剪取切花,一般最基部芽的切花时间迟 4~5 d,上位芽早 4~5 d。修剪时保留 2~3 片绿叶,萌芽后每枝留 1~2 个健壮芽,其余抹去。

切花月季多采用温室和大棚栽培,夏季高温不利于月季生长,可外设遮阳网,打开窗户或拆除薄膜等方法降温,同时,通过减少浇水来迫使月季处于休眠状态。入秋后温度逐渐下降,月季生长又处于高峰期,应注意通风透气,晚间注意保温。入冬后做好保温、加温工作,保持晚上最低温度不低于 10 ℃。冬季室内湿度高,晴天开窗或设置排气装置,定期排除过湿的空气。

7. 剥蕾

切花月季要求 1 个花枝只开 1 朵花,一般每个花枝上会形成多个花蕾,在花蕾形成时,应及时剥除周围的侧蕾,只留中间的主蕾,使营养集中,促使花大色艳。

8. 病虫害防治

月季主要病害有白粉病、灰霉病、黑斑病等,应注意棚室的温湿度管理,做好预防工作,通常每隔 7~10 d 用保护剂和杀菌剂交替防治。主要虫害有蚜虫、叶螨、叶蛾等,在虫害发生期用不同的杀虫剂进行喷杀。

（六）二至多年生植株的修剪

在正常生产中，月季植株的高度随着不断采花而增高。为避免植株过高，每年均需进行一次重剪，以降低植株高度。具体方法是：

1. 回缩修剪

在3月下旬至5月中旬，每次剪花枝都向下剪去十几厘米开花母枝，连续几次可将株高降至70~80 cm。

2. 重修剪

露地秋冬季节将枝条一起剪到70~80 cm高度。若冬季大棚能加温产花，应在盛夏季节重剪，剪后适当遮阳，喷水不施肥，促进再次萌发；若冬季不能产花则与露地一样修剪。

（七）采收与处理保鲜

大多数红色和粉红色品种，当最外层的两片花瓣展开时，即可采收。黄色品种可稍早，白色品种宜晚。采花最好在清晨和傍晚进行，剪切部位通常是保留5片小叶的2个节位，俗称为"5留2"。采收后应立即吸水，去除切口以上15 cm内的叶片和皮刺，只留3~4片叶，再分级捆扎，20支1束。在吸水或保鲜液后，保存在4~5℃条件下待运。

二、菊花

菊花为菊科菊属多年生宿根草本观赏植物（图10.2）。原产于中国华北、东北、华中地区，是中国传统名花之一，有着2 500多年的栽培历史。菊花花色丰富、清丽高雅，深受世界各国人民的喜爱。在国际市场上，菊花已经成为世界五大著名切花之一。

（一）形态特征

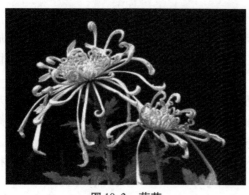

图10.2 菊花

株高60~150 cm，茎直立，基部半木质化，茎青绿色至紫褐色，密被白色短茸毛。叶大，互生，具柄，卵形至披针形，羽状浅裂至深裂，边缘有大的锯齿或缺刻。头状花序单生或数朵聚生于枝顶，花序直径2~30 cm，由舌状花和管状花组成，缘花为舌状的雌花，有白、粉红、雪青、玫红、紫红、墨红、黄、橙、淡绿及复色等，花色丰富；心花为管状花，两性，可结实，多为黄绿色。花期9—10月。

（二）类型和品种

菊花种类、品种繁多，花色、花型、花瓣多变，花径有大、中、小型之分，花瓣有匙瓣、平瓣、管瓣、桂瓣和畸瓣等多种类型，按花期分为春菊、夏菊、秋菊、冬菊。

（三）生态习性

菊花喜温暖、凉爽的气候，生长适温为18~21℃，最高温为32℃，最低温为10℃。较耐寒，地下根茎能耐-10℃的低温。喜光，稍耐阴，宜栽培在通风良好、光照充足的场所，在高温、强光照的夏季,应适当遮阴35%~50%。菊花喜湿,不耐旱,但怕水涝,最怕积水。适于在土层深厚、富含腐殖质、疏松、肥沃的中性至微酸性沙壤土中生长。忌浓肥,忌连作。秋菊是短日照植物,每天日照超过14.5 h的长日照条件下只进行营养生长,不进行花芽分化。每天12 h以上黑暗和10 ℃的夜温适于花芽分化。

(四)繁殖方法

菊花用扦插、分株等方法进行繁殖,生产用苗一般采用扦插繁殖。

菊花繁殖应建立母本圃和采穗圃。从当年开花的优良单株中挖取脚芽,育成后建立母本圃,再从母本圃采取插穗,育成后建立采穗圃,采穗圃经过2~3次摘心后直接采取生产性插穗,育成苗后直接定植,用于切花生产。切花菊扦插繁殖取穗的母株按照1∶25~1∶30的比例留足母株,母株取穗3~4次后,插穗质量明显下降,应予以淘汰。

扦插基质选用透水、透气的材料,如蛭石、珍珠岩、河沙等,在消毒后使用,苗床厚度10 cm左右。扦插前清理插穗下部叶片,每穗留上部2~3片展开叶,用利刃将插穗基部的切口切成马蹄形,用100~200 mg/L萘乙酸或50 mg/L生根粉速蘸处理。扦插时用竹签开洞,然后将插穗插入1/3,之后压实。扦插深度2~3 cm,株间距5 cm×5 cm,扦插完成之后立即用喷壶浇足水,同时向插床四周浇水以增加湿度,保持基质湿润。搭设塑料小拱棚以保温保湿,同时搭高荫棚,尽量控制温度在15~20 ℃,温度过低会延长生根时间,过高则会造成插条腐烂。春、秋两季20 d左右生根,夏季15 d左右可生根,30 d左右定植。夏季高温可采用全光照迷雾育苗,可提高菊花的扦插成活率。每棵母株采穗3~4次后淘汰,否则会影响插条质量,减弱切花植株生长势。不同的切花品种,扦插时期不同:秋菊通常在5—6月扦插育苗,夏菊在上年12月至翌年1月进行,而寒菊在6—7月进行。

组培育苗节省材料,成苗量大,可对植株脱毒,保持品种特性。在切花生产中普遍采用,但需要的设备与投资较多。

(五)切花菊栽培管理

1.整地做畦

切花菊生长旺盛,根系大,要求土壤肥力大。在整地做畦前应在圃地施入腐熟有机肥或生物有机肥,一般为5 kg/m²,既改善土壤物理性状、通气透水性,又能增加肥力。以南北方向做高畦,高15 cm,长10~20 m,宽1~1.2 m,防止积水。

2.定植

(1)定植时间　切花菊的定植时间应根据上市时间来决定。秋菊一般在5月中下旬至6月上旬定植。晚秋菊、冬菊在7月下旬到8月上旬定植,夏季5月开花菊应在1月上中旬定植,7—8月开花菊应在2—3月定植。选择阴天或傍晚进行定植。各地气候条件不同,定植时间略有不同。

(2)定植密度　若摘心,一般密度为20 cm×20 cm,每株留3~4个花枝,每平方米栽植20株左右;不摘心,每株只有1个花枝,密度为12 cm×12 cm,每平方米栽植50~60株。

3.肥水管理

菊花定植后要充分浇水,保持土壤湿润,不能过干或过湿,以喷灌和滴灌为好,不宜漫灌,避免表土板结。

切花菊种植后,营养生长初期植株较小,生长缓慢,需肥量不大,随着植株的长大,需肥量逐渐增加,每10～15 d追肥1次,以氮肥为主,适当配合施用磷、钾肥;花芽分化和花蕾形成阶段,以施磷、钾肥为主。秋凉后菊花生长迅速,可增加施肥次数,适当提高肥液浓度和施肥量,使菊花茎生长健壮、挺拔,达到切花菊所需高度。切花菊的追肥应薄肥勤施,但要防止施肥过量,避免营养生长过旺及柳叶的发生。追肥时应注意不要使肥液污染叶片。另外,秋季可用0.1%～0.2%的尿素水和0.2%～0.3%的磷酸二氢钾水根外追肥,每隔5～7 d喷1次,可使花色鲜艳而有光泽。

4.摘心和整枝

摘心一般在预定开花期前90 d进行。当菊花苗长到5～6片叶时,进行第1次摘心,促发侧枝后,留强去弱3～5个侧枝;第2次摘心,留3～5个枝,留枝过多,营养分散,切花质量下降。摘心要适时,过早则分枝多,开花迟;过晚则分枝少,花枝短而不齐。

5.支柱、架网

切花菊茎高,生长期长,易产生倒伏现象,在生长期确保茎秆挺直,生长均匀,必须支柱架网。架网应在定植缓苗后进行。幼苗长到20～25 cm高时,在30 cm高度处张网,使植株笔直生长,以后每增高25～30 cm时,都要张网1次。通常切花菊在整个生长期要张网3次。

6.抹芽和剥蕾

在栽培过程中,当植株侧芽萌发后及时剔除侧芽。菊花现蕾后及时去除副蕾和侧蕾,集中养分供给顶芽主蕾。出现“柳叶头”现象,应及早摘心换头,将枝条顶梢的柳叶部分连同1～2片正常叶剪去,待其下部萌发的侧枝长成代替主茎,以后在短日照条件下花芽分化。

7.病虫害防治

常见的病害有白粉病、斑枯病、立枯病、炭疽病、锈病、叶枯病及线虫病等,常见的虫害有蚜虫、绿盲蝽、地老虎、蛴螬等,应及时进行防治。

(六)切花菊的周年生产

1.采用不同花期的菊花品种类型达到周年供应

菊花的种类很多,根据不同菊花品种群的日长反应和温度反应分为春菊、夏菊、秋菊和寒菊四大品系。根据春、夏、寒菊的生物学特性分期进行栽培,从而使菊花在自然条件下周年生产。这种栽培的最大特点是能在适宜的季节进行大面积的露地生产,在自然条件下开花,大大降低生产成本,获得较高的经济效益。

(1)春菊　春菊的自然开花期为4月下旬至5月,栽培多在9—10月间扦插或分株繁殖育苗,成活后栽于盆中,11月底天冷后移至大棚或温室内养护,经几次摘心,至4月下旬至5月上旬开花供应市场。

(2)夏菊　夏菊的自然开花期在5—8月初。花芽分化对于日长反应不十分敏感,但对于温度十分敏感,许多品种只要夜温在10 ℃左右,无论是秋季还是春季都能马上形成花芽,属低温春化型。在12月至次年2月在温室内扦插,生根后温度控制在3～7 ℃,经3～4周低温春化,而后在温室或大棚内保持10 ℃左右的温度及充足的日光条件,进行花芽分化。最后在每日12 h的日照下,花蕾发育形成,5—7月间开花。

(3)秋菊　秋菊的自然开花期为10—11月,秋菊的日长反应,无论从花芽分化,还是花芽发育,都显示出短日性,花芽分化的界限日长为 13~15 h。秋菊花芽分化的界限温度较高,最低夜温为 15 ℃ 左右。由于秋菊的花芽分化界限温度范围较大,所以在切花生产中除了季节栽培以外,还可以通过遮光促成栽培或者进行电照抑制栽培等,进行分批次生产、采收、上市。

(4)寒菊 寒菊的自然开花期比秋菊更晚,基本上在 12 月至翌年 2 月。短日照花卉。花芽分化温度为 6~12 ℃。寒菊除了进行季节性栽培之外,也可以用于电照抑制栽培,于 3 月或者 4 月收获切花。寒菊一般在 6—7 月扦插育苗,25 d 后成活,进行露地栽培,11 月下旬至 12 月上旬移至大棚,保持 5 ℃ 以上温度即可陆续开花。

2. 切花秋菊的补光和遮光栽培

在无自然花期品种可用的季节,可以通过人工控制花期的秋菊品种加以补充,从而达到切花菊周年供应市场的目的。

(1)秋菊的补光栽培 又称电照栽培。主要用于秋菊短日照的抑制栽培,通过光照抑制花芽分化,延迟开花在 12 月至翌年 4 月,满足元旦、春节用花的需要。

秋菊从短日照处理至开花的时间约为 2 个月。8 月中下旬日长少于 14 h 开始花芽分化,为抑制其花芽分化,此期间应作补光处理。补光处理一般在日落前进行。以 8、9 月份每夜 10 时补光 2 h,10 月上旬以后每夜 20~24 时补光 3~4 h。补光结束后如果马上进行短日照和低温处理,会降低切花质量,而在补光结束后采用后续补光的办法可提高切花的质量,即在停止补光后 11~13 d 再补光 5 d,再停止补光 4 d 后补光 3 d。秋菊的补光与温度密切相关。一般秋菊花芽分化的临界温度在 15~16 ℃,低于此温度影响花芽分化,产生畸形花。所以在补光栽培过程中,从停止补光前 1 周至停止补光后 3 周这段时间内,温度必须保持在 15~16 ℃ 以上,才能保证花芽分化正常进行。

秋菊补光装置一般采用 100 W 白炽灯、荧光灯等。在补光过程中每盏灯照射面积在 4 m²,灯距一般为 180 cm。

(2)秋菊的遮光栽培 主要用于短日照秋菊的促成栽培。一般用黑膜遮盖来延长短日照的时数,促成花芽分化,提早开花在 8—10 月。8 月上市的菊花,一般 3 月份在温室内扦插育苗,温度 18~22 ℃,4 月上旬定植,5 月上旬开始短日照处理;9 月上市的菊花,一般在 4 月下旬大棚扦插育苗,5 月上旬定植,6 月中旬开始短日照处理;10 月上市的菊花,5 月中旬露地扦插,6 月中旬定植,7 月初开始短日照处理。

短日照处理一般在 10 片真叶后开始进行,遮光处理的时数为每天 14 h,一般在下午 5 时开始遮光,次日 7 时结束。短日照处理期间,遮光后不能露光,也不能间断遮光。遮光时间一般为 56~80 d。在花蕾现色时停止短日照处理。遮光材料为黑色塑料膜或用外黑内红的双层棉布,遮光处理期间仍进行正常的栽培管理。

(七)切花菊采后处理及保鲜

标准型菊花花开 6~7 成时剪收,多头型菊花,当主枝上的花盛开,侧枝上有 3 朵花透色时采收。剪花时间,如在当地销售,可在晨露消失或傍晚剪收,这时植株内水分充足,采收后保鲜时间长。如远销,则中午前后植株枝叶水分少、叶片柔软时剪收,以免包装时损伤叶片。剪枝部位在离地面 10 cm 处。摘去花枝下部 10 cm 的叶片。剪后运到阴凉处进行分级包装,每 10 支扎成 1 束,外包尼龙网套或塑料膜后装箱。箱内保持 2~4 ℃,相对湿度 90% 以上的条件可较长时间保鲜。

多头切花菊以顶花蕾已满开，周围有 2 ~ 3 朵半开时为采收适期，独头菊以舌状花紧抱，有 1 ~ 2 个外层瓣始伸出为采收适期。采收切花枝长宜在 60 ~ 85 cm 以上，采后花枝及时浸入清水中吸水，去掉多余叶片，然后分级绑扎，每 10 支或 20 支 1 束，在 2 ~ 4 ℃低温、相对湿度 90% ~ 95% 环境下储藏保鲜。

三、香石竹

香石竹又名康乃馨、麝香石竹，为石竹科石竹属宿根草本观赏植物（图 10.3）。原产于南欧、地中海北岸等地，为世界五大著名切花之一，在世界各地广泛栽培。中国引种较早，20 世纪 80 年代后在上海、昆明等地大量栽培，是中国目前栽种面积最大的切花。

（一）形态特征

株高 50 ~ 100 cm，茎直立，多分枝，基部半木质化。耐寒性品种冬季可形成莲座状。整株被蜡状白粉，呈灰蓝色；茎秆硬而脆，节膨大。叶对生，线状披针形，基部抱茎。花单生或 2 ~ 6 朵聚生枝顶，有短柄；花萼长筒形，萼端 5 裂；花瓣扇形，多为重瓣；花色有红、玫瑰红、粉红、深红、黄、橙、白、复色等，花径 3 ~ 9 cm，花有香气。

（二）类型和品种

香石竹按花朵数目和花径大小分为单花型和多花型。单花型为大花型，每枝上着生 1 朵花；多花型主枝上有数朵花，花径较小，为中小型花。根据对环境的适应及性状

图 10.3　香石竹

表现分为夏季型和冬季型，夏季型主要品种有坦加丁、托纳多、罗马、尼基塔、海利丝、马斯特等，冬季型主要品种有白西姆、诺拉、卡利、莱纳、达拉斯、俏新娘等。

（三）生态习性

香石竹喜温暖、凉爽气候，忌严寒、酷暑，生长适温白天 20 ℃左右，夜间 10 ~ 15 ℃，气温低于 10 ℃，生长停滞；高于 30 ℃，生长受到抑制。夏季连续高温易发生病害。喜干燥通风环境，喜阳光充足。适于疏松透水、富含腐殖质土壤，pH 值为 6 ~ 6.5。忌连作。香石竹多为中日性花卉，15 ~ 16 h 长日照的条件，对花芽分化和花芽发育有促进作用。

（四）繁殖方法

香石竹易受病毒感染，切花香石竹一般用组织培养法去除病毒，获得脱毒苗，然后再用扦插法繁殖。扦插繁殖要建立优良的品种圃、采穗圃。品种圃和采穗圃应覆盖防虫网，防止害虫侵入而感染病毒，导致种性退化。香石竹种苗的优良性状一般能维持 8 ~ 12 个月，之后性状退化，影响切花质量。种苗生产的母株必须每年更换 1 次。

生产用种苗的插穗最好采母株茎中部 2 ~ 3 节抽生的侧芽，采穗长度 6 ~ 8 cm，保留 6 ~ 8 片叶，速蘸 50 mg/L 的 NAA 或 2 号 ABT 溶液，促进生根。扦插采用全光喷雾苗床，基质为蛭石，基质厚度 8 ~ 10 cm，插后立即浇水。生根前要适当遮阳，夏季高温喷水降温。苗床注意防病，及时发现，及时防治。在高温、高湿环境下，6 ~ 8 d 喷 1 次杀菌剂，如多菌灵、百

菌清、甲基托布津等,喷洒应在表面水分刚蒸发完时进行。

(五)栽培管理

1. 土壤准备

选择没有种植过香石竹的地块,连作时对土壤进行消毒。整地,施入腐熟的有机肥作基肥,通常每 100 m² 施有机肥 300 kg,过磷酸钙 12~15 kg。香石竹喜干忌涝,地下水位高的地区做高畦,水位低的做平畦,注意排水。

2. 定植

香石竹定植时期有春作型、秋作型和冬作型。春作型 4—5 月定植,10 月以后秋冬出花;秋作型 9 月定植,翌年 3—4 月出花;冬作型 12 月定植,翌年 6—7 月出花。

定植的密度一般为 35~40 株/m²,有效花枝控制在 180~200 支/m³。定植株行距为 10 cm×10 cm,深度为 3~5 cm,以香石竹幼苗能直立为宜。

3. 浇水追肥

一次浇水不宜过多,以湿润 30 cm 土层为好。土壤过湿容易发生茎腐病。9 月下旬至 10 月下旬气温 15 ℃ 左右时,可增加浇水量。冬季因昼夜温差大,要严格控制浇水量。

香石竹在定植后追施有机肥,追肥要薄肥勤施,注意全面营养。生长前期需氮肥较多,中后期减少氮肥的用量,适当增加磷、钾肥。花蕾形成后,可每隔 5~7 d 喷 1 次 0.2%~0.3% 的磷酸二氢钾,以提高茎秆的硬度和开花质量。

4. 架网

香石竹在侧枝开始生长后,整个植株张开,花茎易弯曲,应提早张网,使茎正常发育。一般张 3 层网:苗高 20 cm 时,张第一层网,网距床面 15 cm;第二层网距第一层网 20 cm;第三层网距第二层网 20 cm。

5. 控温

香石竹为喜冷凉作物,栽培适宜温度是 15~20 ℃。高于 30 ℃ 会使生长势减弱,茎、叶细弱,花苞变小,切花产量和质量下降。长期低于 0 ℃ 时还会产生冻害。因此,夏季应注意通风降温,冬季应注意保温或加温。另外温差过大还会造成裂萼,应注意防止。

6. 摘心和花期控制

定植后 4~6 周,侧枝长至 5 cm 时即可摘心。有 4 种摘心方法,摘心方法的不同可影响切花产量和采收时间。

(1)单摘心 对定植植株只进行一次摘心,一般在有 6~7 对叶进行,摘去顶芽,使下部 4~5 对侧芽几乎同时生长,同时开花。此摘心方法能出现两次采收高峰,可在短时间内同时收获大量切花。

(2)一次半摘心 摘去顶芽,侧枝伸长后,从所有侧芽中选半数较长者再摘心。这种方法可降低第一茬花产量,但各茬花产量较均匀,可延长采花时间。

(3)双摘心 摘除顶芽,侧枝生长后再摘除所有侧枝的顶芽。这种方法可使第一茬花产量大而集中,主要为推迟采花期。

(4)单摘心与打梢 摘除顶芽,侧枝伸长超过正常的摘心长度时,应去除较长的枝梢,打梢需持续进行 2 个月左右。这种方法可降低第一茬花产量,使第一年中产花量平稳,可与双摘心一样提高产量,但在生产上要求高光照条件下采用。

7. 摘芽和摘蕾

这是香石竹栽培中一项持续且费工多的操作，除产花侧枝外，其余侧枝应及早摘除；茎顶端花蕾留下位置适中且发育良好的一个，其余全部摘除。摘芽及摘蕾应用手掐住芽或蕾向下作圆弧旋转将其剥掉，而不可向下直拉，否则容易损伤茎叶，导致以后花茎弯曲。

8. 病虫害防治

香石竹常见病害有立枯病、病毒病、叶斑病及锈病等。应选用无病插穗（芽），拔除病株，喷药防治，或进行土壤消毒。虫害有蝇、蝼蛄危害，可用毒饵诱杀，对蚜虫、红蜘蛛、夜盗蛾等虫害，可喷药毒杀。

（六）切花生产的栽培日程

为了达到周年均衡供花，除控制定植时期外，还需配合摘心处理，调节香石竹开花高峰（表10.2）。

表10.2　香石竹切花周年生产日程

定植时间	摘心方法	采花时间
4—5月	一次半摘心	7月始花，为一级枝开的花，8—9月二级枝开花
2月	一次摘心	6月底始花，第1次开花高峰在7月，第2批在元旦、春节上市，翌年5—6月第3批花上市，可延至7月初
3月	不进行摘心	6月中旬开花，第2批花在国庆节上市，第3批花在翌年3—4月收获
6月上旬	两次摘心	第1批花在元旦期间上市，第2批花在5月的第2个星期日"母亲节"前后上市
9月上旬	一次摘心	翌年4—5月为产花高峰，7—8月仍有优质花供应上市

（七）采收与处理保鲜

大花型香石竹可在花蕾即将绽开时采收。多花型香石竹应在两朵花已开放，其余花蕾透色时采收。采收时间应在每日下午1—4时。花采下之后，应放在清洁的水或保鲜液中，冷藏温度在$0 \sim 0.5 ℃$，相对湿度$90\% \sim 94\%$，分级包装，20支为1束打捆保存或运输。

四、唐菖蒲

唐菖蒲又名剑兰、菖兰、什样锦，为鸢尾科唐菖蒲属多年生球根观赏植物（图10.4）。原产于非洲中南部及地中海沿岸地区，因其色彩丰富、花形多姿、艳丽而华贵，成为鲜切花重要的种类，是世界五大著名切花之一。唐菖蒲栽培地区广泛，品种繁多。

（一）形态特征

球茎扁圆形，在球茎上有明显的茎节，通常为$6 \sim 7$节，球茎外有褐色膜质外皮。基生叶剑形，互生，排成两列，嵌叠状排列。花葶自叶丛中抽出，高$50 \sim 80$ cm；穗状花序顶生，每穗着花$8 \sim 20$朵；花冠呈膨大漏斗型，花径$6 \sim 12$ cm，不同品种边缘有皱褶或波状变化；花色有白、粉、黄、橙、红、浅紫、浅绿、蓝、紫及复色等色系。

（二）类型和品种

唐菖蒲属野生原种约300种,栽培品种主要通过杂交育种获得。全世界唐菖蒲品种已超过1万种,以荷兰育成的品种较多,中国育成的品种已有数百个,育种和种球生产主要集中在中国东北和西北地区。唐菖蒲由于品种来源复杂,一般根据花型和开花习性分类,按花型可分为大花型、小蝶型、春花型和鸢尾型。生产上常按开花习性分类,分为春花种与夏花种。春花种在温暖地区是秋季栽种,翌年春开花;夏花种则是春季栽种,夏、秋开花。夏花种又因生育期长短不同,分为早花类,60~70 d开花;中花类,80~90 d开花;晚花类,100~120 d开花。目前生产上多为中花类。

图10.4　唐菖蒲

（三）生态习性

唐菖蒲喜阳光充足、气候温暖、湿润的生长环境,有一定的耐寒性、不耐涝。生长适温白天为25~27 ℃,夜间12~15 ℃。球茎在4~5 ℃时萌动,苗期适温12~15 ℃,3 ℃以下停止生长,-3 ℃以下受冻害。长日照有利于花芽分化,短日照能提早开花。喜土层深厚、疏松、肥沃、排水良好的沙质壤土,pH值以5.5~6.5为宜,高于7.5容易出现营养缺乏症。种球寿命为一年,每年更新。

（四）繁殖方法

唐菖蒲主要以分球繁殖为主,但在种球的繁殖过程中会产生品种混杂与品种退化,因此必须定期用组织培养法培育脱毒复壮的新仔球作繁殖用母球。小子球种植采用垄栽,施足基肥,种植后浇透水,生长期间每15 d左右追1次肥。小子球经过1~2年的栽培就可作为开花球。

1.仔球繁殖

（1）种球播前处理　球茎经过一个生长周期,可在大球茎旁边生长出许多仔球。将仔球与大球茎分离,晾晒后分级保存。翌年春季即可进行繁殖。仔球在播种前要进行药物处理,选用:

①70%可湿性甲基托布津粉剂800倍液。

②多菌灵1 000倍液,再加1 500倍液克菌丹或福美双;

③500倍液代森铵或代森锌;

④2 000倍液的高锰酸钾。将仔球浸泡20~30 min后捞出,沥净药液,即可进行催芽处理或直接播种。

（2）垄播　顺垄台开沟,深约10 cm,每亩施入磷酸铵30 kg,硫酸钾28 kg,化肥施入沟内后盖上2 cm厚的土,随后进行播种。播种又可分撒播和点播:撒播即将仔球自然均匀撒入沟内;点播即在开好的沟内以3 cm的距离种于沟内。播种后覆土5 cm,将土填实。

（3）床播　顺播种床开3条沟,两侧的沟距床沿20 cm,中间的沟距两侧沟30 cm。操作方法与垄播相同。播种后如遇干旱应喷灌一次透水,在苗出齐之前要经常保持土壤的湿润,出齐后要适当控制水分,以利根系伸延。出苗后经常松土,以增加土壤的通透性,并且本着以预防为主的原则,适时喷施防病虫害的药剂,以保证幼苗苗壮生长。生长期间要按时追肥,出苗1个月后,开始第一次追肥,以氮肥为主,半个月后,以0.2%的尿素进行根外追肥,以后每半个月追施0.2%磷酸二氢钾溶液或磷钾复合肥溶液一次。叶面施肥与土中施肥交替进行。收获球茎前一个月停止追肥。

2. 切球繁殖

因种球缺乏或属珍稀品种,可进行切球繁殖,此法能促使球茎上的每个芽都能萌发成新的植株,对花、新球、仔球的质量均无影响。方法如下:将球茎的膜质皮剥去,使肉质球茎全部裸露,根据种球的大小和芽眼的数量确定应切割的块数。按照芽眼的排列,纵向切割,每个种块必须保留1~2个芽和一定数量的茎盘,切完后用0.5%高锰酸钾溶液浸泡20 min后即可播种。

(五)栽培管理

1. 露地栽培

(1)整地施肥　栽植前先将土壤深翻40 cm,土壤瘠薄的施入腐熟的农家肥作基肥。结合土壤深翻进行土壤消毒。多雨地区做高畦,干旱地区多用平畦。

(2)球茎处理　球茎种植前用500倍多菌灵或百菌清消毒液进行消毒。

(3)种植　在适宜的温度条件下,多数品种从种植到花盛开约需90 d。定植株距10~20 cm,行距为30~40 cm,种植深度为5~12 cm。

(4)肥水管理　生长初期主要消耗球茎中贮藏的养分,可不追肥;在2片叶形成后,进行1次追肥,促进茎叶生长;3~4片叶时增加施肥量,促进孕蕾;花期不施肥,花后应施磷、钾肥,促进新球生长。经常保持土壤湿润,在植株形成3~4片叶、进行花芽分化时,应适当控水,促进花芽分化。

2. 保护地栽培

唐菖蒲在长江下游及以北地区,必须有保护地条件才能周年生产。

(1)补光　唐菖蒲喜光,冬季生产时,常因光照强度不够而产生“盲蕾”。因此,温室内栽培应备有补光设备,以便在日照不足时使用。冬季生产时,特别是在花芽分化后几周内,要进行补光处理,一般补8 h即可。

(2)通风　唐菖蒲喜温暖但不闷热的环境条件,最适温度为20~25 ℃。在栽培过程中要注意保证通风良好,特别是在冬季栽培的过程中更应注意通风,避免产生“盲花”。

(3)浇水　提倡使用喷灌或滴灌栽培唐菖蒲。

3. 冬春栽培

唐菖蒲的周年生产中10月份至翌年5月份为生产关键时期,这一时期市场切花紧缺,也是唐菖蒲生产淡季,用调节定植时间来进行淡季生产。若10—12月产花,需7—9月定植。这一时期气温较高,且雨水较多,因此,要重点防止球茎感病。可以在地面铺稻草等隔热材料,或架设遮阴网,以降低环境温度。若12月至翌年3月产花,应在10—12月定植,管理也需要格外精心。首先,要尽可能选用比较耐低温和低光照的品种;其次,应选择饱满的大球;最后,栽植密度要比春、夏季小。

在我国北方冬季温室栽培,应使用滴灌系统,而不宜使用喷灌,因喷灌会吸收很多热量,致使加温系统工作负荷加重。秋冬季节栽培唐菖蒲,除温度外,增加光照是一项重要措施,一般每天 14 ~ 16 h 的光照才能促进花芽分化。从 2 ~ 3 片叶期起每天增加光照 3 ~ 4 h,连续 55 d 以后可以开花。

4. 病虫害防治

唐菖蒲常见病害有枯萎病、灰霉病、锈病、细菌性病害、线虫病害等。枯萎病防治,种植前用 50% 多菌灵,500 倍液浸半小时,消毒球茎,再以 5% 福美双拌粉后种植;灰霉病用 5% 农利灵可湿性粉剂 800 ~ 1 000 倍液喷施,或喷 5% 扑海因可湿性粉剂 1 000 ~ 1 500 倍液;锈病发生期喷 12.5% 烯唑醇 3 000 倍液或 80% 大生粉剂 500 倍;细菌性病害防治时选用无病种球繁殖,及时拔除病株,或用 3% 米乐尔颗粒剂 3 ~ 5 kg/亩撒施于土表,发病初期喷农用链霉素 1 000 倍液;线虫病害要认真检疫,防止有线虫的病株或土壤、肥料传播,与禾本科植物进行轮作。主要虫害有花蓟马、梨剑纹夜蛾等,花蓟马采用 50% 杀螟松 1 000 倍液喷,或 2.5% 溴氰菊酯乳油 3 000 倍液喷雾防治;梨剑纹夜蛾发生多时用敌百虫、敌敌畏 1 000 倍液喷杀。

(六)花期控制

唐菖蒲的花期控制较为容易,球茎采收后经过一定时期的休眠就可种植。不种植的球茎在 5 ℃下保存。从种植至开花约需 3 个月。分期种植即可获得不同花期,实现周年供花。如 3 月中旬种植,6 月出花;7 月种植,9—10 月出花。露地栽培花期为 6—11 月,冬春需要设施栽培。休眠期可用人工措施打破。

(七)球茎收获

1. 采收

花后 40 ~ 45 d,地上部分开始枯黄,是收获球茎的最适时期。过早则球茎不充实,过迟则增大球茎患病的概率,仔球容易散失。要在晴朗天气进行,在植株基部 5 ~ 7 cm 处,垂直将锹插入土内 15 ~ 20 cm,朝植株方向挖掘,使根茎部位土壤松动,轻轻将植株从土壤中拔起,防止球茎上着生的仔球散落。植株集中后,用修枝剪在球茎基部 0.5 ~ 1 cm 处剪去地上茎叶部分。

2. 晾晒

露天晾晒择无雨天气,将经过消毒的种球摊放在细缝竹帘、炕席或苫布上,经常翻动,晚间用塑料盖好或收起,翌日再摊开晾晒。当种球上的须根开始萎蔫时,即可把须根和残留的老球摘除。然后再继续晾晒;直到新球茎上的膜被彻底晾干,用手摸时无潮润感为度。

(八)球茎的贮藏

1. 常规贮藏

利用现有的条件进行短期间的贮藏,到翌年春季栽种,其贮藏期为 7 个月左右。常规贮藏库要通风、干燥、不结冻,最宜温度为 1 ~ 5 ℃。

(1)架贮 根据种球贮藏量和库房的容积,用铁或木材制作长 2 m,宽 60 cm,高 1.8 m 的活动贮藏架,从地面 60 cm 处开始,每 30 cm 一层,每层架以间隙不超过 1 cm 的竹帘,或用孔眼不超过 1 cm 的铁网,四周框以 5 ~ 10 cm 高的木框,然后按品种分层放置种球。

(2)盘贮 贮藏盘为长方形,长 70 cm、宽 50 cm、高 10 cm,用竹板或木板制成,盘底钉竹、木板条,中间留 1 cm 的空缝,盘中间也留空缝,以利通风,每盘可装种球 15～20 kg。此种贮藏方法机动灵活,管理方便,白天可以搬到室外晾晒,晚间可以搬进室内,冬季可以多层贮盘叠到一起,有效利用空间。

(3)袋贮 将晾干的种球装在特制的尼龙种子袋内,袋的规格以长 65 cm、宽 40 cm 为宜,每袋可装种球 30 kg 左右,将贮藏袋立放在铁木架上。

2.延期贮藏

唐菖蒲于春季栽种,9 月下旬起球。唐菖蒲的自然休眠期为 2 个月,有的品种可能还要长些。保护地栽培,自然栽植期需在 11 月上中旬。而唐菖蒲冬季栽培,由于受温度和光照时间的影响,中花期种,从栽植到开花需 100～120 d。如想在圣诞节、元旦、春节期间向市场供应鲜切花很困难。为了解决这一问题,较为有效的办法,就是实行种球延期贮藏。

(1)自然延期贮藏 自然延期贮藏环境必须阴凉、通风、干燥。相对湿度不能高于 70%,选择健壮、无病,没有萌发现象的种球,放在贮藏盘内,每盘球茎不能超过 3 层,在室内离开地面 30 cm,贮盘单层摆放也可用长 40 cm、宽 25 cm 的尼龙袋盛装存放。如此,贮藏期达到 13 个月,种球干瘪率为 14%,种球自然萌芽率为 18%,萌芽长度最高 2.5 cm,最低 0.8 cm。萌芽的种球仍然可以使用。自然延期贮藏的种球,栽种前要用 40 ℃的温水浸泡 24 h,经消毒后即可栽种。

(2)低温库贮藏 一种永久的专用贮藏库,利用机械制冷,使库内保持 1～4 ℃的低温,并配备空调装置,使库内保持低氧和适宜的二氧化碳浓度及湿度。同时还能排除库内的有害气体,从而降低唐菖蒲种球的呼吸强度,减轻唐菖蒲的某些生理失调现象,降低球茎的腐烂率和干瘪率,控制芽的萌发。低温库贮藏是一种较为理想的贮藏方法,可以周年向市场提供种源。

(九)采收与保鲜贮藏

当唐菖蒲最下面 1 朵花初开时即可采收,此时花茎向上有 4～5 朵小花已透色。剪切时保留植株基部 3～4 片叶,花采收后立即放入清水中,然后分级处理,20 支 1 束。花束贮藏在 2～5 ℃条件下待运。

五、非洲菊

非洲菊又名扶郎花、太阳花、大丁花,为菊科扶郎花属多年生草本观赏植物(图 10.5)。原产于南非。其花色丰富,花形多样,可周年产花,已经成为世界闻名的新兴切花之一,被称为世界五大著名切花之一,深受人们喜爱。

(一)形态特征

株高 50～80 cm,全株被茸毛。叶基生,羽状浅裂或深裂,具长柄。花茎从叶丛中抽生,头状花序单生,花径 9～12 cm;舌状花有单瓣、重瓣和半重瓣,以单瓣品种为多;如果管状花瓣为黑毛,则形成黑芯,是非洲菊的流行色,较为名贵。花色丰富,有红、粉红、橙红、玫瑰红、黄、金黄及白等色,花期持久,全年均能开花。

(二)生态习性

非洲菊性喜温暖、阳光充足、空气流通的环境,生长适温为 20～25 ℃,30 ℃以上停止生

长;冬季适温为 12～15 ℃,低于 10 ℃生长停
止。周年开花,春、秋两季为盛花期。要求肥
沃、疏松、有机质丰富、排水良好的微酸性土
壤,pH 值为 6～6.5。

图 10.5　非洲菊

(三)繁殖方法

非洲菊的繁殖方法有种子繁殖、分株繁
殖、扦插繁殖、组织培养繁殖等。种子繁殖常
用于选育新品种。分株繁殖通常 3 年分株 1
次,繁殖系数低。扦插繁殖一般在 4—6 月进
行,萌发新芽后带根茎剥下,扦插在蛭石和珍
珠岩的混合基质中,保持 25 ℃温度和一定湿度,20 d 后可发根。

生产上多采用组织培养繁殖非洲菊,以叶片、花蕾、花萼为外植体,大量生产幼苗,植株
整齐,开花一致,产花质量高。非洲菊产花能力以新苗定植后第二年最强,以后逐渐衰退。
因此最好在栽培 3 年后更换新苗。

(四)栽培管理

非洲菊为 1 年定植,3～4 年连续生产,周年开花,且无须张网,是省工省钱、可进行集
约化生产的大众切花。

1.整地做畦

非洲菊为深根性观赏植物,须根发达,并集中分布在 20～30 cm 的土层中,因此,耕作
层应深翻 30～40 cm,并施入腐熟有机肥,同时施入氮、磷、钾复合肥。土壤最好进行消毒。
耕翻后做畦,一般畦宽 80 cm,高 20～30 cm。

2.定植

非洲菊定植密度一般为株距 25～30 cm,行距 40～50 cm,定植时间以春、秋季为宜。一
般春季定植,秋季开花。

3.水肥管理

小苗期浇水要适当控制,促使其蹲苗,苗期过后给予充足的水分。在花期浇水时勿使
叶丛中心着水,否则会引起花芽腐烂。切花非洲菊品种花头大、叶多,在生长期间需消耗大
量养分,要求追肥。追肥应少量勤施,根据开花情况约 2 周追肥 1 次,以速效肥为主,氮、
磷、钾兼施,切忌偏施氮肥。开花旺季过后,注意补追有机肥。

4.温光管理

生育期中,夏季注意棚室通风降温,并适当遮阴。冬季温度保持 10 ℃以上。白天注意
换气,室温不超过 25 ℃,以白天 20 ℃,夜间 12～15 ℃为宜。

5.摘叶疏蕾

当叶片过度茂密时,影响开花,将植株外层老叶摘除,以改善光照和通风条件,减少病
虫害的发生,促进新叶和花芽的生长。同时,为保证开花质量,保证具有一定品质的鲜花,
在花蕾过多时,应进行疏蕾。

6.病虫害防治

非洲菊常见病害有疫霉病、病毒病等,疫霉病用敌克松加五氯硝基苯(3:1),药剂用量

$4\sim6\ g/m^2$，拌土消毒；防治病毒病应除去病株，彻底消除传染病毒的蚜虫。常见虫害有白粉虱和潜叶蝇，白粉虱用吡虫啉、敌敌畏、辛硫磷、甲胺磷都有较好防治效果。潜叶蝇危害高峰期可用齐螨素、爱福丁、阿巴丁或杀虫双加杀灭菊酯混合进行灭杀。

（五）采收保鲜

切取花枝最适宜的时间为舌状花完全展开，管状花开 $1\sim2$ 轮为宜。采收通常在清晨与傍晚进行。采收时不需刀切，只要旋转花茎基部即可。插入清水中，以利吸水。吸水后进行分级包装，每 10 支 1 束，装入纸箱冷藏或出售。注意花茎不要弯曲，一旦弯曲不易恢复。

六、百合

百合为百合科百合属多年生球根观赏植物（图 10.6）。原产于中国、日本、北美和欧洲等温带地区，在中国已有 1 000 多年的栽培历史。近年来，中国在婚庆典礼上经常应用，取"百年好合"之意。百合花大而秀丽，给人以清纯、高雅的印象，是切花中的佳品。近几年，切花百合的生产和消费呈上升趋势。

（一）形态特征

图 10.6 百合

百合株高 $60\sim90\ cm$，高的可达 $120\ cm$，直立。地下具球根，是一种变态鳞茎，鳞茎无皮，由多数肥厚披针形肉质鳞片抱合而成，白色或黄白色。自然条件下，鳞茎于早春萌发，抽出地上茎，并在顶端分化出花芽。百合有两种根，即生于鳞茎底部的基生根和鳞茎上方的茎生根。百合叶多，互生或轮生，线形或披针形，无柄或短柄，全缘，具光泽。总状花序着生茎顶，花大形，呈喇叭状或漏斗状；花被片 6 枚，分内外两轮，平伸或反卷；花色鲜艳，有白、黄、红、橙、粉色及复色等。

（二）类型和品种

百合的原种、杂种及园艺品种很多，目前切花百合主要类型有亚洲百合杂种系、东方百合杂种系与麝香百合杂种系 3 大类。亚洲百合杂种系的所有品种来源于亚洲，是目前我国切花市场主要品种，有康州王、阿拉斯加、迷幻、蒙特鲁等。东方百合杂种系的所有品种来源于中国百合、印度百合及日本百合的杂种后代，是百合中花朵大而美丽的一个品种，主要品种有适宜粉、卡萨布兰卡、望星星、多尔亚等。麝香百合杂种系的所有品种来源于麝香百合与中国台湾百合的后代，又名铁炮百合，常见品种有阿维塔、雪皇后、杰理阿、白欧洲等。

（三）生态习性

百合栽培品种多，分布广，中国有 40 多种，西至新疆，南至台湾，北至黑龙江均有分布，以西南和华中为多。不同种类之间的生态习性有很大差异。绝大多数喜冷凉、湿润、阳光充足的环境,多数耐寒性强,耐热性差。用作切花栽培的百合大多是亚洲百合、东方百合和麝香百合,性喜温暖、阳光充足和空气流通的环境,生长适温为 15~25 ℃,30 ℃ 以上会严重影响生长发育,炎热和荫蔽条件下长势减弱,开花受到影响;生长最低适温为 12~15 ℃,低于 0 ℃ 生长停止。百合对土壤肥力要求不高,要求土壤有机质丰富、疏松、透气、排水良好,大多数百合喜微酸性土壤,pH 值为 6~6.5,少数可在弱碱性土壤中生长。

(四)繁殖方法

百合的繁殖方式有分球繁殖、鳞片扦插、播种繁殖以及组织培养繁殖等。播种繁殖主要用于新品种的培育。

1.分球繁殖

分球繁殖是利用直立茎地下部分茎节生出小鳞茎的习性,结合切花生产或种球生产,每年秋季起球时收取新长的鳞茎用于生产种球。分球繁殖获取的小鳞茎数量少,但个体大,周径 5 cm 以上的培养一年即可用于生产。

2.鳞片扦插

选择品种纯正的健壮鳞茎,表面洗净消毒后,剥下鳞片,用 80 倍甲醛水溶液浸泡 30 min,取出用清水冲净阴干,斜插于粗沙或泥炭中,保持温度 20~25 ℃,经 2~4 个月后生根。1 个鳞茎一般可获得 30~40 个子球,多者可获得 50~60 个子球。自鳞片扦插到开花,一般需要 2~3 年。

3.组织培养

百合的组织培养可利用不同的部位作外植体,多用鳞片或叶片。

(五)栽培管理

1.整地做畦

百合根系发育要求土层深厚、肥沃、疏松、微酸性土壤,应深翻 30 cm 以上,施入腐熟有机肥 2.5~5 kg/m²。采用做畦栽培,畦高 15~25 cm,宽 80~100 cm。种植密度,亚洲百合较密,麝香百合次之,东方百合较稀,一般栽植行距为 20~25 cm,株距 8~15 cm,覆土厚度以 8 cm 左右为宜,不能过浅。

2.肥水管理

种植后浇一次透水,以后保持土壤湿润。夏季适当浇水,孕蕾期适当湿润,花后水分减少。在鳞茎种植 25~30 d 后进行追肥,追肥以氮和钾为主,百合所需氮、磷、钾的比例为 1:2:2。出苗至现蕾期,追施 2~3 次饼肥水等薄液肥,现蕾期增施 1~2 次过磷酸钙、钾肥,施肥应远离基部。及时中耕、除草。

3.张网

当百合植株长到 60 cm 用尼龙网扶持,使花茎直立生长。夏季要加盖遮阳网,防高温和高强光,秋季如果光照不足,还应加入工光源补光。

4.病虫害防治

百合常见病害有青霉菌、疫霉病、腐霉病等,应加强土壤消毒,选用抗病植株,发病时及时喷施杀菌剂。常见虫害为蚜虫,发生时每周用杀虫剂喷施,交替用药以防蚜虫产生抗药性。

（六）切花百合的周年生产

1.百合的促成栽培

进行百合切花的周年生产,需对种球进行人工温度处理,然后栽植。一般促成栽培是利用自然花期开花后50 d的地下鳞茎。7—8月份开花的百合,9月鳞茎从地下挖出,并保证鳞茎根部不受损伤。对鳞茎进行消毒,可在甲氧乙氯汞800~1 000倍溶液中浸泡30 min,用清水洗净,随即进行温度处理,先在30~35 ℃高温下处理6~8 d,然后在13~15 ℃温度下处理15~20 d,促进发根,再转入5~10 ℃的低温贮藏40~45 d,进行低温春化。经过上述温度处理后,便可定植。

对于4—5月开花的百合,新的鳞茎在地下生长阶段(6—7月)已经受了自然高温,所以挖出后,直接放入低温环境中处理一段时间,便可栽种。如6月下旬挖出种球,经过挑选后,直接放入冷室内,在5~10 ℃低温下贮藏至8月下旬或9月上旬,然后取出种球,种植于温室,11月下旬至翌年1月上旬即可正常开花。如在翌年4月连续生产百合,可将种球一直贮存于低温环境里,陆续取出,陆续种植。只要种植时间不超过1月份就可正常开花。对于成熟百合的正常开花,高温休眠和低温打破休眠是必要的条件,二者缺一不可。

2.温度和光照管理

温度和光照是百合周年生产的重要条件。在种植后的4~6周内,夜温需控制在12~13 ℃,不可超过15 ℃,否则会使生长质量下降。白天室温应保持在20~25 ℃,昼夜温差控制在10 ℃左右。冬季生产百合,温室内应安装补光设备,以备阴雨天开启。对有些百合品种,补光可提供人工长日照,以促其提前开花。因此,补光对百合有双重作用。补光灯用白炽灯20 W/m²,进行人工长日照时,在天亮前或天黑后补光,使每日光照长度达16 h。

（七）采收与保鲜

百合切花应在有1~2个花蕾透色后采收。过早采收将导致花开放不好,且影响花色,但过迟采收会给采后的处理包装带来困难。对已开放的花朵要剪掉,以防开放后的花朵释放乙烯,对以后贮运不利,同时花粉散出污染花瓣,会影响花的商品价值。采收宜在上午10时前进行,剪下的百合花枝应尽快拿出温室,并插入含杀菌剂的预冷清水中(2~5 ℃)。在百合包装成束以前,应剥去下部10 cm茎秆上的叶片,按照每枝的花朵数分好,10支扎成1束,将花蕾朝上,用包装纸包好,装入纸板箱即可贮运。百合在3~4 ℃条件下可贮藏1周。

七、大叶花烛

大叶花烛又名红掌、安祖花、火鹤花、灯台花等,为天南星科花烛属多年生常绿草本观赏植物(图10.7)。原产于南美洲热带雨林中,我国在20世纪70年代开始引种栽培,1983年逐步扩大栽培繁殖研究,尤以切花最为流行。花烛以独特的花形、鲜红靓丽的花色,占据艺术插花的重要位置,成为主题花材。

（一）形态特征

大叶花烛根略肉质,节间极短。叶自根茎抽出,具长柄,革质,长圆状心形或卵圆形,长可达15 cm,宽10 cm,鲜绿色有光泽。花序梗生于叶腋,长50~70 cm;单花顶生,佛焰苞直立开展,蜡质,有光泽,表面波状,卵圆形至心脏状卵形,有红色、鲜红色、朱红色、粉红色、绿色、肉色、白色等;肉穗花序无柄,圆柱状,黄白色。四季开花,每花可持续开放 2 ~ 3 个月。浆果,种子 2 ~ 4 粒。

图 10.7　大叶花烛

(二)生态习性

大叶花烛性喜温暖、半阴、空气湿度大、土壤排水良好的环境。生长适温 20 ~ 25 ℃,冬季不能低于 15 ℃。较耐阴,全年宜于适当蔽阴的弱光条件栽培。保持环境湿润最为重要,多行叶面喷水。根系喜空气流通和排水良好,栽培基质应选用轻松材料,如松针土、水苔、锯末等。忌土质黏重通气不良。北方需终年在室内养护。

(三)繁殖方法

大叶花烛繁殖的方式有播种、分株和组织培养,切花生产所需种苗大多是通过组织培养方法获得。播种繁殖多用于选育新品种,需人工辅助授粉获得种子,种子随采随播,温度保持在 25 ~ 30 ℃,湿度在 80% 以上,2 周可发芽出苗。分株繁殖在 4—5 月间进行,可将开花后的成龄植株旁有气生根的子株切下分栽,子株应有 3 ~ 4 片叶子,培养 1 年可形成花枝。1 株成龄株 1 年只能分株 1 ~ 2 次,繁殖率极低。目前国内外都采用组织培养来批量繁殖优良种苗,出苗齐,成苗快。

(四)栽培管理

栽植花烛的基质必须具有良好的透气性,通气孔隙在 30% 以上最好。南方地区一般用 2 份草炭土、2 份珍珠岩、1 份泥炭或陶砾为栽培基质,北方地区一般用腐叶土或腐烂后的松针土效果较好。

1. 栽植床的准备

栽植床要求深 35 cm,床底铺 10 cm 后的碎石,上面再铺 25 cm 厚的人工栽培基质,可使用泥炭、草炭土、木屑、珍珠岩等栽培基质,以利于排水。也可就地采用腐叶土、珍珠岩、炉渣等配制。定植前对栽植床、基质适时消毒处理。大叶花烛亦可用营养钵栽培成龄苗,使用无土栽培效果最佳。

2. 定植

按 40 cm×50 cm 株间距定植,约 4 株/m²,温室用苗量为 1 800 ~ 2 000 株/亩。

3. 温度和光照管理

花烛生长最适温度为日温 25 ~ 28 ℃,夜温 20 ℃。冬季夜温不得低于 18 ℃,夏季温室最高温度不要超过 35 ℃。一般需遮阳栽培,所需光照以 15 000 ~ 20 000 lx 为宜。光照低于 5 000 lx,切花品质会受到影响;高于 20 000 lx,叶面多发生日灼现象。夏季光照过强时,遮光率应达 75% ~ 80%。冬季光照弱时,遮光率应控制在 60% ~ 65%。

4. 水肥管理

栽培花烛理想的相对湿度为 80% ~ 85%,可用空中喷雾的方法增加环境湿度,否则易出现畸形花。多采用喷灌和滴灌。由于基质透水性好，栽培花烛应以追肥为主，肥料每周可用复合肥料 1 000 倍液根部灌溉，或每天用 MS 培养基 100 倍液喷施叶片。一般一茬种苗和基质可维持 6 年。当产量降低时更换种苗和基质。在良好的管理条件下，每株年产花达 12 支左右。

5. 病虫害防治

主要病害有疫病、炭疽病和叶枯线虫病。常见虫害有红蜘蛛和蓟马，要及时防治。

（五）切花采收

花烛的采收，一般以花序变白部分超过花序总长 1/3 为合适的采花期，过早或过迟都会影响瓶插寿命。剪切可沿花梗基部剪取，花梗长度达 60 cm 左右。采收后，将鲜花插入保鲜液中，用 170 mg/L 的硝酸银溶液浸 10 min，可延长保鲜时间。包装时，分色分大小，单花用塑料袋包装，再放入特制纸箱中，防止苞片受到机械损伤。

八、鹤望兰

鹤望兰又名天堂鸟、极乐鸟花，为旅人蕉科鹤望兰属多年生常绿宿根草本观赏植物（图10.8）。原产于南非，各地均有栽培。它以特殊的花形、吉祥的寓意，深受人们喜爱，并广泛应用于艺术插花作品之中。

图 10.8　鹤望兰

（一）形态特征

株高达 1~2 cm。根粗壮，肉质。茎不明显，具极短的茎盘。叶对生，相对排成两列，有长柄。花梗与叶近等长，每个花序着花 6~8 朵；总苞片绿色，边缘晕红；小花花形奇特，似仙鹤翘首远望，栩栩如生，故名鹤望兰。花期冬至春季，每枝花可开放 50~60 d。

（二）生态习性

鹤望兰喜冬春温暖、夏季凉爽、空气湿润的环境。喜光照充足，但怕盛夏阳光暴晒。不耐寒，生长适温 25 ℃左右，冬季室温 10 ℃为宜。耐旱，忌水湿。喜肥沃、排水良好的稍黏质土壤。中国华南地区可露地栽培。

（三）繁殖方法

播种或分株繁殖。鹤望兰是典型的鸟媒植物，栽培中需人工授粉才能结实，发芽适温 25~30 ℃，15~20 d 发芽。分株繁殖于早春结合换盆进行。

（四）栽培管理

1. 定植

定植时间在 3—11 月都可进行，最适时期是 3 月下旬至 6 月上旬。定植前土壤要消毒，并施入足够腐熟的有机肥。定植距离一般行距为 80~90 cm，株距为 50~60 cm，也可先行密植，经 3~4 年后，再行移栽。

2. 温度和光照管理

控制合适的温度是提高鹤望兰产花率的关键。在花芽分化到开花的 4 个月里,温度应控制在 20 ~ 27 ℃,鹤望兰的开花期大致是秋、冬、春、初夏,其中秋、春二季是开花高峰,一般每天光照时间不得少于 12 h。夏季应适当遮阳,冬季则需要阳光充足。

3. 水肥管理

鹤望兰在生长旺盛期水肥的供应要充足,每 7 ~ 10 d 追肥 1 次,复合肥用量 0.05 kg/m²,腐熟饼肥 0.1 kg/m²。土壤应保持疏松潮湿状态。在产花季节的前两个月每月补充 1 次 0.2% 磷酸二氢钾溶液或 2% 过磷酸钙水溶液,以补充花朵发育所需的营养。温度过低、过高抑制鹤望兰生长时,应减少水、肥的供应。

4. 病虫害防治

鹤望兰栽培容易,很少发生病虫害。但排水不良,梅雨季节和植株过大都易导致病害发生。开好排水沟,摘除病叶,抽取清洁的水灌溉均可减少或避免病害感染。害虫主要有金龟子、介壳虫、袋蛾等,可用人工捕捉或药剂防治。

(五)切花采收

鹤望兰采收时间应在第一朵花完全开放时切下。如需贮藏运输后才上市的花则要略早剪取(即含苞待放时剪取)。一般水养条件可持续开出 2 ~ 3 朵花。若加营养液,花朵则可开得更多。在 20 ℃ 室温下,可保鲜 2 ~ 3 周。冬季在冷室内观赏期可达 1 个月以上。

九、马蹄莲

马蹄莲别名水芋、慈姑花、观音莲,为天南星科马蹄莲属多年生球根观赏植物(图 10.9)。原产于埃及、非洲南部好望角一带,现在世界各地广为栽培,我国各地均有栽培。马蹄莲佛焰苞花形独特,花色洁白如玉,代表纯洁、天真,是艺术插花和捧花的主题材料。

(一)形态特征

地下具肥大肉质块茎。叶大基生,箭形,先端锐尖,基部畸形,长 15 ~ 50 cm,全缘,鲜绿色,有长叶柄。花茎基生,佛焰苞白色,形大,先端长尖,下部短筒状,上部展开,形似马蹄状。肉穗花序鲜黄色,直立于佛焰苞中央,上部着生雄花,下部着生雌花。花期 3—5 月。

马蹄莲的同属常见栽培种有:

图 10.9　马蹄莲

1. 红花马蹄莲

原产于南非,叶披针形,佛焰苞桃红色,花期为 6 月。

2. 黄花马蹄莲

原产于南非,叶广卵状心形,鲜绿色,具白色透明斑点,佛焰深黄色,花期为 6 月。

（二）生态习性

马蹄莲喜温暖湿润气候，生长适温为 15～25 ℃，在夏季高温时块茎休眠；夜温 10 ℃ 以上生长开花良好，10 ℃ 以下生长不良；冬季能耐 4 ℃ 低温，0 ℃ 受冻害。喜阳光，较耐阴，生长旺盛期和开花期要求光照充足，冬季光照充足，开花多。喜肥，喜水，喜土壤湿润及空气湿度大，宜疏松肥沃、排水良好的土壤。在冬季不寒冷、夏季不炎热的温暖湿润环境中，可周年开花。花期自 11 月至翌年 5 月，3—4 月为盛花期。

（三）繁殖方法

一般用分球繁殖，也可用播种法繁殖。分球繁殖在休眠期或花期过后进行分球，将母球从土壤中挖出后，剥取母块茎周围的小球或小蘖芽，分级培养，经 1～2 年小球也可开花。培养小球要用疏松、肥沃、保水良好的培养土，生长期要追肥促长，不能让小球开花，集中养分长球。播种法繁殖由于不易收到种子，且种子寿命短，所以不常采用。如采用播种法繁殖，种子成熟后随采随播。

（四）栽培管理

1. 种植

马蹄莲要求栽植在肥沃、疏松、排水良好、富含腐殖质的沙质土壤中，pH 值保持在 5.5～7。畦宽 1 m，植 2 行，株距老株 40 cm，幼株 20 cm。在生长过程中，缺肥或施肥过量均会出现黄叶，影响开花，所以定植前要施足基肥。基肥中应增加钾肥的比重。

2. 水肥管理

马蹄莲有"浇不死的马蹄莲"之说，在生长、开花期应经常浇水，保持土壤湿润，特别是秋季浇水要充足。施肥在新叶长到 10 cm 以上时进行，春季每 20～25 d 追肥 1 次；秋季追肥则以 10 d 左右 1 次为佳，有利于促进秋冬季开花。夏季休眠前应控制肥水。肥水不能浇入叶鞘内，以免引起肥害导致烂叶。

3. 光照管理

马蹄莲喜光，开花时喜长光，不喜强光。入夏后宜采用遮光率 50% 左右的遮阳网遮光，以防烈日直晒。秋、冬季要满足其开花的长光需求。

4. 修叶

"少长叶、多开花"是马蹄莲开花的要诀之一，要经常将外部的老叶、枯叶摘除，在开花期一般保持 4 片叶即可，这样既有利于花芽的形成和开花，又有利于通风透光。

5. 花期控制

马蹄莲在我国南方可露地越冬，但温度过低影响开花。要使切花冬季上市，需要设施栽培。将日温控制在 20 ℃ 左右，切花可元旦上市；将日温控制在 10 ℃ 左右，切花可春节上市。夜间温度应保持在 4 ℃ 以上，同时，满足其对光照和较高湿度的要求。

6. 病虫害防治

马蹄莲常见的病害是软腐病，发病时应切除腐烂部分，用 40% 福尔马林稀释液清洗干净，在切口上涂硫黄粉或草木灰。常见的虫害有蚜虫、介壳虫、卷叶虫等。对最易发生的蚜虫，除注意改善通风外，可喷洒 40% 乐果乳剂 1 500 倍液防治。

（五）切花采收

采收保鲜时，当佛焰苞先端向下倾，色泽由绿转白时，为适时采收期，也可在佛焰苞展开时采收，采收过早很难开放。采收时用手握花茎基部用力侧拔，采收后分级处理，10 支 1 束，浸入清水或保鲜液中，在 4 ℃条件下可保存 1 周。

十、洋桔梗

洋桔梗又名草原龙胆，为龙胆科草原龙胆属多年生宿根草本观赏植物（图 10.10）。原产于北美洲得克萨斯等地的草原，故称草原龙胆。其花形似风铃，花色多为蓝色，也称为得克萨斯风铃。

（一）形态特征

株高 50～60 cm，茎直立，分枝性强。叶卵形至长椭圆形，全缘，基部抱茎，对生，灰绿色。花枝长 50～75 cm，花大，呈漏斗状，花径 5～7 cm；花瓣 5～6 枚，瓣缘顶端稍有波状反卷；花色丰富，基本花色有白、粉红、紫等色。

图 10.10　洋桔梗

（二）生态习性

洋桔梗喜温暖、湿润和阳光充足的环境。较耐寒，不耐水湿。生长适温为 15～28 ℃，生育初期对温度较敏感，尤其是夜间温度对生长发育影响更大，若夜温低于 10 ℃或超过 25 ℃以上会引起簇叶化现象，即节间缩短，叶丛生。生育中期逐渐对日照长度反应敏感，长日照（16 h）可促进茎节伸长和提早开花。要求通风良好，适宜肥沃、富含腐殖质的微酸性壤土，pH 值以 6.5～6.8 为佳。

（三）繁殖方法

洋桔梗可用播种和扦插繁殖。洋桔梗种子细小，每 g 2.2 万粒，需拌沙播种，基质要求保水透气性好。严格消毒，采用撒播法，温度保持 25 ℃左右，约 10 d 可发芽，发芽后要经过约 10 周才可移植。当出现 2 片真叶后即可移苗，护根保叶，保证生长温度。也可采用扦插法，用萘乙酸 2 mg/L 浸 1 h 后易生根。

（四）栽培管理

1. 定植

定植土壤以肥沃沙质壤土为佳，深翻 20 cm，施入有机肥，整地做高畦，宽 80 cm，定植前畦面铺 15 cm×15 cm 尼龙网，在每个网眼内定植 1 株壮苗，定植初期温度在 15～30 ℃，在定植后半个月可适当遮阳，半个月后充分光照和加强通风，防止簇叶化现象发生。

2. 管理

定植 30 d 后追施氮、磷、钾复合肥，比例为 5∶4∶5，根据上市时间确定是否进行摘心，摘心可延迟花期 15～30 d，但产量增加，品质会下降，摘心一般在第 3 和第 4 节之间。

3. 病虫害防治

常见病害有茎枯病和叶斑病危害。茎枯病用 10% 抗菌剂 401 醋酸溶液 1 000 倍液喷洒。叶斑病用 50% 托布津可湿性粉剂 500 倍液喷洒防治。虫害有蚜虫、卷叶蛾危害，可用 40% 乐果乳油 1.500 倍液喷杀。此外，还要防止潜叶蝇、红蜘蛛。

（五）采收保鲜

以 2～3 朵花开放时为采收适宜时间，采收过早会造成花蕾停开，如上市时间短而且运输距离近，可在 5～6 朵花开放时采收。采收时要留一短茎，会在茎基长出新的侧芽，选留健壮芽，去除弱芽，2～3 个月后会生产下一批花。

十一、满天星

满天星又名霞草、丝石竹、锥花丝石竹，为石竹科丝石竹属多年生草本观赏植物（图 10.11）。原产于欧洲及亚洲北部。满天星洁白的小花如繁星点点，极具装饰美、朦胧美，适合作插花和捧花的衬托花材，是欧洲十大切花之一。

图 10.11　满天星

（一）形态特征

株高 30～60 cm，全株平滑无毛，稍被白粉；多分枝，上部枝纤细而开展。叶对生，披针形或线状披针形。顶生圆锥花序，由多数小花组成疏松的大型花丛，花白色，花小，花梗细长。变种有大花、粉红及深紫等色。花期 5—6 月。蒴果球形。

（二）生态习性

满天星性耐寒，要求阳光充足、凉爽的环境。生长适温为 15～25 ℃，10 ℃ 以下低温和 30 ℃ 以上高温易发生莲座状现象，花芽分化阶段夜温不高于 22 ℃，否则导致开花不良。耐瘠薄和干旱，喜排水良好、具腐殖质、微碱性高燥土壤，不耐移植。长日照植物，所需光照为每日不低于 16 h，自然光照不足应进行人工补光。

（三）繁殖方法

满天星常以播种、组织培养方法繁殖。须根少，直播时生长好。9 月初播种，春季定植露地，翌年 5 月开花；11 月下旬土壤结冻前露地直播，翌年 5 月中旬开花；早春 3 月初直播，5 月中下旬开花。切花生产可用组织培养法获得脱毒苗，再进行扦插获得采穗母株。

（四）栽培管理

1. 定植

选择地势高、土质疏松、排水良好的土壤，避雨种植。定植前施入腐熟的有机肥，以及选用一些石灰质的肥料，如草木灰、过磷酸钙等结合整地施入。一般定植株距为 35～50 cm，行距为 60 cm。定植宜浅。

2. 生长期管理

定植一个月以后,苗长至 7~8 对叶时进行摘心。若使其早开花,则只摘心 1 次。若要增加每株枝数,则在第一次摘心侧枝伸长后,对较长者再进行摘心。春季采收的以每株摘心后留 7 个侧芽为宜,秋冬季采收的以每株摘心后留 3~5 个侧芽为宜。当株高 15 cm 时,开始搭第一层支撑网,网高距地面 25 cm。株高 30 cm 时,搭第二层网,网高距地面 40~45 cm。灌溉以滴灌为宜,可防止因积水引起的根腐病。满天星为长日照植物,所需光照每日为 16 h,当自然光照不足 16 h 时,应人工补光。

3. 病虫害防治

满天星病害主要是灰霉病和茎腐病,灰霉病发生初期可用 50% 扑海因或 70% 甲基托布津可湿性粉剂 800~1 000 倍液,或百菌清 1 000~1 500 倍液,一周喷 1 次,连喷 3~4 次即可;茎腐病防治,需及时拔除病株,并用 75% 的敌克松可湿性粉剂 500 倍液浇灌拔除后的定植孔处土壤和邻近植株根际土壤。危害满天星最严重的害虫是潜叶蝇,可使用尼龙纱网隔离虫源,或是用黄粘纸卡诱杀。药剂防治可使用 1.8% 爱福丁乳油 3 000 倍液或 90% 巴丹可湿性粉剂 1 000 倍液或 75% 灭蝇胺可湿性粉剂 5 000 倍液,交替使用,每 7 天喷 1 次,连续喷药 3 次后,视虫情再进行重点防治。

(五)满天星周年生产日程

满天星幼苗需经过春化才能开花。春化过程可在自然低温(冬季)或人工低温下完成。人工处理时将生根幼苗在 1~2 ℃ 下贮放 30~40 d 即可,处理后的插条从定植至开花只需 70 d 左右。

满天星的栽培可按一次开花和二次开花分类。

一次开花类型:

①露地栽培,9 月下旬定植,经冬季自然低温,翌年 6 月至 8 月上旬采收。

②温室促成栽培,9 月上旬定植,10 月上旬人工补光,12 月下旬开始加温,12 月中旬至翌年 3 月中旬采收。

二次开花类型:7 月下旬至 8 月上旬定植,8 月上旬至中旬摘心,9 月中旬开始补光,10 月下旬至 11 月上旬采收第一茬花。采收后,将残花修剪掉,老株收完第一茬花后,将老株暴露于自然低温下,至翌年 1 月下旬,再加温至 15 ℃ 以上,5 月采收第二茬花。

(六)采收保鲜

当花枝上花朵有 1/3 开放时即可采收。花枝长度以 70 cm 以上为宜。边采边浸水,10 支 1 束进行包装,在 2~3 ℃ 条件下保鲜或运输。

十二、情人草

情人草又名杂种补血草,蓝雪科补血草属二年生或多年生草本观赏植物(图 10.12)。原产于高加索山区。补血草小花繁茂,可人工或自然干燥而成为干燥花,为重要的切花。

(一)形态特征

株高 80~120 cm,全株具短星状毛。叶片椭圆形,长达 25 cm,先端钝,基部渐窄成长

图10.12　情人草

柄。花葶高,分枝极多,每小枝具花1~2朵,着生于小花枝的一侧顶端。花期7—9月。

(二)类型和品种

补血草主要栽培品种有4个。

1. 蓝雾

花为桃紫色,萼片银色,荧光灯下花色反衬,鲜艳漂亮。

2. 蓝海洋

花青紫色,小花直径小于3.5 mm,密布于小枝上,植株比蓝雾矮,花枝硬度高。品质稳定,产量高,适于周年生产。

3. 白雾

花纯白,由蓝雾枝条突变选出。

4. 粉雾

花浅紫桃色,枝条挺直,花序开展度大,由蓝雾枝条突变选出。

(三)生态习性

情人草性喜阳光充足、干燥凉爽气候,最忌炎热与多湿环境,适宜石灰质微碱性土壤。生产中多作一、二年生观赏植物栽培,但在气候凉爽地区,4~5年换茬1次。

(四)繁殖方法

播种繁殖。种子千粒重2.2~2.8 g,9—10月播种,在18~21 ℃条件下,4~5 d即可发芽,9~10 d出苗。在冬季较温暖的自然气候条件下,最适宜秋冬季播种。

(五)栽培管理

1. 整地做畦

整地前应适当施入腐熟农家肥。对硼的需求量较高,在基肥中还应加入硼肥。做高畦,畦宽60~70 cm,畦面高出地面20 cm。

2. 播种期

在气候适宜地区,9—10月播种,12月下旬至翌年4月上旬开花;11—12月播种,翌年5月至7月上旬开花;1月播种,3月下旬至5月开花。我国昆明地区可四季开花。

3. 定植

每畦双行交叉栽植,以利于通风透光,定植株行距40 cm×40 cm。定植后要使幼苗在入冬前充分发根,生长健壮,顺利越冬。

4. 管理

在抽生花茎及花序生长发育期,水肥要充足,否则花枝短小,花朵不繁茂。结合浇水追肥。保持其最适宜的生长温度,白天16~18 ℃,夜间10~13 ℃。夏季温度偏高地区用遮阳网降低温度。入冬后将植株的老枯叶清除干净,可以促进翌春新芽的萌发。

5.病虫害防治

情人草的病害相对较少,主要有炭疽病、叶斑病、茎腐病及疫病等,发病初期及时摘除病叶并烧毁,每隔 10 ~ 15 d 喷 50% 百菌清或 50% 甲基托布津 1 000 ~ 1 500 倍液进行预防处理;使用 1∶1∶100 波尔多液或退菌特与波尔多液交替喷洒 3 ~ 4 次,对叶斑病防治效果良好;代森锰锌 1 000 倍液对疫病的防治效果较好。虫害主要有菜青虫、夜蛾类、蓟马、螨类等,要及时进行防治。

(六)采收保鲜

气候条件适宜地区,定植后 110 ~ 120 d,第一穗花即可抽出。小花枝上开花达 30%,花序现色时,即可采收。采收宜在早晨或傍晚进行,采收时,应在 1 片大叶以上剪切,以促进植株上的腋芽较快萌动生长。采后立即用保鲜剂进行处理,然后每 10 枝 1 束捆扎,外面包以柔软的白纸,以使花枝保持充足的水分。花枝在 2 ℃ 条件下可贮藏 15 ~ 20 d,切花水养可保持 8 ~ 15 d。作干花处理后,可保持 1 年左右。

十三、勿忘我

勿忘我又称星辰花、不凋花,为蓝雪科补血草属多年生宿根观赏植物(图 10.13)。原产于地中海沿岸,是近年来兴起的切花新秀。

(一)形态特征

株高 30 ~ 100 cm,全株被粗毛。叶丛生于茎基部,呈莲座状,叶宽大,羽状裂。花序自基部分枝,呈伞房状聚散圆锥花序,花枝最长可达 80 ~ 90 cm,花序枝具 3 ~ 5 扁平翼;小花穗上有 3 ~ 5 朵花,着生于短而小的花穗一侧;花色繁多,有蓝、紫、黄、红、桃红、粉红、白等色。

(二)生态习性

勿忘我性喜阳光。生长适温 18 ~ 20 ℃,高温条件下进入休眠。喜干燥、凉爽、通风良好的环境,不耐潮湿闷热。适宜疏松、透气、肥沃的石灰质微碱性土壤,pH 值为 7.5 左右生长良好。勿忘我必须通过低温春化作用才能开花,大多数种类只需要 10 ~ 15 ℃ 即可。

图 10.13 勿忘我

(三)繁殖方法

可用播种和组织培养进行繁殖。播种繁殖较为常用。种子千粒重约 2.8 g,播种期为 9—12 月,发芽适温 18 ~ 22 ℃,5 ~ 10 d 发芽。组培育苗获得的种苗生长健壮,整齐一致。

(四)栽培管理

1.定植

定植前结合土壤翻耕施入草木灰、过磷酸钙等基肥。做高畦,畦宽 80 cm,畦高 15 cm。小苗具 5 片真叶时即可定植,栽植密度一般为 10 ~ 12 株/m²,一般间距为 25 cm×30 cm。

定植后应浇1次透水。

2.管理

设施栽培时，注意室内通风透光、温度调节。勿忘我产花量大，需肥水较多，除基肥外，在抽茎期可结合浇水进行追肥，施入复合肥。肥水充足时，一株可同时抽出数枝茎，应有选择地保留，根据植株大小，每株保留3~5个枝，将细弱花茎及时剪除，有利于增加花枝长度和花茎的坚实度。

3.病虫害防治

勿忘我主要病害有灰霉病、白粉病、病毒病等。灰霉病可用800~1 000倍液百菌清、甲基托布津，连续喷洒3~4次防治；白粉病可用粉绣宁等喷洒防治；病毒病主要采取及时拔除病株烧毁，喷洒杀虫剂防止昆虫传病等措施防治。主要虫害有粉蚧、蟎类等，应及时进行防治。

（五）采收保鲜

花枝上的小花达到25%左右开放时，即可采收，剪取花枝宜在早晨或傍晚进行。

十四、香雪兰

香雪兰又名小苍兰、小菖兰、剪刀兰、素香兰、香鸢尾、洋晚香玉，属鸢尾科香雪兰属多年生球根草本花卉（图10.14）。香雪兰花色纯白如雪，花香清幽似兰，故得名香雪兰。

（一）形态特征

香雪兰是多年生球根草本花卉。球茎狭卵形或卵圆形，外包有薄膜质的包被，包被上有网纹及暗红色的斑点。叶剑形或条形，略弯曲，长15~40 cm，宽0.5~1.4 cm，黄绿色，中脉明显。花茎直立，上部有2~3个弯曲的分枝，下部有数枚叶；花无梗；每朵花基部有2枚膜质苞片，苞片宽卵形或卵圆形，顶端略凹或2尖头，长0.6~1 cm，宽约8 mm；花直立，淡黄色或黄绿色，有香味，直径2~3 cm；花被管喇叭形，长约4 cm，直径约1 cm，基部变细，花被裂片6,2轮排列，外轮花被裂片卵圆形或椭圆形，长1.8~2 cm，宽约6 cm，内轮较外轮花被裂片略短而狭；雄蕊3，着生于花被管上，长2~2.5 cm；花柱1，柱头6裂，子房绿色，近球形，直径约3 mm。蒴果近卵圆形，室背开裂。花期4—5月，果期6—9月。

图10.14 香雪兰

（二）生态习性

香雪兰喜凉爽湿润与光照充足的环境，耐寒性较差，生长适宜温度为15~20 ℃，越冬最低温为3~5 ℃。

（三）繁殖方法

一般用组培苗，或种子播种，小球培育1~2年后可育成优质种球。栽培用种球应选直径为 1 cm 以上的大球。为减轻病毒感染,必须选用脱毒的组培球,或由种子、子球培育的新球。

(四)栽培管理

1. 种球预处理

种植前,种球需进行消毒、打破休眠、促进发根等预处理。种球消毒可用 500～800 倍液多菌灵或甲基托布津等杀菌剂浸种球茎 1～2 h(小时),捞起阴干即可。促根处理应在见根长出后栽植,催根不宜过长,否则栽植时易伤根系。

2. 定植

普通栽培定植期在 9—10 月,通过保护设施越冬,主要花期在 3—4 月。定植时,如果适当排开播种,再采取促成栽培与延迟栽培可使香雪兰周年供花。栽培距离因品种、球茎大小、栽培季节而不同。一般种植株行距为 8 cm×(10～14)cm,每平方米种植密度为 80～110 株。狭叶品种比宽叶品种种植密,冬季栽培比夏栽密,小球比大球密。种植时通常覆土 2～3 cm,切忌太厚,植后土表常覆盖一层薄薄的草炭土或松针、稻草、锯木屑等,以保持土壤湿润。实生苗经过变温处理,当年是可以开花的。

3. 肥水管理

栽植后至出芽前必须保持土壤湿润。现蕾后要适当逐步减少浇水量,尽量保持土表干燥,以利降低空气湿度,预防病害。自定植到开花时间较短,栽植前施入的有机肥和复合肥,基本可以满足生长需要,但如果植株生长较弱,在 2～4 片叶时,再追施 1 次硝酸铵、尿素与硫酸钾。初花时用 0.2% 磷酸二氢钾作叶面施肥,但出蕾前后最好避免追肥。

4. 温度管理

温度管理对香雪兰切花生产很重要。一般栽后 6 周左右花序已完全分化,较小的球茎会推迟 2～3 周。在花芽分化期要避免 25 ℃以上的高温,10 ℃以下的低温。从 4 叶期起保证有 4 周以上时间维持温度 13～14 ℃,以顺利诱导 4～6 叶期间的花原基分化,这有利切花产量与质量的提高。花蕾出现后适当提高环境温度,以促进开花;但为延长花期,当第一朵花开放后,可将温度降低到 15 ℃左右,使切花采收期延长。大棚与温室管理要注意室温 25 ℃以上要通风,10 ℃以下要加覆盖保温或加温。

5. 光照管理

栽培过程中幼苗期与开花期宜适当遮光。在第一叶生长期,适当遮荫,可降低地温,促进根系发育。在花芽分化前给以 10 h 左右的短日照处理,有利促进花芽分化,增加花茎长度与花序上的花朵数与侧穗数。花芽分化完成后适当延长日照,有利促进花序的良好发育与提早开花。香雪兰虽然喜光,但也要避免强光照射,在光过强、温度较高的情况下,可用透光率 70% 的遮阳网遮荫。

6. 拉网

香雪兰花枝较软,花序屈折生长,花多时易使花枝下垂、倒伏。在植株 3～4 叶期,可开始设立支架张网,自离地面 25 cm 左右设第一层网,随植株生长再设 2～3 层网。一般张网的网格用 10 cm×10 cm 或者 10 cm×15 cm 的方格。

（五）采收保鲜

当香雪兰主花枝上第 1 朵小花展开时为采收适期。需进行远距离运输或贮藏时,要在第 1 朵小花露色或半开时剪切。剪切工具宜用酒精消毒,以防传染病害。剪切位置一般在植株主花枝基部,以使主花枝以下节位的侧花枝能继续第 2 次或第 3 次采收。商品切花花枝长度要求过 55 cm 以上。若切花花序小,花茎过短影响商品质量时,在采切主花枝时可连同侧枝一起剪下后再剪除侧花枝。剪切后的切花,分品种按花枝质量分级捆扎,每 10 支或 20 支一扎,花朵部分用纸包裹,放入保鲜液或清水中吸水。在 1~2 ℃温度与 90% 相对湿度下干贮或湿贮可保鲜 7 天;外运用纸箱包装。每箱 300~500 支。最后一次切花剪切至少保留 2 叶,以利地下部分球茎发育,一般在叶发黄后收球。

保鲜剂处理方法有:

①水合处理液:把无离子水或质量好的自来水的酸碱度用柠檬酸调节到 pH 3.5。水中不要含氟。

②1-甲基环丙烯(1-MCP)处理。

③瓶插保持液:4% 的蔗糖+0.015% 的硫酸铝+0.2% 的硫酸镁+0.1% 的硫酸钾;或每升水中加 250 mg 8-羟基喹啉柠檬酸盐+70 mg 矮壮素(CCC)+50 mg 硝酸银+60 蔗糖。

十五、火炬花

火炬花别名火把莲,百合科火把莲属多年生草本植物(图 10.15)。

图 10.15　火炬花

（一）形态特征

株高 80~120 cm,茎直立。总状花序着生数百朵筒状小花,呈火炬形,花冠橘红色,花期 6—7 月。叶线形。蒴果黄褐色,果期 9 月。

（二）生态习性

火炬花喜温暖湿润阳光充足环境,也耐半阴。要求土层深厚、肥沃及排水良好的沙质壤土。栽植前应施适量基肥和磷、钾肥。幼苗移植或分株后,应浇透水 2~3 次,及时中耕除草并保持土壤湿润,约 2 周后恢复生长。

（三）繁殖方法

火炬花可采取播种和分株繁殖。播种繁殖时间宜在春、秋季,以早春播种效果最好。可先播于苗箱内,以便于管理,覆土深为 0.5 cm,发芽最适温度为 25 ℃左右,一般播后 2~3 周便可出芽。待幼苗长至 5~10 cm,即可定植,株行距为 30 cm×40 cm。分株繁殖可用 4~5 年生的株丛,春秋两季皆可分株,一般在花后进行,以 9 月上旬为最适期。分株时从根茎处切开,每株需有 2~3 个芽,并附着一些须根,分别栽种,株行距为 30 cm×40 cm。

(四)栽培管理

在切花生产上要尽可能延长花期,可利用分期播种、分期移栽定植控制。火炬花的自然花期在 5 月下旬至 6 月中旬,如果将前一年播种苗于第二年 4—6 月份移栽定植,则可在 9—10 月开花。

火炬花种植区要选择土层深厚、疏松肥沃、通气性好、地下水位低的地方,栽植前施用适量和少许饼肥、骨粉。幼苗定植或分株栽培后,应浇透水 2 ~ 3 次,及时中耕除草并保持土壤湿润,约 2 周后恢复生长。生长期间每月浇 2 ~ 3 次,约每 2 周追施稀薄液肥一次,以促进生长和开花。播种苗和分株苗第二年即可开花。当花莛出现时,可进行 2 ~ 3 次 0.1% 磷酸二氢钾或 0.5% 过淋酸钙根外追肥,每次间隔 7 ~ 10 d,可增加花梗的坚挺度和提高花的质量。花前要适当增加灌水,花谢后停止浇水。花后剪除残花、残叶,避免养分消耗,以利日后开花。耐寒性较强,在华北地区可露地越冬季。主要有锈病危害叶片和花茎。发病初期用石灰硫黄合剂或用 25% 萎锈灵乳油 400 倍液喷洒防治。花期如遭遇金龟子咬食花朵,可用 0.21% 氧化乐果喷洒。火炬花耐寒性较强,露地栽培应适当覆草保暖,以利安全越冬。

(五)采收保鲜

采收时间应尽量避开高温和高强度光照,早晨和傍晚都可以,最好是在早上 10 点前,以减少花枝脱水。温室内切花采收时温度不要超过 25 ℃,剪切后在室内干贮的时间不宜超过 30 分钟。注意干藏的火炬花鲜切花要在花序上第一个花蕾开始显色时采切,并立即用 STS、每升 70 g 蔗糖和 1 g 赤霉素的水合液,在 20 ℃ 下处理 24 小时。也可在贮藏前用 STS 加 10% 蔗糖液进行脉冲处理 24 小时。若用湿藏法,鲜切花要在花蕾未显色前采切,先进行水合液处理(同干藏),然后放入盛水容器中,在 0 ~ 1 ℃ 下贮藏 4 周。冷库贮藏的温度变化不超过 1 ℃,并在任何位置上随时间变化不超过 0.5 ℃。

十六、晚香玉

晚香玉即人们常说的夜来香,花白色,浓香,夜间尤烈(图 10.16)。由于其浓香,花茎细长,线条柔和,栽植和花期调控容易,因而是非常重要的切花之一,是花束、插花等应用中的主要配花。

(一)形态特征

晚香玉属石蒜科,多年生鳞茎草花。冬季休眠球根植物,在原产地为常绿性,球根鳞块茎状(上半部呈鳞茎状,下半部呈块茎状)。基生叶条形,茎生叶短小。花莛直立,高 40 ~ 90 cm;花呈对生、白色,排成较长的穗状花序,具浓香,至夜晚香气更浓;花被筒细长,裂片 6,短于花被筒;有重瓣品种,花香较淡,花期 7—10 月。果为蒴果,一般栽培下不结实。

(二)生态习性

晚香玉喜温暖且阳光充足之环境,不耐霜冻,最适宜生长温度,白天 25 ~ 30 ℃,夜间 20 ~ 22 ℃。好肥喜湿而忌涝,于低湿而不积水之处生长良好。对土壤要求不严,以肥沃黏壤土为宜。自花授粉而雄蕊先熟,故自然结实率很低,多年生草本。具长圆形块茎,着生于粗短块茎上。花白色,浓香,夜间尤烈。花期夏、秋季。有重瓣种。

图 10.16　晚香玉

（三）繁殖方法

晚香玉多采用分球繁殖，于 11 月下旬地上部枯萎后挖出地下茎，除去萎缩老球，一般每丛可分出 5～6 个成熟球和 10～30 个子球，晾干后贮藏室内干燥处。种植时将大小子球分别种植，通常子球培养一年后可以开花。

（四）栽培管理

栽植地要整地并施入基肥，将大、小球以及上一年开过花的老球分开栽植。大球株距 25 cm，小球株距 10 cm 左右。植球深度较其他球根为浅，大球以芽顶稍露出土面为宜，小球和老球芽顶应低于土面，老球上一年开过花，已不能开花，仅在老球的周围长出许多瘦尖的小球。"深长球，浅抽葶"是晚香玉植球深浅遵循的原则。栽植初期因苗小叶少，水不必太多；待花葶即将抽出时，给以充足水分和追肥；花葶抽出才可追施较浓液肥。夏季特要注意浇水，经常保持土壤湿润。地上部分枯萎后，在江南地区常用树叶或干草等覆盖防冻，就在露地越冬。但最好是将球根掘起，略经晾晒，除去泥土，将残留叶丛编成辫子，继续晾晒至干，吊挂在温暖干燥处贮藏越冬，室温保持 4 ℃以上即可。

晚香玉病害主要有炭疽病。可用 75% 甲基托布津可湿性粉剂 1 000 倍液；80% 炭疽福美可湿性粉剂 600 倍液；75% 百菌清可湿性粉剂 700 倍液等喷雾防治，平时可选配 1∶1∶200 倍式波尔多液进行防治。虫害主要有黄胸花蓟马、华北蝼蛄，黄胸花蓟马可用 10% 氯氢菊酯乳油 200～300 倍液，18% 爱福丁乳油 3 000 倍液防治；华北蝼蛄可每公顷用 5% 特丁磷颗粒剂 45 kg 作毒土撒施，施后覆土浇水，或用 50% 辛硫磷乳油 1 000 倍液，48% 乐斯本乳油 1 000 倍液灌杀。

（五）采收保鲜

当晚香玉花序上最下部花朵开放 1～2 朵时，即可采收，采收时从花茎基部剪切。按花等级每 20 支 1 束，用软纸包裹装箱上市。

十七、球根鸢尾

球根鸢尾又叫爱丽丝、篮蝴蝶，为鸢尾科，鸢尾属花卉（图 10.17）。花大而美丽，花色独特，如鸢似蝶，叶片青翠碧绿，似剑若带，素有彩虹女神爱丽丝之名。

（一）形态特征

球根鸢尾属多年生草本植物。球茎长卵圆形，外有褐色皮膜，直径 1.5～3 cm。叶线形，具深沟，长 20～40 cm。花葶直立，高 45～60 cm，着花 1～2 朵，有花梗。扁圆形球茎外有褐色网状膜。叶片线状剑形，基部有抱茎叶鞘。复圆锥花序具多数花，花冠漏斗形，筒部稍弯曲，橙红色。花期初夏至秋季。花径 6～8 cm，淡紫或黄色。花期春末夏初。其变种有荷兰鸢尾，由荷兰育成，有各种花色和花型，花大且美丽。

（二）生态习性

球根鸢尾对于气候的适应性比较广，耐寒性较强，在华东地区均可露地越冬。有些种类的植株不耐夏季高温，常在夏季高温来临前叶子枯萎，进入休眠期。

（三）繁殖方法

繁殖主要是分株繁殖。常于春秋两季或花后进行分株、分球等。分割根茎时应使每块至少有 1 个芽，最好有

图 10.17　球根鸢尾

2~3 个芽。也可用播种繁殖，在种子成熟后即行播种，在第 2 年春发芽，实生苗在 2~3 年后开花。现可用球根中心分离出的生长点组织、侧芽、鳞片、花茎等不同器官进行组织培养，加速繁殖。

（四）栽培管理

球根鸢尾喜沙质土壤，但也可用其他疏松肥沃土壤栽培。要求排水良好。球根鸢尾对盐类敏感，施用化肥过多，盐离子浓过高的土壤要用水淋洗。不要连作，少施或不施过磷酸钙，因对所含氟敏感。

1. 种植

墒宽 1~1.2 m，宽 40~50 cm，株间距为 10 cm×10 cm，或 15 cm×15 cm，大球略稀植。种后覆土 3 cm，过浅时易使植株矮小，易倒伏，过深会产生发芽迟，花芽不整齐情况。

2. 栽培

球根鸢尾适宜温度为土温 15 ℃，变化可在 5~20 ℃，低温则会使开花延迟，花茎变短，生长适温为 17~20 ℃。

3. 肥水

土壤应保持充足的水分，缺水将导致植株矮小，花的品质下降。球根鸢尾生长健壮，管理可略粗放，在施足基肥后，一般要求生长情况适当追肥即可。

（五）采收保鲜

蕾先端着色、从花萼开始看得见花瓣的时候，为鸢尾切花采切的适期。从蕾到开花经历的时间非常短，因而采切在蕾稍硬实时更好。切花时拔取植株，留球根 1 cm 下剪，剥除鳞皮，然后把切花整理好，使蕾先端整齐，10 枝一束，包装上市。采切后，可用每升水中含 300 mg 8-羟基喹啉柠檬酸盐、30 mg 硝酸银、50 mg 硫酸铝的混合液进行预处理。预处理后，应立即进行低温贮藏，温度 2 ℃~4 ℃。或者用高糖溶液进行预处理，其开花数和瓶插寿命都显著提高。

十八、六出花

六出花（图 10.18），原产于南美洲的智利、秘鲁、巴西、阿根廷和中美洲的墨西哥。多

图10.18　六出花

年生草本,高60～120 cm。花朵像杜鹃又像水仙,茎和叶子则像是百合花。叶多数,叶片披针形,有短柄或无柄。伞形花序,花10～30朵,花被片橙黄色、水红色等,内轮有紫色或红色条纹及斑点。花期6—8月。

(一)形态特征

六出花为多年生草本。根肥厚、肉质,呈块状茎,簇生,平卧。茎直立,不分枝。叶多数,互生,披针形,呈螺旋状排列。伞形花序,花小而多,喇叭形,花橙黄色,内轮具红褐色条纹斑点。

(二)生态习性

六出花喜温暖湿润和阳光充足环境。夏季需凉爽,怕炎热,耐半阴,不耐寒。六出花的生长适温为15～25 ℃,最佳花芽分化温度为20～22 ℃。如果长期处于20 ℃温度下,将不断形成花芽,可周年开花。如气温超过25 ℃,则营养生长旺盛,而不行花芽分化。耐寒品种,冬季可耐-10 ℃低温,在9 ℃或更低温度下也能开花。六出花在生长期需充足水分,但高温高湿不利于茎叶生长,易发生烧叶和弯头现象。花后地上部枯萎进入休眠状态,应停止浇水,保持干燥。待块茎重新萌芽后,恢复供水,但盆内湿度不宜过高。六出花属长日照植物。生长期日照在60%～70%最佳,忌烈日直晒,可适当遮阴。如秋季因日照时间短,影响开花时,采用加光措施,每天日照时间在13～14 h,可提高开花率。土壤以疏松、肥沃和排水良好的砂质壤土,pH值在6.5左右为好。盆栽土用腐叶土或泥炭土、培养土和粗沙的混合土。

(三)繁殖方法

播种繁殖:杂种六出花种子千粒质量约16 g,宜秋冬季播种。播种基质用草炭土与沙按1:1(体积比)的比例,经过高温消毒后,装于播种盆中。10月中旬至11月下旬播种,经过1个月0～5 ℃的自然低温,种子逐渐萌动;然后移至15～20 ℃的条件下,约2周,种子发芽率可达80%以上。种子发芽后温度维持在10～20 ℃,生长迅速。当幼苗长至4～5 cm高时,应及时分植。移植时切勿损伤根系,移植时间以早春2月至3月为佳。

分株繁殖:六出花有横卧地下的根茎,其上着生肉质根,贮存水分和养分。横卧根茎上着生出许多隐芽,当外界条件适合时,横卧根茎在土壤中延伸,同时部分隐芽萌发,直到长成花枝。分株繁殖就是利用根茎上未萌发的隐芽,当根茎分段切开后,刺激隐芽萌发即可成新的植株。分株繁殖时间为10月份。植株分栽前,要使土壤疏松、不干不湿。分株时,先自距地面30 cm处剪除植株上部,后将植株挖起(尽量避免碰伤根系),轻轻抖动周围土壤,根茎清晰可植在已准备好的苗床上。作切花栽培的株行距一般为40 cm×50 cm。

组培繁殖:常用顶芽作外植体,经常规消毒灭菌后,接种到添加6-苄氨基腺嘌呤5 mg/升和萘乙酸1 mg/升的MS培养基上,经2个月的培养成不定芽,再转移到添加萘乙酸1 mL的1/2 MS培养基上,由不定芽形成块茎。

（四）栽培管理

六出花的栽种宜用疏松肥沃、排水透气性良好的沙质土壤,定植前应对土壤消毒,并施足基肥。秋季定植后的头两个月温度要保持 15 ℃左右,以利于根系发育。一般是第二年的 4—6 月开花,如果采取增温、补光等措施,则可提前到二三月开花。六出花喜温暖干燥和阳光充足的环境,在半阴处也能生长,有一定的耐旱能力,怕涝。其为长日照植物,每天光照在 8 小时以上能促进植株开花,而短日照则对开花有抑制作用,因此栽培中应尽量给予较长时间的光照,必要时还可进行人工补光。将光照时间增加到每天 13 ~ 16 h,以增加开花量。盆栽六出花在花期可适当遮光,以免因光照过强使花朵褪色。生长适温 13 ~ 21 ℃,冬季在不加温的大棚内保持 5 ℃以上即可安全越冬。如果作促成栽培,冬季温度宜控制在 11 ℃至 13 ℃,温度过高会影响花的产量。栽培中要避免土壤积水,否则易造成块茎腐烂,但也不能长期干旱,以土壤湿润而不积水为佳。生长期两三周施一次腐熟的稀薄液肥。六出花温度超过 25 ℃时,叶节疏、茎叶软,应采取通风降温措施。由于较高的地温对其生长不利,夏季可通过浇水降低地温,但前提是土壤必须有良好的透气性和排水性。当气温超过 35 ℃时,植株进入休眠状态,地上部分枯萎,应停止浇水,保持干燥,休眠期结束后再进行正常管理,这样第二年还能继续开花。刚进入休眠期时也可将地下茎挖出,贮藏在通风干燥处,等秋季再重新种植。

（五）采收保鲜

保护地栽培,2—3 月即有少量的鲜花供应,此时气温偏低,一枝花枝上有 2 ~ 3 朵小花初开时为适宜采花期。4—6 月为鲜花供应高峰期,气温偏高,当花苞鼓起,着色完好或一枝花枝上有一朵小花初开时即可采切。采切时用剪刀剪取,防止用力拉扯损伤根茎。鲜花采切后,在运输或贮藏中,可在 4 ~ 6 ℃的低温下进行冷藏。但这种常规冷藏降低切花质量,可采用真空冷藏的方式。六出花在气温 20 ~ 30 ℃条件下,于水中切花寿命可达 12 d 以上。用硫代硫酸银和赤霉素的混合液可以有效地延缓切花叶片变黄和花苞脱落。

十九、红苞蝎尾蕉

红苞蝎尾蕉又名红苞鹤蕉,旅人蕉科蝎尾蕉属（图 10.19）。原产于太平洋诸岛。

（一）形态特征

株高 1 ~ 3 m,少数种类可达 4 米以上;茎地下横生,地上部由包旋的叶鞘形成假茎丛生,叶与苞同呈二列。叶形似美人蕉,长圆形或卵状披针形,革质,长 50 ~ 60 cm,宽 10 ~ 15 cm。叶具柄,柄长短不一,有些近无柄。花序直立或下垂,多从株顶抽出,少数种类花从叶腋抽出。造型优美,花色艳丽。

图 10.19　红苞蝎尾蕉

（二）生态习性

红苞蝎尾蕉喜温暖湿润和充足阳光环境,也耐半阴和干旱。以肥沃的壤土为好。冬季温度不低于 10 ℃。

（三）繁殖方法

红苞蝎尾蕉主要用分株和播种繁殖。分株在早春进行，将叶片密集的植株，切开分栽，注意切口不能太大，一般 2～3 年分株 1 次。播种繁殖，以 5—6 月最好，播后 25～30 天发芽，实生苗需培育 4～5 年才能开花。

（四）栽培管理

生长期需保持土壤湿润，夏季可在叶面喷水，并适当遮阴。盛夏生长过程中每半月施肥 1 次，冬春季花期增施 1～2 次磷钾肥。花后将花枝剪除，养护过程中不能损伤新芽和叶片。冬季需搬入室内养护。发生介壳虫危害，用 40%氧化乐果乳油 1 500 倍液喷杀。病害有叶斑病，用 50%托布津湿性粉剂 1 000 倍液喷洒防治。

（五）采收保鲜

红苞蝎尾蕉切花贮前采用预处理液 500 mg/L H_3BO_4+200 mg/L 8-HQC 浸泡整个花枝 1 h，之后将花枝基部浸于 2 mg/L 6-BA 中，并置于温度为 13 ℃，相对湿度为 90%～95% 的环境中短期贮藏 7 d，可获得较好观赏品质。

第二节　切叶类观赏植物栽培

切叶类观赏植物，观赏部位以叶片为主，通常叶形、叶色美丽，在观赏植物装饰中主要起陪衬作用，如肾蕨、天门冬、文竹、苏铁、散尾葵、龟背竹、棕竹等。

图 10.20　肾蕨

一、肾蕨

肾蕨又名蜈蚣草、圆羊齿，为骨碎补科肾蕨属常绿草本观赏植物（图 10.20）。原产于热带和亚热带地区，中国南方各省区均有分布。肾蕨叶片秀丽清雅，四季常青，既可作室内盆栽观叶植物，又可切叶生产作插花配花材料。

（一）形态特征

肾蕨一般地生，亦能附生。根茎直立，并发出多数匍匐根，地下部分有块茎发生。叶丛散生，初出土时呈拳卷状。叶长，一回羽状复叶，浅绿色，小羽片长 3 cm，具尖齿缘，羽片有关节，易脱落。孢子囊群着生于叶背叶脉分支点的上部，呈褐色颗粒状。

（二）生态习性

肾蕨性喜温暖湿润和半阴环境，要求空气湿度较高。忌强光直射，炎热夏季需遮阴栽培，但也不可过阴，否则生长柔弱，甚至脱叶。自然萌芽力强。不耐寒，怕霜冻。生长适温

20~25℃,冬季需要保持5℃以上的夜温。宜栽植于腐殖质丰富、肥沃和排水良好的微酸性土壤。

(三)繁殖方法

肾蕨可采用播种孢子及分株繁殖,以分株繁殖为主。通常在春季新叶未抽生前进行,分株前,适当保持土壤干燥,然后挖出老株,用利刃将大株丛切成5~6叶一小丛,分栽定植。播种孢子可在室内进行,萌发适温为15~22℃,播后保持较高的空气湿度,30 d左右可发芽。

(四)栽培管理

肾蕨易生长,栽培中要注意保持温暖多湿的环境,经常向叶面及植株四周喷雾,以提高空气湿度。南方温暖地区可在山北坡露地栽培,亦可平地架遮阳网栽培。北方地区可栽于温室或大棚内。定植后春、夏、秋三季需70%遮光,冬季注意保温。生长季节内每隔15~20 d追施1次液肥,不可施用碱性肥,以免土壤碱化,最好施用油渣水。生长期间注意去掉黄叶、病叶。经常保持土壤湿润,有条件的可在棚室内设置喷雾装置,以提高空气湿度。室内栽培时,如通风不好,易遭受蚜虫和红蜘蛛危害,可用肥皂水或40%氧化乐果乳油1 000倍液喷洒防治。在浇水过多或空气湿度过大时,肾蕨易发生生理性叶枯病,注意盆土不宜太湿,并用65%代森锌可湿性粉剂600倍液喷洒。

(五)切叶

肾蕨一年四季均可切叶,当叶片由浅绿转至浓绿时,叶片发育成熟。一般集中在秋冬季市场需求高峰时切叶,切叶后每20支扎成1束,水养后包装上市。

二、天门冬

天门冬别名玉竹、天冬草、武竹,为百合科天门冬属多年生常绿草本观赏植物(图10.21)。原产于非洲南部,是重要的配叶花材。

图10.21　天门冬

(一)形态特征

根呈块状,茎丛生,蔓性,柔软下垂,多分枝,高30~60 cm。叶退化为细小鳞片状,基部刺状。总状花序,花小,白色或淡红色,1~3朵簇生于叶腋,有香气;雌雄异株,花期6—8月。浆果球形,果实成熟期11—12月,成熟后鲜红色,状如珊瑚珠,非常美丽。

(二)生态习性

天门冬性喜温暖,不耐寒,生长适温为15~25℃,越冬温度为5℃。喜半阴、稍潮湿的环境,忌烈日。对土壤要求不严,适生于疏松、肥沃、排水良好的沙壤土中。

(三)繁殖方法

天门冬可用播种和分株繁殖。一般12月种子成熟,采后洗净、晾干,春季2—3月播入疏松土壤。在温度15～20℃条件下，3～4周即可发芽。分株一般于春季结合换盆时进行，用利刃将生长茂密的株丛分割开，按3～5芽一丛分出新植株（避免伤根太多），分别栽植上盆，放于荫蔽处养护1～2周，待恢复生长后按正常管理。

（四）栽培管理

栽培养护时，土壤要半干半湿。因天门冬肉质根，水分过大，容易烂根；土壤过干，易产生枝叶发黄等现象。夏季应置于半阴处养护，切忌太阴或暴晒。秋季空气干燥时，需经常向叶面喷水，以增加空气湿度。冬季室温不得低于8℃。在生长期内，每10～15 d施1次以氮、钾为主的充分腐熟的稀薄液肥。天门冬病虫害较少，主要有根块腐烂病，应做好排水工作，在病株周围撒生石灰粉，另外，蚜虫会危害嫩藤及芽芯，使整株藤蔓萎缩，在蚜虫危害初期，可用50%敌敌畏乳剂喷杀。对虫害严重的植株，割除所有藤蔓并施肥，20 d左右便可发出新芽。

三、文竹

文竹别名云片竹、芦笋山草，为百合科天门冬属多年生常绿攀缘状草本观赏植物（图10.22）。原产于非洲南部，现各国园林均有栽培。文竹是优良的盆栽观叶植物，也是优良的切叶观赏植物。

图10.22　文竹

（一）形态特征

文竹茎细，圆柱形，直立或呈藤本攀缘状。多分枝，光滑，分枝和叶片常呈云片状伸展，组成叶状枝。叶状枝纤细，6～12枝簇生，平展呈羽毛状。叶退化成鳞片状，基部有三角形小刺，主茎上鳞状叶多呈刺状。小花白色，两性，1～4朵生于短枝上，花期2—3月或6—7月。浆果球形，成熟时紫黑色。

（二）生态习性

文竹喜温暖湿润气候和半阴环境，不耐高温，不耐强光，夏季强日照会使枝叶发黄。喜空气湿度较大，忌积水不耐寒，不耐干旱，缺水常造成新梢枯死。喜疏松肥沃、透气性好、排水良好的沙壤土。

（三）繁殖方法

文竹可用播种和分株繁殖，常采用种子播种繁殖。种子在12月至翌年4月成熟，采后即播。播种前需浸种1～2 d，采用苗床密播法，播后温度保持20～25℃，25～30 d即可发芽。幼苗长到3～4 cm高时，便可分苗移栽。分株繁殖在春季换盆时进行，分栽后浇透水，放到半阴处或进行遮阳。以后浇水要适当控制，否则容易引起黄叶。

（四）栽培管理

文竹在栽培过程中，盆土要求半干半湿。夏季要置于半阴处，常向叶面喷雾，以保持空气湿度；冬季室温不得低于5℃，否则将会死亡。生长旺盛的季节，可每7～10 d追施1次氮肥，使叶色保持翠绿。文竹生长较迅速，需及时搭架，以利通风。发生藤本枝时，可适当摘心控制。夏季易发生介壳虫和蚜虫危害，可喷洒40%氧化乐果乳油1 000倍液防治。灰霉病和叶枯病危害叶片，用50%托布津可湿性粉剂1 000倍液喷洒。

（五）切取枝叶

文竹切枝叶均应从基部剪切，并与疏枝结合进行，起到复壮的作用。切枝叶不可过量，应保持足够的营养面积。

第三节　切枝类观赏植物栽培

切枝是指各种剪切下来具有观赏价值的着花或具有色彩的木本枝条，常见的切枝类观赏植物有银芽柳、连翘、海棠、牡丹、梅等。

一、银芽柳

银芽柳又名银柳、棉花柳、毛芽柳，为杨柳科柳属多年生木本观赏植物（图10.23）。原产于中国东北地区，日本、朝鲜半岛也有分布，现广泛栽培，是传统插花的首选材料。

（一）形态特征

银芽柳是落叶灌木，植株丛生，高2～3 m。少分枝，新枝上被绒毛，节部叶痕明显。单叶互生，披针形至长椭圆形，先端渐尖，叶质较厚，叶缘具细锯齿，表面深绿色，背面密生短毛。雌雄异株，雄株的花序肥大，着生在枝条上端的叶腋间，为柔荑花序，外被紫红色苞片，在华南地区于春节前先叶开放，苞片脱落后露出银光闪闪的毛絮，抱合很紧，状似毛笔，是主要观赏部位。切花栽培多以雄株为栽培材料。

图10.23　银芽柳

（二）生态习性

银芽柳喜阳光充足，耐潮湿，喜肥耐涝，不耐干旱，不耐寒，生长适温为18～30℃。宜生长在河边、湖畔。要求常年湿润而肥沃的土壤，pH值为6～6.5。

（三）繁殖方法

银芽柳一般用扦插繁殖，在早春萌芽前剪插穗，每段10 cm长，插床应疏松透气。采穗母树应在夏季加强肥水管理，促发新枝，用于采插穗。

（四）栽培管理

银芽柳作切花栽培，一年生苗栽植株行距为 50 cm×50 cm，定植后主干留 10～15 cm，短截促进分枝，生长期施肥 7～8 次，当年秋季即可采收到商品切枝。进行大植株管理过程中，每年早春谢花后，应从地面向上 5～10 cm 处平茬，可促进当年萌发更多的新枝。为满足春节期间供应花枝，在北方可于入冬前将花枝提前取下，存入冷室或地窖，将枝条基部埋入湿沙，在春节前 15～20 d 移入中温温室并插入水中催芽。银芽柳常有褐斑病和锈病发生，可用 65% 代森锌可湿性粉剂 500 倍液喷洒。刺蛾和天牛危害时，用 50% 敌敌畏乳油 1 000 倍液喷杀。

（五）采收保鲜

银芽柳剪切后的枝条，需要加工剥除花芽外围的苞片。通常采切后将枝条进行短期烘烤，苞壳遇热后自裂，去壳水养。按切枝长短分级捆扎，一般每 10 支扎成 1 束。在保鲜液或清水中贮存，干贮温度可降到 -2 ℃。银芽柳切花上市也可进行染色加工，常用保鲜剂加 0.2% 的食用色素溶液，将切枝浸泡 7～10 d，浸后阴干 10～14 d 上市。

二、梅

梅又名红梅、春梅、干枝梅，为蔷薇科李属多年生木本观赏植物（图 10.24）。北京以南各城市均有分布，尤以长江以南地区较多。梅神、韵、姿、色、香俱佳，是中国的名贵观赏植物，是高品位艺术插花的首选材料。

图 10.24 梅

（一）形态特征

梅属落叶小乔木，高 4～10 m，树干紫褐色，小枝细，无毛，多绿色。单叶互生，叶广卵形至卵形，叶缘有细锐锯齿。花两性，1～2 朵腋生，具短梗，白色至粉红色，有芳香。核果球形，熟时黄色或白绿色，被柔毛。花期 12 月至翌年 4 月，果期 5—6 月。

（二）生态习性

梅喜温暖而稍湿润的气候，最宜在阳光充足、通风良好处生长。在南方属耐寒树种，早春开花，迎雪怒放，春花夏实。耐贫瘠，喜生于表土厚而疏松、底土稍黏的土壤中。耐旱不耐涝，要求排水良好，湿润通透。寿命很长，可达上千年。

（三）繁殖方法

梅以嫁接繁殖为主，其次为扦插、压条繁殖。嫁接时可用梅、山桃、山杏、杏等做砧木，在春季用切接或腹接，夏季用"T"字形芽接。扦插可在开花后截取长 10～18 cm 的一年生枝条，在保温、保湿条件下生根，当年成苗。

（四）栽培管理

梅切花栽培多在露地进行，栽植地点宜选择排水良好的高燥地。选用 2～5 年生壮苗，穴植,施入有机肥。采用矮化密植技术,株间距3 cm×3 cm即可,主干定在30 cm左右,多留侧枝,将树体剪成半灌木状。每年花后对当年生枝进行短截,促使萌发更多的侧枝,增加花枝数量。秋季落叶后施1次有机肥,促进树势生长健壮。风大干旱地方在入冬后浇水1~2次。生长季节施肥以复合肥为主,秋季以磷、钾肥为主。夏季剪除过密枝、病残枝、徒长枝,进入秋季可去顶梢积累养分。梅病害主要有炭疽病和白粉病,可于5月份起,每10 d喷洒多菌灵500~600倍液,或托布津600倍液防治,还可以于早春时节对梅树喷施5波美度石硫合剂防治。虫害主要是蚜虫、蛀干天牛、刺蛾、梅毛虫、舟形毛虫及杏球蚧等,要及时防治。但应避免使用农药"乐果",否则可引起早期落叶。

(五)采收保鲜

梅切枝时间应在花蕾微露红或每枝上有几朵花半开时采收。采切过早,因水分和营养原因会使花蕾干枯脱落或开花过迟,花色淡;采切过晚,会造成花脱落、开花时间短等现象。采收后10支扎成1束,及时浸水,在水中放入保鲜剂和糖,也可加入赤霉素50~100 mg/L,能有效促进开花。使用时应向枝条上喷雾,延长使用时间。

 行动

一、切花月季的芽接繁殖

(一)考核目的

了解切花月季芽接繁殖的技术要求和成活原理。掌握切花月季的"T"形芽接繁殖操作技术。

(二)材料与用具

塑料条(宽1 cm,长30 cm)、无刺蔷薇(1~2年生营养钵苗)、品种月季穗条;芽接刀、修枝剪。

(三)方法步骤

1.嫁接时期

8—10月最适宜休眠芽苗的生产。

2.接穗选择和接芽削取

选择立秋后发出的叶色转青、腋芽饱满但未萌动的新枝做接穗。在接芽上方0.5 cm横切一刀,切断韧皮部。然后自穗芽下部1 cm处进刀慢慢向芽上方1 cm处削离穗条,剥取芽片,剔除穗芽上的木质部。

3.砧木选择和处理

选择1~2年生无刺蔷薇为嫁接砧木。在砧木离地面5 cm处先横切一刀,深度到木质部为止,长度为1.5 cm,不要切进木质部。再在刀口中部竖割一刀呈"T"形,竖刀长度约为2 cm,然后将砧木皮层轻轻地向两边挑开备用。

4.芽片嵌入和绑扎

将盾形芽片插入砧木接口,对齐砧木上切口,使穗芽完全嵌入砧木皮层内。最后用塑料带由下往上绑扎,将芽完全密封,使穗芽不接触空气,处于休眠状态。

5.检查成活

芽接后10 d左右检查成活,轻触叶柄脱落为接芽成活。

（四）考核方法与标准

序号	测定标准	评分标准	满分	检测点					得分
				1	2	3	4	5	
1	考核时间	20 min 内嫁接5株	20						
2	接芽削取	接芽的削取操作方法正确；盾形芽片完整，切口光滑，长短合理；芽片剥取不带木质部	20						
3	砧木处理	砧木嫁接部位合理；T形切口长短合理，深度适宜	20						
4	芽片嵌入	接芽顺利嵌入砧木切口；接芽上切口与砧木切口对齐	20						
5	绑扎	绑扎方法正确，绑扎严密；芽眼露于绑扎条外	20						
总　分		100				实际得分			

二、切花香石竹种苗扦插

（一）考核目的

了解香石竹种苗扦插繁殖的技术要求和成活原理。掌握切香石竹种苗扦插繁殖操作技术。

（二）材料与用具

香石竹采穗母本植株，皮筋，ABT 生根粉2号；竹签，扦插床，塑料盆。

（三）方法步骤

1. 扦插适期

春季1—3月温室扦插成活率高。

2. 插穗采集

清晨采穗，选择健壮采穗母株。采穗时一手握住植株基部，另一手捏住枝条上部侧瓣，留下基部2~3节。摘下的穗条要即时整理，即保留插条梢部3~4节，摘去其余，基部断口应在节上，以利生根。摘下整理好的枝条可用橡皮筋以20枝1捆扎好，基部放入清洁水中，吃足水。

3. 激素处理

插穗在 ABT 生根粉2号溶液中浸蘸10 s 用于扦插。

4. 扦插

扦插前保持基质湿润，扦插时可用竹签在基质上打洞扦插，也可把基质翻疏松后，用插条直接插入基质中。扦插深度依插条大小而定，不宜过密过稀，以叶片刚好相接为宜。扦插深度约2 cm。插后要浇透水，使基质与插条基部密结，以利吸水成活。

5. 插后管理

插后1周内注意遮阳，并需频繁喷雾降温和保持空气湿度，喷雾以叶片滴水但基部少湿为好。扦插苗在20℃条件下，一般15天可生根，20天左右90%以上的插条生根才可出圃。

（四）考核方法与标准

序号	测定标准	评分标准	满分	检测点					得分
				1	2	3	4	5	
1	考核时间	30 min 内扦插20根插穗	30						
2	插穗采集	插穗采集操作方法正确；插穗健壮，长度合理，切口位于节部	30						
3	激素处理	插穗吃足水分；激素速蘸时间合理	20						
4	扦插	扦插深度合理；扦插疏密适度	20						
总 分			100	实际得分					

三、唐菖蒲种球消毒

（一）考核目的

了解唐菖蒲开花种球的选择要求和种球消毒技术要求。掌握唐菖蒲种球消毒操作技能。

（二）材料与用具

唐菖蒲种球；10 L 塑料水桶、木棒、铁筛、温度计、药物天平。

（三）方法步骤

1. 开花种球选择

种球直径大于 3 cm 为开花种球。

2. 温水浸泡

将种球放入 40 ℃温水中浸泡 10 min。用木棒搅拌均匀浸泡。

3. 药剂消毒

添加如下药剂：0.4%咪酰胺+1%敌菌丹+0.2%腐霉剂，再浸泡 30 min。

4. 沥干种球

捞出种球，置于铁筛中沥干种球。

5. 问题

药剂消毒需要多长时间？种球消毒后到栽植前还需要如何处理？

注：药剂消毒过程加入药剂，搅拌均匀考核即可结束。

（四）考核方法与标准

序号	测定标准	评分标准	满分	检测点					得分
				1	2	3	4	5	
1	考核时间	30 min 内完成种球消毒	20						
2	开花种球选择	开花种球大小符合标准；选择开花种球100 枚	20						
3	温水浸泡	水温调节适宜；种球浸泡均匀	20						
4	药剂消毒	药剂称量准确；消毒方法正确合理	30						

续表

序号	测定标准	评分标准	满分	检测点					得分
				1	2	3	4	5	
5	提问	问题回答正确	10						
总　分			100	实际得分					

四、切花定植及张网技术

(一)目的要求

使学生熟悉切花生长发育规律,掌握切花栽培过程中的定植及张网技术。

(二)材料

种苗、花网等。

(三)用具

竹竿、铁丝、卷尺、花铲、喷壶等。

(四)方法步骤

①定植种植床为高畦,宽100 cm,按15～20 cm株行距进行定植,注意栽植深度,栽植后用喷壶浇透水。

②架网。于定植缓苗后即行张网。在种植床两端固定80 cm高度的木(竹)桩,按种植床的长度,将支撑网两端的竹竿固定在种植床木(竹)桩上,绷紧,使每苗都立于网格中。香石竹等切花生产需张网3层,开始时3层网重叠在一起,以后随着植株生长逐渐将网间距离拉开。

(五)考核评价

考核项目	考核要点	参考分值
实训态度	积极主动,操作认真,守时	10
整地做畦	在教师指导下整地,按要求做高畦	20
切花定植	根据不同切花种类,按照一定的株行距定植,定植后浇水	20
架网	正确进行张网	30
实训报告	总结切花定植及张网各工作环节技术要点,详细记录	20

五、切花的采收及保鲜

(一)目的要求

通过实习,使学生熟悉切花采收标准,掌握采收方法、采后处理及保鲜贮藏技术。

(二)材料

校内或校外生产基地内栽培的切花、保鲜剂。

(三)用具

枝剪、捆扎线绳、药品、衡器或量器、玻璃器皿、冷藏箱等。

(四)方法步骤

以香石竹为例。

①选择适宜的采收时间香石竹切花,一般掌握花绽开1/4～1/3时即可采收,采花时间

以上午9时前或下午3时后为宜。

②采收方法。在花枝基部剪取,按商品切花对花茎长度的要求剪去花茎基部的多余部分。10支1束,入冷库保鲜贮藏。

③保鲜剂的配制。将香石竹保鲜液按比例配制完备,放入冷库,将采收整理好的切花基部浸入保鲜液中湿藏,过24 h后再放置花架冷藏,直到装箱运输。

(五)考核评价

考核项目	考核要点	参考分值
实训态度	积极主动,操作认真,守时	10
选择采收时间	针对不同切花,选择适宜的采收时间	10
采收方法	采收方法正确,采后去除多余枝和叶片,捆扎成束	30
保鲜剂配制	处理各环节方法正确,保管妥当	20
切花采后保鲜	选择合适保鲜液处理,冷藏,装箱运输	10
实训报告	记录切花采收时的形态特征及适时程度;记录、整理各类保鲜剂的配方及保鲜效果	20

拓展

一、世界五大切花

世界五大切花以唐菖蒲为首,包括月季(玫瑰)、菊花、香石竹(康乃馨)、非洲菊五类鲜切花品种。它们是现代花艺中用量最大的五类花材。

二、主要切花及特点

玫瑰:宜选尚未开放的花梁。花朵充实有弹性。花瓣微外卷,花蕾呈桶形。

剑兰:露色花苞较多,下部有1~2朵花开放,花穗无干尖、有黄、弯曲现象。

菊花:叶厚实、挺直。花果半开,花心仍有部分花瓣未张开。

康乃馨:花半开,花苞充实,花瓣挺实无焦边,花萼不开裂。

扶郎花:花瓣挺实、平展、不反卷、无焦边,无落瓣、发霉现象。

火鹤花(红掌):花片挺实有光泽,无伤痕,花心新鲜、色嫩,无变色、不变干。

兰花:花色正,花朵无脱落、变色、变透明、蔫软现象,切口干净、无腐败变质现象。

百合:茎挺直有力,仅有1~2朵花半开或开放(因花头多少而定),开放花朵新鲜饱满,无干边。

满天星:花朵纯白、饱满,不变黄,分枝多、盲枝少,茎干鲜绿、柔软有弹性。

勿忘我:花多色正,成熟度好、不过嫩,叶片浓绿不发黄,枝秆挺实分枝多、无盲枝,如有白色小花更佳。

情人草:花多而密集,花枝软有弹性,枝形舒展,盲枝无或少,如有较多淡紫色开放的小花最好。

郁金香:花钟形,饱满鲜润,叶绿而挺实、不反卷。

还有马蹄莲、银柳、洋桔梗等。

填充花材:满天星、小菊、补血草、叶上黄金、情人草、球松、霞草、孔雀草、勿忘我、小菊、

珍珠梅、山草、鱼尾叶等。

评估

1.花卉按观赏部位分可分成几类？各举一例。

2.论述切花生产的特点和方式。

3.我国行业标准规定，切花的质量分为几级，分级指标主要有哪些？

4.“四大切花”指的是哪几种花卉？

5.当地栽培的切花、切叶、切果植物各有哪些？

6.举出10种常见的切花种类。

7.哪些鲜切花在生长过程中需要张网？张网的目的是什么？

8.菊花要做到周年生产的技术关键是什么？

9.扶郎花（非洲菊）有哪些繁殖方法？

10.切花月季芽接繁殖的适宜时期是什么？影响芽接成活的因素是什么？

11.切花月季周年生产栽培管理要点有哪些？

12.切花香石竹采穗母株如何培育？接穗采集的要求是什么？

13.如何通过摘心对香石竹进行花期控制？

14.切花唐菖蒲开花种球的选择标准是什么？种球消毒如何进行？

15.切花菊的采收与保鲜如何进行？

16.切花菊周年生产的技术关键有哪些？

第十一章
草坪与地被植物

 ## 目标

知识目标

- 了解常见草坪草、地被植物及观赏草的主要特征;
- 掌握常见草坪草、地被植物的繁殖与栽培管理技术;
- 理解常见草坪草、地被植物的园林应用。

能力目标

- 能应用适合本地的草坪草和地被植物进行园林绿化;
- 会科学合理地繁殖和栽培管理本地常用草坪草和地被植物。

准备

　　草坪草与地被植物是城市园林植物的重要组成部分,草坪草的应用有着悠久的历史,最初被用于庭院的美化。随着社会的进步,它逐渐成为"文明生活的象征,游览休息的乐园,生态环境的卫士,运动健儿的摇篮"。近30年来,草坪草与地被植物在我国受到格外的重视而快速地发展起来。

第一节　草坪植物栽培

一、冷季型草坪草

1.草地早熟禾

　　草地早熟禾又名多年生早熟禾、六月禾、蓝草,为禾本科早熟禾属多年生植物(图11.1)。原产于欧亚大陆、中亚地区,广泛分布于北温带冷凉湿润地区。在中国分布于东北各省、河北、山东、山西、内蒙古、甘肃、新疆、青海、西藏、四川、江西等地。

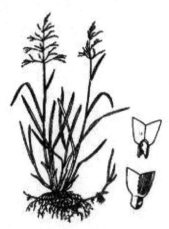

图 11.1 草地早熟禾

（1）形态特征 茎秆丛生，光滑，高 20～50 cm。叶片 V 形，宽 2～4 mm，柔软，多光滑，顶部为船形；无叶耳；叶舌膜质，长 1～2 mm，截形。圆锥花序开展，长 13～20 cm，分枝下部裸露；小穗长 4～6 cm，含小花 3～5 朵。颖果纺锤形，种子细小。

草地早熟禾是使用最为广泛的冷季型草坪植物，目前有许多品种在被推广，如艾德尔菲、美洲、午夜、瓦马斯、伏异、黎明、蓝月、解放者、史诗、凯丽博、奖牌、蓝宝、橄榄球 2 号、浪潮、纳苏、肯塔基、蓝宝石、蓝肯等 100 个品种以上。

（2）生态习性 性喜凉爽、湿润、光照充足的气候，5 ℃时开始生长，我国北方一般 3 月中旬返青，−5～−2 ℃进入枯黄期。最适生长温度为 15～27 ℃，耐寒性极强，在 −38 ℃条件下也可安全越冬，但在高温、高湿环境下易感病。适宜排水良好、潮湿、肥沃、中性至微酸性的土壤，耐旱性差。根状茎繁殖迅速，再生力强，耐践踏，耐低修剪。

（3）繁殖与栽培管理 可根茎繁殖，但主要还是种子繁殖，春秋两季播种为宜，北方春季播种宜早，秋季更佳。播种量可控制在 10～15 g/m²，播后 10～21 d 出苗，60～75 d 可成坪。成坪后应进行合理的维护修剪，高度一般为 2.5～5 cm。在草坪建植的过程中要注意肥料的施用，主要是氮、磷、钾三种肥料，施入量可根据具体情况而定。在水分不足时也要经常灌溉。草地早熟禾在 3～5 年后生长见衰，应适时采用打孔、切断根茎的方法进行更新或在草坪内补播草籽，以免草坪退化。

（4）园林用途 可用做绿地、公园、墓地、公共场所、高尔夫球道和发球台、机场、运动场以及其他用途。

2. 高羊茅

高羊茅又称苇状羊茅、苇状狐茅，为禾本科羊茅属多年生草本植物（图 11.2）。原产于欧洲，我国新疆、东北中部省区湿润地区有野生种。

（1）形态特征 茎圆形，直立，粗壮，簇生，高可达 40～70 cm，基部红色或紫色。幼叶呈卷包形，成熟的叶片扁平，可长达 12 cm，宽 5～10 mm，坚硬，中脉明显，顶端渐尖，边缘粗糙透明。叶鞘圆形，光滑或有时粗糙，开裂，边缘透明；叶舌膜质，叶环显著，叶耳短、钝，有柔茸毛。圆锥花序，直立或下垂，披针形至卵圆形；每一小穗上有 4～5 朵小花。

主要品种有宾狗、阿拉比亚、家园。

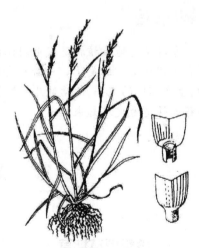

图 11.2 高羊茅

（2）生态习性 适宜于温暖湿润的中亚热带至中温带地区栽种，抗低温性差，对高温有一定的抵抗能力，适宜于冬季不出现极端低温的北方地区种植，是最耐旱和最耐践踏的冷季型草坪草之一。适宜于肥沃、潮湿、富含有机质的细壤，最合适的 pH 值为 5.5～7.5，适宜的 pH 值范围是 4.7～8.5。耐土壤潮湿，并可忍受较长时间的水淹。与大多数冷季型草坪草相比，高羊茅更耐盐碱。

（3）繁殖与栽培管理　种子繁殖。建坪速度较快,比草地早熟禾快,比黑麦草慢。修剪高度为 4.3~5.6 cm,叶子质地和性状一般,在修剪高度小于 3.0 cm 时,不能保持均一的植株密度,故它不能用作需低刈的高尔夫球道。氮肥需要量每个生长月 0.5~1 g/m²。高羊茅不结芜枝层,抗旱,但浇灌对它更为有利。它对根锈病和蠕虫菌病有较强的抗性,但易染褐斑病和水稻赤霉病。

（4）园林用途　高羊茅由于具有寿命长、色泽鲜亮、绿期长以及耐践踏等优点,被广泛应用于园林绿化、高尔夫球场、运动场和水土保持等。高羊茅是一种优良的观赏性草坪草,同时也是一种优良的设施草坪草。

3.多年生黑麦草

多年生黑麦草为禾本科黑麦属多年生疏丛型草本植物（图 11.3）。原产于南欧、北非和亚洲西南部,我国早年从英国引入,主要分布于华东、华中和西南等地。

（1）形态特征　茎直立,光滑中空,色浅绿。植株具细短根茎。叶片对折,叶鞘疏松,无毛;叶舌长 0.5~1 mm;叶片质软,扁平,长 9~20 cm,宽 0.3~0.6 cm,上面微被毛,下面平滑,边缘粗糙。穗状花序直立,微弯曲,长 14~25 cm,穗轴棱边被细纤毛;小穗长 10~21 mm,含 9~11 朵小花,小穗轴光滑无毛。颖果梭形,种子千粒重 1.5 g。

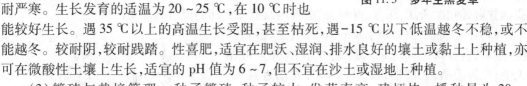

图 11.3　多年生黑麦草

多年生黑麦草作为一种有价值的草种在全球广泛使用,主要品种有卡特、金牌美达丽、爱森特、匹克威、太阳岛、蒙特丽。

（2）生态习性　喜温暖湿润气候,不耐高温,不耐严寒。生长发育的适温为 20~25 ℃,在 10 ℃时也能较好生长。遇 35 ℃以上的高温生长受阻,甚至枯死,遇-15 ℃以下低温越冬不稳,或不能越冬。较耐阴,较耐践踏。性喜肥,适宜在肥沃、湿润、排水良好的壤土或黏土上种植,亦可在微酸性土壤上生长,适宜的 pH 值为 6~7,但不宜在沙土或湿地上种植。

（3）繁殖与栽培管理　种子繁殖,种子较大,发芽率高;建坪快。播种量为 20~25 g/m²。需中等偏低的管理水平,修剪高度为 3.8~5.0 cm,不耐低于 2.3 cm 的修剪。其叶子坚硬,且多是纤维状,因此较难修剪。氮肥需要量是每个生长月 2~5 g/m²。一般,多年生黑麦草与其他草坪草如高羊茅、草地早熟禾等混播建植草坪,其种子用量以不超过总用量的 20% 左右为宜。

（4）园林用途　可用于庭园草坪、公园、墓地、公共场地、高尔夫球道、高草区,或公路旁、机场草坪的建植,也可与其他种子如草地早熟禾混播用于草坪的建植。

4.紫羊茅

紫羊茅别名红狐茅,为禾本科羊茅属多年生匍匐型或丛生型草本植物（图 11.4）。原产于欧洲,我国东北、华北、西南、西北、华中各省及北半球的寒温带都有广泛分布。

（1）形态特征　具横根茎。秆基部斜生或膝曲,株高 45~70 cm,基部红色或紫色。叶鞘基部红棕色并破碎成纤维状,分蘖叶的叶鞘闭合;叶片光滑柔软,对折或内卷,宽 1.5~

图 11.4　紫羊茅

2.0 mm。圆锥花序，窄狭，长 9～13 cm；小穗先端带紫色，长 7～11 mm，含 3～6 朵小花。花、果期 6—7 月。

主要品种有迷戈。

（2）生态习性　适应性强，抗寒、抗旱、耐酸、耐瘠薄，最适于气候温暖湿润和海拔较高的地区生长。在 -30 ℃能安全越冬。耐热性较差，在炎热夏季生长不良，出现休眠现象，春秋生长最快。在乔木下半阴处能正常生长。在 pH 值为 5.5～6.5 的弱酸性土壤上生长良好。在富含有机质的沙质壤土和干燥的沼泽土上生长最好。紫羊茅寿命长，绿期长，耐践踏和低修剪，覆盖力弱。

（3）繁殖与栽培管理　种子繁殖，种子很轻，千粒重 0.7～1 g。发芽率高，但顶土能力弱，播种时需要注意浅覆土。根据本地气候条件，可春播、夏播或秋播。北方以雨季播种较好，出苗快，杂草危害程度较轻。播种量 15～20 g/m²。紫羊茅前期生长很慢，须注意除草，特别春播时，除草尤为重要。播种前应施用充分的有机肥料。生长初期，地上部生长缓慢，对氮肥的需要不很明显。修剪高度为 2.5～6.3 cm，用作球道时修剪高度为 1.3～2.5 cm。氮肥需要量为每个生长月 0.94～2.92 g/m²。紫羊茅最不耐淹，但能耐土壤的高磷含量。紫羊茅与草地早熟禾混合使用将大大提高草地早熟禾的建坪速度。

（4）园林用途　紫羊茅是用途最广的冷季型草坪草之一，它广泛用于绿地、公园、墓地、广场、高尔夫球道、高草区、路旁、机场和其他一般用途的草坪。

5. 匍匐翦股颖

匍匐翦股颖为禾本科翦股颖属多年生草本植物（图 11.5）。原产于欧亚大陆，分布于我国甘肃、河北、浙江、江西、贵州、云南等地及欧亚大陆的温带和北美。

（1）形态特征　株高约 30 cm。秆直立，多数丛生，细弱，直径 0.5～0.7 mm，具 3～4 节，平滑。叶鞘无毛；叶舌膜质，长圆形，长 2～3 mm，先端近圆形，微破裂；叶片线形，长 7～9 cm，扁平，宽达 5 mm，干后边缘内卷，边缘和脉上微粗糙。圆锥花序开展；小穗暗紫色。颖果长圆形，长 0.7～1.8 mm，花果期 7—8 月。

（2）生态习性　适生于寒冷潮湿地带，也被引种到过渡气候带和温暖潮湿地区，是最抗寒的冷季型草坪草之一。喜光，不耐阴，光线充足时生长最好。对土壤要求不严，在微酸性至中性土壤上生长良好。它的抗盐性和抗淹性比一般冷季型草坪草好，但对紧实土壤的适应性很差。耐低修剪，侵占能力强。

（3）繁殖与栽培管理　可以通过匍匐茎繁殖，也

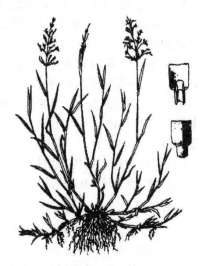

图 11.5　匍匐翦股颖

可用种子繁殖。种子容易获得,发芽率高,出苗较快,多用种子直播建植草坪。由于种子细小,利用种子直播时必须精细整地。无性繁殖用散铺草皮块、分株移栽、匍匐茎压埋、茎段撒播等方法均可迅速成坪。匍匐翦股颖喜肥,每年应补施氮肥 30 ~ 37.5 g/m² 。修剪高度为 0.6 ~ 2 cm。匍匐翦股颖较易染病,常见有币斑病、褐斑病、蠕虫菌病、斑腐病、红丝病、秆黑粉病和雪腐病。

（4）园林用途　匍匐翦股颖在修剪高度为 0.75 ~ 1.5 cm 时,是适用于保龄球场的优秀冷季型草坪草,它也用于高尔夫球道、发球区等高质量、集约管理的草坪,也可作为修饰草坪,低修剪时,匍匐翦股颖能产生最美丽、最细致的草坪。

6. 小糠草

图 11.6　小糠草

小糠草别名红顶草,为禾本科翦股颖属多年生草坪草(图 11.6)。主要分布于欧亚大陆温带地区,我国华北、长江流域及西南地区均有野生种分布。

（1）形态特征　茎直立,常簇生。根茎明显,中等宽度呈分歧状(透明)。叶卷叠式,叶鞘圆形,光滑,开裂,边缘透明;叶舌膜质,长 2 ~ 5 mm,从锐到钝,为撕裂状;叶片浅绿色,扁平,宽 3 ~ 5 mm,无叶耳;叶面粗糙,叶脉明显,边缘粗糙、透明,顶端渐尖。圆锥花序金字塔形,红色。

（2）生态习性　小糠草主要生长在寒冷潮湿的气候条件下,偶尔也生长在过渡地带和温暖潮湿的地带。它不耐高温和遮阴,也不耐践踏,是适宜生长在潮湿、贫瘠、酸性的细土壤上的冷季型草坪草之一。适应潮湿条件和很广的土壤范围,甚至可以在干燥的土壤上生长。

（3）繁殖与栽培管理　种子繁殖。建坪速度中等,比一般翦股颖快些。如果修剪高度为 3.0 ~ 5.0 cm,它的植株密度就可以保持相当长的一段时间。氮肥需求量是每个生长月 2.5 ~ 5.0 g/m² 。较易染稻赤霉病及其他疾病,包括蠕虫菌病、红丝病、秆黑粉病、币斑病和褐斑病。

（4）园林用途　小糠草形成的草坪质量不是很高,因此限制了其广泛使用。但由于它对土壤 pH 值、土壤质地和气候条件有较大范围的适应性,使得它常与其他种子混播用于路旁、河渠和防止水土流失的材料。

二、暖季型草坪草

1. 狗牙根

狗牙根又名百慕大草、绊根草、爬根草、行义芝、地板根,为禾本科狗牙根属多年生草本植物(图 11.7)。广泛分布于温带地区,我国黄河流域以南各地均有野生,新疆的伊犁、喀什、和田也有分布。

（1）形态特征　植株低矮,具根状茎。秆细而坚韧,下部匍匐地面蔓延甚长,节上常生不定根,直立部分高 10 ~ 30 cm。秆壁厚,光滑无毛。叶鞘微具脊,无毛或有疏柔毛,鞘口常具柔毛;叶舌仅为一轮纤毛;叶片线形,长 1 ~ 12 cm,宽 1 ~ 3 mm。通常两面无毛。穗状花

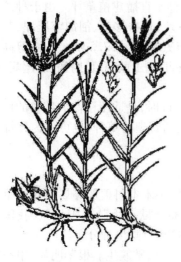

图 11.7　狗牙根

序，长 2~5 cm；小穗灰绿色或带紫色，长 2~2.5 mm，仅含 1 小花。颖果长圆柱形。

（2）生态习性　狗牙根是适于世界各温暖潮湿和半干旱地区的多年生草，极耐热和抗旱，但不抗寒也不耐阴。当土壤温度低于 10 ℃便开始褪色，直到春天高于这个温度时才逐渐恢复。适应的土壤范围很广，但最适于生长在排水较好、肥沃、较细的土壤上。要求土壤 pH 值为 5.5~7.5。较耐水淹，但在水淹下生长很慢，耐盐性较强。

（3）繁殖与栽培管理　营养和种子繁殖。狗牙根再生力很强，很耐践踏。需要中等到较高的栽培水平，用于一般草坪时的修剪高度一般为 1.3~2.5 cm。狗牙根需要肥料和浇灌，氮肥需要量为每个生长月 2.43~7.30 g/m²。因其根系浅，夏季干旱时要注意浇水。常见的病有蠕虫病、褐斑病、币斑病、穗赤霉病、锈病和春季死斑病等。常见的虫害有草皮蛴螬、黏虫、蝼蛄、螨类、介壳虫和线虫。狗牙根不耐崔尔津除草剂。

（4）园林用途　改良的狗牙根在适宜的气候和栽培条件下，能形成致密、整齐的优质草坪，极耐践踏，再生力极强，多用于温暖阴湿和温暖半干旱地区的草地、公园、墓地、公共场所、高尔夫球道、果岭、发球台、高草区及路旁、机场、运动场和其他普通的草坪。

2. 结缕草

结缕草别名老虎皮草、锥子草、延地青、崂山青，为禾本科结缕草属多年生草坪植物（图 11.8）。原产于我国、日本及东南亚，其中以我国胶东、辽东半岛野生分布最多。

（1）形态特征　叶卷折式，具横走根茎，须根细弱。秆直立，高 15~20 cm，基部常有宿存枯萎的叶鞘。叶鞘无毛，下部松弛而互相跨覆，上部紧密裹茎；叶舌纤毛状，长约 1.5 mm；叶片扁平或鞘内卷，表面疏生柔毛，背面近无毛。总状花序呈穗状；小穗柄通常弯曲，长可达 5 mm；小穗卵形，淡黄绿色或带紫褐色。颖果卵形，长 1.5~2 mm。

（2）生态习性　适应性强，喜光、抗旱、耐高温、耐瘠薄，在暖季型草坪草中属于抗寒能力较强的品种。喜深厚肥沃、排水良好的沙质土壤。入冬后草根在-20 ℃左右能安全越冬，气温 20~25 ℃时生长最盛。结缕草与杂草竞争力极强。耐阴性较强，耐践踏，病害较少。

（3）繁殖与栽培管理　主要的繁殖方法是营养繁殖和种子直播。可靠小枝、草皮营养繁殖。初夏地温达到 20 ℃以上时适宜播种，播种量为 10~15 g/m²，高尔夫球场和运动场的播种量为 15~20 g/m²。

图 11.8　结缕草

播种深度 0.5 ~ 1 cm,正常条件下 10 ~ 25 d 即可出苗。结缕草生长缓慢,由播种至成坪需两个多月的时间。出苗期应保持土壤湿润,每天需浇水 1 ~ 2 次,少量多浇。成坪后,应根据草坪的生长状况来决定其浇水次数和数量。作庭园草坪时修剪高度为 1.3 ~ 2.5 cm。幼苗期以前一般不需施肥,在修剪 2 次后可适当施肥。早春或秋季进行打孔、加沙、施肥和滚压,以提高草坪的抗旱、抗病和耐磨性,同时保持了坪面的平整。

(4)园林用途　广泛用于温暖潮湿和过渡地带的庭园草坪、操场、运动场和高尔夫球场、发球台、球道及机场等使用强度大的地方。由于结缕草具有极好的弹性和管理粗放的特点,可用做我国大部分地区的运动场草坪草种。

3. 野牛草

野牛草,又名牛毛草、水牛草等,为禾本科野牛草属多年生草本植物(图 11.9)。原产于北美洲中西部和墨西哥干旱草原,最初引入我国甘肃天水地区,1950 年引入北京,后逐渐引入沈阳、哈尔滨。现在该草已在我国北方地区广泛种植。

(1)形态特征　具匍匐茎,茎秆高 5 ~ 25 cm,较细弱,幼叶呈卷筒形,成熟的叶片呈线形,长 10 ~ 20 cm,宽 1 ~ 2 mm,叶色灰绿,色泽美丽。叶舌边缘有毛,无叶耳。雌雄同株或异株,雄花序 2 ~ 8 枚,长 5 ~ 15 mm,排列成总状,着生于细长的穗轴之上。雌小穗含 1 朵花,大部分 4 ~ 5 枚簇生呈头状花序,花序长 7 ~ 9 mm。通常种子成熟时,自梗上整个脱落。

图 11.9　野牛草

(2)生态习性　野牛草是适于生长在过渡地带、温暖半干旱和温暖半湿润地区的多年生草坪草。它极耐热,与大多数暖季型草坪草相比,极耐寒,在我国东北、西北有积雪覆盖下,-34 ℃能安全越冬。野牛草是目前最抗旱的草坪草种,在忍受 2 ~ 3 个月的严重干旱后仍不致死亡。喜排水良好的肥沃土壤,能耐轻度盐碱。

(3)繁殖与栽培管理　种子繁殖与营养繁殖均可,常采用分栽法和匍匐茎繁殖法。分栽法一般在 4 ~ 5 月份草坪返青后,掘起草皮分株,开沟栽植。匍匐茎繁殖法是割取地上部匍匐茎,切成 10 cm 左右的茎段,按行距 15 ~ 20 cm 横埋在整好的坪床上,覆土 1 ~ 1.5 cm,并露出部分枝叶,遮阳并保持土壤湿润,养护成坪。庭园草坪的修剪高度为 2.5 ~ 5.0 cm。野牛草与杂草竞争力强,具有一定的耐践踏性,可适当粗放管理。

(4)园林用途　野牛草适应性强,耐瘠薄,抗旱耐寒,管理简便,适宜于建植各类开放性园林游憩草坪、水土保持草坪。

4. 地毯草

地毯草又名大叶油草,为禾本科地毯草属多年生草坪草(图 11.10)。原产于热带美洲,世界各热带、亚热带地区有引种栽培。我国台湾地区、广东省、广西壮族自治区、云南省有分布。

(1)形态特征　具长匍匐茎。茎秆扁平,高 8 ~ 30 cm,节密生灰白色柔毛。叶鞘松弛,叶舌长约 0.5 mm;叶片扁平,质地柔薄,长 5 ~ 10 cm,宽 6 ~ 12 mm。总状花序 2 ~ 5 枚,长 4 ~ 8 cm,最长两枚成对而生,呈指状排列在主轴上;小穗长圆状披针形,长 2.2 ~ 2.5 mm,疏生柔毛，单生。

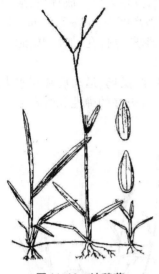

图 11.10　地毯草

（2）生态习性　地毯草是适于热带、亚热带较温暖地区生长的多年生暖季型草坪草。较耐寒，气温 20 ～ 25 ℃时生长旺盛，低于 −15 ℃时不能安全越冬。抗旱性比大多数暖季型草坪草差。地毯草喜光较耐阴。较耐践踏。适于潮湿、沙质或低肥沙壤上，最适宜的 pH 值为 4.5 ～ 5.5。在水淹条件下生长不良，且不耐盐碱。

（3）繁殖与栽培管理　地毯草靠种子或匍匐茎繁殖，建坪速度中等。播种繁殖在 3—6 月均可进行，单播播种量为 6 ～ 10 g/m²。营养繁殖可采用草皮块散铺、分株栽植、匍匐茎扦插、匍匐茎撒播等方法，5—7 月均可进行。耐低强度的修剪，庭院草坪的修剪高度为 2.5 ～ 5.0 cm。氮肥需要量为每生长月 1 ～ 2 g/m²，应避免使用过多的肥料。

（4）园林用途　地毯草生长快，草姿美，耐修剪和践踏，可用于建植运动场草坪、园林专用草坪、游憩草坪、飞机场草坪、水土保持草坪等。

5. 假俭草

假俭草又名苏州草（上海）、蜈蚣草，为禾本科蜈蚣草属多年生草本植物（图 11.11）。原产于中国南部，被称为中国草坪草，现在世界各地已广泛引种。

（1）形态特征　茎直立，多叶，叶折叠式。叶鞘压缩，并略突起，透明，光滑，在基部有灰色纤毛；叶舌膜状且有纤毛，纤毛比膜长，总长 0.5 mm；无叶耳；叶片，宽 3 ～ 5 mm，总状花序。

（2）生态习性　喜温暖，较耐寒，适生于长江流域及以南广大地区，在 −13.3 ℃以上能安全越冬。喜光，较耐阴，耐干旱。适应的土壤范围相对较广，尤其适于生长在中等酸性、低肥的细壤土上，土壤 pH 值为 6.5 ～ 7.5。但其耐淹性、耐盐性和耐碱性很差。再生能力强，耐修剪，具有很强的抗二氧化硫和吸附灰尘的能力。

图 11.11　假俭草

（3）繁殖与栽培管理　营养繁殖或种子繁殖。种子建坪速度慢，一般 5 月播种，播种量为 15 ～ 20 g/m²。营养繁殖常采用移植草皮块和埋植匍匐茎的方法进行。假俭草生长旺盛，需肥较多，生长期应追施复合肥 2 ～ 3 次，每次施肥 15 ～ 22.5 g/m²。该草平整均一，勤剪时平整美观，并使草坪产生良好的弹性，适宜修剪高度 2.5 ～ 5.0 cm。假俭草与大多数暖季型草坪草相比，不易受到昆虫和疾病的侵袭。但在一定条件下，褐斑病、币斑病和线虫可以引起很大的伤害。

（4）园林用途　假俭草是我国南方的优良草坪草种，适于用作庭园草坪和其他类似的践踏少、管理水平较低的草坪。由于其生长慢、耐践踏性相对弱，故不适于用作运动场等使用的草坪。

6.沿阶草

沿阶草别名书带草、不死草、麦门冬、铁韭菜、麦冬,为百合科沿阶草属多年生草本地被植物(图11.12)。原产于我国和日本,沿阶草在我国分布于华南、西南、华中、华东一带,生于林下。

(1)形态特征 根纤细,在近末端或中部常膨大成为纺锤形肉质小块根;茎短,包于叶基中;叶丛生于基部,禾叶状,下垂,常绿,长10~30 cm,宽2~4 mm,具3~7条脉;花葶长6~30 cm。总状花序,花白色或淡紫色,具20~50朵花,常2~4朵簇生于苞片腋内,花被片6,分离,两轮排列,长4~6 mm,雄蕊6枚,种子球形,直径5~8 mm,成熟时浆果蓝黑色,花期5—8月,果期8—10月。

同属植物50多种,分布于亚洲东部及南部。我国有33种,分布甚广,以西南为最多。常见栽培的有阔叶沿阶草、沿阶草、多花沿阶草、彩叶麦冬等。

(2)生态习性 性喜半阴和湿润环境,但亦耐旱又耐晒,也耐寒,几乎不择土壤。抗性强,生长壮,易栽培。在我国除东北严寒地区外,其他地区多有野生分

图11.12 沿阶草

布。适于长江中下游以南地区生长,抗寒能力较差,但也可以在过渡带生长。耐旱、抗热性强,可以忍受35 ℃以上的高温天气。适宜的年降水量在800 mm以上。适宜的土壤范围广,较耐酸,但抗盐碱性差。

(3)繁殖与栽培管理 种子和营养繁殖均可,种子萌发时易受杂草侵害,最好育苗移栽。移栽后应注意灌水,保持湿润。沿阶草再生能力强,耐修剪,修剪后要注意灌水和追肥。

(4)园林用途 沿阶草再生能力强、耐修剪,是现代景观园林中优良的林缘、草坪、水景、假山、台地修饰类地被植物。

第二节 常见地被植物栽培

1.虎耳草

虎耳草又名金线吊芙蓉,为虎耳草科虎耳草属多年生草本植物(图11.13)。原产于中国与日本。

(1)形态特征 全株被疏毛。叶基生,叶面绿色,叶背和叶柄酱红色,心状圆形,有较长的柄,边缘波浪状有钝齿。圆锥花序,花小,白色,具紫斑或黄斑。花期4—5月。

有花叶变种,叶较小,叶缘具不整齐的白色、粉红、红色的斑块,稀有珍贵。

(2)生态习性 喜半阴和凉爽气候。不耐高温干燥,在夏、秋炎热季节休眠,入秋后恢复生长。要求空气湿度高,喜排水良好的土壤。

图 11.13　虎耳草

（3）繁殖与栽培管理　分株和播种繁殖如植于岩石园，可植于岩石北面，以免阳光直晒。若是盆栽，每盆栽一苗，可悬挂于窗前檐下，任其匍匐下垂。需经常喷水提高周围环境湿度。炎热季节要放置在通风凉爽处，控制水分。入秋恢复生长后，需增加浇水，每周施稀薄液肥 2 次。肥料需从叶下施入，以免玷污叶面影响生长。

（4）园林用途　虎耳草茎长而匍匐下垂，茎尖着生小株，犹如金线吊芙蓉。可用于岩石园绿化，或盆栽供室内垂挂。它还是我国传统中草药。

2. 常春藤

常春藤又名土鼓藤、钻天风、三角风、散骨风、枫荷梨藤，为五加科常春藤属常绿攀缘藤本植物（图 11.14）。原产于陕西、甘肃及黄河流域以南至华南和西南各省。

（1）形态特征　茎枝有气生根，幼枝被鳞片状柔毛。叶互生，革质，具长柄；营养枝上的叶三角状卵形或近戟形，先端渐尖，基部楔形，全缘或 3 浅裂；花枝上的叶椭圆状卵形或椭圆状披针形，先端长尖，基部楔形，全缘。伞形花序单生或 2～7 个顶生；花小，黄白色或绿白色。果圆球形，浆果状，黄色或红色。花期 5—8 月，果期 9—11 月。

同属中常见栽培的有中华常春藤、日本常春藤、彩叶常春藤、金心常春藤、银边常春藤等。

（2）生态习性　常春藤附于阔叶林中树干上或沟谷阴湿的岩壁上，是典型的阴性藤本植物，也能生长在全光照的环境中，在温暖湿润的气候条件下生长良好，不耐寒。对土壤要求不严，喜湿润、疏松、肥沃的土壤，不耐盐碱。

（3）繁殖与栽培管理　用种子、扦插和压条繁殖。果熟时采收，堆放后熟，浸水搓揉，洗净阴干，即可播种，也可湿沙贮藏，翌年春播，播后覆土 1 cm，盖草保湿。幼苗出土搭棚遮阴，第 2 年春季移栽或定苗后培育大苗。扦插繁殖，在生长季节用带气生根的嫩枝插最易成活，插后搭塑料薄膜拱棚封闭，并遮阴，保持空间温度 80%～90%，约 30 d 即可生根。压条繁殖，在

图 11.14　常春藤

春、秋二季进行，用波状压条法，埋土部位环割后，极易生根。

常春藤栽培管理简单粗放，但需栽植在土壤湿润、空气流通之处。移植可在初秋或晚春进行，定植后适当剪短主蔓，促使分枝。生长季节结合浇水施入粪尿肥 1～2 次。南方多地栽于园林的荫蔽处，令其自然匍匐在地面上或者假山上。北方多盆栽，盆栽可绑扎各种支架，牵引整形，夏季在阴棚下养护，冬季放入温室越冬，室内要保持空气的湿度，不可过于干燥，但盆土不宜过湿。

（4）园林用途　在庭院中可用以攀缘假山、岩石，或在建筑阴面作垂直绿化材料。在华北宜选小气候良好的稍阴环境栽植，也可盆栽供室内绿化观赏用。常春藤是吸收苯最有效

的植物之一,一盆常春藤能消灭 $8 \sim 10 \ m^2$ 的房间内 90% 的苯,而且能对付从室外带回来的细菌和其他有害物质,甚至可以吸纳连吸尘器都难以吸到的灰尘。

3.马蹄金

马蹄金别名黄胆草、金钱草,为旋花科多年生双子叶草本植物(图 11.15)。世界各地均有分布,我国分布在浙江、江西、福建、湖南、广东、广西、云南、台湾等省区。

(1)形态特征　多年生匍匐小草本;茎纤细,被灰白色柔毛,节上生不定根。单叶互生,叶片马蹄状圆肾形,长 $4 \sim 11 \ mm$,宽 $4 \sim 15 \ mm$,顶端宽圆形,微具缺刻,基部宽心脏形;叶柄细长,被白毛。花小,单生于叶腋,淡黄色;花梗纤细,短于叶柄,丝状,被白毛。蒴果近球形,种子 $1 \sim 2$ 颗,外被茸毛。花期 5—8 月,果期 9 月。

(2)生态习性　喜温暖湿润的环境,不耐寒,最适生长温度 $15 \sim 30 \ ℃$,能耐 $-10 \ ℃$ 低温。对土壤适应性强,适生于 pH 值为 $6.5 \sim 7.5$ 的土壤或沙质壤土,不耐紧实潮湿的土壤。耐阴,抗旱性一般。具有匍匐茎,可形成致密的草皮,有侵占性,耐一定践踏。

图 11.15　马蹄金

(3)繁殖与栽培管理　可用种子繁殖或营养繁殖。种子难以采收,主要进行营养繁殖,常采用铺设草皮块和埋茎繁殖。栽植时间应避开高温,以 3—6 月或 9—10 月为宜。可按 15 cm×15 cm 株行距栽植,每穴植 $10 \sim 15$ 个茎节。栽后要及时去除杂草,以加快成坪速度。需氮量为每个生长月 $2.5 \sim 5 \ g/m^2$。

(4)园林用途　马蹄金叶形奇特,对环境适应性强,是南方优良的观赏草坪草种,可用于管理粗放的低质量草坪及公园的观赏草坪。

图 11.16　小冠花

4.小冠花

小冠花又称多变小冠花,为豆科小冠花属多年生草本植物(图 11.16)。原产于地中海东部,我国近年引进。

(1)形态特征　根系网状,侧根发达,主要分布在 $0 \sim 40 \ cm$ 土层中,主根和侧根上都可长出不定芽。茎中空,有棱,质软而柔嫩,匍匐生长,长 $90 \sim 150 \ cm$,草丛高 $60 \sim 70 \ cm$。奇数羽状复叶,有小叶 $11 \sim 27$ 片,小叶长卵圆形或倒卵圆形。伞形花序,腋生,大多由 14 朵粉红色小花,环状紧密排列于花梗顶端,呈冠状。荚果细长如指状,长 $2 \sim 3 \ cm$,荚果上有节,成熟干燥后易于节处断裂成单节,每节有种子 1 粒。种子细长,褐红色,千粒重 4.1 g。

(2)生态习性　小冠花适于寒冷潮湿地区,也适于温暖潮湿气候带中稍冷一些的地方。极抗旱,很耐寒,即使在酸性、贫瘠环境中,如路边、坡上,也能长出很好的绿色覆盖面和深根系。适于排水良好、pH值为6.5~7.0、高含P、Ca、K和Mg的土壤,不适宜潮湿水渍土壤。

(3)繁殖与栽培管理　小冠花可用种子繁殖,建坪方法是播种法,为减小种皮的阻碍,确保长出足够的株体,播前对种子去皮。播种量15~20 g/m^2。小冠花幼苗生长很慢,要待到两个生长季之后才能完全长起来,因此常与紫羊茅、多年生黑麦草等混种。混种可提前覆盖地面,固定斜坡,直到小冠花长起来,最后成为优势种。小冠花极不耐践踏。

(4)园林用途　小冠花生性强健,尤其在开花时,花的颜色从浅红到紫红,整株为花覆盖,叶秀花美。园林中可用于丛植、花境、地被、草坪点缀或镶边、路旁和一些无法修剪的地方,最适宜作观赏草坪的绿化材料之一。小冠花还具有改良土壤、保持水土的作用。

5. 白三叶

白三叶又称白轴草,为豆科车轴草属多年生草本植物(图11.7)。原产于欧洲,目前在世界温带地区均有分布,在新西兰、欧洲西北部、北美东部等海洋性气候地区栽培最多。我国黑龙江、吉林、辽宁、新疆、四川及长江中下游平原的湖北、湖南、浙江、安徽等省和云南、贵州、四川等低山丘陵区均有栽培。

图11.17　白三叶

(1)形态特征　主根短,侧根发达。茎匍匐,长30~60 cm,光滑细软。能节节生根,并长出新的匍匐茎。叶柄细长,三出掌状复叶,小叶倒卵形或倒心脏形,叶面中央有环形白晕,叶缘有细锯齿。托叶细小,膜质,包于茎上。头形总状花序,着生于自叶腋抽出的比叶柄长的花梗上。花小而多,白色或带粉色。果卵状长圆形,长约3 mm,含种子3~4粒。种子心形,黄色或棕黄色。

同属栽培种:红三叶,主根明显,入土不深,根茎2/3分布在30 cm土层中,侧根发达,根瘤多。茎圆,中空,直立或倾斜,高50~90 cm,分枝力强,开花前形成强大的株丛。掌状三出复叶。头形总状花序,聚生枝梢或腋生小花梗上,小花众多,常有35~50朵,红色或淡紫红色。红三叶属长日照植物,但在营养生长期却能耐阴。日照在14 h以上时,才能开花结荚,繁殖与栽培管理和白三叶相近。

(2)生态习性　喜温凉湿润气候,生长适温为19~24 ℃,适应性较其他三叶草为广。耐热、耐寒性比红三叶、杂三叶强,也较耐阴,在部分遮阴的条件下生长良好。对土壤要求不严,最适排水良好、富含钙质及腐殖质的黏质土壤,耐贫瘠,耐酸,不耐盐碱。

(3)繁殖与栽培管理　既可种子繁殖又可营养繁殖。播种繁殖3—10月均可,以秋播(9—10月)为最佳,播种量3~5 g/m^2。由于白三叶种子细小,幼苗顶土力差,因此播种前务必将地整平耙细,以利于出苗。在土壤黏重、降水量多的地域种植,应开沟作畦以利排水。营养繁殖多用分株移栽,在土壤解冻后至6月下旬期间均可进行。将白三叶草的匍匐茎连根挖出后,切成15~20 cm的节段,3~5根一束斜埋入土中,株间距20 cm×20 cm,顶部露出地表1~2 cm,加强管理,30~40 d即可成坪。施肥以磷、钾肥为主,少施氮肥。播种前,施过磷酸钙20~25 kg/亩和一定数量的厩肥作基肥。

(4)园林用途　作为观赏草坪或水土保持植被,也可用于草坪的混播种,可以固氮,为与其一起生长的草坪草提供氮肥。

6. 紫叶酢浆草

紫叶酢浆草别名红叶酢浆草、三角酢浆草,为酢浆草科酢浆草属多年生草本植物(图11.18)。原产于巴西、墨西哥,是一种珍稀的优良彩叶地被植物。我国各地均有栽培。

(1)形态特征 株高 15 ~ 20 cm,地下根状茎粗,成纺锤状。叶丛生,紫红色,全部为茎生叶,具长柄;掌状复叶,小叶 3 枚,无柄,倒三角形,上端中央微凹,被少量白毛。花葶高出叶面5 ~ 10 cm,伞形花序,有花 5 ~ 8 朵,花瓣 5 枚,淡红色或淡紫色,花期 4—11 月。果实为蒴果。果实成熟后自动开裂,要及时采摘。花、叶对光敏感。晴天开放,夜间及阴天光照不足时闭合。

(2)生态习性 喜湿润、半阴且通风良好的环境,耐干旱。较耐寒,生长适温 24 ~ 30 ℃,盛夏生长缓慢或进入休眠期。温度低于 5 ℃时,植株地上部分受害。宜生长在富含腐殖质、排水

图 11.18 紫叶酢浆草

良好的沙质土中。全日照、半日照环境或稍阴处均可生长,冬季浓霜过后地上部分叶片枯萎,以根状球茎在土中越冬,翌年 3 月萌发新叶。

(3)繁殖与栽培管理 可采用分株繁殖、播种繁殖和组织培养繁殖。以分株为主,即分殖球茎,全年皆可进行,分株时先将植株掘起,掰开球茎分栽,也可将球茎切成小块,每小块留 3 个以上芽眼,放进沙床中培育,15 d 左右即可长出新植株,待生根展叶后移栽。播种繁殖在春季盆播,发芽适温 15 ~ 18 ℃。生长期要求光照不宜过强,否则叶片色彩暗淡;要保持较高的空气湿度,浇水时注意避免土壤玷污叶片,影响观赏效果。每月施肥 1 次。

(4)园林用途 优良的观赏地被植物,既可布置花坛、花境,又适于大片栽植作为地被植物和隙地丛植,还是盆栽的良好材料,可布置阳台、窗台等。

7. 过路黄

过路黄别名对座草、大叶金钱草、金钱草,为报春花科珍珠菜属多年生蔓性草本植物(图 11.19),分布于华北、华东、中南、西北、西南等地。

图 11.19 过路黄

(1)形态特征 多年生草本,全株近无毛,叶、花萼、花冠均有黑色线条。茎匍匐,由基部向顶端逐渐细弱呈鞭状,长 20 ~ 60 cm。叶对生,宽卵形或心形,长2 ~ 5 cm,宽 1 ~ 4.5 cm,先端钝尖或钝,基部心形或近圆形,全缘;叶柄长 1 ~ 4 cm。花单生于叶腋,花梗长达叶端;花萼 5 深裂;花冠黄色,5 裂。蒴果球形,有黑色条纹。花期 5—7 月,果期 6—8 月。

园林主要栽培品种:金叶过路黄,常绿,株高约5 cm,枝条匍匐生长,可达 50 ~ 60 cm,单叶对生,圆形,基部心形长约 2 cm,早春至秋季金黄色,冬季霜后略带暗红色;夏季 6—7 月开花,单花,黄色尖端向上翻成杯形,亮黄色,花径约 2 cm。

（2）生态习性　耐寒性强，冬季在-10℃未见冻害。从2月下旬开始发叶生长，3月份叶片绿色转黄色，以后随着气温升高及光照的增强，生长速度明显加快，从一个芽点长到20 cm的匍匐枝条只需20 d，叶色也由黄色渐渐地转为金黄色，覆盖力相当强，枝叶铺满地面时，杂草难于生长。夏季耐干旱。立秋后，天气转冷，金叶过路黄叶色金黄未褪。到11月底植株渐渐停止生长，叶色由金黄色慢慢转淡黄，直至绿色。在冬季浓霜和气温在-5℃时叶色还转为暗红色。

（3）繁殖与栽培管理　全年均可繁殖，以无性繁殖为主。繁殖苗床土壤要疏松、肥沃且排水良好，以砂壤土与草炭土混合配制为佳，用分株穴栽、压条及切茎撒播等繁殖方法。分株穴栽繁殖法，将植株剪切成带有4~6个节的7~10 cm长的插穗，再将两三个插穗合为一束，种植时要保证插穗的1/3或至少有2个茎节埋入土中，压实，种植行间距为10 cm×10 cm。若在7—8月份分栽繁殖，约40 d就可以覆盖地面。压条繁殖法，将苗床挖成行距约15 cm的种植沟，沟深2~3 cm。将匍匐茎切成长10~15 cm的茎段，再将2~4个茎段并为一束后放入种植沟内，覆土压实即可。若在7—8月份压条繁殖，约50 d即可覆盖地面。切茎撒播繁殖法，先适量清除植株部分叶片，再将其切割成2~3 cm长的小茎段，撒播在湿润的苗床上，用脚踩实或用铁碌轻微镇压，约一个月可覆盖地面。

（4）园林用途　过路黄彩叶期长达9个月，生长势强，病虫害少，是优良的彩叶地被植物。可作为色块，与宿根花卉、麦冬、小灌木等搭配，作为花境，亦可盆栽。

8.葱兰

葱兰别名葱莲、白花菖蒲莲、韭菜莲、玉帘等，为石蒜科葱莲属球根观赏植物（图11.20）。原产于美洲，我国江南地区均有栽培。葱兰植株低矮整齐，花朵繁多，花期长，常用做花坛的镶边材料，也宜绿地丛植，最宜作林下半阴处的地被植物，或于庭院小径旁栽植。葱兰叶翠绿而花洁白，亦可盆栽装点几案。

（1）形态特征　葱兰为多年生常绿草本观赏植物，株高30~40 cm。有皮鳞茎卵形，直径较小，有明显的长颈。叶基生，肉质线形，暗绿色。花葶较短，中空；花单生；花被6片，白色或外面常带淡红色，夏秋间开放。蒴果近球形。

图11.20　葱兰

（2）生态习性　喜阳光充足，耐半阴和低湿，喜欢温暖气候，但夏季高温、闷热的环境不利于它的生长。较耐寒，在长江流域可保持常绿，0℃以下亦可存活较长时间。在-10℃左右的条件下，短时不会受冻，但时间较长则可能冻死。宜肥沃、带有黏性而排水好的土壤。

（3）繁殖方法　葱兰以分球繁殖为主。春季分球栽种，下半年开花，每穴种植3~4个鳞茎。

（4）栽培管理

①浇水：葱兰喜欢略微湿润的气候环境，浇水遵守"见干见湿，不干不浇，浇就浇透"的原则。

②施肥：施足基肥，在生长期，根据实际情况进行追肥。

③光照：在春、秋、冬三季，由于温度不是很高，要给予直射阳光照射，以利于进行光合作用和形成花芽、开花、结实。在炎热的夏季遮阴50%。

④病虫害防治：葱兰主要有炭疽病。防治应采取松土浇水施肥等措施，以增强植株长

势,提高抗病能力。对原病情较重的地方,可喷洒力克菌 2 000 ~ 3 000 倍液,7 ~ 10 d 再喷 1 次,连喷 2 ~ 3 次。

1. 花叶燕麦草

花叶燕麦草为禾本科燕麦草属多年生常绿宿根草本植物,主要分布在我国东北、华北和西北的高寒地区(图 11.21)。

(1)形态特征　须根发达,丛生,全株高度在 25 cm 左右,株丛高度一致。叶狭带形,叶宽 1 cm,长 10 ~ 15 cm,叶片中肋绿色,两侧呈白色或乳黄色,远处看全株都似白色。圆锥花序狭长,不结实。

(2)生态习性　喜阳光充足,亦耐半阴。喜凉爽湿润气候,冬季-10 ℃时生长良好,耐炎热高温,室外气温达到 50 ℃左右时,仍能安全度夏。耐干旱,也耐水湿。对土壤要求不严,在贫瘠土壤上生长正常,但在肥沃、深厚的壤土上则更茂盛。

图 11.21　花叶燕麦草

(3)繁殖与栽培管理　春季或秋季进行分株繁殖。为保持其活力和观赏性,需要经常进行分株。温度过高过湿会导致病害,使其失去观赏性。花叶燕麦草 1—5 月为正常生长期,5 月份天气转暖后,夜间最低气温达 25 ℃时生长缓慢,8 月上旬立秋后,天气转凉,又逐渐转为正常生长。

(4)园林用途　花叶燕麦草色彩清洁明快,特别是在冬季,生机勃勃,白中带绿的叶片给人们带来了在逆境中顽强生存的精神力量,可做花境、花坛和大型绿地配景。

2. 狼尾草

狼尾草别名牧草、养生草、狼茅、小甜茅草、青庆草,为禾本科狼尾草属多年生草本植物(图 11.22)。原产于东亚和澳大利亚西部,中国是其原产地之一。

(1)形态特征　株形似喷泉状。须根较粗而硬。秆丛生,直立,高 30 ~ 100 cm。叶片线形,长 15 ~ 50 cm,宽 2 ~ 6 mm,质感细腻,夏季绿色,秋季金黄色。叶舌短小,顶端长渐尖,通常内卷。穗状总状花序密生,圆锥状,长 5 ~ 20 cm,集成大型狐狸尾状,色彩多变,从深紫色至奶白色。开花期和种子成熟在秋、冬季。

常见园林栽培品种还有柔穗狼尾草。植株叶高 30 ~ 60 cm,叶嫩绿色,线形。圆锥花序,形似狼尾状,呈浅粉红色,花期 8—10 月。

(2)生态习性　喜阳光充足,稍耐阴。喜温暖湿润的环境,耐寒性较强。对土壤的适应能力强,耐寒力中等,宜间歇性湿润、排水良好的土壤。常见生长于多石砾的浅河床及河边沙质土壤。

(3)繁殖与栽培管理　春季进行播种或分株繁殖。直播或育苗均可,发芽适温为 22 ~

图 11.22 狼尾草

25 ℃,播种后略覆土,约 2 d 就会发芽。能自播。分株繁殖在幼苗成株后,将小苗带根分离,另行种植即可。

水肥充足是栽培狼尾草的关键,水肥不足时,就很容易发生生长不良的现象。栽培环境要选择光线充足的地方,光线足够可使植株健壮,基部小苗多,叶片着色较佳。有些品种在幼苗期叶片为绿色,大约在 8 片叶之后,叶片的主脉就会呈现明显的紫色。

(4)园林用途　狼尾草因为栽植容易,生长快速,常密植当作防风林。适宜庭园造景或大型组合盆栽,利用不同的高度及叶色,作为绿化植物或背景植物与草花作整体搭配,不但视觉上有高低效果,也将草花衬托得更出色。

3.芒草

芒草为禾本科芒属多年生高大草本植物(图 11.23)。原产于中国、日本、朝鲜等地,现广泛栽培。

(1)形态特征　大型丛生草本,株高 1.5~2.7 m。秆粗壮,中空。叶片扁平宽大,叶色青绿,秋季变为黄色、紫色或红色。顶生圆锥花序大型,秋季变成红色。颖果长圆形。

芒草作为一种观赏草,因其叶色、株形、花期各异形成多个品种,尤以花叶品种著称,包括以下三个类群:

①白色花叶品种。株高 1.2~1.5 m,弧形的叶片几乎弯至地面,引入中国后被称为花叶芒,是理想的观赏植物。

②黄色花叶品种,是唯一的黄色花叶芒品种。株高 1.8 m,株形直立或叶片向下弯曲,叶长 75~90 cm。

③斑叶品种,是花叶芒中特殊的一个类群。它们的斑纹横截叶片,而不是纵向的条纹。植株高 150~180 cm。叶直立,纤细,带白斑。顶生圆锥花序,花期 9—10 月,花色由最初的粉红色渐变为红色,秋季转为银白色。

(2)生态习性　喜阳光充足和温暖湿润气候,耐寒,耐旱。对土壤要求不严格,适应性强,从疏松的沙质土壤到黏土都生长良好。

图 11.23 芒草

(3)繁殖与栽培管理　播种或分株繁殖。种子散落后易发芽。分株繁殖将带有根茎的根植于湿润的土壤中,极易成活,栽培容易,自播性强。除了在最贫瘠的沙地外,一般不用施肥。

(4)园林用途　在园林中应用广泛,既可以应用于公共绿地,更适宜公园、庭院等相对封闭的小空间。适宜花坛、花境布置或点缀于草坪上,其花序也可作插花材料。

4.蒲苇

蒲苇别名彭巴斯苔草,为禾本科蒲苇属多年生草本植物(图 11.24)。原产于巴西、智利、阿根廷,是国外应用历史较长的一种观赏草。

（1）形态特征　茎丛生，株高达 2.4～3.7 m。雌雄异株，叶基生，极狭，下垂，边缘具细齿，呈灰绿色，被短毛。圆锥花穗大，雌花穗银白色鸵鸟毛式，十分引人注目。花期 9—10 月。

（2）生态习性　喜阳光充足，性强健。较耐寒，更喜温暖。喜冬季湿润、夏季干燥的气候。对土壤适应能力强，耐旱。

（3）繁殖与栽培管理　多于春季分株繁殖。

（4）园林用途　在庭院栽培，壮观幽雅。或植于岸边，秋季观赏其银白色穗状圆锥花序。也可做干花，或花境观赏草专类园内使用。

图 11.24　蒲苇

5. 花叶芦竹

花叶芦竹别名斑叶芦竹、彩叶芦竹，为禾本科芦竹属多年生挺水草本观叶植物（图 11.25）。原产于地中海一带，我国已广泛种植，分布于华东、华南、西南等地区。

图 11.25　花叶芦竹

（1）形态特征　株高 1.5～2.0 m。具强壮的地下根状茎和休眠芽，地上茎由分蘖芽抽出，通直有节，丛生。叶互生，二列，披针形，长 30～70 cm，弯垂，具美丽条纹，金黄或白色间碧绿丝状纹，叶端渐尖，叶基鞘状，抱茎。圆锥花序顶生，花枝细长，大型羽毛状，花小，两性。花期 10 月。

（2）生态习性　生于池沼、湖边、低洼湿地。喜温喜光，生长适温为 18～35 ℃。

（3）繁殖与栽培管理　可用播种、分株、扦插方法繁殖，一般用分株方法。在春季进行分切根茎，挖出地下茎，每块 3～4 个芽进行繁殖，栽植株行距 40 cm 左右，栽植成各种几何式图案为宜。在栽植的初期水位应保持浅水，以便提高土温、水温，促使植株生长。扦插繁殖一般在 8 月底 9 月初进行，将植株剪取后，不能离开水，随剪随扦，扦床、池的水位 3～5 cm，20 d 左右就可生根。此方法主要是为来年的盆栽提供苗木材料。

旱地栽培可选择池塘边缘、假石山边及低洼积水处挖穴栽培；盆栽选内径 50～60 cm、不泄漏的花盆为宜，栽植后保持盆内潮湿或浅水。生长季节及时清除杂草，以免与苗争夺养分，生长旺季追施 1～2 次肥，以提高植物的生长发育能力和观赏价值。管理非常粗放，不需特殊养护。

（4）园林用途　花叶芦竹植株挺拔，形似竹。叶色依季节而变化，早春为黄白条纹，初夏增加绿色条纹，盛夏时，新叶全部为绿色，是园林中良好的水景布置材料，也可点缀于桥、亭、榭四周。通常植于河旁、池沼、湖边，常大片生长形成芦苇荡。盆栽可用于布置庭院。花序及株茎可做插花材料。根茎可入药。

行动

一、草坪的建植

（一）目的要求

通过实训使学生了解和掌握草坪建植的基本过程及关键技术。

（二）材料

草坪种子或草皮、肥料、杀虫剂。

（三）用具

锄头、铁铲、铲草机、播种机、花锄、耙等。

（四）方法步骤

①将草坪种植地深耕30 cm，清除耕翻层内的建筑垃圾、杂草根茎等杂物，按草坪要求将种植地整理成坡度0.8%左右的缓坡。根据水源压力和喷头喷射距离设置喷灌专用管道。

②喷洒灭生性除草剂、杀除残留杂草根茎及种子。待除草剂药效发挥完后再建植草坪。

③种子撒播和草块铺植。撒种后用人工或机械轻度镇压土表。草块铺植后也应稍加镇压，以利于土表的结合。

④通过喷灌，保持土壤湿润，促进草种发芽或草坪生根。

（五）考核评价

每组建植10 m³草坪并进行管理。记录操作过程，观察效果并分析原因，完成任务后根据实训态度、操作步骤、美观程度及实训报告进行讲解、点评、考核。成绩评定为优、良、及格、不及格四个档次，不及格者要求重做。

考核项目	考核要点	参考分值
实训态度	积极主动、操作认真	10
操作步骤	准备充分，整地、锄草、播种（或铺设）、镇压、灌溉等操作规范步骤规范，能完成草坪的建植工作	40
美观程度	草坪建植符合相应类型草坪建植要求，成活率高，成坪快	30
实训报告	总结各工作环节技术要点，详细记录，整理成实习报告	20

二、草坪的养护管理

（一）目的要求

通过实训，使学生掌握修剪、浇水、施肥、打孔、病虫害防治等草坪养护管理技术。

（二）材料

校园、实习基地的草坪。

（三）用具

锄头、铲、花锄、剪草机。

（四）方法步骤

①请园林绿化专业人员现场讲解示范指导。

②根据各个实验实训项目工作内容,学生分组进行实际操作。

草坪日常养护管理工作内容

序号	项目	工作内容
1	草坪扎剪	草坪检查及清理:扎剪前对草坪进行检查,清除草坪上的砖头瓦块及其他杂物,避开草坪中的浇灌设施,以免发生损坏机具的隐患
		机具检查调整:滚刀式剪草机要检查与调整滚刀与底刀之间的间隙,并调节剪草高度;盘式剪草机要检查刀片的磨损情况,调节剪草高度
		剪草顺序:剪草要按顺序进行,避免遗漏及重复,保持草坪整齐
		平整度及剪草高度:剪草要保持平整,最好在清晨草叶挺直的时候扎剪高度控制在 4~6 cm,并始终保持一致
2	草坪养护	杂草的清除、病虫害的防治、肥水管理等
3	常用工具的使用和维护	剪草机的使用与保养
4	安全生产	有关机具安全操作规范
5	文明生产	工完场清,严格执行安全操作规范
		工作现场整洁、文明

(五)考核评价

记录操作过程,观察效果并分析原因,完成任务后根据效果进行讲解、点评、考核。

考核项目	考核要点	参考分值
草坪修剪	正确使用草坪修剪机具,明确剪草顺序、平整度及剪草高度	40
草坪养护	会进行杂草的清除、病虫害的防治、肥水管理、打孔等草坪养护管理	20
常用工具的使用和维护	剪草机的使用与保养	10
安全、文明生产	严格执行安全操作规范,工完场清	20
实训报告	总结各工作环节技术要点,详细记录并整理成实训报告	10

三、草坪草、观赏草及地被植物识别

(一)目的要求

使学生认识当地常见草坪草、观赏草及地被植物50种,了解和掌握其园林观赏特点。

(二)材料

校园、本地城市公园、植物园常见的草坪草、观赏草及地被植物。

(三)用具

卷尺、放大镜、记录本、铅笔。

(四)方法步骤

①在教师的指导下,对校园内的草坪草、观赏草及地被植物进行识别。

②熟悉各种常见园林草坪草、观赏草及地被植物的形态特征,做好记录。

③进一步了解草坪草、观赏草及地被植物生态习性,繁殖方法与栽培管理技术、园林

用途。

（五）考核评价

①学生分组进行课外活动，复习了解常见草坪草、观赏草及地被植物名称、科属及生态习性、繁殖方法、栽培要点、观赏用途。学生做好记录。

②教师现场讲解并提问，根据学生观察记录和回答情况进行考评评定优、良、及格和不及格。

序　号	中　名	学　名	科　属	主要特征	观赏用途

拓展

草坪如何开展化学除杂草

一、辨草施药

对于多年生恶性杂草，宿根性杂草，特殊种类杂草，只要把握科学的防除时期，采用适宜的除草方法，均可有效防除。这就是辨草施药。如禾本科草坪草防除莎草科杂草——香附子（雷公草）、水莎草、碎米莎草、水蜈蚣等，现有药剂锯莎（二甲四氯钠盐+二甲四氯丙酸可溶性粉剂）即可有效防除并使其烂根。亩用量2~4袋，均匀喷雾，对禾本科草坪草安全。防除水蜈蚣时用量大一些，防除香附子时用量可小一些。暖地型草坪草马尼拉（结缕草、台湾草）、狗牙根（天堂草、百慕大）莎草发生严重时，也可使用金百秀（25%啶嘧磺隆水分散粒剂）12~16 g加锯莎2袋，均匀喷施1亩草坪，防效好，对草坪草安全。如禾本科草坪草防除多种恶性阔叶杂草——黄花酢浆草、天胡荽、空心莲子草、鸡眼草、犁头草、蒲公英、三点金、积雪草、叶下珠、犁头草、伞房花耳草、飞扬草、半边莲、链荚豆等，除使用常见阔叶杂草除草剂坪阔净防除一二年生苗外，对三年以上杂草使用浓度较高的草甘膦水剂进行涂抹是有效方法。虽然工作量较大，但通过一年中多次涂抹防除该类杂草后，第二年就轻松多了。如禾本科草坪草防除白茅、芦草，唯一的方法就是使用草甘膦涂抹。如禾本科草坪防除马唐等一年生禾本科杂草，就要容易得多。早熟禾、黑麦草、高羊茅、翦股颖、马尼拉草坪，可以使用消禾（∝-双氟基涕丙酸）进行防除。使用消杂（∝-双氟基涕丙酸+氯氟吡氧乙酸+辛酰溴苯清）可以兼除多种一年生阔叶杂草。防除一年生早熟禾可以在9月份使用播坪乐进行土壤封闭，也可以在早熟禾萌芽期使用早禾啶进行杀灭。马尼拉、狗牙根草坪可以使用金百秀（25%啶嘧磺隆水分散粒剂），同时防除多种阔叶杂草及莎草科杂草，对早熟禾、黑麦草等防效颇佳。

二、灵活施药

如进行土壤封闭，可以对地面进行喷雾，兑水量要足，一般不得低于50 kg/亩。若草坪草密度大，则使用毒土法或毒砂法，使用喷播机械均匀撒施于草坪地，之后及时浇水使之落于地上形成药膜。如茎叶喷雾，若杂草叶片较小（瘠薄地长出的小老草），可以在不增加用药量的情况下,进行两次喷药,今天喷施一次,明天喷施一次。只是用水量多了一倍,但杂草经过两次吸收,不但可使喷雾更均匀,还可提高杂草的吸收效率,实践证明除草效果由于一次施药。如使用扇形喷头,可以提高杂草对除草剂的吸收效率。雾化效果好则除草效果好。机器喷雾除草效果优于手动喷雾器。①掌握适宜的施药温度、湿度,把握杂草的适龄防除时期等。②根据除草剂的靶标植物和草坪草的差异适当调整用药量。③对恶性杂草采用草甘膦涂抹,制作效率较高的涂抹工具等。④采用草坪养护新模式"一封一杀一抑制"可以长时间控制草坪杂草。轻微剪草使杂草受伤,可以提高杂草对除草剂的吸收,除草效果好。但重剪之后,杂草几乎没有叶片吸收药剂,将会严重影响除草效果。在雨季使用增效剂,如使用氮酮、噻酮、柴油可以促使除草剂快速渗进杂草组织内部防止雨水冲刷,如使用有机硅、洗衣粉可以增加除草剂的成膜效果、黏着度等。把握以上原则,可有效防除多年生恶性杂草、宿根杂草。

🔦 评估

1. 列举2~3种当地常见草坪植物的繁殖与栽培管理。
2. 常用地被植物有哪些? 结合你掌握的情况,谈谈其应用。
3. 观赏草在园林景观中配置应用应注意什么问题?

参考文献

[1] 刘金海,王秀娟.观赏植物栽培[M].北京:高等教育出版社,2009.

[2] 周兴元.园林植物栽培[M].北京:高等教育出版社,2006.

[3] 刘仁林.园林植物学[M].北京:中国科学技术出版社,2003.

[4] 陈志明.草坪建植与养护[M].北京:中国林业出版社,2003.

[5] 张君艳,马济民,宋满坡.花卉生产技术[M].武汉:华中科技大学出版社,2013.

[6] 吴志华,罗锤.花卉生产技术[M].北京:中国林业出版社,2003.

[7] 陈雅君,毕晓颖.花卉学[M].北京:气象出版社,2010.

[8] 刘会超,王静涛,等.花卉学[M].北京:中国农业出版社,2006.

[9] 刘燕.园林花卉学[M].2版.北京:中国林业出版社,2008.